U0271833

现代养羊
技术与模式

● 刁其玉　张乃锋　著

中国农业科学技术出版社

图书在版编目（CIP）数据

现代养羊技术与模式／刁其玉，张乃锋著. --北京：中国农业科学技术出版社，2022.1

ISBN 978-7-5116-5407-6

Ⅰ.① 现… Ⅱ.① 刁…② 张… Ⅲ.① 羊-饲养管理 Ⅳ.① S826

中国版本图书馆 CIP 数据核字（2021）第 140366 号

责任编辑	张国锋	
责任校对	贾海霞	
责任印制	姜义伟	王思文

出 版 者	中国农业科学技术出版社 北京市海淀区中关村南大街 12 号　邮编：100081
电　　话	（010）82106625（编辑室）　（010）82109702（发行部） （010）82109709（读者服务部）
传　　真	（010）82106625
网　　址	http://www.castp.cn
经 销 者	各地新华书店
印 刷 者	北京地大彩印有限公司
开　　本	185 mm×260 mm　1/16
印　　张	30
字　　数	760 千字
版　　次	2022 年 1 月第 1 版　2022 年 1 月第 1 次印刷
定　　价	180.00 元

前　言

我国从夏商时期就开始驯化和饲养绵、山羊，羊成为我国六畜之一。我国的绵、山羊资源丰富，现有绵羊地方品种或资源 89（45）个，山羊地方品种或资源 78（61）个。2020 年我国的羊只存栏数达到 3 亿只，占世界的 1/6，羊肉近 500 万 t，占世界的 1/3 多，是名副其实的第一养羊大国。"养羊产毛"的方向与目的已经彻底改变，世界主要羊肉生产国的养羊生产方向已经从以毛为主转向以肉为主，我国羊产业已在本世纪初就成为产肉为主导的大产业。养羊产业不仅是我国的民生产业，更是国家战略性产业，也是广大农业农村振兴的产业。近 10 年来我国羊肉的产区由牧区转到了半农半牧区与农区，饲养方式由放牧与散养转为规模化舍饲与半舍饲饲养为主导，新培育的品种品系约 15 个，年出栏超过 10 万只的羊场层出不穷。

我国农业农村部提出畜牧业的发展规划，强调要"稳猪保禽促牛羊"，目标是牛、羊肉的自给率达到 85%，可见养羊的发展空间巨大。近年来肉羊产业标准化、规模化、现代化有了很大的发展和进步，人们养羊的热情很高，养殖技术提升也很快。然而，整体上分析我国肉羊养殖、羊肉生产以及产后的加工，因区域不同发展水平参差不齐，羊肉的高价位运行掩盖了很多生产技术和管理中存在的问题，比如，肉羊养殖存在周期长、效果差、效益低的问题导致我国羊产业市场竞争力弱，羊只存栏量虽然排世界第一，但我国不是养羊强国。

随着我国科技水平的快速提高，养羊产业的技术水平也亟待再上一层楼，提高羊产业的效率，多产优质羊肉以满足广大消费者对羊肉的消费需求。通过技术创新与科学的管理，针对产业发展的痛点，解决产业发展的技术瓶颈，破解实际问题是产业面临的现状，如改善母羊的体况，缩短繁殖周期，开展"两年三产"或"三年五产"密集型繁殖模式生产健壮的羔羊，提高羔羊成活率，发展舍饲羔羊集中高效育肥技术，解决季节性出栏与常年性需求的矛盾，大力发展标准化肉羊基地的建设，引导传统饲养方式向现代化饲养方式转变，相信只要科学借鉴推广国内外成功经验和模式，伴随我国科技发展的东风，立足实际发挥资源优势，我国现代养羊生产的规模和水平将会大幅度提高。

2009 年 2 月国家肉羊产业技术体系建立并启动，制定出我国肉羊产业的发展战略，提出了一系列促进肉羊发展的技术方案，10 余年来攻破了多项技术瓶颈，获得了多项重大成果。基于体系的科研成果与规划，开展的本书编写，其特点是从实际、实用、实效出发，介绍现代肉羊养殖模式不同阶段的饲养和生产管理、现代羊场的规划建设、羊场的环境控制、羊群的健康管理以及现代养羊的经营管理策略等。全书紧密围绕现代养羊的技术与模式这一主线展开阐述，兼具科学性与实用性，技术先进可操作性强，对指导发展现代养羊产业、帮助从业人员致富具有很大的促进作用。本书是现代规模羊场的养殖技术人员、饲养管理人员、生产管理人员、肉羊养殖大户等的良好工具书，同时也可作为相关院校畜牧养殖、动物生产等相关专业师生的参考用书。

刁其玉

2021 年 6 月

目　　录

第一章　养羊业发展概况

第一节　养羊业在国民经济中的地位和作用

随着人类生产的发展，养羊业已成为一项重要的产业。在牧区，羊是牲畜中饲养数量最多的畜种，不仅是牧民重要的生产资料，羊产品也是他们主要的生活资料之一。山区农民素有养羊习惯，在半农半牧区和农区，近年来羊的饲养量逐年增加，发展很快。羊的产品如羊毛、山羊绒、羊肉、羊皮、羊奶等都是价值很高的商品，粪尿是优质肥料。在广大农村、牧区和老、少、边、穷地区，可以利用草场、荒山以及河边、田间地边养羊，养羊业成为农民脱贫致富的一项重要产业。

养羊业在我国国民经济和人民生活中具有重要意义。

一、改善人民生活，满足人民需要

羊肉营养价值很高，是我国主要的肉品来源之一，特别是在广大的草原牧区，牧民消费的肉品以羊肉最多，信奉伊斯兰教的民族消费的肉品也以牛、羊肉为主。此外，在大中城市及农村，羊肉的市场需求量很大，消费量急剧上升。

羊毛（绒）是纺织工业的重要原料，用途很广，如制绒线、毛毯、地毯、呢绒及其他精纺织品等，毛织品具有美观大方、保暖耐用等优点。

羊皮保暖性强，是冬季寒冷地区人民御寒的佳品；用绵、山羊板皮加工制作的各式皮夹克和箱包，更是广大中青年所喜爱的、富有时代色彩的衣着和日用品。

羊奶是我国奶品供应的重要来源之一，在许多草原牧区，还是牧民生活中不可缺少的重要食品。根据测定，山羊奶的脂肪球比牛奶的小，容易消化吸收，是供应老弱病人及婴儿的保健营养品，同时羊奶还可以加工制成乳酪、炼乳、酸奶、奶粉等，对满足人民群众的不同需要、增进人民的健康也有很大的益处。

二、提供工业原料，促进工业发展

羊毛、羊绒是毛纺工业的主要原料，不仅可以制成绒线、毛毯、呢绒、工业用呢、工业用毡，还可以加工成精纺毛料及羊毛和羊绒衫、裤。毛纺品美观耐用，保温性强，具有其他纺织品所不及的优点，而羊绒制品更是以其轻、薄、暖等优点备受消费者欢迎。羊皮是制革工业的重要原料，可以制成皮革服装、皮帽、皮鞋、箱包。羊肉、羊奶是食品加工业不可缺少的原料，可以加工成各种烧烤、腌腊、熏制、罐头食品以及奶酪、奶粉、炼乳等。羊肠衣可以灌制香肠、腊肠，加工成琴弦、网球拍、医用缝合线。羊毛、羊肉、羊奶、羊皮、肠衣等是毛纺工业、食品工业、制革工业、医药、化工等方面不可缺少的重要原料，养羊业的发展直接关系到这些部门的生产和发展。

三、增加养羊户收入，繁荣产区经济

随着国民经济的发展，人民生活水平的日益提高，对羊产品的市场需求越来越高，从而激发了养羊业的发展。养羊数量的增加和质量的提高，一方面增加了养羊户的收入，另一方面又为广大城乡人民提供了更多、更好的产品，从而进一步改善人民生活。随着今后农业产业结构的调整和市场发展的需要，养羊业将对进一步繁荣产区经济起到积极的作用。

四、为农田提供优质肥料

羊粪尿是各种家畜粪尿中肥力最浓的，含有丰富的氮、磷、钾元素，具有增高地温，改善土壤团粒结构，防止板结等作用，特别是对改良盐碱土和黏土，提高肥力有显著效果。

长期以来，广大劳动人民积累和创造了许多养羊积肥的经验。据测定，1 只羊全年可排粪 750~1 000kg，含氮量 8~9kg，相当于 35~40kg 硫酸铵的肥效，可施 0.5~1 亩（1 亩≈667m²）地。多养羊可以积肥，多施肥是增加农作物产量的重要措施之一。在牧区，还将羊粪用作燃料，供作牧民生活能源的重要来源之一。当然，积肥只是养羊业的副产品，不是养羊的目的，发展养羊主要是要提高毛、绒、肉、奶、皮等的产量和品质。

第二节　羊的起源、驯化和发展历程

一、羊的起源

（一）绵羊的起源

绵羊在分类上，属洞角科的羊亚科（Caprovinae）绵羊属（Ovis），染色体数目为 27 对。

根据比较解剖学和生理学方法、杂交方法、考古方法等多方面的研究确定，与家绵羊（Ovis aries）血缘关系最近的野生祖先有摩弗伦羊（Mouflon，Ovis musimon）、阿卡尔羊（Ovis orientalis）和羱羊（Ovis ammon）。

中国绵羊的起源，根据国内外学者的研究，认为阿尔卡野绵羊（Ovis, orientalis arkal）和羱羊或盘羊及其若干亚种与中国现有绵羊品种最有血缘关系。羱羊亦名盘羊，迄今尚有少数野生种存在，并且常被捕获。在 20 世纪 50—60 年代，新疆、青海和西藏的科技工作者曾取其精液，与当地西藏羊杂交，能产生发育正常的后代。

（二）山羊的起源

山羊在分类上与绵羊同一亚科但不同属，山羊属于山羊属（*Capra*），染色体数目30对。

家山羊（*Capra hircus*）的野生祖先主要有角形呈镰刀状的猯羊（*Capra aegagrus*）和角呈螺旋状的猯羊（*Capra falconeri*）。这两个野生种的角型在中国山羊中都能见到，如镰刀状的野生种在青藏高原就常有捕获，当地称为岩羊。

根据国内外研究，山羊比绵羊更早被驯化，亦早于犬以外的其他家畜，一般认为东自喜马拉雅山和土库曼斯坦，西到东南欧地区所发现的野山羊为山羊的野生祖先，而主要的发源地是在中亚和中东地区。

二、羊种的驯化

现代的绵、山羊，都是由野生的绵、山羊经人类长期驯化而来的。远在旧石器时代末期和新石器时代初期，原始人类以渔猎为生，在长期狩猎过程中，逐渐掌握了野羊的特性，由于不断改进狩猎的工具，捕获的活羊越来越多，一时吃不完或羊只幼小不适于马上食用，于是便把它们留养起来，这就是驯化的开始。经各地考古工作者发掘证明，我国的绵、山羊绝不是仅起源于一个地区，或在一个地区驯化后逐渐扩展开来，而是先后在几个地区各自发展起来的。同时还证明，黄河、长江流域以及西北、西南地区，新石器时代就已有养羊业。河北省武安磁山遗址出土的大量羊骨，经碳测定后认为，中国养羊业历史应当在8 000年前。由此推定，羊的驯化时间，至少也应在这个时期或更早些。一般来说，山羊的驯化略早于绵羊，而绵羊的驯化在北方早于猪和牛，在南方则晚于猪，但早于牛。黄河流域是中国最早驯养绵、山羊的地区之一。

三、中国古代养羊业

中国养羊的历史悠久，从夏商时期（公元前2205年至公元前1122年）开始已有文字可考。从河南安阳殷墟出土（1975年）的甲骨文里可以看到所刻画的符号中就有表示羊的符号。夏商时期祭祀大典宰杀牛、羊一次用量达300只，说明饲养牲畜已有相当规模。从《诗经·小雅·无羊》上记载，西周末期的畜群规模，羊有300只。陶朱公（范蠡）是养畜致富的典型之一，友人向他请教，他说："子欲速富，多畜五牸"，意即多养母畜。战国时期，畜牧业相当发达，此时大量饲养羊和其他小畜供作肉食。公元前112年，汉武帝为扶持民间养畜，实行"官假母畜，三岁而归，及息什一"的宽松政策。当时有名的养羊能手——卜式，养羊致富后，对国家抗击匈奴慷慨捐助。后为汉室牧羊，既肥且壮，汉武帝封他为司农卿（相当于农业部长），并著有《卜式养羊法》一书，提出"恶青辄去，毋令败群"的主张，这时的羊除供肉食外，还取其毛供纺织。在三国、两晋和南北朝时期，北方的游牧民族（匈奴、敕勒等）先后有6次大规模向南迁徙，大量绵羊进入长城以南和黄河流域，使蒙古羊在中原地带饲养繁殖。北魏时贾思勰著有《齐民要术》一书，其卷六为养羊篇，比较系统地记载有选种、繁殖、牧羊、剪毛、阉割和疾病治疗等方面的经验。隋朝时，养羊业和民间加工手工羊毛业已相当发达。到唐朝，羊的数量和质量都有发展和提高，曾选育出一批好的品种，如河西羊、河东羊、濮固羊、沙苑羊、康居大尾羊、蛮羊等，蛮羊即今日之藏羊，沙苑羊为现在陕西同羊的祖先。唐代地毯业相当发达，用毛毯铺地，做挂壁、坐垫等，在宫廷和寺院用毛织物装饰已占一定地位。宋朝时曾设有牛、羊司，主管牛、羊养殖事宜。宋朝南渡，黄河流域居民大批南迁，把原来中原一带的绵羊带到江南太湖周围各地，选育成现在的湖羊。12世纪中叶，蒙古族首领成吉思汗统一各部后，日渐强大，先灭金后灭宋，忽必烈时期畜牧业有很大发展，"朔方戎马最，趋牧万群肥"，并把各种牲畜带到甘肃、青海和新疆等地，足见盛况空前。明、清时期，我国羊的品种形成有了发展，清代杨屾著《豳风广义》中有较多阐述，如"（羊）五方所产不同，而种类甚多：哈密一种大尾羊（尾重一二十斤）……临洮一种洮羊（重六七十斤，尾小）。"杨屾在该书中还写道，"羊须骟过最美，饲时不拘多少，初饲时将干草细切，少用糟水拌过，饲五六日后，渐次加磨破黑豆或诸豆，并杂谷、烧酒糟子、稠糟水拌，每羊少饲，不可多与，与多则不食，浪弃草料，又不得肥。勿与水，与水则溺多退膘。当一日上草六七次，勿令太饱，亦不可使饥。栏圈常要洁净，勿喂青草，否则减膘破腹，不肯食枯草矣。亦间饲食盐少许，不过一两月即肥"。我国古代经过漫长的历史时期，劳动人民积累了很多宝贵的养羊经验，至今仍可借鉴。

四、中国近代养羊业

1840年鸦片战争后，帝国主义列强大肆入侵中国，他们不仅肆无忌惮地掠夺中国的农牧土特产品资源，而且还把中国作为推销其剩余物资的商品市场。很多外国资本家相继在天津、上海等地设立洋行，长期垄断中国羊毛、裘皮和羔皮等畜产品的贸易，致使中国的民族产业和民族经济一蹶不振。1904年，陕西的高祖宪和郑尚真等集资从国外引进美利奴羊数百只，并在安塞县北路周家洞附近建立牧场，这是我国最早从国外引进优良种羊的开始。1906年，清政府在奉天（今辽宁沈阳）成立农事实验场，曾引入美利奴公羊32只，改良当地的粗毛羊。1909年，留美学生陈振先从美国引入美利奴羊数百只向各地推广。1914年，北洋政府农商部从美国输入美利奴羊数百只，分别在张家口、北平门头沟、安徽凤阳县设场饲养。1917年，山西督军阎锡山倡导绵羊改良，从美国引进美利奴公、母羊1 000余只，在朔县、安泽及太原饲养，并无偿为民间母羊进行改良配种，获得三代以上杂种羊3 000余只，所产细毛制成毛织品，行销北平、天津和上海等地，但因当时政局变化无常，故没有取得明显成效。1931年，日本侵占东北三省，在吉林公主岭举办农业实验场，引入兰布列、考力代等品种与当地粗毛羊杂交，后因战争大量损失，仅在民间散存有少量杂种。1934年，新疆地方政府在乌鲁木齐附近南山牧场引入苏联的高加索细毛羊、泊列考斯羊与当地哈萨克羊、蒙古羊杂交，产生一代、二代杂种，1939年迁至新源县巩乃斯种羊场，繁殖了大量的三代、四代细毛羊杂种，到1943年巩乃斯羊场及附近牧民饲养的细毛杂种羊曾达3万余只（当时俗称兰哈羊）。1935—1945年，日本侵占我国华北地区，在北平（今北京）设立华北绵羊改进会，并引入考力代羊等品种，在北平西山、河北省石家庄和山西省太原等地与地方绵羊进行杂交，成效甚微。1937年，四川省农业改进所、四川大学农学院从美国引进兰布里美利奴羊50只，饲养在狮子山牧场、三台畜牧场等地，同时，国民政府农林部还在贵州省建立威宁种羊场，从事绵羊改良工作。20世纪40年代初国民政府农林部成立西北绵羊改进处，设场于甘肃省岷县，并从新疆运来兰哈羊，在永昌羊场用人工授精技术改良蒙古羊，但成效不大。1947年，联合国善后救济总署送给我国考力代羊1 000只，分别饲养在西北、绥远（今内蒙古呼和浩特）、北平、南京和东北等地，并与本地羊杂交，纯种羊由于适应性差，几经迁徙和转移，损失很大；杂种羊只杂交，不选育，成效甚微。

中国近代养羊业生产，在绵羊方面，曾多次从国外引入细毛羊良种，企盼从改良地方土种羊着手，发展细毛羊业，但在半封建半殖民地社会条件下，受帝国主义侵略和掠夺，国内军阀混战，政治腐败，加上传统的小农经济生产方式及靠天养畜的束缚，传统养羊业仍未改观。据不完全统计，到 1949 年全国绵羊数为 2 622 万只，比抗日战争前的最高年存栏数少 1/3，至全国解放时，各地保有的细毛杂种羊仅 3 万余只，毛纺工业用毛几乎全部依靠进口。

我国的山羊业具有明显的地域性，某些地区存在独具特色的山羊产品，如宁夏中卫地区的中卫山羊生产的白色二毛裘皮，轻软光亮；山东济宁地区的青山羊，生产灰色猾子皮，同时繁殖率很高。这类独特产品市场不稳，终未形成产业。20 世纪初，传教士进入中国，携带萨能奶山羊、吐根堡奶山羊，并对所在地区周边山羊进行一定程度改良，如四川成都、山东崂山、东北的大连和延边地区等，这些地区的民众对奶山羊都有较深刻认识，以后也有少量饲养。特别值得提出的是，1927 年晏阳初曾从加拿大引入萨能奶山羊，直至抗日战争前，这批奶山羊移至陕西武功，饲养在西北农学院牧场，因有专业技术人员养殖和推广，对培育后来的关中奶山羊品种发挥了重要作用。

第三节　中国养羊业发展概况

我国是养羊历史悠久的国家，已有 8 000 多年的历史。早在新石器晚期就已经有了羊被驯化的遗迹。新郑裴李岗遗址、武安磁山遗址、余姚河姆渡遗址都出土了羊的颌骨和卧陶羊等遗存。至夏商时代，羊圈已经比较普遍，并实行围地放牧及种植牧草饲养羊只。我国山区农民素有养羊习惯；在牧区，羊是牲畜中饲养数量最多的畜种，不仅是牧民重要的生产资料，羊产品也是他们主要的生活资料之一。

20 世纪 80 年代以前，中国的养羊业主要是解决羊毛生产问题，羊肉的生产尚未受到重视。1949 年全国有绵山羊 4 000 多万只，1980 年达到 18 731.1 万只。1980 年全国产羊毛 17.6 万 t，细毛羊平均个体产毛 3kg。20 世纪 60 年代，国际养羊业出现了由毛用转向肉毛兼用直至肉用为主的发展趋势。特别是 20 世纪 90 年代以来，随着羊毛市场疲软，羊肉需求量猛增，尤其是优质羔羊肉的需求量增加迅猛，极大地促进了羊肉生产的快速发展。现阶段，中国肉羊存栏量、羊肉产量均有较大幅度的增长，已跨入世界生产大国行列。

但是羊的生产速度已经跟不上人们对羊肉的需求。随着人们生活水平的不断提高，过度肥胖的危害逐渐被人们所认识，低胆固醇食品备受青睐，羊肉含胆固醇较低，且具有温肾暖胃的功效，人们已普遍认为羊以草为主要饲料，属绿色食品，使得消费羊肉的人群持续增加。同时，政府引导、市场宣传、脱贫致富心切等因素给中国的养羊业创造了空前的发展空间，有力地推动了养羊业的快速发展，同时也为其产业化进程指明了方向。

一、养羊数量

据统计，2019 年我国绵羊、山羊存栏 3.0 亿只，年出栏 3.17 亿只，羊肉产量 487 万 t。目前，中国绵羊、山羊的饲养量、出栏量、羊肉产量产量均居世界第一位。我国近 10 年绵羊、山羊存栏、出栏、羊肉产量见图 1-1 至图 1-3。

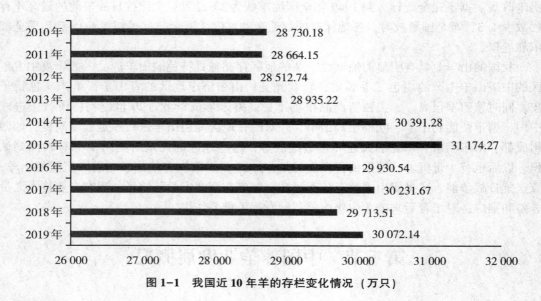

图 1-1　我国近 10 年羊的存栏变化情况（万只）

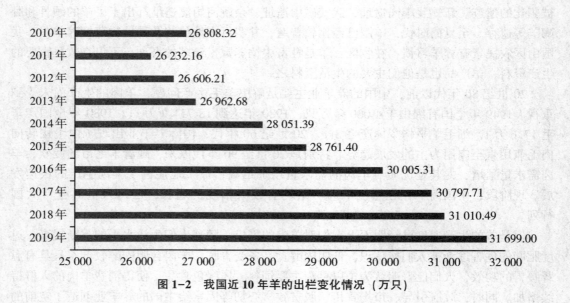

图 1-2　我国近 10 年羊的出栏变化情况（万只）

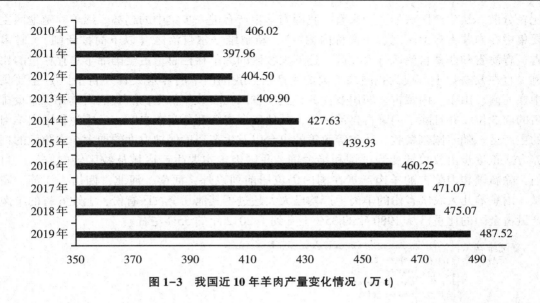

图1-3　我国近10年羊肉产量变化情况（万t）

二、养殖区域

从生产区域的分布来看（图1-4至图1-6），我国基本上所有省区都生产肉羊，产区

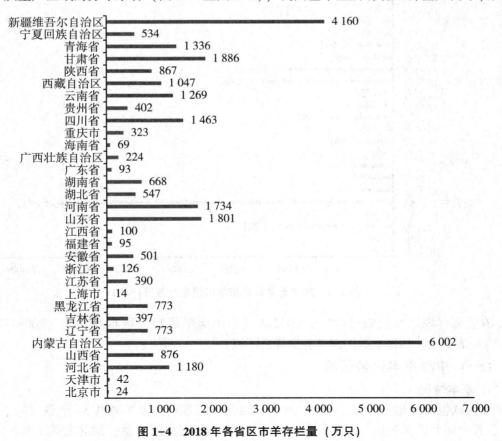

图1-4　2018年各省区市羊存栏量（万只）

比较分散。从生产区域的变动来看，我国肉羊生产有进一步集中的趋势。绵羊养殖地区主要集中在内蒙古自治区（以下简称内蒙古）、新疆维吾尔自治区（以下简称新疆）、甘肃省、青海省和西藏自治区五大牧区，这五大牧区的绵羊存栏总量占全国绵羊总存栏量的比例一直在65%以上，成为我国绵羊肉的主产区。我国山羊的养殖大省（自治区）主要集中在河南、山东、内蒙古、四川及江苏，这些省区在多数年份里稳居我国山羊存栏总量排名的前5位，并且除了内蒙古自治区外，其他4个省区都分布在农区，已成为我国山羊肉的主产区。随着国家禁牧、休牧等政策的出台以及生态环境保护力度的加大，农牧区的饲养方式正逐步由放牧转变为舍饲和半舍饲，我国肉羊主要生产区域从牧区转向农区。目前，除新疆和内蒙古的羊肉产量在国内仍位居前列以外，河南、河北、四川、江苏、安徽、山东等几大农区省份的羊肉生产均已大大超过了其他几个牧区省份，上述6省的羊肉产量占全国的比重已从1980年的35%上升到了2012年的55%左右。

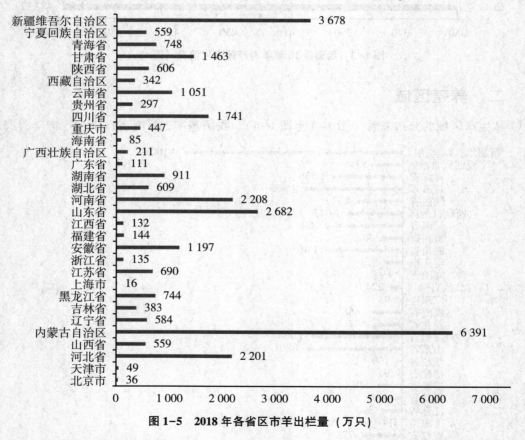

图1-5　2018年各省区市羊出栏量（万只）

农业部（现"农业农村部"）印发的《全国肉羊优势区域布局规划（2008—2015年）》（表1-1）列出了我国肉羊养殖优势区域。

（一）中原肉羊优势区域

1. 基本情况

本区域包括河北、山西、山东、河南、湖北、江苏和安徽7省共56个县（市、区、旗），其中河北南部6县，山西东部4县，山东11县，河南26县，湖北北部7县，江苏

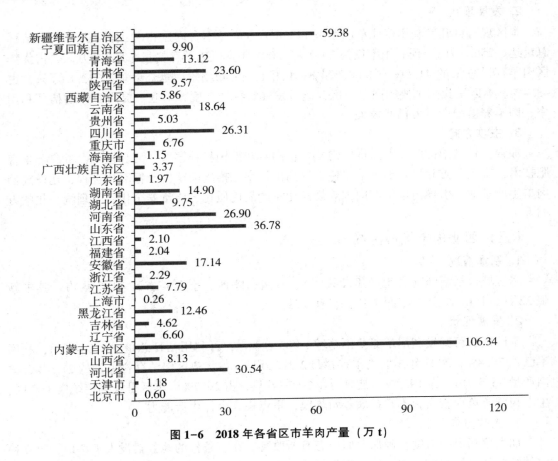

图1-6　2018年各省区市羊肉产量（万t）

和安徽各1县。

2. 发展现状

本区现有可开发利用草原草山草坡207万 hm^2 ，可利用秸秆总量达3 715万t，现利用率仅为31.5%；2007年本区肉羊存栏量3 575万只，占优势区肉羊存栏总量的28.8%，羊肉产量58万t，占30.4%，能繁母羊1 486.2万只，占27.7%。本区肉羊养殖基础条件较好，发展农牧结合的肉羊产业仍有一定潜力。

3. 主攻方向

加大地方优良品种保护，着重对黄淮山羊、小尾寒羊等的保护、开发与利用，保持合理的种群规模。加大推广杂交改良、秸秆加精料补饲高效饲养技术，以舍饲、半舍饲为主，大力发展规模化、标准化和产业化肉羊生产。大力推进三元种植结构，提高秸秆利用效率。整合现有加工企业，加大扶持大型羊肉加工和销售龙头企业的力度，加强技术改造，创建中原优质肉羊品牌

（二）中东部农牧交错带肉羊优势区域

1. 基本情况

本区域包括山西、内蒙古、辽宁、吉林、黑龙江和河北6省区32个县市。

2. 发展现状

本区现有可开发利用草原草山草坡 143.8 万 hm² （不含内蒙古和山西），可利用秸秆总量达 5 256.3 万 t，现利用率仅为 29.7%；2007 年本区肉羊存栏量 5 156.9 万只，占优势区肉羊存栏总量的 41.5%，羊肉产量 81.1 万 t，占 42.5%，能繁母羊 2 312.8 万只，占 43.4%。本区是我国主要的肉羊产区，通过发展农牧结合型养羊业，提高农作物秸秆利用率，肉羊养殖增产潜力仍然较大。

3. 主攻方向

加强良种肉羊推广，大力推广肉羊舍饲圈养和精饲料补饲增产配套技术，推广羔羊育肥技术，实现冬羔和早春羔秋季出栏，提高出栏率。推进肉羊生产标准化进程，建设高档肉羊生产基地，引导肉羊生产向饲养规模化、产品优质化、质量安全化、管理统一化的方向发展。

（三）西北肉羊优势区域

1. 基本情况

本区域包括新疆（含生产建设兵团）、甘肃、陕西、宁夏 4 省区 44 个县市。其中新疆 22 县，甘肃 12 县，陕西 7 县，宁夏 3 县。

2. 发展现状

本区现有可开发利用草原草山草坡 1 309 万 hm²，可利用秸秆总量达 1 864 万 t，利用率已达 76.8%；2007 年本区肉羊存栏量 2 715 万只，占优势区肉羊存栏总量的 21.9%，羊肉产量 36.5 万 t，占 19.2%，能繁母羊 1 670 万只，占 29.7%。本区是我国传统肉羊产区，生态与资源负荷较大，不宜扩大养殖规模，重点提高个体生产能力。

3. 主攻方向

加大草场保护力度，确保草原生态有所改善。在有条件的地方建设人工草地，建立稳定的饲草料供给基地，积极应对突发自然灾害。在不增加或适当减少饲养规模的基础上，加强棚圈建设，大力推广肉羊舍饲半舍饲技术，大幅度提高肉羊出栏率。培育肉羊加工龙头企业，创建民族特色和绿色、有机知名品牌。

（四）西南肉羊优势区域

1. 基本情况

本区域包括四川、云南、湖南、重庆、贵州 5 省市 21 个县市。其中四川 7 县，云南 2 县，湖南 5 县，重庆 4 县，贵州 3 县。

2. 发展现状

本区现有可开发利用草原草山草坡 432 万 hm²，可利用秸秆总量达 1 051 万 t，利用率仅为 26.4%；2007 年本区肉羊存栏量 970.8 万只，占全部优势区肉羊存栏总量的 7.8%，羊肉产量 15 万 t，占 7.9%，能繁母羊 409.5 万只，占 7.6%。本区是我国新兴肉羊产区，基地县分布较分散，肉羊养殖基数较小，草原草山草坡和农作物秸秆资源开发利用程度较低，肉羊生产潜力大。

3. 主攻方向

加大保护地方优良品种力度，加快建设肉羊品种改良体系。加快草山草坡改良，充分开发利用农作物秸秆，为肉羊养殖提供优质的饲草资源。加强技术推广体系建设，加快舍饲健康养殖技术推广，做好肉羊疫病综合防治，提高规模化专业化程度。积极培育肉羊加工龙头企业，加强加工产品质量控制，确保羊肉质量安全。

表1-1 全国肉羊优势区域优势县名单（153个）

优势区	省份	县数	县市名称
中原优势区（56个县市）	河北	6	永年县、成安县、大名县、魏县、临漳县、深州市
	山西	4	浮山县、沁水县、陵川县、襄汾县
	山东	11	成武县、单县、郓城县、东明县、鄄城县、嘉祥县、宁阳县、曲阜市、巨野县、东平县、曹县
	河南	26	淮阳县、虞城县、睢县、杞县、太康县、内黄县、禹州市、民权县、永城县、尉氏县、郸城县、开封县、滑县、封丘县、宁陵县、内乡县、沈丘县、中牟县、南召县、项城市、淅川县、濮阳县、浚县、西峡县、镇平县、桐柏县
	湖北	7	枣阳县、襄阳区、宜城市、南漳县、老河口市、谷城县、保康县
	江苏	1	睢宁县
	安徽	1	萧县
中东部农牧交错带优势区（32个县市）	山西	7	朔城区、右玉县、浑源县、怀仁县、岢岚县、神池县、五寨县
	内蒙古	4	巴林右旗、新巴尔虎左旗、察哈尔右翼后旗、东乌珠穆沁旗
	辽宁	5	朝阳县、建平县、凌源市、北票市、义县
	吉林	4	长岭县、大安市、镇赉县、通榆县
	黑龙江	5	龙江县、讷河市、依安县、肇源县、肇州县
	河北	7	张北县、尚义县、康保县、宣化县、崇礼县、宣化区、下花园区
西北优势区（44个县市）	新疆	22	疏附县、新源县、奇台县、伽师县、和静县、叶城县、尼勒克县、裕民县、额敏县、温宿县、特克斯县、莎车县、沙湾县、库车县、昭苏县、和布克赛尔县、伊宁县、兵团农六师、兵团农四师、兵团农一师、兵团农二师、兵团农十师
	甘肃	12	民勤县、金塔县、会宁县、山丹县、景泰县、安西县、东乡县、靖远县、肃南县、玛曲县、永昌县、夏河县
	宁夏	3	盐池县、海原县、同心县
	陕西	7	榆阳区、神木县、定边县、横山县、靖边县、子洲县、吴起县
西南优势区（21个县市）	四川	7	会东县、会理县、乐至县、简阳市、荣县、富顺县、安岳县
	云南	2	华坪县、会泽县
	湖南	5	石门县、澧县、浏阳市、桃源县、安化县
	重庆	4	武隆县、酉阳县、云阳县、奉节县
	贵州	3	沿河县、德江县、威宁县

三、生产水平

2005 年以来，全国绵、山羊存栏数一直在 3 亿只左右徘徊，羊肉产量则处于 400 万 t

左右，发展呈现裹足不前的状态。究其原因主要有以下几个方面。

2001 年以来，由于全国许多地区实施退牧还草、退耕还林还草等措施，缩小了发展养羊业的饲养空间，改为舍饲后又明显地增加了饲养成本。

由于进城务工的农民（特别是年轻人）不断增多，许多农区劳力缺乏，从而无暇顾及养羊等原因，近年来农区养羊户不断减少，养羊数量逐年下降。

由于国家对发展养猪业、奶牛业等出台了许多有效扶持发展措施，进行了力度很大的财政补贴和奖励，与养猪业甚至与奶牛业、肉牛业、养禽业相比，养羊业发展后劲和比较效益明显下降。

2014 年以来，由于羊肉市场消费平淡、大量进口羊肉（包括数量不少的非法走私羊肉）的冲击、疫情旱情及全国经济下滑等因素影响，羊肉市场价格普遍下跌，种羊、肉羊滞销，致使很多养殖户（企业）亏损，生产局面难以维持，不少规模养殖企业倒闭，有的弃业转行，使全国肉羊业形势陷入低谷。

2016 年以来，我国羊肉市场逐渐回暖，养殖户的积极性增加，全国羊的出栏率、每只羊的年产肉量的等指标出现了较大幅度的提高，但羊肉胴体重近 10 年来变化并不大（图 1-7、图 1-8）。

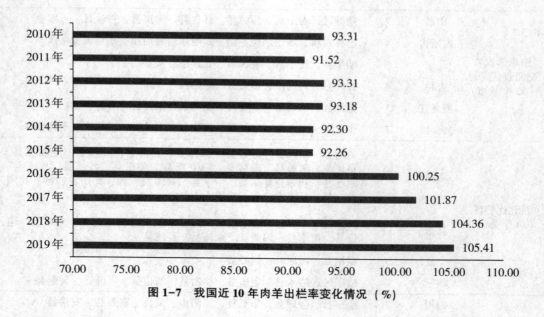

图 1-7 我国近 10 年肉羊出栏率变化情况（%）

但是，由于羊肉特有的营养价值和独特的保健作用，越来越多地受到广大消费者和市场的青睐。考虑到我国居民膳食结构、消费习惯、肉类价格等因素影响，预计未来 10 年中国羊肉消费量将继续增加，特别是少数民族地区消费将呈刚性增长。

四、饲养方式

与发达国家相比，我国肉羊养殖方式仍然较为传统和落后。因此，在肉羊业发展上，要利用农区自然条件好，饲料资源丰富、质量好等方面的优势，结合当前农业产业结构的调整，大力发展肉羊产业。这不仅充分利用了农区丰富的秸秆资源和闲置劳动力，缓解了

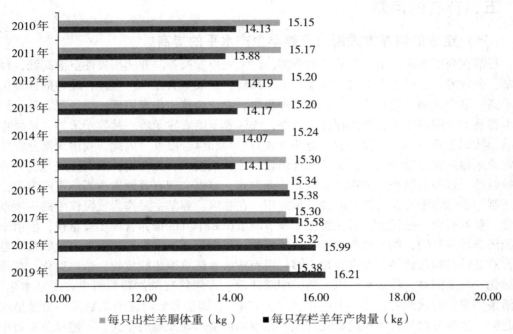

图1-8　我国近10年每只出栏羊胴体重和每只存栏羊年产肉量变化情况

肉羊对草地和生态环境的压力，更重要的是推进了肉羊产业向规模化、标准化的方向发展。

饲养方式则以户均几只到几十只不等的散养为主，并与适度规模养殖并存的基础上，饲养方法以全舍饲为主，"放牧+补饲"为辅，或冬春季节舍饲、夏秋季节放牧育肥相结合等方法。

（一）散户小群养殖

设施简陋，管理水平低，先进实用新技术、新成果难以应用和推广，资源不能充分发掘和利用，疫病难以控制，风险大，产品质量参差不齐，营利空间有限。

（二）适度规模养殖

根据2014年12月出版的《畜牧兽医年鉴》资料，2013年全国规模养羊场（户）统计资料如下：年出栏1～29只者16 236 523场（户），占全国总养羊场（户）总数的88.8%；年出栏30～99只者1 701 797场（户），占全国总养羊场（户）总数的9.3%；年出栏100只以上者345 909场（户），占全国总养羊场（户）总数的1.9%；其中年出栏1 000只以上者：山东1 395场（户）、内蒙古1 139场（户）、河北1 015场（户）、新疆941场（户）、山西524场（户）、宁夏489场（户）、江苏448场（户）、河南380场（户）、甘肃273场（户）、辽宁248场（户）、湖北214场（户）、青海164场（户）、陕西173场（户）、安徽148场（户）、四川95场（户）、贵州38场（户）、重庆27场（户）。

五、存在的问题

(一) 粗放的饲养方式制约着养羊生产水平的提高

目前在我国农区，由于产业结构调整，广大农户发展养羊业的积极性空前高涨，种草养羊、舍饲养羊、科学养羊在我国农村正在兴起，发展势头强劲。但是，品种的良种化水平不高、畜舍简陋、设备落后、饲养管理粗放、农户科技文化素质低、市场观念差、科学技术普及推广困难等问题仍然存在。另外，农区养羊因农牧矛盾、林牧矛盾等传统思想的影响，认识上重视不够，投入少，也缺少统筹规划和综合服务。因此，我国大部分农区养羊资源未得到充分合理利用，饲养管理仍较粗放，低投入、低产出，难以形成规模饲养和规模效益。这种分散经营和粗放的饲养管理方式，难以合理有效地发挥当地资源潜力，而且还制约着综合配套先进技术的普及和应用。在牧区，养羊主要作为牧民谋生的一项重要产业，饲养规模一般较大，对主要生产环节的组织和羊群的饲养管理比较重视，但由于生态经济条件的制约，饲养管理和经营比较粗放，长期片面追求发展速度、养殖数量和总产量，对品种结构的调整和改良重视不够，因而造成牧区草原超载放牧，草原退化，草原生态恶化。与此同时，牧区水、电、路、棚圈建设、人居住宿条件和饲料生产等基本生产、生活条件未能有效改善，基本上仍在"靠天养羊"，因而导致牧区养羊数量和质量呈现下降趋势。这种分散经营和粗放管理方式，在市场经济迅速发展的今天，不能充分有效地利用当地资源；不能目标明确地批量生产适销对路的产品；不能有效地进入市场和参与市场竞争；不利于采用先进实用的综合配套技术，提高产品的产量和质量；不利于抗御自然或人为灾害，严重制约养羊业进一步发展。

(二) 绵羊、山羊品种良种化程度低，生产力水平不高

尽管我国在引入国外优良品种，开展杂交改良，培育生产力高的绵羊、山羊品种方面，以及在选育提高地方品种方面，做了大量的工作，取得了显著成效。但种羊品质不高，普遍存在缺乏宏观调控、品种退化严重等问题。引入的种羊品质参差不齐，种羊场出场的种羊有相当数量质量差，且价格高，有的甚至弄虚作假，以杂种特别是低代杂种羊充当纯种出售，坑害用户。此外，还存在引进的种羊缺乏适时选育、出场羊没有质量标准等问题。被引进的品种多以炒种、倒种形式出现，如何与国内相关品种形成优良配套组合，并推广普及其杂交组合，提高我国羊产品质量和效益方面做得很不够。目前我国所引进的肉羊品种，除有小范围的饲养和杂交优势利用外，尚未形成规模化的杂交肉羊生产体系。

时至今日，我国绵羊、山羊良种化程度依然不高，仅占全国绵羊、山羊总数的40%左右。大大影响了我国养羊业的总体生产水平和产品质量的提高，使我国养羊业水平与发达国家相比差距较大。生产水平高的专门化肉羊品种只是近几年少量从国外引进，杂交利用也仅限于小范围的试验阶段，羊肉生产仍以地方品种或细毛杂种羊为主。细毛羊及半细毛羊的良种普及率也较低。在养羊业发达的国家，基本上实现了品种良种化、天然草场改良化和围栏化，以及饲料生产工厂化、产业化，主要生产环节机械化，并广泛利用牧羊犬。同时，电子商务技术得到了广泛应用，整个养羊业生产水平和劳动生产率相当高。

(三) 羊毛、羊绒生产形势严峻

我国绵羊业虽然经历了50年的品种改良，草场基地建设和新品种的不断培育成功

（细毛羊、半细毛羊品种近 20 个），使毛用羊数量、质量得到发展和提高，但生产方式落后，优质细毛羊和细羊毛的数量、产量增长缓慢，个体产毛量及羊毛综合品质等方面与澳洲美利奴羊之间差距较大；细羊毛的数量、质量远远不能满足国内毛纺工业的需求，造成羊毛进口量年年增长，国内羊毛价格偏低，挫伤了农牧民养细毛羊的积极性；另外，毛用羊新品种培育与选育提高不能持之以恒，致使已经育成品种退化、混杂现象严重，削弱了产品的竞争力。

随着人们生活水平的提高，国内外市场对山羊绒制品的需求量与日俱增。近 30 年来，我国绒山羊品种由辽宁绒山羊和内蒙古绒山羊发展到近 10 个品种，饲养绒山羊的省（区）数量也大大增加，但良种及改良绒山羊的比例较低，特别是优质绒山羊偏少；绒山羊个体平均产量低，而且差异较大（0.17～1.5kg），羊绒综合品质也不理想，近年来有羊绒变粗的趋势；优质高产绒山羊种羊缺乏，又由于绒山羊比绵羊更耐粗饲，其所处的饲养环境较恶劣，相对加剧了草原的退化、沙化，致使绒山羊的发展受到自然环境与生态的制约，可持续发展受到较大限制；同时，绒山羊是我国独特的稀有的优良品种资源，但在科研、品种选育等方面的投入不足，影响其生产性能提高及开发利用。

（四）饲养管理体系建设问题

我国养羊业牧区大多处于靠天养畜状态，夏秋季节水草丰美则牛羊肥壮，冬春地干草枯则牛羊瘦弱。而且我国草原由于过度放牧，长期超载，致使草场"三化"严重。不合理的营养状况严重地阻碍了羔羊的生长发育，也极大地影响羊肉的产量和品质。在农区舍饲的羊，状况也不容乐观。有的地区缺少饲料制作技术，青贮技术还不普及，有的地区因饲喂饲料单一，造成妊娠母羊大量流产，羔羊发生白肌病、初生重小等营养性疾病。

羔羊育肥产业已成为某些农区农民增收的主要手段，但缺乏科学的饲养管理，饲料配方不合理，造成很多营养代谢病和羊肉品质下降。

（五）科学研究滞后生产问题

科学研究滞后生产，阻碍了该产业全面、稳定的发展。就目前情况看，羊相关研究如羊品种培育、杂交技术体系、繁育技术、饲喂技术、规模化饲养技术明显滞后，未起到科技先行之目的，影响了羊产业化的发展。

六、发展方向

羊的生长、繁殖和各种生理活动，都离不开科学的饲养管理。饲养管理好坏，对羊的健康、生长、繁殖和生产性能有重要作用。科学的饲养管理，不仅能有效地确保羊的健康，提高生产水平、繁殖能力和羊群质量，而且能提高饲料利用率，降低成本，实现养羊业的高产高效。如果饲养管理跟不上或不科学，就难以实现生产水平高、经济效益好的愿望。目前，我国肉羊产业发展方向包括以下几个方面。

（一）加快发展肉羊和肉毛兼用羊

为顺应日益增长的国际市场需求，很多国家的绵羊业生产方向已由过去单纯的毛用改为肉毛兼用或完全肉用。在我国多数地区的生态经济条件下，应当借鉴国外的经验，适应世界养羊业的发展趋势和国外市场对羊肉日益增长的要求，大力发展我国的肉用羊或肉毛兼用羊。发展措施和方法：引用国内外优良的肉羊品种公羊（绵羊、山羊）与当地绵羊和山羊进行经济杂交或轮回杂交，利用杂种优势生产肉羊，特别是肉用肥羔；应利用羔羊生长发育快和饲料报酬高的特点，积极推广羔羊当年出栏，还要配合羔羊育肥技术，使当年羔羊达到理想的屠宰水平。在大面积杂交的基础上，在生态经济条件和生产技术条件比较好的地区和单位，通过有目的、有计划地选育，培育出适应我国不同地区生态条件的若干个各具特色的早熟、高产、多胎和抗逆的专门化肉羊新品种。

（二）提高现有细毛羊的净毛产量和品质，突出发展超细型绵羊

我国的细毛羊改良工作，主要从 20 世纪 30 年代开始，80 多年来，取得了显著成绩。20 世纪 50—60 年代先后培育出新疆细毛羊、内蒙古细毛羊、东北细毛羊等诸多品种。1972 年在农业部的统一领导下，新疆、内蒙古、黑龙江、吉林等省区相继开展了引进澳、美公羊培育我国新型细毛羊的工作，到 1986 年我国正式命名中国美利奴羊品种，包括新疆型、新疆军垦型、科尔沁型和吉林型。中国美利奴羊育成后各地继续进行选育提高，经过 10 多年的努力，又先后培育出细毛型、无角型、多胎型、强毛型、毛密品系、体大品系、毛质好品系、U 品系等一系列新类型和新品系，极大地丰富了品种的基因库。由于我国绵羊数量主要以产毛量低的地方品种居多，细毛羊、半细毛羊及其改良羊数量较少，超细毛羊又刚起步，且在我国育成的细毛羊、半细毛羊新品种中，只有中国美利奴羊的产毛量、羊毛质量接近或达到世界先进水平，其他育成的品种羊生产水平与世界先进水平差距较大。我国绵羊个体的平均原毛产量只有 2.20kg，净毛产量只有 1.15kg，远低于世界养羊业发达的澳大利亚和新西兰，还达不到世界平均水平。因此，应当继续从澳大利亚引入优良的澳洲美利奴种公羊，利用引进的澳洲美利奴超细型优秀种羊和集中国内现有的超细型优秀种羊，按照不同类型的选育目标和现有基础羊群特点，通过品系繁育和开放式合作育种体系，培育出中国美利奴羊超细和细毛新类型。在新疆、内蒙古、黑龙江、吉林等地，择优选择种羊场和繁育场，建立我国优质细毛羊育种核心群体及优质细羊毛生产基地，形成细毛羊改良区和优质细羊毛生产区。同时，逐步建立以提高羊毛商业价值为宗旨的羊毛现代化管理体系，完善剪毛分级房、剪毛机械、分级台、打包机等基础设施，推广澳式剪毛、新法分级、客观检验、公开拍卖等与国际接轨的技术措施，使国产羊毛的质量标准、检验标准接近并达到 WTO 和 SAA 标准，以适应我国加入世贸组织后的羊毛市场交易。

（三）重视绒山羊和奶山羊发展

中国绒山羊的数量、品种、产绒量及羊绒品质，在世界上首屈一指。可以自豪地说，中国的绒山羊，特别是内蒙古白绒山羊、辽宁绒山羊，是我国甚至世界绒山羊业中两颗璀璨的明珠，是我国的"国宝"，应当采取一切措施，不断提高这些品种的产绒量和羊绒品质，以确保其在国际上无与伦比的地位。但是，我国绒山羊分布地域辽阔，产区生态环境除少数地区外比较严酷，生态经济条件和饲养管理水平比较差，在全国范围内，不同的绒山羊品种、不同个体的生长发育和生产性能差异很大。因此，在生态经济条件适宜发展绒山羊的地区，应当有计划地采取积极有效的措施，以草定畜，控制数量，提高质量，以本品种选育为主，必要时可导入其他高产优质绒山羊品种的基因，努力提高本地绒山羊的产绒量和羊绒品质。

山羊奶是一种营养价值高、功能独特、风味别致、不含过敏原、特别容易消化吸收的

高级营养保健品，特别适宜于婴幼儿、病人及老年人饮用。羊奶产品越来越受到人们欢迎，今后要加强奶山羊选育工作，提高羊奶质量，开发羊奶深加工产品，使奶山羊产业稳步健康发展。

（四）大力发展规模化、集约化和标准化养羊

当前，我国养羊业的饲养管理和经营方式，主要以小规模分散饲养为主，这样的饲养和经营方式，与现阶段我国市场经济的发展不相适应。因此，应改变落后的生产方式，积极发展专业化、规模化、集约化和标准化养羊，突出重点，发挥优势，增强产品在国内外市场上的竞争能力，以确保我国养羊业的持续发展。在条件较好的农村牧区，在千家万户分散饲养的基础上，积极引导和支持农牧户走专业化、规模化、集约化、标准化发展养羊业，特别是走集约化、标准化发展肉羊业的道路，生产无害化产品，实现小生产与大市场接轨。养羊业的规模化、集约化、标准化是一个渐进的发展过程，不可一蹴而就，各地要在不断摸索经验中稳妥地推进。在整个进程中，要紧紧抓住基地、龙头、流通等关键环节，积极探索和建设规模化、集约化、标准化的运行机制。在建设规模化生产基地的同时，要扶持发展规模大、水平高、产品新的龙头企业，并采取股份合作制等形式，引导龙头企业和农牧户建立起利益共享、风险共担的利益共同体。同时，要鼓励和支持各类中介服务组织，充分发挥其引导生产、连接市场的纽带作用。

（五）建立健全良种繁育体系

有了良好的羊种，但没有完整的良种繁育体系，同样不能适应现代养羊生产的需要。目前我国虽然在肉羊生产试点上已取得一定进展，但对全国肉羊生产来讲，肉羊的良种繁育体系尚未形成。因此，今后我们工作的重点仍应放在良种繁育体系的建设上。根据我国现阶段肉羊生产现状和联合育种技术的需要，良种繁育体系应重点抓好原种场、种羊繁育场的建设，并结合杂交改良，积极推广羊人工授精技术，加快羊人工授精网站的建设，大力推广优秀种公羊的使用面。同时要与肉羊生产基地结合，真正做到有试点、有示范、有推广面，点面结合的肉羊生产商品基地。

（六）科学规划，合理布局

为了养羊业的正常健康发展和可持续发展，应从长远利益出发，加强我国养羊业的科学区划和合理布局。从我国目前的羊肉生产情况看，羊肉生产量较大的一是农区，主要集中在黄淮海及中原一带；二是牧区，主要是新疆、内蒙古等省（区）。农区的绵羊、山羊数量基本各占一半；牧区主要以绵羊为主，而且是我国细羊毛的主要生产基地。因此，在肉羊业发展上，一是要抓好农区，利用农区自然条件好，饲料资源丰富、质量好等方面的优势，结合当前农业产业结构的调整，大力发展肉羊产业；二是在牧区要稳妥发展肉羊，因为牧区高寒，基础设施差，饲草料严重不足，而且是我国羊毛生产基地，因此肉羊生产应在细毛羊核心育种群以外地区，也可对细毛羊的淘汰母羊利用肉用品种公羊杂交，后代全部出栏方式生产羊肉。肉用父本应选择长毛型品种，在生产上合理安排产羔季节，利用夏秋季节牧草丰盛之时，开展季节性肉羊生产，也可开展牧区繁育，农区肥育，农牧区联合开展肉羊生产；三是利用退耕还林（草）的机遇，在农牧交错地带发展肉羊产业。

（七）积极开展饲草、饲料的加工调制

无论羔羊繁殖或育肥，均须有充足的饲草饲料来源，要保证肥羔生产尤其需要有符合

羔羊快速生长的优良草料。传统的养羊方式在放牧条件下，绵羊、山羊的饲草来源主要是天然草地、草山草坡中的自然植被，很少使用农副产品和精饲料补喂。根据羊的生物学特性及现代化肉羊生产的需要，首先要对天然草地进行人工改良，或种植人工牧草，在耕作制度和农业产业结构调整中实行三元结构，在青绿饲料丰富时重点放牧加补饲，在枯草期则可完全舍饲喂养加运动。因此，应加大秸秆类粗饲料的利用，研制秸秆类粗饲料的优良添加剂，使羊在枯草期能保证足够营养。

（八）羊肉安全生产技术

近几年来，世界上不断有危害人类健康的畜产品事件发生，有关食品安全问题越来越受到人们的重视，因此在羊肉生产上必须把好畜产品质量安全关，确保上市羊肉安全可靠，万无一失。应研究肉羊产业安全生产的各项配套技术，建立肉羊生产和肉产品的相关标准，确保生产符合国际标准的优质高档羊肉产品。同时，抓好羊肉及其产品的技术安全，严禁有害添加剂的研究与使用。

（九）加强疫病的防治

应加强和完善羊疫病防治工作，加大对常见疫病的防治，制定不同区域羊疫病防控程序，以保障羊产业的健康稳定发展。

（十）加强品牌意识，打造国内知名羊肉品牌

我国羊肉需求量巨大，但至今为止市场上让消费者熟知的羊肉品牌仍屈指可数，目前规模化企业通过逐渐打造全产业链生产和建立产品可追溯体系等多重方式从源头保障了产品的品质和安全。因此，产销链条要高效地进行对接，通过不断培养企业品牌意识，打造终端市场中的知名品牌，使产品得到优质优价和更好的市场空间。

第四节　世界养羊业发展概况

一、世界养羊业现状

养羊业一直与人类生活息息相关，但随着时代的发展，人类对养羊业的要求已经发生了相应的变化。16—17 世纪，西班牙美利奴羊的出现及其在世界各地的传播和 18 世纪初人们追求高档毛料，使养羊业注重羊毛生产，培育了大量的毛用羊，特别是细毛羊，形成了以细毛羊为主的世界养羊业。至 19 世纪，在世界范围内基本上形成了具有区域经济特征、适应区域自然资源特点、体现民族特色的羊毛生产体系，并由此推动了毛用羊产业的形成。如澳大利亚细毛养羊业始于 18 世纪后期，19 世纪已发展为农业的主要产业，20 世纪绵羊的数量和羊毛产量多年居世界第一位，号称"绵羊王国"。18—19 世纪，肉羊生产开始兴起，20 世纪 60 年代，养羊业开始向多极化发展，肉羊业在大洋洲、美洲、欧洲和一些非洲国家得到迅猛发展，世界羊肉的生产和消费显著增长，并且许多国家羊肉由数量型增长转向质量型增长，生产瘦肉量高、脂肪含量少的优质羊肉，特别是羔羊肉，并开展了相关育种工作。

据联合国粮农组织（FAO）资料，1961—1991 年的 30 年中，全世界绵羊净增

18.5%，山羊净增 59.9%，原毛净增 19.8%，羊肉净增 48.3%。1990—2010 年，全世界羊毛产量减少 38.92%，而羊肉产量却增长了 41.49%。山羊发展快于绵羊，羊肉增长高于羊毛，这是 50 多年来养羊生产的显著特点和发展的基本定势。

近年来，由于国际市场对羊肉需求量的增加和羊肉价格的提高，使得羊肉产量持续增长。据联合国粮农组织统计，1969—1970 年，全世界生产羊肉 727.2 万 t，1985 年增加到 854.7 万 t，1990 年达 941.7 万 t，2003 年增加到 1 231.4 万 t，2010 年达到 1 371.5 万 t，2017 年达到 1 512.3 万 t。全球市场羊肉需求量一直保持了持续上升的态势。为顺应日益增长的国际市场需求，英国、法国、美国、新西兰等养羊大国现今的养羊业主体已变为肉用羊的生产，历来以产毛为主的澳大利亚、苏联、阿根廷等，其肉羊生产也居重要地位。

二、世界养羊业发展趋势

（一）细毛羊向细型细毛羊、超细型细毛羊转化

20 世纪 20—50 年代，世界绵羊业以产毛为主，着重生产 60~64 支纱的细毛。进入 20 世纪 60 年代，由于合成纤维产量迅速增长和毛纺工艺技术的提高，在世界养羊生产中，羊毛尤其细羊毛 60~64 支纱的需求量下降，使单纯的毛用养羊业受到了冲击，羊毛产量和销售一直徘徊不前。近 10 年来，世界羊毛品质方面出现了划时代的重大变革，主要表现在羊毛细度上，如近 10 年澳大利亚羊毛减产，但减产的羊毛几乎全是较粗的细羊毛，很细的细羊毛非但没有减少，反而大幅度增产。20 世纪 90 年代以来，随着毛纺织品朝着轻薄、柔软、挺括、高档方向发展，对 66 支以上的高支羊毛的需求剧增，价格也远远高于一般羊毛。市场需求的变化促使细毛羊业朝着超细类型发展。

（二）绵羊逐渐由毛用、毛肉兼用转向肉毛兼用或肉用

19 世纪 50 年代以后，随着对羊肉需求量增长，羊肉价格的提高，单纯生产羊毛，而忽视羊肉的生产，经济上是不合算的，因而绵羊的发展方向逐渐由毛用、毛肉兼用，转向肉毛兼用或肉用，并由生产成年羊转向生产羔羊肉。羔羊出生后最初几个月生长快、饲料报酬高，生产羔羊肉的成本较低，同时羔羊肉具有精肉多、脂肪少、鲜嫩、多汁、易消化、膻味轻等优点，备受国内、国际市场欢迎。在美国、英国每年上市的羊肉中 90%以上是羔羊肉，在新西兰、澳大利亚和法国，羔羊肉的产量占羊肉产量的 70%。欧美、中东各国羔羊肉的需求量很大，仅中东地区每年就进口活羊 1 500 万只以上。一些养羊业比较发达的国家都开始进行肥羔生产，并已发展到专业化生产程度。

（三）饲养方式发生变化

由于育种、畜牧机械、草原改良及配合饲料工业等方面的技术进步，养羊饲养方式由过去靠天养畜的粗放经营逐渐被集约化经营生产所取代，实现了品种改良。采用围栏，划区轮牧，建立人工草地，许多生产环节都使用机械操作，从而大大提高了劳动生产率。中东一些国家或地区在发展养羊产业中，从肉用专用品种培育、经济杂交优势、现代化羊肉生产加工及改良天然草场、建立人工草地等方面具有成功的经验和模式。

（四）注重草场建设

为了提高草地载畜量、降低养羊生产成本，改良天然草场，建设人工草地，并采用围

栏分区轮牧技术，对原有的可利用草场，运用科学方法进行大范围的改良工作，提高单位面积的载畜量和牧草质量；在缺少草场或草场资源匮乏的地区建立人工草地，从而解决或缓解牧草短缺与饲养之间的矛盾，推动畜牧业的发展，已成为肉羊饲养业发达国家的普遍做法。例如，澳大利亚的人工草地占 66.5%，英国占 64.5%，且多设有人工围栏，这使养羊业摆脱了"靠天养羊"的局面。新西兰政府和农场都非常注重草场改良和人工草场的建设。农场对人工草场的建设，每公顷一次性投入约 1 200 新元，播种的牧草主要有黑麦草和三叶草；草场围栏的总长度 $80.5×10^4$ km，围栏面积占全国草场面积的 90% 以上；用牛、羊混合放牧来调节牧草高度和草生状况；研究土壤-草场-家畜生态系统，使三者最佳结合，获得最大经济效益。

（五）山羊的发展越来越受到重视

山羊活泼、温驯易管理，个体小，生产周期短，繁殖快，饲料利用率和消化率高，适应性特别强，在很多家畜无法生存的地方，甚至在半饥饿的条件下，山羊仍能为人类提供宝贵的畜产品。山羊是人和贫瘠环境的相互依存者，是不发达地区人民重要的生产和生活资料。山羊的饲养量增长较快，全世界现有山羊近 9.7 亿只，比 1990 年增长 67%，其中亚洲的山羊占世界总数的 56%，非洲占 33%。

三、世界羊产业发展主要特点

（一）培育专门化肉用绵羊、山羊新品种（系）

专门化肉羊育种目标，主要是追求母羊性成熟早、全年发情、产羔率高、泌乳力强、羔羊生长发育快、饲料报酬高、肉用性能好，并注重把产肉和产毛的性状有机地结合起来，同时，还考虑早熟、胴体可食比例大、一生中利用年限长、育羔能力强、母羊难产少和抗病等。

20 世纪 80 年代以来，在新西兰，除了有目的地引进国外良种，如特克塞尔、芬兰兰德瑞斯、萨福克等来提高优质羔羊生产水平外，在绵羊育种工作中更加注重对羊只肉用性状，特别是瘦肉性状、多羔性、早熟性和增重速率等的选择。同时，利用新技术，如新西兰兰德科普畜牧有限公司将 CT 扫描（断层扫描）技术，应用于活羊肉用性状检测。在羊只不同生长阶段，经过 4~5 次 CT 扫描，将测得的脂肪厚度、眼肌长度和宽度编入瘦肉生长指数对羊只进行选择，从而提高了对肉用性状选种的精确度。在提高母羊繁殖力方面，利用超声波技术对妊娠母羊群进行大范围检测，对怀双羔或三羔母羊，提供优良草场，实行分群、分栏放牧饲养。条件好的牧场，如果母羊连续两年产单羔，则将其淘汰，以提高母羊的繁殖力。

近几年来，兰德科普畜牧有限公司进行超级羔羊的生产和培育工作，其程序是从该公司所属牧场饲养的 50 多万只幼龄母羊中，挑选 0.8% 最优质的周岁母羊，然后用无角道赛特、特克塞尔、柯泊华斯、罗姆尼和威尔特夏品种公羊交配，所生后代，不考虑其品种成分，而是根据其生长速度、瘦肉率和眼肌大小等性状进行筛选，这样获得的羔羊在优良草场上放牧育肥，8 月龄时活重达 55.0kg，而且胴体瘦肉率很高。

（二）建设人工草场，进行围栏放牧，主要生产环节实现机械化

人工草场是养羊业发达国家进行优质肉羊生产最重要的物质基础，因此，都非常注重

对人工草场的建设。如在新西兰，首先，由政府根据不同地区、不同条件设计方案，然后国家投资，毁林烧荒，消灭杂草，建设围栏、人畜用水设施、牧道、草棚、机械库、剪毛棚等，然后出售给个人经营。牧场对人工草地的建设，每公顷一次性投入建成后一般可连续利用8年。新西兰的草场都用围栏围了起来，全国围栏的总长度在80.5万km以上，围栏面积占全国草场面积的90%以上。为了确保围栏完好性，每公顷每年投入一定资金作为围栏的维修费。在新西兰草地畜牧业的生产成本中，草地建设占40%；草地生产系统的基本原则是："以栏管畜，以畜管草，以草定畜，草畜平衡"；实行划分轮牧。人工草场播种的牧草主要是黑麦草和三叶草。黑麦草品种中包括在春季生长旺盛的品种和在秋季生长占优势的品种。三叶草又分白三叶草和红三叶草，白三叶草也有分别在春季生长占优势和在秋季生长占优势的草种。根据新西兰多年的研究和实践，牧草的高度长到5~8cm时最有利于绵羊的放牧采食，当牧草高度高于10cm，此时则把牛放进围栏分区中，让牛将10cm以上高度的牧草吃掉，这种用牛、羊混合放牧来调节牧草高度和草生状况，使以经营绵羊业为主的牧场的草场牧草高度始终处于有利于绵羊采食的状态。

（三）重视优秀肉羊品种和有效杂交组合的利用

利用专门化肉用品种，或利用杂种优势即用肉用品种公羊与其他品种母羊杂交和集约育肥方法，积极发展肥羔生产。

近些年来，美国引进了特克塞尔、杜泊、波尔山羊等优秀肉羊品种，并进行了大量的试验观察。结果指出，特克塞尔羊肌肉发达、瘦肉率高，是较为理想的终端父系品种；杜泊羊在舍饲条件下，对腿部肌肉的改善有积极作用，但杂交效果不如萨福克羊。美国肉羊业取得成功的重要原因在于有一批良好的培育品种，有一整套完善的肉羊业生产体系，这个体系包括繁育体系、育肥体系和羊肉的销售加工体系，但关键是肉羊繁育体系。美国的肉羊繁育体系主要包括纯种羊繁殖、后备母羊生产和商业肥羔生产3个环节。

英国肉羊杂交体系的特点是利用长毛型父系增加产羔数和产奶量，利用低地型公羊提高生长速度和胴体品质。现在英国肉羊业特别重视特克塞尔、萨福克、夏洛莱羊等品种作为终端父系的应用。同时，也特别重视用比尔特克斯（Beltex）羊作为生产杂种肉羊的终端父系，该羊的主要特点是具有双肌臀的后躯和较细的骨骼，这一特点使其育肥的羔羊屠宰率达到60%。比尔特克斯羊主要用于生产18~26kg的羔羊胴体，其杂种后代体质健壮，难产率较低。

澳大利亚生产肥羔，大多数生产者采用美利奴羊为母本，边区莱斯特羊为父本，杂交一代母羊再用无角道赛特公羊或南丘品种公羊杂交，其杂种供作肥羔，效果很好。由于该国各地生态经济条件不同，因此在选择杂交用的公羊也不同，在气候比较炎热的干旱地区，主要选用边区莱斯特羊；在气候较潮湿的地区，则选用罗姆尼羊；在气候条件适宜、饲草条件比较丰富的地区，选用无角道赛特羊，或南丘品种公羊；萨福克羊在南澳和维多利亚州应用比较普遍，生产的肥羔效果也比较好。无角道赛特羊是澳大利亚最大的终端父系品种，该国75%高档羔羊肉来自无角道赛特羊的杂种。

新西兰羊肉生产多利用有效的杂交方案生产杂种，肉用父系品种为南丘、萨福克、边区莱斯特、无角道赛特等，母系品种主要有罗姆尼、派伦代、柯泊华斯及考力代。但是，含有南丘羊基因的杂种，其羔羊胴体大都过肥，而含有边区莱斯特等基因的杂种，其羔羊胴体多半较瘦，同时产毛量一般比丘陵品种的杂种羊高0.2~0.4kg。近年来，广泛采用特克塞尔羊作为主要终端杂交父本，高繁殖力的芬兰羊也被选作杂交母本，所产羔羊生长发育快、饲料报酬高、肉用性能好、胴体可食比例大。

（四）实行草原区繁殖、农区育肥、农牧结合的合理布局

英国在山区主要饲养苏格兰黑面羊、威尔士山地羊、雪维特羊及斯华代等山地品种，由于山区条件差，只进行纯种繁殖，待母羊成后出售到平原地区与早熟品种边区莱斯特等公羊进行杂交，其后代杂种公羔全部供肥羔生产，母羔再转往北部人工草场地区，再用早熟丘陵品种萨福克、汉普夏等作为终端品种进行杂交，所产羔羊早熟、胴体瘦肉量适中，为理想的肉用羔羊，全部作肥羔。

美国生产肥羔的方式，羔羊主要来自草原地带，多为萨福克公羊与细毛母羊的杂种，跨州长途运输，主要售给玉米地带大型育肥场进行集约化育肥。草原带部分大型饲养场在草好的年份，也有依靠放牧育肥生产羔羊肉的。产粮区也有不少经营羔羊育肥的农户，羔源除部分来自自养自繁之外，多半靠买进的断奶羔羊，利用自己生产的草料生产羔羊肉。

（五）研究和实施集约化、工厂化肉羊生产工艺新技术

包括繁殖控制技术，杂交利用制度，饲养标准，饲粮配方，农副产品及青粗饲料的加工利用技术，工厂化、半工厂化条件下生产肉羊的配套设施、饲养工艺，疫病防治程序等。

（六）电子商务技术

在养羊业发达国家，随着电子商务技术的广泛应用，网络销售羊肉、羊毛、种羊等产品已得到广泛的认可和接受。如在澳大利亚，畜牧业产业一体化经营是采用合作社形式。澳大利亚的绵羊合作社已开展了通过电脑网络拍卖绵羊，农民在计算机上报价和签订合同，收购商在远程电脑中询价和下订单，合作社利用网络为农民提供期货全期保值、远程合同拍卖等业务，并由电子结算系统进行结算。

四、国外养羊业经验

羊肉按年龄分有大于 12 月龄的大羊肉和小于 12 月龄的小羊肉，其中 4~6 月龄的羔羊肉又称肥羔肉。因为肥羔肉具有比成年羊肉更加鲜嫩、膻味更轻的特点，所以近年来随着人们生活水平的提高而更受消费者青睐，需求量也不断增加。肥羔生产主要有以下特点。一是羔羊生长快、饲料报酬高、生产成本低。1~5 月龄的羔羊体重增长最快，其饲料报酬为 (3~4)：1，而成年羊则为 (6~8)：1，从节省饲料上看可节省近 1 倍。二是羔羊当年出生、当年育肥、当年屠宰，可提高出栏率和肉羊生产周期，经济效益明显。三是从事羔羊生产是适应饲草季节性变化的有效措施，可减少枯草期羊的体重损失。四是羔羊肉市场需求量大、行情好、价格高，某些地方比成年羊肉价高 1/3~1/2，而且羔羊皮质量好、价格高。由于生产羔羊肉可获得最佳经济社会效益，世界各国都积极研究，大力发展肥羔生产。如新西兰 90% 以上，法国 75%，澳大利亚 70%，美国 83% 以上为肥羔生产。各国发展羔羊生产虽然做法不尽相同，各有特点，但是不难发现，其中存在一些共性，这些共性之中，除了因地制宜、广泛开展经济杂交，广泛采用现代繁殖技术，实行工厂化、专业化生产之外，最突出的特点之一就是各国发展羔羊生产，都采用早期断奶，集中育肥的技术，重视新技术、新产品的研究和应用。现将发达国家发展肥羔生产的主要经验和做

法简要介绍如下。

（一）因地制宜，广泛开展经济杂交，主要是多元杂交

在气温较低、饲养条件较好的情况下大多饲养绵羊，如美国、澳大利亚和新西兰等国家。在气温高、饲养条件略差的情况下多饲养山羊，如巴基斯坦、印度等国家。

肉羊生产已广泛采用经济杂交的方式进行。通过科学的经济杂交，母羊产羔率可提高20%～30%，羔羊增重提高20%，成活率提高40%。多品种杂交效果更好。国外多以当地适应性强、繁殖率高的品种作母本。根据本国本地区自然资源和羊的品种资源情况，选择成熟早、生长快、体型大的羊为父系品种，通过杂交生产出综合性能高的羔羊。在美国，通常用作母本的品种有蓝布列特、美利奴、考力代、哥伦布和塔基羊；作为父本的品种有萨福克、汉普夏、肖普夏、牛津和南丘羊。在英国，肉用父系品种为南丘、萨福克等，母系品种有罗姆尼、派伦代、柯泊华斯及考力代。在澳大利亚，通常用边区莱斯特公羊与美利奴母羊交配，然后再用南丘羊和有角道赛特公羊与杂种母羊配种，所生产的肥羔效果很好。

（二）广泛采用现代繁殖新技术

按传统的方法进行繁殖满足不了现代人们对羊肉生产的需要，因而现代繁殖新技术在发达国家被广泛推广应用于肥羔生产中。如调节光照促进肉羊早发情、提早配种、早期断奶、诱发分娩、集中强度育肥等措施，较好地缩短了羊的非繁殖期。一年两胎或两年三胎繁殖，特别是采用同期发情技术，使母羊同时发情，统一配种，可使羊肉大批量生产，做到均衡上市，全年供应。美国就是应用这一技术保证全年都有肥羔上市。另外，采用超排技术可提高受胎率和多胎率，胚胎移植和胚胎分割技术也可用来提高产羔率。

（三）实行工厂化、专业化生产

随着科学技术的发展，现代养羊业已趋向规模大、技术工艺先进的专业化、工业化生产。集约化经营、工厂化生产羔羊在国外已经非常普遍。目前，国外羔羊生产规模较大、高度集中、工艺先进、自动化程度较高、生产周期短。发达国家发展肥羔生产的工厂化专业养殖企业，一般建在自然环境和饲养管理条件好的农区或人工草场放牧区。从事专业化生产羔羊的企业，一般具有育肥羊用的羊舍、颗粒或配合饲料加工车间、优良品种羊等条件。在工厂化生产的条件下，羔羊一般3月龄可达周岁羊体重的50%，6月龄可达75%，饲料报酬随月龄的增加而降低。捷克利用美利奴及杂种羊进行集约化育肥，一般羔羊3日龄即行断奶，4日龄起用人工乳喂养，18日龄后增加苜蓿等优质牧草或用混合精料加牧草，强度育肥至82日龄，羔羊体重可达32～35kg。

（四）重视新技术、新产品的研究和应用

1. 羔羊早期断奶

羔羊早期断奶是工厂化生产的重要环节，是大幅度提高产品率的基本措施。在国外，羔羊早期断奶，一是为了增加商品羊奶的生产，二是为了扩大羔羊肉生产，特别是在工厂化生产比较发达的国家，羔羊早期断奶已成为集约经营的组成部分。根据母羊的生理特点，在产后50d左右，母乳已不能满足羔羊的生长发育需要，因而不少国家在这个时间给羔羊断奶，然后补给充足的饲料进行育肥。这不仅有利于羔羊的生长发育，达到早上市的目的，同时也给母羊以休养生息的机会，为1年2产或2年3产打下基础。

　　早期断奶主要分两种情况进行，一是根据羊羔出生后的时间决定，二是根据出生后体重决定。按时间进行断奶的在出生后 1 周左右进行，断奶后用代乳品进行人工育羔。如英国在培育室内有自动喂奶机，可同时喂 480 只羔羊。一般羔羊 1d 喂代乳品 4 次，每次 30~150mL，羔羊体重达 15kg 时断奶（代乳）。再喂给含粗蛋白质 18% 的颗粒饲料，干草或青草不限量。按时间进行断奶的方法是在出生后 40~50d 时进行，断奶后不需要人工饲养羔羊，可完全饲喂植物性饲料或放牧。其实羔羊出生后 40~50d 母乳已不能满足生长需要，即使在自然哺乳的情况下也需要补饲其他饲料。澳大利亚大都采用 6~10 周时进行断奶。英国采取按体重进行断奶的办法，一般羔羊活体重在 11~12kg 时进行。法国则采取在体重比初生重大两倍时进行断奶。

　　羔羊断奶后随即补给充足的饲料进行强度育肥。目前，育肥一般都采用放牧加补饲的办法或者采取舍饲育肥的办法。个别国家人工草场好，羔羊断奶后也采用全天候放牧法，仅在出牧前或者收牧后补给一定精料。

2. 人工育羔

　　在英国当羔羊吃到初乳后就进行人工育羔，将羔羊放在专门的育羔室内，用自动喂奶机可同时饲喂羔羊 480 只，既可以不限喂奶量，也可以定时喂奶。如果出于各种原因吃不到初乳，可用初乳代乳品饲喂（牛奶 680g、鲜鸡蛋 1 个、鱼肝油 1 茶匙、糖 1 汤匙），每天喂 4 次，每次 170g。

3. 颗粒饲料

　　国外饲养肉用羔羊时，全部采用颗粒饲料，饲养效果很好。颗粒饲料配方根据日龄不同而不同，主要分 3 个阶段：25~30 日龄前；30~60 日龄；60 日龄以后。

4. 种植人工牧草

　　牧草是发展畜牧业的重要饲料资源，畜牧业发达国家都非常重视人工牧草的种植和草地的改良。荷兰基本上是人工草地，产草量高，2/3 的草地为多年生牧草；新西兰的草原 65% 为人工草地及半人工草地，平均 $0.2hm^2$ 地养 1 只羊；澳大利亚的人工草地约 $0.27×10^8hm^2$，其中 1/3 为重新种植的多年生牧草，2/3 为改良的半人工草地；美国粗饲料中，干草占 70%~80%，其中苜蓿干草的产量占 60%。

　　另外，发达国家在肥羔生产方面还有其他一些先进经验，如草地改良、建立品种羊生产基地、实行机械化生产、建立疾病防治体系等，这些措施都对发展肉羊生产起到很好的保障和推动作用。国外的肥羔生产先进经验有许多值得我们借鉴之处。

参考文献

陈家振，2015. 我国农区发展秸秆养羊的十大意义 [J]. 现代畜牧科技 (1)：30-31.

涂友仁，1989. 中国羊品种志 [M]. 上海：上海科学技术出版社.

张乃锋，2017. 新编羊饲料配方 600 例 [M]. 2 版. 北京：化学工业出版社.

张英杰，2015. 羊生产学 [M]. 北京：中国农业大学出版社.

赵有璋，2015. 国内外养羊业发展趋势、问题和对策 [J]. 现代畜牧兽医 (9)：63-68.

赵有璋，2005. 现代中国养羊 [M]. 北京：金盾出版社.

第二章　现代羊场规划、建设与生产工艺

近年来，随着我国肉羊生产的迅速发展，肉羊饲养方式逐步由放牧转变为舍饲和半舍饲，分散饲养正向相对集中饲养方式转变，生产规模化程度不断提高，养羊业逐步向区域优势化、养殖规模化、标准化和产业化方向发展。实现肉羊舍饲生产设施标准化、设备配套机械化、环境控制自动化是提高现代肉羊生产效率、提高生产水平和保证畜产品质量的重要基础技术措施。舍饲规模化、标准化肉羊场，是实施养羊业标准化生产、无公害健康养殖的重要方式，是推广科学技术和发展养羊业规模经营的有效途径。搞好舍饲规模现代肉羊场设计与建设，有利于推动规模化、标准化肉羊生产发展，有利于羊群疾病控制，提高养羊生产效率、生产水平和经济效益；有利于生态环境保护和加快农业产业结构调整，保障肉羊健康养殖、安全生产。为挖掘肉羊生产的潜力，确保羊产品品质和卫生安全，必须抓好现代羊场规划和羊舍建设。因此，应结合当地肉羊生产实际建设羊舍，既要与当地畜牧业发展规划和生态环境建设相适应，又要考虑养羊业发展趋势和市场需求变化，以便确定生产方向和适宜的生产规模。对现代羊场布局进行科学规划设计，做到功能分区明确，生产操作方便，场区内外卫生清洁，为肉羊创造良好的生产环境。

第一节　现代羊场建设用地及资金来源

一、现代羊场建设用地审批

（一）畜禽养殖用地有关政策

随着我国畜牧业的发展，饲养方式和结构发生了很大变化，规模化养殖对用地提出了新的要求。为促进规模化畜禽养殖发展，国土资源部和农业农村部联合出台了促进规模化畜禽养殖的有关用地扶持政策，主要有以下几个方面。

1. 统筹规划，合理安排养殖用地

（1）县级畜牧主管部门要依据上级畜牧业发展规划和本地畜牧业生产基础、农业资源条件等，编制好县级畜牧业发展规划，明确发展目标和方向，提出规模化畜禽养殖及其用地的数量、布局和规模要求。

（2）在当前土地利用总体规划尚未修编的情况下，县级国土资源管理部门对于规模化畜禽养殖用地实行一事一议，依照现行土地利用规划，做好用地论证等工作，提供用地保障。下一步新一轮土地利用总体规划修编时，要统筹安排，将规模化畜禽养殖用地纳入

规划，落实养殖用地，满足用地需求。

（3）规模化畜禽养殖用地的规划布局和选址，应坚持鼓励利用废弃地和荒山荒坡等未利用地、尽可能不占或少占耕地的原则，禁止占用基本农田。各地在土地整理和新农村建设中，可以充分考虑规模化畜禽养殖的需要，预留用地空间，提供用地条件。任何地方不得以新农村建设或整治环境为由禁止或限制规模化畜禽养殖。积极推行标准化规模养殖，合理确定用地标准，节约集约用地。

（4）规模化畜禽养殖用地确定后，不得擅自将用地改变为非农业建设用途，防止借规模化养殖之机圈占土地进行其他非农业建设。

2. 区别不同情况，采取不同的扶持政策

（1）本农村集体经济组织、农民和畜牧业合作经济组织按照乡（镇）土地利用总体规划，兴办规模化畜禽养殖所需用地按农用地管理，作为农业生产结构调整用地，不需办理农用地转用审批手续。

（2）其他企业和个人兴办或与农村集体经济组织、农民和畜牧业合作经济组织联合兴办规模化畜禽养殖所需用地，实行分类管理。畜禽舍等生产设施及绿化隔离带用地，按照农用地管理，不需办理农用地转用审批手续；管理和生活用房、疫病防控设施、饲料储藏用房、硬化道路等附属设施，属于永久性建（构）筑物，其用地比照农村集体建设用地管理，需依法办理农用地转用审批手续。

（3）办理农用地转用审批手续所需的用地计划指标，要从已下达的计划指标中调剂解决，以后要在年度计划中予以安排；占用耕地的，原则上由养殖企业或个人负责补充，有条件的，也可由县级人民政府实施的投资项目予以扶持。

3. 简化程序，及时提供用地

（1）申请规模化畜禽养殖的企业或个人，无论是农村集体经济组织、农民和畜牧业合作经济组织，还是其他企业或个人，需经乡（镇）人民政府同意，向县级畜牧主管部门提出规模化养殖项目申请，进行审核备案。

（2）本农村集体经济组织、农民和畜牧业合作经济组织申请规模化畜禽养殖的，经县级畜牧主管部门审核同意后，乡（镇）国土所要积极帮助协调用地选址，并到县级国土资源管理部门办理用地备案手续。涉及占用耕地的，要签订复耕保证书，原则上不收取保证金或押金；原址不能复耕的，要依法另行补充耕地。

（3）其他企业或个人申请规模化畜禽养殖的，经县级畜牧主管部门审核同意后，县（市）、乡（镇）国土资源管理部门积极帮助协调用地选址，并到县级国土资源管理部门办理用地备案手续。其中，生产设施及绿化隔离带用地占用耕地的，应签订复耕保证书，原址不能复耕的，要依法另行补充耕地；附属设施用地涉及占用农用地的，应按照规定的批准权限和要求办理农用地转用审批手续。

（4）规模化畜禽养殖用地要依据《中华人民共和国农村土地承包法》《中华人民共和国土地管理法》等法律法规和有关规定，以出租、转包等合法方式取得，切实维护好土地所有权人和原使用权人的合法权益。县级国土资源管理部门在规模化畜禽养殖用地有关手续完备后，及时做好土地变更调查和登记工作。因建设确需占用规模化畜禽养殖用地的，应根据规划布局和养殖企业或个人要求，重新相应落实新的养殖用地，依法保护养殖企业和个人的合法权益。

4. 通力合作，共同抓好规模化畜禽养殖用地的落实

（1）各地要依据法律法规和有关规定，结合本地实际情况，认真调查研究，进一步完善有关政策，细化有关规定，积极为规模化畜禽养殖用地做好服务。

（2）各级国土资源管理部门和畜牧主管部门要在当地政府的组织领导下，各司其职，加强沟通合作，及时研究规模化畜禽养殖中出现的新情况、新问题，不断完善相应政策和措施，促进规模化畜禽养殖的健康发展。

（二）土地获得

1. 用地申请

提出用地申请时，应当填写《建设用地申请表》，并附具下列材料：① 建设单位有关资质证明；② 项目可行性研究报告批复或者其他有关批准文件；③ 土地行政主管部门出具的建设项目用地预审报告；④ 初步设计或者其他有关批准文件；⑤ 建设项目总平面布置图；⑥ 占用耕地的，必须提出补充耕地方案；⑦建设项目位于地质灾害易发区的，应当提供地质灾害危险性评估报告。

规模化畜禽养殖用地以出租、转包等合法方式取得，切实维护好土地所有权人和原使用权人的合法权益。确需占用规模化畜禽养殖用地的，应重新落实新的养殖用地，保护养殖企业和个人的合法权益。

2. 用地申请报告的内容与撰写

（1）建设单位基本情况。

项目申请报告主要内容：建设单位设立情况、性质（事业单位或其他性质单位）、业务范围和本单位现有用地情况。

（2）建设项目基本情况。

主要内容：项目用地申请报告建设的相关背景、必要性；项目拟用地选址规划依据和具体位置，建设项目用地总规模、用地性质、建筑规模以及功能布局等建设方案详细内容，项目投资总额和资金来源；建设项目前期工作进展情况和已经取得的相关批准文件；其他需要特殊说明的情况。

（3）建设项目用地情况。

主要内容：建设项目用地总规模及确定的有关依据、标准等；建设项目用地的现状权属情况，包括总用地中国有土地和集体土地面积，用地现状中农用地、建设用地、未利用地面积情况，占用耕地或基本农田的面积，占用耕地的及补充方式、标准和资金落实情况；项目用地申请报告用地方式（包括征收、占用）等情况；建设项目相关用地指标情况，包括建筑密度、容积率、行政办公及生活服务设施用地（或分摊土地面积）情况等。

（4）项目用地申请报告附件。

① 企业营业执照或法人代码证书（复印件）；② 法人身份证明及委托书（复印件）；③ 地形现状图（原件加盖公章）；④ 相关批准文件或其他辅助资料。

企业依法取得建设用地使用权后，建设用地使用人依法享有土地占有、使用和收益的权利。有权利用该土地建造建筑物、构筑物及其附属设施，但不得改变用途，如需要改变应当经有关行政部门批准。使用期限由当事人约定但不能超过建设用地剩余期限。

如果申请农业用地变更成建设用地，就得办理审批。目前实行分级审批，逐级上报。县里的权限只有100亩左右。省批准权限耕地面积在250亩、其他土地面积在450亩以下。超过省批权限要报国务院审批。

二、现代羊场建设资金来源

(一) 资金筹措及基本要求

资金筹措是指公司通过各种渠道和采用不同方式及时、适量地筹集生产经营和建设投资必需资金的行为。资金筹措的基本要求:一是合理确定资金需要量,力求提高筹资效果;二是认真选择资金,力求降低资金成本;三是适时取得资金,保证资金投放需要;四是适当维持自有资金比例,正确安排举债经营。

资金筹措可以分为两大类,即内部资金筹措与外部资金筹措。内部资金筹措就是动用公司积累的财力,具体说就是把股份公司的公积金(留存收益)作为筹措资金的来源。外部资金筹措就是向公司以外的经济主体(包括公司现有股东和公司职员及雇员)筹措资金。主要有3种:第一种是向金融机构筹措资金,如从银行借贷,从信托投资公司、保险公司等处获得资金等;第二种是向非金融机构筹措资金,如通过商业信用方式获得往来工商企业的短期资金来源,向设备租赁公司租赁相关生产设备获得中长期资金来源等;第三种渠道则是在金融市场上发行有价证券。

(二) 融资

融资是公司根据自身的生产经营、资金拥有状况,以及公司未来经营发展的需要,通过科学的预测和决策,采用一定的方式,从一定的渠道向公司的投资者和债权人去筹集资金,组织资金的供应,以保证公司正常生产需要,经营管理活动需要的理财行为。企业融资的渠道可以分为两类:债务性融资和权益性融资。债务性融资包括银行贷款、发行债券和应付票据、应付账款等,权益性融资主要指股票融资。

第二节　现代羊场建筑设计与布局

现代羊场建设规模应遵循适度原则。要根据投资者意愿、技术管理能力、经济实力、国家对项目的扶持奖励政策、建场周边饲草饲料资源、耕地流转费用、用工价格、枯水期水电供给能力以及市场需求等因素综合考虑,保证建场、购羊后,自有资金至少要能够正常维持饲草饲料、人工、水电、车辆等各项生产开支1年以上。忌盲目扩大规模,不能与周边群众争水、电和草料,不能在生产期间造成资金链断裂,不能完全或主要靠借贷维持生产。

一、养羊场建设用地面积的综合分析

随着现代肉羊生产的快速发展,规模化养羊场的生产经营模式多趋向自繁自养、全舍饲养羊。因此,羊场的生产经营模式和饲养规模是决定占地面积的重要因素,羊舍建筑是养羊场建设用地的重点。舍饲养羊密度按性别和生长阶段为依据,占地面积为:种公羊一般一羊一圈或二羊一圈,占地面积 $5m^2$/只,并配有2倍以上的运动场;母羊按不同生理状况(空怀、怀孕、产羔)分圈,平均占地面积 $2m^2$/只,并配有1倍面积的运动场;育成羊和育肥羊按群养计算，平均占地面积 $1m^2$/只；羊羔（2月龄内）占地面积为 $0.4m^2$/只，断奶前一般与母羊同圈饲养，故不计用地面积。

（一）规模化养羊场合理的养殖结构

按本地湖羊和小尾寒羊2年产3胎，每胎2只计算，母羊与羔羊比例1：3，后备母羊为生产母羊的20%，常年育成羊和羔羊占出栏数2/3。采用人工授精技术，减少种公羊饲养成本，公母比控制在1：（50~100），后备公羊占种羊数30%，则拥有1000只生产母羊，公母羊比例应控制为1：100。

羊群结构以出栏1000只和3000只生产规模为例：年出栏1000只养羊场，养殖结构为生产母羊333只，后备母羊67只，公母比1：50，种公羊7只，后备公羊2只，育成羊和羔羊667只；按年出栏3000只羊计算，养殖结构为：生产母羊1000只，后备母羊200只，公母比1：100，种公羊12只，后备公羊3只，育成羊和肉羊2000只。

（二）附属配套设施建设用地

包括管理与生活设施用地、疾病防控设施用地、饲料及饲草储存设施用地、粪污治理设施用地及道路、场地、围墙等，尽可能节约用地，特别是压缩管理与生活设施用地，做到布局合理、结构紧凑，有利于管理功能的发挥。

1. 管理与生活设施

管理与生活设施包括门卫值班室、办公室、生产营销科、职工宿舍及食堂等，为节约用地，尽可能压缩，但不可影响管理功能的发挥，办公室为多功能，生产与营销合一。

2. 羊场建设应坚持分区建设原则

生产区与管理生活区分开，区与区之间应设隔离带和防疫沟，防疫沟主要用于生产区，按生产区周长乘以1m宽为准。生产区道路以方便生产和不造成交叉感染为准则。养羊场不论规模大小，都必须建有隔离羊舍，一般为羊舍用地面积的5%~10%。

3. 道路场地用地

道路场地用地包括生产区、生活与管理区和隔离区所有的道路场地等，一般占羊舍用地面积25%~30%。为节约用地，3000只规模以上养羊场应控制在20%。

4. 绿化与隔离带

绿化与隔离带指羊舍之间10m左右的间隔以及各区之间的隔离带用地，一般占总建筑面积30%左右。

建议羊场各区之间，房屋前后应多种植矮品种常绿树木，形成绿化带，同时羊场内除必要的道路、晒场采用水泥地坪外，尽可能植树种草，既可充分利用土地资源，又可美化环境、净化空气、防暑降温。

（三）用地

参考结合上述各种前置条件，对设计500只、1000只、3000只、5000只和10000只5个不同规模肉羊养殖场用地指标进行分析，见表2-1至表2-4。

表 2-1　养羊场羊舍建设用地指标分析　　　　（单位：m²）

生产规模（年出栏羊只）	500	1 000	3 000	5 000	10 000
种羊舍（含后备公羊）	25	50	80	130	260
种公羊运动场	50	100	160	260	720
母羊舍（含后备母羊）	367	720	2 160	3 600	7 200
母羊运动场	367	720	2 160	3 600	7 200
育成羊、肉羊舍	333	667	2 000	3 330	6 660
隔离羊舍	70	140	340	400	600
人工授精室	15	20	30	40	60
总用地面积	1 227	2 417	6 930	11 360	22 700
每只平均	2.45	2.42	2.31	2.27	2.27

表 2-2　养羊场附属设施建设用地指标分析　　　　（单位：m²）

生产规模（年出栏羊只）		500	1 000	3 000	5 000	10 000
生活管理设施用地	办公用房	15	30	40	60	120
	生活用房	15	30	60	60	120
	实际用地	30	60	100	120	120
疾病防控设施用地	生产区消毒更衣室	15	15	15	40	80
	兽医室（含药库）	15	15	15	20	40
	药浴池	—	100	200	200	400
	粪污堆场	50	50	100	200	300
饲料垫料设施	草棚	100	100	200	400	600
	青贮窖	100	200	600	1 000	2 000
	饲料仓库	40	40	40	100	200
	工具设备库	40	40	40	80	160
其他	围墙（防疫沟）	160	220	355	455	635
	道路场地	405	760	1 650	2 700	5 320
用地合计		955	1 600	3 315	5 315	9 855
羊均		1.91	1.6	1.105	1.06	0.99

＊ 3 000 只以上规模考虑建造 2 层以上办公楼。

表 2-3　绿化、隔离带建设用地分析　　　　（单位：m²）

生产规模（年出栏羊只）	500	1 000	3 000	5 000	10 000
建筑面积用地	2 182	4 017	10 245	16 675	32 555
绿化隔离带用地	655	1 205	3 074	5 000	9 770

（续表）

生产规模（年出栏羊只）		500	1 000	3 000	5 000	10 000
绿化用地所占比例（%）	占建筑用地	30	30	30	30	30
	占总用地	23	23	23	23	23
羊均用地		1.31	1.21	1.025	1	0.98

表 2-4 养羊场建设用地指标分析 （单位：m²）

生产规模（年出栏羊只）		500	1 000	3 000	5 000
羊舍建设用地	总用地	1 227	2 417	6 930	11 360
	羊均用地	2.45	2.417	2.31	2.27
附属设施建设用地	总用地	955	1 600	3 315	5 315
	羊均用地	1.91	1.6	1.105	1.06
绿化与隔离带用地	总用地	655	1 205	3 074	5 000
	羊均用地	1.31	1.205	1.025	1
合计	总用地	2 837	5 222	13 319	21 675
	羊均用地	5.674	5.222	4.44	4.335

从表 2-1 至表 2-4 可得出如下结论。

一是在正常情况下除生活与管理设施用地外，其他附属配套设施、绿化与隔离带用地是羊场建设不可或缺的基本组成部分，故生产规模小的羊场平均用地面积高于生产规模大的羊场。二是由于羊场生产规模以年出栏羊数为依据，其建设用地拟推荐为 500 只、1 000 只、3 000 只、5 000 只及 10 000 只 5 个用地标准指南（表 2-5）。

表 2-5 养羊场建设用地指南推荐 （单位：只、m²/只）

生产规模（年出栏羊只）		500	1 000	3 000	5 000
羊均附属设施标准	生产设施	2.45	2.417	2.31	2.27
	附属设施	1.91	1.6	1.105	1.06
	绿化与隔离带	1.31	1.205	1.025	1
	合计	5.674	5.222	4.44	4.335

注：① 表中生产设施用地值为下限值，附属设施与绿化隔离带用地为上限值。② 生产规模介于 2 个用地指标之间的，可取其平均值，亦可酌情依上值或依下值。

以年出栏 3 000 只肉羊规模场计算，羊场总体占地面积为 13 320 m²，其中羊舍等生产设施占地面积 6 930 m²，附属设施用地面积 3 315 m²，绿化与隔离带用地面积 3 075 m²。

二、羊场选址布局

建设羊场的目的，在于给羊只提供适宜的生存环境，便于生产管理，以达到优质、高产高效的目标。肉羊场建设包括选址、布局、建设、饲养管理、防疫、环保等诸多技术环节，因此，在实施过程中，既要考虑羊只的生物学特性、羊群规模大小和生产管理方式，又要符合科学合理、因地制宜、经济实用的基本原则（图2-1）。

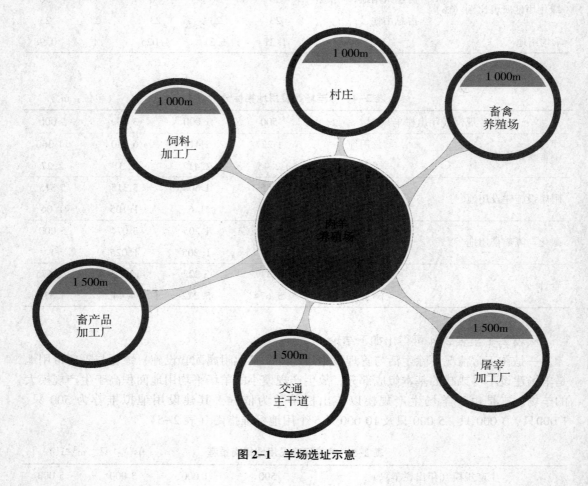

图 2-1　羊场选址示意

（一）选址

（1）地势高燥平坦。羊场选址应符合当地土地利用发展规划和村镇建设发展规划要求。选建地址应在地势较高、向阳，排水良好和通风干燥的平坦地方。要求土壤透水性好，最好为沙壤土，以利于排出积水和防潮。土壤质量符合 GB 15618《土壤环境质量标准》规定。朝向以坐北向南或偏东 5°～10° 为宜。选址场地高于周围地势，地下水位在 2m以下。

（2）草料充足，有清洁水源。以舍饲为主的地区及集中育肥肉羊产区，羊场周边区域最好有一定的饲草、饲料基地及放牧草地。水源充足，水质良好，取用方便，水质符合NY 5027—2008《无公害食品　畜禽饮用水水质》规定。切忌在水源不足或受到严重污染的地方建场。

（3）交通便利，通信方便。

（4）能源供应充足。电力负荷能稳定供应，满足生产需要，并且充足可靠，符合 GB 50052—2009《供电系统设计规范》规定。

（5）能保证防疫安全。羊场距离公路、铁路主干道及江河 500m 以上；距离居民区、学校、医院等 1km 以上；3km 内无化工厂、采矿厂、皮革厂、畜产品加工厂、屠宰场等污染源；羊场周围应设围墙、围栏、防疫沟、绿化带等隔离带；兽医室、病羊隔离室、贮粪池应位于羊舍下风方向 50m 以外；各圈舍间应有 15m 以上的间隔距离。

（6）考虑发展计划。建在肉羊生产基础较好的地区，以便就近推广和组织生产。

（7）不宜在低洼涝地、山洪水道、冬季风口处和地质灾害等地段选址建场。不得在水源保护区、风景名胜区、自然保护区的核心区和缓冲区；城镇居民区、文化教育科学研究区等人口集中区域；环境污染严重区、畜禽疫病常发区和山谷洼地等洪涝威胁地段，以及法律法规规定的禁养区选址建场。

（二）羊场规划设计

肉羊场规划的主要内容包括场址选择、工艺设计、总体布局、基础设施工程规划 4 个方面。羊场的规划原则要有利于肉羊高效生产、安全防疫、环境控制，并按以下原则进行。

一是根据羊场的生产工艺要求，结合当地气候条件、地形地势及周围环境特点，因地制宜，做好功能分区。合理布置各种建筑物，满足其使用功能，创造出经济合理的生产环境。

二是充分利用场区原有的自然地形、地势，建筑物长轴尽可能顺场区等高线布置，尽量减少土石方工程量和基础设施工程费用，最大限度地减少基本建设费用。

三是合理组织场内、外的人流和物流，创造最有利的环境条件和低劳动强度的生产联系，实现高效生产。

四是保证建筑物具有良好的朝向，满足采光和自然通风条件。

五是利于肉羊粪尿、污水及其他废弃物的处理，确保符合清洁生产环保的要求。

六是对生产区的规划，要兼顾未来技术进步和改造的可能性，在节约土地、满足当前生产需要基础上，综合考虑到将来扩建和改造的可能性。可按照分期、分单元建场的方式进行规划，以确保达到最终规模后总体的协调和一致。

（三）羊场功能分区及规划布置

羊场建筑设施按生活办公区、生产辅助区、生产区、病羊隔离与粪污处理区布置（图 2-2、图 2-3）。要求各区功能明确，联系方便。功能区间距不少于 15m，并有防疫隔离带（墙）。

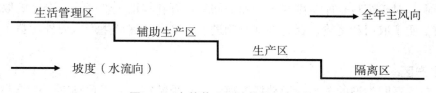

图 2-2　肉羊养殖场地势风向规划

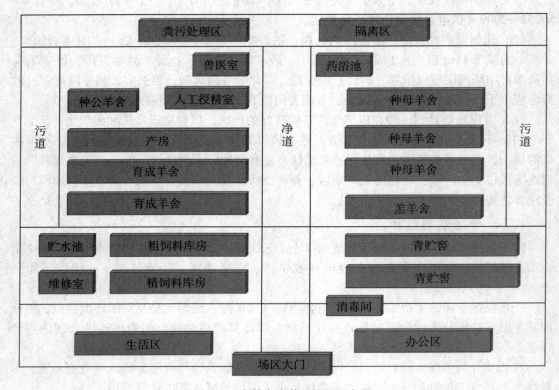

图 2-3　自繁自育养殖场平面布局

1. 生活办公区

生活管理区应位于场区全年主导风向的上风处或侧风处，并且应在紧邻场区大门内侧集中布置。主要包括管理人员办公室、接待室、会议室、技术档案室、食堂、职工宿舍、传达室、更衣消毒室、厕所，以及与外界接触密切的生产辅助设施等。

羊场大门应位于场区主干道与场外道路连接处，设施布置应使外来人员或车辆经过强制性消毒，并经门卫放行才能进场。生活管理区与生产区之间应设缓冲地带，生产区入口处设置更衣消毒室和车辆消毒设施。

2. 辅助生产区

主要包括草料房（库），饲料加工间，青贮池（窖、塔），供水、供电、供热、设备维修、物资仓库等设施，这些设施应靠近生产区的负荷中心布置，与生活管理区没有严格的界限要求。对于饲料仓库，则要求仓库的卸料口开在辅助生产区内，仓库的取料口开在生产区内，便于取用和运输。杜绝外来车辆进入生产区，保证生产区内外运料车互不交叉使用。

3. 生产区

主要布置不同类型的羊舍、运动场、剪毛间、采精室、人工授精室、肉羊装车台、选种展示厅等建筑。这些设施都应设置两个出入口，有专用通道，分别与生活办公区和生产辅助区相通。

4. 病羊隔离与粪污处理区

主要是隔离肉羊舍、兽医室、尸体解剖室、病尸高压灭菌或焚烧处理设备及粪便和污水储存与处理设施。兽医室、病羊隔离室设在距最近羊舍50m以外，应位于全场常年主导风向的下风处和最低处，与生产区的间距应满足兽医卫生防疫要求。绿化隔离带、隔离区内部的粪便污水处理设施和其他设施也需有适当的卫生防疫间距。隔离区内的粪便污水处理设施与生产区有专用道路相连，与场区外有专用大门和道路相通。

5. 场内道路应设净道和污道

两者严格分开，不得交叉、混用；道路宽度不小于3.5m，转弯半径不小于8m，道路上空净高4m内无障碍物。

三、羊场建设

羊舍是羊只生存、生活和生产的重要场所，所有规划和建设都应考虑经济实用、耐用、留有发展余地和便于改造，适应集约化、标准化、规范化生产工艺的要求。按轻重缓急，在统一规划的基础上，有计划地先建急需部分，缓建部分和配套设施分期分批建设。

首先要结合当地气候环境，确定羊舍建筑形式和工艺设计。南方地区由于天气较热，羊舍建设主要以防暑降温为主；北方地区冬季时间长，气候寒冷，则以保温防寒为主；二是尽量降低建设成本，做到经济实用；三是创造有利于肉羊生产的环境；四是圈舍的结构要有利于防疫；五是保证人员出入、饲喂羊群、清扫栏圈方便；六是圈内光线充足、空气流通、羊群舒适；七是育成舍、母羊舍、产羔舍、羔羊舍要合理布局，而且要留有一定间距。

（一）地点要求

以夏季防暑、冬季防寒、通风和便于管理为原则。根据肉羊的生物学特性，应选地势高燥、排水良好、背风向阳、通风干燥、环境安静、方便防疫的地点建造羊舍。山区或丘陵地区可建在靠山向阳坡，但坡度不宜过大，南面应有广阔的运动场。

（二）面积要求

羊舍应有足够的面积，使羊在舍内不感到拥挤，可以自由活动。羊舍面积过大，既浪费土地，又浪费建筑材料；面积过小，舍内拥挤潮湿、空气污染严重有碍于羊体健康，管理不便，生产效率不高。各类羊只所需羊舍面积见表2-6。

表2-6　各类羊舍所需面积

羊别	面积（m²/只）	羊别	面积（m²/只）
单饲公羊	4.0~6.0	育成母羊	0.7~0.8
群饲公羊	1.5~2.0	去势羔羊	0.6~0.8
春季产羔母羊	1.2~1.4	3~4月龄羔羊	0.3~0.4
冬季产羔母羊	1.6~2.0	育肥羯羊、淘汰羊	0.7~0.8
育成公羊	0.7~0.9	—	—

产羔舍可按基础母羊数的20%~25%计算面积。运动场面积一般为羊舍面积的2~3

倍。在产羔舍内附设产房，产房内有取暖设备，必要时可以加温，使产房保持一定的温度。

（三）高度要求

羊舍高度要依据羊群大小、羊舍类型及当地气候特点而定。一般高度（檐高）为2.8~3.0m，双坡式羊舍净高（地面至天棚的高度）不低于2m。单坡式羊舍前墙高度不低于2.5m，后墙高度不低于1.8m。南方地区的羊舍防暑防潮重于防寒，羊舍高度应适当增加。

（四）通风采光要求

一般羊舍冬季温度保持在0℃以上，羔羊舍温度不超过8℃，产羔室温度在8~10℃比较适宜。山羊舍内温度应高于绵羊舍内温度。为了保持羊舍干燥和空气新鲜，必须有良好的通风换气设备。羊舍的通风换气装置，既要保证有足够的新鲜空气，又能避贼风。可以在屋顶上设通气孔，孔上有活门，必要时可以关闭。在安设通风换气装置时要考虑每只羊每小时需要 $3~4m^3$ 的新鲜空气。羊舍窗户面积一般占地面面积的1/15，冬季阳光可以照射到室内，既能消毒，又能增加室内温度；夏季敞开，增大通风面积，降低室温。在农区，绵羊舍主要注重通风，山羊舍要兼顾保温。

（五）建筑材料要求

羊舍的建筑材料以就地取材、经济耐用为原则。现代羊场建设应利用钢材、保温夹芯板、砖、石、砂、水泥、石灰、木材等修建坚固永久性羊舍，以减少劳力和维修的费用。

砖混结构羊舍建筑材料：红砖（240mm×115mm×53mm），水泥（225/275/325号），建筑用黄沙（河沙），檩樑（槽钢或木质）、黏土瓦或水泥瓦。

轻钢结构羊舍建筑用材：工型钢（16#/18#/20#），槽钢（8#/10#），镀锌管，卷帘布，彩钢夹芯板（100mm/120/mm/150mm）。

（六）防疫要求

包括防止场外人员及其他动物进入场区，场区应以围墙和防疫沟与外界隔离，周围设绿化隔离带。围墙距建筑物的间距不小于3.5m，规模较大的肉羊场，四周应建较高的围墙（2.5~3.0m）或较深的防疫沟（1.5~2.0m）。

四、羊舍建筑与施工

（一）羊舍基本构造及方案

1. 羊舍基本构造

主要包括墙体（或柱子）、基础、地面（或楼板）、屋顶、门窗及内外装修（散水、勒脚、踢脚、墙裙、吊顶、内外墙面粉刷等），根据其功能可分为：承重部分和围护、分割部分（图2-4）。

承重部分有两种形式，第一种是墙体承重，依靠内外墙承载屋顶、楼板层、风雪和墙体自重等各种荷载，并将其传递到基础和地基上，该承重方式坚固、稳定、结构简单、施工方便、造价低，在羊舍建筑中经常使用；第二种是立贴式梁架承重，即由梁、柱承载屋顶重量，墙体起围护作用。采用立贴式梁架承重的墙体可以选用保温隔热性能好、价格低，但强度差的材料，这种承重方式一般用于单层羊舍建筑。

2. 羊舍构造方案的确定原则

要求构造坚固，符合畜牧生产要求，形体和构造简单、整齐，经济美观，适用。在羊舍构造方案选择过程中，应该根据气候因素、肉羊生产特点、建筑材料、建筑习惯和投资能力等因素综合考虑，切不可贪大求洋、生搬硬套、盲目模仿。

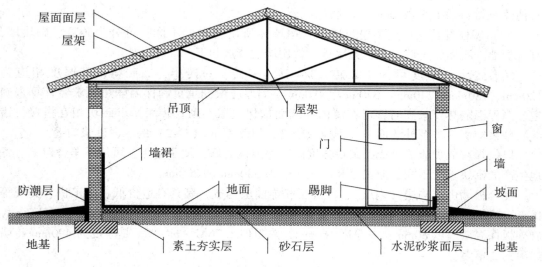

图 2-4 封闭式羊舍主要结构

（二）主要构造建筑施工

1. 地基和基础

（1）地基。直接承载基础的土层称为天然地基，经过加固处理后承载基础的地基称为人工地基。天然地基应是地质均匀、结实、干燥、抗冲刷力强、膨胀性小、地下水位在2m以下，且无浸湿作用。砂砾、碎石、岩性土层以及有足够厚度、且不受地下水冲刷的沙质土层是良好的天然地基。黏土和黄土含水多时，土层较软，压缩性和膨胀性均大，如不能保证干燥，不适宜作天然地基。简易羊舍或小型羊舍因负载小，一般建于天然硬基上即可；大型羊舍要求有足够的承重能力和厚度，膨胀性小，且具有一定的抗冲刷力。

（2）基础。基础必须具备坚固、耐久、防潮、防冻和抗机械作用等能力。基础一般应比墙体宽10~15cm，加宽部分常作成阶梯形，称"大放脚"。基础通过"大放脚"来增大底面积，使压强不超过地基的承载力。基础的地面宽度和埋置深度应根据羊舍的总荷载，地基的承载力根据土层的冻涨程度及地下水位状况计算确定。北方基础埋置深度应在土层最大冻结深度以下，但应避免将基础埋置在受地下水浸湿的土层中。

按基础垫层使用材料的不同，基础可分为灰土基础、碎砖三合土基础、毛石基础、混凝土基础等。目前，在羊舍建筑中，可选择砖、石、混凝土或钢筋混凝土等做羊舍基础建材，山（农）区简易羊舍可用全木建舍。

2. 墙

（1）墙体作用。墙体是羊舍的主要构造部分，具有承重和分隔空间、围护作用。墙体承重作用是指墙体将房舍全部荷载（包括房舍自身重量、屋顶积雪重量及风的压力等）传递给基础或地基。围护、分隔作用是指墙体将羊舍与外界隔开或对羊舍空间进行分隔的主要构造，既具有围护和分隔，又具有承重的墙体称为承重墙；只具围护和分隔的墙体称为非承重墙。墙体对羊舍内温度和湿度影响很大。据测定，冬季通过墙散失的热量占整个羊舍总失热量的35%~40%。外墙与舍外地面接触的部位称勒脚。勒脚经常受屋檐滴下的雨水、地面雨雪的浸溅及地下水的浸蚀，因此可在勒脚与墙身之间用油毡、沥青、水泥或其他建筑材料铺1.5~2.0cm厚的防潮层。

（2）墙体种类、特点及建筑要求。按墙体所用材料的不同，可分为砖墙、砌块墙、复合板墙、石墙、土墙、灰板条墙等。常用墙的特点如下。

实心砖墙的厚度可为1/2砖、3/4砖、一砖、一砖半、二砖等，其厚度相应为120mm、180mm、240mm、370mm、490mm。墙厚应根据承重和保温隔热要求经计算来确定。当保温隔热要求高时，可在墙内和墙面加保温层。砌筑砖墙要求砖块相互搭接、错缝、砂浆饱满。羊舍外墙面一般不抹灰粉刷，但需用1:（1~2）的水泥砂浆勾缝。

以粉煤灰或炉渣等制成的砌块强度高、保温性能好，便于施工，可用于羊舍建筑。各地生产的砌块长度不同，但宽度和厚度一般为380mm和200mm。

复合板墙由结构层（内层）、保温层和饰面层构成，墙具有造价低、施工快、美观等优点。按抗压强度可分为非承重外挂板和承重外墙板两种类型。外挂板自重256kg/m²，岩棉板保温层厚度80mm，总厚度160mm，热阻值1.76℃·m²/W，是厚度为490mm砖墙热阻的2倍多。

隔墙必须坚固、耐久、抗震、防潮、抗冻、结构简单、表面平整、便于清扫和消毒等；同时应考虑造价低，具有良好的保温隔热性能。为便于墙内表面清洁和消毒，地面或楼面以上1~1.5m高的墙面应设水泥墙裙。隔墙可用砖墙、铝板、玻纤板等材料，也可用竹木。

3. 柱

柱是根据需要设置的房舍承重构件。用于立贴梁架、敞棚、房舍外廊等的承重，一般采用独立柱，可为木柱、砖柱、钢筋混凝土柱等；如用于加强墙体的承重能力或稳定性时，则做成与墙合为一体，但凸出墙面的壁柱。柱的用材、尺寸及其基础均须计算确定。独立柱的定位一般以柱截面几何中心与平面纵、横轴线相重合；壁柱的定位则纵向以墙的定位轴线为准，横向以柱的几何中心与墙的横向轴线相重合。

4. 屋顶

屋顶是羊舍上部的外围护结构，主要起遮风，避雨、雪和隔绝太阳辐射，对冬季保温和夏季隔热都有重要意义。

单坡式屋顶跨度小，结构简单，利于采光，适用于单列羊舍；双坡式屋顶跨度大，易于修建，保温隔热性能好。羊舍常用的坡式屋顶表面常用黏土瓦挂平，一般是在檩条上钉椽子，其上铺苇箔、油毡，然后再钉挂瓦条挂瓦。采用挂瓦条构造的屋面，保温隔热性能较差，可将挂瓦条截面高度加大，其间添充保温材料；亦可在铺2层苇箔后抹1层30~50mm厚的草泥，将黏土瓦黏座在草泥上，其造价低，保温隔热性能较好。

5. 地面

（1）羊舍地面要求。羊舍地面的作用不同于工业与民用建筑，特别是采用地面平养的羊舍,其特点是羊的采食、饮水、休息、排泄等生命活动和一切生产活动,均在地面上进行;羊舍必须经常冲洗、消毒;羊蹄对地面有破坏作用,而坚硬的地面易造成蹄部受伤和滑跌。因此,羊舍地面必须具备下列基本要求:具有高度的保温隔热特性;不透水,易于清扫消毒;易于保持干燥、平整、无裂纹、不硬不滑、有弹性;有足够的强度,坚固、防潮、耐腐蚀;向排尿沟方向有适当的坡度(羊舍1%~1.5%),以保证污水的顺利排出。

(2)羊舍地面种类。羊舍地面可分实体地面和缝隙地板两类。根据使用材料的不同,实体地面有素土夯实地面、三合土地面、砖地面、混凝土地面等;缝隙地板有木地板、塑料地板、金属网地板等。

① 土质地面。属于暖地(软地面)类型。土质地面柔软,富有弹性也不光滑,易于保温,造价低廉。用土质地面时,可混入石灰增强黄土的粘固性,也可用三合土(石灰:碎石:黏土=1:2:4)地面。

② 砖砌地面。属于冷地面(硬地面)类型。因砖的空隙较多,导热性小,具有一定的保温性能。成年母羊舍粪尿相混的污水较多,容易造成不良环境。又由于砖地易吸收大量水分,破坏其本身的导热性而变冷、变硬。砖地吸水后,经冻易破碎。

③ 水泥地面。属于硬地面。其优点是结实、不透水、便于清扫消毒。缺点是造价高,地面太硬,导热性强,保温性能差。为防止地面湿滑,可将表面做成麻面。

④ 漏缝地板。集约化饲养的羊舍可建造漏缝地板,用厚3.8cm、宽6~8cm的水泥条筑成,间距为1.5~2.0cm。漏缝地板羊舍需配备污水处理设备,造价较高,国外大型羊场和我国南方一些羊场已普遍采用。这类羊舍为了防潮,可隔日抛撒木屑,同时应及时清理粪便,以免污染舍内空气。

6. 羊床

多采用竹、木、塑料、钢筋水泥等材料制成漏缝地板。木制羊床木条宽6cm、厚3cm,间距2cm,10月龄以下的羔羊可为1~1.5cm,有固定式和活动式两种。

7. 通道

通道是专门用于添加饲料及观察羊只的过道,双列式羊舍过道一般为1.2~2m宽,单列式羊舍通道为1~1.2m,便于运输饲料及打扫卫生。

8. 运动场

运动场面积应为羊舍面积的2倍以上,羊舍与羊舍之间可单独设运动场,其位置略比羊舍位置低20~30cm。地面处理要求致密、坚实、平整、无裂缝、不打滑,达到卧息舒服。为防止四肢受伤或蹄病发生,采用砖铺地面或混凝土地面,还可利用草坪作运动场,四周围墙不得低于2~2.5m。

五、羊舍类型与应用

羊舍按外围护结构封闭的程度,分为封闭式羊舍、半开放式羊舍和开放式羊舍3大类型。

(一)封闭式羊舍

由屋顶、围墙以及地面构成的全封闭状态的羊舍,通风换气仅依赖于门、窗或通风设备,该种羊舍具有良好的隔热能力,便于人工控制舍内环境。封闭羊舍四面有墙,纵墙上设窗,跨度可大可小。可开窗进行自然通风和光照,或进行正压机械通风,也可关窗进行负压机械通风。由于关窗后封闭较好，防寒保暖效果较半开放式好。舍内空气中尘埃、微生物含量大于舍外，通风换气差时，舍内有害气体（如氨、硫化氢等）含量高于舍外（图2-5、图2-6）。

封闭式羊舍使用范围：有窗封闭舍主要适用于温暖地区（1月平均气温-5~15℃）和寒冷地区羊的生产。

图 2-5　封闭式单列羊舍

图 2-6　封闭式双列羊舍

（二）半开放式羊舍

半开放式羊舍三面有墙，正面全部或有部分墙体敞开，敞开部分通常在向阳侧，多用于单列的小跨度羊舍。这类羊舍的开敞部分在冬天可加遮挡形成封闭舍。由于一面无墙或有半截墙、跨度小，因而通风换气良好，白天光照充足，一般不需人工照明、人工通风和人工采暖设备，基建投资少，运转费用小，但通风不如开放舍。所以这类羊舍适用于冬季不太冷且夏季又不太热的地区使用。为了提高使用效果，也可在半开放式羊舍的后墙开窗，夏季加强空气对流，提高羊舍防暑能力，冬季将后墙上的窗子关闭，还可在南墙的开敞部分挂草帘或加塑料窗，以提高保温性能（图2-7）。

半开放式羊舍外围护结构具有一定的防寒防暑能力，冬季可以避免寒流的直接侵袭，防寒能力强于开放舍和棚舍，但空气温度与舍外差别不很大。半开放式羊舍跨度较小，仅

图 2-7　半开放式羊舍

适用于小型牧场或羊场，温暖地区可用作成年羊舍，炎热地区可用作羔羊舍。

（三）开放式羊舍

开放舍是指一面（正面）或四面无墙的羊舍，后者也称为棚舍。其特点是独立柱承重，不设墙或只设栅栏或矮墙，其结构简单，造价低廉，自然通风和采光好，但保温性能较差。

开放舍可以起到防风雨、防日晒作用，小气候与舍外空气相差不大。前敞舍在冬季加以遮挡，可有效提高羊舍的防寒能力（图 2-8）。开放式羊舍适用于炎热地区和温暖地区养羊生产，但需做好棚顶的隔热和卷帘设计。

图 2-8　开放式羊舍

（四）楼式羊舍

楼式羊舍俗称高架羊舍，多用竹片或木条作建筑材料，安装漏缝地板（羊床），板面横条宽 3~5cm，漏缝宽 1~1.5cm，离地高度 1.2~1.5m，以方便饲喂人员添加草料。羊舍的南面或南北两面，一般只有 1m 高的墙，舍门宽 1.5~2m。漏缝地板朝阳面呈斜坡进入运动场，斜坡宽度以 1.0~1.2m 为宜，坡度小于 45°。运动场一般在羊舍南面，面积是羊舍的 2~2.5 倍。积粪斜面坡度应以 30°~45° 为佳，以利于日常粪便排放冲洗（图 2-9）。

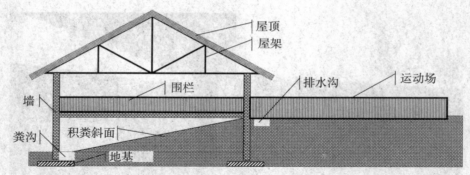

图 2-9　楼式羊舍示意图

（五）塑料薄膜大棚式羊舍

塑料薄膜大棚式羊舍一般中梁高 2.5m，后墙高 1.7m，前墙高 1.2m。中梁与前沿墙用竹片或钢筋搭建，可选用木材、钢材、竹竿、铁丝和铝材等，上面覆盖单层或双层膜，塑料薄膜可选用白色透明、透光好、强度大、厚度为 100～120μm、宽度 3～4m，抗老化、防滴和保温性好的膜，例如聚氯乙烯膜、聚乙烯膜、无滴膜等。在侧面开一个高 1.8m、宽 1.2m 的小门，供饲养人员出入。在前墙留有供羊群出入运动场的门（图 2-10）。

图 2-10　塑料暖棚羊舍侧面

在北方较寒冷地区，采用此法效果明显，可提高羊舍温度，基本满足羊生长发育要求，改善寒冷地区冬季养羊的生产条件，有利于发展适度规模经营，而且投资少，易于修建。

（六）轻钢结构卷帘羊舍

它是在轻钢结构开放式羊舍基础上，除端墙外两边设置布质卷帘，夏季将卷帘卷起，利于通风换气；冬季把卷帘落下，利于舍内保温。卷帘布为 PVC 面料，密度 240g/m²，幅宽：1.5m、1.83m、2.2m 等，价格 9.0 元/m² 左右，具有防风防水、防寒保暖作用。适用于温带及亚热带地区使用（图 2-11）。

图 2-11　轻钢结构卷帘羊舍

第三节　肉羊标准化养殖场建设技术规程

　　肉羊标准化养殖场是指按照肉羊养殖场所与居民分离的原则，由地方人民政府相关部门批准，布局合理、设施完善、功能齐全、高效安全的肉羊养殖场所，它是养羊业标准化生产、规模化健康养殖的重要方式，是推广科学技术和发展养羊业规模经济的有效载体。建设农区舍饲规模化肉羊场，是实施养羊业标准化生产、无公害健康养殖的重要方式，是推广科学技术和发展养羊业规模经营的有效途径。农区建设肉羊标准化养殖场，可有力推动规模化、标准化肉羊生产健康稳定发展，有利于羊群疾病控制，促进科学技术的推广和普及，提高养羊生产效率、生产水平和生产效益；有利于促进养殖、加工、经营、销售各环节链接，提高养羊产业化经营水平，提高产品市场竞争力；有利于生态环境保护和加快农业产业结构调整，保障肉羊健康养殖、安全生产，确保畜产品的"优质、高效、安全"。

一、农区舍饲规模肉羊场建设技术规范

　　规模羊场通常指常年存栏 300 只或年出栏 500 只羊以上，实行分区管理、舍饲养殖的肉羊场。农区舍饲规模肉羊场建设技术规范可参考 DB37/T 2807—2016。主要要求如下。

（一）场址选择

　　（1）建筑用地应符合当地土地利用规划和畜牧发展规划的要求。应位于法律法规明确规定的禁养区以外。

　　（2）地势高燥、通风良好、交通便利、水电供应稳定、隔离条件良好的地域。在丘陵山区建场应选择阳坡，坡度不宜超过 25°。

　　（3）选址地域环境应符合 GB/T 18407.3，场区土壤环境质量应符合 GB 15618 的规定。

　　（4）水源充足，水质应符合 NY 5027 的规定。

　　（5）羊场选址应符合中华人民共和国动物防疫法。

　　（6）建羊场应进行环境评价，确保羊场不污染周围环境，周围环境也不污染羊场。

（二）羊场布局

（1）布局紧凑，科学实用，便于管理，有利于防疫和安全生产。

（2）按常年主导风向和地势高低自上而下依次为生活管理区、辅助生产区、生产区、废弃物处理区进行功能布局。

（3）场区内道路分为净道和污道，不能通用和交叉。

（三）羊舍建设

（1）羊舍设计与施工。按 NY/T 682 设计羊舍，按 GB 50755、GBJ 39 建设羊舍。羊舍应具备隔热、防寒、采光、保暖、通风、排湿、防疫、防火等功能。空气质量执行 GB 3095。

（2）建设方位。羊舍方位以坐北朝南、东西走向为宜，单列式或双列式布置，建设 2 栋以上羊舍时，栋与栋之间至少保持 2~3 倍檐高的间距。

（3）建筑形式与结构。建筑形式有开放式、半开放式和封闭式；开放式、半开放式羊舍宜采用彩钢结构，封闭式羊舍可采用彩钢结构，也可采用砖混结构。

（4）建筑参数。各类羊舍建筑参数见表 2-7。

表 2-7 羊舍建筑参数

羊舍		种公羊	种母羊	产羔舍	育肥羊
单列式	长度（m）	60.0~80.0	60.0~80.0	60.0~80.0	60.0~80.0
	宽度（m）	6	6	6	6
	檐高（m）	2.8~3.0	2.8~3.0	2.8~3.0	2.8~3.0
	脊高（m）	1.2~1.5	1.2~1.5	1.2~1.5	1.2~1.5
	面积（m²/只）	3.0~5.0	1.5~2.0	2.5~3.0	0.8~1.0
双列式	长度（m）	60.0~80.0	60.0~80.0	60.0~80.0	60.0~80.0
	宽度（m）	12.0~14.0	12.0~14.0	8.0~10.0	8.0~10.0
	檐高（m）	3.0~3.5	3.0~3.5	3.0~3.5	3.0~3.5
	脊高（m）	1.5~2.0	1.5~2.0	1.5~2.0	1.5~2.0
	面积（m²/只）	3.0~5.0	1.5~2.0	2.5~3.0	0.8~1.0

（5）建筑材料。主体建筑材料，应选用工字钢或槽钢（表 2-8），符合 GB/T 706 要求。

表 2-8 羊舍主体建筑材料

材料	工字钢	槽钢
型号	20 #	5 #
	22 #	8 #
	24 #	10 #

羊舍顶部建筑材料，应选用金属面聚苯乙烯夹芯板或金属面岩棉夹芯板（表 2-9），符合 GB/T 23932 要求。

表 2-9　羊舍顶部建筑材料

材料	金属面聚苯乙烯夹芯板	金属面岩棉夹芯板
	10	10
厚度（cm）	15	12
	20	15

（6）门窗。宜用塑钢材料制作，饲喂通道门高 2.5~2.8m，宽 2.5~3.0m，羊舍两侧饲养管理通道门高 2.0~2.5m，宽 1.5~2.5m，推拉门或向外开。封闭式羊舍窗户面积与舍内地面面积之比 1：12。窗距地面高度 1.2~1.4m。

（7）卷帘。卷帘宜采用 PVC 涂塑布制作，长度单侧不宜超过 60m。

（8）羊舍地面。宜用砖铺地面或三合土地面，应高出舍外地面 20~40cm，并与场区道路标高相协调，出入口采取坡道连接，不设台阶和门槛。

（9）羊床。羊床漏缝地板由竹、木原料制作，也可由钢筋混凝土制成，漏缝地板每块的长度 1.5~2.0m，宽度以 0.5~1.0m 为宜；产羔舍与羔羊舍漏缝地板缝隙 1.5~2.0cm，成年羊舍漏缝地板缝隙 2.0~2.5cm，铺设高度 0.5~1.0m。

（10）围栏。宜用镀锌钢管焊接或砖砌花栏墙，舍内围栏高度绵羊不低于 1.0m，山羊不低于 1.2m；舍外围栏高度绵羊不低于 1.2m，山羊不低于 1.4m。

（11）投料道。投料道或饲喂通道用混凝土浇筑，机械式投料宽 2.5~3.0m，人工投料宽 1.5~2.0m。

（12）饲槽。用镀锌板、彩钢板制作，也可砖混垒砌，人工投料饲槽上宽 25~30cm，下宽 20~22cm，深 16~20cm。采用 TMR 机械投料，饲槽宽 20~25cm，深 10~15cm。每只羊槽位 25~30cm。

（13）饮水设施。采用饮水槽或自动饮水器饮水。饮水槽上宽 25cm，下宽 20~22cm，槽深 30cm，每只羊占位 10cm，水深不超过 25cm。

（14）运动场。羊舍一侧或两侧设运动场，运动场围栏为镀锌钢管围栏或花栏墙，运动场砖铺地面或三合土地面，比羊舍地面低 15~30cm，向外坡度 1.5%，面积为羊只占位面积的 2~3 倍。

（四）饲草料储存加工设施

（1）草料库房应设在生产区与管理区的连接处。砖混或钢架结构，符合便于取用、防火防潮原则。容量大小精饲料应满足 1~2 个月生产需要，干草应满足 3~6 个月生产需要。

（2）饲料加工车间建于辅助生产区，可采用彩钢结构或砖混结构，并根据养殖规模配备饲料加工机组。

（3）青贮设施建于排水良好、地下水位低的地方。青贮窖墙体应采用钢混结构或砖混结构，要求坚固不漏气，窖壁光滑平坦。窖的大小以生产规模和青贮饲料多少来决定，

1 只基础母羊每年按 1.5~2.0m³ 有效容积贮备青贮饲料。

（五）配种室、兽医室

配种室应靠近种母羊舍。兽医室位于生产区下风向，距最近羊舍 30m 以外。

（六）药浴池

砖混或混凝土筑成，长沟形状，宽度以单只羊能自由通过而不能转身为度。池长 10.0m 左右，池顶宽 0.6~1.0m，池底宽 0.5~0.6m，深 1.0~1.2m。入口端呈陡坡，并设围栏 25m²，出口端筑成台阶，设滴流台，并设围栏 35m²。

（七）隔离羊舍

隔离羊舍应位于场区下风向、低地势区域。

（八）消毒设施

车辆用消毒池设在大门口以及生产区进出口，消毒池用钢筋混凝土浇筑，宽度与门相同，长 4m、深 30cm。供人用消毒池设在消毒室内，长 2.5m、宽 1.5m、深 10cm，在消毒室的顶棚安装喷雾消毒设施，并设置洗手盆和更衣柜。

（九）办公设施

根据具体需要建设传达室（监控室）、办公室、档案资料室、技术培训室等，用彩钢结构或砖混结构建设。

（十）废弃物处理设施

采用自动刮粪板清粪，粪槽或粪沟深 50cm 以上，宽 2~3m。羊粪储存场所要有防雨、防溢流措施，其最小容积为粪便产生总量和垫料体积总和。粪便无害化处理采用 NY/T 1168，排放执行 GB 14554。

距生产区 50m 以外设病死羊处理设施，传染性病死羊尸体及器官组织等处理按 GB 16548 的规定执行。非传染性病死羊尸体、胎盘、死胎的处理与处置应符合 HJ/T 81 的规定，排放符合 GB 18596。

（十一）配套工程

（1）道路。宜用混凝土路面，也可用砖、石铺制，净道宽不小于 4.0m，污道宽不小于 3.0m。

（2）给排水管线工程。执行 SL 310，生产用水以每只肉羊每天 10~15L 计算。

（3）供电。供电系统设计符合 GB 50052 的规定，并自备发电机组。

（4）厕所。在养殖场功能区建设相应的水冲式厕所。

（十二）环境保护

（1）场区绿化。应结合场区与羊舍之间的隔离、遮阳及防沙尘的需要进行。可根据当地实际种植美化环境、净化空气的树种和花草，不宜种植有毒、有刺、飞絮的植物。

（2）场内空气质量。采用污染物减量化、无害化、资源化处理的生产工艺和设备。场区内空气质量符合 GB 3095 的规定。

（3）环境检测。对场区内的空气、水源、土壤等环境参数定期进行监测，评估环境质量，并及时采取相应的改善措施。

二、农区轻钢结构卷帘羊舍建设技术规程

（一）建筑要求

根据羊的生物学特性及对温湿度、光照等条件要求，结合当地气候条件，建造开放式卷帘羊舍。应选择轻钢、复合夹芯板等作为建筑骨架及舍顶材料，PVC涂塑帆布制作卷帘布。

（1）舍址选择。舍址选择应符合 GB 15618 要求，按照羊场规划建设卷帘羊舍。舍址应位于生产区，地势平坦、高燥，向阳、背风，排水良好，并要考虑饲草（料）运输方便。

（2）建筑朝向。坐北朝南或南偏东不大于 15.0°。

（3）建筑形式。羊舍设计按照 GB 50017 执行。建筑形式为开放式，舍顶采用双坡形式。可采用地面饲养、漏缝板羊床饲养或离地高床饲养。

（4）建筑尺寸。单列式羊舍跨度以 6.0m 左右为宜，檐高不小于 2.6m。双列式羊舍跨度：育肥羊舍 8.0~10.0m，种羊舍以 12.0~14.0m 为宜，檐高不小于 2.8m。羊舍长度可根据场地的地形走势、建筑结构材料、饲养规模来综合考虑，但以不超过 100.0m 为宜。

（5）羊舍面积。均建筑面积：种公羊 3.0~5.0m²，母羊 1.5~2.0m²，妊娠或哺乳母羊 2.5~3.0m²，育成羊、育肥羔羊 0.8~1.0m²。

（6）舍内平面布置。单列式羊舍采用北走道形式，双列式羊舍采用中间走道形式。

（7）羊舍地面。宜用砖铺地面或三合土地面，应高出舍外地面 20.0~40.0cm，并与场区道路标高相协调，出入口采取坡道连接，不设台阶和门槛。

（8）门。羊舍两端墙门（投料道门）必须坚固灵活，推拉门或向外开，不设门槛或台阶，机械式投料道门宽 2.5~3.0m，人工投料道门宽 1.5~2.0m，高 2.5~2.8m。圈舍门宜用钢管或钢筋焊接，每 30~50 只羊为 1 栏，并设 1 个圈门，门宽不小于 1.0m，高 1.0~1.2m。

（9）羊床。羊床由砖铺或三合土筑成，也可建设漏缝地板羊床。每只羊羊床面积 0.8~1.5m²。如采用高床饲养，床面距地面以 1.2m 以上为宜。

（10）漏缝地板。由竹、木原料或钢筋混凝土制成。每块漏缝地板的长度 1.5~2.0m，宽度 0.5~1.0m；产羔舍与羔羊舍漏缝地板缝隙 1.5~2.0cm，成年羊舍漏缝地板缝隙 2.0~2.5cm。高床饲养漏缝地板与接粪地面高度应在 1.2m 以上。接粪地面应坚实、平滑。

（11）围栏。宜用镀锌钢管焊接或砖砌花栏墙。舍内围栏高度：绵羊不低于 1.0m，山羊不低于 1.2m；舍外围栏高度：绵羊不低于 1.2m，山羊不低于 1.4m。每 30~50 只羊设 1 栏。

（12）投料道。投料道或饲喂通道用混凝土浇筑，投料道面应高于羊床平面 30~40cm，机械式投料道宽 2.5~3.0m，人工投料道宽 1.5~2.0m。

（13）饲槽。用镀锌板、彩钢板或砖混垒砌等制作，每只羊槽位 25.0~30.0cm。采用 TMR 机械投料，饲槽内径宽 20.0~25.0cm，深 10.0~15.0cm。人工投料饲槽内径上宽 25.0~30.0cm，下宽 20.0~22.0cm，深 16.0~20.0cm。

（14）饮水设施。给排水管线工程执行 SL 310。采用饮水槽或自动饮水器饮水。饮水

槽内径上宽25.0cm，下宽20.0~22.0cm，槽深30.0cm，每只羊占位10.0cm，水深不超过25.0cm。自动饮水器安装高度距离羊床平面45.0~55.0cm。冬季水温应保持在0℃以上。

（15）运动场。种羊舍宜设运动场。运动场设在羊舍一侧（单列式）或两侧（双列式），面积以羊舍建筑面积的2~3倍为宜。运动场地面以砖铺或三合土地面为宜，比羊舍地面低15.0~30.0cm，比运动场外高30.0~60.0cm，向外坡度1.5%。

（16）粪污处理。可采用机械清粪（刮板式）或人工清粪。机械清粪粪槽深度要求50.0cm以上，宽1.5~2.0m，两壁及底部要求坚实平滑。宜在距棚圈50.0m以上的下风向设堆粪场，对粪便集中处理，经自然堆沤腐熟后作为肥料使用。

（17）栋间距。羊群规模较大需建设2栋以上羊舍时，栋间距应保持2~3倍檐高的间距。

（18）防疫卫生。在羊舍内一侧（单列式）或两侧（双列式）檐高位置纵向设置自动喷雾消毒系统。羊舍区净道、污道分开，禁止交叉使用。对病羊及外来羊只，设置专门隔离观察舍。饲养区四周宜设置防疫沟或隔离带。

（19）防火。参照GBJ 39要求。确保安全用电，并配备必要的防火设施、设备及工具等。

（20）通风与采光。为满足采光及保持舍内良好空气质量，可在舍内安装纵向通风设施。在寒冷季节（或天气）可放下卷帘保温，其他时间将卷帘升起，不宜封闭，以利于通风换气。

（21）舍内环境空气质量。相对湿度不宜超过75.0%。空气质量应符合GB 3095要求。

（22）抗风雪。不低于当地民用建筑抗风雪强度设计规范要求。

（23）抗震。抗震烈度设计可按当地民用建筑1度设防。

（二）建筑材料

（1）骨架。采用H型钢、工字钢等，应符合GB/T 706要求。

（2）屋面。采用复合夹芯板等新型材料，采光部分采用塑料中空板等透光材料，应符合GB/T 23932要求。

（3）地面。采用三合土、砖等，应符合GB 5101、GB 175、GB/T 14684要求。

（三）施工技术要点

（1）场地平整。在主体建筑施工前应进行场地平整，场地应设1%~2%的排水坡度。

（2）地基与基础。地基开挖前应按图纸定位放线；开挖后应验槽，遇土质土层结构复杂情况时，应采取专门的地基处理方法处理。具体可按GB 50202要求执行。

（3）墙体。两端墙体可用砖混结构。用复合夹芯板等新型材料时，施工可根据厂家提供的建设安装要求进行，并用隔栏对墙体进行局部保护。

（4）地面。地面应铺设在均匀密实的基土上，遇不良基土时应换土或进行加固。地面材料宜选用保温和排水良好的三合土或砖。三合土可按石灰∶砂∶骨料（体积比1∶2∶4至1∶3∶6）的比例，虚铺厚度为220.0mm，夯至150.0mm为宜；黏土砖地面下应设150.0mm灰土垫层。

（5）骨架结构。骨架采用轻钢结构时，施工可按 GB 50755、GBJ 18 中的次要建筑执行，但轻钢结构骨架的耐腐蚀、耐久性要求应适当高于次要建筑标准。

（四）卷帘机及卷帘安装

（1）宜用 PVC 涂塑帆布制作卷帘。宽度宜分成上下两部分，长度以不超过 60.0m 为宜。

（2）上面和下面分别穿好 6 分管，用卡箍固定好。6 分管的长度要保证两端长出帆布 30.0cm，以便安装卷动轮。以下面水平固定好上面。

（3）安装卷动轮。将卷动轮套于 6 分管上，使其离开卷帘布 3.0~4.0cm；按照卷动轮上两端孔的位置，在 6 分管上打 2 个孔，用螺丝将卷动轮固定在 6 分管上。卷动轮安装方向视其旋转方向而定。

（4）安装卷帘机。选择合适高度把卷帘机固定在两端墙上，确保牢固可靠，使用安全。

（5）固定滑轮。将滑轮安装在 6 分管的上面、卷动轮的正上方，确保牢固可靠。

（6）正确安装钢丝绕线。先将钢丝绳的一端固定在卷帘机转轮上，在转轮上不要缠绕多余的钢丝绳；将其拉紧并从上方的滑轮绕过，下来后从卷动轮靠近卷帘布的一侧的第 3、4 环处开始绕起。其缠绕方向应保证卷帘布从墙的外面向上卷起。当绕到卷动轮中心时，从中心螺丝处绕半圈反向向卷动轮另一端缠绕。最后将钢丝绳拉紧并固定于地面上（注意：靠近卷帘布一端的圈数要少于另一端一圈）。

（7）安装防风线。每间安装 1 根防风线，防止卷帘被风吹起。

（五）工程质量验收

工程质量应按批准的工程设计图纸及 GB 50205、GB 50203 要求进行验收。

（六）注意事项

羊舍基础施工应在结冰前完成。使用前应进行彻底消毒。检查圈舍、设施、设备是否完好，是否有引起羊只损伤的利器、钝器等物件。

（七）羊舍区绿化

舍区绿化应结合场区与羊舍之间的隔离、遮阳及防沙尘的需要进行。可根据当地实际在羊舍前后种植美化环境、净化空气的树种和花草，不宜种植有毒、有刺、飞絮的植物。

三、肉羊标准化养殖场创建实施方案

（一）创建目标

通过示范创建加快转变畜牧业发展方式，积极推进畜牧业转型，着力发展现代规模养殖，实现草原增绿、畜牧业增产、农牧民增收。

（二）创建内容

1. 基本要求

参与创建的规模养殖场生产经营活动必须遵守畜牧法、动物防疫法等相关法律法规，具备养殖场备案登记手续和《动物防疫条件合格证》，养殖档案完整，两年内无重大动物疫病和质量安全事件发生。

肉羊：农区存栏能繁母羊 250 只以上，或年出栏肉羊 500 只以上的养殖场；牧区存栏能繁母羊 400 只以上，或年出栏肉羊 1 000 只以上的养殖场。

2. 示范创建内容

畜禽养殖场标准化创建的主要内容有以下几点。

（1）畜禽良种化。因地制宜，选用高产、优质、高效的畜禽良种，品种来源清楚、检疫合格。

（2）养殖设施化。养殖场选址布局科学合理，畜禽圈舍、饲养和环境控制等生产设施设备满足标准化生产需要。

（3）生产规范化。制定并实施科学规范的畜禽饲养管理规程，配备与饲养规模相适应的畜牧兽医技术人员，严格遵守饲料、饲料添加剂和兽药使用有关规定，生产过程实行信息化动态管理。

（4）防疫制度化。防疫设施完善，防疫制度健全，科学实施畜禽疫病综合防控措施，对病死畜禽实行无害化处理。

（5）粪污无害化。畜禽粪污处理方法得当，设施齐全且运转正常，实现粪污资源化利用或达到相关排放标准。

（三）工作要求

1. 申报程序

各级农牧业主管部门要建立畜禽养殖标准化示范创建项目储备库，旗县区农牧业主管部门负责组织对参与示范创建的标准化规模养殖场申报工作，将旗县区自愿申请、主动实施标准化改造、符合基本条件的养殖场全部入库。各盟市农牧业主管部门对旗县区拟申报养殖场进行认真审核，并按自治区示范创建申报计划将储备库中的养殖场择优推荐上报自治区，自治区根据盟市上报情况将参与标准化示范创建的养殖场名单推荐农业农村部。

2. 申报基本条件

申请参与创建的养殖场能够严格执行《农业部畜禽标准化示范场管理办法》规定的示范场条件，并按照示范场要求进行标准化建设。

（1）场址不得位于《中华人民共和国畜牧法》明令禁止区域，并符合相关法律法规及区域内土地使用规划。

（2）达到农业农村部畜禽养殖标准化示范场验收评分标准所规定的饲养规模。

（3）按照畜牧法规定进行备案；养殖档案符合《农业部关于加强畜禽养殖管理的通知》（农牧发〔2007〕1 号）要求。

（4）按照相关规定使用饲料添加剂和兽药；禁止在饲料和动物饮用水中使用违禁药物及非法添加物，以及停用、禁用或者淘汰的饲料和饲料添加剂。

（5）具备县级以上畜牧兽医部门颁发的《动物防疫条件合格证》，两年内无重大疫病和质量安全事件发生。

（6）饲养的商品代畜禽来源于具有种畜禽生产经营许可证的养殖企业，饲养、销售种畜禽符合种畜禽场管理有关规定。

（7）组织实施和审核验收。围绕示范场"畜禽良种化、养殖设施化、生产规范化、防疫制度化、粪污无害化"各项建设内容，旗县农牧业主管部门负责组织拟推荐养殖场的标准化改造实施方案制订工作；由盟市农牧业主管部门负责方案审核工作，并报自治区备案。自治区农牧业主管部门组织 3 人以上的专家组，对申请参与示范创建的养殖场按照《畜禽养殖标准化示范场验收评分标准》进行现场评审验收（表 2-10），确定每个养殖场在示范期限内的具体示范任务和目标，并将验收合格的养殖场名单在自治区农牧业信息网公示，无异议后报农业农村部畜牧业司。农业农村部审核通过后，授予"农业农村部畜禽标准化示范场"称号。

表 2-10 肉羊标准化示范场验收评分标准

申请验收单位：		验收时间： 年 月 日			
必备条件（任一项不符合不得验收）	1. 场址不得位于《中华人民共和国畜牧法》明令禁止区域，并符合相关法律法规及区域内土地使用规划		可以验收□ 不予验收□		
	2. 具备县级以上畜牧兽医部门颁发的《动物防疫条件合格证》，两年内无重大疫病和产品质量安全事件发生				
	3. 具有县级以上畜牧兽医行政主管部门备案登记证明；按照农业农村部《畜禽标识和养殖档案管理办法》要求，建立养殖档案				
	4. 农区存栏能繁母羊 250 只以上，或年出栏肉羊 500 只以上的养殖场；牧区存栏能繁母羊 400 只以上，或年出栏肉羊 1 000 只以上的养殖场				
验收项目	考核内容	考核具体内容及评分标准	满分	最后得分	扣分原因
一、选址与布局（20分）	（一）选址（4分）	距离生活饮用水源地、居民区和主要交通干线、其他畜禽养殖场及畜禽屠宰加工、交易场所 500m 以上，得 2 分，否则不得分	2		
		地势较高，排水良好，通风干燥，向阳透光得 2 分，否则不得分	2		
	（二）基础设施（5分）	水源稳定、水质良好，得 1 分；有贮存、净化设施，得 1 分，否则不得分	2		
		电力供应充足，得 2 分，否则不得分	2		
		交通便利，机动车可通达得 1 分，否则不得分	1		
	（三）场区布局（8分）	农区场区与外界隔离，得 2 分，否则不得分。牧区牧场边界清晰，有隔离设施，得 2 分	2		
		农区场区内生活区、生产区及粪污处理区分开得 3 分，部分分开得 1 分，否则不得分。牧区生活建筑、草料贮存场所、圈舍和粪污堆积区按照顺风向布置，并有固定设施分离，得 3 分，否则不得分	3		
		农区生产区母羊舍，羔羊舍、育成舍、育肥舍分开得 2 分，有与各个羊舍相应的运动场得 1 分。牧区母羊舍、接羔舍、羔羊舍分开，且布局合理，得 3 分，用围栏设施作羊舍的减 1 分	3		
	（四）净道和污道（3分）	农区净道、污道严格分开，得 3 分；有净道、污道，但没有完全分开，得 2 分，完全没有净道、污道，不得分。牧区有放牧专用牧道，得 3 分	3		

（续表）

申请验收单位：		验收时间：　年　月　日			
二、设施与设备（28分）	（一）羊舍（3分）	密闭式、半开放式、开放式羊舍得3分，简易羊舍或棚圈得2分，否则不得分	3		
	（二）饲养密度（2分）	农区羊舍内饲养密度≥1m²/只，得2分；<1m²≥0.5m²得1分；<0.5m²/只不得分。牧区符合核定载畜量的得2分，超载酌情扣分	2		
	（三）消毒设施（3分）	场区门口有消毒池，得1分；羊舍（棚圈）内有消毒器材或设施得1分	2		
		有专用药浴设备，得1分，没有不得分	1		
	（四）养殖设备（16分）	农区羊舍内有专用饲槽，得2分；运动场有补饲槽，得1分。牧区有补饲草料的专用场所，防风、干净，得3分	3		
		农区保温及通风降温设施良好，得3分，否则适当减分。牧区羊舍有保温设施、放牧场有遮阳避暑设施（包括天然和人工设施），得3分，否则适当减分	3		
		有配套饲草料加工机具得3分，有简单饲草料加工机具的得2分；有饲料库得1分，没有不得分	4		
		农区羊舍或运动场有自动饮水器，得2分，仅设饮水槽减1分，没有不得分。牧区羊舍和放牧场有独立的饮水井和饮水槽得2分	2		
		农区有与养殖规模相适应的青贮设施及设备得3分；有干草棚得1分，没有不得分。牧区有与养殖规模相适应的贮草棚或封闭的贮草场地得4分，没有不得分	4		
	（五）辅助设施（4分）	农区有更衣及消毒室，得2分，没有不得分。牧区有抓羊过道和称重小型磅秤得2分	2		
		有兽医及药品、疫苗存放室，得2分；无兽医室但有药品、疫苗储藏设备的得1分，没有不得分	2		
三、管理及防疫（30分）	（一）管理制度（4分）	有生产管理、投入品使用等管理制度，并上墙，执行良好得2分，没有不得分	2		
		有防疫消毒制度，得2分，没有不得分	2		
	（二）操作规程（5分）	有科学的配种方案，得1分；有明确的畜群周转计划，得1分；有合理的分阶段饲养、集中育肥饲养工艺方案，得1分，没有不得分	3		
		制定了科学合理的免疫程序，得2分，没有则不得分	2		

（续表）

申请验收单位：		验收时间： 年 月 日			
三、管理及防疫（30分）	（三）饲草与饲料（4分）	农区有自有粗饲料地或与当地农户有购销秸秆合同协议，得4分，否则不得分。牧区实行划区轮牧制度或季节性休牧制度，或有专门的饲草料基地，得4分，否则不得分	4		
	（四）生产记录与档案管理（15分）	有引羊时的动物检疫合格证明，并记录品种、来源、数量、月龄等情况，记录完整得4分，不完整适当扣分，没有则不得分	4		
		有完整的生产记录，包括配种记录、接羔记录、生长发育记录和羊群周转记录等。记录完整得4分，不完整适当扣分	4		
		有饲料、兽药使用记录，包括使用对象、使用时间和用量记录，记录完整得3分，不完整适当扣分，没有则不得分	3		
		有完整的免疫、消毒记录，记录完整得3分，不完整适当扣分，没有则不得分	3		
		保存有2年以上或建场以来的各项生产记录，专柜保存或采用计算机保存得1分，没有则不得分	1		
	（五）专业技术人员（2分）	有1名以上经过畜牧兽医专业知识培训的技术人员，持证上岗，得2分，没有则不得分	2		
四、环保要求（12分）	（一）粪污处理（5分）	有固定的羊粪储存、堆放设施和场所，储存场所要有防雨、防溢流措施。满分为3分，有不足之处适当扣分	3		
		农区粪污采用发酵或其他方式处理，作为有机肥利用或销往有机肥厂，得2分。牧区采用农牧结合良性循环措施，得2分，有不足之处适当扣分	2		
	（二）病死羊处理（5分）	配备焚尸炉或化尸池等病、死羊无害化处理设施，得3分	3		
		病死羊采用深埋或焚烧等方式处理，记录完整，得2分	2		
	（三）环境卫生（2分）	垃圾集中堆放，位置合理，整体环境卫生良好，得2分	2		
五、生产技术水平（10分）	（一）生产水平（8分）	农区繁殖成活率90%或羔羊成活率95%以上，牧区繁殖成活率85%或羔羊成活率90%以上，得4分，不足适当扣分	4		
		农区商品育肥羊年出栏率180%以上，牧区商品育肥羊年出栏率150%以上，得4分，不足适当扣分	4		
	（二）技术水平（2分）	采用人工授精技术得2分	2		
合计			100		

第四节 现代羊场生产工艺与羊群结构

现代肉羊生产是以工业生产的方式，采用现代化的技术和设备，进行高效率的肉羊生产，使肉羊的生长速度、饲料利用率以及羊场的劳动生产率都达到高效益。实现现代羊场肉羊生产，首要的是生产者观念的转变，必须以现代企业的经营理念经营现代羊场肉羊生产。

一、现代羊场规划建设与生产工艺

（一）现代化规模羊场工艺技术设计的理念和目标

现代化规模羊场工艺技术设计的理念和目标，就是用最少投资和羊场最低运行成本，为羊只创造舒适、健康、愉快的生产、生活环境，确保羊只充分享受福利，最大限度发挥其生产性能，使羊场获得最佳经济效益。因此，羊场设计和建设必须充分考虑以下几方面。

（1）把防疫安全放置羊场设计建设第一位。要周密考虑，科学设计，细致规划，从布局、设施以及后续管理上，力求达到防疫、参观考察兼顾。

（2）精打细算，合理投入，用好国内外成功的新技术、新工艺、新材料、新设备、新设施，与本地本场实际相结合，与养羊行业特殊性相结合，切忌照搬照套，盲目求"先进"。

（3）努力提高设施设备机械化、自动化程度，以便提高劳动生产率，提高作业质量。操作管理尽量智能化，做到节能、低碳、环保。

（4）坚持生态、环保，美化环境，合理规划，实现农牧业、种养业相结合的循环经济。

（二）饲料存贮工艺及设施

要根据当地可用饲草料资源及来源，以及各种饲草、饲料的存贮要求及周转期长短，设计建设符合本场需求和发展需要的青贮窖、干草棚（场）、精料库、糟渣池（场）和加工车间等，科学规划布局相关设施及设备，既方便进料，又方便取用，同时要根据饲草料来源地、进场频繁度等因素，设计确保防疫安全设施。

羊能利用的饲草、饲料资源广泛，除常规的青贮料、干草类、混合精料3大主类外，要充分利用当地农林果产品、中草药材等加工副产品、糟渣类，发挥当地资源优势，科学合理配方，降低饲料成本，提高养羊综合效益。

（三）饲料加工调制，饲喂饲养工艺

TMR全混合日粮饲养工艺，目前在我国规模化大、中型羊场已广泛推广应用，这对提高养羊饲料利用率、保障羊只健康、提高生产水平和羊场经济效益具有积极意义。

由于羊舍建筑结构相对低矮，饲喂通道窄小等原因，多数规模化羊场采用固定式下TMR配送站加专用TMR饲喂车（也称发料车、撒料车）模式。因此，在饲草、饲料区靠近饲养区各饲草料库中心位置，设计建造面积合适的TMR加工配制发送车间（也可称TMR中心）。

（四）羊舍结构及"运动场"

羊只喜干燥、通风和清洁卫生。应建议推广采用漏缝高床、漏缝板饲养工艺。羊只在漏缝板床上生活，粪尿自动漏入床下粪尿沟，使羊床上始终保持清洁干净、干燥卫生。可

根据当地资源和气候环境条件选择竹制、木制、塑料、钢筋水泥等漏缝地板类型。原则是物美价廉，实用、性价比高，并应考虑日后维修成本和使用年限。

在高温高湿的南方地区，夏季羊舍必须有良好的通风遮阴、防暑降温功能，冬季常用卷帘挡风御寒即可。在高寒干燥的北方地区，夏季应有遮阴和防热辐射功能，冬季有良好的防寒保暖与适度通风换气相结合的设施及设备。

种羊尤其种公羊可设运动场，给予适量舍外运动，育肥羊舍不宜设运动场。

（五）粪污处理、利用工艺

此工艺包含4个流程，集粪—移运—处理—利用（出路）。集粪是指将分散在羊舍粪尿沟的粪污收拢集中到舍外一处。目前多数羊场已采用自动刮粪板集粪工艺，及时清除羊床下粪尿，并使用密封无泄漏的专用装运车运送到储粪池。粪尿污水无害化处理的方式有厌氧发酵制作沼气、生产商品有机肥、堆肥自然发酵等。应根据羊场所处位置、周围环境、可利用土地资源和对肥料的需求等选定。对羊粪尿不管怎么处理，最终出路还是还田作肥料，因此农牧结合、种养配套、生态循环为成本最低、效益最优、最经济实用的处理方式。

（六）规模羊场总平面布置的设计

饲养生产区、饲草饲料贮存加工区、粪尿处理区、隔离区应在防疫控制区内，行政办公和员工生活区可在防疫控制区之外。

防疫控制区内外要严格分割，进出通道有严密、有效的消毒更衣等设施。生产区应设有生产技术办公室，包含饲养生产管理、繁殖人工授精、兽医保健、畜牧营养、生理病理化验等用房，并设计有机修五金仓库、生产用车库等附属设施。

场内空地及道路两旁、建筑物之间合理规划设计，绿化美化，改善环境。总体布局要求紧凑合理，场内人、料、羊、粪"四流"便捷顺畅，间隔距离尽量要小，降低移动成本。

二、现代羊场肉羊生产

（一）现代羊场肉羊生产特点

现代羊场肉羊生产包括配种、妊娠、分娩、哺乳、保育和育肥等环节，是按照肉羊生产的6个环节组成一条生产线来运转，进行生产。羊场的一栋羊舍相当于工厂一个生产车间，在一个车间内完成1~2个环节。产品从一个车间转到另一个车间，从一道工序转移到下一道工序。依据生产流程羊舍分为：种公羊舍（包括试情公羊）、繁殖母羊舍、产房、保育舍和育肥舍。繁殖母羊和羔羊同样是从一个羊舍完成一道生产任务后转到另一个羊舍，完成规定的生产任务，并达到要求标准。这样生产分工明细，采用的科学技术和设施规范统一，任务指标要求明确，层层把关，确保肉羊产品规格化、标准化。

现代羊场肉羊生产是将品种、工艺、技术、方法等多项内容科学地整合，能体现高效率、高效益的集约型生产方式。其特点：① 分阶段连续流水式生产；② 母羊一年四季均衡产羔；③ 全进全出的生产方式。

（二）现代羊场肉羊生产工艺

羊场的科学设计是生产优质肉羊的保证。羊场基础设施的建设必须能够适应集约化、程序化肉羊生产工艺流程的需要和要求，保证生产流程通畅。充分利用现代化器械设备，实现工厂化生产。现代羊场肉羊生产工艺包括以下几个方面。

（1）建立肉羊的良种繁育体系，选育优良品种，筛选最佳杂交组合。

（2）采用先进的繁殖技术，提供优秀的、规格一致的商品肉羊。

（3）根据羊对营养的需求，应用全混合日粮（TMR）技术，实行标准化饲养。

（4）根据不同季节气候变化，给肉羊提供适宜的环境，包括温度、湿度和新鲜空气。

（5）在隔栏、漏粪地板、供水、供料、供暖、通风降温和排污等各个环节上配套机电设备。

（6）严格、严密的兽医卫生防疫制度。

（7）生产场中实行现代化企业管理。现代羊场肉羊生产的先进科学技术，也只有通过先进的管理才能发挥其水平，取得高效益。

现代羊场肉羊生产工艺的实施，要求羊场有一定的生产规模。只有有了相当规模，才能发挥其科技优势。

现代羊场肉羊生产成本的投入要比粗放舍饲养羊高，既要强调高投入，也要认识到高回报的一面，可以取得比传统养羊高得多的经济效益。

（三）现代羊场肉羊流水式生产方式

生产工艺流程必须建立起一个严格的时间概念——"生产周期"。整个生产程序就要按"周期"为单位进行安排、运转才能有条不紊、连续生产，并取得高效益。

现代羊场肉羊生产，必须实行分段连续流水式作业。肉羊生产全过程可划分为配种→妊娠→分娩→哺乳→保育→育肥出栏上市（销售），形成一条流水式的生产线。各个生产阶段有计划、有节奏地进行，连续不断。每个饲养员在固定的羊舍负责其中的一个生产环节，因此管理细致，责任分明，也便于根据饲养员的生产实绩计酬。

（四）现代羊场肉羊生产高频繁殖技术

现代羊场肉羊生产的核心是母羊高效率繁殖。母羊的繁殖率高低直接影响到现代肉羊生产的经济效益。因此在现代肉羊生产体系中，必须采用现代高效繁殖的生物工程配套技术，不仅对母羊实行高效繁殖，还要实行高频繁殖。同期发情、超数排卵、人工授精、早期妊娠诊断等先进技术，可以加快羊的繁殖和提高产羔率，实现工厂化程序管理生产，大大提高肉羊生产水平和生产能力，大幅度提高羊场生产经济效益。

1. 二年三产体系

该生产体系的生产周定为8个月，8个月×3年正好是24个月，即两年三产。

羔羊一般2个月断奶，断奶后1个月母羊配种，母羊怀孕5个月又正好是间隔8个月产羔1次，母羊三产需24个月完成，即母羊二年完成三产。

为了达到全年均衡产羔，便于工厂化流水式作业，将繁殖母羊群分为4群。每2个月安排一群配种。周而复始地运转、生产，间隔2个月就有一批合格的羔羊出栏上市。

该体系的核心技术是母羊的多胎处理、发情调控和羔羊早期断奶、强化育肥。

2. 三年五产体系

三年五产体系又称星式产羔体系。其原理是母羊妊娠的一半是73d，正好是一年的1/5，生产周期定为73d。把羊群分为3个组群，严格按"生产周期"配种，每组群间隔7.2个月产羔1次。此体系中为母羊每胎1羔则每年可获1.67只羔羊，如为每胎双羔，母羊每年可获3.34只羔羊（表2-11）。

表 2-11　三年五产体系配种产羔计划表

年份		第一年					第二年					第三年			
周期	1	2	3	4	5	6	7	8	9	10	11	12	13	14	15
组群 A	√	○	□	√	○	□	√	○	□	√	○	□	√	○	□
组群 B	□	√	○	□	√	○	□	√	○	□	√	○	□	√	○
组群 C	○	□	√	○	□	√	○	□	√	○	□	√	○	□	√

符号：配种○　产羔√　妊娠□。

（五）现代羊场肉羊存栏羊群的分组

现代羊场肉羊存栏羊群的分组见图 2-12。

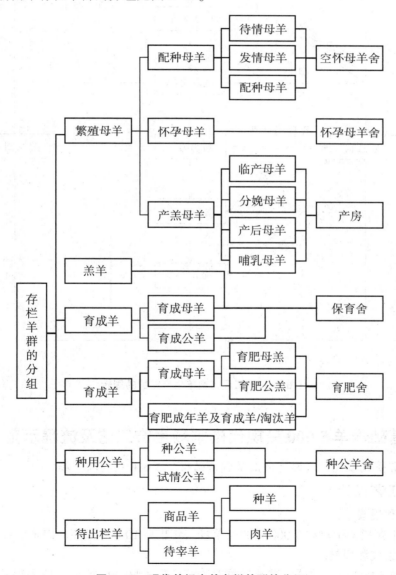

图 2-12　现代羊场肉羊存栏羊群的分组

（六）工厂化肉羊生产羊群的周转

工厂化肉羊生产羊群的周转见图 2-13。

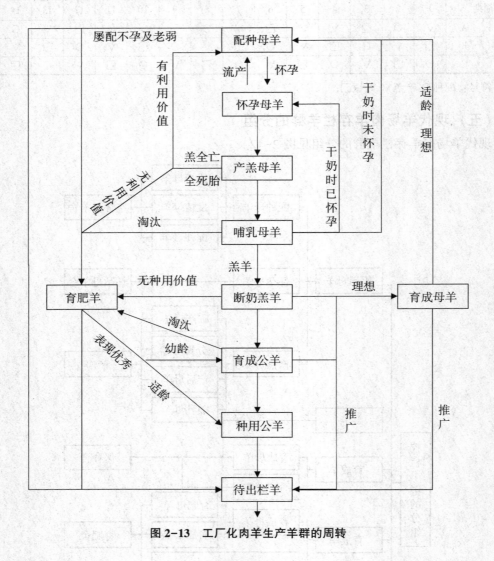

图 2-13　工厂化肉羊生产羊群的周转

三、基础母羊 5 000 只现代肉羊场生产工艺及流程示范

在暖温带季风型气候区设计建造基础繁殖母羊 5 000 只的肉羊场。

（一）工艺设计

1. 性质和规模

规模为年存栏繁殖母羊 5 000 只的肉羊场，年出栏 10 000 只商品肉羊。

2. 羊群组成和周转

繁殖母羊 5 000 只。羊群由繁殖母羊群、育成母羊群、后备母羊群和羯羊群组成。种公羊从育种场选购，实行人工授精，公母比例1：500。各羊群数量按以下方法确定。

繁殖母羊存栏数。每年参加配种的母羊（包括初配的后备母羊）共5 000只，逐年将空怀、病弱、有残疾的羊淘汰，正常母羊按6岁龄全部淘汰，平均每年淘汰总数为1 000只，淘汰率为20%。

后备母羊存栏。从育成母羊群选留补充当年淘汰母羊1 000只，按1 100只预留，占育成母羊的44%。

育成母羊数。计划育成2 500只，按当年淘汰率2%计算，为50只。

羯羊存栏数。计划存栏2 500只，占28.7%，当年育肥出栏率33%，计833只。

公羊总数。全场需公羊25只，后备公羊25只，试情公羊100只，合计150只。

合计8 750只，其中繁殖母羊占57.1%，后备母羊占12.6%，羯羊占28.6%，公羊占1.7%。

5 000只繁殖母羊参加当年配种，受胎率95%，分娩率98%，产羔率125%（双羔率25%），羔羊成活率90%，育成率98%，公母羔比例1：1。育成羊数为5 000×0.95×0.98×1.25×0.9×0.98＝5 132只，补充各群淘汰羊后，其余全部育肥出售。

3. 饲养管理方式

以舍饲为主，舍内和运动场定时定量饲喂草料，自由饮水，定时清粪。

4. 各类羊舍幢数和面积的确定

（1）繁殖母羊舍。繁殖母羊存栏5 000只，生产周期为空怀期3个月，妊娠期5个月，哺乳期4个月，全年均在同一母羊舍内。母羊分群饲养，每群120只，两群一幢羊舍，需21幢。冬季产羔时，每只母羊占地2.0m²。设计羊舍为对头双列封闭舍，面积为480m²（60m×8m）。羊舍坐北向南，南北两侧分设面积为羊舍面积2倍的运动场，运动场周边设置1.2m高围栏。

（2）后备母羊舍。后备母羊存栏数为1 100只，饲养期平均14个月，分6群饲养，每群184只，两群一幢羊舍，共需3幢，每只母羊占地1.0m²。面积为368m²（46m×8m），羊舍式样及设置同繁殖母羊舍。

（3）育成羊舍。饲养当年选留的后备种公、母羊，合计约2 500只。公母分群饲养，每群250只左右，两群一幢羊舍，共需10幢，每只羊占地0.8m²。每幢面积为400m²（50m×8m）。羊舍式样及设置同繁殖母羊舍。

（4）育肥羊舍。羯羊存栏数2 500只，每群250只左右，两群一幢羊舍，共需5幢，每只羊占地0.90m²。每幢面积为456m²（57m×8m）。羊舍式样及设置同繁殖母羊舍。

（5）剪毛、产羔两用羊舍。产羔季节作产房用，内设分娩栏，每栏面积1.8m²，可建设1幢，面积为530m²（53m×10m）。

（6）种公羊舍。种公羊50只（其中后备25只），试情公羊100只。可单建公羊舍1幢，每只羊占面积2.77m²。舍内设栏圈，分个体或小群饲养。种公羊与试情羊分开饲养。公羊舍面积为416m²（52m×8m）。

（7）配种羊舍。可用一幢育成羊舍经过消毒后作配种舍用，不需另建。

（8）兽医室、人工授精室。人工授精室原则上靠近种母羊舍（图2-14）。兽医室位于生产区下风向，距最近羊舍50m以外，内部设施和环境符合BSL-1实验室的要求，应分别设置接样室、解剖室、样品保藏室、血清学检测室、洗涤消毒室、档案室等，总建筑面积不低于 20m²。

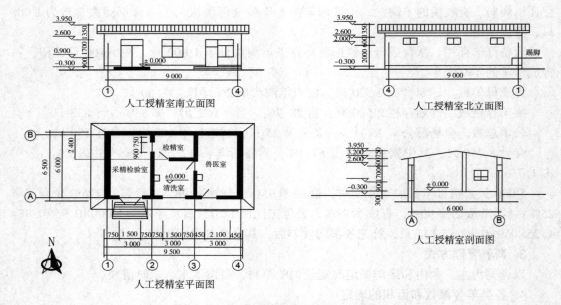

图 2-14　人工授精室设计（单位：mm）

（9）粪污处理。在养殖场常年主导风向的下风向或侧风向处，距离主要生产设施 100m 以上，按 NY/T 682 的规定，设计建设长 60m、宽 20m、深或高 2.0m 粪便贮存池 1 个。

以上各种羊舍的要求和尺寸见表 2-12。

表 2-12　各种羊舍的建筑及规格

项目	繁殖母羊舍	后备母羊舍	育成羊舍	育肥羊舍	产羔羊舍	公羊舍
存栏总数（只）	5 000	1 100	2 500	2 500		150
每幢数量（只）	240	366	500	500		150
羊舍型式	封闭式	封闭式	封闭式	封闭式	封闭式	封闭式
舍内羊栏排列	对头双列	对头双列	对头双列	对头双列	对头双列	对头双列
羊舍幢数	21	3	5	5	1	1
每舍羊群数	2	2	2	2	2	2
羊栏面积（m²）	60×4	46×4	50×4	57×4	50×5	52×4
饲喂道宽度（m）	1.8	1.8	1.8	1.8	1.8	1.8
值班室或饲料间（m²）	3.0	3.0	3.0	3.0	3.0	3.0
南北墙轴线跨度（m）	9.8	9.8	9.8	9.8	11.8	9.8
南北墙跨度（m）	10.04	10.04	10.04	10.04	12.04	10.04
羊舍轴线总长度（m）	60.0	46.0	50.0	57.0	50.0	52.0
羊舍总长度（m）	60.5	46.5	50.5	57.5	50.5	52.5

（续表）

项目	繁殖母羊舍	后备母羊舍	育成羊舍	育肥羊舍	产羔羊舍	公羊舍
每种羊舍总容量（只）	5040	1 100	2 500	2 500	200	150
每种羊舍面积（m²）	607.42	466.86	507.02	577.30	608.02	527.10
每种羊舍总面积（m²）	12 755.82	1 400.58	2 535.10	2 886.5	608.02	527.1

（二）羊舍设计

以繁殖母羊为例（图2-15），育成羊舍、后备羊舍、公羊舍等方法基本相同。

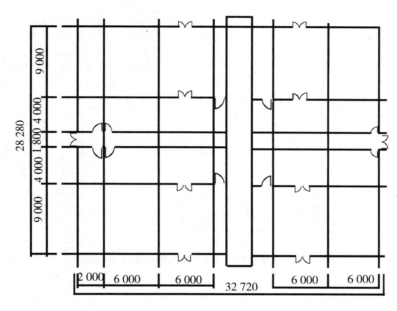

图2-15 繁殖母羊舍平面设计（单位：mm）

1. 平面设计

依据工艺设计要求，羊舍朝向为坐北向南、有窗封闭舍，砖墙，机制瓦屋顶，运动场分设在羊舍南北两面，面积为羊舍面积的2倍。舍内羊栏布局为对头双列式，羊床与饲槽间设栅栏，两列饲槽间设宽度为1.8m的饲喂道，羊舍两端饲喂道端口山墙上各设大门1个。羊舍与运动场相连的墙上设宽1.5m的门，每间羊舍的南墙与北墙上分别设高1.0m×宽1.2m的中悬窗2个。每间间距为12m，中间隔栏用镀锌管制作，高度为1.2m，在隔栏上开宽1.2m的门。羊舍外墙和内隔墙厚0.24m，外端山墙厚0.36m。运动场围栏高1.2m，并在每间羊舍的运动场围栏上设1个宽度为1.5m的门。运动场上设自来水定点饮水。舍内不设粪尿沟。人工饲喂清粪。

2. 剖面图设计

为防止舍外地面雨水流入羊舍，舍内地坪标高为+0.10m，舍外（运动场）标高为-0.10m。舍内通道地面用水泥做成麻面，羊栏内为夯实土地面。

3. 羊场总平面布局

为便于羊群管理，确定全场布局分为 3 个相对独立分场。总场为全场管理部门所在地，饲养 2 000 只繁殖母羊和全部种公羊；一分场饲养繁殖母羊 1 600 只；二分场饲养繁殖母羊 1 400 只，其他羊群和建筑物按比例分布。各场之间距离在 10~15km，两分场设有相应的附属建筑和设施（图 2-16）。

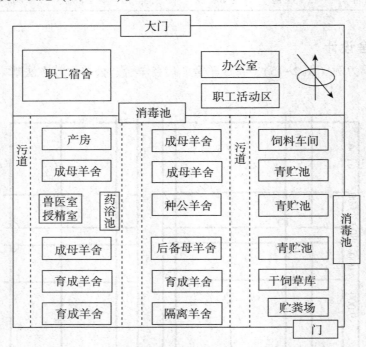

图 2-16　基础繁殖母羊 5 000 只的肉羊场平面设计

参考文献

安立龙，2004. 家畜环境卫生学 ［M］. 北京：高等教育出版社.

崔绪奎，王金文，王德芹，等，2014. 夏季利用全株玉米青贮混合日粮（TMR）在组合式轻钢结构羊舍育肥鲁西黑头羊效果试验 ［J］. 山东农业科学，46（3）：112-114.

高伟伟，李麦英，2012. 怎样设计和建设规模羊场 ［J］. 农业技术与装备（3）：22-24.

罗康石、罗俊，2016. 工厂化肉羊生产新工艺 ［M］. 北京：中国农业科学技术出版社.

权凯，2010. 农区肉羊场设计与建设 ［M］. 北京：金盾出版社.

上海市特种养殖行业协会，2009. 上海养羊场建设用地调研报告 ［C］. 中国养羊业发展，131-134.

王金文、崔绪奎，2013. 肉羊健康养殖技术 ［M］. 北京：中国农业大学出版社.

许宗运，曾维民，徐馨琦，2000. 南疆农区养羊场址选择及主要建筑参数的设计 ［J］. 中国草食动物（2）：20-21.

张建新，岳文斌，马启军，等，2010. 肉羊规模健康养殖场建设方案 ［A］. 全国养羊生产与学术研讨会论文集 ［C］. 中国草食动物，38-40.

第三章　现代羊场设施与智能化饲养技术

第一节　现代羊场设施设备种类选择

一、羊场生物安全及防护设施

生物安全体系的构建是否完善，直接影响规模化羊场经济效益，甚至影响到公共卫生。因此，完善和提高羊场的生物安全是至关重要的。隔离是羊场生物安全的重要措施，不同的安全防护需要相应的防护措施，其中包括各种围栏（图3-1）、围墙和隔离带等。

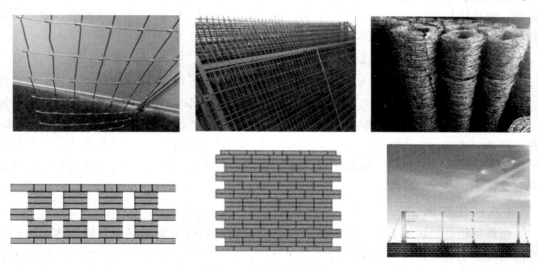

图3-1　不同类型围栏

（一）网围栏

由镀锌细钢丝编织而成的网状围栏，波形环表面镀锌，其他零件均采取防锈、防腐蚀措施，可适应恶劣工作环境，寿命可达20年。编织网纬线采取轧波工艺，增强了弹性和缓冲功能，可适应热胀冷缩的变形，使网围栏始终保持涨紧状态。结构简单，维护方便，建设周期短。

（二）防护栅栏

防护栅栏主要分镀锌防护栅栏和刺铁丝隔离栅等。镀锌防护栅栏是以立柱加网片连接而成，高 1~2m，可定制生产，不仅外观大方、美观，而且牢固，防腐性好。刺铁丝隔离栅的材料主要有低碳钢丝、电镀锌丝、热镀锌丝和 PVC 包塑丝。由全自动刺铁丝机拧编而成，一般与刺铁丝立柱组成刺绳隔离栅以起到防护的作用。刺铁丝立柱一般为立柱可选圆管或 U 型钢方管以及 GRC 复合立柱。除型号丝径之分，主线丝又分为单股刺铁丝、双股刺铁丝、三股刺铁丝，刺丝均为 4 个刺头。全自动刺绳机拧编而成，牢固美观。处理工艺有：电镀（冷镀）刺铁丝、热镀锌刺铁丝、浸塑刺铁丝。

（三）网片围栏

网片围栏是场区重要的安全防护基础设施，具有严格的安全性与实用性。高 1.5m，长 3m，尺寸及网孔可调。其主要材质是低碳钢丝，由盘条经过拉拔成较细的铁丝（冷拔丝），然后在经过大型焊接机将铁丝焊接成型。框架的选材为优质的角钢与圆钢，可根据不同的用途选择角钢或者圆钢；立柱分为镀锌钢管、桃型柱、燕尾柱以及 C 形钢等；网片分为包塑钢丝网、PVC 包塑电焊网、勾花网以及钢板网和冲孔网，整体的喷塑均匀且较厚，维护简单。其大致结构为立柱和边框通过连接件连接，也可以用网片直接与立柱卡接、螺栓连接和连接件铆接，角度可任意调整，且围栏上面部分向外折 30°。

（四）活动围栏

活动围栏的主体材质为不锈钢，是具有可拆卸折叠功能的活动围栏，由方型钢管焊接而成，包括围栏框架、插销和铰接装置。高 1m，长 1.2~1.5m，尺寸可调整。通常有重叠围栏、折叠围栏和三脚架围栏等几种类型。

（五）实体标准黏土砖墙

实体墙又称密封墙、维护墙和隔墙，主体结构主要为 24 墙，墙体高 1.5~2m，厚 0.24m，根据砖块尺寸和数量，再加上灰缝，即可组成不同的墙厚和墙段。墙体高度和厚度可根据实际建设需求进行调整。该墙体结构主要由标准黏土砖和混凝土组合建造而成，黏土砖的标准规格为 240mm×115mm×53mm，除应满足结构和功能设计要求之外，砖墙的尺度还必须符合砖的规格。根据使用目的可以组砌成不同规格的墙体，有空体墙、实体墙和复合体墙。

（六）生物围栏

生物围栏是以树木本体（带刺的乔灌木、柳树等）作为屏障阻碍，以期达到防护目的的措施。生物围栏应始建于围封好的区域内，3~5 年后，待生物围栏发挥作用后再撤去其他围封措施。生物围栏规划应该做到因地制宜，应选择适应性强、生长速度快、易于更新繁殖、牲畜不易啃食的树种。各地可根据气候条件灵活选择。主要应用于草地划区轮牧、人工草地建设和改良、环境绿化等方面。

（七）电子围栏

电子围栏是目前最先进的周界防盗报警系统，系统主要由电子围栏主机、前端配件、后端控制体统 3 大部分组成。通常，电子围栏主机在室外，沿着原有围墙（例如砖墙、水泥墙或铁栅栏）安装，脉冲电子围栏主机通常在室外，通过信号传输设备将报警信号传至后端控制中心的控制键盘上，显示防区工作状态，并远程对外部脉冲主机进行布撤防控制等操作。如今大多数电子围栏用于农业围栏和动物管理，有独立式电子围栏和附属式电子围栏。

（八）隔离带

隔离带分为天然隔离带和人工隔离带。天然隔离带是在场区选址时根据地理位置来确定的，一般有山岭、河流及树木等。畜牧场通常在围墙内外根据场地条件多种一些树木，规模化羊场可在场区外围种植5~10m宽的隔离林带，规模较小的羊场可适当减小隔离带宽度。常用的人工隔离带有乔木、灌木、地被植物、草本花卉等。

（九）防疫沟

防疫沟一般由砖、石头、水泥等砌成，其结构坚固，尺寸为：宽1~1.5m，深1~2m。

二、羊群管理设备

（一）母仔栏

母仔栏包括活动栏和固定栏。大多采用活动栏板，由两块栏板或围栏用合页连接而成。通常母仔栏高1m，长1.2m，厚2.2~2.5cm，然后将活动栏在羊舍一角成直角展开，并将其固定在羊舍墙壁上，供一母双羔或一母多羔使用。固定母仔围栏，通常由钢管焊接而成，固定于羊舍内部，形成分隔栏。母仔栏依产羔母羊的多少而定，一般按10只母羊1个活动栏配备。

（二）分群栏

分群栏有固定式和组装式。分群栏有一窄长通道，通道的宽度比羊体稍宽，羊在通道内只能成单行前进，不能回转向后（图3-2），通道长度为可视情况而定，一般长度为6~8m，在通道两侧可视需要设置若干个小圈，圈门的宽度相同，由此门的开关方向决定羊只的去路。

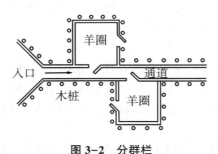

图3-2 分群栏

（三）羔羊补饲栅

用于给羔羊补饲，栅栏上留一小门，小羔羊可以自由进出采食，大羊不能进入，这种补饲栅用木板或方形钢管制成，板间距离15cm，补饲栅的大小要依羔羊数量多少而定。

（四）羊舍畜栏

羊舍畜栏主要有横向和竖向两种形式，畜栏通常由圆形钢管、方形钢管和木棍等材质形成。羊舍畜栏高一般为1.5m，畜栏格间距一般为10cm。

三、饲喂设备

（一）采食设备

1. 架子食槽

架子食槽可由高强度聚丙烯环保塑胶、PVC 管、铁皮等材料建造，配套有食槽放置架，长度一般为 1m，深度一般为 15cm，宽为 30cm，"U" 形设计，内部光滑，四角也用圆弧角，方便清理，可随意挪动和更换。移动式架子食槽由框架和食槽组成，框架安装在食槽两侧，框架下方有 4 个万向轮，框架之间通过连接杆连接，框架内安装有横杆，横杆上等间距地安装有颈夹，且宽度为 18cm，高度为 25~30cm。结构简单，设计合理，食槽底部设有导流口，在对食槽进行清洗时，废水从导流口流出，而且食槽可拆卸地安装在框架上，拆卸方便。

2. 固定食槽

固定食槽主要由水泥建造，可根据羊舍建造结构而定，有的利用羊栏外侧地面斜坡直接作为食槽；有的沿羊栏外侧挖一条深度一般为 15cm 左右的小沟，底部以圆形为宜，用混凝土硬化成形作为食槽；高床式羊舍，在羊栏外侧另外延伸 20~30cm，用砖和混凝土砌筑形成方形食槽。

3. 草料架

草料架形式多样，有专供喂粗料用的草架，有供喂粗料和精料的两用联合草料架。草料架结构一般为倒三角形，草料架隔栏之间的距离为 9~10cm，既能保证羊能够吃到草，又可减少饲草浪费，避免污染。通常有木制、圆形钢管和方形钢管等材质。

（二）饮水设备

1. 固定饮水槽

一般固定在羊舍或运动场上，可用高强度聚丙烯环保塑胶、镀锌铁皮、水泥和砖等制成，类似于食槽。上方可安装自来水管，以供充足的清洁饮水。水槽下方设有排水口，以便排放残余水和污染水。

2. 自动饮水器

自动饮水器主要有铜阀饮水碗和自动浮球饮水碗。铜阀饮水碗的碗体材质有 ABS 工程塑胶和不锈钢，水阀材质为原生铜，碗体直径为 18cm，高 15cm，深 8cm。可固定在墙上和栏杆上，具有抗摔、耐磨、耐腐蚀的特点，饮水碗符合羊嘴形状，可自动饮水，防止交叉感染。

自动浮球饮水碗的碗体材质主要由不锈钢和高强度塑料制作，产品规格一般为 26cm×25cm×10cm。利用浮球控水，保证自动储水，可自主调节水位，浪费少，规模化羊场一般在羊舍内部或者运动场适当位置安装，距离地面 40cm，以羊最适饮水且不易刮蹭为宜。

3. 恒温饮水槽

恒温饮水槽市场上产品较多，其主要特点是能够保证家畜饮水温度保持恒温，且温度可控制在 0~40℃，可以保证羊冬季供应温水。有 1 孔、2 孔、3 孔、4 孔、6 孔等产品。

（三）舔砖固定设备

1. 简易式舔砖固定架

使用较细的 PVC 管，穿过中心砖孔，利用铁丝或绳子穿过 PE 管，将其挂在羊舍围栏上，供羊舔舐，该方法操作简单，适用性广。

2. 舔砖拖盘

由优质 PE 材料制成，其规格一般为 16cm×16cm×14cm，自带防滑底纹和稳定柱，具有耐摔抗低温的特点，可以固定在墙上或栏杆上。舔砖固定牢固，干净卫生，室内和室外均适用。

3. 舔砖固定支架

舔砖固定支架主要由固定柱、托盘、圆孔、垫片、螺帽组成，其特征在于，螺丝杆的上端固定有一个圆环，螺丝杆的下端穿过托盘上的圆孔用垫片和螺帽固定或者直接焊接，结构简单，成本低廉，使用方便，实用性较强。

（四）羔羊哺乳设备

1. 简易羔羊哺乳器

简易哺乳器种类较多（图 3-3）。其主要部分由固定架、储奶罐和饮奶嘴组成，储奶罐为一个球形或方形带盖的敞口容器，其上设置有体积刻度标识，在储奶罐底侧周边均匀设置多个用于安装饮奶嘴带泌乳孔的连接头，包括多个饮奶嘴，饮奶嘴通过其后部的饮奶座与连接头可拆卸连接。

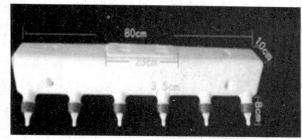

图 3-3　简易羔羊哺乳器

2. 羔羊代乳粉哺乳器

羔羊代乳粉哺乳器（图 3-4），支架采用不锈钢材质，结构结实并且耐用性强，支架带有车轮和把手，方便移动。羔羊代乳粉哺乳器上有若干个固定奶嘴，冲释好的代乳粉液体放入电热保温箱中，打开阀门，通过输送管道，乳液被输送到固定奶嘴中。在无人的情况下，可以同时对多只羔羊进行饲喂（李金荣，2018）。

3. 羔羊多功能哺乳器

羔羊多功能哺乳器（图 3-5）的主体结构包括电机、支架、盛料缸体、顶盖、搅拌杆、外置循环水箱、分液器、输奶管和哺乳奶瓶。支架上安装盛料缸体，盛料缸体包括内筒和外筒，内筒的顶部与外筒的顶部通过顶盖连接为一体，顶盖上设有与内筒相连通的加料口，外筒的外部上方安装有电机，电机输出轴连接有伸入内筒内的搅拌杆，内筒的内壁和外壁上分别盘绕有冷却水盘管和电磁加热线圈，内筒的内部还设有感温器，内筒的底端设有出料口并连有出料管道，出料管道从上至下依次设有第一球阀、分液器和第二球阀，分液器上连接有多个输奶管并通过输奶管连接有哺乳奶瓶（侯广田，2016）。

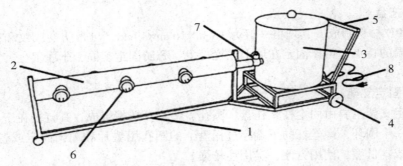

1. 哺乳器支架；2. 乳液输送管；3. 电热保温箱；4. 车轮；5. 把手；
6. 固定奶嘴；7. 阀门；8. 插座

图 3-4 羔羊代乳粉哺乳器

图 3-5 多功能哺乳器

（五）防寒保暖设备

1. 羔羊保温板

羔羊保温板种类较多（图 3-6）。主要包括一组发热垫支架、一组设置于发热垫支架上的柔性发热垫，以及设置于发热垫支架上的一个栖息板，柔性发热垫位于栖息板的下部，柔性发热垫在被供电时能够产生热量，以加热该栖息板上部的栖息环境，从而使栖息板上部形成的栖息环境的温度升高，并保持在适宜羔羊生存的环境。

2. 羔羊保温箱

羔羊保温箱形式多样，主体由箱体组成，箱体一般均开设方便羔羊进出的门和排气孔，箱体内设有羔羊补饲槽，顶部设有盖板，盖板与箱体可拆卸连接，箱体底部铺设有电热保温板或者热风机。

图 3-6　羔羊保温床

3. 电油汀

电油汀又称为充油取暖器（图 3-7），是一种空间加热器，主要由密封式电热元件、金属散热管或散热片、控温元件、指示灯等组成。这种取暖器一般都装有双金属温控元件，当油温达到调定温度时，温控元件会自行断开电源。

图 3-7　不同类型电油汀

四、牧草种植与收获机械

（一）播种机

牧草播种机有撒播和条播两种类型（图 3-8）。撒播机常用的机型为离心式撒播机，附装在农用运输车后部，由种子箱和撒播轮构成，种子由种子箱落到撒播轮上，在离心力作用下沿切线方向播出，播幅达 8~12m。

条播机作业时，由行走轮带动排种轮旋转，种子箱内的种子被按要求的播种量排入输种管，并经开沟器落入开好的沟槽内，然后由覆土镇压装置将种子覆盖压实。条播机一般

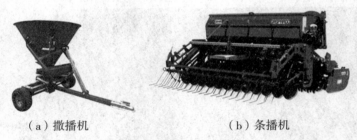

（a）撒播机　　　　　　　　　　　　（b）条播机

图 3-8　牧草播种机

由机架、牵引或悬挂装置、种子箱、排种器、传动装置、输种管、开沟器、划行器、行走轮和覆土镇压装置等组成。其中影响播种质量的主要是排种装置和开沟器。常用的排种器有槽轮式、离心式、磨盘式等类型。开沟器有锄铲式、靴式、滑刀式、单圆盘式和双圆盘式等类型。

（二）割草机

牧草常用的割草机有往复式割草机（图 3-9）、圆盘式割草机。圆盘式割草机主要有双盘割草机、四盘割草机、六盘割草机和七盘割草机（图 3-10）。

圆盘式割草机可以随意调整割茬高度和割茬角度，牧草切割快捷干净、生产效率高。采用双弹簧悬挂，不损伤草地，能适应地面的凹凸情况。刀盘部分可折叠，运输方便，配套动力范围广，本机装有起保护作用的安全装置，作业中碰上障碍物或遇异常力时，割草盘往后移动使本机免受损伤。作业宽幅 0.9~3m。

图 3-9　往复式割草机

（三）搂草机

搂草机是将散铺于地面上的牧草搂集成草条的牧草收获机械。搂草的目的是使牧草充分干燥，并便于干草的收集。按照草条的方向与机具前进方向的关系，搂草机可分为横向和侧向两大类。

1. 横向搂草机

横向搂草机（图 3-11）有牵引式和悬挂式，其工作部件是一排横向并列的圆弧形或螺旋形弹齿。作业时，搂草机弹齿尖端触地，将割草机割下的草铺搂成横向草条（即草

图 3-10　圆盘割草机

条与机器的行进方向垂直）。因草条较紧密，不利于干燥，且夹杂多，不整齐，不利于后续作业。作业速度也较慢，一般为 4~5km/h。

图 3-11　横向搂草机

2. 侧向搂草机

侧向搂草机（图 3-12）分为滚筒式搂草机、指轮式搂草机、旋转式搂草机。

滚筒式搂草机主要工作部件是一个绕水平轴旋转的搂草滚筒。滚筒端面与机具前进方向成一夹角，即前进角；滚筒回转端面和齿杆间夹角则为滚筒角。又可分为直角滚筒式和斜角滚筒式两种。前者的滚筒角为 90°，前进角为 45°；后者的滚筒角小于 90°，前进角大于 90°。

指轮式搂草机由活套在机架轴上的若干个指轮平行排列组成，结构简单，没有传动装置。作业时，指轮接触地面，靠地面的摩擦力而转动，将牧草搂向一侧，形成连续整齐的草条。指轮平面和机具前进方向间的夹角一般为 135°。作业速度可达 15km/h 以上，适宜于搂集产量较高的牧草、残余的作物秸秆，以及土壤中的残膜。改变指轮平面与机具前进方向的夹角，可进行翻草作业。

旋转式搂草机按旋转部件的类型有搂耙式和弹齿式两种。旋转搂耙式搂草机的每个旋转部件上装有 6~8 个搂耙。作业时，由拖拉机牵引前进，搂耙由动力输出轴驱动，由安

牵引杆
搂草弹齿
滚筒端面
搂草滚筒 齿杆
（a）滚筒式搂草机示意图

（b）指轮式搂草机

（c）旋转式搂草机

图 3-12　侧向搂草机

装在中间的固定凸轮控制，在绕中心轴旋转的同时自身也转动，从而完成搂草、放草等动作。旋转弹齿式搂草机是在一个旋转部件的周围装上若干弹齿，弹齿靠旋转离心力张开，进行搂草作业。若改变弹齿的安装角度，即可进行摊草作业。旋转式搂草机搂集的草条松散透风，牧草损失小，污染轻，作业速度可达 12~18km/h，便于与捡拾机具配套。

（四）秸秆切碎回收机

秸秆切碎回收机（图 3-13）由秸秆切碎装置和回收装置组成，可将田间直立或者铺放的牧草直接切碎并回收作为饲料，主要与 25 马力以上有后传动输出的拖拉机配套作业。常用机型有以下几种类型。

图 3-13　秸秆切碎回收机

4JQH-150，割幅 1.5m，甩刀数量 40 个，生产效率 5~8 亩/h，配套动力≥40kW。
4JQH-165，割幅 1.65m，甩刀数量 44 个，生产效率 5~10 亩/h，配套动力≥50kW。
4JQH-180，割幅 1.8m，甩刀数量 48 个，生产效率 7~15 亩/h，配套动力≥50kW。
4JQH-200，割幅 2.0m，甩刀数量 52 个，生产效率 7~18 亩/h，配套动力≥60kW。

（五）秸秆粉碎机

秸秆粉碎机可用电机、柴油机或30~50马力拖拉机配套，主机由喂入、铡切、抛送、传动、行走机构、防护装置和机架等部分组成（图3-14）。其各部分组成如下：① 喂入机构：主要由喂料台、上下曹辊、定刀片、定刀支承座组成。② 铡切抛送机构：主要由动刀、刀盘、锁紧螺钉等组成。③ 传动机构：主要由三角带、传动轴、齿轮、万向节等组成。④ 行走机构：主要由地脚轮组成。⑤ 防护装置：由防护罩组成。

常用秸秆粉碎机主要机型：9ZT-12C，生产效率4~25t/h，配用电机18.5kW，成品物料长度为两刀18mm、27mm、38mm、53mm，三刀12mm、18mm、25mm、35mm；9ZT-9C，生产效率3~20t/h，配用电机15kW，成品物料长度为两刀18mm、27mm、38mm、53mm，三刀12mm、18mm、25mm、35mm；9Z-6A，生产效率2.5~15t/h，配用电机7.5kW，成品物料长度为两刀18mm、27mm、38mm、53mm，三刀12mm、18mm、25mm、35mm；9Z-4C，生产效率2~8t/h，配用电机5.5kW，成品物料长度为两刀34mm、44mm，三刀17mm、22mm；9Z-2.5，生产效率1~4t/h，配用电机4kW，成品物料长度为三刀15mm、35mm，四刀11mm、22mm、26mm、54mm。

新型秸秆粉碎机主要机型：JL600，配用动力4~18.5kW，电机转速1 400r/min，主轴转速1 400r/min，时产量500~800kg；JL800，配用动力4~30kW，电机转速1 400r/min，主轴转速1 400r/min，时产量1 000~2 000kg；JL1000，配用动力4~45kW，电机转速1 000r/min，主轴转速1 000r/min，时产量3 000~5 000kg。

小型秸秆粉碎机主要机型：320，功率2.2~3kW，转速4 600r/min，时产量180~300kg；360，功率3~5kW，转速4 000r/min，时产量300~400kg；400，功率5.5~7.5kW，转速4 000r/min，时产量450~600kg；420，功率7.5~11kW，转速3 800r/min，时产量500~650kg；500，功率11~15kW，转速3 600r/min，时产量600~800kg；600，功率15~18.5kW，转速3 400r/min，时产量700~1 200kg。

图3-14 不同类型秸秆粉碎机

（六）捆草机

主要有方形捆草机和圆形捆草机。捆草机主要包括机架、主动轴、主动轮、进料机构从动轴、从动链轮、离合器、离合爪、主动绳轮、工作台、绳轮、绳、拨杆、回位扭簧等；还有夹紧机构主动链轮、夹紧机构从动轴，该轴上也有离合器、离合爪，还有限位棘轮、夹紧机构从动链轮、夹紧机构主动绳轮、回位扭簧，还有扇形轮、扇形轮轴、夹紧器及草绳支架、草绳等。

(七) 秸秆揉丝机

秸秆揉丝机主要用于棉秆、树枝、玉米秆、稻草等生物质的切碎加工，该设备可用电机、柴油机或30~56马力拖拉机配套，主机由喂入机构、铡切机构、抛送机构、传动机构、行走机构、防护装置和机架等部分组成。

主要型号有：550×600，重量1t，生产效率0.8~1.5t/h，功率22kW；600×800，重量1.3t，生产效率1~2t/h，功率37kW；600×1 000，重量1.6t，生产效率1.5~2.5t/h，功率45kW；600×1 200，重量2t，生产效率2~4t/h，功率55kW；600×1 500，重量2.5t，产量2.5~5t/h，功率75kW。

(八) 自走式青贮饲料收获机

自走式青贮饲料收获机（图3-15），主要由割台和机身组成，割台即切割部分，机身即粉碎部分。割台有3种类型，包括全幅割台、捡拾割台和玉米割台。其中全幅割台用于收获低秆作物青饲，包括往复式切割器、拨草轮、搅龙（向中央汇集）。捡拾割台用于草条捡拾青贮料或低水分青贮料，由捡拾器、双向搅龙组成。玉米割台也称青贮割台，收割高秆作物（青贮玉米），2~4行。青贮割台由夹持器、切割器、挡禾杆等组成，切割器有摆动刀式、双圆盘刀式和单圆盘月式3种。

图3-15　不同类型自走式青贮饲料收获机

机身部分主要有喂入装置和切碎抛送装置。机身和任一割台相组合即可将喂入的各种青饲料切成碎段，然后抛送入挂在后面的拖车内。在机身上除了这些部件以外，还有机架行走轮和传动部分。自走式收获机上还安有发动机和操纵部分。

常见的机型有：美迪9QZ-2900、美迪9QZ-2900A、美迪9QZ-3000、牧神4QZ-2200A、牧神4QZ-3000、牧神4QZ-3000A、牧神4QZ-3000B、牧神4QZ-3000X、顶呱呱4QZ-2100A、顶呱呱4QZ-2600、顶呱呱4QZ-3000以及克拉斯（科乐收）JAGUAR800系列。

（九）悬挂式青贮饲料收获机

悬挂式青贮饲料收获机（图3-16），利用拖拉机的前三点悬挂或后三点悬挂系统及前动力输出轴或后动力输出轴，挂接在拖拉机的前面、后面或侧面，主机一般只配带高秆作物割台收获青贮玉米等大型牧草。常用的机型有：4QG-30型、4QG-8型、kemper-C1200型、4QS-1250型、9080型、4QX-1200等型号。

图3-16 不同类型悬挂式青贮饲料收获机

五、饲草料加工与储存设施设备

（一）裹包机

裹包机（图3-17）主要用于青贮饲料制作，有小型打捆裹包机和大型草捆缠膜机。

图3-17 小型裹包机

（二）青贮窖

青贮窖分地下式、半地下式和地上式3种，呈圆形或方形，直径或宽2~3m，深2.5~3.5m。通常用砖和水泥作材料，窖底预留排水口。一般根据地下水位高低、当地习惯及操作方便决定采用哪一种。但窖底必须高出地下水位 0.5m 以上，以防止水渗入窖。

（三）青贮塔

青贮塔分全塔式和半塔式两种。一般为圆筒形，直径 3~6m，高 10~15m。可青贮水分含量 40%~80% 的青贮料，装填原料时，较干的原料在下面。青贮塔由于取料出口小、深度大，青贮原料自重压实程度大，空气含量少，贮存质量好。但造价高，仅大型牧场采用。

（四）青贮袋

青贮袋只能用聚乙烯塑料袋，严禁用装化肥和农药的塑料袋，也不能用聚苯乙烯等有毒的塑料袋。青贮原料装袋后，应整齐摆放在地面平坦光洁的地方，或分层存放在棚架上，最上层袋的封口处用重物压上。在常温条件下，青贮 1 个月左右，低温 2 个月左右，即青贮完熟，可饲喂家畜，在较好环境条件下，存放 1 年以上仍保持较好质量。

（五）堆贮

操作简单，适用所有类型牧草青贮。堆贮平台需离畜舍较近，地势较高，干燥、平坦。

（六）饲草料加工间

根据饲养规模决定饲草料加工间面积，且饲料加工间应靠近生产区。

（七）干草棚

干草棚一般由彩钢结构搭建而成，可做成封闭式或半开放式。

（八）晾草架

晾草架主要用于鲜割牧草的晾晒，由木头搭建而成，放置在较空旷、没有遮阳的地方。

（九）TMR 机

常用的 TMR 机有固定式和牵引式两种。

固定式 TMR 搅拌机又分为立式和卧式两种，主要由机架、料箱、齿轮箱、搅龙、动刀、称重显示系统、转动系统和气泵系统等组成。一般适应于羊舍槽道限制，无法实现日粮直接投放的传统羊舍。

牵引式 TMR 机，集搅拌混合、撒料于一体，可实现边移动边混合，直接可以抛撒在羊舍饲喂槽进行饲喂，带有自动称重装置，添加量随时设定；具有准确计量每批物料重量，使羊饲料配比更合理；充分利用各种饲草及农作物秸秆，不破坏纤维质成分，使饲料的能量效率最大化。适合于大中型养殖场。

（十）制粒机

制粒机（又名：颗粒饲料制粒机），属于饲料制粒设备，是以玉米、豆粕、秸秆、草、稻壳等的粉碎物直接压制颗粒的饲料加工机械。制粒机主要由喂料、搅拌、制粒、传动及润滑系统等组成。

（十一）饲料粉碎机

粉碎机由粗碎、细碎和风力输送等装置组成，以高速撞击的形式达到粉碎的目的。饲料粉碎机分为对锟式、垂片式和齿爪式。对锟式是一种利用一对作相对旋转的圆柱体磨辊来锯切、研磨饲料的机械，具有生产率高、功率低、调节方便等优点。在饲料加工行业，一般用于二次粉碎作业的第一道工序。垂片式是一种利用高速旋转的锤片来击碎饲料的机械，具有结构简单、通用性强、生产率高和使用安全等特点。齿爪式是一种利用高速旋转的齿爪来击碎饲料的机械，具有体积小、重量轻、产品粒度细、工作转速高等优点。

常用的型号有：9FZ-42 型、9FQ-60 型、9FQ-20 型。

（十二）饲料粉碎混合机

饲料粉碎混合机是集粉碎和搅拌为一体，有自吸式饲料粉碎混合机和强制式饲料粉碎混合机。自吸式饲料粉碎混合机，喂料采用自身粉碎机的风力，把玉米粒、大豆、小麦等谷物吸进饲料粉碎腔内，然后再进行粉碎搅拌等工作；强制式饲料粉碎混合机，喂料采用螺旋输送，强制把物料送到饲料粉碎腔内，然后再进去粉碎搅拌剩余工作。

六、病死畜无害化处理及废弃物综合利用设施设备

（一）无害化处理设备

采用二级燃烧室设计，旋转火幕焚烧技术，旋风式除尘，风冷系统。尾气排放无黑烟、无异味、无大颗粒粉尘。无害化处理设备全部采用钢制，抗腐蚀，外形美观；炉膛内采用耐火水泥多次成型，经久耐用；设备结构紧凑，占地面积小，安装简单，使用方便。燃烧机性能良好，一次点火率100%，燃油雾化效果好，热效率高，极大地缩短了无害化处理时间和降低处理成本。自动熄火保护，有效防止爆燃，安全可靠，自动化程度高。

（二）漏缝地板（图3-18）

1. 竹制漏缝地板

采用优质镀锌钢筋，由双层楠竹片，塑料管以及螺杆，外加辅件镀锌螺帽组成。螺杆串连楠竹片，并以塑料管套于螺杆外以防止螺杆生锈，螺杆以及塑料管均起到了支撑以及承重作用。常用规格，1.5m×0.5m、2m×0.5m、3m×0.5m、4m×0.5m，漏粪缝隙为1.5～1.8cm，可根据不同养殖棚的面积或实际大小，对产品的尺寸进行调整，量身定做。具有高密强硬、能承受重量、防虫防霉变等特征。

图3-18　不同类型的漏缝地板

2. 水泥漏缝地板

水泥漏粪板采用水泥、细沙、瓜米石，内部铺设螺纹钢筋网制成，具很高的强度和抗

压能力。单片漏粪板尺寸为长 1.05~3m，宽 0.6m，孔径宽 1.1cm/1.6cm/2.3cm。

3. 塑料漏缝地板

可拼接式羊用漏粪地板，采用高质量工程塑料注塑而成，有不同颜色。塑料漏粪地板网格式样表面有防滑点和防滑皮纹，载重量在 200kg 以上，使用年限较长。单片尺寸为 50cm×60cm，孔径的尺寸为 6.3cm×1.5cm/5.0cm×1.5cm，可以根据羊舍的长宽自行装配。

4. 木条漏缝地板

利用裁剪好的木条订制成的漏粪地板，该种漏粪板的规格可根据羊舍的面积随意调整。

5. 镀锌钢丝漏缝地板

根据羊体大小，钢丝网可选用市售网格大小为 1cm×1cm 至 2cm×2cm 的镀锌钢丝网，根据质地及硬度不同，下部以相应梁架进行支撑。使用时应注意做好防锈工作，以利于延长使用寿命。

（三）刮粪机

针对羊床下水泥地面的刮粪机，是由减速机输出轴通过链条或三角皮带，将动力传到主驱动轮上，驱动轮和牵引绳张紧后的摩擦力做牵引，带动刮板往返运动，刮板工作时，由刮板上月牙滑块擦地自动落下，返回时自动抬起，完成清粪作业。

材料：约 100kg 钢材，高 21cm；电机：0.55kW/0.75kW，220V/380V；驱动器：满油箱，齿轮传动，输出转速为 5.4r/min；刮粪板移动速度：4m/min；转角轮：直径 290mm，防磨损铸铁合金，坚钢轴心；转换器：220V，有最大电流保险，带有可调节定时器或手动操作；链条：13mm 加硬的重链条；钢丝绳：6mm，外包 1mm 塑料层或绳子。

（四）贮粪池

贮粪池采用砖混结构，上方密封，防渗漏防雨水。贮粪池一般与羊舍等宽，深 1.5~2m，容积根据养殖量确定。

（五）堆肥发酵池

堆肥设备通常是指堆肥进行生化反应的反应器装置，是堆肥系统的主要组成部分。它的类型有立式堆肥发酵塔、卧式堆肥发酵滚筒、筒仓式堆肥发酵仓和箱式堆肥发酵池。立式堆肥发酵塔又可分为立式多层板闭合门式、立式多层桨叶刮板式、立式多层移动床式。筒仓式堆肥发酵仓可分为筒仓式静态发酵仓和简仓式动态发酵仓。箱式堆肥发酵池可分为矩形固定式梨翻倒发酵池、扇斗翻倒式发酵池、吊车翻倒式发酵池和卧式桨叶发酵池。

（六）有机肥发酵罐

堆肥发酵罐包括外罐体和内罐体，外罐体和内罐体之间填充保温材料，外罐体顶部连接顶盖，顶盖上连接采气管路和排空管路，内罐体的底部放置有送气装置，送气装置的输入端穿出内罐体和外罐体。在罐体上增加导热系统，并加入发酵罐专用的发酵菌种，可在 48h 发酵腐熟出料，发酵好的有机肥达到无害化的标准。在处理过程中没有废水、废物排出，真正实现了零污染。

（七）堆肥发酵棚

堆粪棚大小按照养殖场规模建设，地面需作硬化处理，以防渗漏，加盖顶棚防雨水，四周设1m高围墙，也可做全封闭大棚，留有出口。大棚可采用塑料大棚形式，棚宽12m左右，高4m左右，长度根据需要设定。棚内并排设4~5个堆粪坑，每个堆粪坑宽2.5~3m，高1m，长为堆肥棚全长的1/3即可。

七、羊场卫生防疫设施设备

（一）消毒池

在生产区入口，应设有消毒池。消毒池需耐酸碱、结构坚实、能够承载各种通行车辆的重量。池两端设置一定斜坡，方便车辆出入，池内设置排水孔，便于更换消毒药液。一般消毒池的尺寸为长5~9m、宽3~5m、深0.2~0.3m。

（二）车辆消毒设备

车辆消毒设备（图3-19）主要包括电脑一体主机、防冻加热系统、一体式液体控制药箱、缺水警报、立式喷杆（可升降）、横向底喷、横向顶喷、立杆钢底座、斜拉杆、地磁感应器、水处理系统、自动加药系统。

图3-19　自动化车辆消毒设备

（三）消毒室

消毒室应该位于生产区入口，设紫外线消毒灯、自动喷雾消毒器、洗手盆和脚踏消毒池等设施，并配有防护服和鞋套，用于工作人员及进场参观人员消毒、更衣。

（四）喷雾消毒设备

喷雾消毒机种类较多，有电动喷雾器、脉冲式烟雾水雾两用机，手提式汽油弥雾机，充电式风送喷雾机，高压喷雾消毒机，智能超声波雾化消毒机（人员通道消毒机）等（图3-20）。

（五）药浴设备

1. 大型药浴池

主要由砖、石、水泥等材料砌成，形状为上宽下窄的长方形方沟（图3-21）。长10~

图 3-20　喷雾消毒设备

12m，池顶宽 85~100cm，池底宽 30~60cm，以羊刚好通过且不可转身为准，池深 1.0~1.2m。在入口一端设有羊栏，羊群在此等候入池，在入口处设陡坡，出口一端则筑成缓坡，并筑有密集的台阶，便于羊只攀登，出池时不致滑跌。池底设置排水孔，以便更换浴药及排放废水。

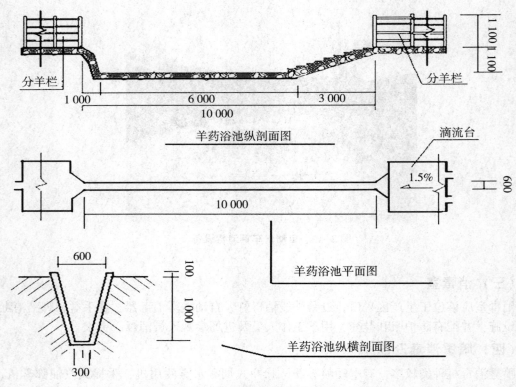

图 3-21　大型药浴池示意图（单位：mm）

2. 小型药浴设备

小型药浴设备有药浴槽、药浴盆或药浴缸，也可用特制的木桶、铁盆或水槽给羊药浴，能够同时药浴 2 只成年羊或 3~4 只小羊。

3. 药淋装置

药淋装置是一种喷淋药浴方法，主体结构有圆形淋池和两个羊栏组成。该方法在澳大利亚普遍使用，主要型号有 SSD-30 型和 60 型，每次分别喷淋 30 只和 60 只羊，主要以上淋下喷的形式进行药浴，可流动使用。国内曾经推出的设备有 9AL-8 型药淋装置和 9YY-70 型药淋装置。目前推广应用的有 9LYY-15 型移动式羊药淋机、9AL-2 型流动式小型药淋车。其中 9AL-2 型流动式小型药淋机，每 15~30min 淋羊 200~250 只，很受牧区牧民的欢迎。

4. 池浴机械

池浴机械是一种浴池浸浴的方法，具有流动性和机械化功能。主要使用的是一些移动式和可装卸小型药浴装置，有 NIKY 型、KJIY 型和 OKB 型等，均采用机械操作。OKB 型药浴装置由运羊车、沉降羊台、混合器、平衡装置、泵站、供热系统、滤水池等组成，每次药浴 20~30 只羊。目前，国内推广应用的主要型号有 9A-21 型新长征 1 号牛羊药浴车，以及 9YY-16 型移动式羊只药浴车等。

八、羊舍小气候环境调控设备

畜舍的通风方式可以分为自然通风和机械通风，机械通风又可分为正压通风、负压通风和零压通风 3 种方式。

（一）正压风机

正压通风是指让风从室外吹到室内，导致室内的风压大于室外，风从窗口或门洞口排出，实现通风，分为侧壁通风和屋顶通风（图 3-22）。

（二）负压风机

负压风机（图 3-23），是通风扇的最新类型，属于轴流风扇，因为主要应用于负压式通风降温工程，又称为负压风扇。负压式通风降温工程包含通风和降温两个方面的含义，通风和降温问题同时解决。

图 3-22　正压风机

图 3-23　负压风机

（三）屋顶通风器

屋顶通风器（图 3-24）也称为屋顶自然通风器、屋面自然通风器等。主要围绕空气动力学风载体型理论中"风作用于物体时，迎风面为压力，背风面及顺风向的侧面为吸力"展开。常见的有条形屋顶通风器和球形屋顶通风器，其中条形屋顶通风器分为流线型屋顶通风器和薄型屋顶通风器。屋面通风器风雪荷载能力取决于钢构架的设计形式、钢构架的材料规格和挡雨板的厚度等因素，其中构件材料规格的选择非常重要，首先应完全保证满足风雪荷载要求，解决室内通风、采光、排烟等需求，同时也要避免无必要的选用过大规格。

图 3-24　屋顶通风器

（四）湿帘

湿帘（图 3-25）类型主要有波高 5mm、7mm 和 9mm，3 种，波纹为 60°×30°交错对置和 45°×45°交错对置。优质湿帘采用新一代高分子材料与空间交联技术而成，具有高吸水、高耐水、抗霉变、使用寿命长等优点。而且蒸发比表面大，降温效率达 80%以上，不含表面活性剂，自然吸水，扩散速度快，效能持久。1 滴水 4~5s 钟即可扩散完毕。国际同行业标准自然吸水为 60~70mm/5min 或 200mm/1.5h。

（五）挂式风机

挂式风机（图 3-26），扇叶采用不锈钢扭曲冲压成形，风量大、不变形、不断裂。

图 3-25　湿帘

图 3-26　挂式风机

九、动物福利设施

（一）羔羊活动假山

利用废弃轮胎等软性材料建造，其大小可根据养殖场规模确定，建造材料不能存在尖锐部分，防止对羔羊产生伤害，活动假山一般建在运动场或人工放牧草地上。

（二）羔羊戏耍跷板

在宽厚的木板中间装上轴，然后架在支柱上，形成简易跷跷板，供羔羊活动，一般放置在运动场和混播草地上。

（三）环形跑道

环形跑道一般由铁围栏围成，形状为椭圆形或长方形，跑道一般高 1~1.5m，宽1.5~2m，长根据运动场的大小确定。

（四）运动场

运动场与羊舍连接，一般选择在靠阳光可以直射且无遮挡物的一面，要求场地平坦开阔，通常用木栅或红砖砌成围墙，运动场的面积一般为羊舍面积的 2~2.5 倍，墙体为高1.3~1.5m 的 12 砖墙即可。运动场地面需平坦且用水泥或砖铺设，并在四周建造排水排污沟，场地略带有一定的坡度，尽量保持运动场干燥。白天羊基本上是在运动场上活动，所以运动场的建设中可以设计遮阴棚、料槽、水槽、饲草架，如果运动场和羊舍连接处有门，且门一直处于开放状态，也可不用建遮阴棚、料槽、水槽、饲草架等。要保持运动场干燥和通风良好。

（五）调节性放牧草地

调节性放牧草地一般以混播草地为主。混播草地一般以苜蓿、菊苣、鸭茅、黑麦草、三叶草、饲料油菜等按照一定比例种植；作为放牧草地利用按照多年生黑麦草 20%+鸭茅20%+苇状羊茅 40%+白三叶 15%+红三叶 5%的组合；若作为刈割地利用可按照多年生黑麦草 40%+鸭茅 40%+白三叶 15%+红三叶 5%混播种植。

十、其他附属设施设备

（一）门卫室

门卫室通常建在羊场进口位置，由实体砖墙或钢结构建造而成，面积可为 20~30m^2。

（二）值班室

通常建在羊场生产区，由实体砖墙建造，一般建造 1~2 间房，每间面积为 30~50m^2。

（三）兽医室

兽医室应建在辅助生产区，与生产区及生产管理区之间应保持 300m 左右的距离，一般面积为 50~60m^2。将其隔成大小两间，小间在外，大间在内，地面和墙壁用瓷砖砌成离地 1.5m 高的墙裙，天花板要光滑，备有门窗、水电等，室内建筑应符合卫生要求。小房间主要用于病、死羊的剖检，病料采集、器皿清洗、试验准备等；大房间用于存放仪器设备、药品试剂柜、工作台、无菌操作间或超净工作台，以及进行细菌的分离、接种培养和实验诊断等。

（四）人工授精室

可分为 3 间，分别是采精室、精液处理室和输精室，其建设要求光线充足，地面坚实（最好铺设砖块），以便清洁和减少尘土，空气要新鲜，室温要求保持在 18~25℃；面积一般为采精室 12~20m²（采精室内部要有采精架），精液处理室 8~12m²，输精室 20~30m²。

（五）胚胎移植室

要求清洁明亮，光线充足，无尘，地面平整，用水泥或砖铺设。配有照明设施和供暖设施，温度需保持在 20~25℃。室内设专门套间，作为胚胎操作室，内部应有手术保定架、器械台等。须定期进行清洗、消毒，每次手术后应立即清洗地面，擦洗手术台、器械台等。

（六）采精架

采精架有固定式和可移动式两种。一般由圆形钢管焊接而成，其主要目的是用于固定发情母羊，使公羊能够顺利完成爬跨，实现精液采集。固定式采精架一般直接固定在水泥地面上，通常置于人工授精室；可移动式采精架含有一个底座，利用钢管在底座上焊接形成限位栏，在框架与底座对应横边上焊接羊颈夹，羊颈夹与两侧的限位栏将羊两侧的肩胛和头进行固定，使得母羊固定站立于原地，便于公羊爬跨，便于人工采集精液。

（七）胚胎移植保定架

胚胎移植保定架主要包括底架、竖直安装在低架上的固定支撑杆和高度调节支撑杆，在固定支撑杆及高度调节杆上方设有顶梁，顶梁的底部通过底座分别与固定支撑杆及高度调节杆的顶端连接，并在顶梁的中部设有支撑网，在顶梁的末端设有长度调节梁，在顶梁的前端及长度调节梁的端头设有固定件。保定架一端的高度及长度可根据需要进行调整，方便对羊体固定和抬升，其中固定件能够快速对羊四肢固定，保护羊腿不受伤，省时省力，操作方便。

（八）剪毛棚

剪毛棚建造结构简单，主要由剪毛台、遮阴屋顶、后墙和立柱建成。剪毛台一般高 10~20cm，剪毛台上应有一根高 2m 左右的横杆，用于悬挂剪毛机和安装电源。

（九）剪毛设备

羊剪毛设备类型较多，有手动羊毛剪（图 3-27）和电动剪羊毛机。电动剪羊毛机既有单体机，也有一体机，目前国内主要使用的电动剪羊毛机有关节轴电动型剪毛机、软轴电动型剪毛机和便携式微型剪毛机（图 3-28）。

（十）抓绒设备

抓绒常用设备为铁丝梳，一般有密梳和稀梳两种。密梳通常由 12~24 根钢丝组成，钢丝之间的间距为 0.5~1.0cm；稀梳，由 7~8 根钢丝组成，钢丝间间距为 2~2.5cm，钢丝直径均为 0.3cm。为避免抓绒时伤及山羊的皮肤，钢丝顶端应磨成秃圆形并弯成半圆形钩，且微尖弯向一面。

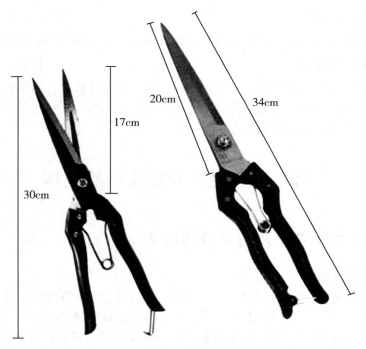

图 3-27 手动羊毛剪

图 3-28 电动剪毛机

（十一）挤奶设备

挤奶设备通常有移动式和固定式两种类型。固定式主要分为提桶式、管道式和挤奶间式 3 种。提桶式挤奶设备一般是将挤奶设备和手提桶组装在一起，将基础的羊奶直接盛接到奶桶中进行收集，适合较小规模的奶山羊场；管道式挤奶设备是将挤出的奶直接顺着管道进入挤奶间进行收集；挤奶间挤奶设备一般是指将奶山羊顺着前期设定好的通道进入挤奶间，再对奶山羊进行挤奶。移动式挤奶设备主要是将挤奶器和真空装置安装在小车或可移动的挤奶台上，可以实现随时随地挤奶。

奶山羊挤奶设备的主要系统一般包括真空系统、挤奶系统、山羊奶收集系统、清洗系统、动力及控制系统，其主要原理是挤奶设备的挤奶器利用真空装置产生的抽吸作用模拟羔羊的吸奶动作，将羊奶吸出。

（十二）洗手间

洗手间一般建在生产区，由实体砖墙建造，通常同时建造男洗手间和女洗手间。

（十三）蓄水池/井

蓄水池适用于任何规模的羊场。一般用砖、石、水泥等砌成，呈长方形，长5~10m，深1~1.5m，宽50~60cm。水池上面应有盖子，防止水体污染或发生溺亡等。部分地区海拔较低或水资源丰富，也可打造水井。

第二节　现代养殖设备的应用

一、羊场生物安全及防护设施应用

（一）网围栏应用

网围栏又称为牛栏网、草原网（图3-29），比较适合大范围使用，采用高强度镀锌钢丝编结，强度高拉力大，能经得起牛、马、羊等牲畜的猛烈撞击。钢丝网围栏通常以水泥柱、圆形钢管、方形钢管、木棒等作为支撑柱，安装时直接将围栏展开固定在柱子上面。草原围栏网通常采用横钢竖铁热镀锌丝，通过缠绕式编织方式，结构结实牢固，抗拉强度高，网面不易变形，防撞击，弹性好，牢固耐用，网孔下密上疏，底面孔小，有效防止幼崽钻出，上面孔大，节约钢丝，有效降低成本。常用规格有高1~1.6m，横丝数量为6~12根不等，经丝直径2mm，卷长度50m。该围栏较适合大面积放牧羊群使用，安装简单，使用年限长，但是固定性不好，容易松动，且容易割破羊的角和皮肤等。

图3-29　网围栏

（二）防护栅栏应用

防护栅栏有镀锌防护栅栏和刺铁丝隔离栅。其中镀锌防护栅栏具有很强的耐腐蚀、耐高温、耐湿热的特点。安装时立柱与护栏片之间用"U"形连接件搭配链接螺丝安装和固定。立柱与基础底面之间有两种固定方式，预埋式（该方式适合泥土或者沙土等偏软的地面）和打螺栓（此种方式适合水泥地或者砖面等偏硬的地面）；该栅栏适用于牧场生活区外围墙护栏，一般以装饰和防护为主要安装目的。刺铁丝隔离栅，主要安装在网围栏和实体围墙结合上方高出50cm，也可直接安装在立柱上形成防护栅栏，主要目的是阻止羊群翻出围栏和养殖场防盗；刺铁丝隔离栅安装简单，维护方便，但是在使用过程中容易刺破动物皮肤，对动物造成伤害，因此不常使用。

（三）网片围栏应用

网片围栏（图3-30）是使用最普遍的一种防护网，通常由网片和立柱共同组建成防护围栏。该围栏网格结构简单，便于运输，坚固耐用，护栏网表面有电镀、热镀、喷塑、浸塑、镀锌后浸塑等形式的保护，具有坚固耐用、耐腐蚀、防老化、抗晒等特点。安装时不受地形起伏限制，通常在地面上首先做好水泥底座，然后将立柱固定在水泥底座上，最后再将网片通过防盗螺丝安装在立柱上即可。安装简单，维护方便，使用年限较长，一般10年之内不用维护。该围栏不仅可以做羊场安全防护围栏，也可做运动场、隔离带、环形跑道、划区轮牧围栏使用，性价比较高。

图3-30　网片围栏

（四）活动围栏应用

活动围栏结构简单，用途较广。接种疫苗时可以隔离羊群，可以当临时母仔栏，可以形成临时产羔栏，打耳标、做标记时方便挑选。

（五）实体标准黏土砖墙应用

实体标准黏土砖墙建设时根据使用性质可以建不同规格的墙体。如果作为羊场围墙，需建造较厚的24墙体，且要有足够的高度；如果做运动场隔离墙，则只需建成12墙即可。标准黏土砖墙的建造材料是标准砖和水泥，需人工堆砌建造，需要人工较多，造价高。

（六）生物围栏应用

生物围栏一般建在羊场围墙外面和每栋羊舍之间的间隔区域。主要以灌木最佳，也可种植一些花做点缀，不仅能够起到隔音、防风、防疫病传播的作用，还有观赏的作用。生物围栏维护简单，雨少时只需定期浇水，并作修剪即可。

（七）电子围栏应用

电子围栏是一种主动入侵防御围栏，可对企图入侵的动物和人进行阻击，该设备不会威胁人和动物的生命，会主动将入侵信号通过传导系统发送到监控设备上，可以保证管理人员对报警区域情况的了解，并作出相应的应急措施。电子围栏本身就是有型的屏障，独立式电子围栏直接架设在地面上，其高度约为 2m，一般安装 10~12 根电缆线，为了安全起见，独立式电子围栏一侧或两侧安装不低于 1m 的防护墙或围墙。附属式电子围栏主要用在有较高安全级要求而不占用外围土地的场合，一般安装在畜牧场外墙上，首先要保证围墙有足够的牢度，能承受电子围栏的张力和压力；其次围墙的高度应不低于 2m；最后围墙的网孔必须小于 50mm，以免人手伸入，触及附属在墙内侧的电子围栏。墙顶式电子围栏，在中国较为普及，架设在现有围墙的顶部上方或侧方。可以垂直安装或倾斜一定的角度安装。电子围栏的高度为 0.8m 左右。

电子围栏的主要功能是为畜牧场提供一个经济且能够有效防止偷盗的围栏，设备的主要部分是由固定杆、绝缘子和钢丝绳形成的电栅栏。由电子围栏主机产生一个脉冲式高压电，主机每隔 1s 发送 1 次，该脉冲电能非常小，只会带来麻醉的电击感，而不会对动物造成伤害。其主要特点包括以下几点：① 可以防止畜牧场内部家畜往外乱跑；② 可以防止外部天敌入侵，并且可以防止偷盗；③ 该设备价格低廉，安装简单，搬迁方便；④ 供电方式灵活，不仅可以用 220V 交流电源，也可用蓄电池和干电池供电，最长有效使用距离为 5 000m。

（八）隔离带应用

天然隔离带是在场址选择过程中形成的，养殖场建设可以根据地形地势选在具有天然山岭、河流和树木密集的地区，形成天然隔离带。天然隔离带是可将养殖场与公路、公共场所、居民区、城镇和水源等隔开的屏障。

标准化羊场的建设，在很大程度上有助于疫病防控，场区合理规划是养殖场正常生产的重要措施。隔离带的建设，是实现场区安全防疫、保证生物安全的重要手段。通常情况下，在羊场内的道路两侧种植行道树，每栋羊舍之间都要栽种速生、高大的乔木（如水杉、垂柳、白杨树等）；场外分车带和人行道一般种植灌木（如刺柏、木槿、棉带花等）；有栏杆的场区绿化树木要考虑到树干高低和树冠大小，要避免夏天挡风、冬天遮阳；场区内的空闲地均可种植花草和灌木来绿化环境，通常情况下绿化面积不低于 30%。

（九）防疫沟应用

为了保证羊场防疫安全，避免污染和干扰，羊场四周可建设较高的围墙和坚固的防疫沟，其主要目的是以防场外人员及其他动物进入场区，必要时沟内放水。防疫沟一般建在畜牧围墙内侧，通常沟深 1.7~2m、宽 1.3~1.5m，主要由砖或石头砌沟壁，形成光滑的内部表面，且不渗水。防疫沟不仅可以建在羊场周围，也可以在场内的各个区域设较小的防疫沟。防疫沟不仅能够有效地防止外来人畜进入场内，也可以供排水和景观用，但是该工程的造价较高，经常出现沟壁倒塌的现象，一般不常用。

二、羊群管理设备应用

（一）母仔栏应用

固定式母仔栏一般在产羔舍，无法移动，母羊产羔前必须将母羊移到产羔舍，并需单独饲喂。较常使用的是移动式母仔栏，母羊产羔后，主要在羊舍内围成一个单独的空间，给产羔母羊和羔羊创造一个安静且不受其他羊干扰的独立空间，有助于羔羊哺乳和母羊补料，更有利于羔羊和产后母羊的护理。

（二）分群栏应用

分群栏主要在羊分群、称重、接种疫苗、驱虫和防疫等日常管理时使用，可以高效地实现不同阶段羊的分群，提高分群工作效率。随着科技水平的进步，分群栏已经出现了自动化分群的设备，根据羊的体重和体尺对羊进行分群。

（三）羔羊补饲栅应用

羔羊补饲是提高羔羊成活率的主要措施。通常情况下，羔羊出生后 10d 左右需补喂饲草料。由于羔羊尚未断奶，必须与母羊圈在一起，故需给羔羊设置专用的补饲栏。羔羊的补饲栏应该与成年羊采食相反的一侧，通常靠墙，用方形钢管或木棍围成横向或竖向围栏，围栏高度 1m 左右即可，宽度应保证羊羔可以随意进出，但是母羊无法通过。羔羊补饲栏应该坚固牢靠，不宜被母羊挤坏。

（四）羊舍畜栏应用

羊舍畜栏主要是指养殖场中羊圈围栏，主要用于防止动物乱跑，便于统一饲养管理。畜栏建造形式应该结构坚固，表面光滑。无角品种的山羊或绵羊，畜栏可建成竖向，靠近食槽一边的围栏宽度以 10~15cm 为宜，方便羊采食饲草料，作为隔墙一边的围栏宽度应较小，5~10cm 即可。有角品种的山羊或绵羊，畜栏建成横向较宜，靠近食槽一侧的畜栏，最下面两格间距可适当增加，以 15~20cm 为宜，同样作为隔墙一边的围栏宽度应较小，5~10cm 即可。圈羊公羊的羊舍，畜栏应该用更加坚固稳定的材质建造，防止公羊破坏。

三、饲喂设备应用

（一）采食设备应用

1. 架子食槽应用

架子食槽有可搬动式和滚动式，主体结构由食槽和放置架两部分构成，通常架子食槽可放置在运动场和放牧草地中，多用于补饲。该食槽可随意移动，且坚固耐用，存放方便。

2. 固定食槽应用

固定食槽主要应用于舍饲羊场，是指食槽固定在羊舍内部，用于盛放饲草料，不同类型的羊舍，食槽修建的位置不同。单列式羊舍食槽因修在靠走廊的一侧，其中高床羊舍食槽应向外延伸，由砖和水泥砌成，饲槽宽一般为 30~40cm，深 20~30cm，使槽底呈弧行，槽长与羊舍内尺寸相同。双列对尾式羊舍食槽应该修在靠走廊的一侧，可以借助地面坡度建造，也可在地面挖坑或者用砖和水泥堆砌而成。双列对头式食槽应该修在过道两侧，可以借助地面坡度建造，也可在地面挖坑或者用砖和水泥堆砌而成，对于高床养殖的羊舍可建筑食槽。

3. 草料架应用

草料架主要是用于补饲干草的设备。有专供喂粗料用的草架，有专供喂精料的草料架, 有喂精料和粗料联用的草料架 (赵有璋, 2013)。通常草料架放置在运动场、放牧草地等。其中精料-粗料一体架 (图 3-31), 可以精料和粗料同时饲喂, 达到营养均衡, 又将精料和粗料合理分开, 使二者不会相互掺杂。草料架维护较简单, 木制草料架应该常置于干燥平坦的地面, 要注意防水; 钢制材料架, 应及时刷防锈漆, 防止锈蚀。

图 3-31　精粗料一体架

(二) 饮水设备应用

饮水设备同采食设备一样, 是养殖场必不可缺的饲喂设备之一。小型羊场使用饮水槽即可, 大型羊场必须配备一套完整的饮水设备。

1. 固定饮水槽应用

通常固定在运动场或羊舍内, 羊舍内一般与食槽并列摆放。一般情况下舍内饮水槽由砖、水泥砌成, 水槽内部光滑, 具有防水渗漏的功能。饮水槽上宽 25cm, 下宽 20~22cm, 垂直深 20cm, 槽底距地面 20~30cm, 槽内水深不能超过 20cm, 防止水浪费和污染 (李发弟, 2016)。舍外饮水槽可用镀锌铁皮或者高强度聚丙烯环保塑胶制作而成, 使用时通常先设计固定架, 然后将水槽置于上面, 保证饮水槽固定, 防止被羊打翻。

2. 自动饮水器应用

自动饮水器主要有铜阀饮水碗和自动浮球饮水碗 (图 3-32)。适用于规模化羊场, 通常安装在羊舍内和运动场, 靠近围墙或围栏边缘安装。自动饮水器由自来水管和饮水碗两部分组成, 在安装自动饮水器时, 要在饮水器下方设排水装置, 防止水洒出弄湿地面。冬季使用自动饮水碗时, 要做好保暖防护, 尤其北方寒冷地区, 预先使用橡塑保温棉、锡箔开口自粘式保温棉管或棉布包裹水管。饮水器安装高度要刚好满足羊抬头饮水, 且不能使用饮水器蹭痒为标准。

3. 恒温饮水器应用

恒温饮水器主要适用于寒冷地区, 有恒温和自动加热的功能, 防止羔羊、妊娠母羊冬天饮用冷水而腹泻。恒温饮水槽箱体采用滚塑一次性成型, 并配有盖子, 盖子下还配有不锈钢拉条, 保证在冰冻和日晒的情况下, 箱体不变型。浮球也是滚塑成型, 并配有专用支撑架, 每次羊顶开浮球饮水后, 都能很好地复位, 保证饮水槽的保温。所有管道采用不锈钢材质, 确保水管不生锈, 保证饮用水的品质。饮水槽采用 220V 交流电, 用电热管进行加热, 配有漏电保护装置和地线连接, 保证牲畜的安全。恒温饮水器一般在冬季使用, 夏季使用较少, 饮水槽不使用时应将内部剩余全部倒出, 并使内部干燥, 然后保存。

图 3-32 饮水碗

（三）舔砖固定设备应用

1. 简易式舔砖固定架应用

小型养殖场固定舔砖时采用简易方法即可，利用较细的 PVC 管穿过舔砖孔，然后用绳子或铁丝穿过管道，通常悬挂在围栏上供羊舔舐（图 3-33）。但是该方法固定舔砖时容易造成舔砖不被全部舔食，导致浪费。

2. 舔砖托盘应用

舔砖托盘（图 3-34）在规模化舍饲羊场使用较多，通常将其固定在墙上或者栏杆上，因为通常由 PE 材料制成，所以容易被羊踩坏或蹭坏。因此，在安装舔砖托盘时，应该安装在羊抬头才能够得到的高度，一般距离地面 50~60cm 的位置。

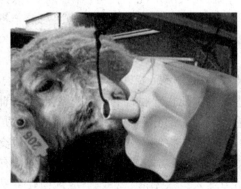

图 3-33 简易式舔砖固定架　　　　　　图 3-34 舔砖托盘

3. 舔砖固定支架应用

舔砖固定支架在运动场使用较多，羊舍内也有使用。常用的舔砖固定支架有两种，一种是由托盘和支架组成，另一种是直接用圆形钢管焊接成十字架结构，两种方法均实用。

通常安装在运动场边缘，可以同时满足几只羊同时舔舐。该设备适用于任何规模羊场。

（四）羔羊哺乳设备应用

1. 简易羔羊哺乳器应用

简易羔羊哺乳器（图3-35）具有较强的灵活性，可以在母仔栏内哺乳羔羊，可同时喂3~10只羔羊。简易羔羊哺乳器（张子军，2012）使用需将哺乳器悬挂在支架上，悬挂高度应保持在羔羊刚好抬头够到奶嘴的位置。加奶量应该加以控制，刚好够哺乳羔羊饮用即可，不宜过多，应该现配现加，防止奶变冷、变质。

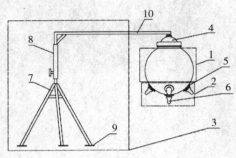

1. 储奶单元；2. 饮奶单元；3. 固定单元；4. 保温盖；5. 饮奶嘴座；6. 饮奶嘴；
7. 底座锥形支架；8. 竖杆；9. 固定铁片；10. 横杆；11. 对接隔片；12. 泌乳孔

图3-35 简易羔羊哺乳器

2. 羔羊代乳粉哺乳器应用

羔羊代乳粉哺乳器支架采用不锈钢材质，结构结实并且耐用性强，支架带有车轮和把手，方便移动，有若干个固定奶嘴，将冲释好的代乳粉液体放入电热保温箱中，打开阀门，通过输送管道，乳液被输送到固定奶嘴中。在无人的情况下，可以同时对多只羔羊进行饲喂。在羔羊饲养生产中使用羔羊代乳粉哺乳器，与传统的人工使用奶瓶对羔羊进行单个喂养的方式相比，极大地提高了劳动生产效率和降低了人工劳动强度。

3. 羔羊多功能哺乳器应用

传统的母羊自然哺乳方式，单只母羊泌乳量是无法保证多只羔羊营养供给的，羔羊会出现营养不良、生长停滞、发生疾病，甚至造成羔羊死亡。目前，常用人工代乳粉辅助哺乳的方式来弥补羔羊摄入营养物质的不足问题，但是大部分养殖场的人工哺乳方法是用奶瓶逐个进行哺喂，工人工作量大，劳动烦琐，奶温无法控制，奶瓶连续使用会造成交叉污染，影响羔羊的生长发育，甚至造成羔羊死亡。羔羊多功能哺乳器，可以解决现有技术中，多胎羊养殖以常规奶瓶人工哺育方式劳动强度大、效率低、难以适应规模化养殖需要的问题。该设备造价高，适用于大型规模化羊场。

（五）防寒保暖设备应用

1. 羔羊保温板应用

电热保温板是产羔舍常用的保暖设备，通常在产羔舍母仔栏中放置一块保温板，主要供冬季出生羔羊取暖。电热保温板使用时，通常需插电。因此，羊舍内需要布置电线，使用时应该做好电路安全保障，防止漏电。该设备常在冬天使用，使用过程中上面不宜留过多的水和尿，以防损坏，不用时应拔掉电源。

2. 羔羊保温箱应用

羔羊保温箱通常置于羊舍内，包括无底面的箱体，方便羔羊进出的门和透气窗口，窗口上设有栅栏，箱体内设有羔羊补饲槽，箱体顶部设有盖板，并且盖板可拆卸，箱体底部铺设有电热保温板。羔羊保温箱便于对羔羊进行早期补饲及供暖，避免了大羊争抢羔羊精补料和保温板，保障羔羊早期营养，有效解决羔羊保温问题，防止羊羔被大羊踩踏，提高羔羊成活率。羔羊保温箱较保温板使用更加安全，保暖效果更好。

3. 电油汀应用

电油汀供暖（图3-36）是羊舍供暖的一种重要设备，其使用过程中散发的热量较大，即使在突然停电的情况下，也会在很长时间内保持一定的温度；不产生任何有害气体，无电器运行噪声，具有安全、卫生、无尘、无味的优点；电油汀取暖器的表面温度较低，一般不超过85℃，即使触及皮肤也不会造成灼伤；导热油无须更换，使用寿命长，工作时无光无声。南方地区羊舍使用2个电油汀，可使羊舍日平均温度升高3.4℃；日平均相对湿度较对照组羊舍高16.87%，但比外界环境低14%；育成羊日平均采食量低，但日增重差异不显著；羔羊日增重较对照组羊舍高29.17g（任春环，2015）。但该设备使用时耗电量较大。

图3-36 电油汀供暖

四、饲草料加工与储存设备应用

（一）裹包机应用

打包机主要在青贮饲料制作时使用，主要是将新鲜的牧草通过揉丝打捆包膜的形式将鲜草与空气隔绝，防止青草氧化。由于拉伸膜裹包青贮密封性好，提高了乳酸菌厌氧发酵环境的质量，提高了饲料营养价值，气味芳香，粗蛋白质含量高，粗纤维含量低，消化率高，适口性好，采食率高，家畜利用率可达100%，保证青草保存的时间更长久，能够让牲畜在冬天吃上鲜草。裹包机主要有大型草捆缠膜机（图3-37）和小型裹包机。

（二）青贮窖应用

青贮窖窖址应选在地势较高、土质坚实、窖底离羊舍较近的地方。常用的青贮窖有地

图 3-37　草捆缠膜机

下水泥窖和半地下水泥窖。

1. 地下青贮窖应用

小型窖用砖或石头竖直砌成，大中型窖窖壁外倾 5~10cm，用水泥抹为光面。窖深在 3m 以上的，窖壁厚 24cm；窖深在 3m 以下的，窖壁厚 12cm。每隔 3m 建 1 个大于窖壁厚 12cm 厚的砖柱，砖柱在窖壁外。

地下水泥窖取料较困难，且必须做好严格的防水措施，一旦水渗漏进去，则整个窖内的青贮饲料均会发霉，导致青贮失败。

2. 半地下青贮窖应用

利用人力踩踏的中小型窖，窖壁厚度 24cm，壁内要上下竖直，用水泥抹光。利用机械压实的大中型窖，窖壁外倾 5~10cm，窖壁地下部分 24cm 厚。地上部分不超过 1m 时，24cm 厚；地上部分超过 1m 时，最上部 0.5m 部分为 24cm 厚，以下部分由上向下每增加 50cm 加厚 12cm。地上部分每隔 2m 建 1 个大于窖壁厚 24cm 的砖柱。

3. 地上青贮窖应用

地上水泥窖一般适用于大中型羊场，通常建在离羊舍较近的位置，窖底一般呈内高外低的坡度，方便窖中水流出，防止积水，影响青贮料质量。

对于采用机械取料的大型窖，需做成水泥抹面的混凝土，或用立砖铺成 12cm 厚。对于采用人工取用的大中型窖，用 20~30cm 厚的三合土夯实修平，上铺一层砖，用沙土抹缝。对于采用人工取用的小型窖，用土夯实修平，上铺一层砖，用沙土抹缝。

（三）青贮塔应用

青贮塔大多是砖石和水泥砌成的圆筒形高塔，一般在地势低洼、地下水位较高的地区使用，但在加工过程中不易实现机械化（比如装料和压实），现在很少有牧场采用青贮塔制作青贮。砌墙内每高 3m 设一处钢筋腰带。一般塔高 12~14m，直径 3.5~6m，水泥顶盖，塔高 5m 处设有饲草入口，青贮塔进料用吹风机，取料亦有专用机械。青贮塔的优点是坚固、经久耐用，使用寿命 20 年左右；青贮料霉坏损失率低；使用中受气候影响较小，但建塔一次性投资较高。

（四）青贮袋应用

袋装青贮操作简单，贮存地点灵活，饲喂方便，易于运输和实现商品化；青贮物料质量好，营养可保存85%以上；营养物质损失小。大塑料袋青贮，又称香肠青贮，是将切短后的饲料原料直接压缩至特制的塑料袋中制作的青贮。其特点是单包开口面积小，取料面小，二次发酵发生比例小，不易腐烂；塑料袋密封性较好，利于厌氧发酵；方法简单易行，可机械化生产，节省人力成本。但需要注意的是，塑料袋不能重复利用，大塑料袋青贮贮存时间相对较短，压实强度低于青贮池。小型青贮袋贮最小，成本偏高，且需要配备实装填机。

（五）堆贮应用

堆贮（图3-38）是青贮的形式之一，是在青贮池（窖）的基础上发展而来的，即用青贮池（窖）青贮改用塑料薄膜在地面上密封堆贮。它较青贮池（窖）节约修建资金，降低青贮成本；方便、快捷，操作简单易行，不择场地，在田、地、院坝随地可贮；密封性能好，青贮质量高。可在全国大力推广。

堆贮时可根据地形地势确定堆贮面积，通常情况堆贮为长方形，宽以略小于塑料薄膜的宽度，2m、3m、5m均可，长应控制在50m以内；每立方可贮揉碎后的青贮玉米料500kg。地面要求平整、夯实，平台边缘30~50cm，留一定坡度（2%~3%），以利于排水。在平台四周挖一排水沟，宽30cm，深20cm，设出水口，保证大雨时及时排水。或者设计整个平台高于地面15~20cm也可。

饲料堆贮后用塑料薄膜包裹严实，并将其中的空气用抽气机抽完，形成无氧环境。随后用棉布盖在上方，用轮胎压实。

图3-38 堆贮

（六）饲草料加工间应用

饲草料加工间用于饲草料的加工调制、储存等。地面需作硬化处理，以防渗漏，四周利用砖和水泥砌成高3~4m的实体墙，墙上四周留有窗口，并在正面留两个大门可供车辆进入。饲草料加工间需有较好的采光性能和防水防潮性能，同时饲草料加工间建设需密封，防止老鼠等虫害进入。也可在四周利用砖和水泥砌设1m高围墙，再利用彩钢材质做全封闭大棚，并留有门窗。

饲草料加工间有多种饲草调制设备，应由专业人员负责生产。进入饲草料加工间应注意检查设备的安全性，保证机械设备能够正常运行。严禁非工作人员操作设备，严禁酒后、过度疲劳、患病未愈患者进入操作；严禁吸烟和其他烟火；严禁触摸电源等。

（七）干草棚应用

规模化羊场应配套建设专用干草棚（图3-39）。干草棚应建在地势较高的地方，或周边排水条件较好的地方，同时棚内地面要高于周边地面10cm左右，防止雨水灌入。干草棚应临近青贮窖、精料库，便于羊的日粮制作。由于干草棚是羊场重点防火区域，所以要保持适当距离，一般以30m左右为宜。干草棚建筑设计要综合考虑防雨、通风、防潮、防日晒的功能。南方地区降雨较多，为了防止雨水进入和淋湿干草，干草棚需要建挡雨墙，为了保证通风，还要在墙上装上百叶窗；北方降雨较少的地区，可以考虑建成棚式结构。

储备干草时，首先在靠近屋檐以内30~50cm的地方垛起，垛得要整齐，形成类似墙体形状，高度应达到屋檐的位置，干草使用时从棚内中间位置开始，然后向屋檐两侧。当干草储备量较大时，垛草时应留出50~100cm的通风道，提高通风效果。干草棚檐高应在5~6m为宜，这样可以储备更多干草，节省建筑费用。另外，应考虑运输干草车辆直接进入棚内，以方便干草的装卸。

根据干草品种、数量需求计划以及干草供应状况，确定干草常年储备数量，以此为依据计算干草棚建筑面积。实际建设时，要预留行车等的空间。

图3-39　干草棚

（八）晾草架应用

栽培牧草，特别是豆科牧草植株高大，含水量高，不易地面干燥，采用晾草架（图3-40）干燥。草架干燥前，可先在地面干燥4~10h，待含水量降至40%~50%时，然后自下而上逐渐堆放。草架建造简单，成本低，需较多劳动力，但草架干燥能减少雨淋损失、通风好、干燥快，能获得较好的青干草，营养损失也少，特别在湿润地区，适宜推广应用。

图 3-40 晾草架

（九）TMR 机应用

TMR 搅拌机是一种可将精饲料、粗饲料、维生素、矿物质和其他添加剂均匀混合成全混合日粮的饲料搅拌机。选用资源丰富、有一定营养价值且便宜的饲料原料。根据羊的生长发育、生产阶段、体况等，查询相应的营养指标，确定其营养参数，依据养殖场现有的饲料原料，确定配料的大致比例，将以干物质为基础的饲料组分换算成以风干饲料为基础的饲料组分，然后确定配料中各组分的添加比例，按照所使用的预混料添加比例，对配料的比例进行整体计算（黄明睿，2016）。

1. 固定式 TMR 机应用

固定式 TMR 机（图 3-41）有多种规格可以选择，产品形式有单搅龙、双搅龙和三搅龙等，可以满足小型、中型和大型养殖场的需求。能够快速切割饲草，柔和搅拌饲料，使搅拌后的饲料更松软，具备更好的口感，易消化吸收，增加饲料的转化利用率。国内常用的机型有 HSJL 系列、9TMR 系列、9TMRW 系列等。

（a）立式固定TMR机　　　　　　　　　（b）卧式固定TMR机

图 3-41 固定式 TMR 机

2. 牵引式 TMR 机应用

牵引式 TMR 机（图 3-42）可用于所有饲料配方，可实现饲料混合后在羊舍内直接加料饲喂。不仅大大降低了人工劳动力和劳动成本，而且可以满足羊日粮的营养供应。根据羊场的规模可选择不同的型号，市场上常见的搅拌量 $5 \sim 45 m^3$，适度规模化的养殖场现在基本上都使用牵引式 TMR 机。

（a）卧式牵引TMR机　　　　　　　　　　（b）立式牵引TMR机

图 3-42　牵引式 TMR 机

TMR 饲料搅拌机使用时应注意保持平衡，加草时不允许将整包草捆放入机箱，特别是高压打捆机打的实心捆；禁止在瞬间往搅拌系统内投入超过 250kg 的物料，称重系统容易受到冲击而损坏；必须在机箱内留有自由空间，搅拌量最好不超过最大容量的 80%；每次上料完毕后及时清除搅拌箱内的剩料；加强日常维护和保养，每使用 50h，用润滑油润滑链条、传动轴、滚筒活塞及支轴；每使用 200h，检查皮带松紧、油缸油标尺油高位置、离合器拉杆松紧；每 400h 更换空气滤芯、燃油滤芯、液压油滤芯；每 800h 更换液压油及齿轮油。

（十）制粒机应用

制粒机可应用于大、中、小规模的羊场，可根据不同规模选择制粒机型号，是舍饲养羊的理想设备。羊用颗粒料购买成本较高，营养价值较差，因此根据羊的营养需求，自制颗粒料，不仅可以满足羊的全价营养，而且制作成本低，较经济。颗粒机制成的颗粒料，体积小、密度大、便于贮存和运输，规模化羊场可现制现用。

使用新机前，应研磨新机，因为部件内孔或表面有许多毛刺，影响制粒的效果与产量，所以在新机使用前，必须合理充分地进行研磨。对平模制粒机而言，将 5kg 麸皮、7kg 机油、25kg 细河沙拌混均匀（也可用大豆直接挤压）的物料投入启动的机器内，并且在投料前把压轮与模板的间隙调整为 0.2mm 以内，使压轮与模板的转动能够挤压出制粒料。反复挤压 10~15min 后投入原料正常生产。环模制粒机的研磨措施是将以上配料数据按比例加大，利用机体内的调节盘将环模与压轮的运转间隙调整为 0.2mm 以内，反复挤压 10~30min 后投料生产。原料配置时为确保品质与产量，平模制粒机使用饲料中的草粉含量最好不要超过 95%，环模制粒机使用饲料中的草粉含量不要超过 65%。因为草粉含量越高，产量就越低。加入草粉后，须依情况添加 2%~8% 的水分进行调节，才能使物料充分、均匀、迅速地制成颗粒料，减少颗粒料中的粉尘含量。颗粒处理平模制粒机一般在出料口有长短调节切刀，可根据实际需要进行调节；环模制粒机主要通过模具外的手动（或电动）切刀进行长短调节。颗粒饲料挤出后保持含水量低于 15%，易于饲喂、存放。停机前后工作重点在物料压制即将结束时，将少许麸皮拌和食用油并投入机器内，压制 20~50s 后停机，使模具孔内充满油料，以便下次开机就能投料生产，既保养模具，又节约工时。停机后松动压轮调节螺丝，并清除残余料。日常维护每隔 3~10 个工作日清洗 1 次轴承，并加满耐高温油脂。主轴要经常注油，半年清洗 1 次齿轮箱。传动部分的螺丝紧固，更换应随时进行。

（十一）饲料粉碎机应用

饲料粉碎机主要用于粉碎各种饲料和各种粗饲料，饲料粉碎的目的是增加饲料表面积和调整粒度，提高适口性，且在消化道内易与消化液接触，有利于提高消化率，更好地吸收饲料营养成分。

粉碎的方法有：① 击碎，主要是靠高速运转的部件，冲击产生碎裂，该方法生产率高，发热量少，灰粉少，适用于加工脆性物料；② 质碎，利用两个原盘刻有齿槽的坚硬表面，对饲料进行磨擦而碎裂，其优点是制造成本较低，所需动力较小，缺点是磨出来的饲料温度较高，粉末多，细碎度不易控制，适用于加工塑性较大的物料；③ 压碎，利用两个表面光滑的压辊，以相同的速度相对转动，将饲料压碎，常用于压扁大麦等饲料，作为大牲畜饲养之用；④ 锯切碎，利用两个表面有齿而转速不同的磨辊将物料切碎，其优点是便于控制粗细度，发热量少，便于保管，适于加工谷物料、饼渣等。

粉碎机选择，如果是以粉碎谷物饲料为主的，可选择顶部进料的锤片式粉碎机（图3-43）；如果以粉碎糠麸谷麦类饲料为主的，可选择齿爪式粉碎机（图3-44）；如果要求通用性好，以粉碎谷物为主，并兼顾饼谷和秸秆，可选择切向进料锤片式粉碎机；粉碎贝壳等矿物饲料，可选用贝壳无筛式粉碎机（图3-45）；如果用作预混合饲料的前处理，要求产品粉碎的粒度很细且可根据需要进行调节的，应选用特种无筛式粉碎机等。

图3-43　锤片式粉碎机　　　　图3-44　齿爪式粉碎机　　　　图3-45　无筛底粉碎机

（十二）饲料粉碎混合机应用

饲料粉碎混合机是集饲料粉碎混合于一体的自动化饲料混合机，主要将玉米、豆粕等饲料粉碎，并与维生素和微量元素等混合均匀的设备，有自吸式和强制式两种类型。

1. 自吸式粉碎混合机应用

玉米等需要粉碎的物料，由自吸式提升机送入粉碎机，粉碎后由粉碎机的风机经管道送入饲料搅拌机上方，送入进料口，落入内机。粉碎结束后，开启饲料搅拌机，由搅拌机下方进料口加入需要加的其余物料，由搅拌机内的提升螺旋将搅拌物从立式搅拌机的进料斗进入立式螺旋输送器，向上提升到达顶端后，再以伞状飞抛，从混料筒四周下落，从套筒底部的缺口处重新进入立式螺旋输送器，再次向上提升，如此循环搅拌混合直到混合均匀，打开出料口将物料卸出。主要有 0.5t 和 1t 等机型。自吸式混合机有立式和卧式两种，均采用自吸式上料，省工、省时、省力，劳动强度小，效率高，粉碎搅拌可同时完成，也可单独用于粉碎或者搅拌使用，操作简单，低能高效。

2. 强制式粉碎混合机应用

强制式粉碎混合机与自吸式粉碎混合机的区别在于进料的方式不同。强制式粉碎混合机采用螺旋输送强制把物料送到饲料粉碎腔内，然后再进行粉碎和搅拌工作。强制式粉碎混合机较费工，效率较低。

使用前为避免机器在运输、装卸等环节中出现意外，必须检查各部位螺栓、螺母是否松动，扁齿，圆齿，主轴螺母有无松动现象；用手转动皮带轮，检查机器有无碰撞现象；机器转动是否灵活，机内是否有杂物，开机空转 3min，无异常现象，才能开始操作；工作时一定要注意清除物料中的杂物，严禁铁块石头等物体进入机器，以免损机伤人；接料布袋应有 4m 以上长度，直径 0.6m，布料不能过密，使用中要及时出料，保证布袋有足够的透气性。喂料要均匀，注意动力的负荷程度，以免卡住。粉碎颗粒物时可用抽板调节器调节喂入量。

五、病死畜无害化处理及废弃物综合利用设施设备应用

（一）无害化处理设备应用

无害化处理设备包括集尸箱破碎机、生物质炉和肉泥输送管道。集尸箱破碎机的一端连接有生物质炉，另一端连接有破碎后肉泥输送管道，破碎后肉泥输送管道顶端连接有分料槽，分料槽远离集尸箱破碎机的一端连接有干化机装配体。该设备对病死畜禽进行无害化处理，可实现杀死病菌，保护环境，处理后的油脂可以用在工业用油，油渣和废弃物是优质的有机肥料，既保护环境，又产生经济价值。动物无害化处理设备主要有生物质炉、集尸箱、破碎机、干化机、钢磨机、高速离心机、油渣分离机，自动封包机及废气废水处理机组成，智能化程度高，可以达到无人操作。

无害化处理设备包括具有进料口和出料口的罐体、设置在罐体顶部的至少一个微波发生器、位于罐体容纳腔底部竖直设置的旋转轴，以及多个搅拌件，所述各搅拌件由圆柱状棒体弯曲形成，所述棒体两端倾斜固定于旋转轴上。无害化处理设备可有效地提高总体能量利用率，减小微波损耗，缩小设备的体积，且有效地提高微波处理物料的均匀性，保证物料无害化处理的彻底性，同时避免物料处理过程中产生的气体对环境造成污染。

（二）漏缝地板应用

在羊群活动区及通道铺设漏缝地板，羊排出的粪尿直接漏进下面的贮粪池。羊粪可在

池中直接发酵，定期取出处理使用，或者用刮板或铲车定期清理进行堆肥发酵，施用到农田。羊舍的管理要记住"泥猪净羊""羊不卧湿"和"圈暖三分膘"的道理，因此保证羊生活休息环境的干燥卫生是养羊生产的重要环节。漏缝地板地面相对较干，比较卫生，符合羊群喜干燥洁净的生活习性，可减少疾病发生，同时也可降低劳动力和减小劳动强度，在南方较潮湿的地区应用普遍，北方也有少数地区应用。

漏缝地板种类较多，常用的有竹制漏缝地板、塑料漏缝地板、水泥漏缝地板、木条漏缝地板和钢丝漏缝地板。

1. 竹制漏缝地板应用

竹制漏缝地板主要材质由竹片制成，其尺寸可以定制生产，铺设时借助较少横梁。竹制漏缝地板材质结实，承重能力强，轻便易拿，组装起来较水泥漏粪地板和塑料漏粪地板方便，价格实惠，竹床板易干燥，适合羊群生活，保暖效果好。缺点是容易产生毛刺，伤到羔羊蹄，导致羊蹄病。竹制漏缝地板耐用性强，不容易断裂，维护方便，如果出现竹条断裂的情况，更换竹条即可，使用时间较久可在螺杆两端刷防锈漆，防止螺杆和螺帽生锈。

2. 水泥漏缝地板应用

水泥漏缝地板采用钢筋为骨架浇制而成，可以定制不同的尺寸。坚固耐用，具有较强的承压能力，铺设在较密集的横梁上面。水泥漏缝地板空洞上小下大，呈梯形状，漏粪效果好，基本上不用水冲。但是水泥漏缝地板太重，搬运不便，材质坚硬容易夹羊蹄，保暖效果差，对羔羊和怀孕母羊来说保温效果不佳，羊蹄容易着凉，尤其冬季更加严重。水泥漏缝地板使用时容易断裂，一旦断裂便不可修复，维护起来不方便，且成本较高。

3. 塑料漏缝地板应用

塑料漏粪地板以组装的形式进行铺设，铺设时要借助较密集的横梁，或者直接铺设在竹制或木条漏缝地板上，塑料漏粪地板可以减少羊蹄病的发病率，具有一定的保温效果。对于奶山羊，可有效防止对羊奶的污染，既干净又卫生；对于绵羊来说，可以使得绵羊的毛既干净又卫生，修剪起来方便。塑料漏缝地板具有多种颜色可供选择，可以实现不同类型羊群的羊舍铺设不同颜色漏缝地板，方便分辨羊群。但是塑料漏缝地板地面较光滑，积水使地面湿滑，母羊容易滑倒导致流产。塑料漏缝地板铺设不细致容易被羊群踩坏，不仅对羊造成伤害，且一旦踩坏不可修复，维护较困难。

4. 木条漏缝地板应用

木条漏粪地板由木条和铆钉制作而成，尺寸可根据羊舍大小而定。一般情况木条漏粪地板直接一整块固定在羊舍，形成羊床，也有制成小块，再组装的。木条漏粪地板制作时，木条不宜太薄或太厚，太薄容易断裂，太厚不仅浪费材料，组装起来也不方便。该漏缝地板保暖效果较好，制作过程中若不把握好木条宽度，则容易导致漏粪效果变差。

5. 镀锌钢丝漏缝地板应用

镀锌钢丝网漏缝地板由镀锌钢丝焊接制作而成，铺设时下部应以相应的梁架支撑。该种漏缝地板材质结实，不易破损。但是钢丝网容易被羊尿腐蚀，需经常涂刷防锈漆，维护较困难，且保暖效果差。

综合以上，从漏缝地板的承重性、轻便性、耐用性、保暖效果、成本和维护等方面来说，竹制漏缝地板的综合利用能力及性价比最高，大、中、小规模的羊场均适用。

（三）刮粪机应用与维护

机械刮板清粪系统是通过电力驱动，链条通过带动刮粪板在羊舍内来回运转进行自动清粪，可以做到24h不间断运行，能时刻保证羊舍的清洁。刮粪板的高度及运行速度适中，运行过程中没有噪声，对羊群的行走、饲喂、休息不会造成任何影响，对提高羊群舒适度、减轻肢蹄病有着重要影响，该系统操作简单，安全可靠，运行成本低。常见的刮粪板有3个类型，包括：① 端部粪沟，单驱系统，属于常见的类型；② 端部粪沟，双驱系统，适合较长的羊舍，为了降低清粪所用时间，提高清粪效率，可以在单条粪道上安装双刮板；③ 中间粪沟单驱系统，同样的粪道长度，粪沟布局在中间可比端部布局系统运行周期少一半。如果羊舍长度过长，且粪沟在羊舍中间，则建议安装两套清粪设备。自动挂粪机主要由3个部分组成，即主机部分、滑动支架部分和刮板部分。常见的刮粪板有大"V"字形横柱刮粪板、小"V"字形横柱刮粪板、经典刮粪板、钢丝绳一字形刮板。

刮粪板的使用通常在规模化羊场较多，羊群饲养密度大时，羊粪积攒速度过快，必须用机械设备加以清理。但是刮粪板长期使用，容易出现故障，因此在刮粪板使用过程中应加以维护。自动刮粪机维护主要包括以下几点：① 当自动清粪机清粪带跑偏接近头端被动滚筒边沿10mm时，可以通过拧紧涨紧杆上的螺栓调节，当清粪带往回移动1/3时，要适当地放松螺栓，以防止清粪带回跑过头；② 当清粪带跑偏挨近被动滚筒边沿时，可以放开涨紧链条，将清粪带用手移动到被动滚筒的中间，再将涨紧链条安装在链轮上，然后用管钳拧紧六棱轴至能不动为止，然后上紧涨紧杆上的螺栓；③ 清粪带使用一段时间后，会出现延长松垮的现象，要剪切掉一段再重新焊接；尾端跑偏比较少见，其主要原因是胶辊压得不紧，如果跑偏，可以通过调整较外端螺栓的松紧来调整，之后压紧胶辊；④ 如果卷带，调整螺栓之后压紧胶辊，再在运转过程中用一根棍子将大滚筒靠前的清粪带展开铺平，再运转时自然就解决了卷带问题，如果自动清粪机出现卷带的情况，只是将清粪带在被动滚筒的部位展开平铺即可，调一下主机涨紧丝，千万不能切割。

虽然刮粪机的自动化程度和工作效率较高，但是刮粪机在使用时，也存在以下问题：① 刮粪时，将自然发酵的粪尿多次混合、搅动，散发大量的臭气，容易招致蚊蝇，影响畜舍环境；② 刮粪板清理不彻底，易造成疾病的二次感染；③ 机器会出现许多故障，修理困难；④ 刮粪板一般是定时刮粪，1年内工作次数太多，浪费能源。

（四）贮粪池应用

贮粪池的建设一般有两种形式，一种是直接建在羊舍漏缝地板正下方，贮粪池面积正好与羊床板面积一致，容积按照养殖规模确定，正常情况下该类型贮粪池的容纳量可容纳半年的羊粪即可，按照每只羊半年时间羊粪自然堆肥发酵，基本变成有机肥，可直接施加到农田。另一种是独立建造，一般建在羊场生产区的下风向，与畜舍保持100m以上的卫生距离，有围墙和防护设备时可以缩短至50m，其位置要方便运往农田。一般建设尺寸为长30~50m、宽9~10m、深1m，贮粪池上方需盖好盖子。贮粪池的大小，也可根据养殖规模来定，通常情况下羊所需贮粪池的面积为0.4m²/只。贮粪池可通过集中堆肥发酵的方法对羊粪进行处理，该方法适应于规模化养殖场，投入少，操作简单，效果明显。

(五) 堆肥发酵池应用

1. 立式堆肥发酵塔

立式堆肥发酵塔通常由5~8层组成。堆肥物料由塔顶进入塔内，通过不同形式的机械运动，由塔顶一层一层地向塔底移动。一般经过5~8d的好氧发酵，堆肥物即由塔顶移动至塔底而完成一次发酵。立式堆肥发酵塔通常为密闭结构，塔内温度分布为从上层至下层逐渐升高，即最下层温度最高。为了保证各层内微生物的各自活性以进行高速堆肥，分别维持塔内各层处于微生物活动的最适温度和最适通气量，塔式装置的供氧通常以风机强制通风，通过安装在塔身一侧不同高度的通风口，将空气定量地通入塔内，以满足微生物对氧的需求。

立式堆肥发酵塔的种类通常包括立式多段圆筒式、立式多段降落门式、立式多段桨叶刮板式、立式多段移动床式等。

2. 卧式堆肥发酵滚筒

卧式堆肥发酵滚筒又称达诺（Danot）式。主体设备是一个长20~35m，直径为2~3.5m的卧式滚筒。在该发酵装置中，废物靠与筒体内表面的摩擦沿旋转方向提升，同时借助自重落下。通过如此反复升落，废物被均匀地翻倒并且与供入的空气接触，并借微生物的作用进行发酵。此外，由于筒体斜置，当沿旋转方向提升的废物靠自重下落时，逐渐向筒体出口一端移动，这样，回转窑可自动稳定地供应、传送和排出堆肥物。该装置的处理条件概括如下：通风空气温度原则上为常温，对24h连续操作的装置，通风量为0.1m³/h，筒内搅拌的旋转速度应以0.2~3.0r/min为标准。如果发酵全过程都在此装置中完成，停留时间应为2~5d。筒填充率一般为：筒内废物量/筒容量≤容量%。当以该装置作全程发酵时，发酵过程中堆肥物的平均温度为50~60℃，最高温度可达70~80℃；当以该装置作一次发酵时，则平均温度35~45℃，最高温度可为60℃左右。

3. 筒仓式堆肥发酵仓

筒仓式堆肥发酵仓为单层圆筒状（或矩形），发酵仓深度一般为4~5m。其上部有进料口和散刮装置，下部有螺杆出料机。大多采用钢筋混凝土筑成。发酵仓内供氧均采用高压离心风机强制供气，以维持仓内堆肥好氧发酵。空气一般由仓底进入发酵仓，堆肥原料由仓顶进入。经过6~12d的好氧发酵，得到初步腐熟的堆肥由仓底通过出料机出料。根据堆肥在发酵仓内的运动形式，筒仓式发酵仓可分为静态和动态两种。

（1）筒仓式静态发酵仓。该装置呈单层圆筒形，堆积高度4~5m。堆肥物由仓顶经布料机进入仓内，经过10~12d好氧发酵后，由仓底的螺杆出料机出料。由于仓内没有重复切断装置，原料呈压实块状，通气性能差，通风阻力大，动力消耗大，而且产品难以均质化。但是该装置占地面积小，发酵仓利用率高。这种装置的结构简单，所以使用比较广泛。

（2）筒仓式动态发酵仓。筒仓式动态发酵仓呈单层圆筒形，堆积高度为1.5~2m。动态发酵仓运行时，经预处理工序分选破碎的废物被输料机传送至池顶中部，然后由布料机均匀向池内布料，位于旋转层的螺旋钻以公转和自转来搅拌池内废物，这样操作的目的是防止形成沟槽，并且螺旋钻的形状和排列能经常保持空气的均匀分布。废物在池内依靠重力从上部向下部跌落。既公转又自转的旋转切割螺杆装置安装在池底，无论上部的旋转层是否旋转，产品均可从池底排出。好氧发酵所需的空气从池底的布气板强制通入。为了维持池内的好氧环境，促进发酵，采用鼓风机从池底强制通风。通过测定池内每一段的温度和气体的浓度，可调节向每一段供应的空气量，以及控制桥塔的旋转周期来改变翻倒频率。一次发酵的周期为5~7d。在堆肥过程中，螺旋叶片重复切断原料，原料被压在螺旋面上，容易产生压实块状，所以通气性能不太好。此外，它还有原料滞留时间不均匀、产品呈不均质状、不易密闭等缺点。其优点是排出口的高度和原料的滞留时间均可调节。

4. 箱式堆肥发酵池

箱式堆肥发酵池种类很多，应用也十分普遍，其主要分类有以下几种。

（1）矩形固定式犁形翻倒发酵池。这种箱式堆肥发酵池设置犁形翻倒搅拌装置，该装置起机械犁掘废物的作用，可定期搅动兼移动物料数次，它能保持池内通气，使物料均匀发散，并兼有运输功能，可将物料从进料端移至出料端，物料在池内停留5~10d。空气通过池底布气板进行强制通风。发酵池采用输送式搅拌装置，能提高物料的堆积高度。

（2）扇斗翻倒式发酵池。这种发酵池呈水平固定，池内装备翻倒机对废物进行搅拌使废物湿度均匀并与空气接触，从而促进易堆肥物迅速分解，阻止产生臭气。停留时间为7~10d，翻倒废物频率以1d/次为标准，也可视物料性状改变翻倒次数。该发酵装置在运行中具有几个特点：发酵池装有一台搅拌机及一架安置于车式输送机上的翻倒车，翻倒废物时，翻倒车在发酵池上运行，当完成翻倒操作后，翻倒车返回到活动车上；根据处理量，有时可以不安装具有行吊结构的车式输送机；当池内物料被翻倒完毕，搅拌机由绳索牵引或机械活塞式倾斜装置提升，再次翻倒时，可放下搅拌机开始搅拌；为使翻倒车从一个发酵池移至另一个发酵池，可采用轨道传送式活动车和吊车刮出输送机、皮带输送机或摆动输送机，堆肥经搅拌机搅拌，被位于发酵池末端的车式输送机传送，最后由安置在活动车上的刮出输送机刮出池外；发酵过程的几个特定阶段由一台压缩机控制，所需空气从发酵池底部吹入。

（3）吊车翻倒式发酵池。这种发酵池一般作二次发酵用。经过预处理设备破碎分选的堆肥化物料或已通过一次发酵的可堆肥物由输送设备送至发酵池中，送入的可堆肥物由穿梭式输送设备堆积在指定的箱式发酵池中。堆积期间，空气从吸槽供给，带挖斗吊车翻倒物料，并兼做接种操作。

（4）卧式桨叶发酵池。搅拌桨叶依附于移动装置而随之移动。由于搅拌装置能横向和纵向移动，因此操作时搅拌装置纵向反复移动搅拌物料，并同时横向传送物料。因为搅拌可遍及整个发酵池，故可将发酵池设计得很宽，这样发酵池就具有较大的处理能力。

（5）卧式刮板发酵池。这种发酵池主要部件是一个成片状的刮板，由齿轮齿条驱动，刮板从左向右摆动搅拌废物，从右向左空载返回，然后再从左向右摆动推入一定量的物料。由刮板推入的物料量可调节。例如，当1d搅拌1次时，可调节推入量为1d所需量。如果处理能力较大，可将发酵池设计成多级结构。池体为密封负压式构造，因此臭气不外逸。发酵池有许多通风孔以保持好氧状态。另外，还装配有洒水及排水设施以调节湿度。

（六）有机肥发酵罐应用

有机肥发酵罐产品种类较多，发酵室整体容积有10~200m³不等。将畜禽废弃物加入有机肥发酵罐中，发酵罐中的漩涡气泵通过搅拌轴上的曝气孔送氧，同时搅拌轴搅拌，在好氧菌剂的作用下，逐渐升温到50~60℃，经过8d左右的发酵腐熟，有效杀灭虫卵、病原菌，达到无害化和减量化处理标准，发酵室内的物料在主轴以及重力作用下，逐层下落，有机肥发酵罐内发酵好的有机肥料就从排料口排出。在处理过程中没有废水、废物排出，真正实现了零污染处理。

（七）堆肥发酵棚应用

规模化养殖场，产粪量较大，如果使用机械化的有机肥发酵设备，难以实现大量羊粪的同时发酵，因此规模化养殖场会选择常规堆肥和高温堆肥两种方式。两种堆肥形式均应在堆肥发酵棚中进行，其中常规堆肥发酵的温度较低，可直接堆放到堆粪棚的水泥地面上进行。而高温堆肥发酵前期温度较高，后期温度逐渐降低，需采用压紧的措施，因此该堆肥方法需要在堆粪棚中建设堆粪坑，高温堆肥可以采用半坑式堆积法和地面堆积法堆制。半坑式堆积法的坑深约 1m，地面堆积法则不用设坑。因此通常情况堆肥发酵棚的建设面积较大，呈长方体，一端建设 4~5 条高 1m、宽 2.5~3m、长为 1/3 棚长的堆粪坑，另一端为空旷区域，用于堆放发酵好的有机肥和低温发酵的有机肥。

六、羊场卫生防疫设施设备应用

（一）消毒池应用

消毒池一般设在养殖场门口位置，主要目的是为进出养殖场门口的车辆进行消毒，最主要的是为售羊和购羊的车辆消毒。一般情况下，一些羊传染病除了通过引种传播外，还有最主要的就是进出拉羊的车辆。消毒池应定期更换消毒液，保证一定的药效。

（二）车辆消毒设备应用

为了避免外来车辆将病菌带入场区，保证厂区的安全性，应在消毒池两边设置自动化车辆消毒设备，以实现对进出车辆的全方位消毒。自动化控制系统，可以实现进场消毒，出场不消毒，可以抵抗恶劣的环境影响；自动化加水加药设备，现用现加，省时省力；上下摆动式喷头，增加了有效的工作面积，节约了消毒液的使用量。底盘消毒系统，金属钢板减速带，衔接地面式，大大减小了车辆震动，设置向上喷雾喷头，使消毒达到立体交叉全方位，不留死角；防冻系统，多数产品配有全自动伴热带，在保证额定的工作电压下，可以自动根据温度进行防冻加热，再加上配备的双层保温机箱，使机器在冬天不会被冻坏。该设备维护简单，不常使用时，应该将设备内部的水处理干净，防止时间过久使设备生锈，影响使用。

（三）消毒室应用

养殖场在场区入口处均需修建消毒室，从场外进入场区，首先应进入消毒室，其中设有喷雾消毒室、紫外光消毒室等。入场人员首先通过内部用铁栏杆围成"S"形的喷雾消毒通道，然后进入紫外光消毒室，室内墙壁中部设紫外线灯，下铺带孔脚垫，脚垫用 2%火碱液洒湿。在紫外光消毒室内消毒 2~3min，紫外灯与人体之间的距离不应超过 2m，否则无效。本场员工从生活区进入生产区要更换衣服、胶鞋，然后通过消毒通道后，方可进入生产区。消毒室内应保持环境卫生，及时更换消毒液。

（四）喷雾消毒设备应用

喷雾消毒设备有消毒室人用雾化消毒机（图 3-46）、羊舍内外用的消毒喷雾机及喷雾器。消毒室用的喷雾消毒设备较高端，一般不可移动，固定摆放在合适的位置，对进入消毒室的人员进行雾化消毒，消毒较彻底，雾化消毒不会弄湿衣服。

图3-46　雾化消毒机

通常情况下，羊群出栏后，要对羊舍环境进行彻底消毒，此时可用高压喷雾机，对羊舍全方位消毒。

喷雾消毒设备有脉冲式高压弥雾消毒机、脉冲式充电弥雾消毒机、多喷头风送弥雾机和喷雾器等设备。喷雾消毒设备不仅可以对羊舍设施设备消毒，也可直接对羊消毒。喷雾器消毒操作简单，覆盖面积广，出雾快，设计轻便可手提，但是消毒不彻底。

（五）药浴设备应用

1. 大型药浴池应用

适用于大型羊场或者羊群较为集中的养羊地区在羊药浴时使用。夏季环境炎热，羊群容易被蚊蝇叮咬，使羊的皮肤破损出血，容易产生寄生虫，然而药浴可以防治疥癣及其他体外寄生虫病的发生，提高养殖效益，因此羊场修建药浴池是非常有必要的。

药浴一般在羊剪毛后7~10d进行，药浴频率可根据温度及蚊蝇叮咬及放牧情况来定，必要时可在夏天每隔1个月药浴1次。药浴时一般选在天气晴朗时进行，首先将药浴池注满水，然后在阳光下暴晒，待水稍微变温，即可向水中倒入药浴液，待药浴液与水充分混匀后，开始赶羊药浴。药浴时羊群不宜过大，否则容易在入池口产生拥挤，导致药浴进度延迟。药浴池的入口一端是陡坡，出口一端用栅栏围成或用砖、石砌成储羊圈，并且在出口一端设置滴流台，可让出浴之后的羊在滴流台上停留片刻，以便让其身上的药液流回池内。要根据羊只数量来确定储羊圈和滴流台的大小，但地面要修成水泥地。药浴时，人站在浴池两边，用压扶杆控制羊，勿使其漂浮或沉没。

2. 小型药浴设备应用

利用小型药浴设备药浴时，先按要求配制好浴液。药浴时，由两人操作，一人抓住羊的两前肢，另一人抓住羊的两后肢，让羊腹部向上。除头部外，将羊体在药液中浸泡2~3min；然后，将头部急速浸2~3次，每次1~2s即可。适用于羊群不大，数量较小的农户使用。

3. 药淋装置应用

在特设的淋浴场进行，优点是容浴量大、速度快、比较安全。淋浴前先清洗好淋浴场，并检查确保机械运转正常即可试淋。淋浴时，把羊群赶入淋浴场，开动水泵喷淋。经3min，全部羊只都淋透全身后关闭水泵。将淋过的羊赶入滤液栏中，经8~10min后放出。适用于规模羊场或大型养羊合作社。

4. 池浴机械应用

用水泥建筑沟形或方形池，入口处设贮羊圈，羊群药浴前集中在这里等候，随后将羊赶到运羊车或者沉降羊台，然后顺着药浴池使羊缓缓进入，进行药浴。升降式药浴机械，每次可同时药浴20~30只羊，操作简单，效率较高，适用于大中型规模化羊场。

七、羊舍小气候环境调控设备应用

羊舍小气候环境对羊群的生理机能、健康状况和饲料转化率有直接或间接的影响，调控羊舍小气候环境，对改善肉羊养殖福利状况、提高肉羊生产水平具有积极的作用。南方夏季羊舍通风时间相同时，风速大小可直接影响羊舍温热环境，环境温度降低时山羊采食量显著增加。南方最热月采用"负压风机+湿帘"降温技术方案后，双坡顶漏粪地板有窗封闭羊舍内日平均温度降低2.75℃，中午14:00气温最高，相对湿度较低时，舍内温度最高可降低3.86℃（张子军，2014）。冬季南方肉羊舍使用电暖器和负压风机进行通风换气，可使羊舍温度、相对湿度在通风换气前后降幅不大，但是氨气、二氧化碳浓度在通风换气前后降幅差异较大。

（一）正压风机使用

正压风机通常是将室外的风吹送到室内，室内的风压大于室外，风从窗口或门洞口排出，从而实现通风。该方法适用于所有类型的羊舍。排风扇可安装于羊舍的屋顶或中央以增进空气的流通。正压风机具有防尘、防水、风量大、噪声低、耗能小、运行平稳等特点。

（二）负压风机使用

负压风机使用时主要与水帘结合，从而实现夏季通风降温的作用。结构材质上主要分为镀锌板方形负压风扇和玻璃钢喇叭形负压风扇。负压风扇具有体积庞大、超大风道、大风叶直径、大排风量、低能耗、低转速、低噪声等特点。主要安装在畜舍窗口外，一般选择下风口，往外抽风。负压风机可吹风，也可抽风。

（三）湿帘使用

湿帘主要配合负压风机形成"湿帘—负压风机降温系统"（图3-47），主要有降温系统、增湿系统和过滤系统三大系统，多应用于家畜养殖业。湿帘的安装分为横向和纵向，对于面积较大、通风降温要求较高的羊舍，可以采用横向湿帘降温系统。如果羊舍超宽、降温效果不明显时，可在此基础上将两边的山墙也改成湿帘，增大降温效果。对于羊舍面积较小、降温要求不太高的羊舍，可采用纵向湿帘降温系统。

湿帘具有吸水、耐水、扩散速度快、效能持久等特点，很适合用于调节室内湿度，还具有通风透气和耐腐蚀性能，对空气中污尘具有极好的过滤作用，是无毒无味、洁净增湿、给氧降温的环保材料，所以也用作空气净化和过滤的介质。湿帘在使用中应该注意维护，当湿帘不用时可将湿帘从羊舍卸下，晒干后放置于干燥的仓库中，应防止湿帘长期风吹日晒。

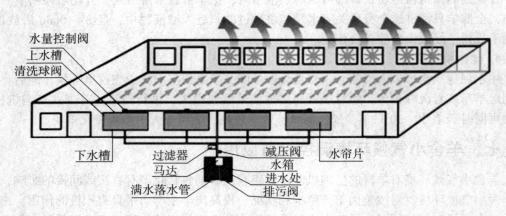

图 3-47　湿帘—负压风机降温系统

（四）屋顶通风器使用

屋顶通风器的防雨雪设计是关键，外围护板、挡雨板和泛水板的标准化安装施工是通风器防雨能力的重要保证。安装时应从最大频率风向的反向位置作为安装起点，然后将端边的封口板先安装固定好，接着将第一块板安装就位，并将其固定，要保证与檩条垂直。第二块板安装时应与第一块板的凸沿重叠，通过检查保证两块板的外沿完全接触，并且平直，从而保证重叠完好，并用带密封圈的自攻螺钉与檩条连接在一起。彩钢板与檩条之间采用自攻镀锌螺钉固定。通风器安装好后需设置防水密封材料，防止渗漏水。

（五）挂式风机使用

羊舍中为了达到最佳的通风效果，一般将挂式风机安装在畜舍前、中、后 3 个部位，风机下沿距离地面 2~2.5m，倾斜角度在 15°~30° 为最佳。使用后应及时清理风扇上的灰尘，并保持扇叶干燥，防止生锈。

八、其他附属设施设备应用

（一）门卫室应用

门卫室一般建在养殖场大门口，由门卫管理。主要作用是进行入场车辆和人员登记，避免陌生车辆和人员进入；随时观看场区监控，保证安全；负责羊场大门的开关。

（二）值班室应用

值班室通常建在生产区，其主要用途是供羊场值班人员休息。

（三）兽医室应用

兽医室必须配套手术台和手术器械，方便对羊病的检查和治疗。

（四）人工授精室应用

大、中型羊场有较多的受配母羊，为使优秀种公羊得以充分利用，发情母羊适时配种，需要建造人工授精室。主要建在临近种公羊和繁殖母羊舍，以便进行精液品质检查及人工授精。人工授精室应设有精液检查室、采精室和输精室。要保证人工授精室明亮和保温，且采精和输精室的温度在要保持在 20℃ 左右，精液检查室的温度在 25℃ 左右。输精室的面积要足够大，应不少于 1∶15 的采光系数。

（五）胚胎移植室应用

胚胎移植可以充分发挥雌性优良个体的繁殖能力，大大缩短了供体本身的繁殖周期，增加供体一生繁殖后代的数量，提高养殖场经济效益。因此规模化羊场建立胚胎移植室是非常有必要的。胚胎移植室内必须配套手术器械，胚胎移植操作台和一些相应的药物。

（六）采精架应用

采精架有固定式和移动式两种，固定式采精架一般安装在人工授精室，移动式采精架可随意移动，在羊舍、草地、运动场等地均能使用。

（七）胚胎移植保定架应用

有移动式和固定式两种，胚胎移植保定架主要在母羊作胚胎移植手术时使用，是用于保定母羊的设备。

（八）剪毛棚应用

剪毛棚主要用于夏季绵羊被毛的修剪以及绒用山羊毛的修剪，剪毛时一般选择在风和日丽的天气，下雨天不宜剪毛。一般每年剪两次毛，第一次在 4—5 月，第二次在 9—10 月。剪毛棚主要为羊毛修剪提供一个干净、宽敞的操作空间，羊毛修剪结束后，应打扫剪毛台，收好剪毛设备，断开电源。

（九）剪毛设备应用

剪毛设备可分为手动羊毛剪和电动剪羊毛机，其中电动剪羊毛机又可分为移动式和固定式两类。手动式羊毛剪，一般较适用于毛较柔软的羔羊及大羊绒毛的修剪，对于被毛较厚毛质较硬的羊不适用，使用过程中局限性较强。移动式剪羊毛机适用于牧区放牧场剪毛。固定式剪羊毛机应用于规模化大型羊场，其中软轴电动型剪毛机应用最广泛。

（十）抓绒设施设备应用

抓绒是指山羊自然脱毛时，利用抓绒设备，将山羊绒从被毛中抓出的过程。一般需要抓绒的山羊有专门的产绒品种外，还包含部分具有良好底绒的粗毛山羊。山羊抓绒时间一般在每年的 3—4 月进行，抓绒前 12h 停止供应饲料和水，应该在天气状况良好的环境下抓绒，且要避开怀孕母羊及患有皮肤病的羊。抓绒时先将羊只保定，用稀梳梳理羊毛，将羊毛梳直并去除羊毛中夹杂的杂质，首先从颈部开始，然后顺着胸部、肩胛部、体侧部、后躯进行梳理，然后换另一面梳理，稀梳梳下的羊绒比较杂乱，应单独存放，然后用密梳按照前面步骤进行梳理，此时梳下的羊绒为主要绒毛。抓绒的梳子应顺毛股生长方向从上往下、从背到腹梳理，抓绒过程中不能强行分出绒毛，抓腹部绒毛时要特别小心。每个部位的毛被要连续重复抓几次，直到脱落的绒毛不再出现于毛被为止。

（十一）挤奶设备应用

随着奶山羊产业的大力发展，规模化生产的步伐也在加快，羊奶也越来越成为人们青睐的乳用品，羊奶粉的市场也在逐步扩增，人工挤奶已经被机械化挤奶设备完全淘汰。常见的奶山羊挤奶设备主要有双杠挤奶机、活塞式挤奶机、真空泵式挤奶机、并列式/鱼骨式奶山羊挤奶机、中置式挤奶机、桶式挤奶厅和转盘式挤奶机。

（十二）洗手间应用

洗手间是养殖场必不可少的，通常情况洗手间应建在生产区，可供工作人员和外来人员使用。

（十三）蓄水池应用

蓄水池是养殖场必不可少的，可为羊场提供生产用水，可以储存雨水和自来水，当羊场停水时，池中的水可以供羊饮用，以备不时之需。蓄水池修建时应该做好防渗水，并盖好池上面的盖子，保证水质干净。

第三节 自动化和智能化养羊设备及应用

一、监控设备

监控设备，是指在羊场的不同生产区域安装摄像探头实行全范围的监控，并设立主监控室，实时监测羊场内羊只的吃料、饮水、活动、休息和发病情况，便于生产管理和提高牲畜资产的安全。

（一）智能化畜舍监控系统

智能化畜舍监控系统（图3-48）是由畜舍、红外线跟踪探测仪、换气扇、摄像头、红外计数器、畜舍栅门等部分组成（史杰等，2016）。畜舍的两端设有畜舍栅门，栅门的上端安装红外计数器，红外计数器的上端装有换气扇，畜舍的内侧安装红外线跟踪探测仪，探测仪对面畜舍的墙壁上安装有摄像头。

使用时，家畜每次从活动场地回归畜舍1时，红外计数器5可检测家畜的总数量，且畜舍内换气扇3可保证畜舍内空气流通。养殖户通过电脑显示屏直接观察畜舍内1的情况，采用红外线跟踪探测仪2追踪每一头家畜，并将其红外成像投射到电脑上，若发现异常可及时处理，可有效进行疾病治疗以及防止疾病的传染和扩散（史杰等，2016）。

本系统通过采用智能化畜舍监控系统可实时监控畜舍内的家畜数量以及每个家畜的身体状况（利用红外跟踪探测仪），若有异常可及时发现，可有效进行疾病治疗以及防止疾病的传染和扩散。

（二）养殖业用的监控系统

养殖业用的监控系统（图3-49）是由畜牧监控服务中心、监控终端系统、家畜身上

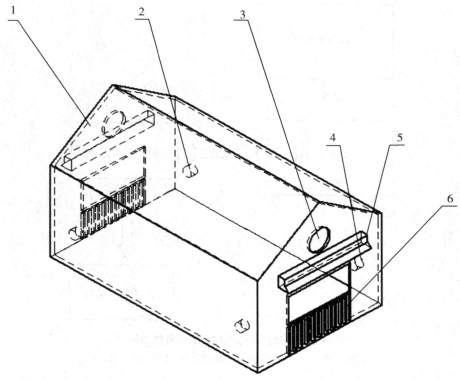

1. 畜舍；2. 红外线跟踪探测仪；3. 换气扇；4. 摄像头；5. 红外计数器；6. 畜舍栅门

图 3-48　智能化畜舍监控系统的结构示意图

资料来源：一种智能化畜舍监控系统（史杰等，2016）

的传感感应装置和 LED 显示屏等部分组成（李洪东，2018）。畜牧监控服务中心位于畜舍室外；监控终端系统位于畜舍内，用于对畜舍内的情况进行实时监控；传感感应装置设于家畜身上，用于对家畜温度进行监测。若家畜体温超过正常范围，传感感应装置会及时检测出，并将其通过监控终端系统传输至畜牧监控服务中心，同时 LED 显示屏中会显示出，便于养殖户确定发病家畜，从而对其进行有效防治（李洪东，2018）。

使用时，用户通过监控终端系统进行相关控制工作，由信号采集系统对畜舍内湿度、温度、各种气体的浓度和光照等数据进行采集，随后信号采集器采集的各项数据传输给控制器，接着控制器通过无线收发模块向畜牧监控服务中心上传，以保证用户对养殖场的环境进行远程实时监控；传感感应装置用于测量家畜的体温，若家畜因发病体温超过正常范围，一方面感应控制模块则会通过无线传输模块将信息输送至监控终端系统，另一方面传感感应装置中警示灯会闪烁，用闪烁光提示饲养员注意，便于确定发病家畜，进而对其进行科学防治（李洪东，2018）。

本系统可对畜舍进行实时监控，降低工作人员劳动强度，节省人力资源，提高饲养过程中控制的准确性。

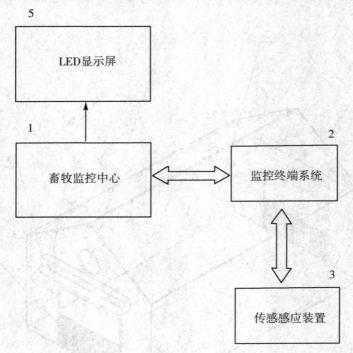

图 3-49　养殖业用的监控系统的整体结构框
资料来源：一种养殖业用的监控系统（李洪东，2018）

（三）无人机巡航技术

无人机属于典型的军民通用技术产品，可有效地从事放牧肉羊监测。张玉等（2018）指出，北斗卫星定位技术、无人机巡航技术和数据传输技术，并结合产业物联网、云计算、大数据和移动通讯等技术优化组合搭建一个技术平台，促进传统畜牧业向智能化畜牧业迈进，以建立畜牧业全产业链追溯、食品安全体系的保障。内蒙古于 2015 年依次在鄂尔多斯杭锦旗、锡盟正蓝旗、呼伦贝尔市陈巴尔虎旗应用无人机和运营系统（张玉等，2018）。目前，无人机巡航系统主要采用八旋翼无人机，可装载专用的 GH3、GH4、5D 云台、摄像、数字图传和模拟图传等设备，可实现测绘应用、空中动态侦查、安全监控和摄影航拍等功能，该机型主要特点为设计轻便简约、飞行时间长、使用简便和维护简单，大大降低使用成本（张玉等，2018）。再结合地面站的实时飞行数据和可视化地图，整个飞行可在无人干预的情况下实现自动化程序化，有效地降低无人机专业应用的烦琐程度（张玉等，2018）。

二、小气候环境调控设备

（一）畜禽舍养殖环境智能调控设备

畜禽舍养殖环境智能调控设备是由畜禽舍环境监测传感器、控制微型泵、电磁阀、排风机、湿帘和热风机等部分组成（沈维政等，2016）。畜禽舍养殖环境智能调控系统的应用层具体包括调控管理平台和环境自动控制系统两个部分。调控管理平台可以是基于手机客户端的 App 程序，也可以是基于电脑端的应用系统。

使用时，调控管理平台直观地显示畜禽舍内部安装的各种传感器节点的具体实时数据，并将相应数据存储在数据库中，便于后续浏览与分析，数据显示形式有图、表等多种方式（沈维政等，2016）。平台设有自动报警功能，并以养殖行业具体国家标准为依据制定门限阈值，若某项环境参数超标时，系统可以自动报警，并以声音、光电和手机短消息等方式反馈给管理人员，以确保用户在第一时间对环境参数异动进行处理（沈维政等，2016）。除自动报警模式外，调控管理平台还可设定智能自动调控模式，系统依据收到的环境数据进行智能算法分析，如对温湿度变化进行非线性算法处理，并将处理调控方案返回畜禽舍中的控制端，以确保用户对环境参数进行调控（沈维政等，2016）。

本设备可实现自动调节温度、湿度和有害气体浓度等参数，从而实现对畜禽舍内的环境精细、高效、系统化程度地控制，改善畜禽舍的局部小气候环境，提高畜禽的生长性能，以及降低发病率（沈维政等，2016）。

（二）现代化养殖羊舍环境自动调控系统

现代化养殖羊舍环境自动调控系统（图 3-50）是由羊舍上层、羊舍下层，二氧化碳（CO_2）传感器、氨气（NH_3）传感器、控制器单元、鼓风机和抽风机 7 个部分组成。

羊舍内部安装 CO_2 传感器和 NH_3 传感器，可实时检测 CO_2 和 NH_3 浓度变化，若一旦超标，可控制器单元可启动抽风机和鼓风机，当检测浓度正常时，控制器单元控制停止抽风机和鼓风机，若检测浓度正常时，控制器单元则停止鼓风机和抽风机（周勇等，2016）。

本系统羊舍内部安装 CO_2 传感器和 NH_3 传感器，可实时检测 CO_2 和 NH_3 浓度变化，以实现自动调节羊舍内部环境，减少羊群疾病的发生概率；羊舍的内部结构使得上层的羊粪便易排掉落至下层底面上，再者下层底面有倾斜，从而粪便易落到粪便收集槽内。

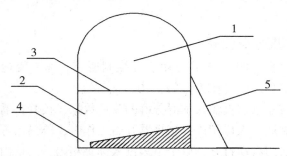

1. 羊舍上层；2. 羊舍下层；3. 上下层隔板；4. 粪便收集槽；5. 上层台阶

图 3-50　现代化养殖羊舍环境自动调控系统的结构示意图

资料来源：一种现代化养殖羊舍环境自动调控系统（周勇等，2016）

三、自动称重系统

（一）自动称重分群装置

自动称重分群装置（图 3-51）是由称重分群系统、引导走廊和围栏系统 3 个部分组成（裴青生等，2019）。称重分群系统由斜板支架连接引导走廊，而引导走廊由斜板支架和固定柱连接围栏系统。

使用安装时，先安装称重分群系统，接着安装引导走廊与围栏系统，围栏系统可根据场地和动物群的大小调整围栏范围。当单只羊通过引导走廊后，进入栅栏门关闭的称重分群系统，根据羊的重量打开不同的栅栏门，而各栅栏门则直接通向不同的圈舍，实现羊只分群。

本装置结构简单，安装、拆卸方便，适用范围广；操作方法简单，分群精度高、工作效率高，可有效地降低牛羊应激反应，提高动物福利。

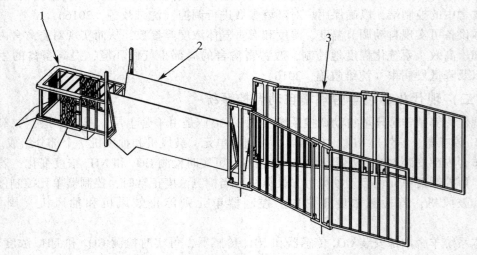

1. 称重分群系统；2. 引导走廊；3. 围栏系统

图 3-51　自动称重分群装置的整体的结构示意图

资料来源：一种自动称重分群装置（裴青生等，2019）

（二）羊自动称重分群设备

羊自动称重分群设备（图 3-52）是由引导控制通道、称重装置、自动控制系统、气动系统和分群栏 5 个部分组成（陈海霞等，2018）。

使用时，先在终端显示器上输入羊群分群的体重数据，接着将需分群的羊只送入等待区，等待区与引导控制通道入口相连，当机器开始工作时，羊只由等待区直接通过引导通道进入称重箱旁，入口门自动打开，单个羊只进入称重箱内，入口门自动关闭，羊只在箱体内完成称重和耳标扫描，身份信息和体重数据则会传输至终端显示器，并显示需进入的分群栏。当出口门自动打开时，相对应的分群门则会自动打开，羊只则直接通过需要进入的分群栏，随后出口门自动关闭，随即进行下一只羊的自动称重分群（陈海霞等，2018）。

本设备引导控制通道的侧壁为圆弧形，使得通道的形状符合羊运动近似圆形轨迹的生物学特性，便于羊只沿引导控制通道行走，避免羊只因受到挤压、碰撞等而造成不必要的损伤，减少人畜伤害；自动化程度高，操作方便，实用性强，可适应于各种不同的应用环境；可有效地提高羊只的分群效率，减少人为因素的干预，提高识别的可靠性和称重的准确性；可确保物联网食品溯源的有效性，可结合相应的网络化管理，实现信息共享和远程管理，提高管理和处理突发事件的效率，保证畜产品的产品质量，增加养殖效益（陈海霞等，2018）。

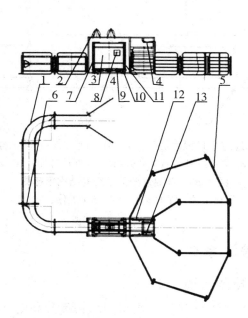

1. 引导控制通道；2. 自动控制系统；3. 称重装置；4. 气动系统；5. 分群栏；6. 止退机构；7. 入口门；8. 耳标扫描器；9. 联动装置；10. 称重传感器；11. 出口门；12. 分群门Ⅰ；13. 分群门Ⅱ

图3-52　羊自动称重分群设备的结构示意图

资料来源：羊自动称重分群设备的研究（陈海霞等，2018）

（三）羊自动分群系统

羊自动分群系统（图3-53）是由PLC控制器、传感器、移动式称重仪、称重闸门系统、可左右翻转的分群闸门和围栏、容羊单行排列的称重通道和分群通道等部分组成（王伟，2015）。

使用时，移动式称重仪安装在分群通道上，分群闸门安装在分群通道与围栏之间，称重闸门系统安装在称重通道与分群通道之间，传感器分别对应于称重闸门系统和分群闸门，对应于分群闸门的传感器位于门体的前端，PLC控制器分别与移动式称重仪、传感器、称重闸门系统和分群闸门信号连接。

本系统利用隔离闸门和等候闸门的有效配合，使分群通道中始终保持单只羊，简便称重过程，保证羊群分栏的可靠、有序进行，可有效地提高羊的分群效率，减少人为因素干预造成的影响。以羊只体重为基础，实现羊按体重的准确、连续分栏，为后续饲养管理提供便利条件，使畜产品的品质得到有效保障，适合在牧场养殖中使用。

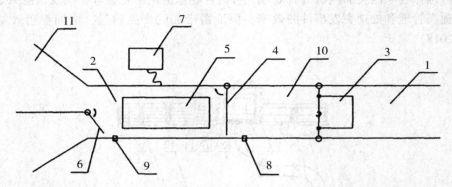

1. 称重通道；2. 分群通道；3. 隔离闸门；4. 等候闸门；5. 移动式称重仪；6. 分群闸门；
7. PLC；控制器；8. 第一红外传感器；9. 第二红外传感器；10. 等候区；11. 围栏

图3-53　羊自动分群系统的结构示意图
资料来源：羊自动分群系统（王伟，2015）

四、体征自动检测系统

（一）羊体征自动检测系统

羊体征自动检测系统（图3-54）是由机械结构部分和电气控制部分2个部分组成（兴安等，2014）。体高、体长和臀宽测量采用步进电机驱动检测机构，通过记录步进电机的发出脉冲数计算3项体征数据；采用压力传感器的变形量计算出羊只的体重；RFID读写器用于读取固定于羊身上的电子耳标信息，并将其作为唯一标识与羊体征数据存入数据库（兴安等，2014）。

使用时，RFID读写器读取羊体电子耳标信息进行身份识别，处理器接收到羊的身份信息后通过驱动单元发出控制信号，同时接收检测单元检测信号，完成以下检测步骤：首先，左挡门机构、右挡门机构关闭，将羊封闭于检测设备的内部空间，RFID读写器读取羊体电子耳标信息；其次，处理器向驱动单元发出驱动脉冲，驱动钢索卷绕机构动作，将羊体夹紧，处理器记录夹紧驱动步进电机的发出脉冲数，自动计算出所测羊的臀宽，同时，处理器根据体重测量机构的压力传感器的信号计算出羊的体重；最后，处理器分别控制体高测量机构和体长测量机构动作，通过记录向体高测量步进电机和体长测量步进电机发出的脉冲数，分别计算出羊的体高和体长（兴安等，2014）。

本系统以电子耳标作为唯一身份识别标识，将牲畜个体体征信息存入数据库，为生长过程记录、选种育种和畜牧产品追溯提供基础数据链，实现草原畜牧业养殖产业链的信息化管理；可满足现代畜牧业生产需要，结构设计合理、操作简便、稳定性好和可靠性高，可有效提高畜牧生产的经济效益和社会效益（兴安等，2014）。

（二）羊体重体尺全自动测定系统

羊体重体尺全自动测定系统（图3-55）包括箱体，箱体两端分别安装有进口门和出口门，箱体底部两侧有保定装置，箱体内靠近出口门的一侧安装有前颈部定位装置和夹颈门，箱体内靠近进口门的一侧安装有后臀尖定位装置，箱体内还安装有测体长装置、测体

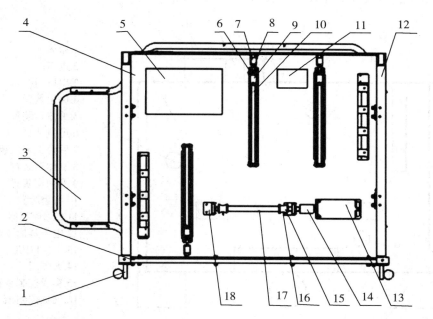

1. 脚轮；2. 检测底盘机构；3. 左挡门机构；4. 前板；5. 电控柜；6. 体高测量机构；7. 高测量步进电机；8. 体高测量弹性联轴器；9. 体高测量滚珠螺母；10. 体高测量滚珠丝杠；11. 屏；12. 右挡门机构；13. 夹紧驱动步进电机；14. 夹紧驱动弹性联轴器；15. 夹紧驱动卷筒；16. 夹紧驱动钢索；17. 夹紧驱动驱动轴；18. 钢索卷绕机构

图 3-54　羊体征自动检测系统的结构示意图
资料来源：一种羊体征自动检测系统（兴安等，2014）

高装置、测胸宽装置，箱体底部安装有称重装置；箱体上端安装有集成控制装置和气缸控制柜，集成控制装置包括一个 PLC 控制器、电子耳标读取装置和上位 PC 机，PLC 控制器与测体长装置、测体高装置、测胸宽装置、电子耳标读取装置通信连接，PLC 控制器与上位 PC 机通信连接。气缸控制柜用于控制羊只保定以及体高、体长和胸宽测定装置的驱动（敦伟涛等，2017）。

使用时，PLC 控制器控制仪表清零、控制出口门，PLC 控制器控制前颈部定位装置接触到前颈部，PLC 控制器控制后臀尖定位装置接触到羊尾部，测体长装置进行测量；PLC 控制器控制测体高装置下移，接触到羊背后测体高装置进行测量；PLC 控制器控制测胸宽装置移动，接触到羊前颈部外缘后测胸宽装置进行测量；PLC 控制器通过激光传感器读取尺寸数据，并自动计算；PLC 控制器通过称重装置读取体重数据；称重完成后，PLC 控制器控制保定装置复位，并通过电子耳标读取装置读取电子耳标数据，然后打开出口门，当称重装置检测到实时重量小于离秤重量，则判断羊只离开箱体，PLC 控制器关闭出口门，PLC 控制器上传数据至上位 PC 机，打开进口门，测定完毕，等待下一只羊进入（敦伟涛等，2017）。

本系统自动化程度高，全程无须人员干预，可自动进行羊只的耳号读取以及体重、体尺的测量，并将采集数据上传至 PC 机；用户可根据电子耳标实现智能分群，并准确记录羊只的日增重、体尺增长等数据（敦伟涛等，2017）。

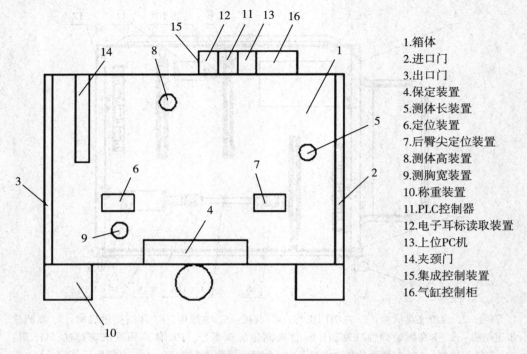

1.箱体
2.进口门
3.出口门
4.保定装置
5.测体长装置
6.定位装置
7.后臀尖定位装置
8.测体高装置
9.测胸宽装置
10.称重装置
11.PLC控制器
12.电子耳标读取装置
13.上位PC机
14.夹颈门
15.集成控制装置
16.气缸控制柜

图 3-55　羊体重体尺全自动测定系统的结构示意图
资料来源：一种羊体重体尺全自动测定系统及其测定方法（敦伟涛等，2017）

五、电子耳标

（一）GPS 定位功能的羊耳标（图 3-56）

羊耳标是由 GPS 定位器、外壳、公标和母标 4 个部分组成（黄宏彬等，2019）。GPS 定位器安装在外壳内，通过公标一端穿过羊耳朵与母标相连，固定在羊耳朵上，外壳与公标或母标连接（可以将外壳用于与公标连接，也可以用于将外壳用于与母标连接）。

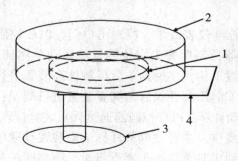

1. GPS 定位器；2. 外壳；3. 公标；4. 母标
图 3-56　GPS 定位功能的羊耳标的结构示意图
资料来源：一种具有 GPS 定位功能的羊耳标（黄宏彬等，2019）

使用时，采用耳标钳将公标一端穿过羊耳朵与母标相连固定在羊耳朵上，接着通过胶接的方式将外壳与公标或母标连接，通过 GPS 定位器提供的信息，可以用于获取羊群的地理信息，也可以用于设防状态下。若羊群移动超过设定范围，将会触发报警，也可以用于其他情况等（黄宏彬等，2019）。

本羊耳标外壳为防水外壳，外壳与公标或母标采用 HF8040 硬质塑料专用胶进行胶接；安装便利，操作方便，可有效避免养殖者因羊只丢失而导致的损失（黄宏彬等，2019）。

（二）种羊管理用电子标签系统

种羊管理用电子标签系统（图 3-57）是由电子标签、手持终端、人机交互组件、通信组件和远程数据服务中心 5 个部分组成（张万锴等，2015）。电子标签分为高频标签和低频标签，高频射频天线和低频射频天线，手持终端内置微处理器，天线与微处理器连接，人机交互组件与微处理器连接，通信组件与微处理器连接，远程数据服务中心与手持终端连接。

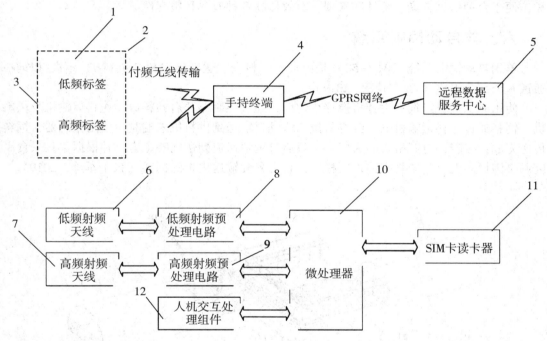

1. 电子标签；2. 低频标签；3. 高频标签；4. 手持终端；5. 远程数据服务中心；6. 低频射频天线；
7. 高频射频天线；8. 低频射频预处理电路；9. 高频射频预处理电路；10. 微处理器；11. SIM 卡读卡器；12. 人机交互处理组件

图 3-57　种羊管理用电子标签系统的结构示意图
资料来源：种羊管理用电子标签系统（张万锴等，2015）

使用时，① 先给出生羔羊佩戴高频电子耳标，工作人员用手持终端扫描羊只的电子耳标，利用手持终端的人机交互处理组件完成出生羔羊的初始信息录入（如羔羊性别、品种、初生体重等信息）；② 手持终端以人工发送或定时自动上传的方式将记录信息上传至远程数据服务中心，建立羊生长信息档案；③ 根据羊生长周期和养殖管理要求，在不同月龄利用手持终端记录生长信息参数（如检疫信息、体尺、体重和疾病治疗等），完善羊生长信息档案；④ 当达到适宜的月龄后（6 月龄或 1 周岁），对准备作为种羊的适龄羊进行种羊鉴定，采用手持终端调取父系与母系血统的相关信息，检查血统纯正性和代系关系，以确定是否成为种羊；⑤ 确定的种羊，要将低频注射式标签用已消毒的注射器植入种羊皮下特定部位，将种羊信息录入手持终端4，同时向低频注射式标签写入种羊 ID 信息，手持终端4将信息同步上传至远程数据服务中心5，建立种羊管理信息档案；⑥ 育种管理，进入到发情配种期的种母羊或种公羊，通过远程数据服务中心5查询相应血统信息，并且调取系统已有的种公羊或种母羊信息，给出育种方案和计划。完成配种的种母羊或者种公羊，利用手持终端4对育种信息进行记录；⑦远程数据服务中心5同步更新种羊管理信息档案；⑧查询服务，系统可以通过手持终端4或者其他计算机终端，在授权允许的情况下向远程数据服务中心5查询羊生长信息档案以及种羊管理信息档案（张万锴等，2015）。

本系统采用复合标签记录羊身份信息，可确保种羊身份信息不丢失，数据记录准确可靠，便于育种信息查询、统计和管理，有效提高育种效率和精度性。

六、羊自动饲喂系统

羊用自动饲喂系统（图 3-58）是由畜舍、料仓、送料运输机、供料机、围栏和饲喂通道 6 个部分组成（张子军等，2019）。

使用时，饲料经饲料搅拌机搅拌均匀后，通过控制器开启卸料口、送料运输机及供料机，饲料通过送料运输机输送到供料机，待饲料输送到供料机末端时，关闭控制器，饲料传送完成；接着，打开畜舍的大门，羊只通过饲喂通道到达饲喂走道，并根据羊只采食高度调整围栏高度，使羊将头伸入围栏中，自由采食输送皮带的饲料（张子军等，2019）。

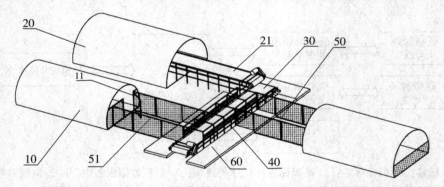

10. 畜舍；11. 大门；20. 料仓；21. 运输机；30. 供料机；40. 围栏；50. 饲喂通道；60. 饲喂走道升降装置

图 3-58　羊用自动饲喂系统的结构示意图

羊用自动饲喂系统有以下特点。

（1）畜舍、供料机及饲喂通道。畜舍位于供料机两侧，并通过饲喂通道连接供料机，可有效地实现饲养与畜舍的分离，不妨碍动物防疫程序，有利于动物健康养殖。

（2）该系统组装方便，操作简单，维护成本低，能耗小，自动化程度高，对饲养人员要求低，能够节约人力，降低投入成本。

（3）顶棚。顶棚安于送料运输机和供料机的上方，可以起到防止饲料在传送过程受到外界污染，也可以防止雨水淋湿饲料和输送机架，避免输送机架因腐蚀生锈而降低使用年限；顶棚的高低可以根据生产要求进行调整，同时也可以为动物遮阳避雨，构成一个相对舒适的采食环境。

（4）供料机的长度可以根据生产单元饲喂动物数量及畜舍个数进行调节，进行组装调整，供料机由若干个皮带输送机拼接而成，从而达到灵活调整输送机架长度的目的，用于满足不同生产的需求。

（5）围栏。围栏包括上围栏和下围栏，下围栏的个数和高度可根据动物采食高度进行调整，以防止动物前肢伸入输送皮带而污染饲料。

（6）送料运输机和供料机上方安装有消毒喷头，可以对运输皮带进行清洗和消毒。

（7）不仅在实现羊饲养环境与羊居住环境分离的前提下，有效地解决了饲料路径转折时饲料易集聚的问题，实现了运输面为同一平面前提下的饲料高效运输功能；同时，还能确保实现对羊粪的快速处理，实现对羊舍内环境的高效通风效果，最终确保了羊舍环境的洁净性。

羊用自动饲喂系统已在安徽定远县开展了示范（图3-59），依据草地类型、生产季节、饲养对象管理要求等，实现单元化、标准化管理，同时充分利用了南方丰富的草地资源，保证了良好的经济效益和生态效益。

图3-59 安徽定远县肉羊实验示范基地

七、羊自动饮水系统

（一）养羊智能饮水系统

养羊智能饮水系统（图3-60）是由底座、支座、水泵、储水槽、滑槽、电源装置和单片机控制器等部分组成（刘绍兵，2017）。

使用时，当羊靠近饮水槽7时，红外传感器24检测到信号，并将信息输送到单片机控制器9，单片机控制器9控制流量控制阀15开启，储水槽5内的水经过活性炭过滤片21流入饮水槽7，液位传感器13检测液面过低时，启动水泵3，向储水槽5内加水，紫外线消毒灯23和排水管25的组合，将饮水槽7内的剩水及时排出，同时对饮水槽7内消毒，保证饮水槽7内的清洁；通过安装储水槽5，避免水泵3频繁工作，延长水泵3的使用寿命，节约电能；温度传感器12和电加热器14的组合，在温度低时自动加热，有效解决冬季水面结冰的问题；安装储料罐17和星型下料器18，可定量向储水槽5中投放盐或药物，有利于羊的健康（刘绍兵，2017）。

本系统采用紫外线消毒灯和排水管的组合，将饮水槽内的剩水及时排出，同时对饮水槽内消毒，保证饮水槽内的清洁；通过安装储水槽，避免水泵频繁工作，延长水泵的使用寿命，节约电能；温度传感器和电加热器的组合，在温度低时自动加热，解决冬季水面结冰的问题；安装储料罐和星型下料器，可定量向储水槽中投放盐或药物，有利于羊的健康（刘绍兵，2017）。

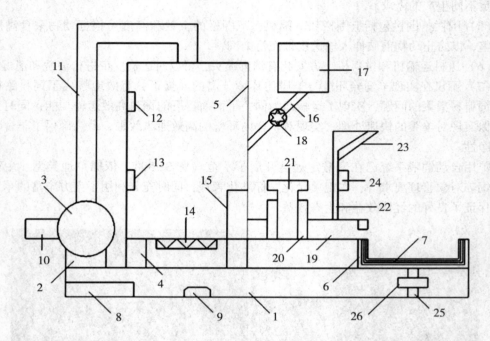

1. 底座；2. 支座；3. 水泵；4. 支架；5. 储水槽；6. 滑槽；7. 饮水槽；8. 电源装置；9. 单片机控制器；10. 自来水管；11. 输水管；12. 温度传感器；13. 液位传感器；14. 电加热器；15. 流量控制阀；16. 连通管；17. 储料罐；18. 星形下料器；19. 送水管；20. 过滤箱；21. 活性炭过滤片；22. 支板；23. 紫外线消毒灯；24. 红外传感器；25. 排水管；26. 电动开关阀

图 3-60　养羊智能饮水系统的结构示意图

资料来源：一种养羊智能饮水系统（刘绍兵，2017）

（二）羊圈用自动饮水系统

羊圈用自动饮水系统（图3-61）是由安装在羊圈内的饮水槽、蓄水箱以及连接安装在饮水槽与蓄水箱之间的自动给水机构等部分组成（方雷，2018）。蓄水箱上通过软管连接安装有开口朝下的出水管，出水管的外壁面上安装有多个凹环，蓄水箱上延伸安装有卡环，出水管通过任意一个凹环卡紧定位在卡环上，自动给水机构包括中空的缓存水盒，缓存水盒的底部通过连通管贯通连接至饮水槽，出水管的下端口延伸至缓存水盒内（方雷，2018）。

本系统实现实时对饮水槽中的水位进行自动控制，并可根据羊只的数量、羊只的大小及环境温湿度变化等因素调控饮水槽内的水位面高度。具体地，通过调节使出水管以不同高度的凹环卡紧定位在卡环上，从而使出水管的下端口处于不同的高度，即控制了饮水槽中的水位面达到不同的高度，易操作，实用性强，适用于中大型规模的羊养殖。

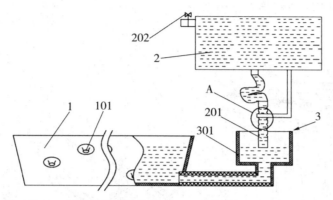

1. 饮水槽；2. 蓄水；3. 自动给水机构箱；101. 奶嘴；201. 出水管；202. 单向注水阀；301. 缓存水盒

图 3-61　羊圈用自动饮水系统的结构示意图
资料来源：一种羊圈用自动饮水系统（方雷，2018）

八、自动化喷淋降温、消毒装置

（一）羊舍定时消毒装置

羊舍定时消毒装置（图 3-62）包括支架，滑块的下端分别固定安装有第一升降油缸、第二升降油缸、第三升降油缸，第一升降油缸的下侧设有紫外灯，第二升降油缸的下侧安装有第二电机，第二电机的下端转动安装有扇叶，连接杆的右端下侧安装有空气净化器，第三升降油缸的下端安装有水箱（陈祥等，2019）。

使用时，支架 1 的 4 个支撑脚分别固定在羊舍的 4 个墙角，使得支架 1 上侧的消毒设备在消毒作业时能够将整个羊舍进行消毒，第一电机 5 启动后，第一电机 5 带动主动轮 6 转动，主动轮 6 在齿条 7 的上侧水平移动，使得电机带动滑块 4 可在水平滑轨 3 内水平移动，紫外灯 11 固定安装在竖直滑杆 14 的下端，使得潮湿的羊舍内能够被灯照射，第二电机 16 启动后带动扇叶 17 转动，吹出的风可使得羊舍内产生流动的空气，出风盖 18 可对扇叶 17 进行保护，防止快速转动的扇叶 17 伤害到羊舍内的羊，水箱 21 内的内部储存有消毒液，消毒液被喷头 22 喷在羊舍内，对羊舍进行消毒杀菌作业，操作人员在定时器 24 内设定好所需要消毒杀菌的时间，达到所设定的时间后定时器 24 释放信号给控制器 25，控制器 25 控制电源 23 启动并使得该设备进行工作。

本装置结构简单，使用方便，紫外灯固定安装在竖直滑杆的下端，该紫外灯为 UVB 灯，能够起到补充光照的有益效果。UVB 是养爬行动物基本要准备一种灯，是植物或者动物生长所需的一种灯，使得云贵山区内潮湿的羊舍内能够被 UVB 灯照射，光照既可以起到抑制细菌滋生，也能使羊舍内的羊快速成长；第二电机启动后带动扇叶转动，吹出的风可使得羊舍内产生流动的空气，增加羊舍内的氧气含量，同时流动的气体可抑制细菌的滋生，通风也可使羊舍内潮湿的环境被流动的风风干，使得羊舍保持清爽干燥的效果；

风也会将羊的排泄物产生的异味吹走，从而更加适宜羊在羊舍内健康成长；在水箱的内部储存有消毒液，该消毒液是由消毒除臭菌种构成，对人和羊不会产生副作用，消毒液被喷头喷在羊舍内，对羊舍进行消毒杀菌作业。

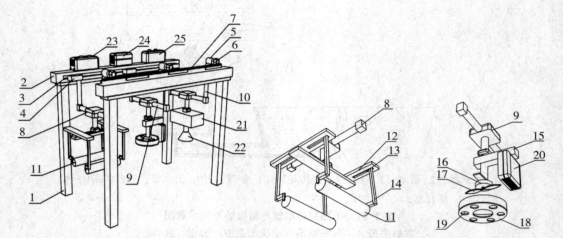

1. 支架；2. 滑移架；3. 水平滑轨；4. 滑块；5. 第一电机；6. 主动轮；7. 齿条；8. 第一升降油缸；9. 第二升降油缸；10. 第三升降油缸；11. 紫外灯；12. 横向滑杆；13. 横向滑轨；14. 竖直滑杆；15. 连接杆；16. 第二电机；17. 扇叶；18. 出风盖；19. 出风孔；20. 空气净化器；21. 水箱；22. 喷头；23. 电源；24. 定时器；25. 控制器

图 3-62　羊舍定时消毒装置的结构示意图
资料来源：一种羊舍定时消毒装置（陈祥等，2019）

（二）羊舍移动消毒车

羊舍移动消毒车（图 3-63）是由车体、消毒桶和消毒装置 3 个部分组成。消毒装置包括：转动齿轮、电机、传动齿轮和消毒管；转动齿轮位于车体底部；转动齿轮的顶部与传动齿轮相啮合；传动齿轮通过动力轴与电机相连接；转动齿轮的内部设有储液室；转动齿轮的顶部中央设有进水口，消毒管的一端与消毒桶相连接；消毒管的另一端通过进水口插入储液室内；转动齿轮的底部设有喷头（尹世祥，2018）。

本消毒车结构简单、易操作，消毒无死角，能够实现自动化操作；在转动齿轮上安装有喷头，能在转动齿轮转动的过程中，使喷头喷出的消毒液向外喷散，从而增加消毒液喷洒的面积和区域，提高消毒车的消毒效率。

（三）羊棚养殖降温通风设备

羊棚养殖降温通风设备（图 3-64）是由换气装置、羊棚、温度传感器、湿度传感器、散热栅管和小风机和蓄水池等部分组成（冯青海，2016）。

换气装置 1 与羊棚顶壁固定安装，且换气装置 1 通过通风管道与羊棚顶部的透气窗 12 连接，实现羊棚内部气体的快速更换，羊棚的横梁上依次安装温度传感器 14 和湿度传感器 13，对羊棚内部温度和湿度进行实时监测，实现设备的自动控制，换气装置 1 的壳体内部从后之前依次安装散热栅管 2 和小风机 3，散热栅管 2 通过管道串接有循环泵 6 和

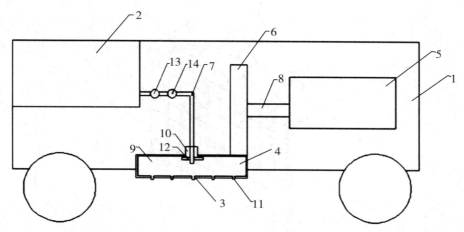

1. 车体；2. 消毒桶；3. 消毒装置；4. 转动齿轮；5. 电机；6. 传动齿轮；7. 消毒管；8. 动力轴；9. 储液室；10. 进水口；11. 喷头；12. 横向限位杆；13. 阀门；14. 水泵

图3-63　羊舍移动消毒车的结构示意图

资料来源：一种羊舍移动消毒车（尹世祥，2018）

能量交换装置7，能量交换装置7与地暖管道8连接，采用地暖的方式将羊棚内部温度带走，实现羊棚内部温度的快速降温，小风机3的出风端加装环形雾化喷头4，环形雾化喷头4通过管道与蓄水池9连接，蓄水池9内部集成配药装置10和加压泵11，通过配药装置10和环形雾化喷头4的配合工作，采用药业雾化的方式，对羊棚进行杀菌消毒，同时水雾也对降温有助力作用，温度传感器14、湿度传感器13、小风机3、配药装置10、加压泵11和循环泵6均通过导线与羊棚上的控制器连接，换气装置1前端加装防护网5，防止杂物进入设备内部，从而避免设备损坏，换气装置1内部的小风机3数量不少于12个且均匀排布，通过采用多个小风机3代替传统的大风机作业，有助于降低设备功耗，同时减少噪声污染，也便于调节换气速度，温度传感器14和湿度传感器13的数量至少为两组，且沿羊棚的横梁均匀的交叉布置，实现羊棚内部多点温度和湿度的测量，有助于实现羊棚内部温度和湿度的区域化控制。

本设备采用多种降温设备结合的方式对厂房内部进行降温、换气和消毒，使3种工序同步进行，而且该设备采用全自动控制的方式，实现自动化控温和自动化换气消毒。整个过程无须人工干涉，而且该设备内部取消传统的大功率风机，改用小功率组合电机带动小风扇，不仅有助于降低设备能耗，而且有助于降低设备噪声污染。同时，在设备内部集成地暖系统，有助于实现厂房的快速降温，在小风机的出风口处加装环形雾化喷头，通过在水流内部加入杀菌药物，实现厂房内部杀菌，同时水雾快速降温。

（四）山羊养殖用喷雾型降温、消毒装置

山羊养殖用喷雾型降温、消毒装置（图3-65）包括配液槽、电泵和喷雾风扇，配液槽设在羊舍外围，配液槽内部设有搅拌桨，上方设有自动计量加液器和斗式固体加料器，电泵设在配液槽的一侧，电泵的进水管伸入配液槽底部，出水管延伸到羊舍内部，出水管上连接安装多个分水管，分水管横向安装在各个羊圈上方，喷雾风扇均匀安装在分水管

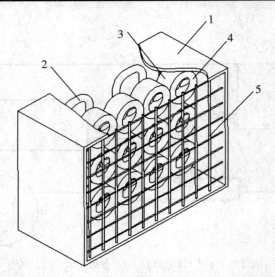

1. 换气装置；2. 散热栅管；3. 小风机；4. 环形雾化喷头；5. 防护网；6. 循环泵；7. 能量
交换装置；8. 地暖管道；9. 蓄水池；10. 配药装置；11. 加压泵；12. 透气窗；13. 湿度传
感器；14. 温度传感器

图 3-64　羊棚养殖降温通风设备的结构示意图

资料来源：一种羊棚养殖降温通风设备（冯青海，2016）

上，喷雾风扇的扇面平行于地面，扇面与地面之间的垂直距离为 2.5~3m，喷雾风扇的喷
雾面积为 30~50m^2（范恒功，2015）。

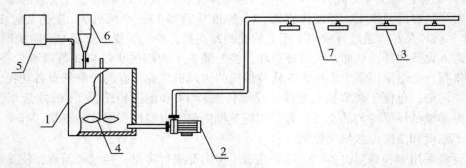

1. 配液槽；2. 电泵；3. 喷雾风扇；4. 搅拌桨；5. 自动计量加液器；6. 斗式固体加料器；7. 分水管

图 3-65　山羊养殖用喷雾型降温、消毒装置的结构示意图

资料来源：一种山羊养殖用喷雾型降温、消毒装置（范恒功，2015）

降温使用时，自动计量加液器先将水注入配液槽内，然后电泵将水泵入各个分水管
中，喷雾风扇再将水以雾状形式喷入空气中，从而对羊圈进行全方位降温，这样就避免了
直接喷水后因地面湿滑而引起山羊摔倒受伤的现象。消毒使用时，自动计量加液器将配制
消毒液所需的溶剂注入配液槽内，再将所需固体药物加入斗式固体加料器中，搅拌桨工作
后打开斗式固体加料器的加料开关，缓慢将固体药物加入配液槽中，使药物充分溶解，配
液结束后电泵将消毒液泵入各个分水管中，喷雾风扇将消毒液以雾状形式喷入空气中，从

而对羊圈进行全方位消毒。

本装置结构简单、设计合理、操作方便，既可用于羊舍的降温，又可用于羊舍的消毒，节省投入成本。

九、自动清粪设备

（一）半自动行走式羊场羊粪清理机

半自动行走式羊场羊粪清理机（图3-66）是由动力传动系统、执行机构、车体和收集箱4个部分组成（雷福祥等，2016）。

机械从汽油机获得动力后，一部分供给后轮，驱动后轮前进，当机械往前走时，另一部分动力带动旋转刷和传输带旋转。旋转刷将羊粪扫入传输带中，传输带将羊粪送到车体上部的隔板上，堆在隔板上的羊粪在汽油机的振动下，向两边和后边甩出，进入3个收集箱中。当车体要转弯或换向时，由于前轮是万向轮，人掌控推杆即可换向。当有一个收集箱装满时，关停汽油机，让机械停下，把收集箱中的羊粪倒掉，再将收集箱装上继续工作。

本羊粪清理机操作简单，省力，可快速地清理羊粪，且清理得非常干净，尺寸大小设计合理，可灵活作业，适合各种羊场羊粪的清理。此外，此机械能把羊粪收集起来用作他用，为企业取得良好效益；制造简单，成本不高，销量大。

图3-66　半自动行走式羊场羊粪清理机
资料来源：半自动行走式羊场羊粪清理机的设计（雷福祥等，2016）

（二）羊舍清扫装置

羊舍清扫装置（图3-67）是由隔离倾斜平台和清扫机构等部分组成（邹启顺等，2018）。隔离倾斜平台装于底板上，清扫机构设有驱赶组件，并连接喷淋机构，底板与羊舍底面之间设有可接收由排泄条孔流出的羊粪和污水的储粪机构，储粪机构与羊舍的内部底面之间设有弹性支撑件和控制件。

使用时，启动清扫机构带动驱动机构将羊只赶至隔离倾斜平台，羊只从隔离倾斜平台接触底板的一端进入，当羊进入隔离倾斜平台中因受到羊的重力而逐渐趋向水平，隔离倾斜平台与底板接触的一端逐渐上升，待羊全部进入隔离倾斜平台后，使得隔离倾斜平台与待清洗的羊舍区域分隔开来，进而清扫机构来回移动带动毛刷对底板清扫，喷淋机构在清扫机构的来回移动作用下借助气压差进行吸水和出水，致使在毛刷对底板清扫的同时用喷淋机构进行喷水清洗。

　　本装置通过机械自动化直接在羊舍内部将羊只与待清洗的羊舍区域分隔开来，无需将羊只从羊舍赶出，从而对待清洗的羊舍区域进行清扫，省时、省力，减少人力成本的输出；避免羊粪、羊尿或污水从若干排泄条孔中直接流出，不利于清理打扫，本装置中储粪机构可对羊舍中羊粪及污水进行收集后再排放，待羊舍清扫完后，储粪机构触发控制件启动，以实现储粪机构的排泄和复位隔离倾斜平台，从而实现自动化清扫羊舍环境；当毛刷对底板进行刷扫伴随着喷水，以避免羊粪干燥后粘在底板上，不利于毛刷刷动羊粪，在刷扫时加水也利于羊粪进入到排泄条孔中，改善羊舍的清洁度。

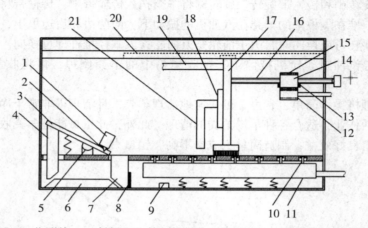

　　1. 刷板；2. 楔形块；3. 斜板；4. 第一推板；5. 铰接座；6. 移动板；7. 第二推板；8. 挡块；9. 按钮开关；10. 螺杆；11. 储粪箱；12. 主动齿轮；13. 卡爪；14. 螺母；15. 从动齿轮；16. 螺杆；17. 刷杆；18. 调节条；19. 连接杆；20. 导轨；21. 驱动板

图 3-67　羊舍清扫装置的结构示意图
资料来源：羊舍清扫装置（邹启顺等，2018）

（三）羊舍粪便自动清理、运输装置

　　羊舍粪便自动清理、运输装置（图 3-68）是由羊舍、羊舍底部的集粪池和集粪池底部的收拢装置 3 个部分组成（李笑生等，2107）。羊舍设有栅栏，将羊只圈在羊舍内部，栅栏外部装有饲料槽，栅栏内部装有饮水槽供羊只饮食；羊舍地面装有漏缝地板，在羊只生长过程中所产生粪便通过漏缝地板掉落于底部的集粪池中，集粪池底部的收拢装置设有沿集粪池底部边角呈"口"字形装有 4 个定滑轮，沿定滑轮设有牵引绳，即牵引绳绕在定滑轮上，驱动装置牵动牵引绳绕着定滑轮移动，装在牵引绳上的刮粪车随着牵引绳来回移动，从而将集粪池底部的粪便收拢并推送到羊舍外部。

　　本装置装于羊舍地板的下部，结构简单合理、可靠，制造成本低，再配合羊舍结构，可实现对规模化羊舍内粪便及时清理，快捷有效，节省劳动力；利用机械化清粪，清扫效率高、效果好，可自动输送到集粪槽或者其他集粪设备处，避免人工铲粪、拉粪的高强度工作，解决人工清粪时工作环境差、劳动强度高，且费时费力等问题，有效地降低劳动成本输出，提高养殖效益；可有效地保证养殖场所的长期卫生，实现健康洁净养殖，减少疾病的发生与传播，以达到高效、健康和环保的养殖效益。

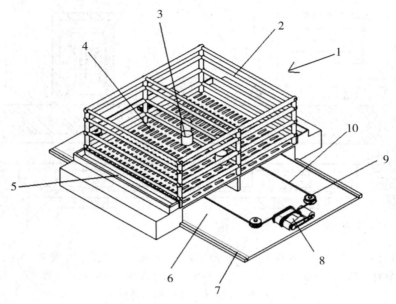

1. 羊舍；2. 栅栏；3. 饮水槽；4. 漏缝地板；5. 饲料槽；6. 羊舍底部的集粪池；
7. 导尿槽；8. 驱动装置；9. 沿定滑轮；10. 牵引绳

图3-68　羊舍粪便自动清理、运输装置在羊舍上应用的结构示意图
资料来源：一种羊舍粪便自动清理、运输装置（李笑生等，2107）

（四）羊舍刮粪装置

羊舍刮粪装置（图3-69）是由刮车体、喷水装置和第二活动杆等部分组成（王馨萱等，2019）。

在使用时，先向水箱5中注入热水，再通过加热器3对其进行加热，接着将车体1推动到羊舍底部进行铲除工作，通过喷水装置4将热水喷洒在粪便上，转动喷头对一定范围的地面进行喷水，以对粪便进行软化；启动电机8工作，通过弹簧7和支架6对其进行减震，转杆9转动带动第三活动杆转动，接着再带动第二活动杆，使得第一活动杆16在吊板11上转动，致使推动板13一前一后有规律地运动，以推动铲片14对粪便进行清理。

本装置中使用的异形件可根据附图和说明书进行定制，标准零件均可市场上购买，各个零件的具体连接方式均通过现有技术中螺栓、铆钉、焊接等常规手段连接；使用时不仅速度快、强度小，且带有热水喷洒装置使粪便软化，便于刮除粪便且不易损坏刮片，而且该装置可移动，便于全方位的粪便清理。

十、智能管理系统

（一）牧业智能管理系统

牧业智能管理系统（图3-70）是由牧业管理系统、监控子系统、嵌入式智能分析子

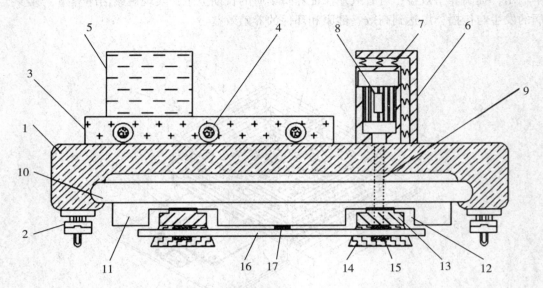

1. 车体；2. 车轮；3. 加热器；4. 喷水装置；5. 水箱；6. 支架；7. 弹簧；8. 电机；
9. 转杆；10. 滑动板；11. 吊板；12. 滑槽；13. 推动板；14. 铲片；15. 第一转轴
16. 第一活动杆；17. 第二转轴

图 3-69 羊舍刮粪装置的结构示意图

资料来源：一种羊舍刮粪装置（王馨萱等，2019）

系统、饲料管理子系统和牲畜舍所管理子系统 5 个部分组成（胡斌等，2014）。牧业管理系统，用于接收各子系统传输的信息，并对各子系统进行控制；监控子系统，用于监控饲料道和牲畜舍的环境，为嵌入式智能分析子系统提供清晰的视频数据；嵌入式智能分析子系统，用于根据待检测区域安装信息，对监控子系统采集的视频数据进行检测；饲料管理子系统，用于根据牧业管理系统的指令对饲料道中的饲料进行管理；牲畜舍所管理子系统，用于根据牧业管理系统的指令对牲畜舍所进行管理。

使用时，通过局域网接收嵌入式智能分析子系统的分析结果，根据牧场管理策略调度，通过饲料无线控制接口控制饲料管理子系统的投料、推料、清料等装置，通过牲畜舍所无线控制接口控制牲畜舍所管理子系统的粪便清理装置，同时温湿度变送器检测牲畜舍所环境的温湿度，RFID 接口用于读取牲畜身上的 RFID 标签以统计数量。简要地说，以牧业智能系统作为主控系统，其他子系统相互协作，主控系统策略调度，通过智能分析与自动化控制的联动操作，实现牧业饲料管理和牲畜舍所管理的智能化控制。

本系统自动化管理的智能牧业中饲料投放、推放、清理和牲畜舍所的粪道处理，提高牧业管理的稳定性和安全性，节省大量牧业管理的成本输出；在现有监控系统的基础上，实现基于机器视觉的智能分析，以机器处理代替人力管理，打破传统上以人员监视、上报为主的管理方式，有效地减少人员操作疏忽或遗漏等问题，提高牧场管理效益；饲料管理子系统和牲畜舍所管理子系统均为无线通信装置，便于安装和移动；对温湿度传感慢动作过程为独立的 RS485 控制模块，可有效地降低牲畜舍所管理控制器的处理任务负担；牲畜数量的统计为无接触的 RFID 方式控制，可有效地体现牲畜舍所管理的便利；通过监控视频、机器视觉检测分析结果、牲畜舍所管理行为操作记录、牲畜舍所温湿度、牲畜数量和饲料管理行为操作记录等数据储存于数据库中，为制定牧业管理的智能分析行为策略提供有力的数据支撑。

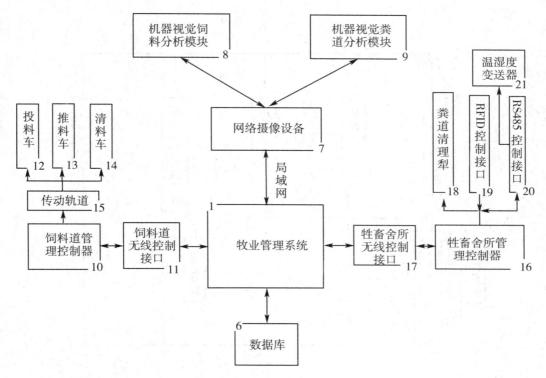

1. 牧业管理系统；2. 监控子系统；3. 嵌入式智能分析子系统；4. 饲料管理子系统；5. 牲畜舍所管理子系统；6. 数据库；7. 网络摄像设备；8. 机器视觉饲料分析模块；9. 机器视觉粪道分析模块；10. 饲料道管理控制器；11. 饲料道无线控制接口；12. 投料车；13. 推料车；14. 清料车；15. 传动轨道；16. 牲畜舍所管理控制器；17. 牲畜舍所无线控制接口；18. 粪道清理犁；19. RFID；控制接口；20. RS485；控制接口；21. 温湿度变送器

图3-70 牧业智能管理系统的结构示意图
资料来源：基于机器视觉分析的牧业智能管理系统（胡斌等，2014）

（二）羊的选育配种智能系统

羊的选育配种智能系统（图3-71）是由数据采集系统、数据处理系统、电子耳标管理系统、示警系统和用户终端等部分组成（王媛等，2016）。主控系统分别与数据采集系统、数据处理系统、电子耳标管理系统、示警系统和用户终端相对应，用于实时记录、分析各个子系统的数据，并向各个子系统传送数据和参数，而5个数据模块中依据所采集相关联的数据经分析运算模块，制定一个优化羊的最适宜配对数据模块，最佳交配数据模块内有多个羊的配对方案。

具体分为4个步骤：① 公羊、母羊的选育；② 公羊精子活力、公羊精子成活率、母羊的排卵检测；③ 人工授精、本能交配和胚胎移植3种配种方式；④ 羊羔的信息数据归档。本系统通过智能化数据采集运算模块，制定出最佳配种方式，以提高羊羔的成活率和羊羔的数量，节省人力和物力，降低饲养成本，提高养殖场的经济效益。

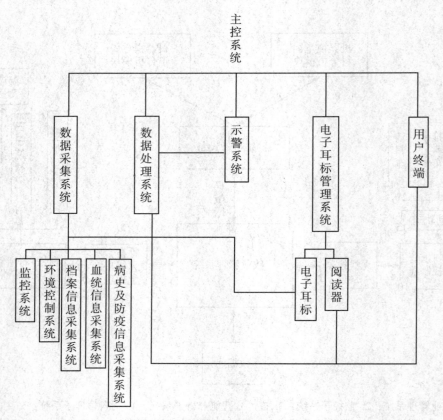

图3-71 羊的选育配种智能系统

资料来源：一种羊的选育配种智能系统（王媛等，2016）

十一、新型移动羊舍

移动羊舍（图3-72）是一种结构简单，便于舍内环境控制，提供羊只休息，且无饲喂设备的羊舍。该羊舍可以看作是养殖羊群的一个基本单元。每个基本单元包括顶棚和羊床，顶棚与羊床体为两个分离的结构；顶棚上带有升降装置，顶部设有太阳能加热板，羊床体上安装有轮子便于移动。羊床表面为距离地面一定高度的漏缝地板，四周有龙骨支撑，龙骨之间固定有窗纱（内外有两侧防护网）似的防蚊虫设施。在羊舍门附近设有通风口，通风口也设有夹有窗纱的防护网。该新型移动羊舍的建筑材料主要为塑料（陈家宏，2013）。南方草地移动羊舍的研发弥补了传统散养模式生产力低和现代养殖企业舍饲生产模式运营成本高等一系列难题，尝试了不同于传统模式的肉羊生产方式，创新性地提出南方肉羊产业生态发展之路。陈家宏（2013）报道，移动羊舍夏季小气候环境明显优于半开放羊舍和有窗封闭羊舍，半开放羊舍和有窗封闭羊舍相比各有优缺点，在一定范围内，夏季降低饲养密度能有效改善有窗封闭羊舍和半开放羊舍的小气候环境。初步认为移动羊舍羊群增重效果好、羊群发病率低、估算预期经济效益较高，非常适用于在中小型养羊企业及广大养羊户推广。

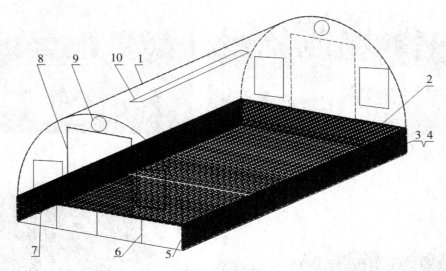

1. 顶棚；2. 羊床；3. 窗纱；4. 防护网；5. 升降装置；
6. 龙骨；7. 轮子；8. 门；9. 通风口；10. 太阳能加热板

图3-72　新型移动羊舍的结构示意图
资料来源：江淮地区羊舍环境检测及养羊新设施研制（陈家宏，2013）

新型移动羊舍有以下特点。

（1）该羊舍特殊在从传统羊舍一定带有饲槽、饮水槽的观念中解放出来，本羊舍专供羊只休息，不用于饲喂。

（2）羊舍顶棚可以升降。夏天时，顶棚可以升起，加快了舍内空气流通，凉爽了羊只。在窗户及通风口处都设有夹有窗纱的防护网，可以防蚊虫，同时避免羊只毁坏。冬天时，顶棚降至地面可以减少舍内热量散失，同时有太阳能加热板的作用，可以更好地对羊舍进行保温。

（3）羊舍可以移动，在羊床下面安装有隐藏的轮子。羊的粪便积累到一定时间，可以推动羊床离开原来的地方，到达一个新的环境，以避免在同一地方累积过多的粪便，影响羊只休息与生长。

（4）单元化、标准化管理。该移动羊舍是养殖群体的一个基本单元，一个单元可以饲养10~20只羊；规模化、标准化养羊场可以采纳，普通农户也可以使用。

移动羊舍已在贵州麦坪、安徽肥东和湖北通州等省开展了示范（图3-73），依据草地类型、生产季节、饲养对象管理要求等，实现单元化、标准化管理，同时充分利用了南方丰富的草地资源，保证了良好的经济效益和生态效益。

十二、智慧羊场

智慧羊场（图3-74）是由监测系统、环境调控系统、管理系统、生产系统、育种系

（a）贵州移动羊舍展开效果图

（b）贵州移动羊舍关闭效果图

（c）贵州移动羊舍（展开）

（d）合肥移动羊舍及附属设施成果展示

图 3-73　移动羊舍及附属设施集成图

统、溯源系统和专家系统等部分组成。借助物联网、云计算、移动互联网等技术，结合部署在羊场各生产区域的传感节点反馈畜舍环境、羊生长等参数和无线通信网络，建立随需应变的智慧羊场，实现畜牧企业提质增效与转型升级，提升肉羊养殖现代化管理水平。国外智慧畜牧业发展很快，如澳大利亚现已建立传感塔斯马尼亚（Sense-T）系统，建立统一的数据管理平台与信息系统，在农场通过无线网和传感网对动物产品生产过程的数据收集和利用，通过传感器实时监测畜禽的各项生产指标，并通过计算机信息系统和数学模型模拟动物生长过程，进行动物生产优化设计，通过专家系统确定动物最佳培育饲养方式，最优化羊群数量、出栏体重和时间等。我国的智慧畜牧业是在动物产品的安全追踪水平的基础上发展起来的（张玉等，2017）。大北农集团的"智慧大北农"、新希望集团的"希望之光"计划、伟嘉集团的"嘉农在线"、通威集团的"通心粉社区"、禾丰牧业的"逛大集"电商平台等农牧业互联网项目也已陆续启动实施，形成"互联网+畜牧业"的智慧型"畜牧业"发展新模式（张玉等，2017）。

　　针对南方气候特点，创新研发基于物联网的智慧羊场，实现喂料、饮水、清粪生产自动化，光、热、水、气、消毒环境控制智能化，饲养管理信息化，建立粮+草+羊农牧耦合标准化生产体系，给肉羊创造最佳的健康生产环境，从而提升生产效率，在引领我国肉用山羊养殖舍饲化进程中具有前瞻性。目前，南方人工草地采用放牧加补饲（农副产品）

标准化生产模式，每亩地养 3~5 只羊，可操作性强、生产效果好。该生产模式在贵州麦坪、安徽定远县等地区开展了示范，能有效提高岗坡地及低产农田利用效率，还可以充分利用当地小麦秸秆、大豆秸秆和其他农副产品。试验示范区域实现"种草养羊，羊粪肥田"，"草—羊—土"平衡发展，将少用或不用化肥、农药和杀虫剂，会不断改善土壤、周边水系和大气环境的质量，农业生产与环境保护协调的可持续发展，生态效益显著。产业化实践证明，一个农区草牧业标准化生产单元占地面积 300~500 亩，建设总投资 300万~500 万元，动态存栏 2 000 个羊单位，年出栏 5 000~10 000 个羊单位，建成达产后纯利润 50 万~150 万元，经济效益显著。

（a）农区草牧业标准化　　　（b）江淮分水岭草牧业　　　（c）江淮分水岭草牧业
　　生产体系模型　　　　　　　标准化示范基地　　　　　　　标准化示范基地

图 3-74　粮+草+羊农牧耦合标准化生产体系

参考文献

陈海霞，吴健俊，2018. 羊自动称重分群设备的研究 [J]. 当代农机 (8)：72-74.

陈家宏，2013. 江淮地区羊舍环境检测及养羊新设施研制 [D]. 合肥：安徽农业大学.

陈祥，骆金红，李鹏程，等，2019-03-01. 一种羊舍定时消毒装置，中国：CN109395132A [P].

邓昌顺，2018-04-20. 牲畜监控系统，中国：CN107945456A [P].

邓昌顺，何大志，万义和，2019-07-16. 一种牲畜监控系统及方法，中国：CN110022379A [P].

敦伟涛，陈晓勇，赵文，等，2017-11-17. 一种羊体重体尺全自动测定系统及其测定方法，中国：CN107347706A [P].

范恒功，2015-06-03. 一种山羊养殖用喷雾型降温、消毒装置，中国：CN204362715U [P].

方雷，2018-03-02. 一种羊圈用自动饮水系统，中国：CN207054435U [P].

冯青海，2016-09-14. 一种羊棚养殖降温通风设备，中国：CN205567376U [P].

侯广田，张勇，王文奇，等，2016-09-07. 多功能羔羊哺乳器：中国：CN105918152A [P].

胡斌，王飞跃，田秋常，等，2014-07-23. 基于机器视觉分析的牧业智能管理系统，中国：CN103942657A [P].

黄宏彬，汤占军，陆鹏，等，2019-01-22. 一种具有 GPS 定位功能的羊耳标，中国：CN208402855U [P].

黄明睿，2016. 肉羊标准化高效养殖关键技术［M］. 南京：江苏凤凰科学技术出版社.

孔繁涛，李辉尚，韩书庆，等，2016 - 01 - 13. 养殖舍环境调控系统，中国：CN204965080U［P］.

雷福祥，许晓东，周岭，等，2016. 半自动行走式羊场羊粪清理机的设计［J］. 科技创新与应用（18）：19-20.

李发弟，2016. 肉羊养殖技术［M］. 兰州：甘肃科学技术出版社.

李洪东，2018-11-02. 一种养殖业用的监控系统，中国：CN108733104A［P］.

李金荣，刁其玉，谭军，2018-03-27. 羔羊代乳粉哺乳器，中国：CN207135885U［P］.

李笑生，李中会，李万太，2017-11-03. 一种羊舍粪便自动清理、运输装置，中国：CN107306802A［P］.

刘绍兵，2017-04-05. 一种养羊智能饮水系统，中国：CN106550901A［P］.

裴青生，张效勤，邵峰，2019 - 01 - 04. 一种自动称重分群装置，中国：CN208333638U［P］.

任春环，王强军，张彦，等，2015. 江淮地区冬季羊舍供暖及通风换气效果［J］. 农业工程学报，31（23）：179-186.

沈维政，张宇，刘冠廷，等，2016-08-03. 畜禽舍养殖环境智能调控设备，中国：CN105824341A［P］.

史杰，王永梅，张智，等，2016 - 11 - 30. 一种智能化畜舍监控系统，中国：CN205754672U［P］.

谭万琦，2016-03-09. 羊舍清扫装置，中国：CN105379629A［P］.

田可川，赵冰茹，黄锡霞，等，2018-01-19. 耳标识别分群栏，中国：CN206895525U［P］.

王建华，李培培，张宝珣，等，2015-12-16. 一种自动称重的羊消化代谢笼，中国：CN204882119U［P］.

王伟，2015-08-26. 羊自动分群系统，中国：CN204579405U［P］.

王晓东，李健，宋景伟，2019 - 04 - 05. 一种羊养殖用羊舍消毒装置，中国：CN208693850U［P］.

王馨萱，闫超元，王启菊，等，2019-01-04. 一种羊舍刮粪装置，中国：CN208317793U［P］.

王媛，闫甫丞，2016-11-09. 一种羊的选育配种智能系统，中国：CN106097124A［P］.

魏二暖，2019-08-02. 一种节省人力的羊舍消毒装置，中国：CN209187632U［P］.

兴安，张万锴，李宝山，等，2014 - 04 - 09. 一种羊体征自动检测系统，中国：CN203534634U［P］.

尹世祥，2018-07-17. 一种羊舍移动消毒车，中国：CN207614086U［P］.

张万锴，那日苏，李宝山，等，2015-12-09. 种羊管理用电子标签系统，中国：CN204856607U［P］.

张玉，阿丽玛，曹晓波，等，2017. 放牧绵羊福利中智能监测技术的研究进展［J］. 今日畜牧兽医（6）：17-19.

张玉，齐景伟，金晓，等，2018. 信息技术在放牧绵羊福利中应用的研究进展 [J].
家畜生态学报，39（3）：8-11.

张子军，任春环，张彦，等，2019-06-14. 一种羊用自动饲喂系统，中国：CN109874691A
[P].

张子军，章孝荣，任春环，等，2012-01-18. 一种简易型羔羊哺乳器：中国：
CN202112135U [P].

赵有璋，2013. 中国养羊学 [M]. 北京：中国农业出版社 .

周勇，李谦锁，2016-08-03. 一种现代化养殖羊舍环境自动调控系统，中国：
CN205409002U [P].

邹启顺，邹进飞，田锋，等，2018-09-14. 羊舍清扫装置，中国：CN108522304A [P].

第四章 现代羊场的环境控制与粪污处理技术

我国是世界第一养羊大国，随着规模化、集约化程度不断提高，羊粪污造成的环境问题变得更加集中和突出，日益受到关注，若不能及时有效地处理养羊的废弃物，则会严重影响肉羊产业的健康绿色发展。因此，在大力发展肉羊养殖业的同时，务必要重视羊场的环境控制和粪污处理，并提出切实可行且行之有效的防控措施，以促进肉羊产业的可持续发展。

第一节 羊场环境污染的原因及控制措施

随着我国肉羊养殖规模和养殖企业（户）数量的迅速增加，羊粪污的有效处理和资源化利用体系不健全的问题日益凸显。因此，需要系统调查分析造成羊场环境污染的原因，从而提出有效的控制措施，促进羊粪污无害化处理和资源化利用，从而推动现代畜牧业和循环经济的发展，优化肉羊养殖环境。

一、国内外畜牧养殖业污染治理现状

（一）国外畜牧养殖业污染治理概况

许多畜牧业发达国家畜牧养殖规模大，面临的养殖业污染压力也很大。因此，备受广泛重视，特别是在污染防治方面的研究更加完善，主要体现在立法和治理技术两个方面。

1. 立法方面

第二次世界大战之后，欧盟畜牧业得到了空前发展，但是由于经营模式单一集中，导致了严重的污染。为此，欧盟制定出台了《共同农业政策》《良好农业规范》和《农业环境条例》等一系列畜牧法规，规定了各成员国放牧量的限额，要求优化品种，减少污染。在畜禽污染防治方面，芬兰是最早开展立法的国家；美国由联邦政府颁布《清洁水法》《动物排泄物标准》和《联邦水污染防治法》等适合解决共性问题的法律，其中《清洁水法》将集中养殖业定为点源性污染，各地方政府则结合自身实际情况制订相应的非点源性污染控制计划，形成的三级政策体系完善了点源、非点源相结合高效的养殖模式；新西兰发布了《资源管理法案》，制定了畜牧养殖场废物排放的标准以及减轻环境危害的有力措施，特别是通过向合格的养殖场颁发"资源许可证"，促使养殖场生产规范化，以减轻污染。日本的《水污染防治法》和《废物处置和消除法》规定了规模化畜舍污染排放标准及处置消除方法，严格控制养殖业污染。

2. 技术方面

种养结合是发达国家普遍采用的养殖粪污消纳模式，即以养殖业的粪污作为农业生产的肥料来消纳污染，例如荷兰的种养结合、以地定畜；美国农场的肥—草—料循环体系；日本的养殖耕作一体化模式等。新西兰也优先选择将畜牧业产生的废水作为作物用水。

除种养结合之外，一些国家还采用其他畜禽粪污处理技术。日本普遍采用组合处理工艺解决畜禽废水问题，如采用絮凝法和结晶法去除废水中的钙磷，采用好氧、缺氧法去除废水中氨氮，采用 SBR 反应器去除氨氮浓度高的畜禽舍废水等。另外，日本还发展了不同特征地区的畜禽废水处理技术，如开发远程自动化集中管理技术、当地居民生活垃圾与农业废物混合以生产能源物质的畜禽粪污再利用技术。英国畜牧业粪污处理技术主要分为标准型和经济型两种：标准型是将粪污收集到大型蓄粪池，固液分离，然后固体粪污进行自然发酵，液体则通过大型生物发酵罐进行发酵，最终做农业喷灌用，具有资源利用率高，操作简单的优点，但费用较为昂贵；经济型是将畜禽粪污收集到大型蓄粪池，机械粉碎搅拌，经过条栅自然沉淀分离，液体部分流入蓄水池，自然降解后做农业灌溉用，粪污沉淀定期回送于蓄粪池降解。通过有效推行粪污处理技术，英国现在基本消除了畜禽粪污污染问题。

（二）国内畜牧养殖业污染治理现状

我国在畜禽污染治理方面的研究起步晚，最初研究属于零散式，并没有形成系统的研究方向。在第一次全国污染源普查公告中，2007 年全国畜禽养殖业畜主要水污染物排放量：化学需氧量 1 268.26 万 t，总氮 102.48 万 t，总磷 16.04 万 t。造成的总氮、总磷、COD 排放分别占整个农业总排放的 56%、38%、96%。近 10 年来，随着畜禽业的快速发展，规模化、集约化、设施化养殖成为发展主流，畜禽规模养殖场产生的粪污也随之增加。在第二次全国污染源普查公告中，2017 年全国畜禽业水污染物排放量：化学需氧量 1 000.53 万 t，氨氮 11.09 万 t，总氮 59.63 万 t，总磷 11.97 万 t。其中，畜禽规模养殖场水污染物排放量：化学需氧量 604.83 万 t，氨氮 7.50 万 t，总氮 37.00 万 t，总磷 8.04 万 t。

1. 制度方面

随着我国畜禽规模化养殖的迅速发展，部分地区养殖总量超过环境容量，加之畜禽养殖污染防治设施普遍配套不到位，导致环境污染。因此，2013 年，国务院发布了《畜禽规模养殖污染防治条例》，对提高畜禽养殖废弃物综合利用水平、实现以环境保护促进产业优化和升级、促进实现畜禽养殖产业发展与环境保护的和谐统一提供有力的制度保障。2016 年 12 月，习近平总书记在中央财经领导小组第 14 次会议上就解决好畜禽养殖废弃物处理和资源化等人民群众普遍关心的突出问题发表重要讲话，为解决好畜禽养殖污染问题提供了基本遵循和重要指引。2017 年 5 月，国务院办公厅印发《关于加快推进畜禽养殖废弃物资源化利用的意见》，要求建立畜禽粪污资源化利用制度体系，加快推进畜禽粪污资源化利用，构建种养循环发展机制，推进畜牧业绿色发展。2017 年 7 月，农业部制定印发了《畜禽粪污资源化利用行动方案（2017—2020 年）》（农牧发〔2017〕11 号），提出建立制度、优化布局、加快升级、促进畜禽粪污资源化利用、提升种养结合水平、提高沼气和天然气利用效率等重点任务，指导各地农业部门细化工作方案，组织开展工作。

与此同时，一系列资金扶持政策也相继出台，2017 年 6 月，中央财政安排专项资金支持，与农业部联合开展畜禽粪污资源化利用工作，对全国 51 个畜禽粪污资源化利用重点县予以项目资金支持。至此，从中央到地方，从行动指导到项目支持，一场全国性的畜禽粪污资源化利用行动层层铺开，并以项目实施为抓手，全面启动并推进畜禽粪污资源化利用工作。

2. 技术方面

我国目前畜禽粪污处理的目的是将畜禽粪污"减量化、无害化、资源化"转化为肥料、饲料、基质或能源，按处理结果可将畜禽粪污资源化处理技术分为肥料化技术、饲料化技术、基质化技术和能源化技术等。肥料化技术包括直接还田、条垛式堆肥、通风静态垛堆肥、槽式堆肥和密闭容器式堆肥；能源化技术包括直接产热和沼气工程；饲料化技术包括新鲜粪便直接做饲料，青贮和干燥；基质化技术包括将畜禽粪污直接作为基质原料，作为辅助物质加入基质原料中提高基质品质。随着信息化技术在畜禽养殖中的快速应用及推广，相关软件技术已经应用于粪污处理方面。主要的技术类型有 MEDLI、肥力管理软件、地下水风险评价等。这些技术可以用于降低粪污产量、预测污染水平、综合效益分析等。

3. 监测方面

畜牧业污染大多数是非点源的，污染物组成复杂，量化困难，特别是一旦形成交叉排放，处理监测样品将非常艰难。而且由于畜牧业污染较为隐蔽，导致其造成的污染不是其自身承担治理，而是由周边地区承担，缺少减排动机。所以在畜禽粪污监测方面我国一方面落实了相关的政策法规，另一方面加大了相关技术的研发投入。由董红敏领衔的团队历经 18 年的持续攻关，在畜禽粪便污染检测核算方法以及畜禽粪污处理减排增效关键技术研发与应用关键技术和资源化利用典型模式等方面取得了重大创新性成果，建立了我国第一套畜禽养殖业产排污系数核算方法，该方法解决了畜禽养殖污染排放量无法定量评价的难题，成为国务院组织的第一次全国污染源普查、环保及农业部门主要污染物减排核算方法。该成果于 2018 年获得国家科技进步奖二等奖。

提出了羊舍环境监测及预警系统的设计和实现方案，例如通过运用无线通信技术对羊舍环境的温湿度和有害气体浓度实时采样，稳定传输给 PC 端软件，相关参数过高时自行报警，使羊舍环境参数在设定范围内变化，保证羊舍环境适宜羊生长。

4. 治理方面

2016 年 12 月农业部印发了《农业资源与生态环境保护工程规划（2016—2020）》的通知，对未来 5 年我国农业生态保护和污染防治制定了详细的工作部署。根据《畜禽粪污资源化利用行动方案（2017—2020）》中的四项基本原则：坚持统筹兼顾，坚持整县推进，坚持重点突破，坚持分类指导，政府在治理畜禽粪污方面的关注度和投入逐年增加。2017 年中央财政安排资金支持开展畜禽粪污资源化利用工作，并遴选确定了 51 个粪污资源化利用重点县。2018 年政府又加大了投入和关注度，重点县增加到 120 个，并且每个县最高补贴 5 000 万元。2019 年项目县更是持续增加到了 220 个，项目县畜禽粪污综合利用率 90%以上，规模化养殖场粪污处理设施装配率达 100%，畜禽粪污治理已经初见成效。

二、羊养殖造成的污染问题及危害

发展养羊业，能够促进社会经济发展，提供大量优质的羊肉、羊奶和羊毛等制品，丰富城乡居民的市场供应，但同时也会产生固体废弃物（羊粪便、残留的饲料、腐尸和弃置药物等）、气体污染物（未及时处理的固废发酵产生的恶臭以及粪尿挥发臭气等）和污水（牲畜尿液、饮水残留、圈舍冲洗废水、生活废水）等污染物。这些粪污若不合理排放，所造成的水资源污染以及养殖场散发出来的恶臭会对生态环境造成很大破坏。

（一）羊粪污的污染问题及危害

1. 对人类及羊群健康的影响

据联合国粮农组织（FAO）和世界卫生组织（WHO）的相关数据显示，目前已经有250多种人畜共患病，我国已明确记录的人畜共患病有90多种。其中畜禽粪污是致病性疾病的来源之一，如羊的传染性脓疱、破伤风、布鲁氏菌病、炭疽，以及血吸虫病和脑包虫病等均是人畜共患病，而多种人畜共患病的病原体可能会包含在羊粪污中。如果羊粪尿不及时处理，其中的致病微生物和寄生虫就会通过空气、接触等途径传染给其他羊乃至工作人员，造成疫病传播、羊只死亡，对养殖场造成很大经济损失。在一定的条件下，可能会导致人类感染这些病原体，危害人类的健康。

2. 对空气的污染及危害

羊场圈舍内外的臭味与粪尿分解产生的挥发性有害气体，例如氨气、甲烷、硫化氢、粪臭素、二氧化硫、吲哚类气体、腐胺、挥发性烃类物质和氨基酸分解物等有害气体对局部空气造成严重污染，这些有害气体大多具有强烈的刺激性和毒性，可以通过刺激神经系统引起应激反应，直接或间接危害人和羊群。人和动物长期在这种环境中不仅会引发多种呼吸道疾病，而且易造成羊群慢性中毒，降低羊群生产水平，同时还会恶化羊场周边的生态环境。

3. 对水体的污染及危害

羊场废水中含有丰富的氮、磷、钾、难降解有机物、大肠杆菌、重金属和抗生素等有害物质，如果废水处理不当或不处理直接排放，会通过土壤渗透进入地下水或通过地表径流汇入地表水，造成土地和水源污染，可使水体发生富营养化，pH 过高，BOD、COD 指标超出正常范围，水中溶氧量降低，水质恶化，水中动植物大量死亡，其尸体进一步污染水体，造成污染区水质持续恶化，水颜色发黑，散发臭味，给水的净化增加困难。同时，粪污中病原微生物和寄生虫还可以通过水作为传播媒介传播疾病，严重影响周边居民的身心健康。

4. 对土壤的污染及危害

未经发酵处理的羊粪污中含有大量大肠杆菌和寄生虫虫卵，若直接排入土壤，会使微生物大量繁殖，造成病虫害传播，对土壤造成污染，某些传染病病原体在土壤中能生存很久，会对人畜造成不同程度的危害。同时，土壤的结构和性状也会发生改变，造成土壤富营养化，土质板结，破坏土壤的功能，导致土质结构变差，不利于作物的生长。特别是羊粪中含有一些有害的重金属成分，对土壤的污染非常严重，不仅不能被生物降解，具有生物累积性，而且这种污染不能治理，会对农作物、畜禽和人类造成很大的危害。

（二）羊气味引发的污染问题及危害

在羊养殖过程中，大量粪污除了会造成环境污染，其自身难闻的气味，也会进入大气环境中，造成环境污染。特别是在圈舍比较密闭的环境下养羊时，如果未能及时清理排泄物，这些排泄物会产生污染性气体，不仅对羊自身健康产生伤害，同时这些污染性气体进入大气环境中，也会影响大气质量，影响周边居民的正常生活环境，降低羊养殖的经济社会效益。

（三）其他因素引发的污染问题

在羊养殖的过程中，除了羊排泄物以及自身的气味引发的环境污染问题外，在养殖场所还会有许多带有病菌的小动物（包括鸟类、鼠类、猫类、犬类或其他野生禽类以及各种昆虫等），其中以鼠类和苍蝇最为严重，不仅会带入大量的细菌和病毒，也会排放排泄物到养殖场内，对整个养殖环境造成威胁。

三、羊场产生环境污染的原因

目前，我国肉羊养殖产业仍以散养模式为主，散养养殖主体占绝对数量主导。但散养模式总量正逐年减少，规模化养殖模式成为发展趋势，产业集中程度正处在由低到高转型的重要阶段。随着规模化养殖场数量的不断增加，部分养殖场在粪污处理技术和管理方面的不完善是导致羊场产生环境污染的主要原因。

（一）养殖场建设规划不科学

养殖场建设规划时，缺少生态理论和环境科学的指导，导致牧场建设缺乏整体规划。具体体现在养殖场规模与当地农业规模不匹配导致产生过量的粪污还田引起污染。养殖场选址不科学包括两个方面：选址通风较差不利于减少有害气体排放和选址过于靠近居民区引发空气污染。

（二）养殖工艺落后，粪污量大

养殖工艺落后，清粪手段原始、水冲粪工艺普遍使用；饮水装置简陋、节水意识不强、浪费现象严重；雨污分离设施不完善等问题，导致后续需处理的粪污总量较大，增加了处理的难度和成本。

（三）设施配建、运行状态不佳

养殖企业重生产、轻防污，中小规模羊场粪污处理设施简陋，或设施设备与养殖规模不匹配，建设标准低下，缺乏专业的技术指导，导致设备运转率低，已建厂缺乏合理规划，没有粪污处理配建用地。

（四）种养结合受阻

粪污处理的最有效途径是种养结合，但随着规模化水平提升，畜牧业产能超出种植业承载能力，导致土地富营养化，最终导致种植业减产形成恶性循环。种养结合设施配套不全。种养结合相对单一的畜牧业而言，规模化、程序化较低。养殖设施设备少且简单，厌氧发酵设施、管网设施、沼液贮存池、粪便堆放发酵场地、专业运粪车辆、滴灌或喷灌设施、固体有机肥施用机械等农业设施设备匮乏，影响种养结合生态效益的发挥。

四、羊养殖中的环境污染防控措施

（一）贯彻落实相关法律法规，创新投入机制

控制养殖环境污染问题，必须贯彻落实农业农村部相关法律法规，并且执行到位。各地农业农村（畜牧）、财政部门要根据相关法律具体制定符合当地的羊养殖环境污染防治实施方案。强化支持和保障力度，支持规模养殖场和第三方机构粪污处理设施建设，鼓励开展"粪污收贮运"社会化服务。创新投入机制，通过政府和社会资本的合作、政府购买服务或者其他的相关途径，使得社会金融资本迅速参与融入到畜禽污染资源治理中。

（二）注重宣传总结，加强羊养殖产业的环保意识

近年来，随着养羊业规模的不断扩大，标准化、生态化养殖理念逐渐深入人心，使羊养殖产业的污染问题得到更好的控制和解决，同时使养殖企业（户）及各级部门的环保意识得到切实提高，使其充分认识到环保工作的重要性。因此，要大力宣传羊粪污治理，从思想上着手，使其充分认识到羊粪污污染的严重性。1 只羊的排粪量约为 1.1kg/d，1 个千头羊场产生的粪污量约 400t/年，只有充分认识到羊粪污污染的严重性，才能使养殖企业（户）主动配合并参与到羊粪污的无害化处理工作中，从根本上控制污染，降低污染问题的发生，保障环境生态健康。

（三）严格环境监管执法力度

1. 行政监管方面

各地应建立激励制约机制，适时开展对各地羊粪污处理项目实施情况的评估，评估结果作为粪污资源化利用绩效考核重要内容。地方政府应当与羊养殖企业签订畜禽粪污资源化利用协议，对项目实施提出明确要求，以项目实施带动畜禽粪污资源化利用工作的全面推进。地方农业农村相关部门要加强对项目实施的指导，实施台账管理，加强粪污还田利用的全链条监管，组织对单体项目进行竣工验收。

2. 技术检测方面

在有条件的规模化羊养殖企业推行信息化粪污检测及环境控制技术。主要技术类型有：MEDLI 、肥力管理软件和地下水风险评价。这些技术可以用于降低粪污产量、预测污染水平、综合效益分析等。在羊舍环境实时监测方面可以通过运用无线通信技术，并对羊舍环境的温度、湿度、有害气体浓度实时采样，稳定传输给 PC 端软件，当参数超过阈值时自行报警，使羊舍的环境参数变化在设定范围内，保证羊舍环境适宜羊生长。

（四）加强对羊粪污的处理能力

羊养殖过程中，由于粪污排出量较大，如果处理不当，会造成严重的随意堆放和倾倒排泄物的现象。因此，相关从业人员必须采用科学、合理的方式来收集羊排泄物，并把排泄物堆放到粪便处理池中进行集中处理，避免排泄物产生细菌、病毒污染环境。同时，羊粪污只要及时进行清理，通过堆积并进行充分的腐熟发酵处理，就可以杀灭粪污中有害微生物和病虫害等，成为一种很好的生物有机肥料，也是羊场的另一个重要经济来源。

（五）促进生态养殖模式和养殖链条的建立

在养殖过程中，综合使用各种技术手段和养殖方法，能够有效减轻环境污染程度。建

立定期消毒制度。场区、圈舍门口设立消毒装置，严格落实人员、车辆进出消毒制度。做到每日清扫场区、圈舍及周围环境，清理垃圾废物，根据动物排污情况及时冲洗场区环境，保障场区卫生情况。做到雨污分离，保持场区、圈舍、饲养人员生活区清洁卫生，落实两周1次的环境卫生消毒防范，规范场区生物安全制度。同时充分利用花草树林等植物对畜禽养殖过程中产生的有毒有害气体及铅、镉、汞等金属元素、灰尘、粉尘、细菌的吸收、吸附、阻留作用。在养殖场外围隔离区、生产区的遮阴带、防疫隔离带等处适量种植花草树木，可以起到降低噪声、净化空气、防治污染的作用。

第二节　羊场粪污处理技术与模式

随着养羊业逐渐转向规模化、工厂化方向发展，羊场的环境监控及粪污的处理问题也得到相关部门和广大养殖企业（户）越来越高的重视。羊场的环境监控及粪污无害化处理是规模化高效养羊的重要环节之一，而信息化、智能化环境监控及粪污资源的有效利用则是提高养羊经济效益的有效措施。羊场的温湿度及空气中有害气体的含量与健康养羊密切相关，而羊粪污的科学处理更是与环境保护关系密切。羊粪如果不经过处理直接还田，容易二次发酵烧坏农作物根苗，且未发酵腐熟的羊粪中含有的病原菌、寄生虫卵及草籽等易污染周围环境。因此，对羊粪进行发酵处理，生产有机肥料后还田处理，是羊粪处理的重要途径。

一、羊粪的物理化学特性

羊粪外表呈黑褐色黏稠状（图4-1），内部为绿色细小碎末，含水率低、肥力优质。各种家畜粪便中，羊粪中的有机质、全氮、磷和钾等含量更优。羊粪发热量低于马粪，但高于牛粪，发酵速度快，也称热性肥料。

图4-1　新鲜羊粪形状

二、羊粪的作用

羊粪具有含水率低、碳氮比值宽和氮的释放速率缓慢等特性，适合发酵堆肥处理，且羊粪中氮磷钾含量超过 5%，加工成肥力强劲的复合有机肥料，有利于土壤吸收，增加肥力，使农作物产量和质量得到提高。同时，羊粪还能改变土壤的理化性质，改良土壤结构，减少对影响土壤的不利因素，增加土壤微生物群落和多样性，有利于微生物群落结构的稳定以及植物对养分的吸收。

三、新鲜羊粪的危害

如果直接使用未经发酵腐熟的羊粪，其中的养分不能被农作物吸收利用，肥效较慢。只有将羊粪分解转化成速效态有机肥，才容易被农作物吸收利用。同时，土壤中若直接使用未发酵的羊粪时，需要先经过微生物的发酵，这样会消耗土壤中的氧气，导致农作物生长受到抑制。而且新鲜的粪便发酵后还容易产生热量，影响作物生根发芽和幼苗的生长，严重的会导致农作物死亡。此外，新鲜羊粪中病菌和害虫含量较大，若不经过处理，会提高农作物病虫害的发生率。

四、羊场环境控制及粪污处理存在的问题

目前，规模养羊场粪污处理存在的问题主要有下列 4 种：① 由于粪污处理的设施运行成本高，部分养羊场无粪污处理设施或者设施不全导致不能正常运行；② 缺乏有效的收集、处理、利用等技术组合模式，如清粪方式不合理、固液未分离、粪便未经堆积发酵直接施用农田等；③ 污染治理投入不足，未经处理就直接利用，没有达到粪污处理的要求；④ 环境信息化、智能化监测欠缺，大部分规模化养殖场在粪污排放智能化监测方面还处于起步阶段，对羊场粪污的污染评估和实时监测关注不足。

五、羊舍内粪尿的收集

羊粪是圆形颗粒状，比较容易粪尿分离。在北方地区，由于气候干燥，大多数羊场都采用从 10 月至翌年 3 月不清理羊圈中粪便的方法，且经过羊只长时间的踩踏和躺卧层层累积，自然形成厚的粪尿垫积层，类似于发酵床。4 月清理出板结的羊粪，称为"羊板粪"，学名为"羊厩肥"。羊板粪在羊圈内经过厌氧发酵后富含多种营养成分，营养价值高，含水量低，清理出的粪可作为肥料直接还田，操作简便，成本低廉，应用广泛。

在南方地区，集约化养羊场广泛采用漏缝地板，羊的排泄物从地板缝隙漏到下方承接粪尿的地面，具有卫生、干燥、通风、粪便易于清除、有利于羊只保持清洁等优点，可减少羊病的发生。漏缝地板羊床与地面的位置又分为高架羊床式（图 4-2）与平床式养殖模式（图 4-3）。过去的羊场多为中小规模，大多采用高床式，距离地面 80~100cm。清粪间隔时间与羊只的密度和种类有关，育肥羊多在出栏时统一清粪。现在的规模羊场大多采用平床式，便于自动饲喂撒料，漏缝地板下挖约 50cm 深的平底粪槽，安装刮粪板，每天自动刮粪两次。收集的羊粪堆积发酵生产有机肥料，羊尿和污水可以通过污水管道流入沼气池生产沼气。

图 4-2　高架羊床

图 4-3　平床漏缝地板与自动刮粪机

六、羊场粪污处理技术

（一）清粪工艺

畜禽粪污无害化处理最主要的原则是减量化，而合理的清粪工艺可有效减少粪污的产生量。由于羊粪含水量低且呈粒状，因此，养羊场大多采用干清粪工艺。

（二）粪、尿固液分离

粪、尿一经产生便分离，勤清、勤扫，能够有效减少氨气、二氧化硫、甲烷、硫化氢等有害气体的散发及对羊的伤害。羊粪一般堆肥处理。羊尿和污水经好氧处理、厌氧处理或厌氧-好氧共同处理后用于农业灌溉，既提高粪便的再利用价值，又有效减轻对环境的污染。

（三）堆肥技术

羊粪具有含水量较低、碳氮比值适宜、氮释放比较缓慢等特点。为了防止养分损失，提高资源利用效率，通常采用堆积处理生产生物有机肥，可以用作种植业的肥料。堆积方法主要包括条垛式（图 4-4）、机械强化槽式和密闭仓式（图 4-5）等，其中机械强化槽式和密闭仓式堆肥，保持发酵温度 50℃ 以上时间不少于 7d，或发酵温度 45℃ 以上的时间不少于 14d。也可直接采用生物热堆积消毒，收集后堆积在远离羊舍 100m 以上的地方，粪堆上覆盖 10cm 厚的沙土，堆积发酵根据季节温度不同需要 30～60d。在堆积过程中，由于有机物的好氧降解，堆内温度持续升高直至腐熟，不仅肥效好，而且其中的病原菌、寄生虫卵和杂草种子均已被杀死。堆肥操作容易，设备简单，安全环保，对农作物无伤害，施用方便，肥力均匀，肥效持续时间较长，解决了羊粪对环境造成的污染，做到了资源化、无害化利用。

七、规模养羊场粪污处理技术模式

（一）种养结合

羊粪是一种速效、微碱性肥料，有机质多，肥效快，适宜各种土壤的施肥。羊粪发酵后制成有机肥，用于农作物的施肥，不仅肥效好，还能抗病、促生长、培肥地力等。羊粪

图 4-4　条垛式堆肥

图 4-5　密闭仓式堆肥

与粉碎的秸秆、生物菌搅拌，然后经生物肥料发酵菌种堆肥发酵，经耗氧发酵、粉碎、造粒，作为牧草等的优质有机基肥，可以种养结合使羊场粪污实现零排放。而且生物有机肥安全性高、易吸收，可以改良土壤，提高农作物的产量，改善产品品质。将生态养羊与园林生产有机结合是发展生态、环保、安全、健康养羊的重要途径。树木、花卉、牧草等具有遮阴、吸热、增加空气湿度、增加氧气浓度、改善局部小气候的功能，为羊群提供舒适安逸的环境，有利于羊群的生长发育。而羊粪作为有机肥，可以促进园林生产的发展，实现园林生产与生态养羊的有机融合，成为种养结合、生态循环、综合利用的绿色生态模式。

（二）循环利用

养羊场主要采用干清粪的方式，减少养殖过程中的用水量，场内实施固液分离、雨污分流、污水暗道输送等措施，减少污水处理压力。固体粪便可通过堆肥、基质生产、垫料、燃料等方式处理利用。处理后的污水可用于场内冲洗粪沟和圈栏等。规模化羊场主要采取平床羊舍下安装刮粪板机械清理的方式。清出的羊粪经专用粉碎机粉碎后，拌入专用的有机肥发酵菌种，经充分搅拌并调整水分含量，使之适合发酵所需含水量，然后再通过输送带或铲车送入发酵槽或发酵塔进行发酵处理，也可直接采用生物热堆积消毒。既解决了羊粪污对环境造成的污染，又做到粪污的资源化、无害化利用。

（三）能源化利用

粪污能源化利用模式主要依托专门的畜禽粪污处理企业，建设大型沼气设施，收集周边养殖场粪便和粪水，进行厌氧发酵。优点是粪污集中统一处理，专业化运行，能源化利用效率高。但是一次性投资大，产生的沼气可作为能源，但利用难度大，沼渣生产有机肥还田利用，沼液还田利用或深度处理达标排放，但处理成本较高。在规模羊场建沼气设施前景很好，但实际应用起来问题仍然不少，需配套后续处理利用工艺以及地方政府配套政策予以保障。

（四）基质化利用

粪便基质化利用模式以畜禽粪污、食用菌菌渣及农作物秸秆等为原料，进行堆肥发酵，生产基质盘和基质土用于果菜栽培。这种模式可以将上述 3 种废弃物有机结合，循环利用，实现零废弃、零污染，形成一个有机循环体系，提高资源的综合利用率。其缺点是生产链较长，技术要求比较高。

（五）粪水肥料化利用

养殖场产生的粪水经氧化塘处理储存后，可以与灌溉用水按照一定的比例混合，进行水肥一体化施用，为农田提供有机肥水资源。其缺点是要有贮存设施、周边配套农田以及粪水输送管网或车辆。

（六）集中处理

在养殖密集区，依托规模化养殖场的处理设施或建立专门的无害化处理中心，对周边养殖场、养殖大户的粪便或污水进行收集并集中处理。

八、羊场粪污处理的要求

羊场堆粪场和污水池等应设在生产区及生活区的下风向，离功能性地表水源 400m 以上。粪便的贮存设施要有足够的容量，以免粪便通过直接排放、地表径流或土壤渗滤污染水体。粪污处理应符合《畜禽养殖污染排放物标准》（GB 18596—2001）、《畜禽粪便无害化处理技术规范》（GB/T 36195—2018）、《畜禽养殖业污染治理工程技术规范》（HJ 497—2009）和《畜禽规模养殖污染防治条例》等的要求。

第三节　羊粪的利用技术

羊粪是养羊业主要的副产品和污染源，合理利用好也是羊场重要的经济收入来源之一，特别是随着肉羊养殖向规模化、设施化、集约化方向发展，羊粪的高效、安全利用已成为当前肉羊生产和环境保护亟须解决的重要问题。一方面，若羊粪大量随意囤积，不仅会恶化羊场内部生产环境，影响羊的健康与生产效率，而且还会严重污染周边的环境；另一方面，羊粪又是畜禽粪肥中氮、磷、钾含量最高的优质有机肥源。因此，在大力发展养羊产业的同时，要综合考虑，因地制宜地选择羊粪的无害化处理与综合利用技术，这对于绿色环保、优质高效、可持续发展养羊产业具有重要的作用。

中国是世界养羊第一大国，2018 年存栏量约 3 亿只，出栏达 3.2 亿只，随之而来的羊粪产量每年也达上亿吨，但羊粪中含有一些有害物质（如杂草种子、虫卵、病原体等），对人类和动物环境及农作物生产有一定的负面影响，如果产出的大量羊粪不加以合理处理，则会造成严重的环境污染和营养物质的丢失。因此，做好羊粪的无害化处理十分重要。

一、堆肥技术

堆肥作为施肥手段在我国已有 3 000 年以上的历史，具有肥力均匀、持续时间长等优点。从卫生和保肥效果来看，发酵后使用堆肥比使用未处理的粪肥效果好。同时在堆积过程中，由于有机物的好氧降解，堆体内温度持续 15~30d，达到 50~70℃，可以杀死大部分病原体、微生物、虫卵和杂草种子，不易滋生害虫和杂草，不易发臭，不易传播病原体，对农作物无害。研究发现，利用羊粪发酵生活垃圾、生产农田生态有机肥，可作为减少生活垃圾以及资源重复利用的有效途径。

1. 堆肥的方法

（1）先比较疏松地堆积一层，温度达到 60~70℃ 时，保持 3~5d 杀死微生物。

（2）待温度降低后，压实粪堆，再将新粪盖至其上，达 1.5~2m 高即可。

（3）用泥浆或者塑料膜密封 2~3 个月方可启用。

2. 发酵条件的控制与调节

（1）含水量。水分含量是堆肥过程监测的重要指标之一，会影响堆肥后期的温度。含水量过高或者过低都会对堆肥效果产生不良影响，含水量过高会造成堆体局部出现厌氧，产生恶臭气味，并延长肥料腐熟时间。含水量过低同样也会减慢有机质分解的速度。堆料初始含水量（质量分数）应在 50%~70% 为宜，而羊粪的含水率多为 50%~60%，为保证堆肥过程的顺利，利用吸湿性强的调节料，使混合堆料的水分含量降低尤为重要。

（2）温度调节。温度是决定微生物活性以及何种微生物生存的必要条件，也是评价肥料是否腐熟的重要标准。整个堆肥过程可以分为 3 个时期：升温期、高温期和降温腐熟期。在升温期，嗜温微生物较为活跃，消化代谢初始物料中的一些简单有机物，产生热量使堆体温度不断上升，当温度达到 45℃ 时进入高温期阶段，此后会快速升高到 65~70℃，含水量迅速降低，嗜热微生物活跃，不断降解有机质。随着水分的蒸发，携带大量的热量散失，随着有机物的不断降解，微生物代谢活性下降，堆体温度降低，堆肥进入降温腐熟期。实际上，堆料的组成和性质决定了堆肥的最适温度，堆肥的温度不宜过高或过低，太高会抑制微生物的活性，限制有益菌的增长；过低则达不到杀灭有害微生物的作用，延缓肥料腐熟。在生产实践中，常用的温度控制方法包括翻堆以及强制通风等。

（3）碳氮比。碳、氮是微生物利用的重要物质，其中有机碳是微生物的重要营养物质，为微生物的代谢之本，相应的有机氮与微生物繁殖息息相关，微生物在生长过程中每消耗 1 份氮就需要 30 份的碳。因此，碳氮比与微生物的代谢活性高度相关，几种常见畜禽粪便的碳氮比见表 4-1。在堆肥过程中，微生物利用的能源是碳源，碳源会被转化成二氧化碳和腐殖物质。氮源一部分会通过硝化作用产生硝酸盐或者亚硝酸盐，或以氨气的形式散失，而另一部分则被微生物所利用。如果碳氮比过高，氮的含量不足，会导致微生物营养物质缺失，导致堆肥进展缓慢，即使施在田地里，也会导致土壤中的氮素被肥料吸收，从而变成氮缺乏状态。如果碳氮比过低，会导致微生物的生长过于旺盛，肥料会因局部厌氧而散发出难闻的气味，多余的氮素会以氨气形式释放，导致肥料中氮素大量丢失，降低了肥料的质量。

表 4-1　几种常见畜禽粪便的碳氮比

粪便	碳（%）	氮（%）	碳氮比（C/N）
肉牛粪	38.60	1.78	21.7∶1
奶牛粪	31.80	1.33	24.0∶1
鸡粪	30.00	3.00	10.0∶1

（续表）

粪便	碳（%）	氮（%）	碳氮比（C/N）
猪粪	25.00	2.00	12.6：1
羊粪	16.00	0.55	29.0：1

（4）pH 控制。堆肥过程中，主要通过微生物的代谢活动来实现有机物降解，而 pH 水平是这一过程的重要条件。一般认为，堆肥最合适 pH 为 5.5～8，有利于提高微生物的新陈代谢水平，过高或者过低都会对堆肥效果以及肥料的腐熟产生影响。在堆肥初期，pH 一般为中性或者弱酸性，堆体含水量相对较高、空气流通率低，导致一些区域为厌氧状态，并产生小分子有机酸，使堆肥的时间逐渐延长。随着水的含水率越来越低，微生物降解速率加快，会产生大量的氨气，使 pH 逐渐升高以加快肥料的腐熟，但要合理控制 pH 以减少氨气的产生与挥发。

（5）辅料的应用。堆肥中辅料的添加至关重要，不但可以调节堆肥碳氮比、含水量和 pH 等理化指标，还能将这些废弃资源加以利用，达到无害化处理的目的。因此，辅料一般选择当地盛产的农作物秸秆，如水稻秸秆、油菜秸秆和菌糠等。

3. 堆肥腐熟度

随着堆肥时间的延伸，微生物不断分解有机物，后期微生物代谢活性逐渐减弱，产热量减少，导致温度下降，堆肥进入降温腐熟期，其中腐殖酸含量不断增加，增加了土壤有机质的含量，有利于提高作物的产量、品质和抗逆性。未达到腐熟的堆肥产生的毒性物质会严重抑制植物的生长，残存的病原菌和杂草种子也对植物生长不利，加大了病害发生率，造成减产、减质。因此，堆肥是否达到腐熟是衡量堆肥产品质量的一个重要标准。

4. 堆肥产物的质量评判

（1）物理指标的评判。羊粪经堆肥发酵腐熟后体积会缩小 30%～60%，堆体温度降至 45℃ 以下，堆肥中的秸秆会变成褐色或黑褐色，具有氨臭味，铵态氮含量显著增加，不吸引蚊蝇，放置 1～2d 后，堆体表面会有白色或灰色的霉菌出现。

（2）化学指标的评判。堆肥的 pH 值为 7.5～8.5，碳氮比低于 30；腐殖化系数为 30% 左右；有机质 ≥32%，且水分 ≤40%。符合 GB/ T 36195—2018 中关于粪便无害化卫生要求规定，堆肥大肠杆菌值 $10～10^2$，蛔虫卵死亡率 95%～100%，周围没有活的蛆、蛹或新羽化的成蝇，有效控制虫蝇的滋生。

（3）生物指标的评判。种子发芽指数（GI）是评判肥料是否腐熟以及是否还含有毒性的最重要的标准，GI ≥50% 表示有机肥基本腐熟，GI ≥70% 表示腐熟完全。

二、有机肥技术

1. 有机肥发酵技术流程

因需要全年进行露天作业，羊粪原料堆放场应选择平坦、通风、阳光充足的地方。根据核算，生产 1 000kg 有机肥料需要 1 600～1 800kg 湿羊粪、2.5～3.0kg 米糠或玉米面以及 1kg 特殊的微生物复合发酵菌剂。先用作物秸秆将湿羊粪的相对湿度调整 60%～65%，再将混合的米糠或玉米面粉铺撒在原料表面，经过搅拌机均匀、彻底搅拌，然后将搅拌好的原料堆成宽 1.5~2m、高 0.3~0.4m 的条状堆体（长 3m 以上的堆发酵更好），紧接着使用翻抛机进行翻抛。在堆肥的第 3d，温度可以达到 60~80℃，能杀死害虫，例如大肠杆菌和卵；第 5d，消除了绵羊粪便的气味；第 9d，堆体被白色菌丝覆盖且变得干燥；第 12d，会有一种曲香产生；第 15d，堆体发酵成熟。整个有机肥发酵过程需要 7~15d，成品有机肥呈黑褐色且蓬松状，有酒香味或泥土味，肥效水平高。

羊粪腐熟的标志：粪堆的温度在 50℃ 以下，粪堆比较疏松，表面或内部含白色菌丝，没有太大的臭味，稍带有氨味。

2. 生物有机肥料的生产关键技术

控制羊粪含水率是生物有机肥生产的关键因素之一，应保证堆肥原料混合物的初始相对含水率为 60%~65%，保证有机需氧发酵的需氧量；严格检查堆码温度和周转次数，确保发酵均匀；粪便发酵后，要用微生物菌群接种，例如光合细菌、乳酸菌和酵母菌等，同时加入少量的防腐剂或氮、磷和钾等，有利于需氧发酵，减少发酵所需时间，同时改善发酵质量。

3. 生物有机肥料的应用特点

（1）羊粪经过生物发酵后，有机肥具有很高的生物活性。在羊粪中添加微生物菌剂，使得羊粪中微生物组成成分发生了很大的改变，其有益微生物占比增大，加入土壤中短时间内会有大量的有益微生物菌群繁殖，大量有机物被分解，土壤生物活性得到提高。而且微生物菌体死亡后，其产生的生理活性物质还能抑制病菌的繁殖，以及避免发生土壤连作障碍，提高农作物生长、抗病能力和农产品的品质。

（2）农田使用有机肥料能够突破施肥的时间、空间和季节性限制，克服了使用不方便、运输和储存困难等缺点，同时还可以使环境卫生得到改善。

（3）生物发酵有机肥性能比较稳定，其生物活性高且无害。在实际生产中，可以根据市场不同作物需要的肥料特性，添加不同比例的无机养分，定向或定制生产不同种类的复合肥料或混合肥料，有助于羊粪便资源的开发和开拓更广阔的市场空间。

三、液体圈肥制作法

将原粪便混合物放置在储罐中，以便通过搅拌曝气进行耗氧发酵，或在密闭罐中进行长期厌氧发酵，粪便通过微生物分解而变为液态肥料。其优点是肥料养分损失少，环境污染少，对农作物安全。其缺点是需要配备一个大容量的储水箱，并足以存储半年的粪便；生产液态肥料的牲畜场应有足够的配套耕地面积。液体肥料更适合配备机械喷灌设施的蔬菜区。

四、采用生物学处理羊粪技术

羊粪是生产生物腐殖质的基本原料。将垫草、秸秆等有机物打碎与羊粪混合搅拌，加入肥料发酵菌剂，堆成高度 1.5~2m 的粪堆，加水调节羊粪干湿程度，使物料的含水量达到 60% 左右，发酵 7~10d，当温度达到 65℃ 以上时进行翻堆，发酵完成后肥料的 pH 达到 7.5 左右。堆体温度降到 28℃ 时，按照每平方米放入 5kg 蚯蚓的密度进行饲养。因为蚯蚓具有很强的分解有机物的能力，同时也可使有机废料分解一些副产品，具有优良的环保价值和经济价值。

五、采用发酵干燥法制作有机肥料

采用塑料大棚或玻璃钢大棚将羊粪进行发酵干燥处理，工艺流程见图4-6。利用搅拌机使鲜粪与干粪混合，并搅拌至干燥。

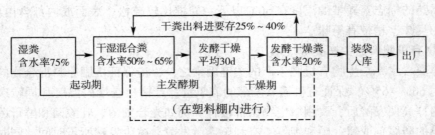

图4-6 塑料大棚发酵干燥工艺

六、采用发酵热法进行生产

在进行发酵热法时，为使羊粪的温度达到70℃之上的高温，对羊粪水分含量有一定的要求，通常情况下在65%左右，然后进行通气、堆积发酵。发酵热法的制作办法一般是在堆粪中放置金属的水管，经过水的吸收能力将粪便发酵所产生的热量进行回收。通常情况下，经过水吸收后的热能可以用来增加畜舍温度和保温。

七、使用生产煤气的方法来处理羊粪

该方法与煤炭生成煤气的原理和设施设备大致相同，在高温低氧的情况下，对羊粪中的有机成分进行加热分解，生成一些可燃气体，如一氧化碳等。有研究表明，1kg干燥的羊粪可生成300~1 000L煤气，1m³的羊粪大约含有8.372~16.744MJ热量。

八、羊粪沼气生产技术

与大多数生物质能源相比，沼气因其产生于厌氧发酵的清洁能源和安全能源，具有明显的优势，其效果甚至超过其他所有类型的生物质能源资源。沼气工艺的投入使用可进一步节约其他燃料的开采使用和二氧化碳等气体的排放，发酵后的残渣可作为有机肥用于农作物的种殖上，提高农产品的经济效益。

（一）意义

随着我国畜牧业规模化水平的提高，每年畜禽粪便的排泄量超过10亿t，主要畜禽的粪便量占总量的90%以上，但现阶段我国以禽畜粪便作底物的厌氧消化研究较少。由表4-2可以看出，羊粪便量远多于鸡粪、鸭鹅粪便量。粪便中有机质的含量与其总氮含量呈正相关，发酵原料中氮含量高，则厌氧消化过程容易进行。同时羊粪与牛粪、猪粪相比，其含氮量与含磷量更高，是更好的厌氧消化原料，而且在厌氧发酵过程中，羊粪不易酸化，有利于发酵体系的稳定。羊粪有着极高的沼气化潜力。因此，在研究厌氧消化时，把羊粪作为底物，在理论和生产实践方面都具有重大意义。

表 4-2 禽畜粪便排泄量及其养分含量

项目	羊粪	肉牛粪	奶牛粪	猪粪	肉鸡粪	蛋鸡粪	鸭鹅粪
排泄量	0.86t/a	7.7 t/a	19.4 t/a	5.3kg/d	0.10kg/d	53.3kg/a	39.0kg/a
排泄量（ASAE）	0.68t/a	7.6 t/a	20.1 t/a	5.1kg/d	0.08kg/d	42.1kg/a	32.2kg/a
总氮含量（%）	1.014	0.351	0.351	0.238	1.032	1.032	0.625
总磷含量（%）	0.216	0.082	0.082	0.074	0.413	0.413	0.290

羊粪作为重要的生物质资源，在我国分布广泛，并且产出量巨大，用羊粪生产沼气能有效减少传统化石能源的消耗量，降低消费，同时有效减少温室气体（GHG）的排放（表4-3）。通过对我国羊粪资源的数量统计，可以看出我国羊粪沼气化潜力巨大，每年理论沼气总产量可达 $1.29 \times 10^{10} m^3$，其产量与921万 t 标准煤相同。生物质能氮、硫含量低，燃烧过程只有 CO_2 产生，理论上可减少 $1.37 \times 10^7 t$ 的 CO_2 排放量、$1.23 \times 10^5 t$ 的 SO_2 排放量，同时作为可再生能量，在环境保护方面效益显著。

表 4-3 我国羊粪沼气化的温室气体减排量

羊粪沼气潜力（$10^{10} m^3$）	折合标准煤（t）	沼气 CO_2 排放量（t）	标准 CO_2 排放量（t）	标煤 SO_2 排放量（t）
1.29	9.21×10^6	1.51×10^6	1.37×10^7	1.23×10^5

沼气燃烧排放 CO_2 系数：1.172 5kg/m^3；煤炭燃烧排放 CO_2 系数：1.487t/t；煤炭燃烧排放 SO_2 系数：13.4kg/t。

在厌氧环境下，可以利用微生物发酵羊粪产生沼气，而微生物的质量和数量会影响这一过程。当原料成分、湿度、pH、发酵温度和碳氮比等条件相同时，沼气发酵的微生物数量多、质量好，则沼气产量提高，并且产生的沼气中甲烷含量也高。同时在这一过程中可杀灭粪水中的大肠杆菌、蠕虫卵等。

（二）技术要点

（1）沼气池位置选择。背风向阳，有地势落差。

（2）确定厌氧池大小。羊场应根据羊存栏数来确定厌氧池大小，并根据具体情况做出适当调整。

（3）酸化池大小设置。小型池式酸化池与厌氧池的比例为1:20，复杂的有机物可建Ⅰ到Ⅱ级酸化池，像羊屠宰场下脚料多的情况下，可建Ⅰ到Ⅲ级酸化池。

（4）进出口间与门洞的设置。主要以施工人员操作方便为主，进口间一边要加设梯层，进出口门洞宽50cm、高90cm较好。

（5）沼液池大小。以厌氧池与沼液池比例为1:0.075比较合理。

（6）选择合适的建材。一般采用砖、钢筋、混凝土结构，池身用砖砌，池拱用混凝土，拱层混凝土厚度要在10cm左右。

（7）地下水处理。可以将池内水利用暗沟排出到池外，紧接着再用抽水泵抽，也可采用引管等办法处理。

参考文献

DOMECQ J J, SKIDMORE A L, LLOYD J W, *et al.*, 1997. Relationship Between Body Condition Scores and Conception at First Artificial Insemination in a Large Dairy Herd of High Yielding Holstein Cows ［J］. Journal of Dairy Science, 80 (1)：113-120.

PÉREZ - HERNÁNDEZ P, GARCÍA - WINDER M, GALLEGOS - SÁNCHEZ J, 2002. Postpartum anoestrus is reduced by increasing the within-day milking to suckling interval in dual purpose cows ［J］. Animal Reproduction Science, 73 (3 - 4)：159-168.

RATHBUN F M, PRALLE R S, BERTICS S J, *et al.*, 2017. Relationships between body condition score change, prior mid-lactation phenotypic residual feed intake, and hyperketonemia onset in transition dairy cows ［J］. Journal of Dairy Science, 100 (5)：3685-3696.

VRIES M J D, VEERKAMP R F, 2000. Energy Balance of Dairy Cattle in Relation to Milk Production Variables and Fertility ［J］. Journal of Dairy Science, 83 (1)：62-69.

YANG Y, LI N, SUN Q P, *et al.*, 2014. Research on vegetable waste aeration oxygen-supply compost and its ammonia volatilization ［J］. Advanced Materials Research, 3248 (955)：2845-2850.

白银市畜牧兽医局, 2016. 总结畜禽粪污资源化利用模式推进畜牧业生产可持续健康发展 ［J］. 甘肃畜牧兽医, 46 (3)：17.

曹建新, 齐莹莹, 王虹, 2013. 畜牧业环境污染的危害及治理措施 ［J］. 当代畜牧 (27)：77-78.

陈光明, 浦学文, 邵波, 2017. 羊粪无害化处理与应用技术 ［J］. 上海蔬菜 (2)：59-61.

程治良, 全学军, 代黎, 等, 2013. 羊粪好氧堆肥处理研究进展 ［J］. 重庆理工大学学报 (自然科学), 27 (11)：36-41.

冯培功, 2018. 温度与密度对绵羊生长性能、血清生化指标及羊舍环境质量的影响 ［D］. 兰州：甘肃农业大学.

葛杭丽, 韩倩倩, 郝莎莎, 等, 2014. 规模化畜禽养殖污染防治的刑事对策 ［J］. 法制博览 (名家讲坛, 经典杂文) (1Z)：40-42.

贾小红, 曹卫东, 赵永志, 2010. 有机肥料加工与施用 ［M］. 2 版. 北京：化学工业出版社.

郎侠, 吴建平, 王彩莲, 2018. 绵羊生产 ［M］. 北京：中国农业科学技术出版社.

李文杨, 刘远, 张晓佩, 等, 2014. 羊粪污染防治措施及无害化处理技术 ［J］. 中国畜牧业 (14)：55-56.

梁国荣, 王世泰, 2012. 肉用羊场环境控制技术 ［J］. 畜牧兽医杂志, 31 (2)：100-101.

刘春勇, 2017. 规模化肉羊养殖场环境控制的几项措施 ［J］. 现代畜牧科技

（11）：41.

刘瀚扬，杨雪，孙越鸿，等，2018. 羊粪无害化处理技术研究进展［J］. 当代畜牧
　　（33）：47-49.

卢云博，2015. 专家热议家禽粪污处理技术［J］. 北方牧业（16）：18-19.

骆仲悦，2014. 几种南方肉羊舍温热环境检测与调控［D］. 合肥：安徽农业大学.

马天艺，王自龙，曹永香，等，2010. 羊场环境与粪污利用的经济效益［C］. 第七届
　　中国羊业发展大会.

马桢，张艳花，2018. 羊粪尿的处理与利用［J］. 现代农业科技（1）：180-181.

米长虹，姜昆，张泽，2012. 规模化畜禽养殖场环境影响评价问题探讨［J］. 农业环
　　境与发展，29（6）：67-71.

权凯，马伟，张巧灵，等，2010. 农区肉羊场设计与建设［M］. 北京：金盾出版社.

孙温娟，2018. 农业面源污染治理技术与政策研究 以天津市规模化畜禽养殖为例
　　［M］. 天津：天津大学出版社.

施正香，2015. 畜禽场粪污综合治理与资源化利用技术思路［J］. 兽医导刊（13）：
　　16-18.

王磊，2015. 冬季舍饲密度对羊舍环境及肉羊生产性能影响的研究［D］. 石河子：石
　　河子大学.

王磊，张永东，2014. 牛粪好氧堆肥处理技术［J］. 中国牛业科学（5）：87-89.

王雅军，2016. 羊舍环境控制若干措施［J］. 中国畜禽种业，12（3）：102.

伍志敏，2017. 关于蛋鸡行业发展趋势的一点思考［J］. 北方牧业（24）：8.

许英民，2016. 禽舍中有害气体、灰尘及微生物的危害和预防措施［J］. 养禽与禽病
　　防治（5）：10-12.

畜禽粪粪污资源化利用技术模式，2017-11-19［N］. 中国畜牧兽医报.

畜禽粪污资源化处理的7种典型模式［J］. 河南畜牧兽医，2017（15）：36-39.

畜禽粪污资源化利用技术模式，2018-3-20［N］. 甘肃科技报.

张建华，2013. 规模养殖场的养殖与环保［J］. 中国畜牧兽医文摘，29（10）：6-8.

张亮，马慧钟，张伟涛，等，2018. 规模化羊场环境对羊的影响及控制措施［J］. 北
　　方牧业（18）：11-12.

张英杰，2013. 规模化生态养羊技术［M］. 北京：中国农业大学出版社.

张英杰，2020. 羊生产学［M］. 北京：中国农业大学出版社.

赵永志，2016. 生态施肥理论与实践［M］. 北京：中国农业科学技术出版社.

赵中权，2016. 波尔山羊高效饲养技术［M］. 北京：化学工业出版社.

中国养殖业可持续发展战略研究项目组，2013. 中国养殖业可持续发展战略研究 环境
　　污染防治卷［M］. 北京：中国农业出版社.

第五章　现代羊场的卫生及羊的
健康管理技术

第一节　羊的主要疾病及其防治

一、主要疾病分类

羊的疾病，根据其是否具有传染性可分为传染性疾病和非传染性疾病两大类。传染性疾病是指由病原生物引起的可以从一个宿主通过一定途径传播给另一个宿主的疾病，包括由病原微生物引起的传染病和由寄生虫引起的寄生虫病。非传染性疾病即普通病，主要包括内科病、外科病和产科病。内科疾病有消化、呼吸、泌尿等系统以及营养代谢、中毒、遗传、免疫、羔羊疾病等，其病因和表现多种多样。外科疾病主要有外伤、四肢病、蹄病、眼病等。产科疾病可根据其发生时期分为怀孕期疾病（流产、死胎等）、分娩期疾病（难产）、产后期疾病（胎衣不下、子宫内膜炎、生产瘫痪），以及乳房疾病、新生幼畜疾病等。根据疾病发生多寡分为群发病和散发病，也有将疾病分为本土疾病和外来疾病等。但无论何种分类方法均不具有绝对性，如一般传染病或寄生虫病多为群发，但如破伤风、肝片形吸虫病等在某些条件下可能散发。

就现代化规模化羊场而言，羊的饲养集中，饲养量大，这无疑为群体免疫、群体给药提供了便利，但由于养殖设施设备与环境和饲草饲料种类等依靠人工供给、饲养密度大、羊的运动量受限、疫病传播快等因素，除非是特别珍贵的羊，个体羊病的诊疗及其人力、物力的投入与效益相比，对养殖者来说常常显得不合算，而群发性疾病造成的损失和重要性凸显。因此，本章重点对现代羊场羊的主要营养代谢病、主要繁殖性疾病、主要传染病和主要寄生虫病的发生与流行、症状、病变、防控等进行论述。

二、主要营养代谢病及其防治

（一）概述

1. 营养代谢性疾病的概念与特点

营养代谢性疾病是动物营养紊乱性疾病和新陈代谢失调性疾病的总称。营养性疾病是长期的、慢性的，只有通过补充日粮才能改善，代谢性疾病往往是急性状态，动物对补充所需要的营养物质反应明显。

营养紊乱性疾病是指某些营养物质的供应不足发生的营养缺乏症；或某些营养物质供

应过量而干扰了另一些营养物质的消化、吸收和利用；或某些营养过剩的疾病。

代谢失调性疾病是指体内 1 个或多个代谢过程改变导致内环境紊乱而发生的疾病，往往与羊的生产性能有关，又称生产性疾病。

因为营养代谢病的病因、发病学有其独特之处，所以该类疾病的发生发展、临床经过及其防治与其他类疾病相比有如下特点。

（1）发病缓慢、病程较长。指从病因作用到出现临床症状至少要经历化学紊乱、病理学改变及临床异常 3 个阶段，一般要经过数周、数月甚至更长时间。

（2）群发性、地方流行性。在集约化饲养条件下，在一个地区、一个场，特别是饲养管理不当，往往造成许多同种或异种羊或同一饲料配方下的羊同时或相继发生营养代谢病，呈群发性，表现相同或相似的临床症状。而地方流行性是由于地球化学方面的原因，土壤中某些矿物元素的分布很不均衡所致。如内蒙古某些牧养绵羊缺锌症的发病率可达 10%～30%；新疆、宁夏等地则流行绵羊铜缺乏症。

（3）缺乏特征症状、早期诊断困难。许多营养代谢病缺乏特征性的临床症状，大都表现为精神沉郁、食欲不振、消化障碍、生长发育停滞、贫血、异嗜、生产性能下降、生殖机能紊乱等一般症状，要早期诊断十分困难。

（4）体温偏低、无传染性。病畜除继发感染外，体温一般在正常范围内或偏低，这是早期群发性营养代谢病与传染性疾病的一个显著区别。虽然营养代谢病在一定区域内或在某些养殖场大批发病，但无传染性疾病的特征。

（5）多种营养物质同时缺乏。在慢性消化道疾病、慢性消耗性疾病等营养性衰竭症中，缺乏的不仅是蛋白质，其他营养物质（如铁、维生素等）也显不足。

（6）与生理阶段有关。某些营养代谢病发生在不同的生理阶段，如白肌病主要发生在羔羊等。

2. 营养代谢性疾病的病因

引起营养代谢病的原因很复杂，归纳起来有如下几点。

（1）营养不足。日粮中营养物质不全、量不足、营养不平衡，或品种单一、品质不良、饲养管理不当等因素使机体缺乏某种营养物质，这是引起营养代谢病的主要原因。

（2）营养过剩。主要是为了提高羊生产性能，盲目采用高营养饲喂，常导致营养过剩。

（3）消化吸收障碍。羊在患消化系统疾病（如牙齿疾病、慢性胃肠炎、肝脏疾病及胰脏疾病）时，影响了机体对一些营养物质的消化吸收，而且还使体内物质代谢紊乱。另外，日粮中某些物质过多或比例不当可影响其他一些营养物质的消化吸收。

（4）营养物质需要量增加。处于生长期的羔羊、妊娠期泌乳期的母羊等对营养物质的需要量均增加；处于疾病（如发热、慢性寄生虫、慢性化脓性疾病、结核等慢性消耗性疾病）状态下的羊对营养物质的消耗量增加。若此时日粮中营养物质供给不足或比例不当则最易发病。如我国北方多数羊在怀孕后期、泌乳期、枯草期常处于营养不良状态，易发生流产、羔羊成活率低或发育缓慢。

（5）抗营养因子存在。饲料中存在一些能使其营养价值降低的物质，称为抗营养物质或抗营养因子。例如：豆科植物中的蛋白抑制剂——胰蛋白酶抑制因子；植酸可与多种金属离子螯合；草酸能降低钙的溶解和吸收。

3. 营养代谢性疾病的诊断

营养代谢病的病因复杂，无特征性的临床症状，临床早期诊断困难。因此，营养代谢病的诊断必须依靠以下几个方面。

（1）流行病学调查。主要调查与疾病有关的一些情况，如发病季节、发病率、死亡率、发病年龄、饲料的来源与加工、日粮配合及组成、饲料的种类及质量、饲料添加剂的种类及数量、饲养管理、饲养方法及饲养程序状况、环境卫生、土壤类型、水源资料及有无环境污染、发病后采取的措施及效果等，以便为进一步检查提供依据。

（2）临床检查。临床检查应全面系统，并参照流行病学资料对所搜集到的症状进行综合分析。有些营养代谢病可能出现典型的临床症状，可为疾病的诊断提供依据。

（3）病理学检查。有些营养代谢病表现出特征性剖解病变，根据尸体剖检和组织学检查可初步诊断。如羔羊硒缺乏主要表现骨骼肌颜色变淡；维生素 A 缺乏时皮肤角化不全、先天性失明。

（4）饲、草料分析。对于怀疑与某些矿物质、维生素缺乏有关的疾病，分析日粮中相关的营养成分，并参照羊营养标准，可为诊断提供依据。

（5）实验室检验。根据病因分析和剖解病变，选择采集有关样品（如血液、尿液、乳汁、被毛、组织等）进行某些营养物质、相关酶、生理生化指标及代谢产物的测定，为早期诊断提供依据。

（6）治疗性诊断。为验证所建立的初步诊断和疑似诊断，可进行治疗性诊断。即针对许多营养缺乏性疾病，可在疾病高发区选择一定数量的病畜和临床健康羊，通过补充疑似缺乏的营养物质，观察治疗和预防效果，进一步验证病因。

（二）营养性衰竭症

营养性衰竭症（Dietetic Exhaustion）又称为瘦病、伤劳症，是营养物质缺乏所致的机体过度消耗和严重的代谢障碍，并伴以肌肉、实质器官等不同程度的萎缩和严重的营养不良为特征的疾病。多见于老龄和利用过度的高产奶羊。临床上常见于母羊妊娠毒血症和绵羊地方性消瘦（钴缺乏症）等。

1. 病因

主要是由于机体营养供给与消耗之间呈现负平衡而造成的。

（1）营养缺乏和饥饿。长期饲料单一、营养不足和饥饿，使体内营养物质不能补偿机体生产性能和生命活动的消耗，是引起本病的主要原因，通常称由此引起的衰竭为饥饿症或营养性衰竭症。如羔羊可因长期缺乏母乳、断奶过早而受饿；微量元素钴、铜、锌、铁等缺乏；放牧羊群由于草场退化、冬春牧草干枯或冬季大雪覆盖等。

（2）超负荷产出。高产奶羊加强榨乳、不适当挤奶或采用超负荷的催奶措施、干奶期过短、母羊快速重配、公畜采精配种过度等而造成的衰竭，此时即使饲料中的营养物质充足，这种高产仍超出了机体的贮备和消化道吸收营养物质的最大限度，通常称为利用性衰竭。

（3）消化道疾病及继发病。老龄羊由于牙齿疾病、消化机能减退和吸收不良引起营养吸收减少；继发于某些传染病、寄生虫病的慢性消化紊乱、慢性消耗性疾病、慢性化脓性疾病等，引起营养吸收减少或消耗增加。

2. 症状

衰竭症的特征是渐进性消瘦。按衰竭症的经过及严重程度分为 3 个阶段。早期阶段的特征为逐渐消瘦，精神欠佳，易疲劳，被毛粗乱，轻微贫血，体重减轻。中期阶段出现全身衰弱，困乏无力，步态不稳，皮肤干燥；胃肠机能减弱呈慢性胃肠弛缓，粪便干燥；当肠内容物腐败分解时则出现腹泻，或便秘与腹泻交替出现。后期阶段患畜表现为极度衰弱，站立困难，食欲废绝，粪便呈黑水样且有恶臭，内有未消化的饲料颗粒；胃肠蠕动微弱。体温降低到 36℃ 左右，体重减少 30%~40%，反射迟钝，发呆呈昏迷状而死。

3. 治疗

本病治疗原则是维护水和电解质平衡，增加血容量、改善血浆胶体渗透压，补充能量，促进机体同化作用，加强营养，改善管理。但本病治疗拖延时间长，疗效不明显，死亡率和淘汰率较高。

第一，用 0.9% 氯化钠注射液、5% 葡萄糖注射液，纠正水和电解质平衡。随后用 10%~25% 葡萄糖、维生素 C、配合氯化钙 5~10g，慢速静脉滴注。有所好转后肌内注射三磷酸腺苷 50~100mg，以促进糖的利用。有条件静脉注射血浆 500mL，隔日 1 次，连用 2~3 次；或静脉注射右旋糖酐 500~1 000mL，复方氨基酸 300mL，以纠正低蛋白血症。待体质稳定后，可用苯丙酸诺龙 30~60mg 或丙酸睾丸酮 50~100mg，小量多次肌内注射，间隔 3~5d 1 次，促进同化作用。每天灌服 3~5g 甘油磷酸钙，民间亦有灌服白酒 50~100mL 等措施。

第二，减少或停止挤奶、配种，或中断妊娠，并给予易消化的全价日粮。应注意少喂勤添，以免引起急性消化不良或胃食滞而死亡。

第三，注意冬天保温，夏天防暑，畜舍要通风，多晒太阳，保持一定运动量。

第四，补以动物性蛋白质，可改善胃肠功能和全身状况。

4. 预防

加强饲养管理，即全价饲养是预防本病的基础。避免长时间饥饿和过度利用。不要超负荷工作。羔羊断奶不宜过早，断奶后要加强饲养管理。

（三）骨软病

骨软病（Osteomalacia）是成年羊当软骨内骨化作用完成后发生的一种骨营养不良。由于饲料中钙或磷缺乏、二者的比例不当或维生素 D 缺乏而发生。病理特征是骨质的进行性脱钙，呈现骨质疏松及形成过剩的未钙化的骨基质。临床特征是消化紊乱，异嗜癖，跛行，骨质疏松及骨变形，多发于绵羊。山羊的骨软病实际上是纤维素性骨营养不良。

1. 病因

饲料和饮水中的钙磷和维生素 D 缺乏、或钙磷比例不当是引起本病的主要原因。

（1）牧草磷缺乏。放牧羊的骨软病通常由于牧草中磷含量不足，导致钙、磷比例不平衡而发生。全球缺磷的土壤远远多于缺钙的土壤，多种植物茎叶中的钙含量高于磷含量，许多牧草的磷含量均较低，大多低于 0.15%。长期干旱，土壤中矿物质尤其是磷不能溶解，植物对磷的吸收利用减少。山地、高地、土壤偏酸、黄黏土、岗岭土地区等因素，均可影响植物的含磷量。

（2）钙磷和维生素 D 缺乏、或钙磷比例不当。在成年羊骨骼中钙与磷的比例约为 2∶1。日粮中钙磷缺乏、比例不当、维生素 D 缺乏、光照不足等均可导致骨骼钙磷吸收不良。

（3）钙、磷拮抗因子。牧草中大量的草酸盐是羊缺钙的主要因素；锶等矿物质过多，电解铝厂、钢铁厂、水泥厂等周围的牧草和饮水高氟，对钙的吸收也有拮抗作用；土壤中铁、钙和铝的含量过高都会影响植物对磷的吸收。

（4）患有慢性肝、肾疾病。患有慢性肝脏疾病和肾脏疾病，可影响维生素 D 的活化，使钙磷的吸收和成骨作用障碍发生钙化不全。

2. 症状

首先是消化紊乱，并呈现明显的异嗜癖，之后呈现跛行，关节疼痛、肢体僵直，走路后躯摇摆，经常卧地不愿起立。四肢外形异常，后肢呈 "X" 形，肘外展，站立时前肢向前伸，后肢向后拉得很远，呈特殊 "拉弓射箭" 姿势；后蹄壁龟裂，角质变松肿大；肋骨变软，胸廓扁平，弓背、凹腰；尾椎排列移位、变形，重者尾椎骨变软、椎体萎缩，严重者，最后 1~2 尾椎骨愈着或椎体被吸收而消失，最后几个椎体消失。

3. 诊断

根据日粮组成的矿物质含量，饲料来源和地区自然条件，病羊年龄、性别、妊娠和泌乳情况，临床特征和治疗效果，很容易作出诊断。

4. 防治

（1）早期病例。早期出现异嗜癖时，单纯补充骨粉即可痊愈，羊给予骨粉 250g/d，5~7d 为 1 个疗程，可以不药而愈。

（2）严重病畜。除从饲料中补充骨粉和脱氟磷酸氢钙外，如是高钙低磷饲料引起，则同时配合无机磷酸盐的治疗，如羊用 20%磷酸二氢钠溶液 150~300mL，或 3%次磷酸钙溶液 500mL，静脉注射，1 次/d，连用 3~5d；如是低钙高磷饲料引起，则静脉注射氯化钙或葡萄糖酸钙。可以配合肌内注射维生素 D 或维生素 AD 注射液，或内服鱼肝油。

在发病地区，尤其对妊娠母羊、高产奶羊，重点应放在预防上，如注意饲料搭配，调整钙磷比例和维生素 D 含量，补饲骨粉等。有条件的实行户外晒太阳和适当运动。

（四）佝偻病

佝偻病（Rickets）是生长发育快的羔羊维生素 D 缺乏及钙、磷代谢障碍所致的骨营养不良。病理特征是成骨细胞钙化不足、持久性软骨细胞肥大及骨骺增大的暂时钙化不全。临床特征是消化紊乱、异嗜癖、跛行及骨骼变形。常见于羔羊。

1. 病因

（1）日粮维生素 D 缺乏。羔羊体内维生素 D 主要从母乳中获得，其皮肤产生维生素 D 很少。断乳后如果饲料中维生素 D 供应不足，或长期采食未经太阳晒过的饲草，或母乳中维生素 D 不足，导致钙、磷吸收障碍，这时即使饲料中有充足的钙、磷，也会发生先天性或后天性佝偻病。

（2）光照不足。长期舍饲，或漫长的冬季，或毛皮较厚的绵羊等都会发生光照不足，缺乏紫外线照射，皮肤中的 7-脱氢胆固醇不能转变为维生素 D_3，母乳缺乏维生素 D_3，从而导致哺乳羔羊发病。

（3）钙、磷不足或比例不当。饲料中存在任何钙、磷比例不平衡现象（高于或低于2：1），就会引起佝偻病的发生。钙、磷比例稍有偏差，只要有充足的维生素 D，也不会发生佝偻病；羔羊的佝偻病往往是由原发性磷缺乏及舍饲中光照不足所引起的。

（4）断奶过早或胃肠疾病。当羔羊断奶过早导致消化紊乱、或长期腹泻等胃肠疾病时，影响机体对维生素 D 的吸收，从而引起佝偻病。

（5）患慢性肝、肾疾病。慢性肝脏疾病和肾脏疾病时，维生素 D 在肝肾内羟化转变作用丧失，造成具有生理活性的 1,25-二羟维生素 D_3 缺乏而致病。

（6）维生素 A、维生素 C 缺乏。维生素 A 参与骨骼有机母质中黏多糖的合成，尤其是胚胎发育和羔羊骨骼生长发育所必需的；维生素 C 是羟化酶的辅助因子，促进有机母质的合成。因此，维生素 A、维生素 C 缺乏，会发生骨骼畸形。

（7）某些微量元素缺乏或过多。佝偻病的发生还与微量元素铁、铜、锌、锰、碘、硒的缺乏或锶、钡含量过多有关。

（8）内分泌机能障碍。甲状腺、胸腺等机能障碍时，都会影响钙、磷的代谢和维生素 D 的吸收和利用，也可促进佝偻病的发生。

（9）缺乏运动。长期舍饲，缺乏运动，骨骼的钙化作用降低，骨质硬度下降。

2. 症状

早期呈现食欲减退，消化不良，精神沉郁，然后出现异嗜癖；卧地，发育停滞，下颌骨增厚和变软，出牙期延长，齿形不规则，齿质钙化不足，排列不整齐，齿面易磨损、不平整；严重时，口腔不能闭合，流涎，吃食困难；关节肿大，骨端增大，弓背，长骨畸形，跛行，步态僵硬，甚至卧地不起；四肢骨骼变形呈现"O"型腿或"X"型腿，骨质松软，易骨折；肋骨与肋软骨结合处有串珠状肿大。伴有咳嗽、腹泻、呼吸困难、贫血或神经过敏、痉挛、抽搐等。

X 线检查，长骨骨端变为扁平或呈杯状凹陷，骨骺增宽且形状不规则，骨皮质变薄，密度降低，长骨末端呈毛刷状或绒毛样外观。

3. 诊断

根据羊的年龄、饲养管理条件，慢性经过、生长迟缓、异嗜癖、运动困难以及牙齿和骨骼的变形等特征，很容易诊断；骨的 X 射线检查及骨的组织学检查，可以帮助确诊。

4. 防治

首先，防治佝偻病的关键是保证机体能够获得充足的维生素 D，可在日粮中按维生素 D 的需要量给予合理补充。内服鱼肝油，羊 10~20mL，羔羊 1~3mL。维生素 A、D 注射液，羊 2~4mL，羔羊 0.5~1mL，肌内注射，或按 2.75g/kg 体重剂量一次性肌内注射，可维持羊 3~6 个月内不至于引起维生素 D 缺乏。维丁胶性钙注射液，羊 0.5 万~2 万 IU，肌内注射。维生素 D_3 注射液，羊 1 500~3 000IU/kg 体重，羔羊 1 000~1 500IU/kg 体重。

其次，保证舍饲得到足够的日光照射或在圈舍中安装紫外线灯定时照射，让羊吃经过太阳晒过的青干草。

最后，日粮应由全价饲料来组成，尤其注意钙、磷的平衡问题，维持 Ca∶P 为 2∶1。可选用维丁胶性钙、葡萄糖酸钙、磷酸二氢钠等，在饲料中添加乳酸钙、磷酸钙、氧化钙、磷酸钠、骨粉、鱼粉等。

（五）青草搐搦

青草搐搦又称低血镁搐搦（Hypomagnesemic Tetany）或羊青草蹒跚，或羊麦类牧草中毒，是羊采食了幼嫩青草或谷苗后而突然发生的一种低镁血症，临床上以兴奋不安，阵发性、强直性肌肉痉挛，惊厥，呼吸困难为特征的高度致死性疾病。

本病主要发生于泌乳母绵羊，山羊也可发生。发病通常出现在早春放牧开始后的前2周内，也见于晚秋季节。发病率一般为1%~3%，最高可达7%，病死率为50%~100%。

1. **病因**

（1）牧草镁含量低。牧草或日粮中镁含量低可造成镁的摄入量不足，幼嫩青草和生长繁茂的牧草比成熟牧草中镁含量低，当牧草或日粮中镁含量低于0.2%（干物质）时，在饲喂一段时间后，可引起本病的发生。此外，采食燕麦、大麦等谷物的幼苗后也能引起大规模发病。影响牧草或作物含镁量低的因素有：① 含镁低的土壤；② 土壤pH太低或太高；③ 大量施用钾肥、石灰（不含镁）、铵态氮肥。

（2）镁的吸收率下降。饲料中镁的吸收率高低直接影响着血镁浓度的高低。在牧草中，贮存牧草中的镁吸收率比草地牧草高，而幼嫩多汁牧草中的镁吸收率非常低。羊机体内70%的镁以磷酸镁、碳酸镁的形式沉积在骨骼中，这些镁在机体缺镁时的补偿缓慢。因此，从正常日粮到缺镁日粮的突然转变过程中，仅在2~18d内即会导致低血镁搐搦，即使以前饲喂含镁丰富的日粮，也会如此。

（3）存在镁拮抗因子。饲料中过量的脂肪、钙、植酸、草酸、碳酸根离子都会生成难溶性镁碳酸盐、磷酸盐和不溶性的脂肪酸镁酯，这些盐难以吸收。此外，大量使用钾肥的土壤，钾可竞争性地抑制肠道对镁的吸收，并促进体内镁和钙的排泄。当牧草K/（Ca+Mg）摩尔比大于2.2时，极易发生低血镁搐搦。

（4）胃肠道疾病。胃肠道疾病、胆道疾病可影响机体对镁的吸收。

（5）内分泌失调。甲状旁腺功能降低或甲状腺功能亢进，都可使肾小管对镁的重吸收降低，造成血浆镁浓度降低，可促进本病的发生。

（6）诱因。在寒冷、潮湿、风沙、阳光少等恶劣气候条件下，易诱发本病。

2. **症状**

绵羊：食欲减退，流涎，步态蹒跚。继而四肢和尾僵直，倒地，频频出现惊厥。在惊厥期，病羊流涎，牙关紧闭，全身肌肉收缩强烈，四肢划动，瞳孔散大，头向一侧或向后方弯曲呈"S"状。体温38.5~40.0℃，呼吸急促，脉率增快。当受到强烈刺激时，病羊呈现角弓反张。病程一般为3~25d。

山羊：病羊表现不安，离群，颈部、背部和四肢肌肉震颤，继而四肢强直，跌倒于地。倒地后四肢划动，呼吸急促，脉率增快，并反复出现惊厥。

3. **诊断**

根据病史和突然发病、兴奋不安、运动不协调、敏感、搐搦等临床症状，以及血清镁、钙和钾浓度的测定，出现临床症状时，羊血清镁浓度低于0.16mmol/L，血清钙降低，血清钾浓度升高，可做出诊断。但在兽医临床上应与狂犬病、破伤风、急性肌肉风湿、酮病和生产瘫痪等疾病进行鉴别。

4. **治疗**

钙、镁制剂同时应用对羊低血镁搐搦具有良好的治疗效果。临床上常用硼葡萄糖酸钙250g、硫酸镁50g，加蒸馏水至1 000mL，制成注射液，羊50~80mL，静脉或皮下注射，也可作腹腔注射。或者先皮下注射25%硫酸镁溶液，羊50~100mL；然后静脉注射25%硼葡萄糖酸钙溶液（或10%葡萄糖酸钙溶液），羊50~80mL。若无硼葡萄糖酸钙和葡萄糖酸钙时，羊可用10%葡萄糖溶液与5%氯化钙溶液按5∶1比例混合，静脉注射其混合液50~

100mL。同时内服氧化镁，羊 10 ~ 20g/d，连续 1 周，然后逐渐减量停服。静脉注射上述药品时，应缓慢注射，并监测心率和呼吸频率，如两者过快时，应停止注射，待慢下来后再继续治疗，否则在治疗中常因心脏停止搏动而导致治疗失败。

此外，还可用 30%硫酸镁溶液进行灌肠，羊 50 ~ 100mL。当病羊兴奋不安、狂躁时，可先应用镇静药物如氯丙嗪等，使羊安静后，再应用其他药物进行治疗。

对于同群的其他未出现临床症状的羊，应尽快补给氧化镁或硫酸镁，羊 10 ~ 20g/d，持续 1 ~ 2 周。

5. 预防

注意日粮配合，使日粮干物质中镁含量不少于 0.2%。在缺镁土壤中施加镁肥，如硫酸镁（150 ~ 300kg/hm²），以提高牧草或作物的含镁量。也可在放牧前用 1% ~ 2%硫酸镁液喷洒牧草（35kg/hm²），隔 10d 喷洒 1 次。在使用钾肥时，应注意与镁肥的配合使用，使有效钾镁之比以维持在（2 ~ 3）∶ 1 为宜。放牧于幼嫩青草牧地的羊，在出牧前应给予一定量的干草。过冬的羊群应注意防寒、防风，应补给优质的干草。

（六）低钾血症

低钾血症（Hypokalemia）是羊因摄入钾不足或从尿、汗、粪中丢失钾过多，引起以血钾浓度下降、全身骨骼肌松弛、异嗜、生产性能降低为特征的疾病。

1. 病因

（1）摄入不足。绵羊饲料钾含量在 0.7%以上就可满足羊对钾营养的需要。但在集约化养殖中，多以大量精料代替粗纤维，可使羊钾摄入减少。

（2）钾丢失过多。一种是肾外丢失，见于严重呕吐、腹泻、高位肠梗阻、长期胃肠引流，或大量出汗、体内失水过多、顽固性前胃弛缓、瘤胃积食、真胃阻塞等疾病时。另一种是肾性丢失，见于慢性心力衰竭、肝硬化、腹水、应激、长期应用高渗葡萄糖溶液、碱中毒和肾脏疾病等。

（3）钾转移入细胞内过多。钾从细胞外转移到细胞内，内外钾浓度发生变化时，就会出现钾浓度降低。此外，碱中毒时，细胞内的氢离子进入细胞外，同时伴有钾钠离子进入细胞内以维持电荷平衡，也可导致血钾降低。

2. 症状

羔羊表现采食量减少，渐进性消瘦，血细胞压积容量增多，血钾浓度下降，红细胞内钠浓度增加。用含钾 0.1%的饲料饲喂羔羊 10d，就可使血钾浓度下降，表现异嗜、啃咬，甚至拉自己身上的毛等现象。

3. 诊断

根据病史，结合临床症状、实验室检查进行综合分析。

4. 治疗

治疗原发病，补充钾盐。只要羊只可以喝水，在饮水中添加 1% ~ 2%的氯化钾，口服钾的毒性小；亦可静脉注射氯化钾，但必须慎重，将补充的 10%氯化钾溶液的 1/3，加入 5%葡萄糖溶液中缓慢静脉注射，以防心脏骤停。细胞内缺钾的羊只恢复较慢，则需每天口服氯化钾。

（七）硫缺乏症

硫缺乏症（Sulfur Deficiency）是因羊硫摄入不足而发生的一种以嗜食被毛为特征的营

养代谢性疾病，主要发生于成年绵羊和山羊，主要表现为地方性"食毛症"，多散发或呈地方流行性。

1. 病因

饲料中硫元素供应不足或含硫氨基酸缺乏是主要原因。其次牧草中氟含量过高、铜含量不足导致硫吸收障碍是发生地方性硫缺乏症的常见因素，尤其是终年只在当地草场放牧、饮水的羊只发病率较高。该病多发生于 11 月至翌年 5 月，1—4 月为高峰期。山羊发病率明显高于绵羊，其中以山羯羊发病率最高。

2. 症状

病羊啃食其他羊只或自身被毛，每次可连续采叼 40~60 口，每口叼食 1~3g。以臀部叼毛最多，而后扩展到腹部、肩部等部位。被啃羊只被毛稀疏或大片皮板裸露，甚至全身净光，最终寒冷死亡。有些病羊出现掉毛、脱毛现象。病羊逐步消瘦，食欲减退，消化不良。也可发生消化道毛球梗阻，表现肚腹胀满、腹痛，甚至死亡。病羊还可啃食毛织品物质。

3. 诊断

根据绵羊、山羊啃食被毛成瘾，大批羊只同时发病、症状相同，具有明显的地域性和季节性，可初步诊断。流行病区土、草、水和病羊被毛硫元素检测，含硫化合物补饲病羊疗效显著，即可确诊。

4. 防治

补充含硫氨基酸或硫酸盐。在发病季节坚持补饲硫酸铝、硫酸钙、硫酸亚铁、少量硫酸铜等含硫化合物，硫元素用量控制在饲料干物质的 0.05% 或成年羊的 0.75~1.25g/d，即能取得中长期预防和治疗效果。补饲方法以含硫化合物颗粒饲料为主，组方推荐如下：硫酸铝 143kg，生石膏 27.5kg，硫酸铜 5kg，硫酸亚铁 1kg，玉米 60kg，黄豆 65kg，草粉 950kg，加水 45kg，经搅拌加工成颗粒饲料。放牧羊平均 20~30g/d，可盆饲或撒于草地上自由采食。个别羊只灌服硫酸盐水溶液治疗即可。有机硫化合物，如蛋氨酸等含巯基的氨基酸，治疗本病效果明显，但其价格太高。

预防羊硫缺乏症可以采取综合措施。第一，对发病率高的羊群用药物颗粒饲料补饲；第二，发病地区的放牧羊应建立轮放制，轮放时间以秋冬为宜；第三，改造棚圈，建造冬季塑料大棚，以防风御寒；第四，发病绵羊、山羊应分圈过夜，推广绵羊罩衣措施，防止啃咬和减少剐损掉毛。

（八）白肌症

白肌症是因硒、维生素 E 缺乏而使羊机体的抗氧化机能障碍，从而导致骨骼肌、心肌、肝脏、血液、脑、胰腺的病变和生长发育、繁殖等功能障碍的综合征。因病变部位肌肉色淡、苍白而得名。多发于羔羊。

1. 病因

（1）土壤缺硒。与土壤中硒化物形态有关。土壤中的硒多为元素硒或以黄铁矿硒、硒化物、亚硒酸盐、硒酸盐和有机硒化合物形式存在。当某一地区土壤中可溶性硒（亚硒酸盐）含量减少，影响植物中硒的含量。

与土壤酸碱度有关。碱性土壤中元素硒和硒金属能缓慢地转化为可溶性的亚硒酸盐和硒酸盐被植物利用，酸性土壤中很难进行这种转化。

与土壤干湿度有关。土壤中含水量多，人工灌溉、多雨季节等，由于硒经淋洗流失，可导致植物缺硒。

（2）饲料种类单纯。长期单一喂给缺硒和维生素 E 的饲料（如玉米）或缺乏青饲料，饲料中蛋白质尤其是含硫氨基酸不足，维生素 A、维生素 C、B 族维生素缺乏等，可造成硒的缺乏。

（3）饲料保管不善。收割后谷物干燥时间过长，青草贮存时间过长，饲料霉败等可造成维生素 E 的缺乏。

（4）气候寒冷。如霜期长、日照短、年平均气温低等可影响植物中维生素 E 的含量。

（5）存在硒的拮抗因子。饲料饮水中铁、锰等金属离子含量增加，影响硒的利用，也可促进本病的发生。由于工业的发展，煤炭等燃料燃烧后有大量的硫散落在土壤中，从而引起硫、硒比例的失调（硫为硒的拮抗物），使硒缺乏。

2. 症状

急性患羊常未出现特征性的症状就突然死亡，或在驱赶、奔跑、跳蹦中突然跌倒，很快死亡。一般患羊以机体衰弱，心力衰竭（心跳快而弱、心律不齐、有杂音），运动障碍，呼吸困难，消化机能紊乱为特征。尸检主要病变部位为骨骼肌、心肌、肝脏，其次为肾和脑。以上病变部位均可见色淡似煮肉样，质软易脆，横断面呈灰白色斑纹的剖解病变。

3. 诊断

根据地方缺硒病史、饲料分析、临床特征（骨骼肌机能障碍及心脏功能变化）、尸检肌肉的特殊病变以及用硒制剂防治的良好效果来做出诊断。

4. 防治

肌内或皮下注射 0.1%亚硒酸钠液，羔羊 2~4mL，每 10~20d 重复用药 1 次；维生素 E 羔羊肌内注射 100~150mg。加强对妊娠、哺乳母羊的饲养管理，增加蛋白质饲料和富硒饲料。

（九）铜缺乏症

铜缺乏症（Copper Deficiency）是由于机体缺铜所引起的羽毛发育、造血机能、骨骼发育、生殖机能和中枢神经发生异常的一种营养代谢病。临床上以贫血、腹泻、骨关节异常、被毛受损和共济失调为特征。绵羊和山羊最易感，多见于放牧山羊，往往呈地方流行性、群发性，俗称"羊摇摆病""羊痢疾"。

1. 病因

（1）饲料缺铜。主要原因是土壤含铜量的不足或缺乏，导致在该土壤上生长的植物含铜量不足，使羊发生缺铜症状。一类土壤是缺乏有机质和高度风化的沙土，如沿海平原、海边和河流的淤泥地带，这类土壤不仅缺铜，还缺钴；另一类土壤是沼泽地带的泥炭土和腐殖土等有机质土，这类土壤中的铜多以有机络合物的形式存在，不能被植物吸收。一般认为，饲料含铜量低于 3mg/kg，可以引起发病；3~5mg/kg 为临界值，8~11mg/kg 为正常值。

（2）存在铜的拮抗因子。饲料中过多的钼对铜有拮抗性，饲料中钼酸盐是最重要的致铜缺乏因素之一。通常认为 Cu : Mo 应高于 5 : 1，牧草含钼量低于 3mg/kg 干物质是无害的，当饲料铜不足时，钼含量在 3~10mg/kg，或 Cu : Mo 低于 2 : 1 即可出现临床症状，如采食在天然高钼土壤上生长的植物，或工矿钼污染所致的钼中毒。

饲料中含硫化合物也是最重要的致铜缺乏因素之一。饲料中蛋氨酸、胱氨酸、硫酸钠、硫酸铵等含硫物质过多，经过瘤胃微生物的作用均可转化为硫化物，硫与钼、铜共同形成一种难以溶解的铜硫钼酸盐的复合物（$CuMoS_4$），降低铜的利用。

铜的拮抗因子还有锌、铅、镉、银、镍、锰、抗坏血酸。高磷、高氮的土壤，也不利于植物对铜的吸收。饲料中的植酸盐含量过高，可与铜形成稳定的复合物，降低羊对铜的吸收。

（3）年龄因素。年龄因素对铜的吸收率也有一定影响，如成年绵羊对摄入体内的铜的利用率低于10%，而羔羊所摄入铜的利用率为成羊的4~7倍。

2. 症状与病变

绵羊除运动障碍外，有羊毛柔软光滑，弯曲度下降，外观呈线状称为钢毛，黑毛颜色变浅。1~2月龄羔羊营养不良，消瘦，腹泻，贫血；后躯麻痹，运动失调，跗关节屈曲困难，球节着地，后躯摇摆，极易摔倒，又称"摆腰病"和"地方性共济失调"。严重者转圈运动，或后肢麻痹，呈犬坐姿势，卧地不起，最后死于营养不良。

贫血和消瘦是铜缺乏的特征性病变，肝、肾、脾呈广泛性血黄素沉着。血液稀薄，量少，血凝缓慢；心肌色淡，呈土黄色，心包积液；消化道空虚；骨骼肌色淡。肝铜含量降低。

3. 诊断

根据贫血、被毛变化、运动机能障碍、腹泻等特征性的临床症状进行诊断；同时进行饲料、土壤、血液、肝脏含铜量的测定。

4. 治疗

补铜是根本措施。一般选用硫酸铜口服：羊1~2g，视病情轻重，每周或隔周1次，连用3~5周。如果配合钴制剂治疗，效果更好。治疗时一般日粮添加硫酸铜25~30mg/kg饲料，连用2周效果显著，但要注意与饲料充分混合。与钴合用效果更好。

5. 预防

预防性补铜，选用下列措施：土壤缺铜地带，使用含铜的表肥。每公顷施硫酸铜5~7kg，可在几年间保持牧草铜含量。饲料含铜量应保持一定水平，羊每千克饲料里含铜量应为5mg。缺铜地区的母羊可在妊娠第2~3个月至分娩后1个月期间饮用1%硫酸铜液30~50mL，每隔10~15d进行1次。出生的羔羊给予10~20mL硫酸铜液。

（十）铁缺乏症

铁缺乏症（Iron Deficiency）是由于饲料中缺乏铁，导致铁的摄入不足，羊机体中铁缺乏所致的一种以贫血、疲劳、活力下降以及生长受阻为特征的疾病。羔羊常见，春季发病高。

1. 病因

（1）饲料铁缺乏。主要是新生羔羊对铁的需要量大，贮存量低，供应不足或吸收不足，容易致病。关禁饲养的羔羊，唯一的铁源是乳或代乳品，母乳中铁不足，易发病。如羔羊饲料中铁含量低于19mg/kg（干物质）就可出现贫血。

（2）铁的吸收障碍。植物性饲料中铁（Fe^{3+}）的吸收仅为1%~5%，而动物饲料中铁的吸收可达到10%~20%或更高；饲料中高铜可干扰铁的吸收，可诱发低血色素小细胞性贫血。

（3）铁的利用障碍。饲料中铜、钴、锰、蛋白质、叶酸、维生素 B_{12} 缺乏可引起铁的利用障碍而发生贫血。因铜参与铁的运输，催化铁合成血红蛋白；钴作为维生素 B_{12} 的成分与叶酸共同促进红细胞的成熟，蛋白质不足则生成血红蛋白的主要原料缺乏。

（4）继发某些疾病。多发于成年羊，如大量吸血性内外寄生虫（如虱子、圆线虫等）感染，某些慢性传染病、慢性出血性和溶血性疾病等，因慢性失血，铁损耗过大而发生铁缺乏。

2. 症状

当羔羊大量吸血昆虫侵袭，饲料铁补充不足时，随血液丢失出现血红蛋白浓度下降，红细胞数量减少，呈低染性小细胞性贫血。血清铁浓度从正常的 1.7mg/kg 降至 0.67mg/kg。

3. 诊断

本病诊断应以病史、贫血症状及相应贫血的血液指标，结合补铁的预防和治疗效果来判定。

4. 防治

主要是补充铁制剂。可肌内注射铁制剂，用右旋糖酐铁或葡萄糖铁钴注射液深部肌内注射。也可用硫酸亚铁 2.5g、氯化钴 2.5g、硫酸铜 1g、常水加至 500~1 000mL，混合后用纱布过滤，涂在母羊乳头上，或混于饮水中或掺入代乳料中，让羔羊自饮、自食。为防止亚临床缺铁，饲料中应含铁 240mg/kg。成年羊发生缺铁后，每天用 2~4g 硫酸亚铁口服，连续 2 周可取得明显效果。治疗贫血时还应同时配合应用叶酸、维生素 B_{12} 等。补铁时剂量不能过高，否则引起中毒。

（十一）锰缺乏症

锰缺乏症（Manganese Deficiency）是饲料中锰元素缺乏导致羊机体的一系列代谢机能紊乱，临床上以骨短粗和繁殖机能障碍为特征的疾病。多见于羔羊，绵羊、山羊也发生。

1. 病因

（1）日粮锰缺乏。本病发生的主要病因是由于土壤和牧草锰缺乏，沙土和泥炭土含锰贫乏。我国缺锰土壤主要分布在北方质地较松的石灰性土壤地区，碱性土壤中锰离子以高价状态存在，植物对锰的吸收和利用降低。土壤锰含量低于 3mg/kg，饲料锰低于 20mg/kg，即为缺锰。玉米和大麦含锰量最低，小麦、燕麦则比其高 3~5 倍，而糠和麸皮则比玉米、小麦高 10~20 倍。

（2）生成难溶性锰盐。锰缺乏也可能是由于机体对锰的吸收发生障碍所致。饲料中钙、磷、铁以及植酸盐含量过多，可影响机体对锰的吸收、利用。高磷酸钙的日粮会加重锰的缺乏，是由于锰被固体的矿物质吸附而造成可溶性锰减少所致。

（3）患胃肠道疾病。胃肠道疾病时，也妨碍对锰的吸收利用。

2. 症状

表现为跛足、短腿、弯腿以及关节延长等症状，骨骼生长迟缓，前肢短粗且弯曲；两肢同时患病者，站立时呈"O"形或"X"形，患病者一肢着地，另一肢显短而悬起。

山羊发情期延长，不易受胎，早期发生原因不明的隐性流产、死胎和不育。

羔羊主要表现为尖叫、肌肉震颤，关节麻痹，运动明显障碍。

3. 诊断

主要根据病史和临床症状进行诊断。如有怀疑时，可对饲料、羊器官组织的锰含量进行测定，有助于确诊。

4. 防治

改善饲养，给予富锰饲料：一般青绿饲料和块根饲料对锰缺乏症有良好的预防作用。

早期防治：本病应早期防治，对锰缺乏地区的羊每日口服硫酸锰 0.5g 有明显效果。也可将硫酸锰制成舔砖（每千克盐砖含锰 6g），让羊自由舔食。

（十二）锌缺乏症

锌缺乏症（Zinc Deficiency）是由于缺锌而导致物质代谢和造血功能障碍，皮肤角化过度，毛（羽）缺损，生长发育受阻以及创伤愈合缓慢为特征的疾病。多见于绵羊。

1. 病因

（1）饲料锌不足。土壤和饲料中锌含量不足，是导致原发性缺乏的主要原因。土壤锌低于 30mg/kg，饲料锌低于 20mg/kg 时，则易发生锌缺乏症。我国北京、河北、湖南、江西、江苏、新疆、四川等地有 30%~50% 的土壤和大多数省份属贫锌或缺锌土壤，缺锌地区的土壤 pH 大都在 6.5 以上，主要是石灰石风化的土壤、盐碱地、黄土、黄河冲积物所形成的各种土壤、紫色土、石灰改造的土壤和过多施磷肥的土壤，会使植物性饲料中含锌量极度减少。

高粱、玉米（10~15mg/kg）、稻谷、麦秸、苜蓿、三叶草、苏丹草、水果、蔬菜、块根类（仅 4~6mg/kg）饲料等含锌较低，不能满足羊需要。

（2）存在锌的干扰因素。主要是由于饲料中存在干扰锌吸收利用的因素。已发现钙、镁、镉、铜、铁、铬、锰、钼、磷、碘等元素均可干扰饲料中锌的吸收。因多余的钙、镁可与植酸形成相应的盐，这两种盐在肠道碱性环境中与锌再形成难溶的复盐，导致锌的吸收障碍。饲料中 Ca：Zn 在（100~150）：1 较为适宜。

（3）锌排出增多。肝硬化及慢性肝脏疾病、恶性肿瘤、糖尿病、肾脏疾病都可使锌从尿中排出增多。

2. 症状

（1）生长发育迟缓。病羊味觉和食欲减退，消化不良致营养低下，生长发育受阻。

（2）皮肤角化不全或过度。羊皮肤瘙痒、脱毛；犊的皮肤粗糙、皲裂。

（3）骨骼发育异常。骨骼软骨细胞增生引起骨骼变形、变短、变粗，形成骨短粗症。

（4）繁殖机能障碍。公羊表现为性腺机能减退和第二性征抑制，睾丸、附睾、前列腺与垂体发育受阻，睾丸生精上皮萎缩，精子生成障碍；母羊存在性周期紊乱，不易受胎，胎儿畸形，早产、流产、死胎、不孕等。

（5）毛、羽质量改变。羔羊毛纤维丧失弯曲，松乱脆弱，易脱毛等。

（6）创伤愈合缓慢。创伤愈合力受到损害，使皮肤黏蛋白、胶原及 RNA 合成能力下降，使伤口愈合缓慢。

3. 诊断

主要根据饲料、土壤的含锌量、饲料的组成、钙锌比、植酸盐的含量、日粮蛋白质的含量、血锌、临床症状作出诊断。本病应与螨病、湿疹、锰缺乏、维生素 A 缺乏、烟酸缺乏和泛酸缺乏等相区别。

4. 防治

平衡日粮，保持一定钙锌比，排除其他影响锌吸收的因素。

羊可口服硫酸锌或氧化锌 1mg/kg 体重。在补锌的同时，适当增补维生素 A、维生素 E 等多种维生素效果更好。补锌后，食欲迅速恢复，1~2 周内体重增加，3~5 周内皮肤症状消失。也可投服锌和铁粉混合制成的缓释丸。

预防本病时，平时应注意饲料搭配，添加适量的微量元素，补锌参考值为 50~100mg/kg 饲料，最大允许量为 1 000~2 000mg/kg 饲料；羊 20~40mg/kg。100mg/kg 的锌对中等度的高钙有保护作用。在低锌地区，可施锌肥，施用硫酸锌 4~5kg/hm^2。

（十三）维生素 A 缺乏症

维生素 A 缺乏症（Vitamin A Deficiency）是由于羊体内维生素 A 或/和胡萝卜素不足或缺乏所导致的皮肤、黏膜上皮角化、变性，生长发育受阻，并以干眼病和夜盲症为特征的一种营养代谢病。本病以羔羊多见，多发生在冬、春青绿饲料缺乏的季节。

1. 病因

（1）饲料中维生素 A 或胡萝卜素缺乏或不足。一些植物性饲料如劣质干草、棉籽饼、菜籽饼、亚麻籽饼、马铃薯、白萝卜、糟渣（甜菜渣）、谷类（黄玉米除外）及其加工副产品（麦麸、米糠、粕饼片）等饲料中几乎不含维生素 A，特别是在无青绿饲料的季节，长期饲用这些饲料最易发病。

（2）饲料中维生素 A 或胡萝卜素遭破坏。饲料调制、加工、贮存不当，如饲料贮存时间过长、贮藏温度过高、烈日暴晒、高温处理或发霉变质和雨淋，某些豆科牧草和大豆含有脂肪氧合酶，维生素 A 与矿物质一起混合等，尤其是在维生素 E 缺乏和不饱和脂肪酸存在的情况下，胡萝卜素和维生素 A 容易被氧化，可使胡萝卜素的含量降低和维生素 A 的活性下降。

（3）母源性维生素 A 缺乏。如果乳中维生素 A 含量不足，或断奶过早，羔羊易发先天性维生素 A 缺乏。

（4）肝脏疾患和慢性消化道疾病。长期多病，特别是患肝脏、肠道疾病时，维生素 A 和胡萝卜素的吸收、贮存和转化发生障碍，即使饲料中不缺乏维生素 A 或胡萝卜素，也会发生维生素 A 不足或缺乏症。

（5）蛋白质、脂肪、维生素、无机磷缺乏。机体处于蛋白质缺乏状态就不能合成足够的视黄醛结合蛋白以运送维生素 A；维生素 A 是一种脂溶性维生素，当脂肪不足，会影响维生素 A 族物质在肠中的溶解和吸收；维生素 E 和维生素 C 缺乏易导致脂肪酸败，增加维生素 A 在加工和消化过程中的损失。低磷饲料可促进维生素 A 的储存，但磷的缺乏可降低胡萝卜素的转化效率。

（6）对维生素 A 的需要量增加。产奶期、妊娠期和哺乳期的母羊，生长期的羔羊对维生素 A 的需要量明显增加；肝、肠道疾病和环境温度过高也使机体对维生素 A 的需要量增多；长期腹泻、患热性疾病的羊，维生素 A 的排泄和消耗增多。

此外，防止瘤胃膨胀的矿物油可降低血浆胡萝卜素、维生素 A 酯的含量和脂肪中胡萝卜素的水平。饲养管理条件不良、畜舍寒冷、潮湿、通风不良、过度拥挤、缺乏运动和光照等应激因素亦可促进本病的发生。

2. 症状

（1）夜盲。病羊表现在黎明、黄昏或月光等暗光下视力障碍，盲目前进，行动迟缓或碰撞障碍物，看不清物体，最易发生。

（2）眼球干燥。羔羊可见从眼中流出稀薄的浆液性或黏液性分泌物，随后出现角膜角质化、增厚、云雾状，晦暗不清，甚至出现溃疡和羞明。眼球干燥可以继发结膜炎、角膜炎、角膜溃疡和穿孔。

（3）繁殖性能下降。公羊虽可保持性欲，但生精小管的生精上皮细胞变性退化，正常的有活力的精子生成减少；小公羊睾丸明显小于正常。母羊受精、怀孕通常不受干扰，但胎盘退化导致流产、产死胎或产弱仔、胎儿畸形，易发生胎衣滞留。

（4）神经症状。由于外周神经根损伤而致的骨骼肌麻痹或瘫痪、由于颅内压增加所致的惊厥或痉挛和由于视神经管受压所致的失明。

（5）抵抗力下降。维生素 A 缺乏引起黏膜上皮完整性受损，腺体萎缩，极易发生鼻炎、支气管炎、肺炎、胃肠炎、羔羊腹泻等疾病，表现瘦弱、体重下降。

3. 临床病理

健康羊血清维生素 A 含量的正常浓度是 45.1μg/dL。当血浆维生素 A 水平低于 18 μg/dL时，则出现夜盲症。肝脏维生素 A 和胡萝卜素的正常储备量应该分别在 60μg/g 和 4.0μg/g 以上，当肝维生素 A 和胡萝卜素储量分别降低到 2μg/g 和 0.5μg/g 时可呈现临床症状。羊的正常脑脊髓液压力小于 65mm 盐柱高，当维生素 A 耗尽后，脑脊髓液压力大于 150mm 盐柱高。

4. 剖解病变

局部剖解可发现头颅骨顶部和椎骨变小，脑脊髓神经根尤其是视神经受压、损伤。视网膜的感光层明显萎缩。羔羊腮腺的小叶间管发生鳞片状组织变化，在大腮腺管的口腔端首先发生。在其他部位如气管、食道和瘤胃黏膜，以及包皮内层、胰腺管和尿道上皮细胞也可观察到异常的上皮细胞分化的组织学变化。继发性细菌性感染包括肺炎和耳炎等。

5. 诊断

通常根据饲养管理情况、病史和临床症状可作初步诊断。视神经乳头水肿和夜盲症的检查是早期诊断羊维生素 A 缺乏的最容易的方法。脊髓液压力升高是羔羊维生素 A 缺乏的最早变化。实验室确诊是依靠尸体剖解、组织学检查腮腺和化验肝脏维生素 A 水平，结合检测脊髓液压力、眼底检查、结膜涂片检查。

6. 治疗

发病后首先要消除致病的病因，必须立即使用维生素 A 进行治疗；要增喂胡萝卜、青苜蓿，内服鱼肝油，与此同时也可增加复合维生素的喂量，改善饲养管理条件。

羊发生维生素 A 缺乏时，应立即使用 10~20 倍于日维持量的维生素 A 来治疗，据此推算，维生素 A 的治疗量应是 440IU/kg 体重。常用维生素 A 的水溶性注射剂，油剂少用。对急性病例，疗效迅速而完全，但对慢性病例就不能肯定，视病情而定。

7. 预防

平时应注意日粮的配合和维生素 A 与胡萝卜素的含量，特别是在青绿饲料缺乏季节，青干草收获时，要调制、保管好，防雨淋、暴晒和发霉变质，放置时间不宜过长，尽量减少维生素 A 与矿物质接触的时间，要及时治疗肝胆和慢性消化道病。妊娠、泌乳和处于应激状态下的羊适当提高日粮中维生素 A 的含量。

（十四）维生素 B₁ 缺乏症

维生素 B₁ 缺乏症（Vitamin B₁ Deficiency）是指羊体内硫胺素缺乏或不足所引起的大量丙酮酸蓄积，以致神经机能障碍，以多发性神经炎为主要临床特征的一种营养代谢病，也称硫胺素缺乏症（Thiamin deficiency）。羔羊多发。

1. 病因

（1）饲料硫胺素缺乏。饲料中缺乏青绿饲料、酵母、麸皮、米糠及发芽的种子，也未添加维生素 B₁，易引起发病。

（2）饲料硫胺素遭破坏。硫胺素属水溶性且不耐高温，因此，饲料被蒸煮加热、碱化处理、用水浸泡则能破坏或丢失硫胺素。

（3）存在硫胺素拮抗因子。已知硫胺素拮抗因子有两种类型，即合成的结构类似物和天然的抗硫胺素化合物。合成的有吡啶硫胺、羟基硫胺能竞争性抑制硫胺素。在植物组织和细菌中发现有改变硫胺素结构的抗硫胺素的天然化合物，即硫胺素酶Ⅰ和硫胺素酶Ⅱ（ThiaminaseⅠ、ThiaminaseⅡ），在蕨类植物以及硫胺分解杆菌中含有硫胺素酶Ⅰ，肠道细菌中主要含有硫胺素酶Ⅱ。如果羊大量吃进含有蕨类植物（蕨类、向荆或木贼）、真菌的饲料，则会造成硫胺素缺乏症。

发酵饲料以及蛋白性饲料不足，而糖类过剩，或胃肠机能紊乱、长期慢性腹泻、大量使用抗生素等，致使大肠微生物区系紊乱，维生素 B₁ 合成障碍，易引起发病。

另外，羊在某些特定的条件下，应激、妊娠、泌乳、生长阶段、机体对维生素 B₁ 的需要量增加，容易造成相对缺乏或不足。

2. 症状

成年羊因瘤胃可合成硫胺素而不易发生，羔羊主要因母源性缺乏或瘤胃机能不健全而发生。脑灰质软化而呈现神经症状，起初表现为兴奋，转圈，无目的奔跑，厌食，共济失调，站立不稳，严重腹泻和脱水；进而痉挛、四肢抽搐呈惊厥状，倒地后牙关紧闭，眼球震颤，角弓反张；最后呈强直性痉挛，昏迷死亡。

3. 诊断

根据饲养管理情况、发病日龄、流行病学特点、多发性外周神经炎的特征症状即可作出初步诊断。应用诊断性的治疗，即给予足够量的维生素 B₁ 后，可见到明显的疗效。测定血液中丙酮酸、乳酸和硫胺素的浓度、脑脊液中细胞数有助于确诊。

4. 防治

改善饲养管理，调整日粮组成。若为原发性缺乏，羊应立即提供富含维生素 B₁ 的优质青草、发芽谷物、麸皮、米糠或饲料酵母等。羔羊应在日粮中添加维生素 B₁，剂量为 5~10mg/kg 饲料，或 30~60μg/kg 体重。目前普遍采用复合维生素 B 防治本病。

严重缺乏时，一般采用盐酸硫胺素注射液，按 0.25~0.5mg/kg 体重的剂量皮下或肌内注射；因维生素 B₁ 代谢较快，应每 3h 注射 1 次，连用 3~4d。也可以口服维生素 B₁。一般不建议采用静脉注射的方式给予维生素 B₁。一旦大剂量使用维生素 B₁，则出现呼吸困难、酥软，进而昏迷的中毒症状，应及早使用扑尔敏、安钠咖和糖盐水抢救。

预防本病主要是加强饲料管理，提供富含维生素 B₁ 的全价日粮；控制抗生素等药物的用量及时间；防止饲料中含有分解维生素 B_1 的酶；根据机体的需要及时补充维生素 B_1。

（十五）尿石症

尿石症（Urolithiasis）是羊营养物质尤其是矿物质代谢紊乱，使尿液中析出的盐类结晶，并以脱落的上皮细胞等为核心，凝结成大小不均、数量不等的矿物质凝结物，则称为尿结石或尿石。尿结石刺激黏膜并导致出血、炎症和阻塞，是造成尿路阻塞的重要原因之一。多发生于公羊；母羊也可发生，但尿道短，很少引起阻塞。

1. 病因

（1）长期饮水不足。尿液浓缩，盐类浓度过高易致盐类结晶。

（2）饮食不当。饲喂高钙日粮促进形成高钙血症和高钙尿症，易形成碳酸钙尿石症；饲料中磷酸盐、镁含量过高容易形成磷酸铵镁结石。

（3）尿钙过高。甲状旁腺机能亢进，肾上腺皮质激素分泌增多，过量服用维生素 D 等，使尿钙增高，促进尿石形成。

（4）尿液 pH 改变。尿液潴留，尿素分解成氨，尿液碱化，易形成碳酸钙、磷酸钙、磷酸铵镁等尿石；酸性尿易促进尿酸结石的形成。

（5）尿中黏蛋白、黏多糖增多。精饲料饲喂过多，或育肥时应用雌激素，尿中黏蛋白、黏多糖增多，促进尿石形成。

（6）维生素 A 缺乏。中枢神经调节盐类代谢功能发生紊乱，尿路上皮角质化及脱落，促进尿石形成。

（7）肾和尿路感染。长期过量应用磺胺类药物，尿石症发病率增高。

2. 症状

突出症状为排尿困难，肾性疝痛，血尿。

肾盂结石：血尿，肾盂积水，肾区疼痛。

输尿管结石：剧烈疼痛，尿闭，输尿管显著扩张。

膀胱结石：症状不明显，大多出现频尿或血尿，公羊阴茎包皮周围附着干燥细沙样物。膀胱颈结石：疼痛、排尿困难，尿频或尿量减少，排尿时疼痛明显。触诊膀胱充盈。

膀胱破裂：患畜突然安静，疼痛消失，腹水迅速增大，直检不易摸到膀胱，腹腔穿刺流出大量带有尿味穿刺液。

3. 诊断

依据排尿疼痛表现，尿液变化，尿道检查，X 光、B 超等检查结果综合分析。

4. 治疗

治疗原则：促进尿石排出，抗菌消炎，预防继发感染。

利尿选用双氢克尿噻等；溶解结石可用氯化铵，稀盐酸内服和膀胱内注射；排石可用中药金砂散、消石散、滑石散；镇静止痛用盐酸吗啡，安乃近肌内注射；防止细菌感染可使用抗生素，水杨酸乌洛托品。

有条件的可考虑手术治疗。完全阻塞多采用尿道或膀胱切开，取出结石。必要时做尿道改向手术或阴茎切除手术。粉末状或沙砾状尿石可采用导尿管插入尿道或膀胱，注入清洁水反复冲洗。

改善饲养管理，保证足够饮水；注意饲料中钙、磷比例应保持在（1.2~1.5）:1，供给维生素 A。补饲氯化铵，绵羊 10g/d，可预防磷酸盐尿石的形成，氯化钠可预防硅酸盐结石。

三、主要繁殖性疾病及其防治

（一）妊娠毒血症

妊娠毒血症是孕畜所特有的疾病，多发生于妊娠中、后期，是妊娠后期母羊由于碳水化合物和脂肪代谢障碍而发生的一种亚急性代谢病，该病以低血糖、酮血症、酮尿症、虚弱和失明为主要特征。以怀双羔或三羔的羊多发，通常发生于怀孕的最后 1 个月内。绵羊多发，山羊多在饲养条件异常恶劣时偶尔发生。

1. 病因

（1）营养缺乏。饲料单一，营养不全或日粮不足，致使妊娠母畜营养不良，新陈代谢紊乱，抗病能力降低。

（2）怀胎数目过多或胎儿过大。由于胎儿数量多、发育快、营养物质需求量大，导致母体营养过度消耗，代谢紊乱，产生大量代谢不全的酮体物质，引发妊娠毒血症。

（3）肝功能障碍将会使肝的解毒能力下降，继而引发代谢性酸中毒及尿毒血症，如饲喂霉败饲草饲料、肝脏寄生虫、肝炎等疾病。

（4）缺乏适当运动。缺乏适当运动会导致胃肠消化吸收机能降低，孕畜少食，营养缺乏。

（5）卫生状况不良。圈舍卫生状况较差、气候剧烈变化、噪声太大等不良因素的刺激，使孕羊产生应激反应均可促使本病发生。

2. 症状

多发生在产前 1 个月之内。病羊食欲大减或废绝，反刍次数时多时少；眼周围、肷部或臀部肌肉震颤；咬牙；体温、呼吸、心跳大多正常，少数心跳加快；常出现反射机能减退、运动失调、头部高抬、站立不稳、两眼凝视等神经症状，后期陷入昏迷状态乃至死亡。

3. 诊断

根据妊娠羊的临床症状、饲养管理及营养状况，一般比较容易诊断。实验室检查血酮和血糖诊断更为确切。

4. 防治

治疗上可采用补糖、保肝、纠正酸中毒、促进代谢、改善代谢等措施，必要时可引产、可剖腹产。

预防上要给妊娠母羊合理搭配饲草饲料，妊娠后期每日驱赶运动 2 次，可有效地预防本病发生。

（1）补糖。可用 10%~25% 葡萄糖注射液 200~300mL、维生素 C 2~3g，1 次静脉注射，每天 1 次，连用 3~5d。

（2）纠正酸中毒。5% 碳酸氢钠注射液 30~50mL，静脉注射，隔日 1 次，连用 3~5 次。

（3）促进代谢，改善消化功能。复合维生素 B 片、大黄苏打片混合灌用，每日 1 剂，连用 3~5d。

（4）引产或剖腹产。用药物治疗效果不显著或当危及母羊生命时，可施行剖腹产或人工引产；娩出胎儿后，症状多随之好转。

（5）预防。对妊娠母羊要合理搭配饲料；妊娠前期适当运动，妊娠后期每日驱赶运动2次，可有效地预防本病发生。

（二）流产

流产是指胚胎或胎儿与母体的正常生理关系破坏，而使妊娠中断，胚胎在子宫内被吸收，或排出死亡的胎儿称为流产。流产可发生在妊娠的各个阶段，但是妊娠早期多见。

1. 病因

（1）母羊怀孕期饲养管理不当。长期饲喂腐败变质饲料，或饲料中缺乏蛋白质、维生素和矿物质，以及饲养管理失误，贪吃过多，寒冷季节空腹饮冷水，过劳等而引起。

（2）机械性损伤。外界机械损伤，引起子宫收缩。如冲动、拥挤、蹴踢、剧烈的运动，闪伤以及粗暴的直肠检查、阴道检查。

（3）习惯性流产。主要由于子宫内膜的病变及子宫发育不全等引起。

（4）用药不当。误用大量泻剂和促进平滑肌剧烈收缩的药物等也会引起流产。

（5）继发于某些疾病。如子宫、阴道疾病，胃肠炎，疝痛病，热性病及胎儿发育异常等。

此外，胎膜及胎盘发育异常，胚胎发育停止均可引起流产。

2. 症状

（1）隐性流产。胚胎在子宫内被吸收，无临床症状，其典型的表现为母羊配种后已确认怀孕，但过一段时间后再次发情，并从阴门中流出较多数量的分泌物。这种流产发生于妊娠初期的胚胎发育阶段。

（2）早产。有和正常分娩类似的前征和过程，排出不足月的活胎儿。一般流产发生前2~3d乳房肿大，阴唇肿大，乳房可挤出清亮的液体。腹痛、拱腰、努责、从阴门流出分泌物或血液。

（3）小产。排出死亡胎儿，是最常见的一种流产。妊娠前期的小产，流产前常无预兆或预兆轻微；妊娠后期的小产，其流产预兆和早产相同。

（4）死胎停滞（延期流产）。胎儿死亡后由于卵巢上的黄体功能仍然正常，子宫收缩轻微，宫颈口不开，胎儿死亡后长久不排出，停留于子宫中。胎停滞可表现为两种形式：一种是胎儿干尸化，即胎儿死亡后，胎儿组织中的水分及胎水被母体吸收，胎儿体积变小、变为棕黑色样的干尸化，在子宫中停留相当长的时间，胎儿排出多在妊娠期满后数周，个别干尸化胎儿则长久停留于子宫内，而不被排出；另一种是胎儿浸溶，是指胎儿死亡后胎儿的软组织被分解、液化，形成暗褐色黏稠的液体流出，而骨骼则留滞。胎儿浸溶现象比胎儿干尸化要少。

3. 诊断

流产诊断主要依靠临床症状、B超检查等。如果不到预产日期，妊娠羊出现腹痛不安、拱腰、努责，从阴道中排出多量分泌物、血液或污秽恶臭的液体，这是一般性流产的主要临床诊断依据。配种后诊断为妊娠，但过一段时间后却再次发情，这是隐性流产的主要临床诊断依据。对延期流产可借助B超检查进行确诊。

4. 治疗

当出现流产症状，经检查子宫颈口尚未开张，胎儿仍活着时，应该以保胎、安胎为主要原则进行治疗。可用黄体酮注射液肌内注射，每次 10~30mg，每日或隔日 1 次，连用 3~5 次。

当出现流产症状，且子宫颈口已开张，胎囊或胎儿已经进入产道，流产无法避免时，应尽快促使胎儿排出为治疗原则。可应用己烯雌酚或前列腺素促进子宫颈口进一步开张，同时应用脑垂体后叶素等催产素促进胎儿排出。

当发生延期流产时，如果仍然未启动分娩机制，则要进行人工引产。肌内注射氯前列烯醇，羊 0.2mg，也可用地塞米松注射液、三合激素等药物进行单独或配合引产。

5. 预防

要加强饲养管理，防止意外伤害。妊娠后期饲喂品质良好及富含维生素的饲料。发现流产预兆时，应及时找出原因，及时采取保胎措施。

（三）难产

难产是指动物在分娩过程中，超出了正常生理分娩时间，仍不能将胎儿顺利地排出体外，称为难产。发生难产时，若助产不及时或助产方法不当，常会引起母、仔死亡；即使母畜存活下来，也常常引起一定的生殖器官疾病。

1. 难产分类

（1）产力性难产。常见于阵缩及努责微弱、阵缩及努责过强或子宫疝气。

（2）产道性难产。常见于各种类型的骨盆狭窄、子宫颈狭窄、阴道狭窄、阴门狭窄及子宫扭转等。

（3）胎儿性难产。常见于胎儿过大、胎儿畸形、胎位不正、胎向不正和胎势不正等。

2. 病因

（1）母体性难产。主要是指引起产道狭窄或阻止胎儿正常进入产道的各种因素，如骨盆狭窄、骨盆骨折；遗传性或先天性产道或阴门发育不全；分娩或其他原因导致的产道损伤、子宫颈、阴道或阴门狭窄及子宫扭转等。

（2）胎儿性难产。主要是由于胎向、胎位及胎势异常，胎儿过大，畸形胎儿等引起。

（3）饲养管理因素。饲养管理与难产密切相关。如妊娠期运动不足、营养缺乏或营养过剩，配种过早等均可引起难产。

（4）传染性因素。所有影响妊娠子宫及胎儿的传染病均可引起流产、子宫弛缓、胎儿死亡及子宫炎等疾病。如果子宫壁严重感染，则其张力及收缩能力均会受到损害，出现子宫颈开张不全、子宫弛缓等，引起难产。

（5）其他因素。如遗传因素、内分泌因素、外伤因素等均可引起流产。

3. 症状

（1）阵缩及努责微弱。阵缩及努责微弱是分娩时子宫及腹壁收缩次数少、时间短和强度低，不能将胎儿排出。

按分娩过程中发生时间的早晚，阵缩及努责微弱分为两种：分娩一开始就为弱者，称为原发性阵缩及努责微弱；开始分娩时正常，以后收缩变弱的，称为继发性阵缩及努责微弱。

原发性阵缩及努责微弱：母畜怀孕期满，分娩预兆也出现，但努责次数少、时间短、力量弱，长久不能将胎儿排出。

继发性阵缩及努责微弱：开始阵缩及努责正常，以后微弱。常表现为已排出部分胎儿，可能还有1~2个胎儿留在子宫内，容易将继发性阵缩微弱当做是分娩结束。

（2）阵缩及破水过早。母畜还没有表现明显的产出现象，但出现起卧不安和轻微的努责。有时可以看到阴门中射出少量液体，状似排尿，但液体清亮，而且是在努责时排出的。

（3）子宫颈狭窄。子宫颈狭窄是指分娩时子宫颈扩张不全或不能扩张，是产道狭窄中比较常见的一种。

（4）胎儿过大。胎儿过大是指母畜阵缩及努责正常，有时可见到胎儿两蹄、头露出阴门外，但排不出来。检查时胎儿的方向、位置及姿势及产道均正常，只是胎儿体格很大，难以娩出。

（5）胎儿异常及畸形。在阵缩正常的情况下，胎儿长久排不出来，检查阴门及阴道可以发现胎向不正、胎位或胎势不正等情况。可摸到胎儿的前置部分；助产如不及时，胎儿即死亡。

4. 诊断

通过以下检查，确定难产的类型。

（1）病史调查。一是了解母羊是初产还是经产，怀孕是否足月或超过预产期。一般初产羊，可考虑产道是否狭窄，胎儿是否过大；是经产羊，可考虑是否胎位、胎势不正，胎儿畸形等。如果预产期未到，可能早产或流产。二是要了解分娩开始的时间，努责的强度及频率，胎水是否排出等综合分析判断是否难产。三是要分娩前是否患有阴道脓肿、阴门裂伤以及骨盆骨折及其他产科疾病，患过上述疾病可引起难产。

（2）母羊检查。检查分娩母羊的体温、脉搏、呼吸、可视黏膜、精神状态等全身状况，作为选择助产方法、确定综合治疗及判断预后的依据。如结膜苍白，表明有内出血的可能，预后应慎重。

（3）产道检查。产道的检查主要是查明软产道的松软和滑润程度，有无损伤、水肿和狭窄，并要注意产道内液体的颜色和气味，子宫颈松软和开张程度，有无瘢痕、肿瘤及骨盆畸形等。

（4）胎儿检查。包括胎势、胎向和胎位有无异常，胎儿是否存活，胎儿大小及进入产道的深浅，胎儿是否畸形，是否发生了气肿或腐败等也应检查。

检查前，术者手臂及母畜外阴部均需消毒。如果胎膜未破，应隔着胎膜用手触摸胎儿的前置部分；如果胎膜已破，手要伸入胎膜内直接触诊，这样既可检查胎儿在宫腔内的状况，又能感觉出胎儿体表的滑润程度以及胎儿的死活。

5. 防治

通过以上检查判断难产是属于产力性难产、产道性难产，还是属于胎儿性难产，临床上根据情况采取相关的难产助产措施。

加强羊群精细化管理，做好繁殖母羊的选种，并防止早配。对怀孕母羊要加强孕期饲养管理，保障母羊的健康质量，减少分娩发生困难的可能性。至怀孕后期，要让母羊适当运动，以降低难产、胎衣不下及子宫复旧不全等的发病率。

同时，母羊临产时要做好产前检查，对分娩正常与否作出早期诊断，为是否需要进行难产助产做好准备。

（四）子宫脱出

子宫部分或全部翻出于阴门之外，称为子宫脱出。

1. 病因

（1）产后强烈努责。子宫脱出主要发生在胎儿排出后不久、部分胎儿胎盘已从母体胎盘分离。此时某些能刺激母羊发生强烈努责的因素，如产道及阴门的损伤、胎衣不下等，使母羊继续强烈努责，腹压增高，容易诱发或导致子宫脱出。

（2）外力牵引。部分胎衣脱落悬垂于阴门之外，特别是当脱出的胎衣内存有胎水时，会增加胎衣对子宫的拉力，此时母羊努责，更有助于子宫的脱出。

（3）子宫弛缓。子宫弛缓可延迟子宫颈闭合的时间和子宫体积缩小的速度，如母羊体弱，营养不良，运动不足，胎儿过大、过多，产程过长等，容易导致子宫脱出。

2. 症状

子宫部分脱出时，可见母羊有不安、努责和类似疝痛症状，通过阴道检查才可发现。子宫全部脱出时，子宫角、子宫体及子宫颈部外翻于阴门外，且可下垂到跗关节。脱出的子宫黏膜上往往附有部分胎衣和子叶。子宫黏膜初为红色，以后变为紫红色，子宫水肿增厚，呈肉冻状，表面发裂，流出渗出液。如不及时整复治疗，将降低以后的受孕能力。

3. 诊断

根据临床症状容易作出诊断。

4. 治疗

对子宫脱出的病例，必须及早实施手术整复。子宫脱出的时间越长，整复越困难，外界污染越严重，康复后不孕率也越高。

（1）整复法。首先让羊取前高后低的姿势站立，如已不愿或不能站立时，可将后躯尽可能垫高，必要时进行保定。第二步是清洗脱出的子宫，如胎衣尚未脱落，可试行剥离，如剥离困难，又易引起母体组织损伤时，可不剥离。清洗时首先将子宫放在用消毒液浸洗过的塑料布上，用加温的消毒液将子宫及外阴和尾根区域充分清洗干净，除去其上黏附的污物及坏死组织。黏膜上的小创伤，可涂以抑菌防腐药，大的创伤则要进行缝合。如果在整复期间，母羊努责明显，可施行荐尾间硬膜外麻醉。但麻醉不宜过深，以免使患畜卧下，妨碍整复。

整复时应先从靠近阴门的部分开始。将手指并拢压迫靠近阴门的子宫壁（切忌用手抓子宫壁），将它向阴道内推送。推进去一部分以后，由助手在阴门外紧紧顶压固定，术者将手抽出来，再以同法将剩余部分逐步向阴门内推送，直至脱出的子宫全部送入阴道内。如果脱出时间已久，子宫壁变硬，子宫颈也已缩小，整复就极其困难。在这种情况下，必须耐心操作，切忌用力过猛、过大，动作粗鲁和情绪急躁，否则更易使子宫黏膜受到损伤。

脱出的子宫全部被推入阴门之后，为保证子宫全部复位，可向子宫内灌注 1~2L 温水，然后导出。在查证子宫角确已恢复正常位置，并无套叠后，向子宫内放入抗生素或其他防腐抑菌药物，并注射促进子宫收缩的药物，以免再次脱出。

（2）脱出子宫切除术。如果已确定子宫脱出时间过久，无法送回，或者出现严重的损伤及坏死，整复后有引起全身感染、导致死亡的危险，可将脱出的子宫切除，以挽救母体的生命。

患羊站立保定，局部浸润麻醉或后海穴麻醉，常规消毒，用纱布绷带缠裹尾部并系于一侧。手术操作如下。

在子宫角基部作一纵行切口，检查其中有无肠管及膀胱，有则先将它们推回。仔细触诊，找到两侧子宫阔韧带上的动脉，在其前部进行结扎。粗大的动脉须进行双重结扎，并注意切勿把输尿管误认为是动脉。在结扎之下横断子宫阔韧带，断端如有出血应结扎止血。断端先做全层连续缝合，再行内翻缝合，最后将缝合好的断端送回阴道内。

术后要注射抗生素、注射强心剂并输液，补充营养等。密切注意有无内出血现象。努责剧烈者，防止引起断端再次脱出，可行硬膜外麻醉，或者在后海穴注射 2% 普鲁卡因。如无感染，断端及结扎线经过 10d 以后可以自行愈合并脱落。

（五）胎衣不下

母畜分娩后胎衣在正常时限内不排出，称为胎衣不下或胎衣滞留，分为部分胎衣不下及全部胎衣不下两种。羊产后排出胎衣的正常时限为 4h，超过这一时限，则为胎衣不下。

1. 病因

（1）产后子宫收缩无力。孕母羊饲料单纯、缺乏矿物质及微量元素和维生素，特别是缺乏钙盐、硒与维生素 A 和维生素 E，孕羊消瘦、过肥、老龄和运动不足等，都可导致子宫收缩迟缓；胎儿过多、胎水过多及胎儿过大，使子宫过度扩张，导致子宫复旧不全，可继发产后子宫阵缩微弱，而发生胎衣滞留；流产、早产、难产、生产瘫痪、子宫捻转时，产出或取出胎儿以后子宫收缩力往往很弱，也可导致胎衣不下。

（2）胎盘未成熟或老化。胎盘的完全成熟和分离对胎衣的排出极为重要。如果多种原因干扰了胎盘的分离过程，就会导致胎衣不下，其中胎盘突不成熟是最重要的原因。胎盘老化后内分泌功能减弱，使胎盘分离过程复杂，也能导致胎衣不下。

（3）胎盘炎症、水肿。妊娠期间子宫受到感染，从而发生轻度子宫内膜炎及胎盘炎，导致结缔组织增生，使胎儿胎盘和母体发生粘连；或胎盘水肿，胎盘组织之间持续紧密相连，不易分离，易发生胎衣不下。

（4）胎盘组织构造。羊的胎盘属于上皮绒毛膜与结缔组织绒毛膜混合型胎盘，胎儿胎盘与母体胎盘联系比较紧密，易发生胎衣不下。

（5）其他因素。高温季节，可使怀孕期缩短，增加胎衣不下的发病率。产后子宫颈收缩过早，妨碍胎衣排出，也可引起胎衣不下。此外，饲料品质不良，也是造成胎衣不下的诱因。

2. 症状

胎衣不下分为部分胎衣不下和全部胎衣不下两种。

（1）胎衣全部不下。即整个胎衣未排出来，胎儿胎盘的大部分仍与母体胎盘连接，仅见一部分已分离的胎衣悬吊于阴门之外。

（2）胎衣部分不下。即胎衣大部分已经排出，只有少部分胎盘残留在子宫内，从外部不易发现。主要表现为恶露排出的时间延长，有臭味，其中含有腐烂的胎衣碎片。腐败分解产物被机体吸收后，出现全身症状：精神不振，体温升高，脉搏、呼吸加快，弓背、常常努责，食欲及反刍减少等。

3. 诊断

胎衣脱露在外时，主要为尿膜绒毛膜，呈土红色，表面上有许多大小不等的子叶。若胎衣滞留在子宫内，则通过临床症状表现及阴道或子宫触诊，或进行 B 超检查进行诊断。

4. 治疗

胎衣不下的治疗原则：尽早采取治疗措施，促进子宫收缩，防止胎衣腐败吸收；局部和全身抗菌消炎。

（1）抗菌消炎。可全身应用抗生素，防止感染；进行子宫腔内投药，如向子宫内投入土霉素、多西环素等药物，防止滞留在子宫腔内的胎衣腐败，等待胎衣自行排出。

（2）促进胎衣脱落、排出。可向子宫内投放药物，如胰蛋白酶可加速胎衣溶解过程；高渗氯化钠溶液，减轻胎盘水肿和防止子宫内容物被机体吸收，并刺激子宫收缩。如果子宫颈口已缩小，可先肌内注射雌激素，如己烯雌酚，使子宫颈开张，排出腐败物，然后再放入防止感染的药物。雌激素还可以增强子宫收缩，促进子宫血液循环，提高子宫的抵抗力。可每日或隔日注射 1 次，共 2~3 次。

（3）中药疗法。以活血散瘀、清热理气止痛为主。常用的有益母生化散、活血祛瘀汤、送胞饮等。

（4）手术疗法。即徒手剥离胎衣。是否采用手术剥离的原则：容易剥离的则剥，并要剥得干净彻底，不能损伤母体胎盘；不易剥离不要强剥。剥离胎衣应做到快、净（无菌操作，彻底剥净）、轻（动作要轻，不可粗暴），严禁损伤子宫内膜。对患急性子宫内膜炎和体温升高的病畜，不可进行剥离。

胎衣剥离完毕后，用虹吸管将子宫内的腐败液体吸出，并向子宫内投放抗菌防腐药物，每天或隔天 1 次，持续 1~3 次。如有子宫炎，应同时治疗。

（六）子宫内膜炎

产后子宫内膜炎为子宫内膜的炎症，常发生于分娩后的数天之内。如不及时治疗，炎症易于扩散，引起子宫浆膜或子宫周围炎，并常转为慢性炎症，最终导致长期不孕。

1. 病因

患羊发生难产、胎衣不下、子宫脱出、流产（胎儿浸溶）时，使子宫弛缓、复旧延迟，均易引起子宫发炎。患布鲁氏菌病、沙门氏菌病及其他能侵害生殖道的传染病或寄生虫病时，子宫及其内膜原本就存在慢性炎症，分娩之后由于抵抗力降低及子宫损伤，可使病程加剧，转为急性炎症。

2. 症状与诊断

病羊频频从阴门内排出少量黏液或脓性分泌物，病重者分泌物呈污红色或棕色，且带有臭味，卧下时排出量多。患羊体温升高，精神沉郁，食欲下降，表现努责和频呈排尿姿势；有时可见胎衣或有分泌物排出，阴门及阴道肿胀并高度充血。

3. 治疗

炎症轻微时，可用温防腐消毒液冲洗阴道，如 0.1% 高锰酸钾溶液、0.5% 新洁尔灭或生理盐水等。阴道黏膜剧烈水肿及渗出液多时，可用 1%~2% 明矾或鞣酸溶液冲洗。对于阴道深层组织的损伤，冲洗时必须防止感染扩散。冲洗后，可注入防腐抑菌药物，连续数天，直至症状消失为止。如果患羊出现努责，可用长效麻醉剂进行硬膜外腔麻醉。在局部治疗的同时，于阴门两侧注射抗生素，效果很好。

（七）乳房炎

正常情况下，乳房的防卫机能比较完善。一旦乳头管出现异常、损伤或其他疾病，乳房的防御屏障遭到破坏，各种致病因子便可乘机入侵，引发乳房发生炎症，导致乳汁发生理化性质及细菌学变化，以及乳房组织的病理学变化。乳房炎不仅对母羊产生明显的致病作用，而且对哺乳羔羊的健康成长产生影响。

1. 病因

（1）病原微生物感染。常见的病原微生物包括链球菌、葡萄球菌、大肠杆菌、化脓性棒状杆菌、结核杆菌等，当乳房皮肤和乳头破损或长期受到病菌污染而没有及时消毒处理时，病菌便可侵入乳腺组织，而发生感染。

（2）饲养管理不当。如环境不良、垫草不及时更换，污物污染乳头而引发乳房炎。

（3）机械损伤。乳房遭受打击、冲撞、挤压、蹴踢、踩伤等机械作用，或羔羊咬伤乳头等，也是引起本病的诱因。

（4）继发因素。子宫内膜炎及生殖器官的炎症等可继发本病。

2. 症状

根据乳房和乳汁的变化乳房炎可以分为非临床型（亚临床型）乳房炎、临床型乳房炎和慢性乳房炎3种。

（1）隐性乳房炎。非临床型或亚临床型乳房炎的乳房和乳汁均无肉眼可见的变化，但乳汁体细胞数、pH等理化性质已发生变化，称为隐性乳房炎。隐性乳房炎引起泌乳量减少，乳品质下降，如不及时防治，将引起临床型乳房炎。

（2）临床型乳房炎。临床型乳房炎有明显的临床症状，乳房患病区域红肿、热痛，泌乳减少或停止，乳汁变性，体温升高，食欲不振，反刍减少或停止。

（3）慢性乳房炎。慢性乳房炎通常由于急性乳房炎没有及时处理或由于持续感染，而使乳房组织渐进性发炎的结果。一般没有临床症状或临床症状不明显，全身情况也无异常，但奶产量下降。它可发展成临床型乳房炎，有反复发作的病史，也可导致乳房组织纤维化，乳房萎缩。

3. 诊断

（1）临床型乳房炎的诊断。依据泌乳减少或停止，乳房的红、肿、热、痛，乳汁的肉眼变化及必要的全身检查，可确定临床型乳房炎。

（2）隐性乳房炎的诊断。主要表现为乳汁体细胞数增加、pH升高和电导率的改变，常用的诊断方法包括加州乳房炎试验（CMT）、乳汁电导率测定、乳汁体细胞计数和乳汁微生物检测等方法进行诊断。

4. 治疗

（1）改善饲养管理。圈舍要保持清洁、干燥，防止乳房被污物污染，新产母羊可采取乳房药浴，以减少乳房炎的发生。

（2）药物治疗。可采取肌内注射抗生素，进行全身用药，向乳房内注入抗生素进行局部治疗。其方法是先挤净患病乳房内的乳汁及分泌物，用消毒药液清洗乳头，将乳头导管插入乳房，然后慢慢将药液注入。注射完毕用双手从乳头基部向上顺次按摩，使药液扩散于整个乳腺内，每日1~3次。常用青霉素40万~80万IU，用蒸馏水稀释，乳房注射。

（3）辅助疗法。炎症初期也可在乳房周围用冰敷，以制止渗出、减少毒素的吸收；2~3d后进行热敷，促进吸收，消散炎症。

（八）泌乳不足或无乳

产后或泌乳期内乳腺机能异常，可引起泌乳不足，甚至无乳。

1. 病因

主要有乳腺发育不全、内分泌机能障碍、体质瘦弱、肥胖或患有严重疾病，以及妊娠后期营养缺乏等。

2. 症状

产后乳房松弛或干瘪，挤不出乳汁或只有少量稀薄水样乳汁。母羊体况过肥时，乳房虽然很大，但没有乳汁或只有少量乳汁。由于母羊奶水不足，羔羊吃不饱，常出现羔羊吃奶次数增加，嘶叫拱撞乳房，严重时可造成母羊乳头破损，母羊拒绝哺乳。羔羊因饥饿嘶叫，身体很快消瘦，常可造成整窝或大部分羔羊死亡。

3. 诊断

产后乳房松弛，挤不出乳汁或只能挤出少量乳汁，或产后数日后发生羔羊吃不饱，嘶叫，频频拱撞母羊乳房等，即可确诊为本病。

4. 防治

首先要选留好后备母羊，选择乳腺发育良好、母乳汁分泌旺盛的小母羊留作后备母羊。母羊妊娠后应加强饲养管理，给予充足的蛋白质、维生素、矿物质及青绿多汁饲料。对泌乳不足及无乳的治疗应根据不同情况进行治疗。

（1）产后无乳。可取催产素 20~30IU，亚硒酸钠维生素 E 注射液 10mL，肌内注射。

（2）产后泌乳不足。营养较差或营养一般的母羊要提高饲料营养浓度，促进泌乳量提高。对营养良好、体质肥胖的母羊，可用下方治疗：王不留行 30g，路路通 40g，通草 10g，坤草 20g 共为细末或水煎 3 遍去渣拌入饲料中饲喂，每天 1 剂，分 3 次喂给，连用 3~5d。

（3）产后疾病。对产后患有其他疾病的母羊，应根据不同的疾病，先行治疗，然后或同时按以上无乳或泌乳不足进行治疗。

（4）缺乳羔羊的养育。对于无乳或泌乳不足的母羊的羔羊，有条件时，应及早找代乳母羊或进行人工哺乳，尽量减少患病母羊的泌乳负担，提高仔畜成活率。

四、主要传染病及其防控

（一）口蹄疫

羊口蹄疫是由口蹄疫病毒引起的一种急性、热性、高度接触性传染病。临床以羊跛行及蹄冠、齿龈出现水疱和溃烂为主要特征，被列为必须上报的一类动物疫病。牛、羊、猪、骆驼和多种野生偶蹄动物均可感染。处于潜伏期和临床发病动物的组织、器官及其分泌、排泄物等都含病毒粒子，发病后排毒期可长达 7d。感染动物排出病毒的数量与动物种类、感染时间、发病的严重程度以及病毒毒株有直接关系。

1. 症状

病羊体温升高（40~41℃），精神沉郁，食欲减退或废绝，脉搏、呼吸均加快。在发病动物口唇、口腔、蹄部、乳房等部位逐渐出现水疱、溃疡和糜烂（随病程发展）。山羊症状多见于口腔，呈弥漫性口黏膜炎，水疱见于硬腭和舌面，蹄部病变较轻，个别病例乳房可见水疱。而绵羊则表现蹄部症状明显，口腔黏膜病变轻。

2. 病变

除口腔、蹄部的水疱及烂斑外，病羊消化道黏膜有出血性炎症，严重感染病例剖检后在咽喉、气管、前胃黏膜等处出现圆形烂斑和溃疡。心肌色淡，质地松软，心外膜与心内膜有弥漫或斑点状出血，心肌切面有灰白色或淡黄色、针头大小的斑点或条纹，号称"虎斑心"。

3. 诊断

血清学诊断主要有病毒中和试验（VNT）、液相阻断 ELISA（LPB-ELISA）、口蹄疫非结构蛋白 3ABC 抗体间接 ELISA 检测方法、正向间接血凝试验（IHA）等，其中前三者是国际贸易中指定的使用方法。病原学诊断主要有补反、病毒中和、反向间接血凝、间接夹心 ELISA 和 RT-PCR 技术等。注意，因羊口疮、腐蹄病、水疱性口炎等和口蹄疫在临床症状上不易区分。因此，任何可疑病料必须借助实验室方法才能确诊。

4. 防制

口蹄疫的防控存在六大难点。① 存在多血清型。② 感染动物多，跨种间。③ 持续带毒。④ 传播途径广。⑤ 免疫原性差。⑥ 病毒容易发生变异。我国对口蹄疫的防控技术路线为"强制免疫—清除病原—净化畜群—基本消灭"，所以，口蹄疫的防控基本靠政府主导、业界参与、分阶段实施、区域化管理；防控措施包括强制免疫、监测预警、检疫监管、疫情处置、外疫防范、生物安全管理及无疫评估认证等环节。

在现实中，羊口蹄疫的防制基本措施有。① 对病羊、同群羊及可能感染的动物强制扑杀。② 对易感动物实施免疫接种（2019 年国家动物疫病强制免疫计划要求，对全国所有猪、牛、羊、骆驼、鹿进行 O 型口蹄疫免疫；对所有奶牛和种公牛进行 A 型口蹄疫免疫。此外，内蒙古、云南、西藏、新疆和新疆生产建设兵团对所有牛和边境地区的羊、骆驼、鹿进行 A 型口蹄疫免疫；广西对边境地区牛羊进行 A 型口蹄疫免疫，吉林、青海、宁夏对所有牛进行 A 型口蹄疫免疫，辽宁、四川对重点地区的牛进行 A 型口蹄疫免疫。除上述规定外，各省根据评估结果自行确定是否对其他动物实施 A 型口蹄疫免疫，并报农业农村部）。③ 限制动物、动物产品及其他染毒物的移动。④ 严格和强化动物卫生监督措施。⑤ 流行病学调查与监测。⑥ 疫情的预报和风险分析。

（二）小反刍兽疫

小反刍兽疫（PPR）是由小反刍兽疫病毒引起的一种烈性、急性、接触性传染病，俗称羊瘟，又名小反刍兽假性牛瘟、肺肠炎、口炎肺肠炎综合征，主要特征是发热、口腔炎、结膜炎、肺炎、肠胃炎等。主要感染山羊、绵羊及一些野生小反刍动物，被列为必须上报的一类动物疫病。本病在非洲和亚洲 40 多个国家流行，我国周边阿富汗、孟加拉、尼泊尔、巴基斯坦等国暴发过大规模疫情，给我国的羊只安全造成严重威胁。该病传染源主要为患病动物和隐性感染动物，处于亚临床型的病羊尤其危险。病畜的分泌物和排泄物均可传播本病。病毒也可经受精及胚胎移植传播。不同品种的羊敏感性有差别，通常山羊比绵羊更易感。另外，猪和牛通常呈无临床症状感染，它们也不能够将其传染给其他动物。小鹿瞪羚、努比亚野山羊、长角羚以及美国白尾鹿等野生动物均易感。这种非靶标动物感染有可能导致小反刍兽疫病毒血清型的改变。本病在多雨季节和干燥寒冷季节多发，集市和集中的羊群放牧，造成羊群的大量流动，是引发疫情暴发的主要原因。

1. 症状

小反刍兽疫潜伏期为 4~5d，最长 21d，急性型体温可上升至 41℃，持续 3~5d。山羊比绵羊发病较重。感染的动物烦躁不安，口干舌燥，食欲减弱。流黏液性鼻涕，呼出恶臭味气体，口腔黏膜出现红色坏死性病灶，下唇、下齿龈肿胀，严重者腭、面颊、舌头、下唇等处出现坏死病灶。后期体温下降，出现血样腹泻、脱水、消瘦。幼年羊发病率和死亡率都很高，成年羊轻度者，可终身带毒，死亡率为 50%。

2. 病变

剖检可见结膜炎、坏死性口炎、肺炎等，皱胃常出现病变，病变部常出现有规则、有轮廓的糜烂，创面红色、出血。肠可见糜烂或出血，尤其在结肠、直肠结合处呈特征性线状出血或斑马样条纹。淋巴结肿大，脾有坏死性病变。在鼻甲、喉、气管等处有出血斑。

3. 诊断

根据流行病学、临床症状、病理变化和组织学特征可作出初步诊断。结合病毒分离培养、病毒中和试验（VNT）、酶联免疫吸附试验（ELISA）和 RT-PCR 分子检测技术可确诊。由于该病的主要特点是咳嗽、拉稀和高死亡率，与有相似症状的疾病，如羊蓝舌病、羊急性消化道感染、羊巴氏杆菌病等，作好鉴别诊断。

4. 防制

平时的防控应包括消毒在内的综合性生物安全措施，使用弱毒疫苗进行免疫预防接种。一旦发病应严密封锁疫区，隔离消毒，扑杀患畜，严格按照《重大动物疫病应急预案》和《国家突发重大动物疫情应急预案》进行处置。《2019 年国家动物疫病强制免疫计划》要求对全国所有羊进行小反刍兽疫免疫。各省级畜牧兽医主管部门按照《全国小反刍兽疫消灭计划（2016—2020 年）》要求，在开展小反刍兽疫非免疫无疫区建设的区域，可不实施免疫，并报农业农村部。

（三）羊传染性脓疱病（羊口疮）

羊口疮是由羊口疮病毒引起的以绵羊、山羊感染为主的一种急性、高度接触性人兽共患传染病。以病羊口唇等皮肤和黏膜发生丘疹、水疱、脓疱和痂皮为特征。发病羊和隐性带毒羊是本病的主要传染来源，病羊唾液和病灶结痂含有大量病毒，通过受伤的皮肤、黏膜感染；特别是口腔有伤口的羊更易感染。人主要是通过伤口接触发病羊或被其污染的饲草、工具等造成感染。山羊、绵羊均易感，羔羊和 3~6 月龄小羊对本病毒更敏感。红鹿、松鼠、驯鹿、麝牛、海狮等多种野生动物也可感染本病。本病多发于春季和秋季，羔羊和小羊发病率高达 90%，因继发感染、天气寒冷、饮食困难等原因，死亡率可高达 50% 以上。

1. 症状

该病通常具有 2~3d 的潜伏期，一般表现为蹄型、唇型和外阴型 3 种病型。混合型感染的病例也时有发生。病程可分呈两个阶段，即单纯性局部炎症（原发性口炎）和继发性全身反应。前者通常会导致病羊减少采食或者完全停止，增加流涎，口腔黏膜肿胀、潮红、疼痛，甚至出血、糜烂、溃疡，且出现口臭，后者主要是表现出体温升高等全身症状。严重时，可见病羊口腔内黏膜、舌表面存在明显的脓疱和溃疡，整个嘴唇发生肿大、外翻，如同桑葚状隆起。个别患病羊眼结膜发生潮红，存在炎性分泌物，甚至出现失明。体温升高可超过 40℃，精神沉郁，采食非常困难，病羊日渐消瘦，往往卧地不起，最终死亡。部分母羊会由于哺乳患病羔羊而造成乳房皮肤出现脓疱和烂斑。羔羊齿龈溃烂，公羊表现为阴鞘口皮肤肿胀，出现脓疱和溃疡。蹄型羊口疮多见于一肢或四肢蹄部感染。通常于蹄叉、蹄冠或系部皮肤形成水疱、脓肿，破裂后形成溃疡。继发感染时形成坏死和化脓灶，病羊跛行、喜卧或不能站立。人感染羊口疮主要表现为手指部的脓疱。

2. 病变

羊口疮导致棘细胞层上皮发生病变，细胞间隙与细胞间桥上出现海绵样腔，从而促使细胞体积缩小，腔内所含液体相互融合后会形成水疱。水疱内含有炎症细胞和感染细胞，甚至基底层细胞也发生病变而导致水肿和炎症，使表皮层增厚而向表面隆突，真皮充血，渗出加重；随着中性粒细胞向表皮移行，并聚集在表皮的水疱内，水疱逐渐转变为脓疱。随着病理的发展，角质蛋白包囊越集越多，最后与表皮一起形成痂皮。严重者剖检可见肺部出现痘节。

3. 诊断

根据流行病学、临床症状，特别是春、秋季节羔羊易感等特征可作出初步诊断。但本病应与羊痘、溃疡性皮炎、坏死杆菌病、蓝舌病等进行鉴别诊断。当鉴别诊断有疑惑时，可进行病毒分离培养或基于 PCR 扩增的病原检测鉴定。

4. 防控

（1）一般防控措施。禁止从疫区引进羊只。新购入的羊严格隔离饲养，观察至少半个月后方可混群饲养。在本病流行的春季和秋季应尽量剔除饲料或垫草中的芒刺和异物，避免在有刺植物的草地放牧，以保护羊只皮肤黏膜不受伤。及时给羊群添加舔砖，以减少啃土、啃墙导致的口腔外伤。

（2）免疫预防。每年春、秋季节使用羊口疮病毒弱毒疫苗进行免疫接种。由于羊痘、羊口疮病毒之间有部分的交叉免疫反应，在羊口疮疫苗市场供应不充足的情况下，可加强羊痘疫苗免疫来降低羊口疮的发病率。

（3）治疗。首先隔离病羊，对圈舍、运动场进行彻底消毒；给病羊柔软、易消化、适口性好的饲料，保证充足的清洁饮水；对未发病的羊群紧急接种疫苗，提高其特异性免疫保护效力；对病羊进行对症治疗，防止继发感染：对于外阴型和唇型的病羊，首先使用 0.1%～0.2% 的高锰酸钾溶液清洗创面，再涂抹碘甘油、2% 龙胆紫、抗生素软膏或明矾粉末。对于蹄型病羊可将蹄浸泡在 5% 甲醛液体 1min，冲洗干净后用明矾粉末涂抹患部。乳房可用 3% 硼酸水清洗，然后涂以青霉素软膏。为防止继发感染，可肌内注射青霉素钾或钠盐 5mg/kg 体重，病毒灵或病毒唑 0.1g/kg 体重、每天 1 次，3d 为 1 个疗程，2～3 个疗程即可痊愈。感染患羊也可以采用中药方剂进行治疗。青黛散：大黄 1g、青黛 3g、薄荷 6g、冰片 3g、白矾 1g，混合均匀后研成粉末，添加适量蜂蜜涂抹于患处，每天 2 次，连续 2～3d；冰硼散：朱砂 3g、硼砂 25g、冰片 3g、元明粉 25g，研成细末之后直接涂布于患处，每天 2 次或多次，连续 2～3d。

由于羊口疮是人畜共患传染病，尤其是手上有伤口的饲养人员容易感染，因此注意做好个人防护以免感染。人感染羊口疮时伴有发热和怠倦不适，经过微痒、红疹、水疱、结痂过程，局部可选用 1%～2% 硼酸液冲洗去污，0.9% 生理盐水湿敷止疼，阿昔洛韦软膏涂擦患部可痊愈。

含有口疮病毒的病羊结痂在低温冰冻条件下可存活数年之久；本病毒对高温较为敏

感，65℃ 30min 可将其全部杀死。常用消毒药为 2%氢氧化钠，10%石灰乳，1%醋酸，20%草木灰溶液。

（四）羊痘

羊痘是由羊痘病毒引起的绵羊或山羊的一种急性、热性、接触性传染病，以体表无毛或少毛处皮肤和黏膜发生痘疹为特征，被列为必须上报的一类动物疫病。感染的病羊和带毒羊是传染源。病羊唾液含有大量病毒，健康羊因接触病羊或被其污染的圈舍及用具感染。传播途径为呼吸道和消化道。绵羊痘病毒主要感染绵羊，山羊痘病毒主要感染山羊，但也有感染绵羊的报道。羊痘一年四季均可发生，在冬末春初流行。气候严寒、雨雪、霜冻、枯草和饲养管理不当均会成为本病发生的诱因。新疫区往往呈暴发流行，其严重程度受病原毒力和动物易感性的影响。

1. 症状

典型羊痘病程分为 3 期：前驱期、发痘、结痂。病初发热，呼吸急促，眼睑肿胀，鼻孔流出浆液脓性鼻涕。1~2d 后，无毛或少毛部位皮肤出现肿块，颊、唇、耳、尾下和腿内侧尤其明显。2~3d 后丘疹内出现淡黄色透明液体，中央呈脐状下陷，成为水疱—脓疱—脓疱干涸形成痂皮。非典型羊痘全身症状轻，部分病例脓疱融合成不规则的片状痘疹；个别病例伴发出血，形成血痘。严重者常继发肺炎和肠炎。

2. 病变

视检皮肤和口腔黏膜有痘疹，剖检可见鼻腔、喉头、气管及前胃和皱胃黏膜有大小不一的痘疹，肺膈叶常见痘疹，其次为心叶和尖叶。皮肤病变表现为表皮细胞大量增生、轻度肿胀、水泡变性，表皮层明显增厚，向外突出。变性的表皮细胞内可见包涵体。真皮浆液性炎症，充血、水肿，中性粒细胞和淋巴细胞浸润。在真皮血管周围和胶原纤维束之间出现单核细胞、巨噬细胞和成纤维细胞。

3. 诊断

根据流行病学、临诊症状、病理变化和组织学特征可作初步诊断。利用电镜观察、特异性 PCR 扩增和中和试验可确诊。本病口疮进行鉴别诊断。羊口疮 3~6 月龄羔羊多发病，发病率高，死亡率低，病变主要在口唇部皮肤黏膜形成丘疹、脓疱、溃疡与疣状痂。

4. 防制

羊场选择健康良种并坚持自繁自养。日常保持羊圈环境的清洁卫生。羊舍定期进行消毒，有计划地进行羊痘疫苗免疫接种。一旦发生疫情，应严格按照《重大动物疫病应急预案》《国家突发重大动物疫情应急预案》和《绵羊痘、山羊痘防治技术规范》进行处置。要立即向有关部门上报疫情。一旦发病，立即隔离病羊与健康羊，防止疫情扩散；对健康羊要进行疫苗接种；与病羊接触过的羊必须单独圈养 20d 以上，经观察不发病才可与健康羊合群；被隔离的羊舍及其中的物品用具要彻底消毒，工作人员进出要遵守消毒制度；病羊尸体要焚烧或掩埋。

羊痘病毒对干燥具有较强的抵抗力。干燥痂皮内的病毒可以活存 3~6 个月。但对热的抵抗力较低，55℃ 30min 使其灭活。与许多其他痘病毒不同，羊痘病毒易被 20%的乙醚或氯仿灭活，对胰蛋白酶和去氧胆酸盐敏感，2%石炭酸和甲醛均可使其灭活。

（五）绵羊肺腺瘤病

绵羊肺腺瘤是由绵羊肺腺瘤病毒引起绵羊的一种慢性、进行性、接触性肺脏肿瘤性疾病，以患羊咳嗽、呼吸困难、消瘦、大量浆液性鼻漏、Ⅱ型肺泡上皮细胞和肺部上皮细胞肿瘤性增生为主要特征，又称绵羊肺癌（或驱赶病）。不同品种、性别和年龄的绵羊均能发病，山羊偶尔发病。通过病羊咳嗽和喘气将病毒排出，经呼吸道传播，也有通过胎盘传染而使羔羊发病的报道。羊群长途运输、尘土刺激、细菌及寄生虫侵袭等均可诱发本病的发生。本病可因放牧赶路而加重，故称驱赶病。3~5岁的成年绵羊发病较多。

1. 症状

早期病羊精神不振，被毛粗乱，逐渐消瘦，结膜呈白色，无明显体温反应。出现咳嗽、喘气、呼吸困难症状。在剧烈运动或驱赶时呼吸加快。后期呼吸快而浅，吸气时常见头颈伸直，鼻孔扩张，张口呼吸。病羊常有混合性咳嗽，呼吸道泡沫状积液是本病的特有症状，听诊时呼吸音明显，容易听到升高的湿性啰音。当支气管分泌物聚积在鼻腔时，则随呼吸发出鼻塞音。若头下垂或后躯居高时，可见到泡沫状黏液和鼻中分泌物从鼻孔流出，严重时病羊鼻孔中可排出大量泡沫样液体。感染羊群的发病率2%~4%，病死率接近100%。

2. 病变

剖检变化主要集中在肺脏和气管。病羊的肺脏比正常大2~3倍。在肺的心叶、尖叶和膈叶的下部，可见大量灰白色乃至浅黄褐色结节，其直径1~3cm，外观圆形、质地坚实，密集的小结节发生融合，形成大小不一、形态不规则的大结节。气管和支气管内有大量泡沫。组织学变化可见肺脏胶原纤维增生和肺脏Ⅱ型肺泡上皮细胞大量增生，形成许多乳头状腺癌灶，乳头状的上皮细胞突起向肺泡腔内扩张。

3. 诊断

根据病史、临床症状、病理剖检和组织学变化可做出初步诊断。病原学诊断包括特异性病原的检测、动物接种试验和PCR技术。本病常与羊巴氏杆菌病、蠕虫性肺炎等的临床症状相似，应注意鉴别诊断。本病应与巴氏杆菌病进行鉴别诊断。

4. 防控

本病目前尚无有效疗法和针对性疫苗。发病时病羊全部屠宰并做无害化处理。在非疫区，严禁从疫区引进绵羊和山羊，如引进种羊，须严格检疫后隔离，进行长时间观察和临床检查。如无异常症状再行混群。消除和减少诱发本病的各种因素，加强饲养管理，改善环境卫生。肺腺瘤病毒对外界抵抗力不强，对氯仿和酸性环境敏感，56℃ 30min可将其灭活。

（六）羊布鲁氏菌病

羊布鲁氏菌病是由布鲁氏杆菌引起的以羊生殖器官和胎膜发炎，流产、不育和各种组织局灶性病变为主的人兽共患传染病。本病世界各地均有流行。随着我国羊养殖量和密度增加、羊及其产品交易频繁，羊布氏杆菌的发病率和羊-人的传播呈增高趋势。患病或带菌的羊的分泌物、排泄物、流产胎儿及乳汁等含有大量病菌。尤其是感染的妊娠母羊因生产排出大量的布氏杆菌而最危险。本病主要通过消化道、气溶胶传播，也有皮肤因创伤而感染的报道。其他如通过结膜、交配以及吸血昆虫也可感染。羊场兽医、屠宰加工等羊产业相关人员属高风险人群。本病一年四季均可发生，以产羔季节为主。

1. 症状

绵羊及山羊主要症状是常发生在妊娠后第3~4个月的流产：常见羊水浑浊，胎衣滞留。流产后排出污灰色或棕红色分泌液，有时有恶臭。早期流产的胎儿，常在产前已死亡；发育比较完全的胎儿，产出时活着但比较衰弱，不久便会死亡。患病公羊可见阴茎潮红肿胀，单侧睾丸肿大，触之坚硬。有时可见关节炎。部分母羊表现轻微乳房炎症状。

2. 病变

主要病理变化为流产羊胎衣呈黄色胶冻样浸润，有出血点。绒毛部分或全部因贫血而呈黄色，可观察到覆有灰色或黄绿色纤维蛋白。流产胎儿真胃中有淡黄或白色絮状黏液。浆膜腔有微红色液体，腔壁上覆有纤维蛋白凝块。流产胎儿皮下呈出血性浆液性浸润。淋巴结、脾脏和肝脏有不同程度肿胀，有散在炎性坏死灶。

3. 诊断

结合流行病学资料，母羊流产，胎儿胎衣病变，胎衣滞留以及不育等症状，可初步诊断。通过虎红平板凝集试验、试管凝集试验、胶体金试检测纸条、抗球蛋白试验、ELISA、荧光抗体法、DNA 探针以及病原特异性目的基因 PCR 等多种实验室诊断方法均可确诊。注意该病的症状与钩端螺旋体病、衣原体病、沙门氏菌病等相似，应进行鉴别诊断。

4. 防控

本病有疫苗可以使用，当羊群的感染率低于 3% 时，建议通过扑杀的方式进行净化；当高于 5% 时，建议使用疫苗免疫进行控制。治疗药物有复方新诺明和链霉素，由于布氏杆菌是兼性细胞内寄生菌，致使药物治疗不彻底，发生本病时应采取淘汰、扑杀等措施在内的综合性生物安全措施。我国布鲁氏菌病防治有以下相关技术规范和标准《布鲁氏菌病防治技术规范》（2006 年修订稿）、《布鲁氏菌病诊断方法、疫区判定和控制区考核标准》（1988 年 10 月 25 日卫生部和农业部）、《动物布鲁氏菌病诊断技术 GB/T 18646—2002》《布鲁氏菌病诊断标准 WS 269—2007（卫生部）》《布鲁氏菌病监测标准 GB 16885—1997（卫生部）》以及《山羊和绵羊布鲁氏菌病检疫规程 SN/T 2436—2010》。

2019 年国家动物疫病强制免疫计划要求，布鲁氏菌病群体免疫密度应常年保持在 90% 以上，其中应免羊群免疫密度到 100%。

（七）羊梭菌性疾病（羔羊痢疾/羊肠毒血症/羊快疫/羊猝疽/羊黑疫）

羊梭菌性疾病是由多种专性厌氧梭菌引起的一种急性、致死性毒血症，以羊快疫、羊肠毒血症、羊猝疽、羊黑疫和羔羊痢疾为代表。这类病原芽孢形式存在于土壤和污水中，芽孢抵抗力很强，但繁殖体的抵抗力较弱。这些病在临床症状上有不少相似之处，容易混淆，且都能造成急性死亡，对养羊业危害很大。

羔羊痢疾：主要危害 7 日龄以内的羔羊，以 2~3 日龄发病最多。B 型产气荚膜梭菌经消化道、脐带进入羔羊体内，体弱、寒冷、饥饱不均等不良因素可诱导发病。

羊肠毒血症：俗称"血肠子病"。以 2~12 月幼龄羊和肥胖羊多发，是危害绵羊的一种急性毒血症，又称软肾病。病原 D 型荚膜梭菌经消化道进入体内，流行有明显的季节性和条件性。当饲料突变，或春末夏初和秋季牧草结籽后的一段时期，病菌在体内大量繁殖，产生毒素，导致机体发病，多呈散发。

羊快疫：以 6~18 月龄绵羊多发，病原是腐败梭菌，常以芽孢形式存在，经消化道感染，平时很少发病；在秋冬和初春季节，气候骤变，阴雨连绵，机体抵抗力降低时易诱发病菌大量繁殖，产生外毒素导致发病。

羊猝疽（羊猝击）：主要危害1~2岁绵羊。C型产气荚膜梭菌经消化道进入小肠内繁殖，产生β毒素，引起发病。本病冬春季节多见于低洼、沼泽地区，呈地方性流行。

羊黑疫：又称传染性坏死性肝炎，以2~4岁营养良好的肥胖羊只发病最多。为B型诺维氏梭菌被羊采食后由胃肠壁进入肝脏导致发病。当未成熟的游走肝片吸虫损害肝脏时，该处的芽孢获得适宜的条件，大量繁殖，产生毒素，导致发病。

1. 症状

羔羊痢疾：患羊剧烈腹泻，粪便恶臭，稠如面糊或稀薄如水，呈黄绿、黄白或灰白色，后期粪便含有血液。

羊肠毒血症：多发病突然，以腹泻、惊厥、麻痹和突然死亡为特征。

羊快疫：病羊突然发病，无任何症状倒地死亡。迟缓型病羊表现虚弱、运动失调，腹胀，腹痛，口流血色泡沫，粪便带有黏液或间带血丝，最后衰竭，通常于数小时至1 d内死亡。

羊猝疽：病程短促，常未见到症状即突然死亡。

羊黑疫：病症与羊快疫、羊肠毒血症类似，病羊无食欲，呼吸困难，体温约41.5℃，少数病程1~2d，一般不超过3d。

2. 病变

羔羊痢疾：病死羔羊真胃有未消化的凝乳块；小肠溃疡，尤其是回肠，周围有一血带环绕，有的肠内容物呈血色；心包积液，心内膜有时有出血点；肺脏常有充血或瘀血。

羊肠毒血症：胸腔、腹腔、心包积液，心肌松软，心内外膜有出血点，肠鼓气。以肾肿胀柔软呈泥状病变最具特征。重症者整个肠壁呈红色。

羊快疫：剖检见真胃出血性炎性损害显著；前胃黏膜脱落；肠道出血；肝脏有黑红色坏死灶；肺脏淤血、水肿；全身淋巴结，特别是咽部淋巴结肿大，充血、出血；胆囊多肿胀。

羊猝疽：剖检病死的成年羊可见严重的肠道和胃炎，小肠有溃疡和出血，胸腔、腹腔和心包均有积液。羔羊肠道出血特别严重。

羊黑疫：病尸皮下静脉显著淤血，使羊皮呈黑色外观；胸部皮下水肿，浆膜腔有积液，心包扩大，内有积液；腹腔液稍带红色；肝脏充血肿胀，有1个或多个凝固性坏死灶，坏死灶界限清晰，可达2~3cm，切面呈半圆形。

3. 诊断

根据流行特点、临床症状和病理变化可作出初步诊断，确诊需进一步做实验室微生物学检查，以判断肠内容物中有无毒素存在。几种梭菌性疾病均为病程短促、病状相似，且与羊炭疽有相似之处，应注意鉴别诊断。另外，羊肠毒血症与羔羊痢疾、羔羊大肠杆菌病、沙门氏杆菌病在临床均表现为下痢，也应注意区别。确诊本病需在肠道内发现大量D型产气荚膜梭菌，肾脏和其他脏器内发现D型产气荚膜梭菌。ELISA作为国际公认的检测方法已在本病的诊断过程中被广泛应用。

4. 防控

羔羊痢疾：在母羊分娩前，对产房、产床及接产用具进行彻底清洗消毒。配种前和产前母羊使用疫苗进行免疫接种。治疗时除使用抗生素外，还要调整胃肠机能，纠正酸中毒，为防止脱水及时补充体液。

羊肠毒血症、羊快疫、羊猝疽：在本病常发地区，每年4月注射"羊快疫、羊猝疽、羊肠毒血症"三联菌苗进行预防。一旦发生疫情，首先应用疫苗进行紧急免疫，对发病羔羊可用抗血清或抗毒素治疗。迅速转移牧地，少喂青饲料，多喂粗饲料。同时应隔离病畜，对病死羊要及时进行无害化处理，对环境进行彻底消毒，以防止病原扩散。对于病程稍长的羊群可用磺胺咪等药物对症治疗。

羊黑疫：隔离病羊，注射抗诺维氏梭菌血清进行治疗；其他羊只转移至安全处，全群用药控制肝片吸虫感染；在本病常发地区，每年定期注射三联苗或五联苗，免疫期1年。

（八）传染性胸膜肺炎

羊传染性胸膜肺炎是由多种支原体引起的呈地方流行性的一种高度接触性羊传染病，以高热、咳嗽、肺和胸膜发生浆液性或纤维素性炎症为特征，呈急性或慢性经过，病死率较高。病羊为主要的传染源，主要通过呼吸道分泌物向外排菌。耐过病羊具有散播病原的危险性。本病可感染山羊和绵羊，其中，山羊支原体山羊肺炎亚种只感染山羊；绵羊肺炎支原体既可感染绵羊，也能感染山羊。本病常冬春枯草季节、羊只消瘦、营养缺乏、寒冷潮湿、羊群拥挤、运输应激等条件下发病。

1. 症状

最急性体温升高达41~42℃，呼吸急促有呻吟声，咳嗽并流浆液性带血鼻液。病羊卧地不起，四肢伸直；黏膜高度充血，发绀；目光呆滞，不久窒息死亡。病程半天或1d，一般不超过5d。急性型：先体温升高，随之出现短而湿的咳嗽，伴有浆性鼻涕。按压胸壁，患羊表现敏感，疼痛。高热稽留，食欲锐减，呼吸困难，眼睑肿胀有黏液、脓性分泌物。孕羊大批流产（70%~80%）。病程1~2周，有的可达1个月左右。慢性型：多见于夏季，全身症状轻微，体温40℃左右，病羊间有咳嗽和腹泻，被毛粗乱无光，消瘦。

2. 病变

剖检病变常一侧肺有明显浸润和实变。肺呈红灰色，切面大理石样，肺小叶间质增宽，界线明显。胸膜变粗糙增厚，肺与胸壁粘连，支气管内有干酪样渗出物。有的病羊肺膜、胸膜和心包均粘连。胸腔积有多量黄色胸水。

3. 诊断

根据本病流行特点、临床表现和病理变化等作出初步诊断。应对病料进行细菌学检查，以便与羊巴氏杆菌病鉴别诊断。常用的实验室诊断包括细菌学检查、补体结合试验（国际贸易指定试验）、间接血凝试验（IHA）、乳胶凝集试验（LAT）。

4. 防控

加强饲养管理，防止引入病羊和带菌羊。对新引进羊只须隔离检疫1个月以上，确认健康时再混入大群。使用疫苗进行免疫接种。本菌对红霉素、四环素、泰乐菌素敏感。对病羊、可疑病羊和假定健康羊分群隔离和治疗；对被污染的羊舍、场地、用具和病羊的尸体、粪便等，应进行彻底消毒或无害处理，在采取上述措施同时须加强护理对症疗法。

（九）羊巴氏杆菌病

羊巴氏杆菌病是由多杀性巴氏杆菌引起的一种急性、烈性传染疾病，临床表现为败血症和出血性炎症。病羊和带菌羊经呼吸道、消化道和损伤的皮肤传给健康羊，据报道也可通过吸血昆虫传染。该病的发生不分季节，冷热交替、气候剧变、湿热多雨等不良条件诱发本病，可呈内源性感染、散发或地方性流行。

1. 症状

羔羊易感，常为最急性型，也偶见于成年羊。病羊突然发病，表现寒颤、虚弱、呼吸困难等症状，可在数分钟至数小时内死亡。急性型表现为体温升高到 40～42℃，呼吸急促，咳嗽，鼻孔常有带血的黏性分泌物排出；病羊常在严重腹泻后虚脱而死。慢性型主要见于成年羊，表现呼吸困难，咳嗽，流黏性脓性鼻液。

2. 病变

剖检病死羊，可见肺门淋巴结肿大，颜色暗红，切面外翻、质脆。肺颜色暗红、体积肿大、充血、淤血、肺间质增宽，肺实质有相融合的出血斑或坏死灶。肺胸膜、心包粘连；胸腔内有橙黄色渗出液；心包腔内有黄色浑浊液体，有的羊冠状沟处有针尖大出血点。

3. 诊断

根据流行病学、临床症状、病理变化和组织学特征可做出初步诊断。病原学诊断包括染色镜检、分离培养、生化鉴定等。本病应与羊支原体肺炎进行鉴别诊断。

4. 防控

加强饲养管理，坚持自繁自养，羊群避免拥挤、受寒和长途运输，消除可能降低机体抗病力的因素，羊舍、围栏要定期消毒。常用消毒剂有 3%石炭酸、3%甲醛、10%石灰乳、0.5%～1%氢氧化钠、2%来苏尔等。

（十）羊大肠杆菌病

大肠杆菌病，也称为新生羔羊腹泻或者羔羊白痢，是新生羔羊的常见病。3 周龄以内的舍饲羔羊，尤其 2～8 日龄羔羊发病率最高，放牧羊群很少发生。传染源是被病菌污染的粪便、饲槽、垫草、用具、母羊被污染的乳房等，通过消化道、脐部、呼吸道感染。羔羊机体抵抗力低、吃入初乳不足，羊舍阴冷潮湿、气候突变等也能诱发大肠杆菌病。

1. 症状

临床上表现两种类型，分别为败血型和肠型。败血型大肠杆菌病，为致病菌进入血液，引发菌血症，产生的毒素导致败血症。该型病症潜伏期短则数小时，长则为 2～3d，主要和单次感染量及羔羊的实际抵抗力有关。羔羊病初体温上升（41～42℃），采食量下降，精神萎靡，患病羊运动失调，四肢僵硬、步态不稳，头常歪向一侧，有时四肢会做划水样运动。视力下降，磨牙，离群独卧，随着病情的发展，感染羊开始口吐白沫，呼吸加快，鼻孔流大量黏液，部分羊关节肿胀，无法走路，最终病羔出现昏迷、呼吸衰竭而死亡。

肠型主要为大肠杆菌在肠道大量繁殖，导致消化道症状。羔羊出生 1 周以内最易感。同样是病初体温升高至 40～41℃，吃奶量降低，下痢后体温恢复正常。粪便含有未消化完的凝乳块和气泡，呈白色稀糊状，有恶臭味。病羊腹痛，排粪时弓背，里急后重。不及时治疗，病羔会脱水、虚弱，严重的可发生死亡，死亡率为 10%～80%。

2. 病变

剖检败血型大肠杆菌病病死羔羊可见胸腔、心包、腹腔存在积液，腹水严重，而且伴有恶臭。肠型病羔肠道内黏膜散布出血点，可见明显出血，肠内容物半液状、灰黄色。肺部纤维性渗出明显，肺边缘可见实变。肾脏发生软化，并且有出血点，心内外膜、肝脏也可见出血。肿大的关节内滑液浑浊。

3. 诊断

确诊该病需要进行实验室检查。无菌操作采取病死羔羊的肝脏、心脏、肺脏、脾脏、肾脏等病料组织，先进行血琼脂增菌培养，再经伊红美蓝、麦康凯鉴别培养基可作初步鉴定。

4. 防控

本病重在预防。对于怀孕的母羊及新生羔一定要加强饲养管理，分娩前对产房严格地消毒，所有的器具必须保持无菌，注意环境的防潮、防寒、保暖，适当通风，制订合理的免疫接种计划并严格执行。始终保持母羊乳头的清洁，保证羔羊及时吮吸足量的初乳等。此外，还可以利用本地流行的大肠杆菌血清型制备的活苗或者灭活苗，免疫妊娠母羊，确保羔羊可以获得充足的被动免疫。采用微生态预防和药物预防相结合的方法亦可减少本病的发病率。中药治疗可用车前子、黄柏各30g，当归、木香、白芍各20g，白头翁、秦皮、黄连、炒神曲、炒山楂各15g，加水1 000 mL，煎汤至200mL，给每只羔羊灌服3~5mL/次。连用3~5d。

（十一）羊衣原体病

本病是由衣原体感染绵羊、山羊引起临床以发热、流产、死产和产弱羔为特征的一种人畜共患传染病。该病流行广泛，我国各地均有发生。传染源为病羊和带菌羊，通过呼吸道、消化道、生殖道、胎盘或皮肤伤口等途径感染，另外，螨、蜱等吸血昆虫也可以传播该病。各个年龄段的羊均可感染，但羔羊感染后临床症状表现较重，甚至死亡。羊群饲养管理差、营养不均衡、消毒不严格、其他疫病感染以及各类应激因素的刺激均可诱发该病的发生。母羊在产羔季节受到感染不出现症状，到下一个妊娠期发生流产。一般舍饲羊发病率比放牧羊发病率高，多为散发或地方流行性。

1. 症状

羊衣原体有流产型、关节炎型和结膜炎型、肠炎型。

流产型主要发生于初产羊。多发生于怀孕的最后1个月，临床表现为流产、死产或产弱羔。表现为无任何征兆的突然性流产，患病母羊常发生胎衣不下或滞留，或表现为外阴肿胀。有些因继发感染细菌性子宫内膜炎而死亡。羊群第一次暴发该病时，流产率可达20%~30%，以后则每年5%左右，流产率的高低与初产母羊的数量相关。流产过的母羊以后不再流产。

关节炎型主要发生于羔羊。羔羊于病初体温41~42℃，食欲废绝，离群，肌肉僵硬，跛行，肢关节触摸有疼感。随着病情的发展，跛行加重，羔羊弓背而立，有的羔羊长期侧卧。

结膜炎型多发于绵羊育肥羔，急性病程2~4周。衣原体侵入羊眼后，进入结膜上皮细胞的胞质空泡内，形成初体和原生小体，从而引起病羔单眼或双眼的一系列病变。

肠炎型常见于6月龄以前的羊。潜伏期2~10d，病羊主要表现精神沉郁、腹泻、流泪，鼻腔流出黏性分泌物，体温达40.6℃，有的出现咳嗽和支气管肺炎。羔羊症状轻重不一，有急性、亚急性和慢性之分，有的羊可呈隐性经过。

2. 病变

肠炎型羊衣原体病表现为十二指肠黏膜充血、出血，部分回肠黏膜也有出血点或溃疡，肠系膜淋巴结肿大。胸膜、心外膜、脾脏和膀胱有点状出血。

流产型羊衣原体病表现为妊娠母羊乳腺炎，乳腺一叶或双叶坚硬；流产母羊继发子宫内膜炎，胎盘子叶变性坏死。流产胎儿胎膜有不同程度的充血、水肿，呈胶样浸润，胸腔和腹腔积有多量红色渗出液，肝脏肿大，表面布有许多白色结节。

结膜炎型羊衣原体病表现为角膜呈乳白色，房液中有透明的胶样凝块，严重的病例角膜中央有针头大小的白色坏死灶，极度严重的病例角膜穿孔性溃疡，并发全眼球炎。

关节炎型可见关节肿胀，关节囊壁的结缔组织增厚，且有浆液性浸润，在关节腔内有纤维素性或脓性渗出物。滑液囊、腱鞘也有病变。

3. 诊断

根据流行特点、症状和病变可作初步诊断。流产病料吉姆萨染色镜检，如发现圆形或卵圆形原生小体即可确诊。也可进行动物接种或血清学试验。本病应与布氏杆菌病、沙门菌病、弯曲菌病等类似病鉴别诊断。

4. 防控

加强检疫，禁止从疫区引种，加强饲养管理，增强羊群体质，消除各种诱发因素。本病流行的地区，使用羊流产衣原体灭活苗对母羊和种公羊进行免疫接种，可有效控制羊衣原体病的流行。四环素、土霉素、强力霉素和泰乐霉素有一定的治疗效果。发生本病时，流产母羊及其所产弱羔应及时隔离。流产胎盘、产出的死羔应无害化销毁。

对衣原体有效的消毒液有 0.1%新洁尔灭溶液、2%苛性钠溶液、十二烷基磺酸钠和高锰酸钾溶液等。

五、主要寄生虫病及其防控

（一）线虫病

1. 消化道线虫病

羊消化道线虫病是由毛圆科、仰口科、食道口科、圆线科和毛尾科的多种线虫寄生在羊胃肠道内引起的一类寄生虫病。病原种类很多，且多为土源性寄生虫，因此分布十分广泛。虽然虫体多呈细小线状，但多为吸血性虫体，且常为多种线虫混合感染，严重影响养羊业的发展和养羊经济效益。

（1）症状。羊消化道线虫多为吸血性线虫，多以强大的口囊吸附在胃、肠黏膜上，吸取羊的大量血液并引起胃肠黏膜的损伤、炎症、出血。病羊表现显著贫血，消瘦，颌下和腹下水肿，急、慢性胃肠炎，持续性腹泻，带有大量黏液，有时带血，或腹泻与便秘交替出现，严重者可造成羊的急性大批死亡。慢性病例常表现渐进性贫血、消瘦，终因衰竭而死亡。毛尾线虫病以腹泻甚至水样腹泻为特征。捻转血矛线虫病可引起羔羊成批死亡。

（2）病变。捻转血矛线虫呈毛发状，以口囊吸附寄生在第四胃黏膜上造成局部损伤、黏膜发炎、肿胀、有小出血点等。羊仰口线虫寄生在羊小肠内，以发达口囊吸附小肠黏膜，以口囊内的角质化齿切破小肠黏膜血管吸血。食道口线虫的幼虫可致大肠壁形成直径 2~10mm 的结节，结节向浆膜面突出，与周围组织界限清楚，表面平滑，结节内含长 3~4mm 的幼虫和黄白色或灰绿色泥状物，有的发生坏死或钙化而变得坚硬。毛尾线虫呈乳白色鞭状，寄生在羊的大肠，主要是盲肠，以头部深埋在大肠壁内，其余部分游离在肠腔中。

（3）诊断。生前查到粪便中的虫卵或死后剖检在胃肠道内查到虫体，结合流行病学资料、症状和剖检变化确诊。

（4）防治。坚持预防为主、防治结合的综合性防治措施。

预防应加强饲养管理，合理补充精料和矿物质，提高羊的营养水平和自身抗病能力；注意饲料和饮水清洁卫生，尽可能不在低洼潮湿地带放牧羊，以减少感染机会；春季放牧前对全群羊进行预防性驱虫，防止牧场污染；及时清除羊舍内的粪便及治疗性或预防性驱虫后1周内的粪便堆积在一起，以生物热发酵法杀灭粪中的虫卵，防止环境和牧场被污染；定期检测羊群粪便，当每克粪便中线虫虫卵数达到1 000个以上时，应及时对羊群进行治疗性驱虫。

治疗可选用下列任一种药物，同时应做好对症治疗。

左旋咪唑（左咪唑）：每千克体重7~10mg，1次口服，或按每千克体重5mg，配成5%水溶液1次肌内注射。奶用羊的休药期至少为3d。

丙硫咪唑或苯硫咪唑：每千克体重10~15mg，1次口服。怀孕早期的母羊应慎重。母羊最好在配种前驱虫。羊宰前14d应停药。

伊维菌素（阿维菌素）：按每千克体重0.2mg，1次皮下注射。该药对各种线虫和外寄生虫均具有良好的驱杀效果。泌乳羊禁用。羊宰前28d停用本药。

2. 肺线虫病

羊肺线虫病是由网尾科网尾属的丝状网尾线虫和原圆科原圆属、缪勒属、歧尾属、囊尾属和锐尾属的多种线虫寄生于羊的支气管、细支气管、气管或肺实质引起的以支气管炎和肺炎为主要症状的疾病。丝状网尾线虫属大型肺线虫，对羊危害较大。绵羊和山羊均可发生本病，牧区常有流行并造成羊的大批死亡。成年羊感染率高，但对幼龄羊危害严重。

（1）症状。轻度感染和发病初期症状不明显。大量虫体感染1~2个月后表现短而干的咳嗽，天气骤冷、运动后和夜间休息时咳嗽加重，在羊圈附近可听到病羊呼吸困难，如拉风箱。常见患羊鼻孔流出黏性液体，呈绳索状拖垂于鼻孔下或在鼻周形成结痂。久病羊食欲减退，被毛粗乱，瘦弱，放牧时不愿行走或喜卧。后期腹泻，贫血，眼睑、下颌、胸下和四肢水肿，最后因衰竭而死亡。

（2）病变。剖检主要可见肺脏实变与气肿相间的病理变化。肺边缘有肉样硬度白色小结节，突出于肺表面。肺底部有透明的大斑块，形状不整，周围充血。支气管和气管内充有黄白色或红色黏液，可见伸直或呈团儿的虫体。支气管和气管黏膜肿胀，有小点状出血。

（3）诊断。依据临床症状，结合贝尔曼幼虫分离法在粪便、鼻液或唾液中查到含幼虫的虫卵或幼虫，或剖检在支气管和气管内发现虫体和相应病变可确诊。

（4）防治。预防本病应避免在低湿沼泽地区牧羊；有条件的地区可实行轮牧；该病流行区内，每年至少应在冬季由放牧转舍饲后及舍饲转放牧前对羊群各驱虫1次，驱虫后的粪便应堆积进行生物热处理；定期检查，发现病羊应立即进行驱虫。

治疗可选用下列任一种药物。

左旋咪唑，按每千克体重8~10mg，配成5%水溶液，肌内注射，驱虫率99%~100%；内服效果较差。

丙硫苯唑（抗蠕敏），每千克体重35~40mg，口服，驱虫率近100%。

伊维菌素或阿维菌素，按每千克体重0.2mg，皮下注射。

（二）吸虫病

羊吸虫病是由1种或多种吸虫寄生在羊的胃肠道或肝胆管、胆囊、血液内引起的一类寄生虫病。

片形吸虫包括肝片形吸虫和大片形吸虫，分布于全国各地；寄生于羊的肝胆管内，常导致羊的死亡。需要淡水螺作为中间宿主。

日本血吸虫和东毕吸虫寄生于羊门静脉、肠系膜静脉内，对羊危害严重。日本血吸虫广泛分布于我国长江流域及其以南地区，中间宿主为湖北钉螺和光壳钉螺。东毕吸虫的中间宿主为折叠萝卜螺和卵萝卜螺等。东毕吸虫分布几乎遍及全国，特别在西北、东北牧区普遍存在，常呈地方性流行，引起不少羊死亡，对养羊业危害很大。

矛形双腔吸虫寄生于羊的胆管和胆囊内；中间宿主为蜗牛、蚂蚁。

前后盘吸虫种类多，分布广泛；成虫寄生于羊的瘤胃、网胃内，童虫寄生于羊的真胃、胆管、胆囊、十二指肠；中间宿主为淡水螺。

阔盘吸虫较少见，寄生于羊的胰脏胰管内；中间宿主为蜗牛及草螽、针蟋。

1. 症状

羊对片形吸虫敏感，常呈急性发病，叩诊肝区疼痛、躲闪，体温升高，精神沉郁，食欲减退甚至废绝，腹胀，重者数天内死亡，甚至引起羔羊大批死亡。慢性病例是成虫寄生在肝胆管内引起的慢性肝炎，病羊逐渐消瘦，被毛粗糙无光泽；胸腹部水肿，触诊呈面团样、无热痛；严重贫血，可视黏膜苍白；顽固性拉稀或拉稀与便秘交替出现；最终病羊因衰竭而呈现零星死亡。羊矛形双腔吸虫病症状与肝片形吸虫病相似。

日本血吸虫病常在羊群放牧时接触"疫水"、毛蚴经皮肤钻入而受感染。病羊精神沉郁，食欲不振，消化不良，渐进性消瘦，被毛粗乱无光泽，粪变软或下痢，粪带黏液、血液或腥臭黏膜块，或顽固性腹泻，贫血，可视黏膜苍白，颌下及胸腹部水肿，腹围增大。部分病羊有干性咳嗽，呼吸浅而快，严重者卧地不起，常回视腹部。羔羊生长发育缓慢甚至停滞。母羊乏情、不孕或流产。若突然大量尾蚴感染，则导致羊急性发病，体温升高，食欲减退甚至废绝，呼吸促迫，在山羊和羔羊可见急性成批死亡。

前后盘吸虫童虫可造成羊的急性死亡，成虫寄生于羊的瘤胃、网胃内，常导致顽固性腹泻。

2. 病变

急性片形吸虫病可见急性肝炎，肝脏肿大，肝实质有虫道和出血及血凝块等。慢性病例是成虫寄生在肝胆管内引起的慢性肝炎，剖检可见肝脏硬化、萎缩变小，胆管扩张呈黄白色绳索样凸出于肝表面；胆管壁增厚，内壁粗糙，胆管管腔变窄甚至堵塞，严重病例肝脏表面可见大小不等的囊肿，切开囊肿常可见有虫体。除肝脏病变外，羊矛形双腔吸虫病可见胆囊肿大，胆汁浓稠。

日本血吸虫病的主要病变是虫卵沉积于组织中，形成虫卵结节或虫卵性肉芽肿。尸体明显消瘦、贫血，腹腔内常有大量腹水。急性病死羊或病初肝脏肿大，有出血点，后期肝组织不同程度结缔组织增生，肝脏萎缩、硬化，肝表面可见灰白色小米粒大到高粱米大的坏死性虫卵结节，肝表面凹凸不平。肠壁分区性肥厚，有出血点或坏死灶、溃疡或瘢痕。肠系膜静脉内可见雌雄合抱状态的成虫。肠系膜淋巴结水肿。

前后盘吸虫成虫寄生部位发炎，结缔组织增生，形成米粒大的灰白色圆形结节，结节表面光滑。瘤胃绒毛脱落。在瘤胃和网胃内可见成虫。童虫则引起所寄生器官的炎症。

阔盘吸虫可致慢性增生性胰管炎症，胰管壁增厚，管腔狭窄甚至完全堵塞，管腔内充满棕红色虫体，严重者胰脏表面有大小不等的囊肿，其为胰管堵塞、胰液排出障碍所致。

3. 诊断

采用沉淀法查到粪便中虫卵，或粪便毛蚴孵化法查到毛蚴可确诊。吸虫产卵量和随粪排出的虫卵较少，诊断时，在处理好的待检粪样中加入亚甲蓝以染色特定颗粒物，在显微镜下能很容易在蓝色背景下观察到黄棕色的肝片形吸虫卵。

4. 防治

预防应定期驱虫，至少应在每年春季和秋末冬初各进行 1 次预防性驱虫；放牧羊群应在放牧前对羊进行驱虫并无害化处理粪便；防止感染，避免在沼泽、低洼地割喂青草或放牧；保证饮水清洁；尽可能消灭中间宿主。

治疗片形吸虫病可选用下列药物之一：5%氯氰碘柳胺钠注射液，预防按每千克体重 5mg、治疗按 7.5mg，1 次皮下或肌内注射；片剂、粉剂、混悬剂用量加倍，一次口服。苯硫咪唑，按每千克体重 50~60mg，一次口服；肝蛭净（三氯苯唑），每千克体重 10mg，一次口服；蛭得净（溴酚磷），每千克体重 12~16mg，一次口服；硝氯酚，每千克体重 4~6mg，一次口服，对早期童虫无效，需间隔 20d 左右再用药 1 次。丙硫咪唑（抗蠕敏），按每千克体重 20~30 mg，一次口服。治疗前后盘吸虫病可用氯硝柳胺，按每千克体重 60~70mg，1 次内服。

（三）绦虫病

羊绦虫病是由莫尼茨绦虫、曲子宫绦虫、无卵黄腺绦虫等寄生于羊小肠内引起的一种常见蠕虫病。羊绦虫均为背腹扁平的白色分节带状，长 2~5m，成熟的孕卵节片经常不断地自动脱落并随粪排出，所以常见羊的粪球表面附有大米粒大小的白色扁平节片，能蠕动。羊绦虫土壤螨（地螨）作为中间宿主，在其体内发育到感染性阶段的似囊尾蚴。春季是羊的产羔高峰，而羊绦虫病主要发生在 6 月龄以内的羊，羔羊在采食牧草时吃入带有似囊尾蚴的土壤螨而感染和发病。本病在我国分布很广，常呈地方性流行。

1. 症状

患羊常表现营养不良，发育受阻，消瘦，贫血，被毛干燥无光泽，颌下、胸前水肿；便秘与下痢交替，食欲正常或降低，严重者可因恶病质而致死。虫体的分泌物、代谢物可致羊神经中毒，表现回旋运动，或抽搐、兴奋、冲撞、抑郁等。该病对羔羊危害严重，甚至引起大批死亡。

2. 病变

虫体的机械性刺激可引起小肠黏膜卡他性炎症，肠扩张、充气，严重者肠黏膜上有小出血点。由于虫体较大，多时可致肠阻塞、套叠、扭转，甚至破裂而致死。

3. 诊断

检查粪便表面见有白色大米粒大小、能蠕动的扁平孕卵节片，或取孕节压破后镜检见有大量虫卵，或剖检在小肠内发现虫体，即可确诊。

4. 防治

预防应做好定期预防性驱虫和粪便管理，一般应在春秋两季各驱虫 1 次；病羊粪便中含孕卵节片是主要污染源，对病羊尤其是驱虫后病羊的粪便要及时清理，做好堆积发酵无害化处理；尽可能减少牧场上的中间宿主土壤螨滋生，不在清晨、傍晚放牧，不割喂露水草，减少羊食入土壤螨而感染的机会。

治疗选用下列药物之一即可。苯硫咪唑，按每千克体重 8~10mg，一次口服。丙硫咪唑，每千克体重 10~15mg，一次口服。吡喹酮，按每千克体重 8~10mg，一次口服。氯硝柳胺（灭绦灵），按每千克体重 70~100mg，一次口服。

（四）绦虫蚴病（包虫病、脑包虫病、细颈囊尾蚴病）

绦虫蚴病是由多种绦虫的中绦期阶段寄生在羊的器官组织内引起的绦虫幼虫病，常见的有棘球蚴病、脑多头蚴病、细颈囊尾蚴病等。

棘球蚴病是由细粒棘球绦虫的中绦期——棘球蚴（包虫）寄生于羊等反刍兽及人的肺脏、肝脏及其他器官组织内引起的一种多种动物共患的人兽共患绦虫蚴病。由于棘球蚴是一封闭的包囊，故该病也称包虫病。该病广泛分布于我国各地，尤其在牧区流行、对人畜危害严重。

脑多头蚴病是由多头绦虫的中绦期——脑多头蚴（脑包虫）寄生于羊等反刍兽及人的脑、脊髓内引起的一种人兽共患绦虫蚴病。由于多头蚴寄生于脑，每个包囊内含 200 多个内陷的头节，故该病也称脑包虫病。本病在我国各地均有报道，东北、西北牧区多发，多呈地方性流行；农区多呈散发，多与养犬相关。一年四季均可发生。两岁以内的羊发生较多。

细颈囊尾蚴病是由泡状带绦虫的中绦期——细颈囊尾蚴（水铃铛）寄生于羊、牛、猪等动物的肝、子宫、膀胱等腹腔脏器浆膜面、胃网膜和肠系膜等处引起的一种绦虫蚴病。细颈囊尾蚴每个包囊内只含 1 个内陷的头节，头节翻出后可见游离头节和细长颈部，故称细颈囊尾蚴。

棘球蚴、脑多头蚴、细颈囊尾蚴的发育过程中均需犬等肉食动物作为终末宿主。带有绦虫蚴的动物脏器或组织被犬等肉食动物食入后，头节在小肠内逸出，附着在小肠壁上，约经 2 个月发育为成虫，成熟的孕卵节片经常不断地自动脱落，并随粪排到外界，污染饲草、饲料和饮水，被羊食入后，虫卵内的幼虫移行到相应器官组织内发育成绦虫蚴。细粒棘球绦虫短小，长 2~6mm。多头绦虫和泡状带绦虫均呈背腹扁平的分节带状，前者长 0.4~1m，后者长 0.75~5m。

1. 症状

棘球蚴病因虫体寄生部位不同而异。寄生于肺则病羊呼吸困难，咳嗽、气喘，甚至因窒息而死亡。寄生于肝则消化机能障碍，腹水增多，腹部膨大，逐渐消瘦，终因恶病质而死亡。若虫体分泌的毒素及包囊破裂后，囊液的毒素作用可致机体的严重过敏反应而突然死亡。

脑多头蚴病羊初期体温升高，呼吸和心跳加快，表现强烈兴奋、脑炎和脑膜炎等神经症状，甚至急性死亡。后期病羊将头弯向虫体寄生侧并向患侧做转圈运动，虫体越靠脑侧，转圈越小。虫体寄生于脑前部时，病羊头下垂，向前猛冲或抵物不动。寄生于脑后部时则头高举或后仰，做后退运动或坐地不能站立。寄生于脑脊髓部则致后躯麻痹。寄生于脑表层则导致颅骨变薄、变软，局部隆起，触诊有痛感，叩诊有浊音。病畜视力减退甚至失明。

细颈囊尾蚴病羊临床常无明显症状，严重感染时可导致患羊消瘦等。

2. 病变

棘球蚴病剖检可见肝、肺等器官有粟粒大到足球大，甚至更大的封闭的棘球蚴包囊寄生，但亦有因寄生部位不同而呈分枝囊状或长形囊体者。包囊内充满液体和肉眼观察似砂粒状的大量头节。

脑多头蚴病剖检病羊脑，初期可见脑内有六钩蚴移行引起的虫道、出血及脑炎和脑膜炎病变，后期可见大小、数量不等的脑多头蚴及其周围脑脊髓局部组织贫血、萎缩等。

细颈囊尾蚴病羊在打开腹腔后即可见肝脏、子宫、膀胱等浆膜面、胃网膜和肠系膜等处有大小不等、含1个内嵌头节的包囊。因呈水泡状寄生在肠系膜上，故俗称"水铃铛"或"水淋子"。

3. 诊断

在棘球蚴病流行区，根据症状和病史可作出诊断，生前可用X光检查诊断肺囊型包虫病，B超探查诊断肝囊型包虫病。死后剖检在病羊肝、肺等处发现棘球蚴可确诊。在脑多头蚴病流行区，根据羊的"转圈"等特殊神经症状和病史可作出诊断，剖检病羊脑发现脑多头蚴可确诊。细颈囊尾蚴病多在死后剖检时发现含1个内嵌头节的包囊确诊。

生前查犬粪中孕节或虫卵可确诊犬感染有成虫；死后在小肠内查到绦虫可鉴定其虫种。

4. 防治

据文献报道，在头部前脑表面寄生的脑多头蚴，可采用圆锯术摘除，但手术及治疗费用、护理费用高昂，且术后羊的经济利用价值有限；应用吡喹酮、丙硫咪唑、苯硫咪唑等对棘球蚴病、脑多头蚴病具有治疗效果，但用药剂量大，治疗时间长；细颈囊尾蚴病的临床症状不明显，治疗效果的生前考核难以进行。因此，在现代化规模化养羊业条件下，除非是具有特殊价值的绦虫蚴病患羊，手术、药物治疗、人工护理等费用较大，所以建议一旦确诊为绦虫蚴病的羊，应及时屠宰或做相应处理，应将重点放在预防上。

（1）对犬定期驱虫。犬是绦虫蚴病病原的终末宿主和传染来源，应对犬进行定期检查和驱虫，常用药物为吡喹酮，按每千克体重5~10mg，或氢溴酸槟榔碱按每千克体重2mg，一次口服，均有良好的驱成虫效果。驱虫后的犬粪应无害处理，防止病原散播。

（2）防犬感染。发现绦虫蚴病脏器应作无害化处理，不得随便丢弃，防止犬或野生肉食动物食入；禁用带绦虫蚴的病羊脏器喂犬。

（3）防羊和人感染。防止犬粪污染羊的饲草、饲料和饮水及人的食物、饮水；人应注意个人卫生；人不玩犬，防止接触虫卵而感染。

（4）免疫预防。2019年我国对棘球蚴病高发区实施强制免疫预防绵羊、山羊棘球蚴（包虫）病。羊棘球蚴（包虫）病基因工程亚单位疫苗（重庆澳龙生物）：50头份/瓶，灭菌生理盐水稀释后，每只羊颈部皮下注射1mL。首免后4周加强免疫；妊娠母羊可免疫。免疫母羊所产羔羊16周龄首免，20周龄2免；未免疫母羊所产羔羊8周龄、12周龄2次免疫。每12个月加强免疫1次。

（五）梨形虫病（巴贝斯虫病、泰勒虫病）

1. 羊巴贝斯虫病

本病是由巴贝斯虫寄生在羊红细胞内引起的一种血液原虫病，具有发病急、致死率高等特点，对养羊业危害很大。硬蜱是巴贝斯虫的传播媒介，本病的发生和流行与蜱的季节消长、分布和活动地域密切相关，常呈地方性流行，并具有明显的季节性。

（1）症状。巴贝斯虫在羊的红细胞内进行出芽生殖，使大量红细胞被破坏而引起溶血性贫血，临床主要症状是高热稽留，贫血、黄疸、血红蛋白尿（红尿症、血尿症）和虚弱。体温升高至41~42℃，稽留数日或直至死亡；精神沉郁，食欲减退甚至废绝，反刍减少或停止；呼吸浅表，心跳加快；可视黏膜苍白、黄染；尿液呈红色；眼睑水肿、流泪或有黏性眼屎。病初粪干燥，后期拉稀，有的粪中混有血样黏液。迅速消瘦，低头耷耳，伸头呆立，步态僵拘、不稳；后期虚弱，卧地不起，最后衰竭而死。个别病羊有神经症状，表现无目的奔跑，突然倒地死亡。慢性感染羊通常不显症状，但生长缓慢，长期带虫。

（2）病变。剖检病死羊可见皮下组织、全身各器官浆膜、黏膜苍白、黄染；脾脏、肝脏、淋巴结、胆囊、肾脏、心脏肿大，有出血点；膀胱扩张，充满红色尿液。

（3）诊断。根据流行病学、症状、剖检和药物疗效可作出诊断，采外周血涂片、姬姆萨法或瑞氏法染色、高倍显微镜下检查，发现红细胞内的典型形态虫体可确诊。

（4）防治。灭蜱防感染：杀灭硬蜱，阻断媒介传播（参考硬蜱病）是预防本病的重要措施之一。

加强检疫：引入或调出羊，先隔离检疫，无血液巴贝斯虫和蜱寄生时再合群或调出。

及时治疗病羊和带虫羊：发现病羊，除加强饲养管理和对症治疗外，及时用下列药物治疗，杀灭羊体内的巴贝斯虫，防止病原散播。

贝尼尔（血虫净、三氮脒）：每千克体重3.5~3.8mg，配成5%水溶液深部肌内注射，1~2天1次，连用2~3次。怀孕母羊慎用。

阿卡普啉（硫酸喹啉脲）：每千克体重0.6~1mg，配成5%水溶液，分2~3次间隔数小时皮下注射或肌内注射，连用2~3d效果更好。

咪唑苯脲：每千克体重1~2mg，配成10%水溶液，1次皮下注射或肌内注射，每天1次，连用2d。

黄色素：每千克体重3~4mg，配成0.5%~1%水溶液，1次静脉注射，每天1次，连用2d。

2. 羊泰勒虫病

本病是由泰勒虫寄生于羊网状内皮系统细胞和红细胞内引起的一种蜱传性血液原虫病，俗称泰勒焦虫病。临床以高热稽留、发病率和致死率高为特征。该病在我国广泛存在，常呈地方性流行，其发生和流行与传病硬蜱的出没季节及种类等密切相关。在我国，吕氏泰勒虫分布最为广泛。泰勒虫病羊愈后可获得对抗再感染的免疫力。

（1）症状。潜伏期4~12d。病羊体温升高达40~42℃，多呈稽留型热，一般持续4~7d；精神沉郁，呆立或卧地不起；食欲减退甚至废绝，反刍及胃肠蠕动音减弱或停止；体表淋巴结，尤其是肩前淋巴结显著肿大；因红细胞生成障碍而表现呼吸加快且困难，心跳加快，心律不齐；严重贫血，可视黏膜苍白，但黄疸不明显；尿液一般无变化，个别羊尿液混浊或呈红色；先便秘后腹泻，有的粪便混有血样黏液。妊娠母羊流产。病程6~12d，急性病例1~2d内死亡，病死率可高达46%~100%。

（2）病变。病死羊尸体消瘦，贫血，血液稀薄，凝固不良。全身淋巴结肿大呈紫红色，被膜上有散在出血点，切面多汁；第四胃和十二指肠黏膜脱落，有溃疡斑；肝脏、胆囊、脾脏、肺脏、肾脏肿大、有出血斑点；心包液增多，心外膜有纤维素样渗出。

（3）诊断。依据流行病学资料、临床症状和剖检变化可作出诊断。急性发病期淋巴结穿刺液涂片或淋巴结、脾脏等脏器触片，染色镜检查到裂殖体（石榴体），或采外周血涂片染色镜检查到红细胞内的虫体可确诊。

（4）防治。防控措施与羊巴贝斯虫病相似。药物治疗可用贝尼尔，按每千克体重 5～6mg，配成 5% 水溶液深部肌内注射，每天 1 次，连用 3d；或磷酸伯氨喹啉按每千克体重 0.75～1.5mg 内服，每天 1 次，连用 3d。

（六）羊球虫病

本病是由一种或多种艾美尔球虫寄生于羊肠黏膜上皮细胞内引起的肠道原虫病。寄生于绵羊和山羊的球虫各有 13～14 种。随粪排出的球虫卵囊很小，只有在显微镜下才能看到。随粪排出的新鲜球虫卵囊并不能感染羊，只有在外界环境中形成孢子化卵囊和子孢子时，才能感染羊。羊因摄食污染草料或饮水的孢子化卵囊而感染，子孢子侵入肠黏膜上皮细胞内进行裂体生殖和配子生殖，破坏大量肠上皮细胞而引起羊发病。该病广泛分布于世界各地，我国羊球虫感染率较高。球虫对羔羊危害严重，病死率高，成年羊多为带虫者。多雨潮湿季节、卫生条件差及羊抵抗力降低情况下，极易诱发该病的流行。

1. 症状

潜伏期 2～3 周。主要临床症状为下痢甚至腹泻，后躯被粪便污染，粪中常混有脱落的肠黏膜碎片和大量卵囊，有时粪带血液。精神沉郁，食欲减退甚至废绝，饮水量增加，被毛粗乱，消瘦，发育缓慢，贫血，可视黏膜苍白，严重者可在数日内死亡。泌乳羊的产奶量下降。1 岁以内的幼龄羊感染率可达 30%～50%，甚至高达 100%，死亡率通常在 10%～25%。

2. 病变

剖检病变主要在小肠，肠黏膜发炎、增厚，严重者有点状或带状出血，肉眼可见肠黏膜上有白色或灰白色圆形或卵圆形针尖大或粟粒大的病灶结节，常成簇分布，也可从浆膜面看到。

3. 诊断

根据临床症状、病理变化和流行病学资料可初步诊断，饱和盐水漂浮法或直接涂片法查到粪便中有大量球虫卵囊，或取肠黏膜刮取物制片镜检查到大量球虫内生长发育阶段的裂殖体和配子体等可确诊。

4. 防治

虽然成年羊常常粪中查到有球虫但并不发病，但其是羔羊感染球虫的重要传染来源。所以，防控羊球虫病应注意羔羊与成年羊分群喂养。勤清扫圈舍，对羊粪便、杂草等进行堆积发酵处理以杀灭卵囊。保持饲料和饮水卫生。下列药物对羊球虫病具有良好的防控效果。

地克珠利：羔羊按每千克体重 1mg 一次内服，每天 1 次，连用 2d，间隔 14d 后再重复用药。围产母羊，按每千克体重 1mg 一次内服，每天 1 次，连用 2d，产前 1 周和产后 1 周各用药 1 次。对防控羔羊球虫病和提高羔羊增重率均有良好效果。

百球清：按每千克体重 20mg 一次内服，每天 1 次，连用 2d。

（七）外寄生虫病（硬蜱病、螨病）

1. 硬蜱病

该病是由于硬蜱寄生于羊体表引起的一种吸血性外寄生虫病，临床以羊的急性皮炎和贫血为主要特征。

硬蜱俗称壁虱、草虱、草爬子等，种类很多。在我国，常见的硬蜱有长角血蜱、残缘玻眼蜱、血红扇头蜱、微小牛蜱等。硬蜱均为雌雄异体，未吸血的硬蜱呈黄褐色、前窄后宽、背面稍隆凸、腹面扁平的长卵圆形，长 2~13mm。其口器可穿刺皮肤并吸血，吸饱血的雌蜱大如蓖麻籽，呈椭圆形或圆形红褐色。

硬蜱广泛分布于世界各地，但不同气候、地理、地貌区域，各种硬蜱的活动季节有所不同，一般 2 月末到 11 月中旬都有硬蜱活动。硬蜱可侵袭各种品种的羊，包括人、牛、马、禽等多种动物。羊被硬蜱侵袭多发生在白天放牧过程中，全身各处均可寄生，主要寄生于羊的皮薄毛少部位，以耳郭、头面部、前后肢内侧等寄生较多。

硬蜱是很多传染病和寄生虫病病原的携带者和传播者，所以，蜱传疾病比硬蜱自身对羊造成的危害更大。

（1）症状与病变。硬蜱对羊的危害包括直接危害和间接危害。硬蜱以其前部的口器刺入羊皮肤吸血时可造成局部损伤、炎症、水肿、出血，皮肤增厚；若继发细菌感染可引起化脓、肿胀和蜂窝织炎等。硬蜱唾液的毒素作用致羊表现神经症状及麻痹，造成"蜱瘫痪"。硬蜱密集寄生的患羊严重贫血，消瘦；部分怀孕母羊流产，羔羊和分娩后的母羊死亡率很高。硬蜱叮咬羊吸血时，还可随唾液将巴贝斯虫、泰勒虫及其他细菌、病毒等注入羊体内而传播疾病。

（2）诊断。根据在羊体表查到硬蜱及硬蜱数量与贫血等症状可作出诊断。

（3）防治。蜱类活动季节，尽量减少在硬蜱活跃或密集区域或草场放牧；应及早和定期用药杀灭羊体和环境中的硬蜱。

杀灭羊体上的硬蜱可用 2.5% 敌杀死乳油 250~500 倍水稀释，或 20% 杀灭菊酯乳油 2 000~3 000 倍稀释，或 1% 敌百虫喷淋、药浴、涂擦羊体；或用伊维菌素或阿维菌素，按每千克体重 0.2mg 皮下注射，对各发育阶段的蜱均有良好杀灭效果；间隔 15d 左右再用药 1 次。对羊舍和周围环境中的硬蜱，可用上述药物或 1%~2% 马拉硫磷或辛硫磷喷洒羊舍和运动场地面、柱栏及墙壁和运动场以灭蜱。间隔 7~15d 再用 1~2 次。

引入或调出羊，先隔离检疫，经检查无硬蜱寄生时再合群或调出。

对感染严重且体质较差、伴有继发感染的羊，应注意对症治疗。

2. 螨病

螨病是由疥螨、痒螨、蠕形螨等寄生于羊体引起的慢性接触传播性皮肤病。

疥螨长 0.2~0.5mm，呈近圆形，灰白色或黄色，咀嚼式口器，寄生于皮肤真皮层，在皮肤角质层下挖掘隧道，以表皮细胞液及淋巴液为营养。

痒螨长 0.5~0.8mm，呈椭圆形，刺吸式口器，寄生于皮肤表面，吸取皮肤渗出液为食。

蠕形螨虫体细长，头、胸、腹分界明显。体长 0.25~0.3mm，宽 0.01mm。胸部腹面有 4 对附肢，腹部背面有细横纹。蠕形螨寄生于羊的毛囊或皮脂腺内，故本病又称毛囊蠕形螨病或皮脂蠕形螨病。

疥螨、痒螨、蠕形螨的发育均经虫卵、幼虫、若虫和成虫 4 个阶段，整个发育过程为 8~22d。螨虫从生到死终生居留于羊体，均属不完全变态的永久性寄生虫。

螨病广泛分布于全国各地，一年四季均可发生，但多发生在冬季、秋末和初春寒冷季节。圈舍卫生条件差、阴暗潮湿、饲养密度大、营养缺乏、体质瘦弱等不良条件下易发生本病。

（1）症状与病变。临床常以皮肤发炎、瘙痒不安、脱毛、结痂、渐进性消瘦等为特征。

羊疥螨病（疥癣，癞）常始发于头面部，严重者蔓延至全身。病初皮肤发炎、发红，奇痒，病羊不安，抵物摩擦或啃咬患部；皮肤上出现结节、丘疹、水疱等，破溃后干涸、结痂、脱毛，皮肤结痂如干固的石灰样，绵羊常见于头面部（石灰头），山羊常见于头面部、角根及全身；患病部位皮肤增厚、变硬，失去弹性，严重者发生干裂甚至感染化脓。病羊逐渐消瘦，贫血，最终因极度衰弱而死亡。

羊痒螨病发病过程和临床症状与疥螨病相似。绵羊痒螨病最常见且危害严重，多先发于背部、臀部皮厚毛密处，以后蔓延至体侧及全身，常沿背部脱毛，严重者全身脱毛，消瘦、贫血，寒冷季节可因极度衰竭而大批死亡。山羊痒螨寄生在耳壳内侧面，先是耳壳内面发炎，出现黄白色痂皮，很快蔓延到外耳道，病羊耳痒，常摇头或将耳部抵于硬物上摩擦等。

蠕形螨病羊主要表现为皮炎、皮脂腺—毛囊炎，或化脓性皮脂腺—毛囊炎，用手触诊患羊皮肤可感知皮下绿豆粒至黄豆粒大小的肿胀结节，多集中在眼、耳、头部，严重时其他部位也可发生。患病轻微时症状不明显，严重时可见羊只病灶部位出现毛糙和皮炎，病羊有痒感，继发细菌感染则可能发生皮下脓性囊肿。

（2）诊断。根据羊的临床症状和疾病流行情况可作出诊断，疥螨病和痒螨病在患病与健康皮肤交界处刮皮肤至微出血采取病料，显微镜下查到各发育阶段的虫体或虫卵均可确诊。蠕形螨病切开患部皮肤上的结节或囊肿，刮取分泌物或者脓汁做涂片镜检，发现虫体即可确诊。

（3）防治。做好预防：预防螨病应加强饲养管理，保持圈舍干燥、通风良好，光照充足，防止密度过大；定期使用杀虫药物对环境、用具进行杀虫；平时注意观察羊群，发现病羊，及时隔离、检查和治疗，防止接触传播。串换、引进羊时要隔离观察，证明无病时再合群，防止带入病原体。

羊体杀虫：防治药物可选择伊维菌素、敌杀死乳油、杀灭菊酯乳油等，在硬蜱病中已列出，可参照使用，对各种螨病均有良好效果。

环境同步杀虫：由于螨病羊临床瘙痒蹭痒时的污染和皮肤落屑污染环境，所以，羊体用药的同时，必须用拟除虫菊酯类杀虫药等喷洒圈舍、运动场地面、墙壁及食槽、饮水槽等环境同步杀虫。

重复用药：各种药物对螨虫各发育阶段均有良好效果，但为杀灭由虫卵新孵出的幼虫，第一次用药后，间隔 8~10d，至少应再用药 1 次。

（八）羊鼻蝇蛆病

本病是由羊狂蝇（羊鼻蝇）的幼虫——羊鼻蝇蛆寄生在羊的鼻腔及附近腔窦内所引起的一种慢性寄生虫病，主要侵害绵羊，对山羊感染较少，也可侵袭人的眼、鼻。常引起羊的慢性鼻炎和鼻窦炎、额窦炎。

羊狂蝇发育过程包括幼虫、蛹和成蝇3个阶段。成蝇大小、形状似家蝇，其常在温暖季节、晴朗无风的白天突袭羊只，直接将幼虫产在羊鼻孔内或鼻孔周围。幼虫向鼻腔深处移行，可达鼻窦、额窦甚至脑内。羊鼻蝇蛆体表有角质化小刺，刺激鼻黏膜发痒打喷嚏时，幼虫被喷出，落地化蛹，羽化为成蝇。

1. 症状与病变

成蝇侵袭羊产幼虫时，扰乱羊的采食和休息，羊群骚动、惊恐、逃跑，频频摇头、喷鼻，将鼻孔抵于地面，或将头隐藏于其他羊的腹下或两前腿间，或插入草丛中，或互相拥挤在一起以保护鼻孔；幼虫在鼻腔、鼻窦、额窦中移行过程中造成黏膜组织损伤、肿胀、出血、炎症，鼻流浆液性、黏液性、脓性鼻液，有时混有血液；眼睑肿胀，流泪。鼻液干涸成痂，堵塞鼻孔，可导致病羊呼吸困难，表现为喷鼻、甩头、摩擦鼻部。患羊严重消瘦、贫血；有时幼虫钻入患羊颅腔，损伤脑膜，或引起鼻窦炎而伤及脑膜，病羊表现运动失调、转圈、头弯向一侧或发生麻痹等神经症状。严重病羊因极度衰竭而死亡。

2. 诊断

依据较典型临床症状，结合用药液喷入鼻腔，收集用药后的鼻腔喷出物发现幼虫可确诊。剖检时在鼻腔及邻近腔窦内发现羊鼻蝇幼虫即可确诊。出现神经症状时，应与羊脑多头蚴病和莫尼茨绦虫病相区别。

3. 防治

夏季羊鼻蝇活跃季节，定期用杀虫药喷洒羊群和圈舍，防止成蝇产幼虫感染羊。

用2%~10%敌百虫、0.1%~0.2%锌硫磷、1%敌敌畏等药物涂在羊鼻孔周围，可驱避成蝇或杀死幼虫；或喷射到羊的鼻腔内，对羊鼻蝇早期幼虫均有很好的驱杀效果。

伊维菌素或阿维菌素，按每千克体重0.2mg，一次皮下注射，对各期羊鼻蝇幼虫均有良好的杀灭效果。

第二节　羊的普通病防治措施

一、营养代谢病防治措施

由于营养代谢病的病程发展缓慢，且早期诊断和治疗较为困难，对于这类疾病的预防尤为重要。预防的关键在于加强饲养管理，保证供给全价日粮，特别是高产羊群在不同的生产阶段根据机体的生理需要，及时、准确、合理地调整日粮结构。同时，定期对羊群进行营养代谢病的监测，做到早期预测、预报，为进一步采取措施提供依据。

生产中的代谢性疾病往往发病急促，通过补充所需要的营养可迅速恢复；而营养缺乏性疾病在较长时间内方能出现临床症状，只有通过补充所缺乏的营养物质才能改善。因此，对营养代谢病可采取综合防治措施，如对于舍饲或圈养的羊群，可通过调整饲料配方的办法来解决所缺乏的某种营养素；对于放牧的羊群，可将因地质结构问题引起的缺乏元素以某些食物的形式调入食盐中定期补食，也可制成长效释放性丸剂或其他剂型调入瘤胃，使其缓慢释放；如果是人工草地，也可通过施肥的办法达到增加牧草中相应元素含量的目的，也可用喷洒的办法使其吸收入牧草叶中。

（一）放牧羊季节性补饲原理

放牧为主的羊，明显存在季节性枯草期与冰雪寒冷期营养不良问题，不但影响自身的生长与发育，还影响生产性能，结果是体重下降，母羊怀孕率低或流产，或产仔成活率低，也影响绒毛产量与质量，严重时衰竭死亡。因此需要补饲，补饲要注意以下 3 个方面：第一，维持特定生理状态下所需蛋白质、能量及矿物质等的量；第二，满足羊生产需要及能使营养转化为产品的额外营养素；第三，用于减轻体重下降或阻止体重下降的平衡量。除了补充蛋白、能量饲料（精料、牧草）外，还可给予一定量的非蛋白氮物质，以减少蛋白饲料的补充，因羊的瘤胃可以将尿素一类的物质分解为氮，在瘤胃微生物作用下合成菌体蛋白。

（二）补饲措施

1. 人工种草，保证羊有足够的食物来源

在条件允许的地方，人工种植牧草或种植高产植物，收割贮存供冬春食用，这是行之有效的解决办法。我国北方的一些地区试验表明了人工种草的经济回报率是极显著的。

2. 季节性补饲精料

在没有种草条件的牧区，根据情况在营养不良的冬春季给予一定的精料补饲，蛋白性饲料、能量饲料、粮食或副产品，应根据羊的生产性能以及要达到的具体要求分别对待。即使冬春季有充足的牧草，也应补给一定量的蛋白饲料或非蛋白氮（尿素），提高羊对粗饲牧草的生物利用率。

3. 圈养或放牧圈养相结合

为了保护与重建北方的生态环境，其措施是减少羊对草场的过度放牧。目前北方一些省区已经制定限制养羊政策，圈养羊是势在必行的一条途径。另外，圈养也减少了干季放牧的不利条件，是养羊获得良好经济效益的有效手段。高寒地区建暖棚舍饲，可大大降低寒冷对羊的应激消耗，这一措施可有效保护牧草植被，阻止牧场不断退化，使生态环境逐年改善。

4. 季节性驱虫

羊在冬春季节，越是营养不良，体内寄生虫的侵袭作用越明显。因此，冬季或春季应定期驱虫，以最大限度减少寄生虫的不利影响。

5. 发展季节性畜牧业

对于冬春季严重缺乏草源又无经济实力补饲的情况下，应采取季节性畜牧业措施。在冬季到来之前，出售或屠宰全部商品羊和非繁殖母羊，将有限的草源留给繁殖母羊。实践证明这是一条经济实用的牧业措施。

二、繁殖障碍性疾病防治措施

现代规模化羊场，做好羊的繁殖是保障养羊经济效益的重要前提，而羊的健康繁殖涉及多方面因素，如饲养管理、疾病预防、环境卫生、繁殖技术等。对现代化规模羊场来说，一旦出现繁殖障碍问题，将给羊场造成极大的经济损失，严重制约羊场的可持续发展。因此，在日常饲养管理过程，必须积极采取预防措施，最大限度地减少繁殖障碍性疾

病的发生。

（一）科学饲养

饲养管理是保障羊场生产的关键，饲养管理工作做得好，能增强机体抵抗力，羊群不易发生疾病。因此，现代规模羊场预防繁殖障碍性疾病首先必须加强饲养管理。

科学进行营养调控是维持羊正常繁殖机制的重要手段之一，营养调控直接影响母羊的繁殖潜力、发情、排卵、受胎及羔羊成活率，也影响公羊的精液品质和种用能力。营养缺乏或不平衡，会推迟母羊的发情时间、排卵数量，降低受胎率，影响羔羊初生重和生活力，甚至出现死胎。对种用公羊则是精液品质低劣、死精、种用年限缩短，不得不提前淘汰等。因此，科学饲养是在提高羊只健康和预防羊繁殖障碍性疾病发生上必须高度重视。饲养上应根据羊的品种、年龄、生理状态的营养需要，科学制定适合不同生长阶段的饲养标准，尤其对孕期母羊、围产期羊、产后母羊及种用期或繁殖旺季的公羊要精细饲养，保证充足的蛋白质、能量、维生素及微量元素的供应，确保公羊、母羊体质健壮和胎儿健康发育。

（二）精细化管理

1. 细化分群

应根据本场羊群的品种、年龄、生理阶段等现状，进行合理分群，将后备母羊、妊娠母羊、围产母羊等进行精细化分群管理，及时淘汰先天性不育个体及不孕不育公母羊，保持高效繁殖羊群。

2. 加强养殖环境管理

（1）科学规划圈舍。圈舍建设规划科学合理，给羊群创造良好舒适环境条件，保持圈舍清洁舒适，通风良好，冬天能保温防寒，夏天凉爽防暑，减少疾病的发生，维持正常的繁殖性能，提高羊群的繁殖率。

（2）做好卫生消毒。清洁、消毒是羊场切断疫病传播、杀灭或清除羊群体表和环境中病原微生物的最有效方法。清洁是消毒的前提，全面清除环境中的粪便、垫草、污水等杂物，消毒才能达到较好的效果。羊场应重点加强物料出入口等容易传入疫病地点的清洁和消毒，禁止外来人员进入羊场生产区，对外来车辆应严格消毒，正常情况下每周至少消毒1次。羊场产房的卫生状况与母羊产后的健康密切相关，应着重做好清洁和消毒工作，以防止母羊产后感染，导致子宫内膜炎、乳房炎及羔羊感染等。

（3）加强羊群繁殖管理。建立羊群繁殖登记制度，规范繁殖技术操作规程，特别是人工授精和人工助产技术操作，制定主要的繁殖技术指标和羊群繁殖动态监控程序，最大程度减少人为因素造成的漏配、繁殖损伤及产后感染。

（4）严把引种环节。在对羊进行引种时，必须做好合理规划，明确羊的来源及健康情况，尽量选择集约化、规模化的养殖场进行选种，以确保引种的质量。同时严格按照引种流程的规范要求，做好隔离、消毒、免疫等工作。

（5）实施自繁自养。现代规模化羊场要实施自繁自养、全进全出的养殖方式，加强生物安全防范措施，避免外来病原传入，提高羊群健康，保障养殖成功率。

（三）加强疾病防控

1. 科学免疫预防

近些年，由于羊交易频繁，布氏杆菌、衣原体、乙脑等引发的繁殖障碍性传染病时有发生，所以羊场应根据本场或本地区已发生和正在流行的疫病种类，制定合理的免疫程序，及时做好羊群的科学免疫，减少疾病的发生。

2. 强化检疫

强化对布氏杆菌病的检疫，严格淘汰布鲁氏菌病血清阳性羊。

3. 积极治疗繁殖障碍疾病

对已发生繁殖障碍的公羊、母羊，应及早诊断、及早治疗，最大限度地减少损失。

第三节　传染性疾病防控措施

一、传染病防控措施

近年来，随着养羊业的发展和国家畜牧业规划，在市场导向和政策引导下，农区由放牧和家庭小规模、大群体的养殖方式向标准化、规模化的方式转变。随着规模羊场发展和活羊销售、运输流动频繁，羊传染病发生与流行逐渐频繁。如果忽视疫病防控，稍有疏漏将会引发羊群疫病，控制不当会波及全群，造成严重的经济损失。根据笔者多年来从事羊业疾病防控经验，现就羊场传染病的防控总结如下，供羊场参考。

（一）羊场选址和场区规划是做好羊场饲养环境控制的基础条件

1. 满足卫生防疫要求

羊场选址首先要保证满足卫生防疫要求，应选远离主要的交通干道（500m以上）背风朝阳的高燥地段，以利于夏天防暑、冬季保温。为防止羊场对居民区的污染，选址应在主要居民区的下风口。

2. 严防疾病传播

羊场要设置兽医诊疗室、隔离圈、化粪池、无害化处理设备间等，以严防疾病传播。此外，羊场绿化对羊群的生长和环境保护有着重要的意义，要在羊场空闲地带种植易于打理的多年生绿色芳香植物，如石香菜、薄荷等，一方面美化环境，另一方面在春夏秋季，这些植物可以收割后直接喂给羊只，起到防止羔羊腹泻、促进生长发育的作用。也可在羊舍的周围种植遮阴树种或蔓藤植物，夏天可降低羊舍温度，而冬季也不影响采光保暖。

3. 羊场分区建设

羊场分区建设，净道污道分开，圈舍通风透光，羊床在温暖地区建议采用漏缝地板，这样便于防控肠道寄生虫和利于饲养环境控制。平养圈舍需要勤清理，过于干燥容易起尘，易激发羊的呼吸道疾病，而湿度大会滋生细菌和利于寄生虫卵或者卵囊孵化和传播，导致腹泻等疾病。

4. 饮水安全

采用高质量水源，保证羊只日常饮水清洁、安全。

5. 建立严格的卫生消毒制度

羊场门口最好设立消毒池、隔离消毒室，并安装紫外线灯，进入羊场要更衣换鞋、消毒。羊舍的进出口设消毒池，放置浸有消毒液的麻袋片或稻草。羊舍消毒时应遵循"清扫–清水冲洗–化学消毒药喷洒–通风–清水冲洗饲槽和水槽等用具"的流程。清扫消毒在分群转圈、母羊生产前进行。育肥羊圈在每批次全进全出期间进行彻底的消毒。

日常管理中，也应该进行定期消毒、灭蝇、灭鼠工作，以减少虫媒机械携带传播传染病的机会。消毒方法分为物理和化学两种。物理消毒主要是通过阳光、紫外线、通风干燥和高温消毒；化学法通过消毒药（喷雾和熏蒸）消毒。常用消毒药物有 0.5% 过氧乙酸、双链季铵盐、3% 来苏尔、20% 漂白粉、10% 石灰水、5% 热草木灰水、1%~2% 氢氧化钠、新洁尔灭等。

（二）卫生防疫措施严谨、得当是疫病防控的必要条件

规模化羊场建场初期，建议建立自己的种群繁育体系，坚持自繁自养。种羊、商品羊分区饲养，分类管理。在疫病防控上，主要从以下两个方面把好关。

1. 严格执行购进羊的检疫制度

种羊和育肥羊购进前必须检疫，购进后要在隔离区饲养管理 25~30d，对关键疾病（如布氏杆菌病）再次检疫，确认健康后，再放入正常圈舍大群中饲养。

2. 发现病羊及时隔离、治疗

并对原羊舍、运动场进行彻底消毒。确诊后如为传染性疾病，有必要对全群进行预防注射或服用预防药物，以彻底杜绝传染源。病羊临床康复后，应在隔离区继续观察至该传染病潜伏期过后 7~15d，确认不带毒、排毒时，再转入大群饲养。当暴发某些危害性大的传染病（例如羊痘、羊布氏杆菌病）时，应及时报告当地畜牧兽医部门，划定疫区并进行封锁。一旦有疫病暴发和蔓延，应对疫区未发病的羊和可疑病羊使用高免血清紧急接种。有治疗价值的病羊在隔离条件下紧急治疗。对于无治疗价值的病羊，应尽快淘汰，病死羊尸体深埋或焚烧处理。

（三）科学饲养管理

羊属草食性反刍动物，规模化羊场多以饲喂青贮饲料为主，并根据不同季节和生长发育阶段合理搭配饲料；定时定量饲喂并供应充足洁净饮水，有利于饲料消化吸收，提高饲料利用效率。平时要经常检查羊的营养和健康状况，适时进行重点补饲，防止营养物质缺乏。根据羊场规模与圈舍条件、性别与年龄因素等进行科学合理分群。如性成熟前的羊和性成熟后的羊（种公羊、空怀母羊、妊娠期母羊、哺乳期母羊）、体质强弱之间要分开喂养，使不同生长阶段羊群能够获取全价营养，既可以加快出栏速度和增加养殖效益，又能保证羊机体具有良好的抗病能力。

（四）免疫防疫

传染性疾病的防控应坚持"预防为主，防重于治"的原则，根据本地流行病的种类和特点，有选择地进行疫苗免疫（表5-1）。具体来说，就是根据发病情况和各种疫苗免疫特性，合理安排疫苗种类、免疫次数和间隔时间，重点对羊快疫、羊肠毒血症、羔羊痢疾、羊痘、羊传染性胸膜肺炎和羊布氏杆菌病等危害大的常见传染病进行免疫接种。预防接种前，应对被接种羊群健康状况、年龄、妊娠及泌乳情况进行摸底、记录，接种疫苗后应进行登记。最好进行定期抗体监测，以评价免疫效果和检测抗体消长情况，为科学制定本场免疫程序提供参考。

1. 平时注重加强疫情监测，及时发现并控制传染源

对现有羊群要分期分批进行检验检疫，尤其是国内其他地方有重大传染病发生时，应

该根据发生疫病的流行病学特征、临床症状、病理解剖、病原学特点及免疫学分析诊断，做到早发现、早隔离、早治疗、早处理，以避免重大疫病的发生。

根据我国《2019年国家动物疫病强制免疫计划》要求，对口蹄疫、小反刍兽疫、布鲁氏菌病、包虫群体免疫密度应常年保持在90%以上，其中应免畜禽免疫密度到100%。口蹄疫和小反刍兽疫免疫抗体合全年保持在70%以上。饲养动物的单位和个人是强制免疫主体，依据《中华人民共和国动物防疫法》承担强制免疫主体责任，切实履行强制免疫义务，自主实施免疫接种，做好免疫记录，建立免疫档案。

表5-1 羊场参考免疫程序

年龄	疫苗免疫方法
1周龄	大肠杆菌灭活苗皮下注射1mL
1~2月龄	1. Ⅱ号炭疽芽孢苗皮下注射1mL，14d产生抗体，免疫期1年； 2. 布氏杆菌病高发区，采用布氏杆菌猪型2号苗皮下注射1mL；或者布氏杆菌羊型5号弱毒冻干疫苗皮下或肌内注射10亿活菌；室内气雾，50亿/m³活菌；羊饮用或灌服时每只羊剂量为250亿，免疫期为1.5年；发病率低的地区建议检测淘汰，不建议疫苗大群免疫； 3. 羊快疫猝疽肠毒血症三联菌苗，用于预防羊快疫、羊猝疽、肠毒血症，用前每头份用1mL 20%氢氧化铝胶盐水稀释，肌内或皮下注射1mL，免疫期1年； 4. 羊链球菌氢氧化铝菌苗，预防绵羊、山羊链球菌病，背部皮下注射，每只3mL，3月龄以下的羔羊第一次注射后到6个月龄后再注射1次，以增强免疫力，免疫期半年
5~6月龄	1. 口蹄疫灭活苗皮下注射2mL，注射后15d产生免疫力，免疫期为6个月。以后每年2次； 2. 羊痘弱毒疫苗，用于预防山羊、绵羊痘病，用生理盐水25倍稀释，每只羊皮内注射0.5mL，注射后6d产生免疫力，免疫期为1年； 3. 羊口疮弱毒细胞冻干苗，用于预防绵羊、山羊口疮病，按每瓶总头份计算，每头份加生理盐水0.2mL，在阴凉处充分摇匀，每只羊口唇黏膜内注射0.2mL，免疫期为5个月； 4. 山羊传染性胸膜肺炎氢氧化铝苗、鸡胚化弱毒苗和绵羊肺炎支原体灭活苗可根据当地病原体的分离结果选择使用；羊传染性胸膜肺炎苗，用于预防山羊、绵羊由肺炎支原体引起的传染性胸膜肺炎，颈部皮下注射，成羊3mL/只，6月以内的羊2mL/只，免疫期半年； 5. 羊链球菌氢氧化铝菌苗，预防绵羊、山羊链球菌病，背部皮下注射，6月龄及其以上羊每只5mL，免疫期半年； 6. 小反刍兽疫疫苗，用于预防羊小反刍兽疫，颈部皮下注射1mL，免疫期为36个月
怀孕母羊	1. 羊梭菌病四联或者五联氢氧化铝菌苗，用于预防羊快疫、羊猝疽、肠毒血症、羔羊痢疾，肌内注射或皮下注射5mL，免疫期半年；产前30d使用； 2. 破伤风类毒素皮下注射0.5mL，预防破伤风病的发生，产前30d用；或者产前两周，用破伤风抗毒素，用于预防和治疗绵羊、山羊破伤风病，皮下或静脉注射，治疗剂量加倍，预防剂量1万~2万IU，免疫期为2~3周； 3. 口蹄疫灭活苗皮下注射2~3mL； 4. 羔羊痢疾灭活菌苗，专给怀孕母羊注射，预防羔羊痢疾，共注射2次，第一次在母羊产前20~30d于左股内侧皮下注射2mL；第二次在母羊产前10~20d于右股内侧皮下注射3mL；母羊免疫期为5个月，乳汁可使羔羊获得被动免疫力

年龄	疫苗免疫方法
新引进羊	1. 布鲁氏菌病：全群首先检测净化 1 次，即：检出阳性或可疑个体，立即淘汰； 2. 口蹄疫、小反刍兽疫、羊痘：视具体情况，全群检测 1 次，发现阳性或可疑个体，淘汰； 3. 全群依次强制免疫接种，不同疫苗免疫间隔 14d，以建立、启动羊体免疫系统； （1）羊痘疫苗：引到场第 3d，尾根内侧皮下注射 1 头份（0.5mL）； （2）羊快疫、肠毒血症、猝疽、羔羊痢疾等联苗：引到场 2 周后，颈部肌内或皮下注射 1 头份（1mL）； （3）传染性胸膜肺炎疫苗：1 个月后，肌内注射，成年羊 5mL，6 月龄以下 3mL； （4）口蹄疫疫苗：3 个月后或随大群羊，颈部肌内注射 1mL

注：以上免疫程序仅供参考，各个羊场应按照羊群健康状况和免疫效果检测评价情况制定科学的防疫程序，而不是机械利用现有的程序。

2. 免疫接种方法

针对不同疫苗，免疫接种途径和方法是不同的，如果方法不对，可能导致羊只免疫效果大打折扣，甚至免疫失败。羊常用疫苗不同免疫方法和注意事项如下。

（1）肌内注射法。适用于接种弱毒苗或灭活疫苗，注射部位在臀部或两侧颈部，一般视羊只的大小和注射剂量，选用 12~16 号针头。

（2）皮下注射法。适用于接种弱毒苗或灭活疫苗，注射部位在股内侧或肘后。用大拇指和食指捏住皮肤，注射时，确保针头插入皮下。检验方法：进针后摆动针头，针头在皮下摆动自如，推压注射器无阻力感，药物极易进入皮下，表明位置准确。如插入皮内，摆动针头时会带动皮肤，推药液时会感到阻力大。

（3）皮下注射。注射部位选择尾根皮肤。用卡介苗注射器和适当（根据羊只大小和注射量选择）号别的针头。操作时将尾翻转，左手拇指和食指将尾根皮肤绷紧，针头与皮肤近乎平行方向缓慢刺入，徐徐推入药液，此时注射处会有药液顶起的小泡，表明注射成功（类似人做结核试验的皮试）。该法适用于羊痘弱毒疫苗等少数疫苗。

（4）口服法。选用高效价的口服疫苗，将其均匀地混于饲料/饮水中使用。操作时，按羊只数和每只羊的平均饮水量/采食量准确计算疫苗用量。使用时应注意以下问题：① 免前应停水或停食半天，以便免疫时每只羊都有饮欲或食欲，保证每只羊都能摄入疫苗；② 稀释疫苗用水用说明书上指定的稀释液；③ 混饲的草料或饮水的温度不宜超过室温，以免影响疫苗效果；④ 疫苗混合料或水必须在 2h 内服用完毕，使用过程中避免让疫苗暴露高温、高热或强光下。

3. 粪便与污水消毒

将清扫的羊粪便堆积在离羊舍 100m 以外处，上面覆盖 10cm 左右的细土发酵 1 个月左右即可。污水要集入污水池，加入 2~5g/L 漂白粉消毒。

二、寄生虫病防治措施

羊寄生虫病是由寄生虫暂时或永久性寄生于羊的体表或体内所引起疾病的总称。羊的寄生虫在我国分布广泛，种类众多，感染途径多种多样，多因经口食入感染性阶段的虫卵、幼虫或带有感染性虫卵、幼虫的中间宿主而感染，或由于健康羊与病羊或被污染的场地、用具等接触而感染，有些因吸血节肢动物叮咬、刺螫而传播。寄生虫常通过机械性损伤、吸食营养和血液、毒素的毒害作用、携带其他病原体传播疾病等方式对羊造成危害，某些人兽共患羊寄生虫病如棘球蚴病、脑多头蚴病、日本血吸虫病等，严重威胁和危害人类健康。

虽然羊寄生虫感染极为普遍，但由于寄生虫自身及其与宿主相互关系等特点，羊寄生虫病尤其是蠕虫病，常以慢性消耗性疾病的形式发生和流行，缺乏典型的临床症状和病理变化。因此，寄生虫病的诊断仍应在结合流行病学资料、症状和病变的基础上，以查到病原体并结合寄生虫感染强度进行确诊。此外，由于寄生虫的形态结构和发育史比较复杂，影响羊对所感染寄生虫免疫的因素较多，因此，目前及今后相当长时期内，羊寄生虫病的防治仍将以药物预防和治疗为主。

综上所述，为保障羊只健康，促进养羊业的快速稳定发展，提高养羊经济效益、社会效益，羊寄生虫病的防控，必须坚持"预防为主，防治结合，防重于治，养重于防"的原则，采取消灭传染源、切断传播途径、加强饲养管理、搞好环境卫生、保护羊群健康的综合性防控措施及保障措施。尤其是现代化羊场，羊的饲养管理方式与传统养羊业相比发生了极大变化，羊的饲草饲料和环境及其营养与健康依赖人的给予，土源性寄生虫（如线虫、球虫）的感染极为普遍，养重于防、防重于治的重要性更为凸显。

（一）消灭传染来源

1. 预防性驱虫（计划性驱虫）

预防性驱虫：根据本场寄生虫病既往发生情况及流行规律，有计划地进行定期驱虫，防患于未然。

靶向驱虫：定期做好羊寄生虫感染情况的检测与监测，以便有针对性地选用适宜抗寄生虫药物进行靶向驱虫，以保障羊肉、羊奶产品安全和尽量减少抗寄生虫药物的使用。

杜绝病原进入：从国内外引进种羊、异地育肥引入的羊，应按规定在当地动物防疫监督机构办理检疫审批手续且检疫合格。启运前1周或到达、隔离饲养期间全群驱（杀）虫；驱虫后的粪便无害化处理。

2. 治疗性驱虫（紧急驱虫）

治疗性驱虫即发现寄生虫病羊及时选用药物治疗，驱除或杀灭体内外寄生虫。

3. 无害化处理粪便

无论是预防性驱虫还是治疗性驱虫，投服驱虫药后7d内羊排出的粪便，均应及时收集并在指定地点深埋或堆积发酵无害化处理，防止病原散播。

4. 正确选用抗寄生虫药物，及时用药、停药

在组织大规模驱虫、杀虫工作时，应先选少量羊做药效及药物安全性试验，在取得经验之后再全面开展。所选用的驱虫药物，应尽量考虑具备安全、广谱、高效、价廉、使用方便、适口性好等特点。应根据不同药物的休药期要求，及时用药、停药，防止药物在羊肉产品中残留及危害人类健康。

（二）切断传播途径

利用生物法（最常用的方法是粪便堆积发酵或沼气发酵、生物热处理）、物理法（保持圈舍和运动场地面硬化、空气流通、光照充足、干燥等）、化学（药物）法（如使用杀

虫药喷洒圈舍和运动场及用具等）等各种手段杀灭外界环境中各个发育阶段的病原体，保护外界环境不被病原体污染；同时，杀灭寄生虫的传播媒介和无经济价值的寄生虫宿主，防止其传播寄生虫。

（三）保护易感羊群

1. 加强日常喂养

科学饲养，饲喂全价、优质饲草饲料，增强羊的体质和抵抗寄生虫的能力。

2. 做好羊群保健

依据羊的不同发育阶段和营养需要，以及季节需要，适时调整和补充微量元素、矿物质及饲料组成，以及适宜益生菌，做好羊群保健，防患于未然。

3. 保护羊群免受寄生虫侵害

加强饲养管理，搞好环境卫生，防止饲草、饲料、饮水、用具等被寄生虫污染；在动物体上喷洒杀虫剂、驱避剂，防止吸血昆虫叮咬等；做好人工免疫接种，如包虫病等。

第六章　现代养羊的饲料生产技术

第一节　羊的饲料原料及营养特点

养羊生产的实质是将原料（草料）转化为产品（肉、毛、皮、绒、奶）。因此，要获得好的经济效益和生产成绩，饲料的储备是关键因素，同时，饲料的能量、蛋白质、维生素、矿物质等营养的高低，影响羊的消化吸收和利用，直接影响生产效益。所以，在从事羊饲养时，应根据不同饲料的特点，加以合理利用，以期获得理想的饲养效果。

一、青绿饲料

青绿饲料是指天然含水量为 60% 及 60% 以上的植物新鲜茎叶，如草地牧草、田间杂草、栽培牧草、水生植物、树叶嫩枝及菜叶等。因其富含蛋白质、维生素、矿物质而少含粗纤维、木质素，适口性好，为各种家畜所喜食。

青绿饲料的营养特点是：含水分大，一般高达 60%~90%；体积大，单位重量含养分少，营养价值低，消化能仅为 1.25~2.51MJ/kg，因而单纯以青绿饲料为日粮不能满足羊的能量需求；粗蛋白质的含量较丰富，一般禾本科牧草及蔬菜类为 1.5%~3%，豆科为 3.2%~4.4%。按干物质计，禾本科 13%~15%，豆科 18%~24%。同时，青绿饲料的蛋白质品质较好，含必需氨基酸较全面，生物学价值高，尤其是叶片中的叶绿蛋白，对哺乳母羊特别有利。富含 B 族维生素，钙、磷含量丰富，比例适当，还富含铁、锰、锌、铜、硒等必需的微量元素。青绿饲料幼嫩多汁，适口性好，消化率高，还具有轻泻、保健作用。青绿饲料的种类繁多，资源丰富，可分以下几类。

1. 人工栽培牧草

苜蓿（紫花苜蓿和黄花苜蓿）、三叶草（红三叶和白三叶）、苕子（普通苕子和毛苕子）、紫云英（红花草）、草木樨、沙打旺、黑麦草、籽粒苋、串叶松香草、无芒雀麦、鲁梅克斯草等。

2. 青饲作物

常用的有玉米、高粱、谷子、大麦、燕麦、荞麦、大豆等。

3. 叶菜类饲料

常用的有苦荬菜、聚合草、甘草、牛皮菜、蕹菜、大白菜和小白菜等。

4. 根茎瓜果类饲料

常用的有甘薯、木薯、胡萝卜、甜菜、芜菁、甘蓝、萝卜、南瓜、佛手瓜等。

5. 树叶类饲料

多数树叶均可作为羊的饲料，常用的有紫穗槐叶、槐树叶、洋槐叶、榆树叶、松针、果树叶、桑叶、茶树叶及药用植物（如五味子和枸杞叶）等。

6. 水生饲料

主要有水浮莲、水葫芦、水花生、绿萍等。

二、青贮饲料

青贮饲料是指将新鲜青刈饲料、饲草、野草等，切碎装入青贮塔、窖或塑料袋内，隔绝空气，经过乳酸菌的发酵，制成的一种营养丰富的多汁饲料。它基本上保持了青绿饲料的原有特点，有青草"罐头"之称。因而，在牛羊生产上应大力提倡推广。其特点如下。

1. 青绿鲜嫩

青贮饲料可以有效地保持青绿植物的青鲜状态，使牛羊在缺乏青绿饲料的漫长枯草季节也能吃到青绿饲料。青贮原料经切碎和填埋，尽量排出空气，做到密封，这样就减少和制止了植物细胞的呼吸作用，为乳酸菌（嫌气性细菌）的生长发育和繁殖创造了适宜的环境。在乳酸菌的作用下，青贮饲料内所含的糖迅速分解并转化为乳酸。青贮饲料酸度提高，在 pH 值下降到 4.0 时，抑制细菌生长和繁殖。青贮饲料不仅可长期保存，还能保持它的青鲜状态。

2. 营养价值高

青贮饲料可有效地保存饲料中的营养物质，尤其是能有效地保存蛋白质和维生素（胡萝卜素）。而一般青绿植物，在成熟和晒干之后，由于失水，再加上叶片的脱落，营养价值的损失为 30%~50%。如果贮存期间受到风吹、雨淋，导致发霉、腐败，损失就更大了。若将植物在青绿时期及时制成青贮饲料，营养价值的损失一般不超过 10%，品质优良的青贮饲料，养分只降低 3% 左右。此外，在青贮过程中，由于乳酸菌的发酵，还可使原来的粗硬秸秆，如玉米秸和高粱秸，以及某些野草的茎秆变软。由于微生物的作用，又可以增加青贮原料中原来所没有的维生素等营养成分，增加某些饲草的适口性，并降低有些饲草中有害成分含量和毒性，从而提高了整个饲料的营养价值。

3. 多汁适口

青贮饲料含水量在 70% 左右，而干草的含水量只有约 15%，是反刍家畜冬春季节良好的多汁饲料。青贮使得植物茎秆变得柔软，且味道芳香，可以刺激家畜的食欲，增加适口性。

4. 消化率高

青贮饲料或其他多汁饲料（如饲用甜菜、胡萝卜等块根、块茎类饲料或用其加工后的副产品）含有丰富的蛋白质、维生素、矿物质，而且鲜嫩多汁，含纤维素少，适口性强，易于咀嚼。以青贮饲料为主体的日粮喂牛、羊，可以显著地提高肠道内饲料的消化率，从而提高总营养物质的消化率。多汁饲料在胃内停留时间短，可减轻对前胃的压力，加强肠道对饲料的消化能力。

5. 原料来源广

除了一些优良牧草可做青贮外，还有一些家畜不喜欢采食或不能采食的野草、野菜、树叶等无毒的青绿植物，都可以采用青贮的方法变成良好的饲料。如马铃薯茎叶等，具有特殊的气味，牛、羊不喜食，当青贮后，变成酒糟味，适口性增强。

6. 经济实用

大力推广青贮饲料，是发展牛、羊生产的重要技术措施。青绿植物和秸秆等经过青贮，不仅能够很好地保存饲草，而且不怕火烧、雨淋、虫蚀和鼠咬，方便实用。一次贮存，多年不坏，贮存空间小，安全方便。当然，制作青贮饲料需要一定的设备，如青贮塔（窖）、塑料袋和加工机械等，与田间晒制干草和贮存干草相比，需要的成本较高。同时，青贮饲料的维生素 D 含量比日晒干草低得多。

三、粗饲料

粗饲料是指天然水分含量在 45% 以下，干物质中粗纤维含量在 18% 以上的一类饲料，主要包括：干草、秸秆、荚壳、干树叶及其他农副产品。其特点是，体积大，重量轻，养分浓度低，但蛋白质含量差异大，总能含量高，消化能低，维生素 D 含量丰富，其他维生素较少，含磷较少，粗纤维含量高，较难消化。羊常用粗饲料有青干草、藁秆、秕壳等。

1. 干草

干草是指青草（或其他青绿饲料植物）在未结籽前刈割下来，经晒干或其他方法干制而成。干草的营养价值取决于制作原料的种类、生长阶段和调制技术。一般豆科干草粗蛋白质含量较高，而有效能在豆科、禾本科和禾谷类作物调制的干草间没有显著差别。青绿饲料经干制后除维生素 D 增加外，干物质损失 18%~30%。

2. 秸秆饲料

秸秆主要是农作物收获籽实后的副产品，种类繁多，资源极为丰富，但其适口性差，粗纤维可达 30%~45%，有效能值低。该类饲料是目前我国山羊的主要饲料，主要有玉米秸、麦秸、高粱秸、豆秸、谷草、稻草等。

玉米秸的粗蛋白质为 6%~8%，粗纤维为 25%~30%，粗脂肪为 1.2%~2.0%，钙为 0.39%，磷为 0.23%。虽然玉米秸的营养价值低，但由于其成本低，常作山羊的主要饲料。其外皮光滑，茎的上部和叶片营养价值较高，羊喜爱采食。

麦秸难消化，是质量较差的粗饲料。包括小麦秸、大麦秸和燕麦秸等。小麦秸含粗纤维可达 40%，粗蛋白质仅为 2.8%，并且含有硅酸盐和蜡质，适口性差，营养价值低。大麦秸适口性较好，粗蛋白质为 4.9%，粗纤维 33.8%。

稻草较其他秸秆柔软，适口性好，一般粗蛋白质为 3.0%~5.0%，粗脂肪为 1.0%，山羊的消化率为 50% 左右，消化能为 7.61MJ/kg。粗灰分较高，约为 17%，其中硅酸盐的比例较大，钙、磷含量低，不能满足山羊生长和繁殖的营养需要。

收获后的大豆、豌豆和蚕豆秸等，其叶片大部分脱落，秸秆含木质素较高，质地坚硬，作为山羊的饲料可将其粉碎与精料混饲。其粗蛋白质含量和消化率较禾本科秸秆高。

谷草在禾本科秸秆中品质最好，其质地柔软厚实，可消化粗蛋白质、可消化总养分均较高，是山羊的优良粗饲料，将其铡碎与干草混饲效果更好。

3. 秕壳类饲料

常见的有谷壳、稻壳、花生壳、豆秸等。一般秕壳的营养价值高于蔓秆。豆秸的营养价值较好，含无氮浸出物为 42%~50%、粗纤维 33%~40%、粗蛋白质 5%~10%、钙为 1.3%~1.6%，磷为 0.05%~0.06%。消化能为 7.0~7.7MJ/kg。谷类的秕壳营养价值次于豆荚，但其来源广、数量大，应设法开发利用。

花生壳、棉籽壳、玉米芯和玉米穗包叶等也常作为山羊的饲料。喂前进行粉碎，并与精料、多汁饲料混用。棉籽壳含有棉酚，饲喂不能过量，以免引起山羊中毒。

稻谷是人类的主要粮食之一，很少使用稻谷饲喂家畜。作为饲料的主要是稻谷加工成大米时的副产品——稻糠，其营养价值因加工方法的不同差异很大。

四、能量饲料

精饲料的特点是体积小、含水少，营养物质丰富，粗纤维含量低，消化率较高，主要有谷物的籽实和粮油加工副产品、动物产品加工副产品等，包括谷类饲料、糠麸类饲料等。

1. 谷实类饲料

谷实类饲料为最常用的能量饲料。谷实类饲料水分含量低，一般在 14% 左右，干物质在 85% 以上，无氮浸出物含量高，占干物质的 66%~80%，且主要是淀粉，占 82%~90%；粗纤维含量低，一般在 10% 以下。这种饲料消化率高，反刍动物在 90% 左右，干物质的消化能高达 16MJ/kg 以上，育肥净能高。粗脂肪含量为 3.5% 左右，其中主要是不饱和脂肪酸、亚油酸和亚麻酸的比例较高。该类饲料蛋白质含量低，一般在 8.2% 左右，而且必需氨基酸（如赖氨酸、蛋氨酸和色氨酸）含量很低。因而蛋白质品质差，蛋白能量比较低。在矿物质含量方面，钙含量低于 0.1%，且钙磷比例不合适，其所含的磷有相当部分为植酸磷。另外，维生素 A 和维生素 D 缺乏。黄玉米和粟谷中只含少量的胡萝卜素（1.66μg/L），但 B 族维生素较丰富。

（1）玉米。玉米是"饲料之王"。在我国种植面积很广，其产量高、用量大、有效能值高，是山羊精料的主要来源。但玉米蛋白质含量低，矿物质元素和维生素含量均很低，单独使用不能满足羊的营养需要，在饲用时要与其他精、粗饲料混合使用。另外，玉米含有较多脂肪，且不饱和脂肪酸较多，磨碎后易氧化酸败，不宜长期贮存，在贮存过程中由于水分高，极易发霉变质，易受黄曲霉菌感染，应引起高度重视。

（2）高粱。与其他谷实相比，其粗脂肪含量较高，有效能仅次于玉米、小麦；缺点是粗蛋白质含量低、品质差、矿物质和维生素不能满足羊的需要，钙少磷多，B 族维生素含量与玉米相当，烟酸含量较多，而且高粱的种皮中含有较多的单宁，具有苦涩味，是一种抗营养因子，可降低能量和蛋白质等养分的吸收利用，饲喂量不宜过大。高粱饲喂过多会引起羔羊便秘，日粮中不宜超过 25%。

（3）大麦。大麦是一种很重要的能量饲料，粗蛋白质含量约为 12.0%，品质也较好，赖氨酸含量在 0.52% 以上；粗脂肪含量少，不到玉米的一半；钙、磷含量较玉米高，胡萝卜素和维生素 D 不足，维生素 B_1 含量多，维生素 B_2 少，烟酸含量丰富。

（4）燕麦。燕麦含有较丰富的蛋白质，一般为 10.0% 左右，粗脂肪含量超过 4.50%，但由于其外壳硬，粗纤维含量高，有效能值较低，植酸磷含量高，营养价值低于玉米。

（5）稻谷、糙米及碎米。稻谷是带外壳的水稻籽实，稻壳重占 20%~25%，含大量粗纤维。稻谷粗蛋白质含量低，品质差，粗纤维含量高，有效能值在谷类籽实饲料中是最低的一种，与燕麦籽实相近。矿物质中含有较多的硅酸盐，植酸磷明显较高。糙米和碎米的有效能分别比稻谷高出 18%和 25%，粗纤维和粗灰分也明显偏低。

2. 糠麸类饲料

糠麸类饲料是谷实类饲料的加工副产品，主要由籽实中的种皮、糊粉层和胚 3 个部分组成。糠麸的营养价值与谷实的加工程度相关，一般种皮的比例越大，营养价值越低。粗蛋白质、粗脂肪、粗纤维的含量均比原籽实高，而无氮浸出物、消化率、有效能则比原籽实低、钙、磷虽比谷实高，但钙少磷多，植酸磷比例大。糠麸是 B 族维生素的良好来源，但缺乏必需氨基酸、维生素 A 及维生素 D。

（1）米糠。米糠是糙米（去壳后的谷粒）精制成大米时的果皮、种皮、外胚乳和糊粉层等的混合物，其营养价值视精米的加工程度而不同。米糠含粗蛋白质为 13%左右，且含有较高的含硫氨基酸，粗脂肪含量高，一般为 17%左右，且有较多的不饱和脂肪酸。有效能低于稻谷，富含铁、锰、锌。磷含量比钙高 20 倍以上，比例极不平衡，植酸磷比例大，不利于其他元素的吸收。米糠在榨油后的副产品为米糠饼，其粗脂肪含量低于米糠，易保存，适口性和消化率均有改善。米糠和米糠饼是山羊的常用饲料，但由于其粗脂肪含量高，喂量过多易引起腹泻，还会造成脂肪变软、变黄，影响肉的品质，饲喂时须注意。

根据稻谷加工方法的不同，可将稻糠划分为砻糠、米糠和统糠。

砻糠是稻谷加工糙米时脱下的谷壳（颖壳）粉，其量约为稻谷质量的 20%左右，粗纤维 44.5%，其中木质素 21.4%，可消化能很低，而且可消化蛋白质为负值，纯属粗饲料。

米糠是糙米精制成精米时的副产品，由种皮、糊粉层、胚及少量胚乳组成，占稻谷的 6%~8%。米糠不仅能作为饲料，因其脂肪含量高，人类也可以从米糠中榨取食油。没有经过榨油的米糠，因其不饱和脂肪含量较多，容易酸败而不容易保存。

统糠有两种类型，一种是采用一次加工工艺由稻谷生产精米时分离出的稻壳（砻糠）、碎米和米糠的混合物，这种糠占稻谷的 25%~30%，其营养价值介于砻糠与米糠之间，干物质的消化能绵羊为 6.730MJ/kg，因此，统糠应属于粗饲料。另一种是将加工分离出的米糠与砻糠人为地加以混合而成，根据其混合比例的不同，又可分为一九统糠、二八统糠、三七统糠等。统糠的成分及营养价值取决于砻糠与米糠的比例，砻糠的比例愈高，营养价值愈差。砻糠比例高的统糠应属于粗饲料。

米糠含油量高不易保存，榨油后的米糠为脱脂米糠。

（2）麦麸。主要是小麦麸皮，其粗纤维含量高，有效能值低，属于低能量饲料。小麦麸含有丰富的铁、锌、锰。磷大部分是植酸磷，不利于矿物质的吸收。富含维生素 E、尼克酸和胆碱。麦麸适口性好，质地蓬松，具有轻泻作用，可以调节消化道的机能。大麦麸在能量、蛋白质、粗纤维含量上均优于小麦麸。

（3）其他糠麸。主要包括高粱糠、小米糠和玉米糠等。小米糠营养价值高；高粱糠的消化能和代谢能值均较高，但其中含有单宁，适口性差；玉米糠粗纤维含量较高。

五、蛋白质饲料

蛋白质饲料主要包括植物性蛋白质饲料、动物性蛋白质饲料、单细胞蛋白质饲料和非蛋白氮饲料。

1. 植物性蛋白质饲料

山羊常用的植物性蛋白质饲料主要有饼粕类和糟渣类。饼粕类饲料是豆科和油料作物籽实制油后的副产品。由压榨法制油后的产品为油饼；用溶剂浸提油后的产品为油粕。饼粕饲料含有较高的蛋白质，一般为 30%~45%，且品质优良，脂肪含量较高，有效能值较高，无氮浸出物一般低于谷实类。其他成分含量较相应的籽实高，富含 B 族维生素，但缺乏胡萝卜素和维生素 D。

（1）大豆饼粕。大豆饼粕是我国常用的一种植物性蛋白质饲料，粗蛋白质为 42%~46%，且品质好，赖氨酸含量高达 2.41%~2.47%，有效能值高，富含铁、锌，但磷含量中有一半为植酸磷。豆粕与豆饼比较，前者因含抗营养因子较多，适口性较差，饲喂时必须经适当热处理。但要注意不能过度加热，否则降低赖氨酸等必需氨基酸的有效性，一般加热温度在 110℃ 左右为宜。加热的程度可用颜色来确定，正常加热的颜色为黄褐色，加热不足或未加热的颜色浅或灰白色，加热过度为暗褐色。

（2）棉籽饼粕。棉籽饼粕是棉籽脱油后的副产品。棉籽脱壳后脱油的副产品为棉仁饼；未去壳的是棉籽饼；浸提法脱油后的副产品为棉籽粕。我国油脂厂在加工过程中，常将已脱掉的棉籽壳（占原含量的 30%）加入榨过油的棉仁饼中，再制成饼。这种带有部分棉籽壳的油饼称为棉仁（籽）饼，其粗蛋白质含量为 34%~36%。棉籽的棉仁色素腺体内含有毒的棉酚，在榨油过程中一部分留在饼粕中。在加热过程中，游离的棉酚大部分与蛋白质和氨基酸结合成"结合棉酚"，结合棉酚毒性较小。一般游离棉酚也不会使山羊中毒，但如果饲粮构成仅为棉籽饼、低劣干草和秸秆，长时间摄食过量棉酚，则会引起羊只中毒。棉酚干扰血红蛋白的合成，降低血红蛋白的携氧能力；因而中毒时出现贫血、呼吸困难，也影响繁殖机能，甚至不育。我国饲料法规定山羊配合饲料中允许游离棉酚最高含量为 0.04%。若想增大棉籽饼、粕在饲料中的比例，则必须对其进行脱毒处理。目前推广种植的低酚棉，其棉籽中仅含极少量棉酚（0.02% 左右），其棉饼可直接作饲料。

（3）菜籽饼粕。菜籽饼粕是油菜籽提取油脂后的副产品。饼和粕的粗纤维含量相似，为 10%~11%，在饼粕类中含量较高，因此，其有效能值含量较低。粗蛋白质为 30%~40%，赖氨酸含量介于豆饼和棉饼之间，蛋氨酸稍高于豆饼和棉籽饼。微量元素中硒、锰、铁含量较高，铜含量较低，富含 B 族维生素，缺乏胡萝卜素和维生素 D。

菜籽中含有硫葡萄糖苷类化合物，本身无毒，在榨油压饼时经芥子酶水解成噁唑烷硫酮、异硫氰酸酯、腈及丙烯腈等有毒物质，使菜籽饼粕具有辛辣味，可引起甲状腺肿大。此外，菜籽饼粕中还含有单宁、芥子碱、皂角苷等，影响适口性和蛋白质的利用效果。一般羊对菜籽饼的毒性不敏感，喂量可稍多些，但要同其他饲料配合使用。前联邦德国饲料法规定，配合饲料中，丙烯异硫氰酸盐和乙烯噁唑烷硫酮的最高允许量：山羊羔和绵羊羔为 150mg/kg，山羊、绵羊为 1 000mg/kg。

（4）花生饼粕。为花生制油后的副产品，分为全部脱壳或部分脱壳花生饼。脱壳后榨油的花生饼粗蛋白质含量为 44%~48%，有效能值也较高，这两项指标在饼粕类中属最高的一种。带壳的花生饼粗纤维含量在 20% 左右，粗蛋白质和有效能均较低。赖氨酸和蛋氨酸含量较低，精氨酸含量较高。矿物质元素中富含铁、钙，磷较低。缺乏胡萝卜素和维生素 D，维生素 B_1 和烟酸较多，核黄素较少。花生饼是优质的蛋白质饲料，适口性很好，有香味，去壳和带壳的均可作山羊的饲料。但花生饼易感染黄曲霉菌，其产生的毒素对人畜有强烈的致癌作用，一般加热蒸煮不能破坏其毒性，故在贮存时切忌发霉。前联邦德国饲料法规规定的羊饲料中黄曲霉菌毒素 B_1 最高允许量：羔羊 0.01mg/kg，山羊 0.02mg/kg。

（5）胡麻饼。又称亚麻饼，其适口性不佳，粗蛋白质与棉籽饼、菜籽饼相似，约含 36%，赖氨酸和蛋氨酸含量中等。有效能值低于豆饼和花生饼。粗纤维含量较高，用胡麻饼喂羊时用量过多则使体脂变软，影响肉的品质。

（6）葵花籽饼粕。其营养价值取决于脱壳程度和加工工艺。一般粗蛋白质含量 22%～32%，干物质中粗纤维含量在 20% 左右，各种氨基酸含量中等，富含铁、锰、锌和 B 族维生素。

（7）芝麻饼粕。粗蛋白质高达 40%，最大的特点是含蛋氨酸特别多，为 0.8% 以上，比大豆饼、棉仁饼、亚麻饼高 1 倍，但赖氨酸含量不足。

2. 非蛋白氮饲料

非蛋白氮饲料是指尿素、双缩脲及某些铵盐等化工合成的含氮物的总称。其作用是作为瘤胃微生物合成蛋白质所需的氮源，从而补充蛋白质营养，节省蛋白质饲料。在非蛋白氮饲料中，尿素含氮量为 46%，1kg 尿素相当于 7kg 豆饼的粗蛋白质含量。用适量尿素代替羊日粮中的蛋白质，可以降低成本，提高生产性能。尿素喂量过大会发生中毒，一般尿素给量占日粮干物质的 1%，或占混合精料的 2%，但尿素氮的含量不超过日粮总氮量的 25%～30%。但对瘤胃机能尚未发育完全的羔羊不宜补饲。饲料中添加的尿素应符合 GB 7300.601 规定。

美国近代提出用"尿素发酵潜力（UFP）"来估测日粮中尿素的适宜添加量。公式如下。

$$UFP = \frac{0.104\ 4TDN-B}{2.8}$$

式中：TDN 为饲料的总消化养分；B 为每千克饲料（日粮）的降解蛋白克数；2.8 是尿素的蛋白质当量（45%×6.25～46%×6.25）；0.104 4 TDN 为每千克饲料（日粮）干物质中可能生成微生物蛋白质的克数。

例如：玉米 TDN 为 90%，蛋白质为 8.6%，其降解率为 65%，则每千克玉米的降解蛋白质为 86×65%＝55.9g，则尿素的发酵潜力如下。

$$UFP = \frac{0.104\ 4×900-55.9}{2.8} = 13.6\ （g）$$

即每进食 1kg 玉米的干物质，可添加 13.6g 的尿素。尿素不宜单喂，应与其他精料搭配使用，也可调制成尿素溶液喷洒或浸泡粗饲料，或调制成尿素氨化饲料，或制成尿素饲料砖。为了降低尿素在瘤胃中水解生成氨的速度，可制成玉米尿素胶化饲料、磷酸脲、羟甲基尿素等非蛋白氮饲料。

六、糟渣类饲料

主要包括酒糟、玉米面筋、豆腐渣、粉渣和饴糖渣等。

1. 啤酒糟

啤酒糟又称麦糟，是啤酒生产中最大一宗下脚料。鲜啤酒糟含水分 75% 左右，粗蛋白质 5%~5.5%，粗脂肪 2.5%，粗纤维 3.6%，无氮浸出物 11.8%，钙 0.07%，磷 0.12%；其干物质中粗蛋白质 22%~30%，无氮浸出物 40% 以上，粗纤维 14%~18%，可作为山羊的蛋白质饲料。

2. 白酒糟

白酒糟风干物中含有粗蛋白质 15%~25%，粗纤维 15%~20%，粗脂肪 2%~5%，无氮浸出物 35%~41%，粗灰分 11%~14%，钙 0.24%~0.25%，磷 0.2%~0.7%，并有丰富的 B 族维生素，其营养成分与麦麸相近。

酒糟经过了高温蒸煮、微生物菌种糖化、发酵，所以晒干后质地柔软、卫生，适口性好。在制酒过程中，为增加胚料的透气性，要加入 15%~20% 稻壳。这样，使酒糟中粗纤维含量偏高，影响单胃动物的消化吸收，但可以作为山羊的良好饲料。需要引起注意的是，酒糟中残存有乙醇、游离乳酸等，长期大量饲喂易引起乙醇中毒。

七、矿物质饲料

矿物质饲料是补充动物矿物质需要的饲料，对于山羊来说，容易出现食盐不足，其次是缺磷，至于各种微量元素，除非是土壤中含量不足。如缺硒、缺钴、缺铜地区出现的缺乏症，一般很少需要补充。

因此，山羊最主要的矿物质饲料是食盐，应当四季给予补充。当放牧饲养时，一般不出现钙缺乏症，但在舍饲或半舍饲的条件下，尤其是喂以青贮料和精料时，则可能出现钙不足和钙磷不平衡，必须给予补充和调理，矿物质饲料的类型有以下几种。

1. 食盐

羊主要以含钠和氯较少的植物性饲料为主，应补充食盐，以改善适口性，增加食欲。每千克食盐含钠 380~390g，氯 585~602g，喂量不宜过多，否则中毒，一般在羊的风干日粮中喂 1% 为宜。缺碘地区可补饲碘化食盐，在青草季节，可将盐撒在食槽内任其自由舔食。在冬春季节，精料中加 1%~2% 的食盐，与精料同时混合。

2. 含钙矿物质饲料

（1）石粉。主要指石灰粉，为天然的碳酸钙，含钙 34%~38%，是补钙最廉价、来源最广的矿物质饲料。天然石粉要注意铅、汞、砷、氟的含量不要超过安全系数。此外，大理石、白云石、石膏、熟石灰等均可作为补钙饲料。

（2）贝壳粉。主要成分是碳酸钙，含钙 33%~38%，来源广，成本低。利用时应注意检查沙石及有无残留发霉、腐臭的生物尸体等变质物质。

（3）蛋壳粉。含钙 25% 左右，新鲜蛋壳还含有 12% 左右的粗蛋白质。因此，制粉时应注意消毒，以免蛋白质腐败和病原菌传播。

（4）碳酸钙。是补钙矿物质饲料中含钙最高者。但因其成本高，生产中使用不多。

3. 含磷的矿物质饲料

当饲粮中钙的比例过高或钙、磷比例不当时，可用含磷的化合物来调节。常见的有磷酸氢钠和磷酸氢二钠，前者含磷 25.80%，钠 19.15%；后者含磷 21.81%，钠 32%~38%。在生产中要注意，补充含磷化合物时，可引起其他元素（如钠）的比例改变。既含钙又含磷的矿物质饲料在生产中使用较多。通常与含钙的饲料共同使用，保证饲料正常钙、磷比例，主要包括磷酸钙盐（磷酸钙、磷酸氢钙、过磷酸钙和脱氟磷酸钙）。

4. 含硫的矿物质饲料

饲料中一般含有丰富的硫，不需补充，但在羊的脱毛期或利用非蛋白氮饲料时常需补硫。补充硫的最大来源是蛋氨酸，其次是硫酸盐，再次是硫元素。硫酸钠的硫能被利用的只相当于蛋氨酸中硫的 80%，而硫元素相当于硫酸钠中硫的 1/2 左右。据报道，在混合精料中补加 1% 左右的硫酸钠、硫酸钙等，可改善细菌在瘤胃内的消化过程，提高干物质、粗纤维以及氯的利用率。根据现有资料尚难做出不同硫补充剂对山羊的安全上限，用硫酸钠，估计 0.4% 是最大耐受量。

5. 含镁的矿物质饲料

对于早春放牧以及用玉米作为主要饲料补加非蛋白氮饲喂的羊，常需要补镁。一般用氧化镁、硫酸镁、磷酸镁和碳酸镁作为镁补充剂，可被山羊很好地利用。

6. 含钾的矿物质饲料

谷物中钾含量多半超过 0.4%（按干物质计算），而大多数的饲草则超过 1%。因此，很少发生缺钾现象。但羔羊喂精料型日粮时，以及羊群冬季或旱季放牧在牧草成熟的草场上时要注意补钾。草原牧草成熟时钾含量降至 0.2% 以下。氯化钾和硫酸钾可以用作钾补充剂。

第二节　羊的配合饲料

一、饲料配制的一般原则

羊日粮配方设计的目标就是满足羊不同品种、生理阶段、生产目的、生产水平等条件下对各种营养物质的需求，以保证最大限度地发挥其生产性能，以及得到较高的产品品质。要求配制的饲料适口性好、成本低、经济合理，确保羊机体的健康，排泄物对环境污染最低。羊饲料配制一般遵循以下原则。

（一）以饲养标准为依据

按照羊在不同体重、年龄、生长阶段、生产力水平等情况下对粗纤维、能量、蛋白质及其他营养物质的需要量来配制日粮，尽可能做到日粮营养水平的全价和符合羊生长发育、妊娠和生产畜产品等各方面的需要。这是饲料配制最基本的原则，是确定饲料中营养物质供给量的基本科学依据。使用饲养标准时应注意以下原则。

1. 选择适当的饲养标准

针对羊的不同品种和不同生理阶段，选择适当的推荐标准。可参照中国肉羊营养需要量（NY/T 816）、美国国家研究委员会（NRC）标准、法国营养平衡委员会（AEC）标准等或国内饲养标准，并根据本地区具体情况进行适当调整。

2. 考虑营养指标

要参照羊饲养标准中规定的各营养指标，且指标中至少要考虑干物质采食量、代谢能或净能、粗蛋白质、粗纤维、钙、磷、食盐、微量元素（铁、铜、锰、锌、硒、碘、钴等）和维生素（维生素 A、维生素 D、维生素 E 等）等指标。配方设计中，各指标优先考虑的顺序为：纤维>能量>粗蛋白质>常量矿物元素>微量元素和维生素。

3. 确定适宜的营养水平

要根据羊在不同阶段的生理特点及营养需要进行科学配制。羊在不同生长阶段及生理阶段的表现不同，对营养的需求也不同，要分别给予适宜的饲养水平。

（二）饲料原料选择多样化

尽量选择适口性好、来源广、营养丰富、价格便宜、质量可靠的饲料原料。要在同类饲料中选择当地资源最多、产量高、价格最低的饲料原料，且要满足营养价值的需要。特别要充分利用农副产品，以降低饲料费用和生产成本。

各种饲料原料都有其独特的营养特性，单独的一种饲料原料不能满足羊的营养需要，因此，应尽量保持饲料的多样化，达到养分互补，提高配合饲料的全价性和饲养效益。

可大量使用粗饲料，尤其是作物秸秆，还有品质优良的苜蓿干草、豆科和禾本科混播的青刈干草、玉米青贮等，降低精饲料的用量。限量或禁止使用动物性饲料，包括肉骨粉、骨粉、血粉、血浆粉、动物下脚料等。

充分利用油脂植物性蛋白资源，如植物油籽和豆类籽实，可经膨化处理，如膨化棉籽、膨化大豆等，或用加热处理、甲醛处理等过瘤胃蛋白。此外，还可以使用少量过瘤胃氨基酸、非蛋白氮、脲酶抑制剂等。

饲料的适口性直接影响采食量。通常影响混合饲料适口性的因素有：味道（例如甜味、某些芳香物质、谷氨酸钠等可提高饲料的适口性）、粒度、矿物质或粗纤维的多少。应选择适口性好、无异味的饲料。若采用营养价值高，但适口性差的饲料须限制其用量。如血粉、菜粕（饼）、棉粕（饼）、葵花粕（饼）等，特别是为幼龄动物和妊娠动物设计饲料配方时更应注意。对适口性差的饲料也可采用适当搭配适口性好的饲料或加入调味剂，以提高其适口性，促使动物增加采食量。

避免采用发霉、变质和含有毒有害因子的饲料。

（三）饲料原料搭配要合理

要以青、粗饲料为主，适当搭配精饲料。根据不同品种羊的消化生理特点，为了充分发挥瘤胃微生物的消化作用，在日粮组成中，要以青、粗饲料为主，首先满足其对粗纤维的需要，再根据情况适当搭配好精、粗饲料的比例。

考虑到舍饲养羊成本较高的问题，为提高育肥效益，应充分利用天然牧草、秸秆、树叶、农副产品及各种下脚料，扩大饲料来源。粗饲料是各种家畜不可缺少的饲料，对促进肠胃蠕动和增强消化力有重要作用，还是羊冬春季节的主要饲料。新鲜牧草、饲料作物，以及用这些原料调制而成的干草和青贮饲料一般适口性好、营养价值高，可以直接饲喂羊只。低质粗饲料资源，如秸秆、秕壳、荚壳等，由于适口性差、可消化性低、营养价值不高，直接单独饲喂给羊，往往难以达到应有的饲喂效果。

要兼顾日粮成本和生产性能的平衡，必须考虑肉羊的生理特点，因地制宜，选用适口性强、营养丰富且价格低廉，用后经济效益好的饲料，以小的投入获取最佳效益。

（四）考虑羊的消化生理特性

应注意饲料的体积尽量与羊的消化生理特点相适应。通常情况下，若饲料体积过大，则能量浓度降低，不仅会导致消化道负担过重，进而影响动物对饲料的消化，而且会稀释养分，使养分浓度不足。反之，饲料的体积过小，即使能满足养分的需要，但动物达不到饱感而处于不安状态，影响动物的生产性能或饲料利用效率。不仅要考虑日粮养分是否能满足羊的营养需要，还要考虑日粮的容积是否已满足羊的需要。

（五）正确使用饲料添加剂

饲料添加剂是配合饲料的核心，要选择安全、有效、低毒、无残留的添加剂，利用新型饲料添加剂，如酶制剂、瘤胃代谢调控剂（如缓冲剂）、中草药添加剂、微生态制剂等。动物处于环境应激的情况下，除了调整大量养分含量外，还要注意添加防止应激的其他成分。另外，饲料添加剂的使用，要注意营养性添加剂的特性，添加氨基酸、脂肪、淀粉时要注意保护，免受瘤胃微生物的破坏。

二、饲料配方设计步骤

（一）设计饲料配方的基本方法

日粮配制主要是规划计算各种饲料原料的用量比例。设计配方时采用的计算方法分为手工计算和计算机优化饲料配方设计两种。

1. 手工计算法

有交叉法、方程组法、试差法，可以借助计算器计算。配方计算技术是近代应用数学与动物营养学相结合的产物，也是饲料配方的常规计算方法，简单易学，可充分体现设计者的意图，设计过程清楚，但需要有一定的实践经验，计算过程复杂，且不易筛选出最佳配方。目前已普遍采用计算机优选最佳配方，但是常规手工计算方法并不能因此而丢弃，一方面因为计算机普及率有限，另一方面由于常规计算方法是设计饲料配方的基本技术。手工计算法适合在饲料品种少的情况下使用，目前我国广大农村养羊适合该种方法。

2. 计算机优化饲料配方

主要是根据有关数学模型编制专门程序软件进行饲料配方的优化设计，涉及的数学模型主要包括线性规划、多目标规划、模糊规划、概率模型、灵敏度分析、多配方技术等。采用手工方法计算饲料配方，考虑的因素太少，无法获得最优的配方，既满足营养需要，又是最低成本的配方。线性规划、目标规划及模糊线性规划是目前较为理想的优化饲料配方的方法。应用这些方法获得的配方也称优化配方或最低成本配方。线性规划等方法在配方计算过程中需要大量的运算，手工计算无法胜任，只有在电子计算机出现后，才应用于配方设计。

（二）手工计算法设计饲料配方的基本步骤

1. 查羊的饲养标准

根据其性别、年龄、体重等查出羊的营养需要量。

2. 查所选饲料的营养成分及营养价值表

对于要求精确的，可采用实测的原料营养成分含量值。

3. 确定青饲料、粗饲料饲喂量和营养含量

根据日粮精粗比（精粗比不低于 7：3，即粗料含量不低于 30%）首先确定羊每日的青饲料、粗饲料饲喂量，并计算出青粗饲料所提供的营养含量。

4. 确定精料补充料养分含量

与饲养标准比较，确定剩余应由精料补充料提供的干物质及其他养分含量，配制精料补充料，并对精料原料比例进行调整，直到达到饲养标准要求。

5. 调整矿物质（主要是钙和磷）和食盐含量

此时，若钙磷含量没有达到羊的营养需要量，就需要用适宜的矿物质饲料来进行调整。食盐另外添加。

6. 确定羊的日粮配方

最后进行综合，将所有饲料原料提供的养分之和，与饲养标准相比，调整到二者基本一致。

（三）手工计算法示例

1. 试差法

所谓试差法，就是先按日粮配合的原则，结合羊的饲养标准规定和饲料的营养价值，粗略地将所选用的饲料原料加以配合，计算各种营养成分，再与饲养标准相对照，对过剩的和不足的营养成分进行调整，最后达到符合饲养标准的要求。

例：一批体重 35kg 的育肥母绵羊，计划日增重 200g，试用中等品质苜蓿干草、羊草、玉米青贮、玉米、大豆饼、棉粕、预混料等原料，配制日粮。

第一步：查阅羊的饲养标准表，找出育肥母绵羊的营养需要量，见表 6-1。

表 6-1　育肥母绵羊每天每头的营养需要量（NY/T 816）

营养指标	营养需要
体重（kg）	35
日增重（kg/d）	0.20
DMI（kg/d）	1.30
代谢能（MJ/d）	13.80
粗蛋白质（g/d）	187
钙（g/d）	5
磷（g/d）	3.5

第二步：查饲料营养价值表，列出所用几种饲料原料的营养成分，见表 6-2。

表 6-2　饲料原料营养成分含量（干物质基础）

原料	干物质（%）	代谢能（MJ/kg）	粗蛋白质（%）	钙（%）	磷（%）
苜蓿干草（中等）	93.60	9.10	18.00	1.86	0.18

（续表）

原料	干物质 （%）	代谢能 （MJ/kg）	粗蛋白质 （%）	钙 （%）	磷 （%）
羊草	91.00	6.02	12.26	0.49	0.07
玉米青贮	33.41	9.51	8.52	0.45	0.23
玉米	88.80	13.04	8.53	0.07	0.23
麦麸	92.50	10.83	17.90	0.24	1.04
大豆饼	91.63	12.43	45.27	0.27	0.54
棉粕	90.95	10.76	43.09	0.23	0.93
磷酸氢钙	98.00	—	—	23.30	18.00

第三步：确定粗饲料的用量。设定该阶段母绵羊日粮精粗比为55：45，即粗饲料占日粮的45%，精饲料占日粮的55%。则粗饲料干物质进食量为1.3×45%＝0.58千克，精饲料干物质进食量为1.3×55%＝0.72千克。

假设粗饲料中玉米青贮日给干物质0.32千克，羊草0.13千克，苜蓿干草0.13千克。计算出粗饲料提供的总养分，与标准相比，确定需由精料补充的差额部分，见表6-3。

表6-3　日粮粗饲料所提供的养分

日粮组成	干物质 （kg/d）	代谢能 （MJ/d）	粗蛋白质 （g/d）	钙 （g/d）	磷 （g/d）
苜蓿干草（中等）	0.13	1.18	23.40	2.42	0.23
羊草	0.13	0.78	15.94	0.64	0.09
玉米青贮	0.32	3.04	27.26	1.44	0.74
总计	0.58	5.01	66.60	4.50	1.06
需要量	1.30	13.80	187.00	5.00	3.30
差额（精料标准）	0.72	8.79	120.40	0.51	2.24

第四步：用试差法制定精饲料日粮配方。由以上饲料原料组成日粮的精料部分，按经验和饲料营养特性，将精料应补充的营养配成精料配方，再与饲养标准对照，对过剩和不足的营养成分进行调整，最后达到符合饲养标准的要求，见表6-4。

表6-4　日粮精料配方

原料	比例 （%）	干物质 （g/d）	代谢 （MJ/d）	粗蛋白质 （g/d）	钙 （g/d）	磷 （g/d）
玉米	68	489.60	6.38	41.76	0.34	1.13
麦麸	5	36.00	0.39	6.44	0.09	0.37
大豆饼	18	129.60	1.61	58.67	0.35	0.70

（续表）

原料	比例 （%）	干物质 （g/d）	代谢 （MJ/d）	粗蛋白质 （g/d）	钙 （g/d）	磷 （g/d）
棉粕	5	36.00	0.39	15.51	0.08	0.33
预混料	4	28.80	—	—	—	—
合计	100	720.00	8.77	122.39	0.86	2.54
精料标准	—	720	8.79	120.40	0.51	2.24
差额	—	0	−0.02	+1.99	+0.35	+0.30

第五步：调整矿物质含量。由表6-4可知，能量和蛋白均满足需要，钙磷均稍有超量，无需补充。

第六步：列出日粮配方。全面调整后的日粮组成及营养水平见表6-5。

表6-5　育肥母绵羊日粮配方

原料	DMI［g/（d·头）］	组成比例（%）
玉米	489.60	37.66
麦麸	36.00	2.77
大豆饼	129.60	9.97
棉粕	36.00	2.77
苜蓿干草（中等）	130	10.00
羊草	130	10.00
玉米青贮	320	24.62
预混料	28.8	2.77
合计	1 300	100

（四）计算机技术在羊饲料配方中的应用

目前，有很多饲料配方软件可应用于羊的配方设计。配方软件主要包括两个管理系统：原料数据库和营养标准数据库管理系统、优化计算机配方系统。目前，计算机优化配方技术获得了广泛的应用。其原理基本相同，可优化出最低成本饲料配方。这种技术可采用多种饲料原料，同时考虑多项营养指标，设计出营养成分合理、价格低的配合饲料配方。该方法适合规模化养羊场使用。

第三节　饲料的加工与贮存

一、饲料原料的加工调制

（一）粗饲料的加工

为了获得品质优良和产量高的牧草，就必须保持牧草品质优良，这是生产优质牧草的基本前提。

1. 青刈

不同生育时期牧草产量不同，质量也有很大差异。随着生长阶段的延长，牧草的粗蛋白质含量逐渐降低，而家畜不易消化吸收的粗纤维则显著增加。然而，刈割过早则产草量低，因此必须确定一个最适宜的刈割期。一般来说，禾本科牧草适宜的刈割期是抽穗期，而豆科牧草则为现蕾至初花期。对多年生牧草来说，刈割不仅是一次产品的收获，也是一项田间管理措施，因为刈割时期是否得当，割茬是否合适（一般留茬在 5~8cm），都对牧草的生长发育产生很大的影响，延期刈割不仅饲草质量低，也影响生长季的刈割次数。

2. 晒制干草

优质的干草营养价值高，适品性好，各种家畜都喜欢采食。贮备足量的干草，可以保证家畜在冬春缺草季节的营养需要，提高家畜抗御自然灾害的能力，增加畜牧业的稳定性。禾本科牧草茎叶干燥速度较一致，比较容易晒制。豆科牧草茎、叶干燥时间不同，叶片干燥快而茎秆干燥慢，往往晒制过程中叶片大量损失，严重降低干草的营养价值。晒制干草首先应考虑当地气候条件，应选择晴天进行。刈割后就地平摊，晴天晾晒 1d，叶片凋萎，含水量为 45%~50% 时，堆成高约 1m 的小堆，经过 2~3d，禾本科牧草揉搓草束发出沙沙声，叶卷曲，茎不易折断；豆科牧草叶、嫩枝易折断，弯曲茎易断裂，不易用手指甲刮下表皮时，即已下降到含水量为 18% 左右，可以运回畜圈附近堆垛贮存。在晒制豆科牧草时，避免叶子的损失是至关重要的，在运送豆科牧草时最好是利用早晨时间。晒制过程一定要避免雨水淋湿、霉变，以保证干草的质量。堆垛后应特别注意草垛不要被水渗透，以避免干草腐烂发霉。

（1）自然干燥法。地面干燥法将收割后的牧草在原地或者运到地势比较干燥的地方进行晾晒。通常收割的牧草干燥 4~6h，使水分降到 40% 左右后，用搂草机搂成草条继续晾晒，使水分降至 35% 左右，然后用集草机将草集成草堆，并保持草堆的松散通风，直至牧草完全干燥。

（2）草架干燥法。在比较潮湿的地区或者在雨水较多的季节，可以在专门制作的草架子上进行干草调制。干草架子有独木架、三脚架、幕式棚架、铁丝长架、活动架等。在架子上干燥可以大大提高牧草的干燥速度，保证干草的品质。在架子上干燥时应自上而下地将草置于草架上，厚度应小于 70cm，并保持蓬松和一定的斜度，以利于采光和排水。

（3）发酵干燥法。发酵干燥法就是将收获后的牧草先进行摊晾，使水分降低到 50% 左右时，将草堆集成 3~5m 高的草垛逐层压实，垛的表层可以用土或薄膜覆盖，使草垛在 2~3d 温度达到 60~70℃，随后在晴天时开垛晾晒，将草干燥。当遇到连绵阴雨天时，可以在温度不过分升高的前提下，让其发酵更长的时间，此法晒制的干草营养物质损失较大。

（4）人工干燥法吹风干燥法。利用电风扇、吹风机和送风器对草堆或草垛进行不加温干燥。常温鼓风干燥适合用于牧草收获时期的昼夜相对湿度低于 75%、温度高于 15℃ 的地方使用。在特别潮湿的地方鼓风用的空气可以适当加热，以提高干燥的速度。

（5）高温快速干燥法。利用烘干机将牧草水分快速蒸发掉，含水量很高的牧草在烘干机内经过几分钟或几秒钟后，水分便下降到 5%~10%。此法调制干草对牧草的营养价值及消化率影响很小，但需要较高的投入，成本大幅增加。

（6）物理干燥法压裂草茎干燥法。牧草干燥时间的长短主要取决于其茎秆干燥所需要的时间，叶片干燥的速度比茎秆要快得多，所需的时间短。为了使牧草茎叶干燥时间保持一致，减少叶片在干燥中的损失，常利用牧草茎秆压裂机将茎秆压裂压扁，消除茎秆角质层和维管束对水分蒸发的阻碍，加快茎秆中水分蒸发的速度，最大限度地使茎秆的干燥速度与叶片干燥速度同步。压裂茎秆干燥牧草的时间要比不压裂茎秆干燥的时间缩短 $1/3 \sim 1/2$。

3. 牧草的青贮

青贮是保存牧草营养价值的好方法，这是在密封厌气的条件下通过乳酸菌发酵使青贮料变酸，抑制其他引起腐败的微生物的活动，使青贮料得以长期保存的方法。禾本科牧草含碳水化合物较多，容易青贮。豆科牧草含蛋白质较多，单贮不易成功，宜与禾本科牧草混合青贮。青贮料的含水量应为 65%～75%，豆科牧草，也可进行低水分青贮或半干青贮。即在豆科牧草刈割后晾晒 1d，使含水量达 45%～50% 时，切短和压紧及密封。这种青贮由于含水量较低，干物质含量比一般青贮料高 1 倍，所以营养物质也较多，损失较少，适口性好，兼有干草和青贮料两者的特点，是解决豆科牧草青贮的一个好办法。

（二）青贮饲料的加工调制

青贮饲料是指在厌氧条件下经过乳酸菌发酵调制而成的青绿多汁饲料。此外，还包括经过添加酸制剂、甲醛、酶制剂等添加剂，抑制有害微生物发酵、促使 pH 下降而保存的青绿多汁饲料，其过程称为青贮。青贮过程被认为是一种酸的发酵过程，而进行这一发酵过程的容器称为青贮窖。

青贮饲料具有很多优点，可归纳成以下几个方面。第一，青贮过程养分的损失低于用同样原料调制干草的损失。第二，饲草经青贮后，可以很好地保持饲料青绿时期的鲜嫩汁液，质地柔软，并且具有酸甜清香味，从而提高了适口性。第三，青贮饲料能刺激羊的食欲，促进消化液的分泌和肠道蠕动，从而可增强消化功能。用同类原料分别调制成青贮饲料和干草进行比较，青贮饲料不仅含有较高的可消化粗蛋白质、可消化总养分和可消化总能量，而且消化率也高于干草。此外，当它和精料、粗饲料搭配饲喂时，还可提高这些饲料的消化率和适口性。第四，一些粗硬原料和带有异味的原料在未经青贮之前，羊只不喜食，经青贮发酵后，却可成为良好的羊饲料，从而可有效地利用饲料资源。第五，青贮饲料可以长期贮存不变质，因而可以在牧草生长旺季，通过青贮把多余的青绿饲料保存起来，留作淡季供应，可以做到常年供青，从而使羊只终年保持高水平的营养状态和生产水平。

1. 青贮设施

生产中采用的青贮设施有青贮窖、青贮塔、塑料薄膜、不锈钢容器等。

（1）青贮窖。青贮窖是我国北方地区使用最多的青贮设施。根据其在地平线上下的位置可分为地下式、半地下式和地上式青贮窖，根据其形状又有圆形与长方形之分。一般在地下水位比较低的地方，可使用地下式青贮窖，而在地下水位比较高的地方易建造半地下式和地上式青贮窖。建窖时要保证窖底与地下水位至少距离 0.5m（地下水位按历年最高水位为准），以防地下水渗透进青贮窖内，同时要用砖、石、水泥等原料将窖底、窖壁砌筑起来，以保证密封和提高青贮效果。

当青贮原料较少时，最好建造圆形窖，因为圆形窖与同样容积的长方形窖相比，窖壁面积要小，贮藏损失少。一般圆形窖的大小以直径 2m，窖深 3m，直径与窖深比例为 1：(1.5~2) 为宜。如果青贮原料较多，易采用长方形窖，其宽、深比与圆形窖相同，长度可根据原料的多少来决定。在建造青贮窖时可参考表 6-6 中参数来确定窖的大小尺寸。

表 6-6　不同原料青贮后的容量

原料种类	容量（kg/m³）
叶菜类、紫云英、甘薯块根等	800
甘薯藤	700~750
萝卜叶、芜菁叶、苦荬菜	600
牧草、野草	600
青贮玉米、向日葵	500~550
青贮玉米秸	450~500

（2）青贮塔。青贮塔是用砖、水泥、钢筋等原料砌筑而成的永久性塔形建筑。适于在地势低洼、地下水位高的地区大型牧场使用。塔的高度一般为 12~14m，直径 3.5~6.0m，窖壁厚度不少于 0.7m。近年来，国外采用不锈钢或硬质塑料等不透气材料制成的青贮塔，坚固耐用，密封性能好，作为湿谷物或半干青贮的设施，效果良好。

（3）塑料薄膜。可采用 0.8~1.0mm 厚的双幅聚乙烯塑料薄膜制成塑料袋，将青贮原料装填于内；也可将青贮原料用机械压成草捆，再用塑料袋或薄膜密封起来，均可调成优质青贮饲料。这种方法操作简便，存放地点灵活，且养分损失少，还可以商品化生产。但在贮放期间要注意预防鼠害和薄膜破裂，以免引起二次发酵。

不管用什么原料建造青贮设施，首先要做到窖壁不透气，这是保证调制优质青贮饲料的首要条件。因为一旦空气进入，必将导致青贮饲料品质的下降和霉坏。其次，窖壁要做到不透水，如水浸入青贮窖内，会使青贮饲料腐败变质。再次，窖壁要平滑、垂直或略有倾斜，以利于青贮饲料的下沉和压实。最后，青贮窖不可建得过大或过小，要与需求量相适应。

2. 青贮饲料的调制

（1）调制青贮饲料应具备的基本条件。

① 要有足够的含糖量。青贮过程是一个由乳酸菌发酵，将青贮原料中的糖分转化成乳酸的过程，通过乳酸的产生和积累，使青贮窖内的 pH 值下降到 4.2 以下，从而抑制各种有害微生物的生长和繁殖，达到保存青绿饲料的目的。因此，为产生足够的乳酸，使 pH 值下降到 4.2 以下，就需要青贮原料中含有足够的糖分。

试验证明，所有的禾本科饲草、甘薯藤、菊芋、向日葵、芜菁和甘蓝等，其含糖量均能满足青贮的要求，可以单独进行青贮。但豆科牧草、马铃薯的茎叶等，其含糖量不能满足青贮的要求，因而不能单独青贮，若需青贮，可以与禾本科饲草混合青贮，也可以采用一些特种方法进行青贮。

② 青贮原料的水分含量要适宜。青贮原料中含有适宜的水分是保证乳酸菌正常活动与繁殖的重要条件，过高或过低的含水量，都会影响正常的发酵过程与青贮的品质。

水分含量过少的原料，在青贮时不容易踏实压紧，青贮窖内会残存大量的空气，从而造成好气性细菌大量繁殖，使青贮料发霉变质。而水分含量过高的原料，在青贮时会压得过于紧实，一方面会使大量的细胞汁液渗出细胞造成养分的损失，另一方面过高的水分会引起酪酸菌发酵，使青贮料的品质下降。因此，青贮时原料的含水量一定要适宜。青贮原料的适宜含水量随原料的种类和质地不同而异，一般以60%~70%为宜。

③切短、压实、密封，造成厌气环境。切短的优点概括起来如下：a. 经过切碎之后，装填原料变得容易，增加密度（单位体积内的重量）；b. 改善作业效率，节约踩压的劳动时间；c. 易于清除青贮窖内的空气，可阻止植物呼吸并迅速形成厌氧条件，减少养分损失，提高青贮品质；d. 如使用添加剂时，能使添加剂均匀地分布于原料中；e. 切碎后会有部分细胞汁液渗出，有利于乳酸菌的生长和繁殖；f. 切短后在开窖饲喂时取用比较方便，家畜也容易采食。压实是为了排出青贮窖内的空气，减弱呼吸作用和腐败菌等好气性微生物的活动，从而提高青贮饲料的质量。密封的目的是保持青贮窖内的厌气环境，以利于乳酸菌的生长和繁殖。

上述3个条件是青贮时必须要给予满足的条件。此外，青贮时还要求青贮窖内要有合适的温度，因为乳酸菌的最适生长发育温度为20~30℃。然而青贮过程中温度是否适宜，关键在于上述3个条件是否满足。如果不能满足上述条件，就有可能造成青贮过程中温度过高，形成高温青贮，使青贮饲料品质下降，甚至不能饲用。当能满足上述3个条件时，青贮温度一般会维持在30℃左右，这个温度条件有利于乳酸菌的生长与繁殖，保证青贮的质量。

（2）青贮饲料的制作方法。

①适时收割。优质的青贮原料是调制优良青贮饲料的物质基础。青贮饲料的营养价值，除了与原料的种类和品种有关外，还与收割时期有关。一般早期收割其营养价值较高，但收割过早，单位面积营养物质收获量较低，同时易引起青贮料发酵品质的降低。因此，依据青贮原料的种类，在其固有生育期内适时收割，不但可从单位面积上获得最高TDN产量，而且不会大幅度降低蛋白质含量和提高纤维素含量。同时含水量适中，可溶性碳水化合物含量较高。有利于乳酸发酵，易于制成优质青贮料。刈割过晚，可引起可消化营养物质含量下降，同时由于营养物质含量下降，还会导致家畜的采食量下降。禾草在结实期刈割，其 *TDN* 和 *DCP* 的下降分别为适期刈割的46%和28%，干物质采食量只保持适期刈割的75%。

根据青贮品质、营养价值、采食量和产量等综合因素来判断禾本科牧草的最适宜刈割期为抽穗期（大概出苗或返青后50~60d）。而豆科牧草为开花初期最好。专用青贮玉米，即带穗整株玉米，多采用在蜡熟末期收获（在当地条件下，初霜期来临前能够达到蜡熟末期的品种均可作为青贮原料）。兼用玉米即籽粒作粮食或精料，秸秆作青贮饲料，目前多选用在籽粒成熟时，茎秆和叶片大部分呈绿色的杂交品种，在蜡熟末期及时掰果穗后，抢收茎秆作青贮。

②切碎。切碎的程度取决于原料的粗细、软硬程度、含水量、饲喂家畜的种类和铡切的工具等情况。一般将禾本科牧草和豆科牧草及叶菜类等原料，切成2~3cm，玉米和向日葵等粗茎植物，切成0.5~2cm为宜。柔软幼嫩的原料可切得长一些。切碎的工具各种各样，有切碎机、甩刀式收割机和圆筒式收割机等。无论采取何种切碎措施均能提高装

填密度，改善干物质回收率、发酵品质和消化率，增加摄取量，尤其是圆筒式收割机的切碎效果更高。利用切碎机切碎时，最好将切碎机放置在青贮容器旁，使切碎的原料直接进入窖内，这样可减少养分损失。

③ 装填和压实。在将青贮原料装入青贮窖之前，要将青贮设施清理干净，装填速度要迅速，以免在原料装填与密封之前的时间过长，造成好气分解以至于腐败变质。一般小型窖要当天完成，大型窖要在 2~3d 内装填完毕。装填时间越短，青贮品质就越高。

如果是青贮窖，在装填青贮原料之前，可先在窖底铺一层 10~15cm 切短的秸秆软草，以便吸收青贮汁液。窖壁四周衬一层塑料薄膜，可加强密封和防漏气渗水。

装填过程一般是将青贮切碎机械置于青贮窖旁，使切碎的原料直接落入窖内。每隔一定时间将落入窖内的青贮原料铺平并压实。

为了避免在青贮原料的空隙间存在空气而造成好气性微生物活动，导致青贮原料腐败，任何切碎的青贮原料在青贮窖中都要压实，而且压得越实越好，要特别注意靠近壁和角的地方不能留有空隙，这样更有利于创造厌氧环境，便于乳酸菌的繁殖和抑制好气性微生物的生存。原料的压实，小规模青贮窖可由人力踩踏，大型青贮窖宜用履带式拖拉机来压实，但其边、角部位仍需由专人负责踩踏。用拖拉机压实不要带进泥土、油垢、铁钉或铁丝等物体，以免污染青贮原料，并避免家畜采食后造成胃穿孔，损害家畜健康。压实过程一般是每装入 30cm 厚的一层，就要压实 1 次。切忌等青贮原料装满后进行一次性的压实。

④ 封顶。原料装填到高出窖口 60~100cm，并经充分压实之后，应立即密封和覆盖，其目的是隔绝空气继续与原料接触，并防止雨水进入。封顶一定要严实，绝对不能漏水透气，这是调制优质青贮饲料的关键。封顶时，首先在原料的上面盖一层 10~20cm 切短的秸秆或青干草，上面再盖一层塑料薄膜，薄膜上面再压 30~50cm 厚的土层，窖顶呈蘑菇状，以利于排水。

⑤ 管理。封顶之后，青贮原料都要下沉，特别是封顶后第 1 周下沉最多。因此，在密封后要经常检查，一旦发现由于下沉造成顶部裂缝或凹陷，就要及时用土填平并密封，以保证青贮窖内处于无氧环境。

3. 青贮饲料的饲用和管理

（1）开窖取用时注意的事项。青贮饲料一般要经过 30~40d 便能完成发酵过程，此时即可开窖饲用。

对于圆形窖，因为窖口较小，开窖时可将窖顶上的覆盖物全部去掉，然后自表面一层一层地向下取用，使青贮料表面始终保持一个平面，切忌由一处挖窝掏取，而且每天取用的厚度要达到 6~7cm 及以上，高温季节最好要达到 10cm 以上。

对于长方形窖，开窖取用时千万不要将整个窖顶全部打开，而是由一端打开 70~100cm 的长度，然后由上至下平层取用，每天取用厚度与圆形窖要求相同，等取到窖底后再将窖顶打开 70~100cm 的长度，如此反复即可。

（2）二次发酵的防止。青贮饲料的二次发酵是指在开窖之后，由于空气进入导致好气性微生物大量繁殖，温度和 pH 上升，青贮饲料中的养分被分解，并产生好气性腐败的现象。

为了防止二次发酵的发生，在生产中可采取以下措施。一是适时收割，控制青贮原料的含水量在 60%~70%，不要用霜后刈割的原料调制青贮饲料，因为这种原料会抑制乳酸发酵，容易导致二次发酵。二是在调制过程中，一定要把原料切短、压实，提高青贮饲料的密度。三是加强密封，防止青贮和保存过程中漏气。四是开窖后连续使用。五是仔细计算日需要量，并据此合理设计青贮窖的断面面积，保证每日取用的青贮料厚度，冬季在 6~7cm 及以上，夏季在 10~15cm 及以上。六是喷洒甲酸、丙酸、己酸等防腐剂。

（3）青贮饲料的饲用。第一，在开始饲喂青贮饲料时，个别羊只不习惯采食，对于这种情况要进行适应性锻炼，逐渐加大喂量，经过一段时间的训练就会变得喜食。第二，由于青贮饲料含水量较高，因此冬季往往冰冻成块，这种冰冻的青贮饲料不能直接饲喂，要先将它们置于室内，待融化后再进行饲喂，以免引起消化道疾病。第三，对于霉变的青贮饲料必须要扔掉，不能饲喂。第四，每天自青贮窖内取用的数量要和羊只的需要量一致，也就是说取出的青贮饲料要在当天喂完，不能放置过夜。第五，尽管青贮饲料是一种良好的饲料，但它不能作为羊只的唯一饲料，必须要和其他饲料如精料、干草等按照羊只的营养需要合理搭配进行饲喂。

（三）秸秆饲料的加工

据研究分析，玉米秸秆中所含的消化能为 2.23MJ/kg，且营养丰富，总能量与牧草相当，但若直接喂饲，其营价值只相当于牧草的一半或 1/4，即消化率较低，只有对其进行一定的处理，才能有效地利用。目前，发展较成熟的玉米秸秆处理方法有青贮、黄贮、氨化、糖化和碱化等。

1. 青贮

青贮玉米秸秆能有效地保持玉米秸秆的青绿状态，使家畜冬春季都能吃上青绿饲料。玉米秸秆经青贮后，不仅消化率提高，还增加了多种维生素、氨基酸、胡萝卜素等营养成分。青贮的方法有塑料袋青贮和窖式青贮两种，即将收获的青玉米秸秆铡碎至 1~2cm，使其含水量一般为 67%~75%，即以手捏原料从指缝中可见到水珠，但不滴水为宜，装入塑料袋或窖中，压实并排净空气以防霉菌繁殖，然后密封保存，40~50d 即可饲喂。

2. 黄贮

干玉米秸秆牲畜不爱吃，利用率小于 30%，但经黄贮后，酸、甜、酥、软，牲畜爱吃，利用率提高到 80%~95%。具体做法为，将玉米铡碎至 2~4cm，装放缸中，加适量温水闷 2d 即可。化验结果表明，黄贮饲料含粗蛋白质 3.85%，粗脂肪 2.43%，无氮浸出物 2.19%，灰分 5.99%，水分 51.92%。

3. 氨化

玉米秸秆经氨水处理以后，就成为氨化饲料。这种饲料中含有大量的胺盐，胺盐是牛、羊等反刍动物瘤胃微生物的良好营养源。氨本身又是一种碱制剂，还可以提高粗纤维的利用率，增加粗纤维秸秆中的氮素。用玉米秸秆氨化后喂牛、羊等食草动物，不仅可以降低精饲料的消耗，而且使牛羊的增重速度加快。

（1）氨化处理方法。处理方法主要有两种，堆贮法和窖贮法。

堆贮法。选用聚乙烯塑料布铺在地上，将铡成 3cm 左右的玉米秸堆在上面，然后再用塑料布盖上，四边用土压严，在上风头留个口，以便浇氨水。

窖贮法。即挖一个窖，圆、方、长方形均可，一般要求窖的口径不小于 2m，深度为 3~3.5m 为宜，在窖底铺上塑料布，把铡好的玉米秸秆装入即可。

（2）氨化注意事项。上述两种方法，都要把底面挖成凹形，以便贮积氨水。浇注氨水的数量，堆贮每100kg秸秆加氨水10~12kg，窖贮每100kg加氨水15kg。浇氨水时，人要站在上风头，氨水最好浇注在中底部。氨化时间因温度不同而异，气温20℃时，需7d左右；15℃时，需10d左右；5~10℃时，需20d左右；0℃以上，1个月左右。当秸秆变成棕色时即可开口放氨。放氨需3~5d，以氨味全部跑掉为宜，秸秆呈烟香味即可掺喂家畜。饲喂时，数量要逐渐增加，最大喂量可占日粮的40%左右。

二、肉羊全混合日粮技术

全混合日粮（TMR）技术是根据反刍动物不同生长发育阶段和生产目的的营养需要标准，即反刍动物对能量、粗蛋白质、粗纤维、矿物质和维生素等营养素的特定需要，采用饲料营养调控技术和多饲料搭配的原则，用专用的搅拌机将各种粗饲料、精饲料及饲料添加剂进行充分混合加工而成的营养平衡的日粮。TMR饲养技术最早在奶牛产业上应用，现已经非常成熟，而目前我国绵山羊的饲喂制度主要仍然沿袭过去精粗分饲、混群饲养的习惯，饲料营养研究基础还比较薄弱。当前肉羊产业主推的舍饲圈养技术、肥羔生产技术、当年羔羊当年出栏技术、杂交育肥技术和精准饲养技术等需要成熟的TMR饲养技术支撑。

（一）全混合日粮技术的优势

反刍动物都具有一定的挑食性，传统的精粗分饲、混群饲养的养殖制度，粗料自由采食，精料限量饲喂，饲喂的随意性较大，日粮组成不稳定且营养平衡性差，瘤胃pH变化幅度大，破坏了瘤胃内消化代谢的动态平衡，不利于粗纤维的消化，导致饲料利用率低，粗饲料浪费严重，生产水平低下，不同程度上造成了反刍动物生长缓慢、饲养周期长、生产成本高、商品化程度低且产品质量差等问题，不适应现代畜牧业集约化规模生产和产业化发展的需要。而TMR饲料是应用现代营养学原理和技术调制出来的能够满足肉羊相应生长阶段和生产目的营养需求的日粮，能够保证各营养成分均衡供应，实现反刍动物饲养的科学化、机械化、自动化、定量化和营养均衡化，克服传统饲养方法中的精粗分饲、营养不均衡、难以定量和效率低下的问题。使用TMR饲喂技术，瘤胃内的碳水化合物与蛋白质的分解利用更趋于同步，从而使瘤胃pH更加趋于稳定，有利于微生物的生长繁殖，提高了饲料利用率。TMR可以降低适口性较差饲料的不良影响，某些利用传统方法饲喂适口性差、转化率低的饲料，如鱼粉、棉籽饼、糟渣等，经过TMR技术处理后适口性得到改善，有效防止动物挑食，在减少了粗饲料浪费的同时，进一步开发饲料资源，提高干物质采食量和日增重，降低了饲料成本。另外，颗粒化TMR有利于贮存和运输，饲喂管理高效，有利于大规模工厂化饲料生产，满足了反刍动物集约化生产的饲料需求

（二）全混合日粮技术在肉羊生产上的应用

瘤胃是羊最重要的消化器官，瘤胃微生态的好坏直接影响羊对饲料的消化和利用，由于TMR饲料营养均衡全面，使得各种瘤胃微生物活动更加协调一致，维持瘤胃pH的相对稳定，从而提高了瘤胃的发酵效率。在全混合日粮中以尿素蛋白精料取代豆饼、玉米秸的碱化处理及TMR的颗粒化加工对瘤胃的消化代谢均未产生不利影响。

TMR饲料在维持瘤胃微环境稳态的基础上，由于其精粗比合适，营养价值全面，符

合肉羊相应生产阶段和生产目的的营养需求，所以大大提高了饲料利用率。杨文博等（2011）研究显示，使用传统饲喂方式，精料、苜蓿、青贮、棉壳的利用率分别为100%、90%、85%、95%，而采用TMR技术饲喂，各种草料经过混合加工处理，适口性更好，饲料的综合利用率达到95%以上。柴君秀等（2014）研究显示，使用TMR饲喂技术的肉羊150d料肉比为12.44，而传统精粗分饲组肉羊料肉比为16.82，TMR饲喂组肉羊的饲料利用率显著提高了35.2%。

TMR饲料营养均衡，适口性好，充分满足了肉羊的营养需求，与传统饲喂方式比较，具有明显的促进生长作用。程胜利等（2001）研究发现，不同营养水平的TMR饲料对羔羊生产性能的提高程度不同，0.9倍NRC营养水平的TMR饲料对羔羊各阶段日增重的促进作用明显优于其他各组。

营养与抗病力紧密相关，一般认为，均衡全面的营养能够保障和提高动物的抗病力。TMR饲料充分满足了肉羊的营养需求，在保障羊群健康水平方面显示出良好的效果。杨文博等（2011）在新疆紫泥泉种羊场从改善羊只的营养状况入手，利用TMR饲喂技术，结合其他综合性防控措施，使羔羊腹泻病的发病率大幅度下降，同时羔羊断奶成活率2010年较2009年提高了17.61%，达到95.16%。

俞联平等（2014）选择适度规模的肉羊繁育场和养羊户，对比了TMR与传统精粗分饲技术的试验效果。结果显示，妊娠母羊采用TMR，较精粗分饲的传统饲养方式流产率降低1.0~2.8个百分点，羔羊成活率提高2.3~3.0个百分点。另外，TMR颗粒饲料在生产过程中一般要经过一定的高温处理，从而可有效杀灭饲料原料中存在的部分病原微生物或寄生虫，在一定程度上进一步降低发病率。TMR技术适应了当前肉羊产业向集约化、规模化和标准化发展的需要，许多应用TMR饲喂技术的羊场，综合养殖效益大大提高。

粗饲料是羊的主要营养来源，适宜的粗饲料类型及精粗比例是科学养羊的基础，同时合理加工对羊不易利用的粗饲料将进一步提高饲料的利用率。王文奇等（2014）研究了不同精粗比TMR饲料对母羊营养物质表观消化率、氮代谢和能量代谢的影响，以确定母羊日粮适宜精粗比。结果表明，在试验条件下，母羊对精粗比为70：30和55：45（NDF水平分别为37.78%和45.80%）的TMR颗粒饲料消化吸收较好。

（三）全混合日粮技术应用面临的主要问题

1. 肉羊各阶段饲养标准的建立和常用饲料营养参数的制定

TMR日粮配方的设计是建立在原料营养成分准确测定和不同阶段肉羊的饲养标准明确基础上的，而我国目前所用的肉羊饲养标准大多参考国外标准，适合我国国情的肉羊饲养标准和羊常用饲料的营养参数尚不完备。尤其是饲料原料中干物质含量和营养成分由于受产地、品种、部位、批次、收获时间和加工处理方式等的影响而常有变化，甚至个别指标还变化比较大，常常导致实配TMR饲料的营养含量与标准配方的营养含量有差异。因此，为避免差异太大，有条件的羊场应定期抽样测定各饲料原料养分的含量，但一般肉羊场做到这点还较困难。

2. 肉羊精细分群饲喂还存在很大困难

TMR技术是针对肉羊不同生理阶段和生产目的而建立的营养供需平衡方案，因此，肉羊分群技术是实现TMR定量饲喂工艺的重要前提。目前肉羊场应用TMR饲喂技术还未严格科学分群，一定程度上影响了TMR技术应用的效果。理论上讲分群分得越细越好，但是考虑到生产实践操作的便利性以及频繁分群导致的应激问题，分群的数目主要视羊群的生产阶段、羊群大小和现有的设施设备而定，主要有 3 种分群方案。方案一：分 2 个群，即将公羊和母羊分开；方案二：分 3 个组群，即舍饲育肥群、种母羊群、种公羊群；方案三：分 7 个组群，即哺乳羔羊群、生长育肥群、空怀配种母羊群、妊娠母羊群、后备母羊群、后备公羊群、种公羊群，该方案适合于大中型羊场，生产中可以根据实际情况灵活调整。

3. 全混合日粮饲料质量监控环节多

确保 TMR 饲料的质量，关键是做好日常的质量监控工作，这包括水分含量、搅拌时间、细度、填料顺序等。其中，原料水分是决定 TMR 饲喂成败的重要因素之一。刘欢和李德允（2013）研究认为，水分含量直接影响 TMR 饲料配制时精粗饲料的分离程度，进而影响瘤胃内 pH 的变化，间接影响瘤胃内纤毛虫数和酶活力的变化，研究显示，50% 水分含量有助于维持瘤胃内微生物生态环境的稳定。在实际生产中，一般认为 TMR 水分含量以 35%~45% 为宜，过干或过湿都会影响羊群干物质的采食量，可用手握法简单判定 TMR 水分含量是否合适，即紧握不滴水，松开手后 TMR 蓬松且较快复原，手上湿润但没有水珠渗出则表明含水量适宜（含量 45% 左右）。原料预处理方面也有诸多注意事项，如大型草捆应提前散开，牧草铡短、块根类冲洗干净。部分种类的秸秆等应在水池中预先浸泡软化等，这些都有助于后续的加工处理。

搅拌时要注意原料的准确称量，掌握正确的填料顺序，一般立式混合机是先粗后精，按"干草青贮-精料"的顺序添加混合（刘海燕等，2009）。在混合过程中，要边加料加水，边搅拌，待物料全部加入后再搅拌 4~6min。如采用卧式搅拌车，在不存在死角的情况下，可采用先精后粗的投料方式（陈明等，2010）。在原料添加过程中，要防止铁器、石块、包装绳等杂质混入，造成搅拌机损伤。另外，搅拌的时间要控制得当，时间太短导致原料混合不匀，时间过长使 TMR 太细，有效纤维不足，使瘤胃 pH 降低，造成营养代谢病发生（曾银等，2010）。因此，要在加料的同时进行搅拌混合，最后批次的原料添加完后再搅拌 4~6min 即可。搅拌时间要根据日粮中粗料的长度适当调整，比如粗料长度小于 15cm 时搅拌时间适当缩短。通过 TMR 搅拌机的饲料原料的细度也要控制得当，一般用宾州筛测定，顶层筛上的物重应占总重的 6%~10%，生产中可根据实际情况做适当调整。TMR 饲料的品质好坏一般需要有经验的技术人员鉴定，从外观上看，精粗饲料混合均匀，精料附着在粗料表面，松散而不分离，色泽均匀，质地新鲜湿润，无异味，柔软而不结块。在实际生产中，技术人员要定期检查 TMR 饲料的品质，首次饲喂肉羊时做好饲料过渡期的新旧料调整工作，确保 TMR 饲料的饲喂效果。

4. 全混合日粮饲料制作的设备选型

目前，国内外使用的 TMR 搅拌机都是针对奶牛设计的，包括立式 TMR 搅拌机、卧式 TMR 搅拌机、牵引式 TMR 搅拌机、自走式 TMR 搅拌机和固定式 TMR 搅拌机等（陈星，2012）。由于国内针对肉羊使用的 TMR 搅拌机研究较少，所以一些奶牛用的 TMR 搅拌机也应用到肉羊生产上来，并取得了积极的效果，在肉羊生产上应用也逐渐增多。对 TMR 搅拌机进行选择时，要充分考虑设备的各种耗费，包括节能性能、维修费用及使用寿命等因素，日常使用中要做好机器日常的保养和维护工作，避免超时间、超负荷使用。目前最重要的问题是 TMR 搅拌机价格较贵，一般用户难以接受，而且日常使用和维护都需要一定的专业技术能力，大面积推广应用尚需时日，未来要进一步降低购机成本，研发更适合于肉羊生产的机型。

（四）TMR 技术应用前景

随着养羊业的快速发展，制约肉羊产业健康持续发展的两个重要问题逐渐凸显，即品种和饲料营养问题，这两个问题解决得好坏直接关系到肉羊产业标准化、规模化发展得快慢和质量。品种问题的解决需要一个长期的过程，目前已经引起政府的高度重视。目前，传统单纯放牧的养羊模式已经逐渐过渡到舍饲圈养为主的模式，标准化、规模化养殖已是大势所趋，开展经济杂交生产育肥用羔羊，使用 TMR 技术饲喂育肥已经逐渐成为主流的生产模式，由于 TMR 技术充分满足了肉羊不同生产阶段的营养需求，所以能够充分挖掘羊的生产和繁殖潜力，而且 TMR 技术能够充分利用当地丰富的饲料资源，不同程度降低了饲料成本，综合效益非常显著。可以说，TMR 技术是我国肉羊产业转型升级的必然需求，是未来肉羊产业持续健康发展的关键技术，应用前景广阔。

三、肉羊 TMR 颗粒饲料的研制及使用

肉羊用 TMR 颗粒饲料是指根据羊生长发育阶段和生产、生理状态的营养需求和饲养目的，将多种饲料原料，包括粗饲料、精饲料及饲料添加剂等成分，用特定设备经粉碎、混匀而制成的颗粒型全价配合饲料。

（一）羊 TMR 颗粒饲料的优点

保证各营养成分均衡供应。TMR 颗粒饲料各组分比例适当，混合均匀，反刍动物每次采食的 TMR 干物质中，含有营养均衡、精粗比适宜的养分，瘤胃内可利用碳水化合物与蛋白质分解利用更趋于同步，有利于维持瘤胃内环境的相对稳定，使瘤胃内发酵、消化、吸收和代谢正常进行，因而有利于提高饲料利用率，减少消化道疾病、食欲不良及营养应激等，也有利于充分利用当地的农副产品和工业副产品等饲料资源。某些利用传统方法饲喂适口性差、转化率低的饲料，如鱼粉、棉籽粕、糟渣等，经过 TMR 技术处理后适口性得到改善，有效防止肉羊挑食，可以提高干物质采食量和日增重，降低饲料成本。便于应用现代营养学原理和反刍动物营养调控技术，有利于大规模工厂化饲料生产，制成颗粒后有利于贮存和运输，饲喂管理省工省时，不需要额外饲喂任何饲料，提高了规模效益和劳动生产率。另外，减少了饲喂过程中的饲料浪费、粉尘等问题。采食 TMR 的反刍动物，与同等情况下精粗料分饲的动物相比，其瘤胃液的 pH 稍高，因而更有利于纤维素的消化分解。调制和制粒过程中产热破坏了淀粉，使得饲料更易于在小肠消化。颗粒料中大量糊化淀粉的存在，将蛋白质紧密地与淀粉基质结合在一起，生成瘤胃不可降解的蛋白，即过瘤胃蛋白，可直接进入肠道消化，以氨基酸的形式被吸收，有利于反刍动物对蛋白氮的消化吸收。若膨化后再制粒更可显著增加过瘤胃蛋白的含量。

（二）肉羊颗粒饲料配方的研制

在肉羊颗粒饲料的配方研制过程中，分别使用了 TMR 技术、NDF 技术以及 CNCPS 体系技术。通过不同的配方和技术，对颗粒饲料的整理质量进行了良好的调节，并产生了较为不错的效果。

首先，通过 TMR 技术的应用，将原料当中的成分进行均匀地混合，使其中的营养浓

度达到较高的均衡度。在生产加工的过程中，TMR 技术使用了搅拌机对相关粮食成分进行搅拌和切割，将其中的粗制饲料和精饲料进行形态的转化，并添加不同的营养物质，并使其充分混合。因此，其颗粒饲料的营养比例不仅达到了较高的稳定性，而且在肉羊饲料的各个阶段都能够满足其身体发育的相应需求。现阶段，我国的肉羊养殖产业面临着覆盖率较低、饲料较少等问题，同时在养殖的方式和方法上还有待得到进一步的加强。采用传统精粗分开饲养的方式对肉羊的消化系统和机体代谢平衡发育都有着一定的不足，这使得我国肉羊养殖的整体技术水平仍然无法达到更高的水准。通过规模化、标准化的饲养方式改进，充分使用农副产品以及秸秆等作物副产物为基本饲料原料进行加工，不仅能够有效降低生产饲料时的成本价格，更能够有效提高饲料的整体营养均衡性。

其次，在使用 NDF 技术时，是以粗纤维为基本的日粮选择，尽管在纤维的利用率和水平上有着一定的保障，但粗纤维并非确切的化学实体，并且其纤维素当中不含有其他的木质素等。NDF 被称为中性洗涤纤维，其中不仅包含了纤维素，还有半纤维素和木质素。酸性洗涤纤维简称 ADF，其中缺少半纤维素。在使用 NDF 技术时，可从植物当中对非结构和结构性的碳水化合物进行有效区分。通常情况下，ADF 和 NDF 以及粗纤维进行比较，其纤维的含量高度具有一定的关联性。而反刍动物对木质素无法进行充分的利用，因此使用中性洗涤纤维则可以更为精确地标示出纤维含量。

1. 肉羊颗粒饲料的原料选择

原料选择不仅需要从经济、科学的角度进行选择和分析，同时还应当确保其中的营养成分能够帮助肉羊更好地进行生长，从而在确保肉羊健康发育的前提下更好地增加产量。现阶段，在肉羊颗粒饲料的原料方面主要有以下两种选择。一是使用秸秆作为原料。作为农业大国，牲畜养殖行业快速发展的同时，我国农作物种植生产技术水平也在不断加强。而随着农作物的数量逐渐增多，其农作物副产物也在不断增多。秸秆作为一种农作物副产物，如不做好相应的处理和使用，很可能会因田间焚烧等破坏当地气候环境。随着秸秆禁烧相关政策出台，尽管对秸秆焚烧已经做出了良好的控制，但仍然无法有效处理大量秸秆。在肉羊颗粒饲料中使用秸秆作为原料，不仅可以有效提高秸秆的利用率，使地区自然环境得到良好管理，同时秸秆当中的水分和其他纤维物质也对肉羊的生长起着促进作用。二是使用高粱作为原料。高粱籽粒作为一种优良的饲料含有丰富的营养元素，其中蛋白质的含量达到 62%，粗纤维含量达到 36%，脂肪含量 85%，无氮浸出物达到 81% 等。使用高粱籽粒作为颗粒饲料的原料，可以使饲料的整体营养成分更加丰富均衡，使肉羊的成长发育更加快速。此外，由于高粱籽粒中的可消化蛋白质达到 54.7g/kg，比玉米高 9.4g/kg，而脂肪的总含量却低于玉米，对于肉羊养殖来说，更加科学合理，因此将高粱作为颗粒饲料的原料可有效提高肉羊的瘦肉率，有助于提高肉羊的肉质鲜美程度。

2. 肉羊颗粒饲料的创新技术

在肉羊颗粒饲料的研制过程中，相关工作人员不断进行技术创新，从而在确保肉羊生长发育良好的基础上，更好地加强肉羊身体状态的调整，确保肉羊的整体成活率达到更高的水平。主要有以下两个方面的技术创新。

（1）瘤胃调理技术创新。通过对羔羊肉羊的颗粒饲料配方比例的调节，结合 CNCPS 体系内容，使用更为优质的原料来进行加工，可以有效调节肉羊瘤胃问题，使微生物菌群的繁殖速度得到更快的提升，从而加强肉羊的胃肠道消化能力，确保肉羊健康生长。

（2）防尿结石技术创新。对于肉羊养殖户来说，肉羊尿结石一直是难以解决的问题之一。从类型上区分尿结石主要分为钙结石、磷酸盐结石以及硅酸盐结石。而发生此类现象的原因往往与肉羊的养殖模式有着一定的关系。通过对肉羊颗粒饲料的配方比例进行调整，有效调节饲料的营养成分，从而使肉羊发生结石的可能性大大降低。例如在饲料方面，通过对钙磷的比例进行控制，使其达到 2:1，而镁的含量则尽可能降低，从而使更多的镁、磷随粪便排至体外，而并非从尿液中排出，这样肉羊结石的发生可能性则大大降低。

（三）颗粒饲料的加工

在颗粒饲料加工过程中，粉化率高不仅使饲料品质受到影响，加工成本也相应增高，并给饲料储运带来一定影响。

要控制粉化率，首先是粉化率的测定。一般饲料厂都是在成品打包工序完结或堆码后抽样测定，其检测结果虽直观反映了饲料粉化率，但不能做到对各工序环节造成粉化率波动因素的反映。因此，建议对各工序进行有效监控，以做到预防为主、防治并举。另外，建议厂家需测定饲料运输到养殖户处饲喂前的粉化率，其代表最终粉化率质量结果。

各工艺环节的分析如下。

1. 配方

由于各品种饲料配方差异，其加工难易程度则有所不同。一般来说，粗蛋白质、粗脂肪含量较低的饲料，其制粒加工容易，反之粗蛋白质、粗脂肪含量较高，制粒后则不易成型，颗粒松散，粉化率偏高。综合考虑饲料质量，配方是前提。在满足营养配比的情况下应尽量考虑制粒难易程度，以使综合品质得到保证。

2. 粉碎工序

饲料粉碎粒度的大小直接影响制粒质量，颗粒越小，其单位重量物料表面积越大，造粒时黏结性越好，造粒质量越高，反之则影响造粒质量，但粉碎粒度过小则造成粉碎工序成本增加，部分营养素破坏。如何根据综合品质要求和成本控制选择不同物料粉碎粒度，是为造粒工序打好基础的关键。

建议：畜禽饲料造粒前粉料粒度 16 目以上；水产饲料造粒前粉料粒度 40 目以上。

3. 制粒工序

（1）调质是关键。如果调质不充分，则直接影响造粒质量；其因素主要包括调质时间、蒸汽压力、蒸汽温度等；其结果主要指标反映在调质水分和调质温度上。调质水分过低或过高、调质温度过低或过高均对造粒质量有较大影响，尤其过低均会使饲料颗粒造粒不紧密，颗粒破损率和粉化率增高，不仅影响颗粒质量，因筛分后反复制粒，使加工成本增高，一部分营养素损失。

建议：调质水分控制在 15%~17%；温度 70~90℃（入机蒸汽应减压至 220~500kPa，入机蒸汽温度控制在 115~125℃）。

（2）制粒机制粒质量的因素。根据不同品种选择不同规格环模，某些蛋白质、脂肪含量高的品种要求选用加厚型环模。

操作时压辊与环模间隙物料流量、物料出机温度的调控都对制粒质量有不同程度的影响，颗粒粒径与粒长的选择也值得考虑。

出料温度建议控制在 76~92℃（出机温度过低尤其造成饲料熟化不足，颗粒硬度降低）。

4. 冷却工序

本工序如因物料冷却不均匀或冷却时间过快均会造成颗粒爆腰，造成饲料表面不规则、易断裂，从而加大粉化率。一般冷却时间应超过 6min。

冷却吸风量应在 $40\sim60m^3/min$ （注：初始冷却时，应在冷却器中物料达到一定料位前减少吸风量，随着料位增高，吸风量调至最佳，并使冷却器内物料分布均匀）。

5. 振动分级筛

如果分级筛料层过厚，或分布不均匀，易造成筛分不完全，从而使成品中粉料增加。

冷却器下料过快极易造成分级筛料层过厚，特别是粒径 $\leqslant\Phi2.5mm$ 时。

6. 成品打包工序

由于成品仓一般从厂房顶层分级筛下一直延伸至底层，落差大，则要求成品打包工序应在连续生产过程中，成品仓至少将成品储至 1/3 以上才开始打包，以避免饲料从高处落下摔碎，造成成品中粉料增加。特别是对于自身粉化率较高的物料更需如此。

综上所述，在颗粒饲料生产过程中制约粉化率的因素很多，因各饲料厂家配方、设备、加工工艺不同，其控制途径也不尽相同，但一般厂家都是尽量作好工艺控制，以避免由于操作不当造成粉化率增高。但如果由于某些品种因营养需要或加工设备工艺限制，不能解决饲料粉化率偏高时，则要求考虑添加黏合剂辅助造粒，以避免设备大规模改造而带来的高投入。

目前各饲料厂所选用黏合剂包括常用黏合剂和合成黏合剂。

（1）常用黏合剂。常用黏合剂包括膨润土、小麦粉、α-淀粉等，膨润土主要作为填充物和黏合剂，但主要是在畜禽饲料中使用，鱼饲料中较少使用，加工时制粒机磨损大，且不利于消化吸收。

小麦粉和α-淀粉等作为普通黏合剂，特点是价格较低，但添加量大，所占配方空间大，黏结效果一般。

（2）合成黏合剂。主要成分均为二羟甲脲预聚体等高分子化合物。特点：添加量少，黏结性较高。但因属高分子化合物，不能被动物消化吸收，如添加量加大，则因其黏结性原理（固化高分子网囊结构）造成饲料组分消化吸收减慢，从而降低饲料报酬。

饲黏宝 SNB—B 型颗粒饲料黏合剂系采用全天然绿色食用植物提取物加工而成的高效天然黏合剂，主要成分为溶胀胶质面筋，其黏结原理属独特的吸水溶胀结缔纤维网络结构，黏结络合力强（是α-淀粉 3 倍以上），添加量少（1%～3%），消化吸收率高（属多糖类植物胶体，可作食品食用），安全无污染。使用本品可显著提高制粒质量，降低破损率和粉化率 3～5 倍。

（四）肉羊 TMR 颗粒饲料饲喂时的注意事项

1. 分栏

为了能够使羊只均衡地健康生长，保证其生长速度的平衡性，分栏是不可避免的操作步骤。例如：羊只的大小、体重的悬殊，必定会有成为被"欺负"的弱势羊只，这样会造成一种两极分化的现象，少数羊可能会成为被淘汰的对象，不能够正常地生长，从而影响到出栏率。因此，在苗羊入栏时应选择体重相近、个体相差不大、强弱相仿的羊只为一栏。

2. 前期准备开始饲喂

TMR 颗粒料之前，需要一定时间段的转换期及适应期。总的原则是使羊完全地适应 TMR 颗粒料。

（1）过渡期。不同体重、大小的羊对 TMR 颗粒料的适应程度不同，因此所需要的转换时期长短也不一样。此时期大概需要 7~10d，即大概需要 2~3 个消化周期（每个消化周期为 3d：羊是反刍动物，当天采食的饲料需要 3d 才能完全消化掉）。颗粒饲料过渡期应先少量饲喂 TMR 颗粒料，再添加自配料，如 7d 为例，1~7d 颗粒料所占比例依次为：1/7、2/7、3/7、4/7、5/7、6/7、7/7，逐渐提高 TMR 颗粒料所占的比例，直到完全转化为用 TMR 颗粒料喂羊。在过渡期，应注意观察羊的采食时间，此时期内便可以确定羊的采食量，而采食量又由采食时间决定（上午定为 30~40min，下午定为 40~50min）。在此期间要保证饲槽干燥、清洁；饮水要充足，否则，会明显影响转换的速度和效果。

（2）预饲期。经过过渡期的调理，羊已经基本上完全适应 TMR 颗粒料。为了进一步提高羊对饲料的适口性，以及为后期羊能够全面均衡地吸收饲料营养，需要有一个巩固期。预饲期大概需要 1 个消化周期，此段时期是检验过渡期是否成功的时期，以及能够反映出羊对 TMR 颗粒料的适应程度。

（3）饲喂期。饲喂期是从完全饲喂 TMR 颗粒料开始，一直喂到羊出栏为止。需要注意有以下几个方面。① 保证每圈羊的大小、体重相差不要太悬殊。个体大小、体重悬殊太大容易造成激烈地打斗、争抢、欺负等现象，明显影响到羊正常发挥的生长速度和生长潜能。② 羊群密度不宜过疏或过密。过于疏散，羊只运动量大，消耗体能也多，从而影响羊的生长速率；过于密集，会导致羊只拥挤，空气流动性差，促使羊的眼疾病和呼吸道疾病的发生，从而影响羊只的正常生长。因此，羊群密度要适宜。③ 饲喂量的控制与采食时间需要做到定量定时。早晚采食时间间隔长短不同，饲喂量也要相应地调整，因为白天和晚上饲喂的间隔时间不同，如上午 8:30 喂羊，下午 4:30 喂羊，上午时间段大约是下午时间段的一半，所以要确保下午的饲喂量比上午适量多一些。有饲喂试验发现，羊的采食时间控制在上午 30~40min，下午 40~50min，饲喂效果较为理想。④ 饮水一定要充足、干净。⑤ 环境要舒适，为羊的健康生长做好准备。⑥ 预防疾病的发生，做好预防措施。

3. 饲喂量的控制

采食量的控制明显影响羊的生长情况。喂得过饱，不仅不能使羊快速健康地生长，反而会造成饲料的浪费；喂得太少，羊得不到生长所需营养的浓度或许还会消瘦。因此，采食量的控制是非常重要的。原则是：要使羊采食最适量的饲料，摄取均衡的营养，达到最高的日增重，从而提高整体效益。而采食量又是由个体大小、体重、饥饿程度、采食时间、粪便等情况决定的。绵羊的采食量要比山羊高。每天山羊的采食量占山羊体重的 5%~2.5%，随着羊体重的增加，羊所需饲料和体重的比例将逐渐变小。例如 1 只 12.5kg 的羊饲喂总量定为 0.5~0.625kg/d 为宜，一般按体重的 4.8% 计算；1 只 20kg 左右的羊每天的采食量大概在 0.38~0.43kg，约为体重的 4.2%，采食时间大概可以控制在 30~40min；一般控制在七八分饱；粪便情况排除驱虫的影响，如果还存在粪便不成形的现象，则说明饲喂量过高，导致消化不良，形成营养过剩，从而造成饲料的浪费。

4. 饮水管理

羊的平均饮水量大概是采食量的 2~3 倍，因此要确保羊有充足的干净饮水。此外，不同季节、不同气温，羊的饮水量也不相同。特别值得注意的是，冬季水温要高于 5℃，但是要低于 40℃。切记不要给羊喝冰冻水。在饮水方面一定注意不能少，羊使用 TMR 颗粒饲料时，由于颗粒饲料含水量较低，羊只所需要的水分靠饮水摄取，有些养殖户忽略了饮水的重要性，疏于饮水的供给，导致羊只生产性能下降。

5. 定期驱虫

使用 TMR 颗粒饲料时，要每年于春、秋两季进行定期驱虫。可根据当地常发的内外寄生虫种类，有目的地选择有效药物进行驱虫，并作好粪便中虫卵的无害化处理。常用方法为肌内注射虫福丁、灭虫丁、左旋咪唑、药浴等（驱虫分为 2 次进行，第二次驱虫与第一次驱虫时间间隔大概为 1 个星期）。如果羊群出现了下列表现：毛色暗淡；有结块、毛球；鼻、耳有少毛或无毛块区域；粪便不成形等，就提示需要驱虫。

但目前颗粒饲料的生产和应用也存在着一些问题。颗粒配合饲料养羊尚属于起步阶段，一些问题还没暴露出来。饲料配方不合理会出现瘤胃酸中毒、尿路结石是目前的主要问题。在生产工艺上，某些原料的流动性对生产效率造成影响。找对合适的原料，或者将流动性差的原料先行制粒，再破碎，提高容重，从而解决流动性问题。颗粒配合饲料比传统的粗料加精料的 TMR 更为优越。其优势主要体现在能充分利用当地农作物秸秆、牧草和农副产品配合生产营养均衡的日粮，减少饲料浪费，改善肉羊生产性能，提高劳动生产效率，同时能改善养殖户、养殖场的生产经营，提高养殖业的经济效益。

（五）发酵全混合日粮的制作

发酵全混合日粮（FTMR）是一种新型的 TMR 日粮，是根据肉羊不同生长阶段的营养需要，将秸秆、青贮、干草等粗饲料切割成一定长度，并与精饲料、矿物质、维生素等添加剂按设计比例搅拌混合后，通过一个密闭空间的厌氧发酵（产生乳酸）而调制成的一种营养相对平衡的日粮。发酵 TMR 实质上是将调制好的 TMR 进行再加工处理（微生物厌氧发酵）的日粮，其优点是，可以有效利用含水量高的饲料原料，而且可以长期贮存、便于运输，饲料开封后的好气稳定性增强，适口性也有所改善。邱玉朗等（2013）将 FTMR 与 TMR、精粗分离日粮进行比较，结果显示，相比 TMR 和精粗分离饲料，FTMR 具有促进肉羊生长、提高饲料效率和提高营养物质消化率的作用，并且对提高机体免疫力、改善肉羊消化吸收功能和增强蛋白质合成也有一定效果。

第四节　羊场饲料生产规划

对于舍饲规模化羊场，饲料生产计划起着领导、组织、平衡和发展生产的重大作用，只有制订周密的饲料生产计划，严格认真地付诸实施，才能从根本上解决羊场生产的物质保障问题。肉羊场饲料组织包括精饲料、青饲料、粗饲料、青贮饲料、氨化饲料的购买和生产计划等。

一、羊场饲料需求估算

养殖肉羊要对全年基础性饲料的生产加工有一个初步的计划，以防养殖过程中断料和造成加工浪费。生产青、粗饲料的季节性较强，故羊场必须要有青、粗饲料的全年加工储备计划。

糟渣类饲料富含 B 族维生素等营养因子，具有特殊营养作用。本地有这类饲料的要多用，并适当降低精料用量。酒糟类饲料可用密封性能好的容器，按青贮饲料的贮存方法进行短期贮存。放牧条件好的饲养场，饲料主要用于放牧后的补饲和不适宜放牧季节的舍饲。饲料需求量应根据牧场牧草产量、质量及载畜量等确定。放牧饲养羊增重慢，繁殖管理难，因此规模养殖场不宜采用以放牧为主的饲养方式。

（一）精饲料

精饲料包括能量饲料、蛋白质饲料、矿物质饲料、添加剂等。自配混合精料的，可按配方要求购置原料，但要注意确保原料的质量，羊场也可购买商品混合精料喂羊，购买精饲料要确保货源稳定，价格较低。精饲料不宜购买过多，交通条件好、购买方便的羊场一次购入 2 个月左右的用量即可，交通条件差、购买不方便的羊场可一次多购些。配合饲料中可使用牛羊浓缩料、添加剂、舔砖，三者营养功能相近，一般不同时使用。舔砖在粗放型饲养管理中的使用效果较好，以放牧为主的养羊场可使用舔砖喂羊。

（二）青饲料

青饲料是指天然含水量在 60% 以上的青绿多汁饲料，包括青草、蔬菜、作物根茎等。此类饲料适口性好，营养均衡，但季节性强，刈割受天气影响大，难以实现稳定供应，且长时间集中堆放易变质，青饲料可作规模化养殖的辅助性基础饲料。冬季严重缺乏青饲料的高海拔地区，要有计划地种植和购买块根块茎类饲料，并在地窖中贮存，以用于冬春补饲。肉羊场的青饲料主要通过购买解决，养殖场也可通过种植青饲料调节供需。

（三）青贮饲料

青贮饲料是舍饲养羊的基础性饲料。青贮饲料营养损失少，贮存方便，贮存期长，能够全年供应。青贮玉米是主要的肉羊青贮饲料，是舍饲肉羊的主要饲料。实际生产中，秋季还没有枯黄的玉米秸秆是青贮的主要原料。海拔较高的地区，霜降后收获的玉米水分低，不能做青贮原料。玉米进入完全成熟期时，中、下部叶片变黄，基部叶片干枯，果穗包叶成黄白色而松散，其籽粒变硬，并呈现品种固有的色泽。玉米完全成熟后若不收获，其茎秆支撑力降低，植株易倒伏，倒伏后的玉米接触地面易霉变。玉米发霉后产生的黄曲霉毒素、赤霉菌毒素等对羊有不良影响，轻者引起厌食、生长缓慢、抵抗力下降，重者导致下痢、流产，甚至死亡。

为确保青贮玉米的质量，养羊场可多对玉米收购户宣传玉米适时收获的好处及晚收的危害，养殖场可自行种植饲用玉米，用自己种的饲用玉米与收购的秸秆混合青贮。养殖场要根据养殖规模、饲养管理方式估算青贮饲料的年需求量，并提前完成青贮池的建设。采用全舍饲时，青贮池大小按每只羊占 $1.5m^3$ 左右计算，半舍饲的，青贮池大小根据补饲情况确定。中小规模养殖场可建多联青贮池，每池容量在 $20m^3$ 以下，氨化池建设要求与青贮池基本一致，二者可共用。青贮料每年 10 月制作后开始使用，到次年 6 月时青贮池已有大部分空置，这时青贮池可用于氨化麦秸。

（四）粗饲料

粗饲料包括秸秆、干草、酒糟等粗纤维含量较高的饲料。玉米秸秆是养殖肉羊的重要饲料资源，其总能量与玉米籽相当，从降低养殖成本考虑，肉羊场要充分利用当地的秸秆资源。对秸秆类饲料可采用机械处理加氨化，打碎、氨化处理后的秸秆利用率增加，消化率增加，其贮存更方便，储存中养分损失较少。青干草是优质的粗饲料，如果作为肉羊的基本粗饲料大量使用，则成本太高，故其一般用于母羊产后、种公羊配种期、羔羊开食期等较为关键的时期。可将优质青干草加工成青干草粉，作为配合饲料使用。青干草是营养价值很高的粗饲料，青干草的粗纤维含量较低，而蛋白质、可溶性碳水化合物含量高，维生素含量高。优质青干草粉作为配合饲料使用，可平衡多种营养成分。肉羊养殖场应根据自身条件收购和制备一定量的青干草供羊食用。

二、饲料供应计划

（一）全场全年的饲养规模与各月动态情况

根据羊场饲养羊只情况，预计全年各月饲养量的动态情况。以种羊场为例，各月情况可按照各生理阶段羊只数量来进行统计。

（二）各羊群的饲草料日饲喂量

依据中华人民共和国农业行业标准 NY/T 816《肉羊饲养标准》，按照各群别的营养需要，确定各种群别的日粮定额。

（三）全年各月份青干草搭配情况

根据全年的季节变化，确定各月份青干草搭配比例。

（四）全年各月份饲草料需要量

依据全场全年的饲养规模，饲草料日饲喂量和各月份青干草搭配的变化情况，制定出全场全年的饲草料需要量计划表。

根据饲养的羊只数量和各种群饲草料需要量，制订饲草料的供应计划。为留有足够的安全储备，在饲草料需要量的基础上增加 5%～10% 的需要量，作为饲草料供应量。还需要考虑到饲草料的品质和饲草料供应的季节性变化等。可以适当制作一些青贮、半干青贮或微贮饲料，弥补冬季青绿多汁饲料的不足；储备足够数量的秸秆饲料，最好储备一定数量的干草；精饲料（主要有玉米、豆粕、麸皮、预混料等）储备充足，严格掌握精料含水量，防止发霉变质；最好储存足够数量的胡萝卜等多汁饲料，以弥补冬季维生素的不足。

三、规模养殖场自配饲料的质量控制

规模养殖场为了降低饲料成本，在本企业内发展自配料，但由于养殖企业对饲料配制质量控制不够专业，导致饲料产品质量不稳定，存在安全风险。

（一）饲料原料质量控制

饲料原料质量的好坏，直接影响到产品质量的好坏。没有优质的原料，即使使用科学的饲料配方、先进的生产设备，也生产不出高品质的饲料产品。

1. 选择质量稳定、信誉好的饲料原料生产企业

必备条件有营业执照、许可文件，技术先进、产品质量稳定、安全环保，讲信誉，参考条件有服务能力、社会责任等；选择饲料原料企业前应多考察几个企业，进行对比、评

价，从中选择最理想的合作者，一旦确定，不宜经常变换，以便使原料质量稳定。

2. 制定自己的饲料原料采购验收标准

养殖场应制定自己的饲料原料采购验收标准，具体包括原料的通用名称、主要成分指标、卫生指标等。卫生指标验收值应符合有关法律法规和国家、行业标准的规定。采购验收标准一旦确定，不宜随意变更。

3. 严格按照验收标准把好抽检关

首先进行感官鉴定，观察原料色泽是否正常、有无杂质、是否有结块霉变；原料的饱满度、均匀性是否正常，水分如何等。进行实验室化验检测，新采购的原料必须进行全面检测，经过 2~3 批次的化验，质量比较稳定的原料以后不必批批检测，可间隔一段时间检测 1 次，具备化验条件的企业最好做到批批检测。

（二）生产质量控制

影响配合饲料产品质量的因素很多，主要有以下几点。

1. 配方要科学

按照配方生产的产品在饲养实践中必须安全可靠，如果配方不合理，就会造成原料浪费、成本过高，加大养殖成本；如果饲料药物添加剂和有毒微量元素等的种类或用量不正确，将直接导致产品存在安全问题，必须按照饲料添加剂使用规范和饲料药物添加剂使用规范设计配方。

2. 配料要准确

准确配料是严格执行配方的前提和保证，尤其是小料（微量元素、添加剂等）的准确计量非常关键，一旦发生差错，后续工作将无法弥补，会严重影响饲料的质量安全。操作中一是要保证计量器具正常，二是工人称量一定要细心认真。小料预混合要均匀。小料预混合是保证微量元素添加剂有效性和安全性的重要环节，微量元素、维生素先用不同的载体分别进行稀释、预混合，减少其活性成分的相互影响，微量元素、药物添加剂的预混合也应严格按照操作规程确保混合均匀。

3. 投料顺序要正确

科学的投料顺序既可以缩短混合时间，又是保证混合均匀度的重要措施，一般是先将 70%~80% 的载体投到混合机内，再投微量元素、维生素等，最后投剩余的 20%~30% 的载体。

4. 混合时机要把握

混合是生产过程的核心，是保证饲料安全、质量均匀的关键，是质量安全控制中最容易出现差错的环节。混合不均匀将直接导致部分饲料成分含量超标、部分饲料成分含量不达标，因此在混合过程中一定要根据混合设备混合均匀度变异系数的要求和混合机的性能，对混合的时间进行科学设定，避免混合不均匀或过度混合。

（三）仓储质量控制

科学的储存方法不仅可以降低饲料营养成分损失，还可以避免发霉变质。

① 要保证仓库周边没有污染源，库内干燥、通风、整洁。

② 温度、湿度要保持适中，避免温度、湿度过高造成变质，维生素、酶制剂等最好放在有空调的房间。

③ 进出仓库的门要设置挡鼠板、窗户要安装纱网，防止老鼠、鸟、虫等进入库房。

④ 防水、防潮。屋顶保持排水畅通，防止存雨、漏雨，地面有防潮措施。库内地面应高于库外地面，窗台设置应内高外低，窗户密封要好，防止雨水流入库内。

⑤ 防火。根据库房大小，配备足够的消防设施，严禁火源进入库内；禁止电线裸露，所有电线应有穿线管；及时更换老旧电线；生产车间、库房内应安装防爆灯，整体建筑应有避雷设施等。

⑥ 垛位堆放。不同产品垛位之间应保持适当距离，分类存放，标识明显，原料、产品均应放在托盘上，确保质量稳定和方便存取。

参考文献

张乃锋，等，2017. 新编羊饲料配方 600 例［M］. 2 版. 北京：化学工业出版社.

旭日干，等，2015. 专家与成功养殖者共谈——现代高效肉羊养殖实战方案［M］. 北京：金盾出版社.

第七章　现代种羊生产技术

第一节　肉羊良种培育模式

自 20 世纪 90 年代以来，我国肉羊产业保持了较快的发展势头，羊肉产量全面增长。究其原因：一方面由于肉羊规模化、集约化、标准化生产方式的转变，提高了肉羊的生产效率和资源转化率；另一方面肉羊优良品种的选育与推广工作积极开展，良种覆盖率有了显著增长，肉羊的生产力不断提高。从发展实际来看，我国的肉羊育种技术已领先于世界先进水平，经过多年自然选育和杂交组合，新培育出的肉用品种（系），如巴美肉羊、昭乌达肉羊、简州大耳羊、南江黄羊、鲁西黑头肉羊等良种不仅表现出极强的适应性和生产性能，而且其羊肉品质和经济效益均有很大提高，对提升我国局部地区肉羊产业水平贡献很大。

随着国际养羊业主导方向的变化以及国内羊肉消费需求的拉动，肉用型新品种的培育和选育成为发展肉羊产业至关重要的一环。在市场经济环境下，一些育种企业加入了新品种培育的行列，对优良品种推广实行产业化、商业化运作。一方面，大型育种企业将育种、种畜生产、商品畜养殖、屠宰加工整个产业链的各环节关联起来，走产业化发展模式。另一方面，为了加速良种化的进程，由专门公司对遗传物质以活体、精液或胚胎的形式出售给国内外市场，实现了种质资源的优化配置。在我国肉羊种业发展过程中涉及多个相关利益主体，如政府、科研院所、育种企业以及育种合作社或农（牧）户，且不同的利益联结模式形成了不同的运行机制。通过对国内已鉴定的肉羊新品种（系）的育种模式进行总结，得出新品种培育的模式主要有政府主导型、企业主导型和科研单位主导型3 种。

（一）以政府为主导的"政府+科研单位+种羊场"运行机制

从理论层面上讲，肉羊优良品种的培育不仅肩负着提高肉羊生产水平和生产效率，实现农牧民增产增收的重任，而且新品种的培育同属农业的科技进步，具有高度的公益性和公共性，属于准公共物品。在政府主导型的育种方式中，政府对这类准公共物品的提供承担一定的责任。一方面，为了满足市场需求，充分发挥当地自然资源优势，政府在品种选育、种羊扩繁、种公羊调配过程中，执行财政拨款、政策支持等行政职能，从而确保了育种过程中的资金来源，保障新品种培育工作的顺利开展。另一方面，以种羊场为培育中心，依托科研院校开展科学实验研究，同时为种羊扩繁提供技术支撑，确保了羊源的稳定。科研单位多以技术协作单位的形式出现，其资金来源于科研项目和政府拨款，政府、科研单位和种羊场之间形成良好的利益联结形式。在计划经济阶段，大多数种羊场为国有企业，政府的行政职能过于强大，对于种公羊进行统一调配，种羊具有公共物品的属性，种羊的商品化程度低，种羊场盈利能力弱，经常要面临倒闭的处境。随着市场经济的发展，多数种羊场进行改制，通过市场机制激励，提高种羊场的生产效率和盈利能力，从而加速了育种进程。

（二）以龙头企业为主的"龙头企业+政府+科研院所"运行机制

在以往民间选育的过程中，由于缺乏技术的指导、资金的支持，一些具有繁殖力高、适应性强、品质优良等特性的地方品种系统选育不够充分，导致我国肉羊育种工作滞后于其他畜禽品种。近年来，为了满足肉羊产业生产的需要，对优良种羊的需求也随之增加，国内出现为数不少的以育种为核心的龙头企业，不仅对国外引进的优良品种进行纯种扩繁和杂交改良，还以冻精、胚胎移植、活体等方式向国内养殖企业供种。以龙头企业为主的育种模式，实现了肉羊产业由公共育种向商业育种的转变，育种技术通过市场机制加以扩散，企业对种羊的选育、培育、扩繁、养殖及销售进行管理，弱化了政府的行政干预能力，大大提高了育种进程和经济效益，有利于调动企业的育种积极性，也能较好地保证种羊的质量和供应。这种利益联结方式，既利用了公司的资金、技术、管理、市场等优势，引导育种企业向商业性育种转变，又能依托政府的政策支持和科研院所的技术协作，使得育种工作向着良性健康的方向发展，是一种比较稳定的模式。

（三）以龙头企业为主的"龙头企业+育种协会（合作社）+农（牧）户"运行机制

育种技术创新的成果只有推广应用到肉羊生产过程中，才能发挥其最大的经济优势。因此，肉羊育种的可持续性除了品种自身的优良特性之外，关键还在于其产业化生产的建立和发展。这种方式是公司通过提供种羊、技术服务、订单生产、利润返还等方式与农（牧）户建立了紧密的生产销售利益关系。企业与农（牧）户之间以育种协会（或种羊合作社）为纽带，与农（牧）户签订"合作协议"及"配种协议"，给农（牧）户以优惠转让、租赁等方式提供种羊，并免费提供杂交、防疫、人工授精等技术服务，保障农（牧）户的种羊生产，以减少农（牧）户的养殖风险，从而也调动了农（牧）户养殖的积极性。同时，农（牧）户严格按照种羊培育标准进行种羊培育，企业根据国家种羊鉴定标准，对农（牧）户培育的种羊进行统一选留或淘汰，对达到标准的育种羔羊或种羊，通过订单高价回收，以集中育肥或定点销售等方式，获取种羊生产的规模效益。通过这种方式，既有效地维护了协议双方的利益，又有效地使双方成为利益共同体；既消除了单个农（牧）户养殖种羊所面临的技术和市场风险，又消除了企业种羊供应过程中量和质不稳定的难题；既降低了企业的饲养成本，实现了资源互补，又整合了育种资源，综合利用育种集成技术，加快了育种进程。

（四）以科研单位为主导的"科研院所+种羊场"运行机制

科学技术是畜禽育种过程中的核心要素，良种的选育与培育对技术的集成与创新要求最为迫切。在"政府+科研单位+种羊场"和"龙头企业+政府+科研院所"模式中，科研院所一般作为协作单位，提供技术指导，不参与种羊的商品化运作。而在"科研院所+种羊场"的模式中，科研单位凭借多年的试验研究，整合地方自然资源，利用科研优势，借助科研项目和政府的财政扶持，积极开展肉羊新品种的培育，其突出优势表现为，先进的育种技术在缩短育种周期、提高育种速度方面作用比较显著。培育出的肉羊新品种属于科研单位自主知识产权的产物，商品化程度较高，因此可增加科研单位的资金来源。但是这种方式也存在一定的局限性，表现为两个方面：一是在实际育种过程中，种羊场隶属于科研单位管理，受生产人员的限制，科研单位并不能成为良种生产或扩繁的主体，相比育种企业，在管理、资金灵活周转等方面主动性较弱；二是科研单位与市场衔接紧密程度不高，科研成果的商品化推广并非其长项，不具有品种推广的优势。因此，从长远发展来看，这并不是一种稳定的形式。

第二节　中国肉羊品种

我国是世界上品种最多的国家之一，目前有山羊品种 75 个，其中引进品种 4 个，培育品种 10 个；绵羊品种 84 个，其中培育品种 30 个，引进品种 9 个。

一、地方良种绵羊

（一）蒙古羊

蒙古羊（Mongolian Sheep）是个古老的绵羊品种，为我国三大粗毛绵羊之一，是我国分布地域最广的品种，其体质结实、抗逆性强，有良好的放牧采食和抓膘能力。具有游走能力强、善于游牧、采食能力强、抓膘快、耐严寒、抗御风雪灾害能力强等优点，但也存在肉、毛产量偏低，生长发育慢等缺点。

蒙古羊现主要分布于内蒙古自治区，西北、华北、东北地区也有不同数量的分布。中心产区位于内蒙古自治区锡林郭勒盟、呼伦贝尔市、赤峰市、乌兰察布市、包头市、巴彦淖尔市等地区。蒙古羊体形外貌由于所处自然生态条件、饲养管理水平不同而有较大差别。蒙古羊一般表现为体质结实、骨骼健壮。头形略显狭长，鼻梁隆起，公羊多有角，母羊多无角，少数母羊有小角，角色均为褐色。颈长短适中，胸深，肋骨不够开张，背腰平直，体躯稍长。四肢细长而强健。短脂尾，尾长一般大于尾宽，尾尖卷曲呈"S"形。体躯毛被多为白色，头、颈、眼圈、嘴与四肢多有黑色或褐色斑块。农区饲养的蒙古羊，全身毛被白色，公母羊均无角。

在内蒙古自治区，蒙古羊从东北向西南体型依次由大变小。苏尼特左旗成年公、母羊平均体重为 99.7kg 和 54.2kg；乌兰察布市公、母羊为 49kg 和 38kg；阿拉善左旗成年公、母羊为 47kg 和 32kg；产肉性能较好，成年羊满膘时屠宰率可达 47%~53%；5~7 月龄羔羊胴体重可达 13~18kg，屠宰率 40%以上。据锡林郭勒盟畜牧工作站 2006 年 9 月，对 15 只成年蒙古羊羯羊进行的屠宰性能测定，平均宰前活重 63.5kg，胴体重 34.7kg，屠宰率 54.6%，净肉重 26.4kg，净肉率 41.7%。

蒙古羊初配年龄公羊 18 月龄，母羊 8~12 月龄。母羊一般一年一胎。一胎一羔，产双羔概率为 3%~5%。母羊为季节性发情，多集中在 9—11 月；发情周期 18.1d，妊娠期 147.1d；年平均产羔率 103%，羔羊断奶成活率 99%。羔羊初生重公羔 4.3kg，母羔 3.9kg；放牧情况下多为自然断奶，羔羊断奶种公羔 35.6kg，母羔 23.6kg。

（二）藏羊

藏羊（Tibetan Sheep），又称藏羊系，是我国三大粗毛绵羊品种资源之一。藏羊分为高原型藏羊、欧拉型藏羊和山谷型藏羊，其中高原型藏羊是藏羊的主体，占总数的70%。藏羊是在高寒、缺氧的生态环境中经长期自然选育形成的特有羊种，对恶劣气候环境和粗放的饲养管理条件有良好的适应能力。具有耐高寒、耐干旱、抗病力强、遗传稳定、产肉及产毛性能好，但存在生长速度慢、产毛量低等缺点。

藏羊主要产地在青藏高原的青海和西藏，四川、甘肃、云南和贵州等省亦有分布。其中以青藏高原分布最广，在家畜中所占的比重较大。藏羊生活在海拔3 000~4 500m的高寒牧区，属大陆性气候，日照充足，昼夜温差大，多数地区年均气温−1.9~6.0℃，年降水量300~800mm，相对湿度40%~70%。

藏羊是混型毛被的粗毛羊种，其外貌主要特征：体格较大，头呈三角形，成年公羊头宽14cm，母羊为13cm左右。头宽是头长的65%左右，鼻梁隆起，公母羊均有角，无角者少。公羊角长而粗大，呈螺旋状向左右伸展，母羊角细而短，多数呈螺旋状向外上方斜伸，颈细长。肋形开张，胸宽为胸深的59%左右，背腰平直，短而略斜，整体长方形。尾长平均为16cm，宽约5cm，四肢稍长而细，前肢肢势端正，后肢多呈刀状肢势。体躯被毛以白色为主，头肢杂色者居多，被毛大多呈毛辫结构，可分大、小毛辫，以小毛辫为主，毛辫随年龄的增加而变短。

高原型藏羊母羊一般在7~8月龄时出现初情期性行为表现，1岁左右性成熟，1.5~2岁开始配种。公羊利用到6岁，母羊利用到8岁，产羔6~7只。种羊的公母比例为1：（5~30），或100只母羊配备3~4只公羊。高原型母羊发情的季节性强，集中在6—9月，故多在7—9月配种，12月至次年1月产羔。母羊在秋季营养丰富时配种，受胎率高，胎儿发育良好，初生重大，断奶后适牧草生长期，成活率高。如果10—11月配种所产的春羔，因胎儿期发育不良，死亡率高。母羊发情持续期30~48h，据147只母羊的统计，平均发情周期为（17±1.54）d。高原型母羊，妊娠期为（151.8±3.35）d。一年一胎，双羔极少，个别母羊二年三胎。

（三）哈萨克羊

哈萨克羊（Hasake Sheep）是新疆较为古老的脂臀型粗毛羊品种、原始羊系之一。四季轮换放牧在季节草场上，具有扒雪采食的能力，适应性极强，体格结实，四肢粗壮，善走爬山，在夏、秋季有迅速积聚脂肪的能力。但也存在着体格相对较小、繁殖率低、脂尾偏大等缺点。

哈萨克羊北疆各地均有分布。哈萨克羊属肉脂兼用型粗毛羊。体格中等，体形接近正方形。公羊大多具有粗大的螺旋形角，母羊半数有小角。头大小适中，鼻梁明显隆起，耳大下垂。背腰平直，四肢高粗结实，肢势端正。尾宽大，外附短毛，内面光滑无毛，呈方圆形，多半在正中下缘处由一浅纵沟分为对称两瓣，少数尾无中浅沟、呈完整的半圆球。被毛异质，头、角生有短刺毛，腹毛稀短。毛色以全身棕红色为主，头肢杂色个体也占有相当数量，纯白或全黑的个体为数不多。

哈萨克羊性成熟年龄公羔为5月龄，母羔8月龄；初配年龄公羔18月龄，母羔19月龄，配种多在11月上旬开始，发情周期平均为16d；发情季节公羊排精量为1.0~2.5mL/次，精液密度大，精子活力 95% 以上，母羊怀孕期 150d 左右，种羊利用年限一般为 7 年；繁殖方式以自然交配为主，配种季节羊群中公母羊比例为 1：50；初产母羊平均产羔率 101.57%，经产母羊繁殖率平均为 101.95%；羔羊成活率 98%。

（四）湖羊

湖羊是中国特有的羔皮用绵羊品种，也是目前世界上少有的白色羔皮品种，湖羊主要分布于江苏省南部地区的吴江、常熟、无锡、张家港、江阴、吴县、太仓、昆山、宜兴、溧阳、武进等县、市。湖羊源于北方蒙古羊，南宋时期随北方移民南下带入太湖地区饲养、繁衍。该地区自然地理条件优越，种植业和蚕桑业发达，丰富的自然饲草和大量农副产品及栽桑养蚕的副产品（桑叶、蚕沙等）为发展养羊提供了优厚的饲料条件。养羊又为农田提供了有机肥料，促进了农业生产。绵羊在这种特定的生态环境中饲养，到明代已在体形外貌上与北方绵羊有了明显的差异。经当地群众长期不断地选育，到清代已培育形成一种独特的羔皮用绵羊品种。

湖羊以生长快，成熟早，四季发情，多胎多产，所产羔皮花纹美观而著称。其羔羊出生后 1~2d 宰杀所获羔皮洁白光润，皮板轻柔，花纹呈波浪形、紧贴皮板、扑而不散，在国际市场上享有很高的声誉，有"软宝石"之称。湖羊体重成年公羊（48.7±8.7）kg，成年母羊（36.5±5.3）kg。被毛异质，剪毛量成年公羊 1.65kg，成年母羊 1.17kg。屠宰率 40%~50%。母羊产羔率 228.9%。

（五）小尾寒羊

小尾寒羊分布于我国河北省南部、东部和东北部，山东省西南及皖北、苏北一带。小尾寒羊按其尾型分类属短脂尾羊。随着时代推移，由生长在草原的蒙古羊，带入中原地区饲养。在黄淮冲积平原，地势较低、土质肥沃，气候温和，是我国小麦、杂粮和经济作物的主要产区之一。小尾寒羊在这种优越的自然条件下，经过长期的人工选择与精心培育而成。

小尾寒羊体形结构匀称，侧视略呈正方形；鼻梁隆起，耳大下垂；短脂尾呈圆形，尾尖上翻，尾长不超过飞节；胸部宽深、肋骨开张，背腰平直。体躯长呈圆筒状；四肢高、健壮端正。公羊头大颈粗，有发达的螺旋形大角，角根粗硬；前躯发达，四肢粗壮，有悍威、善抵斗。母羊头小颈长，大都有角，形状不一，有镰刀状、鹿角状、姜芽状等，极少数无角。全身被毛白色、异质，有少量干死毛，少数个体头部有色斑。

属短脂尾羊，具有繁殖力强、生长快、产肉性能好及遗传性稳定的优良特性。体质结实，身躯高大。体重：成年公羊平均为 94kg，母羊平均为 49kg，周岁公羊体重可达到成年公羊的 64.6%，母羊相应为 84.9%。屠宰率：周岁羊为 55.6%，3 月龄为 50.6%。产羔率为 260%（以山东为例）。

（六）阿勒泰羊

阿勒泰羊，新疆维吾尔自治区阿勒泰地区特产，是中国国家地理标志产品。阿勒泰羊主要产于新疆北部的福海、富蕴、青河等县，是哈萨克羊种的一个分支，以体格大、肉脂生产性能高而著称，是新疆优秀的地方品种绵羊之一，具有耐粗饲、抗严寒、善跋涉、体质结实、早熟、抗逆性强、适于放牧等特性。在终年放牧、四季转移牧场条件下，仍有较强的抓膘能力。阿勒泰羊股部生有突出的脂臀，这是与其他羊的最明显区别，是该羊在产区自然放牧条件下利用夏、秋丰草季节，蓄积大量脂肪，在漫长严冬和枯草季节，机体出现营养不良时释放能量，维持机体的代谢平衡之用，是该羊在产区自然条件下生物进化的一大特点。

阿勒泰大尾羊是新疆地方优良品种，因其原产地和种羊繁殖基地在福海，且尾臀硕大而曾经被人们称为福海大尾羊。这种羊有着上千年的历史。早在我国唐代贞观年间，阿勒泰大尾羊就作为贡品进献宫廷享用，留下"羊大如牛，尾大如盘"的美誉。它是古代哈萨克族人在游牧生活中选育、培养、繁殖而成的，凝聚着古代哈萨克族畜牧学家的心血。"逐水草而居"是千百年来游牧民族生产、生活方式的天然法则。阿勒泰羊品种形成，与哈萨克牧民在四季游牧条件下辛勤选育和当地生态环境条件下长期驯化密切相关，羊群跟随牧民们的四季长途转场而放牧。独特的自然环境和长期的驯化，使羊体形大，四肢刚劲有力，肌肉发达，能长途跋涉。转场期间能忍饥耐渴、抗严寒、耐暑热，抗病力强。能自身调节机体代谢平衡。抓膘育肥快，肉脂生产性能高，羔羊生长发育快且早熟突出，肉质鲜嫩可口、无膻味、具有滋补药用作用，是无污染的绿色食品。

（七）滩羊

滩羊系蒙古羊的一个分支。公羊有螺旋形大角，母羊多无角或有小角，头部常有褐色、黑色或黄色斑块，背腰平直，被毛白色，呈长辫状，有光泽。成年公羊体重 47kg 左右，母羊 35kg。耐粗饲。7~8 月龄性成熟，18 月龄开始配种，每年 8—9 月为发情旺季，产羔率 101%~103%。中国裘皮用绵羊品种，以所产二毛皮著名。二毛皮为生后 30d 左右宰剥的羔皮，毛股长 7cm 以上，有 5~7 个弯曲和美丽的花穗，呈玉白色，光泽悦目，轻暖、结实，是名贵的裘皮原料。每年剪毛两次，公羊平均产毛 1.6~2.0kg，母羊产毛 1.3~1.8kg，净毛率 60%以上；公羊毛股长 11cm，母羊毛 10cm，光泽和弹性好，是制作提花毛毯的上等原料，也可用以纺织制服呢等。肉质细嫩，脂肪分布均匀，膻味小。20 世纪 50 年代以来，本品种曾被全国十几个省（市、区）引进，都因生态条件不适宜而未能保持原有的品种特性。产区在宁夏及其毗邻的半干旱荒漠草原和干旱草原。

二、地方良种山羊

（一）隆林山羊

隆林山羊是一个优良的地方品种，数量多，体格硕大，繁殖力强，生长迅速，屠宰率高。目前在主产地建有保种场，主要利用其遗传特点进行杂交改良，向肉乳兼用型发展。

隆林山羊体格健壮，结构匀称，身长体大，体躯近似长方形，肋骨弓张良好，后躯比前躯略高。头大小适中，母羊鼻梁较平直，公羊鼻梁稍隆起。公母羊均有须髯，耳的大小适中，耳根较厚，耳尖较薄。公母羊均有角，幼龄时角呈圆形，成年后略呈扁形，并向上、向后、向外呈半螺旋状弯曲，也有少数呈螺旋状弯曲。角有黑色和石膏色两种，白色毛的羊角呈石膏色，其他毛色的羊角呈黑色。颈粗细适中，公羊颈略粗于母羊，少数羊的颈下有肉垂。

隆林山羊生产发育快，羔羊初生平均体重为 2.19kg；6 月龄育成公羊为 21.05kg，母羊为 17.06kg；周岁母羊为 27.8kg；成年公羊平均体重为 52.5kg，成年母羊为 40.29kg；成年阉羊为 72kg。繁殖性能较强，年平均繁殖 1.66 胎。性成熟在 5 月龄左右，母羊一般到 8 月龄开始配种，小公羊正式利用配种多在 9 月龄左右。适应性强，耐寒耐热。

（二）马头山羊

马头山羊，原产于湖南省常德地区、湖北省恩施地区。据记载，500 多年前，当地就饲养山羊。马头山羊一般分布在 1 000m 以下地区。产区群众素有养羊习惯，注意选择个体大、生长快的山羊饲养。产区优越的生态条件对马头山羊的品种形成起了一定的作用。外貌特征是体格较大，体躯呈长方形，公、母羊无角，两耳向前略下垂，有须，颈下有 1 对肉垂。公羊颈粗短，母羊颈较细长，前胸发达，背腰平直，后躯发育良好，尻略斜。被毛粗而短，以白色为主，也有黑色、麻色和杂色的。因无角，羊头形似马头，故称为马头山羊。

马头山羊的体型较大，成年公母羊体重分别为 45～60kg 和 35～50kg，最高可达 60～70kg，在优良放牧且补饲条件下，公羊日增重可达 231g，母羊 192g，一般条件下也有 100～150g；产肉量高，屠宰率高，周岁羊为 45%，成年羊 50%～55%；5 月龄性成熟，适宜配种月龄为 10 月龄，以秋季为自然发情高峰期，年繁殖率在 400% 以上，经产母羊双羔率达到 66.7%，三羔比例为 10.45%，四羔比例在 4.3%。

（三）大足黑山羊

大足黑山羊主要分布于大足县 20 个乡镇及相邻的安岳县和荣昌县的少量乡镇。成年母羊体型较大，全身被毛全黑、较短，肤色灰白，体质结实，结构匀称；头型清秀，颈细长，额平、狭窄，多数有角有髯，角灰色、较细、向侧后上方伸展呈倒"八"字形；鼻梁平直，耳窄、长，向前外侧方伸出；乳房大、发育良好，呈梨形，乳头均匀对称，少数母羊有副乳头。成年公羊体型较大，颈长，毛长而密，颈部皮肤无皱褶，少数有肉垂；躯体呈长方形，胸宽深，肋骨开张，背腰平直，尻略斜；四肢较长，蹄质坚硬，呈黑色；尾短尖；两侧睾丸发育对称，呈椭圆形。

正常饲养条件下，成年公母羊体重分别为 59.5kg 和 40.2kg，羔羊初生重公、母羔分别达 2.2kg 和 2.1kg，2 月龄断奶重公、母羔分别达 10.4kg 和 9.6kg；初产母羊产羔率达到 218%，经产母羊双羔率达 272%，基本可以做到二年三胎；羔羊成活率不低于 95%。成年羊屠宰率不低于 43.48%，净肉率不低于 31.76%；成年羯羊屠宰率不低于 44.45%，净肉率不低于 32.25%。

大足黑山羊具有性成熟早，繁殖力高的基本特性。性成熟较早，公羊在 2～3 月龄即表现出性行为，6～8 月龄性成熟，15～18 月龄进入最佳利用时间。母羊在 3 月龄出现初情，5～6 月龄达到性成熟，8～10 月龄进入最佳利用时间。大足黑山羊发情周期为 19d，发情持续期为 2～3d。妊娠期 147～150d。通过对 80 窝初产母羊产羔情况的统计分析，发现初产母羊单胎平均产羔率为 197.31%，羔羊成活率为 90%。通过对 50 窝经产母羊的产羔情况统计分析，发现经产母羊单胎平均产羔数为 272.32%。

（四）黄淮山羊

黄淮山羊因广泛分布在黄淮流域而得名，饲养历史悠久，500 多年前就有历史记载，明弘治（1488—1505）《安徽宿州志》、正德（1506—1521）年间的《颍州志》均有记载。黄淮山羊主要分布在河南周口地区的沈丘、淮阳、项城、郸城和驻马店、许昌、信阳、商丘、开封等地；安徽的阜阳、宿州、滁州、六安以及合肥、蚌埠、淮北、淮南等市郊；江苏的徐州、淮阴两地区沿黄河故道及丘陵地区各县。

黄淮山羊全身白色，被毛有光泽。躯体高，体躯长，体质结实，结构匀称。头长清秀，鼻直，眼大，耳长而立，结构匀称，骨骼较细。鼻梁平直，面部微凹，下颌有髯。分有角和无角 2 种类型，67%左右的羊有角：有角者，公羊角粗大，母羊角细小，向上向后伸展呈镰刀状；无角者，仅有 0.5~1.5cm 的角基。颈中等长，胸较深，肋骨拱张良好，背腰平直，体躯呈桶形。种公羊体格高大，四肢强壮，头大颈粗，胸部宽深，背腰平直，腹部紧凑，外形雄伟，睾丸发育良好，有须和肉垂；母羊颈长，胸宽，背平，腰大而不下垂，乳房发育良好，呈半圆形。毛被白色，毛短有丝光，绒毛很少。

黄淮山羊 7~10 月龄的公羊宰前重平均为 21.9kg，胴体重平均为 10.9kg，屠宰率平均为 49.29%；母羊宰前重平均为 16.0kg，胴体重平均为 7.5kg，屠宰率平均为 47.13%。黄淮山羊皮板呈蜡黄色，细致柔软，油润光亮，弹性好，是优良的制革原料。黄淮山羊对不同生态环境有较强的适应性，性成熟早，繁殖力强，皮板质量好。

黄淮山羊初情期为 123.42d，发情周期为 19.87d，发情持续期为 39.56h，妊娠期为 151.84d，公羊 4 月龄性成熟，5~6 个月体成熟，利用年限为 4~5 年。母羊 4~5 月龄性成熟，5~6 个月体成熟。母羊常年可发情，以春季 3—5 月及秋季 8—10 月最为旺盛。平均产羔率为 215%，其中第一胎最低，平均为 165%，第四胎最高，为 260%。繁殖母羊可利用年限为 7~8 年。

三、国外引入良种

（一）杜泊羊

杜泊羊原产南非，现分布于澳大利亚、美国等地。杜泊羊是 20 世纪初由有角道赛特羊与波斯里羊杂交育成的肉用羊品种，是世界著名的肉用羊品种。根据其头颈的颜色，分为白头杜泊和黑头杜泊两种。这两种羊体躯和四肢皆为白色，头顶部平直、长度适中，额宽，鼻梁微隆，无角或有小角根，耳小而平直，既不短也不过宽。颈粗短，肩宽厚，背平直，肋骨拱圆，前胸丰满，后躯肌肉发达。四肢强健而长度适中，肢势端正。整个身体犹如一架高大的马车。杜泊羊身体结实，适应炎热、干旱、潮湿、寒冷等多种气候条件，无论在粗放和集约放牧条件下，采食性能良好。

杜泊羊的繁殖表现主要取决于营养和管理水平。因此，在年度间、种群间和地区间差异较大。正常情况下，产羔率为 140%，其中产单羔母羊占 61%，产双羔母羊占 30%，产三羔母羊占 4%。但在良好的饲养管理条件下，可进行两年三胎，产羔率 180%。母羊泌乳力强，护羔性好。

杜泊羊早熟，生长发育快，100 日龄公羔体重 34.72kg，母羔 31.29kg；成年公羊体重 100~110kg，成年母羊 75~90kg；1 岁公羊体高 72.7cm，3 岁公羊 75.3cm。

（二）无角道赛特羊

无角道赛特羊原产于英国，1897 年引入新西兰，一直用作生产比较理想的肉羔终端杂交父系品种。后又引入澳大利亚，育成无角道赛特品种，现分布于各大洲。无角道赛特羊体质结实，头短而宽，公、母羊均无角，颈短粗，胸宽深，背腰平直，后躯丰满，四肢粗短，整个躯体呈圆桶状，面部、四肢及被毛为白色，但具有粉红色皮肤，尤其是头部，蹄壳为浅色。

无角道赛特羊生长发育快，早熟，全年发情配种产羔。该品种成年公羊体重 90~110kg，成年母羊为 65~75kg。产羔率 137%~175%。经过育肥的 4 月龄羔羊的胴体重，公羔为 22kg，母羔为 19.7kg。在新西兰，该品种羊用作生产反季节羊肉的专门化品种。

（三）萨福克羊

萨福克羊原产于英国英格兰东南部的萨福克、诺福克、剑桥和艾塞克斯等地。现分布于北美、北欧、澳大利亚、新西兰、俄罗斯等。20 世纪 70 年代起我国先后从澳大利亚引进，主要分布在内蒙古和新疆等地区；20 世纪 90 年代末，内蒙古、中国农业科学院畜牧研究所相继引进萨福克羊；1999 年宁夏畜牧兽医研究所执行 948 项目，从新西兰引进 6只公羊、33 只母羊，饲养在宁夏肉用种羊场。

萨福克羊公母均无角，体躯白色，头和四肢黑色，体质结实，结构匀称，头重，鼻梁隆起，耳大，颈长而宽厚，鬐甲宽平，胸宽，背腰宽广平直，腹大紧凑，肋骨开张良好，四肢健壮，蹄质结实，体躯肌肉丰满，呈长桶状，前、后躯发达。

萨福克羊的特点是早熟，生长发育快，成年公羊体重 100~136kg，成年母羊 70~96kg。产羔率 141.7%~157.7%。产肉性能好，经育肥的 4 月龄公羔胴体重 24.2kg，4 月龄母羔为 19.7kg，并且瘦肉率高，是生产大胴体和优质羔羊肉的理想品种。美国、英国、澳大利亚等国都将该品种作为生产肉羔的终端父本品种。

（四）特克塞尔羊

特克塞尔羊原产于荷兰，现分布于北欧各国、澳大利亚、新西兰、美国、秘鲁和非洲一些国家。特克塞尔羊对寒冷气候有良好的适应性，现已被用作优质羔羊生产体系中的理想父本。该品种公母羊均无角，全身毛白色，鼻净、唇及蹄冠褐色。体质结实，结构匀称、协调。头清秀无长毛，鼻梁平直而宽，眼大有神，口方，耳中等大，肩宽深，鬐甲宽平，胸拱圆，颈宽深，头、颈、肩结合良好，背腰宽广平直，肋骨开张良好，腹大而紧凑，臀宽深，前躯丰满，后躯发达，体躯肌肉附着良好，四肢健壮，蹄质结实。特克塞尔羊属于中等偏大的肉羊品种，具有繁殖率高、早期生长发育快、肉质好、对寒冷气候有良好的适应性、瘦肉率高等特点。特克塞尔羊对热应激反应较强，在气温 30℃ 以上需采取必要的防暑措施，避免高温造成损失。

特克塞尔羊体重周岁公羊 78.6kg，周岁母羊 66kg，2 岁公羊 98kg，2 岁母羊 74kg，成年公羊 115~130kg，成羊母羊 75~80kg。公、母羔 4~5 月龄即有性行为，7 月龄性成熟，正常情况下，母羊 10~12 月龄初配，全年发情。在最适宜的条件下，120 日龄羔羊体重40kg，6~7 月龄达 50~60kg，屠宰率 56%~60%，特克塞尔公羊胴体中肌肉量很高，分割率也很高。其眼肌面积在肉用品种中是很突出的。特克塞尔羊的肉呈大理石状，无膻味，肉质细嫩。

（五）波尔山羊

波尔山羊是南非共和国育成的一个优良肉用山羊品种。其血液较混杂，含有南非、埃及、欧洲和印度等国山羊的血液，奶山羊对该品种的形成有一定影响。在南非波尔山羊主要分布在开普等 4 个省，大致可分为 5 个类型，即普通型、长毛型、无角型、土种型和改良型。

良种型波尔山羊具有以下特性：体型外貌良好。头大额宽，鼻梁隆起，嘴阔，唇厚，颌骨结合良好，眼睛棕色，目光柔和，耳宽长下垂，角坚实而向后、向上弯曲。颈粗壮，长度适中。肩肥厚，颈肩结合好。胸平阔而丰满，鬐甲高平。体长与体高比例合适，肋骨开张良好。腹圆大而紧凑，背腰平直，后躯发达，尻宽长而不斜，臀部肥厚但轮廓可见。整个体躯呈圆桶状。四肢粗壮，长度适中。全身被毛短而有光泽，头部为浅褐色或深褐色。但有较明显的广流星，两耳毛色与头部一致，颈部以后的躯干和四肢各部均为白色。全身皮肤松软，弹性好，胸部和颈部有皱褶，公羊皱褶较多。该品种的外貌整体形象是：公羊粗壮雄伟，母羊圆厚稳健。

初生重大，生长快。羔羊初生重 3~4kg，断奶前日增重可达 200g 以上，6 月龄体重可达 30kg。体格中等，体重大。成年公羊体高 75~90cm，体重 90~130kg；成年母羊体高 65~75cm，体长 70~85cm，体重 60~90kg。屠宰率和净肉率高。波尔山羊的屠宰率高于绵羊，但与年龄和膘情有一定关系。8~10 月龄时为 48%，周岁、2 岁、3 岁时分别为 50%、52%、54%，4 岁时达到 56%~60%。成年羊的胴体肉骨比可达 4.7∶1。繁殖力高。平均产羔率为 160%~200%，母羊 3~4 周岁时繁殖力达到最高峰，平均每只羊可产 2.3 只，在良好的饲养管理和气温条件下，可年产两胎或两年三胎。公、母羔 5~6 月龄时性成熟，但公羊应在周岁后正式用于配种，母羊的初配时间应为 8~10 月龄、体重达 30kg 以上时。性格温顺，适应性强。公、母羊体格均较温顺，群聚性强，能适应灌丛以及半荒漠等各类饲养管理条件，但极端高温（35℃ 以上）和低温（-20℃ 以下）对其生存和生长有一定影响。

（六）努比亚山羊

努比亚山羊（Nubian Goat）原产于非洲东北部的埃及、苏丹及邻近的埃塞俄比亚、利比亚、阿尔及利亚等国，在英国、美国、印度、东欧及南非等国都有分布，属肉乳兼用型山羊，具有性情温顺、繁殖力强、产肉性能好、产乳量较高、乳质优良等特点。努比亚山羊产肉率高，成年公羊、母羊屠宰率分别是 51.98%、49.20%，净肉率分别为 40.14% 和 37.93%。含有努比亚山羊血缘的羊肉，肉质细嫩、膻味低、风味独特，被广大消费者所喜爱。

努比亚山羊繁殖力强，公羊初配种时间 6~9 个月龄，母羊配种时间 5~7 月龄，发情周期 20d，发情持续时间 1~2d，怀孕时间 146~152d，发情间隔时间 70~80d，1 年产 2~3 胎，每胎 2~3 羔，泌乳期一般 5~6 个月，产奶量 300~800kg，盛产期日产奶量 2~3kg，高者可达 4kg 以上，乳脂率 4%~7%，奶的风味好。据 1985—1987 年 97 只产羔母羊的统计，平均产羔率 192.8%，其中窝产多羔母羊占 72.9%，妊娠期为 149.6d。第一胎（15 只）平均产奶量 375.7kg，泌乳期 261.0d，第二胎（14 只）分别为 445.3kg 和 256.9d。

四、自主培育品种

（一）巴美肉羊

巴美肉羊是根据巴彦淖尔市自然条件、社会经济基础和市场发展需求，经过广大畜牧科技人员和农牧民 40 多年的不懈努力和精心培育而成的体型外貌一致、遗传性能稳定的肉羊新品种。本品种于 2007 年 5 月 15 日通过国家畜禽资源委员会审定验收，并正式命名，巴美肉羊是巴彦淖尔市具有自主知识产权的品种，是国内第一个肉羊杂交育成品种。巴美肉羊新品种的培育为促进当地肉羊产业和社会经济的发展起到了巨大的推动作用。为肉羊产业发展提供了充足的种源。

该品种体格较大，无角，早熟；体质结实，结构匀称，胸宽而深，背腰平直，四肢结实，后肢健壮，肌肉丰满，呈圆桶形，肉用体形明显；被毛同质白色，闭合良好，密度适中，细度均匀。肉毛兼用品种，具有适合舍饲圈养、耐粗饲、抗逆性强、适应性好、羔羊育肥增重快、性成熟早等特点。生长发育速度较快，产肉性能高，成年公羊平均体重101.2kg，成年母羊体重71.2kg，育成母羊平均体重50.8kg，育成公羊71.2kg，羔羊初生重平均4.7~4.32kg。

（二）南江黄羊

南江黄羊主产区为四川省秦巴山区的南江县。南江黄羊被毛呈黄褐色，羊毛色度在个体间略有差异。短而光亮的羊毛紧贴皮肤，冷季被毛内长出细短灰色绒毛。颜面毛呈黄黑色，鼻梁两侧有一对称性黄白色条纹，从头顶沿背脊至尾根有一条宽窄不等的黑色毛带。群体中有角个体占61.5%，无角个体占38.5%，角向上、向后、向外呈"八"字形，公、母羊均有髯。头大小适中，耳长直或微垂，公羊颈粗短，母羊颈较细长，颈肩结合良好。背腰平直，前胸深阔，尻部略斜，四肢粗长，蹄质坚实而呈黑黄色，体躯各部位结构紧凑。

该品种性成熟早，生长速度快。3月龄时就有初情表现，但母羊的初配时间应为6~8月龄，公羊应为周岁左右。产羔率为200%左右，羔羊平均初生重公羔2.28kg、母羔2.14kg。2月龄断奶时，公、母羔分别达到11.5kg和10.7kg，日增重达153.7g和142.7g。6月龄左右出现生后的第二个增重高峰，以后增重速度下降。公、母羔6月龄体重可分别达到26.58kg和20.51kg，周岁时达到34.43kg和27.3kg，成年时达到60.56kg和41.20kg。南江黄羊最佳屠宰期应为8~10月龄，其肉质鲜嫩，营养丰富，胆固醇含量低，膻味小。放牧加补饲条件下的8月龄和10月龄羯羊的屠宰率分别为47.63%和47.70%。该品种板皮细致结实，抗张强度高，延伸率大，尤其以6~12月龄羊只皮张为佳。适应性强也是该品种较突出的性状，在海拔10~4 359m，气温-9.2~44.0℃的自然条件下生长良好，繁殖正常。

（三）简州大耳羊

简州大耳羊（Jianzhou Big-ear Goat）是我国自主培育成功的第二个国家级肉用山羊品种（农业部〔2013〕第1907号公告），具有肉用体型明显、生长发育快、繁殖力高、抗逆性好、适应性强、产肉性能好、肉质细嫩、肉质优良、板皮品质优、遗传性稳定等优点。今后应进一步加强选育和提高生产性能，扩大种群数量。

体格高大，体躯匀称、呈长方形，体质结实，结合良好。头中等大，眼大有神，鼻梁微隆，耳大下垂，耳长15~20cm，有角或无角，公羊角粗大，向后弯曲并向两侧扭转，母羊角较小，呈镰刀状，成年公羊下颌有毛髯，部分羊颌下有肉髯；头、颈、肩结合良好，背腰平直、前胸深广、尻部略斜；四肢健壮，肢势端正，蹄质坚实。全身被毛呈黄褐色、毛短而富有光泽，腹部及四肢有少量黑毛，在冬季被毛内层着生短而细的绒毛；颜面毛色黄黑，两侧有一对称的浅色毛带。公羊雄壮，睾丸发育良好、匀称；母羊体质清秀、乳房发育良好，多呈球形或梨形，乳头大小适中、分布均匀。

公羊初配年龄 8~10 月龄，母羊为 6 月龄，发情持续期为 48.62h，妊娠期为 148.66d。据 1 564 只母羊 4 个胎次的统计，平均年产 1.75 胎，平均产羔率 222.74%，初产母羊 153.27% 以上，经产母羊 242.50%。各胎平均产羔率是单羔占 23%、双羔占 43.46%、三羔占 37.89%、四羔占 1.38%、五羔占 0.6%、六羔占 0.6%。

第三节　肉用杂交组合

一、肉羊杂交改良技术

（一）杂交改良的好处

我国本地绵羊、山羊肉用性能表现较差，饲养经济效益不高。杂交改良的目的是提高羊的生产能力和养殖肉羊的经济效益。外来肉用品种羊个体大，生长速度快，胴体品质好，屠宰率高。本地羊能更好地适应当地的气候条件，并耐粗饲，肉质也好，因此合理地利用我国现有的引入肉羊和本地绵、山羊，用杂交改良的方法，育成兼具父母双亲优点的优质杂交羊，适应肉羊业的发展，提高养羊业经济效益。

杂种羊有体型大、生长快、出肉率高、经济效益好等优势。本地绵山羊经过杂交改良，其杂种后代作为肉用羊饲养，羔羊日增重可达 300g 以上。杂种羊的屠宰率可达 50% 以上，能多产肉 10%~15%。杂种羊还能生产出供出口和高级饭店用的高档羊肉，从而销售价格高于本地羊数倍。杂种羊的饲养期短，从而使饲料转化效率提高，饲养成本大大降低。

（二）杂交方式

在肉羊生产及育肥中，常用的杂交方式有以下几种。

1. 经济杂交

经济杂交是两个品种或两个品系间的杂交，也称简单杂交。其杂交后代全部用于商品育肥生产。一般二元杂交的杂种比纯种羊产肉率提高 15%~20%。如用夏洛莱、萨福克羊、无角道赛特羊、杜泊羊等作为杂交父本与本地小尾寒羊杂交，其一代生长快，成熟早，体重大，育肥性能好，适应性强，饲料利用能力强，对饲养管理条件要求较低。杂交公羊和不留作种用的杂交母羊皆可育肥利用。生产中广泛利用这种杂交方法，以提高经济效益。

2. 级进杂交

级进杂交是用高产品种改造低产品种最常用的方法。如用波尔山羊改良本地山羊，级进杂交至三四代。但如果饲料条件差，级进杂交代数过高，保留本地山羊基因型较少，则适应能力差，生产性能有所下降。在级进杂交的基础上，若杂交后代中表现的性状符合理想时，可选择其中的理想型的杂种公母羊进行横交固定，来培育新品种。

3. 三元杂交

三元杂交是 3 个品种之间的杂交。将两个品种杂交得到的杂种母羊与第三个品种公羊交配，其后代为三品种杂种。例如用萨福克公羊与本地母绵羊交配所生的杂种母羊，再与夏洛莱公羊交配，所生后代即为夏萨本三品种杂种。三元杂交能充分利用杂种母羊的杂种优势，有效利用三元杂种个体本身的杂种优势，使 3 个品种优点互补体现在杂交后代身上。国外肉羊业广泛采用三元杂交，其效果优于二元杂交。

（三）杂交改良方案的确定

1. 父本羊的选择

我国绵羊、山羊具有耐粗饲、抗病力强、适应性好、遗传性稳定等优良特性，但存在着体型小、生长慢等缺点。选择父本公羊进行杂交改良的主要目的是提高本地绵羊、山羊的体重、增重速度和改善胴体品质。

2. 杂交代数的确定

视杂交改良的目标和采用的杂交方式而定。以商品肉羊生产为目的经济杂交，一般以杂交第一代育肥出栏；以培育新品种或新类群为目的杂交则需要较高的代数，一般需级进到第三代、第四代，甚至更高的代数，才能达到彻底改变原品种的目的。

（四）绵羊、山羊杂交改良几个值得注意的问题

为小型母羊选择种公羊杂交改良时，公羊的平均成年活重不宜太大，以防发生难产。一般成年羊活重，公羊品种不宜超过母羊品种的 30%～40%。

大型品种公羊与小型品种母羊杂交时，不用初配母羊，而选配经产母羊，以降低难产率。一般来说，在用外来大型肉用品种羊改良绵山羊时难产率更高，因此，无论对公羊或母羊的选种与选配都要考虑其分娩性能。如用外来大型品种进行杂交改良绵羊、山羊时，要选择体型较大、骨盆较大的母羊；同时注意加强接产和助产工作，特别是对第一次产杂交羔羊的本地绵羊、山羊更应注意。

对杂种羊要做到良种良养。杂种羊，特别是要改善羔羊的营养水平。如果缺乏充分发挥杂种优势的饲养管理条件，用饲养本地羊的办法来养改良羊，效果也会较差。良种要用良法养，这是取得良好改良效果的一条基本措施。

保留本地羊的优点。本地绵羊、山羊大多具有适应性强、耐粗饲、抗寒（热）、抗病能力强、肉质鲜嫩等特点，但也具有个体小、产肉性能差、生长发育速度慢等缺点。所以在杂交改良的过程中要注意保留其优点，改进其缺点，通过杂交组合试验，选出理想的杂交组合。在改良过程中，引进的品种和杂交改良的代数要适当，并在杂交后代中进行严格的选种，这样才能保持杂交改良的效果。原则上是：若本地羊的生产性能较好，则引入的外品种程度应少些（外品种所含血缘程度在杂交后代中少些）；若本地品种的生产性能较差，则引入外品种血缘的程度可高些。饲料和气候条件较差的地区，杂交代数可少些，以防杂交后代适应性较差；反之，杂交代数可高些。要根据当地母羊的体型大小、饲料条件、气候等因素综合考虑所选择的改良品种。

二、杜泊羊×小尾寒羊组合

以引进南非肉羊品种黑头杜泊羊为父本，小尾寒羊为母本，进行肉羊杂交育肥生产或新品种（系）培育的组合方式（简称"杜寒杂交组合"）。杂交后代体形外貌趋向于父本；体型大，结构匀称，背腰平直，后躯丰满；四肢较高且粗壮，全身呈桶状结构。同时具有耐粗饲、抗病、适合农区舍饲圈养等特点。

杜寒组合公、母羊初情期 6 月龄左右。公羊 12 月龄可配种使用，15~16 月龄配种较为适宜，每次射精量为 1.0~2.0mL，精子密度 2.5×10^{10} 个/mL 以上，精子活力 0.8 以上。母羊初情期体重为 40~50kg，适宜的配种年龄为 8~10 月龄，体重为 50~60kg。母羊常年发情，春秋季较为集中，发情周期为 17~18d，发情持续时间为 30~36h；初产母羊的情期受胎率为 94.7%，经产母羊受胎率为 96%。母羊的妊娠期平均 148.5d 左右；初产母羊产羔率 150% 左右，经产母羊产羔率 200% 以上。

三、杜泊羊×湖羊杂交组合

杜湖杂交组合系选择具有生长发育快、耐粗饲、适应性强等特点的肉皮兼用绵羊品种——杜泊羊（Dorper Sheep）作为父本，选择具有性成熟早、全年发情、多胎等特点的高繁殖力多羔绵羊品种——湖羊（Hu Sheep）作为母本，利用杂交优势生产生长快且多羔的 F_1 代商品肉羊（简称"杜湖杂交组合"）。此外，一些育种单位也可利用该杂交组合进行多胎肉用羊新品种的选育。

杜湖 F_1 代公母羊均无角，体型呈桶状，背宽、胸深、颈部粗短。头部较长，嘴尖，呈三角形，耳部平直、较长，臀部肥圆，尾部细长、小、轻薄；蹄子颜色偏暗黑色，腿较高，关节坚实。被毛以米白色为主，大部分羔羊头颈部颜色分为两种，全黑色与全白色，其余羔羊头颈部、背部、腿部都含有黑斑点。杜湖杂交 F_1 代母羊初配月龄为 8~9 月龄，产羔率为 215%，具有较好的多胎产羔性状。

四、杜泊羊×蒙古羊杂交组合

杜蒙杂交羊是以杜泊羊为父本，蒙古羊为母本，经杂交培育而成。该羊适应大陆性草原气候和放牧饲养条件，具有抗逆性强、善于游牧、采食能力强、抓膘快、耐严寒、抗御风雪灾害能力强等优点，是目前我国自主培育形成的一个良种肉羊杂交配套系。随着新品种培育工作的进一步深入，杜蒙肉羊有望成为我国未来的一个优良肉羊新品种。

杜蒙羊体躯被毛为白色长毛，头部或四肢多为有色毛。母羊头清秀，鼻梁平直；公羊头稍宽，鼻梁微隆，无角或有小角，耳小且下垂。颈长短适中，体躯长度明显，肩宽，胸宽而深，背腰平宽，臀部较宽，四肢细长、强健有力，前肢腕关节发达，管骨修长，蹄质坚硬。尾巴较蒙古羊小。性成熟早，公羊初配年龄明显较蒙古羊提前，平均产羔率 150% 以上。无明显季节性。

五、道赛特×小尾寒羊杂交组合

道赛特和小尾寒羊杂交羊（简称"道寒杂交组合"）兼顾了道赛特羊生长速度快、产肉性能好和小尾寒羊繁殖率高的特点，杂交后代较小尾寒羊体格增大，生长发育加快，饲料报酬高，产肉性能增强，适合羔羊育肥生产。

道赛特和小尾寒羊杂交一代羊体躯匀称、呈圆桶状，骨骼结实，肌肉发达。耳中等大小、下垂。公羊有角；母羊大多无角。四肢健壮端正，多为长瘦尾。公羊睾丸大小适中，发育良好，附睾明显；母羊乳房发育良好，乳头分布均匀、大小适中，泌乳力好。被毛白色，毛股清晰，有花穗。随着杂交代数的增加，体型外貌趋于道赛特羊。

道赛特和小尾寒羊杂交一代羊初产母羊产羔率 120%，经产母羊 170%。公、母羊初情期均在 5~6 月龄。公羊初次配种时间为 10~12 月龄，母羊初次配种时间为 8~10 月龄。公羊平均每次射精量 1.5mL 以上，精子活力 0.7 以上。母羊发情周期 17d，妊娠期 150d。母羊常年发情。

第四节　种公羊的饲养管理

　　种公羊是发展养羊生产的重要生产资料，对羊群的生产水平、产品品质都有重要的影响。随着人工授精技术的广泛应用，对种公羊品质的要求也越来越高。饲养种公羊最重要的目的，就是要常年保持种公羊良好的种用体况，使种公羊保持旺盛的精力，配种能力强、精液品质好。种公羊不能过肥，也不能过瘦，过肥对种公羊的配种能力和精液品质有很大的影响，容易造成母羊空怀，影响羊的发展和繁殖。

一、种公羊的选择

（一）根据其系谱进行选择

　　选择系谱清楚、双亲资料齐全、父母均为良种羊、遗传力强、生产性能好、无明显遗传缺陷的种公羊。只有选择遗传力强、生产性能好的种公羊，才能最大限度地发挥其生产潜力，提高生产力。

（二）根据公羊的体型外貌进行选择

　　一般选择种公羊，体格较同种母羊要高大，胸宽深，肩宽厚，背宽而平直，肋骨开张良好，尻部宽长而不过斜，臀部肉厚轮廓明显，股部肌肉丰满，腿强健，腿长与体高比例适中，整个体躯圆厚而紧凑，生殖器官发育良好。

（三）根据后裔测定成绩进行选择

　　实践证明，根据后裔测定成绩进行选择的种公羊，效果比较理想，选择系谱记录详细，且至少 3 代以上，体型外貌符合本品种特征，有条件的种羊场，依据后裔测定进行科学合理的选择。

二、种公羊的饲养管理

　　俗话说"母羊好，好一窝；公羊好，好一坡"，种公羊管理得优劣直接影响养羊户（场）的经济效益，因此在种公羊饲养管理中应做到合理饲养，科学管理。

（一）种公羊的饲养

　　对种公羊的饲养应采取放牧与补饲相结合的方法，并根据配种期和非配种期给予不同的饲养标准。

1. 非配种期种公羊的饲养

　　此期较长，几乎经历了冬、春、夏、秋 4 个季节，这一时期的种公羊，虽无配种任务，但直接关系到种公羊全年的膘情、配种期的配种能力以及精液的品质。所以，此期的饲养，一定坚持常年放牧为主、补饲为辅的原则。具体饲养方法分为 3 个时期。

　　（1）增膘复壮期的饲养。种公羊于 10 月上、中旬配种，到 12 月中旬左右结束，经过两个月的配种，体力和营养消耗很大，同时又值严寒冬季，水凉草枯，采食量下降，消耗热能也多，故应做好以下 3 项工作：首先，于配种结束后，立即停止单纯运动，以防继续消耗体力；其次，按配种期的饲养标准，逐渐减少精料量，不要立即停喂精料；再次，加强放牧，延长放牧时间，使公羊在牧地充分采食，返舍后精心补饲和饲养，使公羊迅速增膘复壮。

（2）严冬、晚春和夏季的饲养。这一时期长达 7 个月左右，冬季寒冷，春季气温变化无常，夏季酷热。枯草期除供给足够热能外，还应注意蛋白质、维生素、矿物质的充分供给。冬、春季在减少精料的情况下，保持中、上等体况。因此，一定要保证放牧时间和放牧距离，以增强种公羊的体质，同时要保证补饲饲草、饲料的数量和质量。青草期的晚春及夏季，除加强放牧外，保证放牧时间和放牧里程，日喂混合料 0.3kg，切实保证种公羊非配种期的营养需要，并为配种预备期做好准备。

（3）配种预备期的饲养。这一时期正值秋季放牧时期，天气凉爽适宜，牧草开始枯黄，但籽实已成熟，田间果园残留粮谷、果实丰盛，是抓膘增重、为配种期积蓄营养的良好时期，所以除加强放牧运动外，应按配种期精料标准的 60%～70% 比例，逐渐增加到配种期的标准。并要坚持排精检查精液质量，开始时，每周排精 1 次，接近配种期前 1 个月内，每周排精 1~2 次，直至隔日排精 1 次，并严格检查精液品质，发现问题，及时研究改变饲养方法，保证配种期公羊精液的品质。

2. 配种期种公羊的饲养

（1）配种前期种公羊的饲养。① 加强饲养。为了保证种公羊在配种季节有良好健康的体况，能够承担和完成配种任务，在配种前期配种季节到来前 1~1.5 个月要着重加强种公羊的补饲和运动锻炼，精饲料的补饲量由 0.3kg/（d·只）逐渐增加到 0.7kg/（d·只），在精饲料中要注意增加蛋白质饲料的比例，种公羊每天的运动时间要增加到 4h 以上。

② 配种训练。公羊初次参加配种前要进行调教才能配种。在开始调教时，选发情盛期的母羊允许进行本交。有的公羊对母羊不感兴趣，既不爬跨，亦不接近，对这样的公羊可采取以下方法进行调教：一是把公羊和若干只健康母羊合群同圈饲养，几天以后，种公羊就开始接近并爬跨母羊；二是在其他的种公羊配种或采精时，让缺乏性欲的公羊在旁"观摩"；三是每日按摩公羊睾丸，早晚各 1 次，每次 10~15min，或注射丙酸睾丸素，隔日 1 次，每次 1~2mL，注射 3 次，或用发情母羊的阴道分泌物或尿涂在种公羊鼻尖上，有助于提高公羊性欲。

③ 精液品质检查。公羊经过几次调教后，每只公羊要人工采精 3~5 次，检查精液的品质。精液检查的目的是确定精液是否可用于输精配种。一般的检查项目是：密度、活力、射精量及颜色、气味等。正常精液的颜色为乳白色，无特殊气味，肉眼能看到云雾状。射精量为 0.8~1.8 mL，一般为 1mL，每 mL 含有精子 10 亿~40 亿个，平均 30 亿个，密度和活力要用显微镜检查。根据精液的品质调整饲料配方和补饲量，预测配种能力。

④ 安排配种计划。羊群的配种期不宜拖得过长，应争取在 1.5 个月左右结束配种。配种期越短，产羔期越集中，羔羊的年龄差别不大，既便于管理，又有利于提高羔羊的存活率。

（2）配种期种公羊的饲养。配种是种公羊的主要任务，配种对种公羊的体力消耗是非常大的，尤其是在配种任务大时更是如此。因此，如果在此阶段饲养管理不到位，就不能很好地完成配种任务。配种期最重要的是进行合理的补饲。补饲量可根据羊的体重大小、膘情和配种任务而定，每只种公羊每天补饲含蛋白质较高的精饲料 0.7~1.5kg，食盐 15g，骨粉 10g，冬季还应补充胡萝卜 1kg，分 2~3 次补饲，先喂精饲料，再自由采食青草或青干草。在配种任务较大时，为了提高种公羊的精液品质，可在羊的饲料中加入生鸡蛋 2~3 枚，将鸡蛋捣碎拌入料中。其次是要加强运动。通过运动可增进种公羊的肌肉、韧带和骨骼健康，防止肢蹄变形，保证种公羊举动活泼，性欲旺盛，精液质量优良，防止公羊过肥，减少疾病的发生。在配种期，种公羊的运动时间要增加到 4~6h。平常要保证充足洁净的饮水，配种或采精后不能让公羊立即饮冷水，必须停 15~20min 后才可饮水，冬季要饮温水。

（3）配种后恢复期种公羊的饲养。种公羊经历了一段时间的配种后，体力消耗很大，往往出现体重减轻的现象，为了尽快恢复体况，在配种完成后的一段时间内仍要加强对种公羊的饲养管理。每只种公羊每天仍要补饲精饲料 0.5~0.8kg，并逐渐减少，饲料中的蛋白质含量可以适当降低。大约需 1 个月的恢复期，使种公羊的膘情恢复到配种前的体况，然后按非配种期的饲养管理方法进行。

（二）种公羊的管理

无论配种期与非配种期，对种公羊的管理都应格外细致，要经常观察种公羊的食欲好坏，发现食欲不振时，即应研究原因，及时解决。种公羊圈舍应宽敞、坚固，通风良好，保持清洁干燥，定期消毒、定期防疫、定期驱虫、定期修蹄，保证种公羊有一个健康的体魄。

种公羊应常年保持中等膘情，不能过肥。舍饲的种公羊每天必须进行运动，即采取快步驱赶，要在 40min 内走完 3km。这样可使种羊体质健壮，精力充沛，精子活力旺盛。

公羊喜欢顶斗，尤其是配种期间，互相争斗，互相爬跨，不仅消耗体力，还易造成创伤。因此，饲养人员应多观察，发现公羊顶架及时予以驱散。

种公羊要单独组群饲养，除配种外，尽量远离母羊，不能公母混养，以防乱配，过度伤身，导致雄性斗志衰退。

三、种公羊的合理利用

要适龄配种。种公羊应在体成熟以后开始配种利用，不同品种的羊，达到体成熟的年龄有所不同，一般在 12~18 月龄。

要加强对种公羊的调教，使其不怕人、容易接近，性格温顺，听从使唤。

保证配种受胎率和公羊体质。羊群应保持合理的公母比例。自然交配情况下公母比例为 1∶30，人工辅助交配情况下公母比例为 1∶60，人工授精情况下公母比例为 1∶5 000。

每周采精 1 次检查种公羊精子。对于精液外观异常或精子的活率和密度达不到要求的种公羊，暂停使用，查找原因，及时纠正。人工授精情况下，每次输精前都要检查精子的活率和密度，精子活率低于 0.6 的精液或稀释精液不能用于输精。

掌握好种公羊的使用频度。1.5 岁左右的种公羊每天采精 1~2 次，采取隔天利用；成年种公羊每天配种或采精 3~4 次，每次采精间隔 1~2h，每星期至少安排休息 1d。

种公羊繁殖利用期限。种公羊繁殖利用的最适年龄为 3~6 岁，这一时期，配种效果最好。要及时淘汰老公羊，并做好后备公羊的选育和储备。

第五节　妊娠母羊的饲养管理

一、妊娠母羊的生理特点

妊娠是母羊特殊的生理状态，是由受精卵开始，经过发育，一直到成熟胎儿产出为止，所经历的这段时间称为妊娠期。母羊配种后 20d 不再表现发情，则可判断已经怀孕，其妊娠期平均为 150d。

妊娠期间，随着胚胎的发育，母羊的生殖器官和整个机体发生一系列形态和生理的变化，以适应妊娠需要，同时也保持了机体内环境的稳定状态。母羊妊娠前期（妊娠的前 3 个月），是胚胎形成阶段，胎儿的体重增加很少，主要是进行组织器官的分化，对营养物质的量要求不高，但是要求严格的饲料质量和营养平衡。在生产中，妊娠前期的营养需要与空怀期大致相同，一般按维持水平饲养，但应补喂一定量的优质蛋白质饲料，以满足胎儿生长发育和组织器官对蛋白质的需要。妊娠后期，胚胎发育加快，为适应胎儿生长发育需要，母羊体内物质代谢急剧增强，表现为食欲增加，对饲料消化吸收的能力增强。在正常饲养条件下，胎儿和母羊合计可增重 7~8kg，怀双羔或三羔的甚至可增重 15~20kg，其中纯蛋白质的总蓄积量可达 1.8~2.4kg，80%是在妊娠后期蓄积的。妊娠后期的热能代谢，要比空怀母羊高出 15%~20%。钙、磷需要也相应增加，维生素 A 和维生素 D 更不能缺乏，与钙、磷配合起作用，否则所产羔较弱，抵抗力差，母羊瘦弱，泌乳不足。

二、妊娠母羊的饲养管理

妊娠前期，胎儿发育较慢，所需营养与母羊空怀期大体一致，但必须注意保证母羊所需营养物质的全价性，主要是保证此期母羊对维生素及矿物质元素的需要，以提高母羊的妊娠率。保证母羊所需要营养物质全价性的主要方法是对日粮进行多样搭配。在青草季节，一般放牧即可满足，不用补饲。在枯草期，羊放牧吃不饱时，除补喂野干草或秸秆外，还应饲喂一些胡萝卜、青贮饲料等富含维生素及矿物质的饲料。舍饲饲养，则必须保证饲料的多样搭配，切忌饲料过于单一，并且应保证青绿多汁饲料或青贮饲料、胡萝卜等饲料的常年持续平衡供应。

在妊娠后期（分娩前 2 个月），胎儿生长发育迅速，初生羔羊 3/4 的体重是在此期完成的，因此母羊对营养物质不仅需要较高的质量，需要的数量也远远超过妊娠前期。若母羊营养供应不足，就会带来一系列不良后果，影响羔羊的初生重和其他生理机能，也影响母羊的泌乳哺乳功能，但此期母羊养得过肥，容易出现食欲不振，反而引起胎儿营养不良。妊娠后期，因母羊腹腔容积有限，对饲料干物质的采食量相对减少，饲喂饲料体积过大或水分含量过高的日粮均不能满足其营养需要。因此，对妊娠后期母羊而言，除提高日粮的营养水平外，还应考虑日粮中的饲料种类，逐步提高精料的补饲分量，一般在产前 3 周可达日粮的 30%左右。产前 1 周，适当减少精料比例，以免胎儿体重过大造成难产。

羊的消化机能正常时，羊瘤胃微生物能合成机体所需要的 B 族维生素和维生素 K，一般不需日粮提供；羊体内也能合成一定数量的维生素 C；但羊体所需的维生素 A、维生素 D、维生素 E 等则必须由日粮供给。

母羊妊娠前期要防止发生早期流产，后期要围绕保胎来考虑。进出圈要慢，翻山过沟不能急，饮水要防滑倒和拥挤，防止羊群受惊吓，不能紧追急赶，出入圈时严防拥挤，草架、料槽及水槽要有足够的数量，防止喂饮时拥挤造成流产。怀孕后期不能驱虫和进行防疫注射。临产前几天，不要远出放牧，应就近观察护理。规模化舍饲时，应将妊娠后期的母羊从大群中分出，另组一群。产前 1 周，夜间应将母羊放入待产圈中饲养和护理。

妊娠期母羊不能吃腐败、发霉或冰冻的饲料，也不能给过多的易在胃中引起发酵的青贮料。放牧时应避开霜和冷露，早上出牧可晚一些，不能饮过冷的水，最好饮温水。羊舍不应潮湿，不应有贼风。

第六节　哺乳母羊的饲养管理

母羊哺乳期一般为 90～120d，可以分为哺乳前期和哺乳后期。

一、哺乳前期

哺乳前期是指产羔后的 2 个月内，哺乳母羊的饲养管理与妊娠后期的饲养管理一样重要，是饲养种母羊的关键。其原因有以下几点。一是母羊产羔后，体质虚弱，需要尽快恢复。二是羔羊在哺乳期生长发育快，需要较多的营养。但是由于羔羊瘤胃发育不完全，采食能力和消化能力差，所以羔羊的营养完全依赖于母羊的乳汁，若母羊泌乳性能好，产奶量多，则羔羊生长发育快、成活率高。三是从母羊的泌乳特点来看，母羊产羔后，15～20d 的泌乳量增加很快，并且在随后的 1 个月保持较高的泌乳量，在这个阶段母羊将饲料转换为乳汁的能力比较强，增加营养可以起到增加泌乳效果的作用。因此，在泌乳前期必须加强哺乳母羊的饲养和营养。夏季要充分满足母羊的青草的供应，冬季要饲喂品质较好的青干草和各种树叶等。同时，要加强对哺乳母羊的补饲。

哺乳前期的饲养管理主要是恢复产羔母羊体质，满足羔羊哺乳需要。舍饲状态下的母羊需要注意以下几点。第一，刚产后的母羊腹部空虚，体质衰弱，体力和水分消耗很大，消化机能较差，这几天要给易消化的优质干草，多饮用盐水、麸皮汤等效果更好。青贮饲料和多汁饲料有催奶作用，但不能给得过早且太多。产羔后 1～3d，如果膘情好，可少喂精料，以喂优质干草为主，以防消化不良或发生乳房炎；第二，母羊产后 7d 左右，乳汁消耗逐渐增多，此时开始增加鲜干青草、多汁饲料和精料，并注意矿物质和微量元素的供给。母羊在最高泌乳时期的营养需要约为空怀母羊的 3 倍，因此，必须经常供给骨粉、食盐、胡萝卜素、维生素 A 和维生素 D，钙磷需要量也相应增加。此外，在土壤和牧草缺硒的地区，还应注意维生素 E 和硒的补给，否则所生羔羊易患白肌病；第三，加强母羊运动，有助于促进血液循环，增强母羊体质和泌乳能力。每天必须保证 2h 以上的运动；第四，该时期母羊营养消耗较大，既要恢复体况，又要分泌乳汁，此时要增加粗蛋白质、青绿多汁饲料的供应。日粮可参照妊娠后期日粮标准，另外增加苜蓿草 0.25kg，青贮料 0.25kg 或 0.15kg 的混合精料；第五，注意哺乳卫生，防止发生乳房炎；第六，哺乳前期单靠放牧不能满足母羊泌乳的需要，因此必须补饲草料。哺乳母羊每天饲喂精料的数量应根据母羊食欲、反刍、排粪、腹下水肿和乳房肿胀消退情况以及所哺育羔羊数、所喂饲草的种类及质量而定。一般产单羔的母羊每天补精料 0.3~0.5kg，青干草 2kg，多汁饲料 1.5kg，或者每天补饲精饲料 0.5~1kg，食盐 10~15g，骨粉 10~15g。产双羔母羊每天补精料 0.4~0.6kg，干草 1kg，多汁饲料 1.5kg。但是体重在 50~60kg 哺育双羔的母羊，即便是在以优质花生秧为饲草的情况下，哺乳前期（产后 45d 以内）每天也至少需要 600~700g 含饼类 40%左右的精料，若哺育单羔，可适当减少。如果哺育 3 羔乃至 4 羔，则需要更多的精料，以便能够更充分地发挥哺乳母羊的泌乳潜力。若计划提前进行羔羊断奶，应到临羔羊断奶的 3~4d 减喂，乃至停喂，以便促进干奶。总之，饲料要逐渐增加，有条件时多喂青绿饲草以及补充胡萝卜等。

在生产实践中有一点必须得引起足够重视，即哺乳母羊不可多喂精料，原因主要有以下两个方面。一是母羊分娩后不久，特别是在产后的 2~3d 脾胃虚弱，消化机能减退。而精料与牧草不同，对羊而言，属于较难消化的饲料，一旦多喂，特别是对于瘦弱的个体，在原来很长时间没有喂过精料的情况下，极易发生消化不良，甚至引发消化性疾病。二是如果母羊产前膘情不是很好，并且已有腹下水肿或乳房严重肿胀等现象，多喂精料不仅会提高饲养成本，而且会因营养过剩而加剧其腹下水肿或乳房水肿的症状，甚至导致其患乳房疾病。为了促进母羊的身体康复，同时有利于其乳汁分泌，此时应多喂一些青绿多汁、容易消化且有一定轻泻作用的饲料，如新鲜牧草、糠麸或胡萝卜等其他块根块茎饲料。

二、哺乳后期

产羔后的 3~4 个月称为哺乳后期。在哺乳后期的 2 个月中，母羊泌乳能力逐渐下降，虽然加强补饲，也很难达到哺乳前期的泌乳水平。同时羔羊的采食能力和消化能力也逐渐提高，此期羔羊已能采食大量青草和粉碎饲料，对母乳的依赖程度减小，羔羊生长发育所需要的营养物质可以从母羊的乳汁和羔羊本身所采食的饲料中获得。从 3 月龄起，母乳仅能满足其本身营养的 5%~10%。所以哺乳后期母羊的饲养已不是重点，精饲料的供给量应逐渐减少，日粮中精料标准应调整为哺乳前期的 70%，由哺乳前期每只母羊 0.5~1kg/d，减少到 0.2~0.5kg/d，同时增加青草和普通青干草的供给量，逐步过渡到空怀期的饲养管理。对母羊可以逐渐取消补饲，转为完全放牧吃青。哺乳后期的母羊，主要靠放牧摄取营养，对体况较差者亦可酌情补饲，以利于其恢复体况。但是在羔羊断奶时，哺乳母羊要停止喂精饲料 3~5d，以预防母羊乳房炎的发生。

参考文献

阿德力，阿依古丽，陈卫国，2009. 哈萨克羊品种资源及利用建议 [J]. 新疆畜牧业（1）：48-49.

丁国梁，2014. 草原增绿、牧民增收——内蒙古四子王旗"杜蒙肉羊"生态高效养殖模式初步分析 [J]. 饲料广角（11）：20-21.

范必勤，2002. 肉用多珀绵羊的选育和发展利用 [J]. 江苏农业科学（3）：59-60.

耿宁，李秉龙，王士权，2014. 我国肉羊种业发展的运行机理研究 [J]. 农业现代化研究，35（6）：737-742.

龚华斌，2008. 简阳大耳羊品种选育与示范应用研究［M］. 成都：四川大学出版社.

国家畜禽遗传资源委员会，2011. 中国畜禽遗传资源志：羊志［M］. 北京：中国农业出版社.

黄华榕，刘桂琼，姜勋平，等，2014. 杜泊羊与湖羊的杂交效果［J］. 中国草食动物科学（S1）：160-162.

贾琦珍，杨菊清，罗康波，等，2012. 特克斯县哈萨克羊品种资源概况［J］. 新疆畜牧业（1）：23-26.

兰山，王子玉，王学琼，等，2015. 不同月龄杜湖杂交 F_1 代母羔生产性能测定和肉质分析［J］. 畜牧与兽医（8）：5-8.

李红光，刘权，冯秀丽，2012. "杜蒙"杂交羔羊生产性能测定试验报告［J］. 当代畜牧（12）：40-41.

罗毅敏，2012. 体重对杜蒙杂交一代羊的屠宰性能及肉品质的影响［D］. 呼和浩特：内蒙古农业大学.

马黎明，马海青，2010. 青海省祁连县白藏羊生产现状与前景分析［J］. 养殖与饲料（1）：62-65.

聂海涛，王子玉，应诗家，等，2012. 采食量水平对杜湖 F_1 代羊肉品质的影响［J］. 江苏农业科学（1）：179-181.

农业部畜牧业司，国家牧草产业技术体系，2012. 现代草原畜牧业生产技术手册［M］. 北京：中国农业出版社.

荣威恒，张子军，2014. 中国肉用型羊［M］. 北京：中国农业出版社.

涂友仁，1985. 内蒙古家畜家禽品种志［M］. 呼和浩特：内蒙古人民出版社.

完马单智，诺科加，完么才郎，等，2012. 青海省天峻县高原型藏羊种质特性［J］. 畜牧与兽医，44（3）：53-55.

王金文，崔绪奎，王德芹，等，2011. 鲁西黑头肉羊多胎品系培育［J］. 中国草食动物（1）：13-17.

王金文，崔绪奎，王德芹，等，2012. 鲁西黑头肉羊与小尾寒羊肉质性状的比较研究［J］. 家畜生态学报（33）：52-56.

王金文，崔绪奎，张果平，2009. 杜泊羊与小尾寒羊杂种优势利用研究［J］. 山东农业科学（1）：103-106.

王金文，崔绪奎，2013. 肉羊健康养殖技术［M］. 北京：中国农业科学技术出版社.

王新法，王一平，许雄伟，等，2012. "杜湖杂交优势利用"技术研究与示范推广［J］. 畜牧与饲料科学（7）：88-90.

王学琼，2013. 采食量水平对两个年龄段杜湖杂交 F_1 代母羊育肥效果与肉品质的影响［D］. 南京：南京农业大学.

王元兴，王诚，汪兴生，等，1999. 湖羊高繁殖力选育效果［J］. 中国草食动物（2）：10-11.

向泽宇，王长庭，2011. 青藏高原藏羊遗传资源的现状、存在问题及对策［J］. 中国畜牧兽医文摘，27（2）：1-4.

新疆家畜家禽品种志编写委员会，1988. 新疆家畜家禽品种志（9）：21-24.

徐刚毅，1990. 英国努比羊在四川的适应性 ［J］. 中国养羊（2）：8-10.

旭日干，2016. 中国肉用型羊主导品种及其应用展望 ［M］. 北京：中国农业科学技术出版社.

闫忠心，靳义超，白海涛，等，2015. 本品种选育对高原型藏羊体尺及生产性能的影响 ［J］. 黑龙江畜牧兽医（5）：59-60.

于跃武，2005. 萨福克与哈萨克羊、小尾寒羊的杂交生产性能测定 ［J］. 畜牧兽医杂志（4）：19-21.

张英杰，刘月琴，2012-04-12. 做好肉羊的杂交改良 ［N］. 河北科技报（B07）.

赵有璋，等，2011. 羊生产学 ［M］. 3 版. 北京：中国农业出版社.

周正度，1980. 苏州地区的气候资源与双三制 ［J］. 江苏农业科学（6）：30-32.

第八章 现代养羊的羔羊培育技术

第一节 羔羊的消化生理与营养需求特点

羔羊阶段是羊一生中生长发育最旺盛的时期。只有掌握了羔羊的消化生理和营养需求特点，才能为其创造适宜的营养和饲养管理条件，从而提高羔羊成活率和促进羔羊的健康快速生长。羔羊在消化吸收、营养需求和免疫等方面与成年羊相比，差别较大。羔羊因其消化道发育不完全，免疫功能未发育完善，抵抗力较差，体质弱，很容易受外界环境的影响，因此羔羊需要全面的营养来满足其生长发育的需要。羔羊早期消化道的健康发育关系到其后期以及成年后消化系统的容量和消化能力，需及早训练羔羊采食固体饲料，刺激消化道的发育，进而促进羔羊生长性能的发挥。

一、羔羊消化道发育

胃肠道是动物对营养物质消化吸收的场所，与动物的生长发育紧密相关，反刍动物在出生后，胃肠道的分化将持续一段时间，这个过程中营养物质会对其产生影响，各个胃室、肠道的重量及相对比重都会发生较大的改变。

（一）瘤胃的发育

瘤胃是反刍动物特有的消化器官，成年羊的瘤胃相对质量占全胃的60%左右。瘤胃上皮是瘤胃执行吸收、代谢功能的重要组织，由瘤胃微生物产生的挥发性脂肪酸（VFA）的85%由瘤胃上皮直接吸收并可为宿主提供60%~80%的所需代谢能。羔羊出生时瘤胃非常小，约占总胃重的17%。羔羊从出生到以采食固体饲料为主，其瘤胃经历了由非反刍向反刍的生理功能转变。非反刍阶段瘤胃未发育完全，不具有代谢功能，随着饲料进入瘤胃后，瘤胃的生理代谢功能逐渐形成。羔羊瘤胃的发育程度直接影响到其成年后的采食和消化能力及生产性能的发挥。根据瘤胃发育特点，将羔羊瘤胃发育分为3个阶段，分别是初生至3周龄的非反刍阶段、3~8周龄的过渡阶段和8周龄以后的反刍阶段。

1. 非反刍阶段

此阶段母乳营养充足，羔羊机体发育迅速，瘤胃组织结构快速发育（表8-1）。研究表明，到20日龄羔羊（波尔山羊）瘤胃重41g，瘤胃相对质量在7~21日龄增速较大，瘤胃相对质量由约占全胃比例的20%增长到43%；同时瘤胃容积占全胃的比例由15%扩增到46%。新出生的羔羊瘤胃乳头长度为0.21mm，宽度为0.09mm，到15日龄瘤胃乳头长度为0.37mm，宽度为0.13mm，乳头变长变宽。但是此阶段羔羊瘤胃乳头表面较光滑，上皮细胞相对细小扁平。这主要是由于羔羊从出生到3周龄由于食管沟闭合，母乳或液体饲料直接进入真胃，对瘤胃上皮细胞没有直接刺激作用。

表8-1　放牧条件下瘤胃占全胃的相对质量和相对容积比例　　　　　　（%）

项目	1d	3d	7d	14d	21d
相对质量	17.45	18.80	19.90	28.06	43.22
相对容积	15.15	4.90	9.13	16.51	45.96

早期研究发现，2日龄羔羊瘤胃内已有严格的厌氧微生物，数量与成年动物相当，这表明瘤胃微生物区系的建立不依赖固体饲料的采食。羔羊8~10日龄时其瘤胃中可出现厌氧真菌。而瘤胃微生物是瘤胃功能发挥的基础，群体饲养的羔羊纤维素分解菌和产甲烷菌在3~4日龄出现，1周后接近成年羊的水平；与母羊共同饲养的羔羊在15~20日龄可以在瘤胃内检测出原虫。20日龄的羔羊瘤胃内已经出现了瘤胃普雷沃氏菌、瘤胃壁细菌门及拟杆菌门的细菌。瘤胃内的微生物出现的时间不一致是否与饲养模式或饲料有关有待进一步研究。

羔羊在出生时瘤胃内已经检测到蛋白酶和淀粉酶，且不随日龄变化；14日龄羔羊瘤胃内已可检出纤维素酶，随后其酶活力随日龄逐渐增加。普遍认为瘤胃内消化酶的变化由微生物产生，但是目前对瘤胃微生物优势菌群与消化酶的相关性研究的报道较少。反映瘤胃内环境的指标主要有VFA浓度、氨态氮浓度和瘤胃pH。出生后羔羊瘤胃内的VFA浓度从无到有且存在个体差异。

研究发现，1日龄羔羊瘤胃内没有挥发性脂肪酸（VFA），部分7日龄的羔羊瘤胃内出现VFA，21日龄所有羔羊瘤胃内均有VFA，总VFA浓度为25mmol/L。出生后3周内瘤胃内氨态氮浓度较高，14日龄时氨态氮浓度可达到25mmol/L，此时瘤胃有较高的pH，pH接近6.8，随后降低。但有研究发现，羔羊出生时瘤胃上皮氧化丁酸和葡萄糖的速度相同，随后发现瘤胃上皮氧化丁酸的能力随着年龄逐渐增加，此阶段活体瘤胃内VFA浓度低，因此丁酸供能少，瘤胃上皮可能主要利用葡萄糖氧化功能。

2. 过渡阶段

随着年龄增长，羔羊采食固体饲料增多，瘤胃组织形态进一步发育，同时各项功能开始逐渐增强。此阶段羔羊瘤胃相对质量和容积进一步增加。到56日龄羔羊瘤胃占总胃重的比例达到60%，占总胃容积的比例达到78%，接近成年羔羊瘤胃相对质量和容积。30日龄的羔羊瘤胃乳头长度达到较高水平，为1.71mm，然后降低，到45日龄羔羊瘤胃乳头长度为0.71mm，随后继续增长，到60日龄达到2.0mm。瘤胃乳头宽度一直增加，从30日龄的0.28mm增长到60日龄的0.50mm。随着日龄的增加，瘤胃乳头表面角质化程度不断提高，到6~10周龄瘤胃乳头表面明显变粗糙。因此，此阶段瘤胃组织形态发育主要是瘤胃基层以及瘤胃乳头的发育，其中瘤胃乳头生长是与非反刍阶段相比的最大变化。

21日龄的羔羊瘤胃内的微生物已经可以消化大部分成年羊消化利用的饲料。50日龄羔羊瘤胃内优势菌群出现纤维分解菌。兼性厌氧菌快速繁殖后，逐渐被厌氧微生物取代，在6~8周龄趋于稳定。在2月龄内羔羊瘤胃内原虫数量一直持续增加，2个月时达（5.7

±3.6）×10^5个/mL，70 日龄优势菌群中出现原虫。受采食量的变化，此阶段瘤胃优势菌群不稳定，但是杆菌门和壁厚菌门一直是此阶段的优势菌。羔羊瘤胃内的消化酶活力在此阶段变化不大，日龄间差异不显著，部分日龄消化酶活力的变化可能与日粮的变化导致微生物种类与数量的变化有关。21 日龄后瘤胃内 VFA 浓度快速升高。不同饲养管理条件下，56 日龄羔羊瘤胃内总 VFA 浓度在 60~130mmol/L，与成年羊的瘤胃 VFA 浓度相当。瘤胃内氨态氮的浓度在 21 日龄后迅速降低，到 5 周龄后稳定在 25mmol/L，与成年羊瘤胃接近。瘤胃 pH 稳定在 6.0~6.7，不随日龄变化。但是瘤胃内的 VFA 浓度和氨态氮受瘤胃微生物产生速度和瘤胃上皮吸收速度的影响，这就表明瘤胃内环境的变化与瘤胃乳头生长和饲料的种类有关。新生绵羊羔羊的瘤胃上皮细胞利用葡萄糖的能力随着日龄的增长不断增加，一直持续到 42 日龄。随后葡萄糖的利用迅速降低，而丁酸的利用却在逐渐增加。

42 日龄时瘤胃上皮生酮作用出现特征性的、显著的增加，42 日龄以后其产生 BHBA 的速率和成年羊瘤胃产生的速率一致，且不随日龄变化。研究发现，瘤胃上皮的 3 羟基 3 甲基辅酶 A 合成酶和乙酰乙酰辅酶 A 硫解酶的 mRNA 水平随日龄增加而改变，但并不随 VFA 的出现改变。这与通过给羔羊灌注 VFA，血液中 β 羟丁酸的浓度与 VFA 浓度的影响的结果一致。但是羔羊瘤胃上皮生酮基因的表达量反映羔羊瘤胃上皮生酮能力，这就有待深入研究此阶段影响羔羊瘤胃生酮能力的因素。

3. 反刍阶段

到 56 日龄羔羊瘤胃发育基本趋于成熟，瘤胃进入反刍阶段。此阶段全胃占总消化道的相对比例在不断增加，到 112d 占全消化道 39%，成年后占 49%，但是瘤胃占全胃的相对质量稳定在 60%，这就表明此阶段瘤胃的发育与其他 3 个胃的发育速度相当。瘤胃重量随日龄逐渐增加，200 日龄的小尾寒羊可达到 445g，滩羊达到 300g。瘤胃液的体积到 100 日龄增加趋于稳定，到 150 日龄增加到 4.84L（表 8-2）。瘤胃乳头长度和宽度随日龄增加，但是单位面积上瘤胃乳头数量却减少，由 2 月龄的 385 个/cm 减少到 133 个/cm，此阶段瘤胃角质化明显。瘤胃内的微生物主要包含原虫、真菌、细菌。瘤胃微生物中细菌的数量最多为 10^{10}~10^{11}CFU/mL，其次是原虫 10^5~10^6CFU/mL，真菌数量最少为 10^3~10^4 CFU/mL。羔羊瘤胃细菌总数量随日龄持续增加到 120~135 日龄后趋于稳定，瘤胃液中纤毛虫数量在 75~90 日龄增加迅速，在 120 日龄趋于稳定。瘤胃内的消化酶活力在反刍阶段变化不明显，纤维素酶的酶活力较稳定，但是在 9、11 周龄和 15 周龄浓度较高。α-淀粉酶的活力呈曲线变化，蛋白酶的总活性在 80~200 日龄间呈现逐渐上升的趋势，200 日龄时增大明显，变化为 0.10~0.52 IU；脂肪酶的活力呈上升的趋势。

表 8-2　不同日龄的小尾寒羊瘤胃发育

项目	80d	120d	160d	200d
绝对重量（g）	264	280	348	445
占全胃比例（%）	64	63	62	59
占体重比例（%）	2.03	1.72	1.78	1.72

此阶段瘤胃微生物区系稳定，优势菌群明显。瘤胃内的 pH 稳定在 6.3~7.0，且不随

日龄变化。氨态氮浓度随日龄略有增加，在 100 日龄时达到稳定，达到最高值，但在 200 日龄可能会再次明显增加。瘤胃内的总 VFA 浓度处于 $60 \sim 130 mmol/L$，但是瘤胃内的乙酸、丙酸、丁酸的浓度及相关比例与饲喂日粮有关。

综上所述，反刍阶段羔羊瘤胃绝对质量增加，但是相对于在此阶段羔羊其他消化道的发育，瘤胃组织结构发育处于稳定状态，瘤胃生理代谢功能变化较小。

（二）小肠的发育

小肠包括十二指肠、空肠和回肠，是羔羊机体营养物质吸收利用的主要场所。小肠的健康正常发育是羔羊良好生长的保障。小肠的功能与其结构和消化酶活性等都有关系，小肠的隐窝深度、绒毛长度、黏膜厚度和肌层厚度是反映小肠消化吸收功能的重要指标。经过各胃室消化进入小肠的食糜，经过酶、小肠液等化学性消化，被分解为各种营养组分，被羔羊机体吸收利用。早期断奶羔羊小肠发育由断奶前到断奶后发生巨大的变化。断奶前，羔羊主要采食母乳来获取营养物质；断奶后羔羊主要依靠代乳品和固体饲料来获取营养物质。断奶前后由于日粮的变化，导致小肠的结构和功能也发生相应的变化。

前人研究证明，羔羊采食大豆蛋白后会造成小肠绒毛萎缩，严重时小肠上皮会脱落。试验证明，羔羊限饲后小肠绒毛变短、隐窝深度变浅，对小肠造成极大的影响。羔羊早期断奶后，小肠未能立刻适应新的饲养方式和日粮，从而会对小肠绒毛和隐窝深度都产生影响，导致营养物质吸收利用率低，生长性能降低。通过利用代乳品对羔羊进行早期断奶，结果发现饲喂代乳品不影响羔羊 90 日龄小肠发育，可能是由于代乳品品质较好，且蛋白水平合适。因此，对早期断奶羔羊小肠发育的研究，应着手于断奶初期和后期共同研究，而不是其中的任何一个时间。

羔羊小肠中内源性消化酶的分泌及其活性对营养物质消化利用起着重要的作用。而消化酶的分泌与活性受诸多因素影响，主要有日粮组成、采食量、羔羊年龄、品质及神经体液调节因素等。早期断奶羔羊小肠酶活性主要受日粮、采食量和日龄等的影响。研究表明，日龄淀粉水平不同，山羊小肠的淀粉酶活性随饲料淀粉水平的增加而降低。消化道酶活性同样受日龄和部位的影响。试验发现，随着羔羊的生长，淀粉酶活性逐渐升高；空肠的胰蛋白酶活性、糜蛋白酶、淀粉酶和脂肪酶活性显著高于十二指肠和回肠。羔羊早期断奶后采食代乳品和开食料，断奶日龄不同，消化道不同部位的消化酶活性受到的影响不同。

二、羔羊营养需求

大量的研究显示，羔羊营养水平缺乏对羔羊的影响是持久性的，会造成体重减少，胃肠道发育不全，恢复营养后补偿效果不明显。因此，研究羔羊的营养需求，为其提供适宜的营养物质，对促进羔羊的健康生长至关重要。

（一）能量

饲料能量主要来源于碳水化合物、脂肪和蛋白质。在三大养分的化学键中贮存着动物所需要的化学能。动物采食饲料后，三大养分经消化吸收进入体内，在糖酵解、三羧酸循环和氧化磷酸化过程可释放出能量，最终以 ATP 形式满足机体需要。在动物体内，能量转换和物质代谢密不可分。动物只有通过降解三大养分才能获得能量，并且只有利用这些能量才能实现物质合成。

羔羊能量的主要来源是碳水化合物和脂肪。因为碳水化合物在常用植物性饲料中含量最高，来源丰富。羔羊代乳饲料中，含有较高比例的脂肪。祁敏丽（2016）研究发现，早期能量限制影响了41~60d龄羔羊的生长性能，降低了羔羊的饲料转化效率，并且影响羔羊内脏器官的发育；对于61~90d龄羔羊，高能量水平（10.92MJ/kg）可以促进羔羊的生长速度。江喜春（2014）研究得出，羔羊代乳料的消化能水平为17MJ/kg时，羔羊增重效果最好；采食量与能量水平呈负相关，腹泻率与能量水平呈正相关。

（二）蛋白质及氨基酸

日粮中蛋白水平是影响羔羊生长和发育的一个重要因素。蛋白质是动物机体的重要组成成分，蛋白质是构成机体最基本的结构物质，是体液、酶、激素与抗体的重要成分，日粮中蛋白水平是影响羔羊生长和发育的一个重要因素。

蛋白质是遗传物质的基础，是动物产品的重要组成部分。蛋白质摄入主要是满足动物机体组成所需氨基酸，而能量则是动物维持生命活动所必需的。饲料中蛋白质和能量含量需要满足动物的需要，且应保持适宜的比例，比例不当会影响营养物质的利用效率，并导致营养障碍。

日粮蛋白质消化代谢状况及消化道内营养物质吸收的状况，不仅取决于饲料的性质，而且可能取决于日粮的蛋白质水平。有研究发现，与18%蛋白水平相比，22%、27%蛋白水平日粮并不能显著提高羔羊增重。提高日粮蛋白水平会提高日粮营养物质消化率，但蛋白水平超出一定范围反而会降低营养物质消化率，这是由于消化道对粗蛋白质的消化吸收能量有一定的限度，当日粮粗蛋白质水平过高时，导致一部分蛋白质无法被动物消化吸收而排出体外，从而导致粗蛋白质的消化率降低，致使日粮中的其他营养物质的消化率降低。关于羔羊日粮适宜的蛋白水平研究结果不太一致，有的认为16%较为合适，有的则认为低蛋白（14%）的日粮较为合适。

通过日粮配合，实现氨基酸的供给与需要的平衡，可以提高蛋白质饲料的利用效率，同时可以减少氨基酸代谢含氮化合物的排出造成的浪费和对环境的污染。氨基酸的吸收是在小肠中进行，饲喂满足生产需要的日粮EAA组成和数量可以估计羔羊的EAA需要量。近年来，研究者围绕真胃灌注法、屠体组织氨基酸组成发现氨基酸在促进氮沉积、羊皮毛生长和提高日增重上有良好效果。

羔羊的氨基酸需要量主要由机体中沉积的蛋白质和排出的内源蛋白质的数量和组成决定，不同生长阶段羔羊的EAA需要量不同。研究并确立羔羊日粮合理的限制性氨基酸水平及Lys、Met、Thr和Trp的EAA比例，对于促进小肠可吸收氨基酸水平、改善小肠可吸收氨基酸模式具有实际意义，同时也为保证羔羊的健康生长和降低培育成本提供理论依据。李雪玲（2017）利用氨基酸部分扣除法研究断奶后羔羊开食料中4种氨基酸的限制性顺序及比例，得出60~120d龄断奶羔羊开食料中赖氨酸、蛋氨酸、苏氨酸和色氨酸的适宜比例为100：（37~41）：（39~45）：12，限制性氨基酸顺序分别为：Met>Lys>Thr>Trp（80~90d）和Met>Lys>Trp>Thr（110~120d）。

（三）碳水化合物

对于幼龄反刍动物，断奶前开食料的营养水平是调控瘤胃微生物种群定植和瘤胃上皮功能完善的重要因素。其中开食料中非纤维性碳水化合物（NFC）的发酵产物挥发性脂肪酸（VFA）经过瘤胃上皮吸收可为机体提供能量，同时丁酸能够促进瘤胃上皮细胞更新，完善瘤胃上皮吸收功能。此外，开食料中纤维性碳水化合物（FC）的主要组分为中性洗涤纤维（NDF），其包含纤维素、半纤维素和木质素等植物细胞壁成分，是衡量饲粮纤维水平的指标。一般认为，反刍动物在断奶前对纤维的需要有限，主要由于瘤胃微生物尚不完善，不能有效降解纤维；同时由于纤维能量水平较低，限制了精饲料采食量，难以满足动物的能量需要。近年研究发现，饲粮中提供 NDF 能够提高幼龄反刍动物断奶后的采食量，并刺激瘤胃发育，但其效果受饲粮 NDF 来源、水平和粒度等因素影响，在断奶前如何对幼龄反刍动物供应 NDF 尚存在争议。

幼龄反刍动物断奶前补饲粗饲料，总干物质采食量和平均日增重之所以降低，可能是因为其瘤胃尚未发育完全，对粗饲料的降解能力有限，未消化的饲粮纤维在瘤胃内积累使食糜重量增多，体积增大，对胃壁上分布着的连续接触性受体造成刺激，从而反射性地抑制采食行为，阻碍生长发育饲粮中 NDF 水平过高反而会增加幼畜的食糜流通速率，缩短食糜在胃肠道的滞留时间，导致 OM 消化率降低。断奶前补饲粗饲料影响幼龄反刍动物采食量的原因有很多，机制尚不清楚，但与开食料的成分和物理形式有很大关系。幼畜采食易快速发酵的小粒度开食料会使产酸量增加，瘤胃液 pH 降低，导致瘤胃酸中毒，这时摄入粗饲料有利于瘤胃液 pH 升高，提高瘤胃缓冲能力。而粒度较大或含有整粒谷物的开食料在瘤胃中降解速率慢，发生瘤胃酸中毒的风险低，故幼畜对粗饲料的需求较低，这种情况下粗饲料的摄入可能会占据瘤胃容积，降低采食量。关于幼龄反刍动物断奶前补饲粗饲料的研究可能因为粗饲料的来源、品质、粒度，精饲料和乳品饲粮的供给策略以及 NDF 采食量的差异而出现不同的结果。不同来源的粗饲料 NDF 含量不同，其 NDF 的化学组成存在差异，因此幼畜采食不同来源的粗饲料，采食量和消化率不同。如豆科的苜蓿干草与禾本科的燕麦干草相比，果胶含量较高、半纤维素含量较低，适口性较好，因而幼畜采食量更大。由于胃肠道重量增加反映在体重的增加上，许多研究表观地将幼畜采食粗饲料带来的"伪增重"视为了体增重。因此在不同的研究中，必须要考虑粗饲料带来的肠道充盈效应造成的结果差异。大部分研究指出，断奶前补饲粗饲料，能够提高幼畜的生产性能，但是粗饲料能否作为幼畜开食料的 NDF 来源仍有待于进一步研究。

瘤胃发育主要表现在重量增加、体积增大和瘤胃组织形态学的变化；瘤胃组织形态学发育表现在瘤胃上皮细胞生长分化，瘤胃乳头长度、宽度和密度变化以及瘤胃壁和肌肉层发育等方面。研究表明，幼龄反刍动物采食固体饲粮后，瘤胃乳头才开始发育，瘤胃重量、肌层和黏膜层厚度才有显著增加。固体饲粮中精饲料的发酵产物对瘤胃上皮细胞的化学作用和粗饲料对瘤胃容积和肌肉层的物理作用都是刺激瘤胃发育至关重要的因素。精饲料中 NFC 含量高，其发酵产物丁酸能够刺激胰岛素分泌，从而增强瘤胃上皮细胞有丝分裂，并通过抑制细胞凋亡来促进瘤胃上皮细胞增殖。高精饲料饲粮不仅会导致瘤胃上皮角质层细胞层数过多和瘤胃角化不全，还会造成瘤胃乳头被黏性食团、毛发和细胞碎片覆盖，并相互粘连结块，这些现象均会阻碍营养物质吸收，甚至损伤瘤胃上皮。

一般认为，粗饲料来源 NDF（FNDF）不足以提供瘤胃乳头发育所需的丁酸，对瘤胃上皮发育的刺激作用很小，已有研究指出，补饲苜蓿干草的羔羊与不补饲者相比，瘤胃乳头长度和宽度显著降低。然而，开食料中的 FNDF 能够在瘤胃内占据较大空间而促使胃室扩充，并加强瘤胃节律性运动和胃壁收缩，使瘤胃肌肉层得到锻炼。研究表明，补饲苜蓿干草的犊牛与羔羊相比，不补饲者瘤胃肌肉层厚度、瘤胃壁厚度和瘤胃重量显著增加。同时，FNDF 的研磨值高，可通过物理摩擦去除瘤胃上皮过厚的角质层和死亡的上皮细胞，对于维持瘤胃上皮形态正常起着重要作用。补饲干草的羔羊瘤胃上皮组织厚度和角质层厚度显著减小，且未观察到瘤胃乳头发育异常和乳头结块。因此，营养全面的开食料不仅应该包含适宜水平的 NFC 以提供足够的丁酸刺激幼龄反刍动物瘤胃上皮发育，增强上皮吸收功能，而且需要包含一定水平的粗饲料来促进幼畜瘤胃肌层发育，并维持瘤胃壁的完整性。

（四）脂肪

脂肪水平不仅直接影响羔羊的能量供给，还与羔羊消化道早期发育、固体饲料采食能力以及其他营养物质的消化吸收密切相关。众所周知，在整个哺乳期，绵羊奶中乳脂的含量呈现先高后低的分布特点，这表明哺乳早期，羔羊对乳脂有较高的利用能力。通过对羔羊代乳料不同脂肪水平（20%、25%、30%）的研究发现，代乳料脂肪含量的提高会抑制幼畜对固体饲料的采食。30%组羔羊固体饲料采食量显著低于另外两组，除 11～20 日龄外，其他日龄段代乳料脂肪含量与羔羊对固体饲料的采食存在负相关，30%组羔羊 20 日龄后的固体饲料采食量比 20%组降低了 29.3%，比 25%组降低了 13.2%，并且发现随着脂肪水平的升高，腹泻次数逐渐增加。得出的结论是，适当的代乳料脂肪水平可以促进羔羊固体饲料采食能力和生长性能，在以大豆油作为脂肪添加源的情况下，代乳料适宜的脂肪水平为 20%～25%。

（五）矿物质

矿物质是构成体组织不可缺少的成分之一，特别是骨骼和牙齿主要由矿物质组成。同时，矿物质参与体内各种生命活动，是保证羊体健康生长必需的营养物质。详见本书第六章第一节内容。

（六）维生素

维生素对维持羊的健康、生长和繁殖有十分重要的作用，成年羊瘤胃微生物能合成 B 族维生素、维生素 C 及维生素 K，这些维生素除哺乳期羔羊外一般不会缺乏。在羊的日粮中要注意供给足够的维生素 A、维生素 D 和维生素 E。

一般情况下，瘤胃微生物合成的 B 族维生素可以满足羊在不同生理状况下的需要。通常羊饲养标准中只列出了维生素 A、维生素 D 和维生素 E 的需要量，单位是国际单位（IU），只要喂给足够数量的青干草、青贮饲料或青绿饲料，羊所需要的各种维生素基本能得到满足。

第二节　哺乳羔羊的饲养管理

从初生至断奶的小羊称为哺乳羔羊。要提高羊群的生产性能，必须从羔羊的培育开始打下基础。羔羊的饲养管理在养羊业中举足轻重，直接影响养殖户的经济效益，因此必须实行科学管理。

一、接羔育羔技术

随着冬季的来临，牧区养羊户大多处于散养舍饲状态，大多数母羊已进入妊娠的中后期，冬季是羊的主要产羔期，在产羔时因各种原因造成羔羊成活率不高，甚至造成母羊死亡。因此，一定要重视妊娠后期母羊的饲养管理和产羔接羔技术。

（一）产羔前的准备

要准备充足的优质饲草料和营养丰富的精料，以备母羊产后恢复及哺乳羔羊时所需营养。应提前修缮羊圈，并做好防寒保温工作。产羔的地面应平整，防滑干燥。提前对产羔的地方进行彻底消毒，在产羔时有条件的每天消毒 1 次。大多数散养户都没有专门的产羔栏，往往会造成羔羊的踩、饿、冻等死亡，甚至因难产发现太晚造成母羊的死亡，所以在产羔期应对临产母羊注意观察，及时接生，以免造成损失。

（二）产羔期的管理

根据预产记录做好接产准备，当出现临产症状的母羊，应立即关入产羔栏，及时注意观察。正常胎位出生的羔羊，即两个前肢和头部先出，这种情况一般不需人工助产，胎儿过大除外。还有少数两后肢先出，应立即做人工牵引，防止胎儿窒息而死亡。应特别注意，对双羔和多羔的母羊多需助产，还需要确定胎儿是否完全产完。当羔羊产下时，尽量让母羊舔干羔羊身上的黏液，一旦母羊不愿舔时，可在羔羊身上撒些麦麸皮、饲料，或将羔羊身上的黏液涂在母羊嘴上诱舔。母羊舔干羔羊，既可促进新生羔羊的血液循环，防止全身体温散失太快而造成羔羊死亡或受凉感冒，又有助于母羔相认。

对体弱呼吸困难的羔羊应立即做出处理，掏出羔羊口、鼻的黏液，甚至及时做人工呼吸促进羔羊自主呼吸的恢复。脐带一般自然断裂，母羊产后站起基本就被扯断，如未断，可在离脐带基部约 10cm 处用消毒的剪刀剪断脐带，在羔羊脐带断端处用 5% 碘酊消毒。如果母羊难产，助产人员应做好自我防护，严格消毒，伸入产道检查，胎位异常根据情况适时纠正胎位后拉出，胎儿过大无法通过产道时需要及时做剖腹手术。

羊圈寒冷时，接生的羔羊和母羊应立即转移到温暖的地方。遇寒冷天气，羔羊冻僵不起时，要生火取暖，同时迅速用 35℃ 的温水浸浴，逐渐将热水兑成 38~40℃，浸泡 0.5h，再将其拉出尽快擦干全身，放到温暖处。母羊产后 1 周内分泌的乳汁为初乳，在羔羊出生 0.5~1h，最迟不超过 2h，必须吃上初乳，初乳浓度大，营养成分含量高，含有丰富的抗体球蛋白和矿物质元素，以获得母源抗体，增强体质，又可促进胎粪的排出。

二、哺乳期羔羊的饲养管理

（一）羊舍的准备

舍饲育肥，要对饲养密度做好充分的准备，限制羊群运动，来扩大育肥效果。根据肥羊的来源，做好相关的工作，尤其是要按照品种、类别、性别、体重和育肥方法来分别组织好羊群，根据羊群大小合理分配羊舍。羊舍应该选择通风、排水、采光避风和接近牧地及饲料的地方。在寒冷季节，对羔羊采取保温防寒措施以防御病患。羔舍内要勤清粪尿、勤换垫料，门窗要加盖厚门帘，必要时生火取暖。无风晴天多到舍外活动，接受新鲜空气和阳光，多晒太阳，增加体内维生素 D 和胆固醇的含量，促进羔羊骨骼发育，增强抵抗力，营造清洁温暖的生活环境。

（二）健康检查以及称重

计划投入育肥的羔羊，育肥前期要做好健康检查，育肥前要称重。以便于育肥前后结合起来达到良好的育肥效果和经济效益。

（三）母羔断尾，公羊去势

对大尾或长尾母羔要尽早断尾，预防后备母羊配种难问题。在羔羊出生 1 周左右用一条结实的橡皮筋距尾根 5cm 处束上，涂上碘酊，2 周后尾下部枯萎，自行脱落。也可用烧红的烙铁在尾椎结节处切断，并烙烫止血和消炎。

选定对不作种用的公羔应去势，以减少消耗来提高增重。羔羊生后 2 周左右去势最适宜，采用易行、无出血、无感染的结扎法，先将公羔的睾丸挤到底部，然后用橡皮筋或细绳将睾丸上部紧紧扎住，以阻断血液流通，经过 15~20d，其睾丸自行萎缩脱落。也可手术去势。公羊去势以后，可以降低饲养耗度，提高饲养报酬，增加了体内脂肪的蓄积能力。同时为了便于管理，部分品种公羔需去羊角，羔羊一般在出生后 7~10d 内去角，去角需由两人相对而坐，一人保定，另一人的一只手固定羊头，一只手去角。去羊角的方法有烙铁法，直接用 300W 的手枪式的烙铁去角，安全可靠，速度快，少出血，经济实惠。

（四）做好防疫措施

为了提高肉羊的增重效果，加速饲养草的有效转化，便于对育肥羊群的管理。在进入育肥前期，要对参加育肥的羊群做好驱虫工作和防疫措施。体内外寄生虫病是羔羊伴随放牧采食而形成的一种接触性、侵袭性疾病，以极其隐蔽的方式摧残羊的体质，抑制羔羊的生长发育，严重者甚至造成羔羊死亡。为有效地防止体内外寄生虫对羔羊的危害，羔羊 2 月龄后可用广谱、高效、低毒的丙硫苯咪唑（或与伊维菌素合用）按羊 8~15mg/kg 体重进行首次驱虫。体外寄生虫病可用 0.05% 双甲咪唑药液给予药浴，给羊只药浴应根据体外寄生虫病感染的具体情况而定，可定期或不定期地进行。大批驱虫前要积极地做好小样测试。投药时在早晨空腹情况下食用。需要注意的是，投药 3h 以后方可以进水进食。同时，注意观察羔羊的情况，发现不良情况，要及时采取措施来解决，提高工作效率。

（五）适时补料

出生 15d 后补喂优质干草，20d 后喂料，既可促进瘤胃发育，又能满足营养需要。随着日龄的增长，胃容积的扩大，仅靠母乳已满足不了羔羊生长发育的营养需要，必须及时单独补喂草料。将炒熟的大豆、蚕豆、豌豆等粉碎料，加数滴羊奶，用温水拌成糊状，采食 10~30g/d，自由采食嫩鲜草或干青草，当羔羊习惯后逐步增加补喂配合料量。到哺乳后期，白天将羔羊单独组群，要有专用圈或放牧地，结合补饲全价精料，优质青、干草，自由饮水。补饲尽可能提早，少食多餐，避免伤食和不良应激。羔羊组群以后，必须要有一个适应期，才可以开始育肥。新建的羊群由于环境的改变和成员的变化，会在初期时感觉不适应，经常出现相互抵架的现象。因此羔羊要有适应期，待羊群完全合群以后再开始育肥。

（六）适时断奶

适时断奶有利于母羊繁殖机能和身体状况的恢复，并能提高繁殖率。羔羊正常断奶时间为 100d 左右，对管理精细、饲养条件较好且对羔羊进行早期补饲的养殖场（户）也可在 45~60d 时进行断奶。断奶时，为减轻对断奶羔羊的应激，羔羊最好留在原圈，将母羊移到其他圈饲养，不再合群，经过 4~5d 即可断奶。总之，加强对羔羊的饲养管理是提高经济效益的一项重要措施。因此，根据哺乳羔羊的生理特点，要合理饲养，认真管理，提前适当补草料，适时断乳。

第三节　羔羊的早期断奶

羔羊肉的生产是国外羊肉生产的主体，也是我国今后羊肉生产的发展方向。推行羔羊早期断奶对提高养羊业的经济效益和合理化生产具有重要的意义。

羔羊早期断奶后，饲喂代乳粉或者精料可以刺激羔羊的瘤胃发育、微生物区系的建立和消化组织器官的快速发育，逐步加强瘤胃微生物对代乳粉或精料的消化能力，提高育肥羔羊后期的饲料利用率。应用羔羊早期断奶与集中育肥技术，可使育肥周期由传统的 8~10 个月缩短至 5~6 个月，大大缩短了育肥羔羊的饲养周期，降低了育肥羔羊的养殖成本。同时，羔羊早期断奶技术的应用有利于母羊产后，特别是停止哺乳后的体况恢复，能使母羊尽快投入到下一个繁殖周期中，提高母羊的繁殖力和利用效率，使繁殖母羊达到两年三产，甚至一年两产的繁殖目标。

推广和应用羔羊早期断奶技术，实现密集产羔，可以实现全年均衡出栏羔羊，缩短羔羊的生长周期，有利于放牧草场的牧草恢复，保护生态平衡。肉羊的工厂化、集约化生产客观上要求母羊快速繁殖，在多胎的基础上达到一年两产或两年三产，这就要求羔羊必须施行早期断奶并快速生长和育肥，这一点已得到世界各国的广泛重视。

一、早期断奶的概念及理论依据

哺乳期羔羊指从初生到断奶这一阶段的羔羊。羔羊的早期断奶是在常规 3~4 月龄断奶的基础上，将哺乳期缩短到 30d 以内，利用羔羊在 4 月龄内生长速度最快这一特性，将早期断奶后的羔羊进行强度育肥，充分发挥其优势，以便在较短的时间内达到预期的目标。

从理论上讲，羔羊断奶的月龄和体重，应以能独立生活，并且能通过饲草获得足量营养为准。羔羊瘤胃发育可分为：初生至 3 周龄的无反刍阶段，3~8 周龄的过渡阶段和 8 周龄以后的反刍阶段。3 周龄以内的羔羊以母乳为饲料，其消化是由皱胃承担的，消化规律与单胃动物相似，3 周龄后才慢慢地能消化植物性饲料。当生长到 7 周龄时，麦芽糖酶的活性才逐渐增强。8 周龄时胰脂肪酶的活力达到最高水平，使羔羊能够利用全乳，此时瘤胃已充分发育，能采食和消化大量的植物性饲料。因此，理论认为早期断奶在 8 周龄较合理。但试验证明，羔羊 30d 断奶也不影响其生长发育，效果与常规的 3~4 月龄断奶无显著差异。目前，有的国家对羔羊采用早期断奶，在 7 日龄左右断奶，然后用代乳品进行人工哺乳。也有采用 45~50 日龄断奶，断奶后饲喂植物性饲料或在优质人工草地放牧。

二、羔羊早期断奶的技术要点

羔羊早期断奶技术是 20 世纪 60 年代后期的一项重大改革。推行早期断奶，能显著改善母羊的营养状况，既有益于羔羊的发育，又可提高母羊的繁殖力。

（一）断奶时间的选择

早期断奶，实质上是控制哺乳期，缩短母羊产羔期间隔和控制繁殖周期，达到一年两胎或两年三胎、多胎多产的一项重要技术措施。羔羊早期断奶是工厂化生产的重要环节，是大幅度提高产品率的基本措施，从而被认为是养羊生产环节的一大革新。

早期断奶必须让羔羊吃到初乳后再断奶，否则会影响羔羊的健康和生长发育。但哺乳时间过长，训练羔羊吃代乳品就困难，而且不利于母羊干奶，也易得乳房炎。从母羊产后泌乳规律来看，产后 3 周泌乳达到高峰，然后逐渐下降，到羔羊生后 7~8 周龄，母乳已远远不能满足其营养需要。而且这时乳汁形成的饲料消耗也大幅度增加，经济上很不合算。从羔羊胃肠功能发育来看，7 周龄时，已经能够如成年羊一样有效地利用牧草。

早期断奶的时间现有两种：第一，1~2 周龄断奶；第二，40 日龄后断奶，严格来说，40 日龄以后断奶已经不能称为早期断奶。早期断奶必须使初生羔羊吃足 1~2d 的初乳，否则不易成活。因为初乳中含有免疫抗体，而且营养丰富，具有任何饲料不可替代的作用。

1. 1~2 周龄断奶法

羔羊 1~2 周龄断奶，用代乳品进行人工育羔。方法是将代乳品加水 4 倍稀释，日喂 4 次，为期 3 周，或至羔羊活重达 5kg 时断奶；断奶后再喂给含蛋白质 18% 的颗粒饲料，干草或青草食量不限。代乳品应根据羊奶的成分进行配制。目前通用的 1 周龄代乳品营养水平为：脂肪 30%~32%，乳蛋白 22%~24%，乳糖 22%~25%，纤维素 1%，矿物质 5%~10%，维生素和抗生素 5%。羔羊 1~2 周龄断奶除用代乳品进行人工育羔外，必须有良好的舍饲条件，要求条件高，否则羔羊死亡率会比较高。

2. 40d 断奶法

羔羊 40 日龄后断奶，可完全饲喂草料和放牧。此法是我国值得借鉴的，原因有两点：一是从母羊泌乳规律看，产后 3 周达到泌乳高峰，而至 9~12 周后急剧下降，此时泌乳仅能满足羔羊营养需要的 5%~10%，并且此时母羊乳汁形成的饲料消耗大增；二是从羔羊的消化机能看，7 周龄的羔羊，已能和成年羊一样有效地利用草料。所以澳大利亚、新西兰等国大多推行 6~10 周龄断奶，并在人工草地上放牧。我国新疆畜牧科学院采用新法育肥 7.5 周龄断奶羔羊，平均日增重 280g，料肉比为 3：1，取得了较好效果。

之所以提出羔羊 40 日龄后断奶，是因为羔羊胃容量与其活重之间显著相关，因此确定断奶时间时，还要考虑羔羊体重。体重过小的羔羊断奶后，生长发育明显受阻。英国、法国等国多采用羔羊活重增至初生重的两倍半或羔羊达到 11~12kg 时断奶。针对我国养殖的肉羊品种，公羔体重达 15kg 以上，母羔达 12kg 以上，山羊羔体重达 9kg 以上时断奶比较适宜。

（二）依据开食料采食量停喂液体饲料

随着动物营养生理研究的不断深入，以及养殖方式和饲料工业的快速发展，用代乳品给羔羊进行早期断奶逐渐成为首要选择，即羔羊吃足初乳后断奶，羔羊与母羊隔离，利用代乳品饲喂羔羊一段时间，待羔羊发育到一等程度后转为饲喂固体饲料。

断母乳时间、代乳品和开食料营养水平、断代乳品时间3个因素是早期断奶技术的重要组成部分。断代乳品时间不仅关系到羔羊的生长发育，也影响着饲养成本的高低。断代乳粉过早，则羔羊不能很好地适应固体饲料，导致消化道受到损伤，对羔羊后期的生长发育也产生较大影响；断代乳品过晚，则会增加饲粮和劳动力成本。断代乳品与断母乳有一定的相似性，均是指羔羊能完全独立依靠固体饲料获取营养物质。但两者之间又有一定的区别，饲喂代乳品的羔羊消化道发育比同日龄随母哺乳羔羊更加完善，而消化道发育与完全采食固体饲料有很强的相关性。

胃肠道是动物消化吸收营养物质的场所，反刍动物幼龄时复胃发育的程度影响到成年后的采食量和消化能力，其中瘤胃的发育尤为重要。瘤胃发育是羔羊断奶后适应固体饲料的关键，决定着将来的生产性能。柴建民等（2018）研究表明，开食料采食量达到200g/d、300g/d和400g/d时断代乳品，羔羊胃室重量显著高于500g/d组，且300g/d组显著高于其余组。说明断液体饲粮早能促进胃室特别是瘤胃的发育，尤其是在适合的采食量断代乳品能最大限度地促进瘤胃发育，保证羔羊瘤胃平稳地发育成为功能性器官。

（三）早期断奶的操作要点

为了促进羔羊瘤网胃尽快发育成熟，增加对纤维物质的采食量，提高羔羊增重和节约饲料，对羔羊进行早期断奶是一项必要的技术措施。其技术要点如下。

饲喂开食料：开食料为易消化、柔软且有香味的湿料；要逐渐进行断奶；断奶后应选择优质的青干草进行饲喂；羊舍要保持清洁、干燥，预防羔羊下痢的发生。

三、代乳粉在羔羊早期断奶中的使用

对于新生羔羊来说，母羊乳是最理想的食物。初乳和常乳既能满足新生羔羊的营养需要，同时使羔羊及早完善本身的免疫系统，又能在味觉和体液类型方面与羔羊相吻合。但是在生产实践中，母羊乳会因母羊的健康和疾病受到影响，更重要的是母羊产奶量不足影响了羔羊的生长和发育。为此，营养学家们开展了一系列的研究，研制出能够代替母羊乳的产品，羔羊代乳品对于优良种羊的快速繁殖和对优良后备种羊的培育，对母羊一产多胎和体弱母羊增加羔羊的成活率都有重大的意义。

20世纪60年代，欧美一些国家开始使用代乳粉，由于当时脱脂乳蛋白过剩，价格较低，因而在代乳料中几乎全部使用脱脂乳蛋白作蛋白源。到20世纪80年代，由于脱脂乳蛋白供不应求，价格持续上涨，使代乳粉的蛋白来源发生了变化，相对于脱脂乳蛋白，比较廉价的酪蛋白和乳清蛋白成了代乳粉的主要蛋白源。20世纪80年代后期由于酪蛋白产量减少，价格持续上涨，研究者们又开始寻找新的廉价蛋白源。随着研究的不断深入，大豆浓缩蛋白、大豆分离蛋白和改性大豆蛋白成为代乳粉的主要蛋白源，这些大豆蛋白可以代替全奶饲喂羔羊，并获得与全奶一样的饲喂效果。

（一）羔羊代乳粉的营养成分

代乳粉要代替母乳并达到较好的生产性能，就必须在营养成分和免疫组分上接近母乳，在味觉上使羔羊可以接受，有助于减少羔羊的腹泻、增加羔羊对疾病的抵抗力和免疫力，同时还能增加羔羊的生存能力和提高日增重。据Jandal（1996）报道，山羊奶、绵羊奶、牛奶在构成上各有特点（表8-3）。

表8-3　山羊奶、绵羊奶、牛奶的主要成分比较

成分	山羊奶	绵羊奶	牛奶
脂肪（%）	3.80	7.62	3.67
乳糖（%）	4.08	3.70	4.78
蛋白（%）	2.90	6.21	3.23
酪蛋白（%）	2.47	5.16	2.63
钙（%）	0.194	0.160	0.184
磷（%）	0.270	0.145	0.235
维生素 A（IU/kg 脂肪）	39.00	25.00	21.00
维生素 B_1（mg/100mL）	68.00	7.00	45.00
维生素 B_{12}（mg/100mL）	210.00	36.00	159
维生素 C（mg/100mL）	20.00	43.00	2.00

可以看出，绵羊奶的蛋白、脂肪、酪蛋白等含量高于山羊奶和牛奶；山羊奶的脂溶性维生素和维生素 C 含量高于绵羊奶和牛奶；3 种奶的钙、磷含量比较接近。从营养成分组成上分析，牛奶不如羊奶。已有报道，用牛奶饲喂早期断奶的羔羊，其生产性能不理想，因为羔羊进食同样数量的牛奶不能满足其对营养物质和其他未知因子的需求，这在客观上就要求用于山羊羔羊、绵羊羔羊和犊牛的代乳粉不能相同。国外企业多有针对性地生产出不同的专用代乳粉，供不同的幼畜使用，以达到最佳的生产性能。

1. 代乳粉中的能量

代乳粉首先要求供给幼畜足够的能量。代乳粉能量的来源主要是碳水化合物和脂肪。最好的碳水化合物来源是乳糖，岳喜新等（2011）用羔羊精准代乳品饲喂早期断奶羔羊，饲喂量分别为羔羊体重的 1.0%、1.5%和 2.0%（以干物质计），从出生到 90d，平均日增重分别为 174g、204g 和 237g。

增加代乳粉中的脂肪含量目的在于提高能量水平，好的代乳粉脂肪含量应在 10%～20%，脂肪含量高有利于减少幼畜的腹泻，并为幼畜的快速生长提供额外的能量。在冬天，脂肪对维持幼畜体温非常重要。建议冬天代乳粉脂肪含量可以达到 20%，以满足其需要。而夏天 10%的脂肪即可，最好的脂肪来源也是动物性脂肪。另外，添加 1%～2%的蛋黄素有利于幼畜对脂肪的消化和吸收。代乳粉干物质中脂肪水平在 25%以上，加水稀释后，代乳液中干物质含量 16.6%，粗蛋白质为 3.9%，粗脂肪 3.8%，灰分 12.5%，钙1.7%，磷 1.2%。代乳粉最好的碳水化合物来源是乳糖，代乳粉中不能含有过多的淀粉（如小麦粉和燕麦粉），也不能含有过多的蔗糖（甜菜）。由于幼畜没有足够的消化酶对其进行分解和消化，所以过多的淀粉和蔗糖会导致腹泻和失重，淀粉含量过高是造成 3 周龄以内的幼畜营养性腹泻的主要原因。

2. 代乳粉中的蛋白质

最初代乳粉的蛋白质来源主要是奶制品，如乳清蛋白浓缩物、乳清蛋白等。代乳粉中蛋白质是其成本的主要部分，并且蛋白质成本一直在增加。因此，研究者和商家开始研究和寻找一些替代蛋白，这些替代蛋白主要有大豆蛋白精提物、大豆分离蛋白、动物血浆蛋白或全血蛋白等。如果代乳粉的蛋白质来源是奶或奶制品，那么要求蛋白质含量在20%以上。如果含有植物性的蛋白质来源（如经过特殊处理的大豆蛋白粉），就要求蛋白质含量要高于22%。这是因为一方面植物蛋白质氨基酸平衡不如奶源蛋白质，另一方面，幼畜由于消化系统发育不完全，不能产生足够的蛋白质消化酶来消化这些植物蛋白质。

　　研究表明，幼畜对蛋白质的需要取决于能量的采食量。代乳粉中的能量与蛋白比率应高于自然的母乳，只有这样才能有利于蛋白质的吸收。蛋白质可以占到日粮干物质的28%。蛋白质营养价值依赖于蛋白质中必需氨基酸的消化和吸收速率。通常大豆蛋白中蛋氨酸被认为是幼畜第一限制性氨基酸，此外赖氨酸、苏氨酸的含量和消化率也比较低。以大豆蛋白为主要蛋白源的代乳粉的必需氨基酸含量比含有脱脂乳蛋白的代乳粉低17%~32%。这就要求额外补充氨基酸以满足幼畜生长发育的需要。

（二）羔羊代乳粉的配制

　　随着饲料原料加工工艺和合成工艺的研究发展，代乳粉的配制发生了实质性的变化。传统的代乳粉主要采用1种或几种原料进行简单的混合，并且原料多为奶制品，如脱脂奶、乳蛋白浓缩物、脱乳糖和乳清粉等，这种代乳粉价格高昂，而又不能保证效果。随着奶制品价格的上涨和加工工艺的发展，现代代乳粉则是根据羔羊的营养需要和原料的特性而配制的适合羔羊快速生长发育的配方代乳粉。配方代乳粉中的蛋白质一般分为全乳蛋白代乳粉和含替代蛋白的代乳粉。全乳蛋白代乳粉的蛋白源多采用含有乳清蛋白精的提取物、干乳清及无乳糖乳清粉等。含替代蛋白的代乳粉是指部分乳蛋白被其他低成本的成分所替代（典型值为替代50%）；这些替代物包括大豆蛋白精提物、大豆分离蛋白、动物血浆蛋白或全血蛋白，以及变性小麦面筋等。代乳粉中常使用的各种蛋白质来源的营养含量见表8-4。

表8-4　代乳粉中常使用的各种蛋白质来源的营养含量（干物质基础,%）

成分	干物质	蛋白质	赖氨酸	蛋氨酸	半胱氨酸
乳清蛋白浓缩物	98	34.69	3.15	0.67	0.86
脱脂奶	98	34.69	2.86	0.92	0.52
大豆蛋白分离物	94	91.49	5.55	1.02	1.29
大豆蛋白浓缩物	95	70.53	4.46	0.93	1.04
大豆粉	95	55.79	3.43	0.70	0.79

　　代乳粉原料的选择是一个关键问题，养殖户使用代乳粉的最终目的在于节省成本，代乳粉成本过高，将难以被养殖户接受。为降低代乳粉的生产成本，多以大豆制品代替奶源蛋白质。大豆制品主要有3种，大豆粉、大豆蛋白精和大豆蛋白分离物。大豆粉成本最低，但含有纤维素及不溶性碳水化合物，大豆蛋白分离物的蛋白质含量高达85%~90%，但成本较高。将大豆粉中的可溶性碳水化合物除去后制成的大豆蛋白精，蛋白质含量和价格适中。以大豆蛋白为蛋白源制成的代乳粉不利因素是，代乳粉中含有胰蛋白酶抑制因子

和过敏原，这两种因素均可影响动物对营养物质的消化率和动物生产性能。胰蛋白酶抑制因子，使得大豆蛋白不能在羔羊真胃中凝集，胰蛋白酶分泌减少，产生肠道过敏，降低氨基酸的消化率，对大豆进行湿热处理可以破坏其抑制作用。大豆球蛋白和β-结合球蛋白是大豆中蛋白质的主要存在方式，对羔羊也有致敏作用。大豆蛋白质中的抗原活性可以通过变性作用得到消除。用大豆蛋白精和脱脂奶粉为蛋白源的两种代乳粉进行对比试验，结果在27周的两个试验中，平均日增重、代乳粉的摄取量及代乳粉转化率等指标均没有差别，血红蛋白的含量也相同；胴体重、屠宰率、胴体肉型和胴体脂肪等也未见差异。

脂肪的添加方式可直接影响到代乳粉的使用效果，目前较为理想的方法有两种：一是将脂肪和其他代乳粉原料成分进行均质处理，将脂肪强化加入代乳粉；二是将脂肪进行真空扩散或喷雾干燥加入代乳粉。矿物质的添加主要采用有机矿物质和微量元素螯合盐等，以提供给羔羊生长发育足够的常量元素和微量元素。羔羊出生后，体内消化酶系统发育不够完善，根据羔羊消化酶的分泌，利用人工合成的酶制剂，强化营养物质的消化和吸收是现代代乳粉和传统代乳粉的区别之一。传统代乳粉往往通过添加抗生素控制羔羊的腹泻，而目前采用的方法是，在代乳粉中提供益生原和益生素，通过调整羔羊消化道中的微生态平衡，促进有益微生物的繁殖，促进消化；同时通过刺激羔羊本身的免疫系统，增强羔羊对疾病的抵抗能力。

（三）羔羊代乳粉的使用方法

用法：将代乳粉用温度40~60℃温开水冲泡，混匀，用奶瓶或奶盆喂给羔羊。1份代乳粉兑5~7份水（图8-1）。

图8-1　代乳粉的调制及使用方法

用量：在15日龄以内，每日喂代乳粉3~4次，每次10~20g代乳粉；15日龄后每日3次，每次40~50g代乳粉。实际中可根据羔羊的具体情况调整代乳粉的喂量。

羔羊专用代乳粉饲喂羔羊，其具体做法如下：将羔羊专用代乳粉用温开水按照1 :（5~7）的比例冲泡，然后饲喂羔羊，羔羊数量较少时，可使用奶瓶饲喂，在饲喂时，用双腿夹住羔羊，一手托住羔羊头部，一手持奶瓶进行饲喂。刚开始时，羔羊需要对奶头进行适应，可用手指蘸少量代乳粉液体，放入羔羊口中，让其吮吸，对于个别羔羊，可将手指放入羔羊口中压住羔羊舌头灌服。代乳粉液体的喂量可按照羔羊的生长发育情况进行调整，每次饲喂量不得超过500mL，每日饲喂量不得超过2 000mL，以免引起消化不良，羔羊20日龄可补饲优质干草及颗粒饲料，羔羊满40日龄时应按比例减少代乳粉饲喂次数和数量，直至断奶。

（四）羔羊代乳粉使用注意事项

在使用代乳粉饲喂羔羊时，要注意饲养人员要进行手部消毒，喂奶时不得将羔羊头部抬得过高，以免呛到羔羊，同时双腿夹住羔羊时不得用力过猛，以免夹伤羔羊。

要严格注意代乳粉温度，奶温严格控制在38℃，否则容易烫伤羔羊或造成羔羊拉稀。

要严格注意奶具消毒，可用高锰酸钾对奶嘴消毒，做到一羔一嘴，喂奶结束后应使用碱水对奶瓶、奶嘴进行刷洗，并使用消毒液进行浸泡，夏季饲喂时还要注意及时灭蝇。

（五）羔羊代乳粉的应用效果

目前国外对于羔羊代乳粉的研究与应用已经比较广泛，并且已经有多家专业的代乳粉生产厂家，国内羔羊专用代乳粉的研究与应用均刚刚起步，中国农业科学院饲料研究所经多年的研究与实践，研制出最新羔羊专用代乳粉，代乳粉选用经浓缩处理的优质植物蛋白质粉和动物蛋白质，经雾化、乳化等现代加工工艺制成，含有羔羊生长发育所需要的蛋白质、脂肪、乳糖、钙、磷、必需氨基酸、脂溶性维生素、水溶性维生素、多种微量元素等营养物质和活性成分及免疫因子。可以在羔羊吃完初乳后，将其按照1∶（5~7）的比例用温开水冲泡，代替母羊奶喂养羔羊，在生产中已经见到很大的效益。

中国农业科学院饲料研究所研制的代乳粉饲喂试验表明，胚胎移植的60只波尔山羊羔羊分为2组，试验组10~15日龄后只进食代乳粉，对照组羔羊吃母羊奶，后期外加鲜牛奶，90日龄后，两组羔羊的体重无差异（图8-2），吃代乳粉羔羊组发病率和死亡率均明显低于对照组，用羔羊代乳粉解决了波尔山羊因胚胎移植、母羊缺奶的后顾之忧。

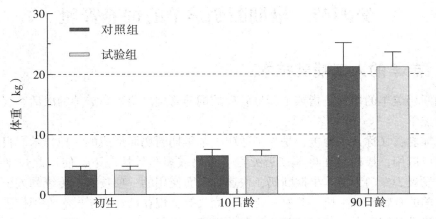

图8-2 代乳品羔羊与对照组羔羊体增重

某养殖场使用中国农业科学院饲料研究所研制的羔羊代乳粉饲喂羔羊，效果显著。羔羊6日龄起开始训练羔羊饮食代乳粉，过渡6d，自第12日龄起试验组羔羊饲喂代乳粉，羔羊60日龄断奶。结果表明，饲喂代乳粉羔羊断奶平均体重达到10.22kg，显著高于母乳羔羊（6.46kg）。羔羊日增重达到170g/d，较母乳羔羊高62.67g，羔羊增重速度提高了58.25%（图8-3）。

总之，现代配方代乳粉是根据羔羊营养需要，选用易消化、适口性好的优质原料，采用全新加工工艺精制而成，含有羔羊生长发育所需的蛋白质、脂肪、维生素、微量元素及

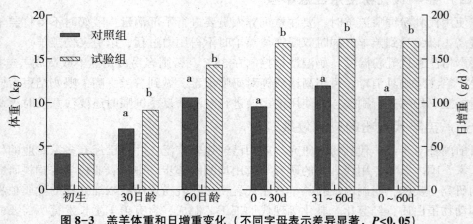

图8-3 羔羊体重和日增重变化（不同字母表示差异显著，$P<0.05$）

各种免疫因子，使用方便，易于贮存。因此改变传统的培育羔羊方式，施行早期断奶，饲喂专用代乳粉，不仅会促进羔羊的生长发育，而且可以使羔羊较早地采食植物性饲料，锻炼和增强羔羊瘤胃等消化机能和耐粗性，能够增强羔羊免疫力和抗病能力。另外，还可以有效解决母羊多胎多产、羊奶不足的问题，同时缩短母羊的繁殖间隔，使母羊达到一年两产或两年三产。

第四节　早期断奶羔羊的饲养管理

一、羔羊的人工哺乳技术

早期断奶羔羊的培育是指羔羊断母乳后的饲养管理。要提高羔羊的成活率，培育出体型良好的羔羊。

人工哺乳，又称人工育羔，是为了适应羔羊早期断奶而形成的一项技术。目前在生产中已经得以应用，最初是在母羊产后死亡、无奶或多羔等情况下，使用此技术，效果甚佳。后又发展为专门为羔羊早期断奶、快速育肥而使用的一项技术。传统的人工育羔所用的饲喂羔羊的食物有鲜牛奶、羊奶、奶粉、豆浆等，现在已经有了羔羊专用代乳品，使用羔羊专用代乳品饲喂早期断奶的羔羊效果非常好。进行人工育羔时，关键是做好定人、定时、定温、定量和讲究卫生，这样才能将羔羊喂活、喂强壮。无论哪个环节出错，都可能导致羔羊生病，特别是胃肠道疾病。即使不能发病，羔羊的生长发育也会受到不同程度的影响。

用奶粉饲喂羔羊应该先用少量的温开水，将奶粉溶开，然后再加热水，使总加水量达到奶粉量的5~7倍。羔羊越小，胃也越小，奶粉兑水的量应该越少。其他流动食品是指豆浆、小米汤、自制粮食，或市售婴儿奶粉，这些食物在饲喂以前应加少量的食盐及矿物质饲料，有条件的加点鱼肝油、胡萝卜汁和蛋黄等。

人工哺乳中的"定人"，就是从始至终固定专人喂养。这样可以熟悉羔羊的生活习性，掌握吃饱程度、喂奶温度、喂量，以及在食欲上的变化、健康与否等。

"定温"是指羔羊所食的人工乳要掌握好温度。一般冬季饲喂 1 月龄以内的羔羊，应将奶的温度控制在 37~41℃，夏季温度可以略低一些。随着羔羊日龄的增长，喂奶的温度可以降低一些。没有温度计时，可以将奶瓶贴在脸上或眼皮上，感觉不烫也不凉时就可以饲喂羔羊。温度过高，不仅伤害羔羊，而且羔羊容易发生便秘；温度过低容易发生消化不良、拉稀、胀气等。

"定量"是指每次喂量掌握在"七成饱"的程度，切忌喂得过量。具体给量是按羔羊体重或体高来定，一般全天饲喂量相当于初生重的 1/5 为宜。羔羊健康、食欲良好时，每隔 7~8d 比前期饲喂量增加 1/4~1/3；如果消化不良，应减少喂量，加大饮水量，并采取一些治疗措施。

"定时"是指羔羊的喂养时间固定，尽可能地不作变动。初生羔羊每天应饲喂 6 次，每隔 3~5h 饲喂 1 次，夜间可延长睡眠时间或减少饲喂次数。10d 以后每天饲喂 4~5 次，到羔羊吃草或吃料时，可减少到 3~4 次。

卫生条件是人工育羔的重要环节。初生羔羊，特别是瘦弱母羊所生羔羊体质较弱，生活力差，调节体温的能力尚低，对疾病的抵抗力弱，保持良好的卫生环境有利于羔羊的生长发育。羔羊周围的环境应该保持清洁、干燥、空气新鲜、无贼风。羊舍最好垫一些干净的垫草，室温保持在 5~10℃，不要有较大的变化。刚刚出生的羔羊，如果体质较差，应安排在较温暖的羊舍，温度不能超过体温，等到能够自己吃奶，精神好转，随之可以逐渐降低室温直至羊舍的常温。

喂羔羊的人员，在喂奶之前应洗净双手。平时不要接触病羊，尽量减少或避免疫病传播因素。出现病羔时及时隔离，由单人分管。当缺乏护理人员，迫不得已病羔、健康羔由一人管理时，应先哺育健康羔羊，换上衣服后再哺育病羔，而且喂完病羔后要马上清洗、消毒手臂，脱下衣服单独放置，并用开水冲洗进行消毒。

羔羊的胃肠道功能还不健全，消化机能尚待完善，最容易"病从口入"，所以羔羊所食的代乳粉、奶类、豆浆、面粥以及水源、草料等都应注意卫生。羔羊的奶瓶应保持清洁卫生，健康羔羊与病羔应分开，喂完奶后应用温水冲洗干净。如果有奶垢，可用温碱水或"洗涤灵"等冲洗，或用瓶刷刷净，然后用净布或塑料布盖好。病羔的奶瓶在喂完后要用高锰酸钾、来苏尔、新洁儿灭等消毒，再用温水冲洗干净。

在人工哺乳过程中，羔羊代乳品至关重要，市场上常见的代乳品分为羔羊代乳品和犊牛代乳品，羔羊代乳品的加工工艺和营养元素与免疫因子的含量都优于犊牛代乳品，在使用时应认准产品的种类。代乳品的可溶解性、乳化性和适口性等因素都与饲喂效果有关。代乳品的加工工艺和营养元素的配比很重要，不具备一定的生产条件，所配制的代乳品达不到效果，甚至会给羔羊的生长和成活带来损失。

二、早期断奶羔羊的补饲技术

传统肉羊的养殖主要集中在经济相对不发达、主要基于使用天然草原、碎秸和休耕牧场的农村地区，实行的也多数是家庭式饲养模式。在这种传统模式中，羔羊一般随母哺乳，3~4 月龄断奶，这种饲养模式能够减少劳动量，并节约饲养成本，但同时也会导致母羊产后体况恢复慢，配种周期长，母羊利用率低，使用寿命短，同时不利于羔羊断奶后快速育肥，增加培育成本。

随着我国养殖水平的发展，传统的饲养模式已经不能满足养殖需求。羔羊的早期断奶和补饲，一方面可以缩短母羊的生产周期，提高生产效率；另一方面也可以使羔羊尽早适应植物性固体饲料，从而加快其消化道，尤其是瘤胃的发育，使羔羊消化器官和消化腺的功能进一步完善，为提高生产性能打下良好基础。可以通过合理的营养调控实现羔羊的规模化快速育肥。

（一）早期补饲对羔羊生长性能的影响

内蒙古自治区农牧业科学院金海团队研究表明，对放牧羔羊实行早期补饲，辅以营养合理的开食料过渡，能够促进补饲期羔羊的生长，对整个时期的生长性能没有影响，因此对羔羊进行早期补饲是完全可行的。

（二）早期补饲对羔羊瘤胃发育的影响

羔羊胃肠道的发育受多因素影响，如日龄、饲料形态、饲料组成、瘤胃的 pH 以及瘤胃微生物等，这些因素相互作用，共同影响瘤胃的生长发育。在瘤胃发育的因素影响中，饲料组成及其物理形态是外因，瘤胃食糜 pH 是内因，挥发性脂肪酸的组成比例不同是直接原因，而瘤胃微生物变化是根本原因。羔羊出生后，即从母体和外界环境条件中接触各种微生物，随着幼畜的生长和消化道的发育，形成了特定的微生物区系。哺乳期羔羊的瘤胃、网胃功能还处于不完善状态。此时羔羊胃容积小、瘤胃微生物区系尚未建立，不能发挥瘤胃应有的功能，不能反刍，也不能对食物进行细菌分解和发酵青粗饲料，此时期复胃的功能基本与单胃动物的一样，只起到真胃的作用。但羔羊在哺乳期可塑性强，当羔羊采食了易被发酵分解的饲料时，刺激微生物活动增强，瘤胃内挥发性脂肪酸（VFA）浓度增加，日粮组成对各种挥发性脂肪酸的比例有明显的影响。研究证实，当羔羊开始采食饲料和草料时，瘤胃、网胃的发育速度要比只吃奶时快。所以，早期补饲对促进瘤胃发育起着非常重要的作用。

（三）羔羊早期断奶补饲的方法研究

根据品种和个体不同，母羊在产羔后 2~4 周达泌乳高峰，3 周内泌乳量相当于全期总泌乳量的 3/4，此后泌乳量明显下降，2 月龄后母乳营养成分已不能满足羔羊快速生长发育所需营养，所以要对羔羊进行早期补饲。首先，对羔羊进行早期补饲，可刺激促进羔羊胃肠道的提早发育，提高羔羊断奶重和断奶后的增重速度，降低羔羊的培育成本，提高母羊利用率。其次，对羔羊进行早期补饲，可减少母羊喂乳的时间与次数，解决母羊缺奶现象，使母羊的泌乳高峰保持更长的时间。但是，羔羊在 3 周龄后一些关键消化酶才开始显示活性，瘤胃微生态才开始慢慢形成，才能逐渐消化植物性饲料，所以补饲也要选择合适的日龄进行。

目前对羔羊早期断奶补饲的研究主要集中在开食料和代乳品的开发与应用方面。李佩健（2009）用代乳品进行早期断奶，15 日龄断奶组羔羊断奶后 15d 时试验组羔羊体重显著低于对照组，30 日龄断奶组羔羊断奶后 15d 时试验组体重与对照组差异不显著，但较对照组稍低。王桂秋（2005）用代乳品于羔羊 7、17、27 日龄进行早期断奶，结果发现断奶后 10d 试验组羔羊体重虽然与对照组差异不显著，但数值上试验组羔羊体重略低于对照组。Knights 等（2012）研究表明，羔羊早期断奶后相对随母哺乳羔羊有较低的日增重和体重，其原因可能是断奶后饲粮营养物质消化率降低。岳喜新等（2010）于15日龄饲喂羔羊代乳粉，与随母哺乳羔羊相比，饲喂代乳粉后可提高羔羊生长性能，促进其瘤胃和部分内脏器官的发育。岳喜新等（2011）研究指出，适宜水平的代乳粉饲喂羔羊可提高其生长性能，改善饲料转化率，并建议羔羊在20~50d、50~70d和70~90d时代乳粉的饲喂水平分别为体重的2.0%、1.5%和1.0%。

羔羊断奶期间除饲喂代乳粉外，国内外很多学者开始尝试直接饲喂精饲料。杨彬彬等（2010）对简阳大耳羊羔羊实施35日龄断奶，然后分别补饲不同水平精料，与随母哺乳羔羊相比，补饲250g/d精料可增加羔羊平均日增重，促进羔羊生长，补饲精料还能提高早期断奶羔羊复胃的发育。惠禹（2000）对小尾寒羊羔羊补饲效果进行了研究。研究结果显示，羔羊从10d开始补饲增重效果优于未补饲组，10d开始实行早期补饲训练，能使羔羊形成主动采食精料的习惯，增重明显优于未训练羔羊。朱文涛（2007）7日龄开始对羔羊饲喂不同日粮（分别为代乳料、全混合精料和50%混合精料+50%青贮玉米），15日龄断奶，并对15~60d羔羊的采食、瘤胃消化代谢进行研究，表明羔羊从7日龄开始已可以采食，且精料型日粮饲喂断奶羔羊效果与代乳料相当，但此时不宜饲喂粗饲料。

岳喜新（2011）、Napolitano（2002）等试验证明，饲喂代乳品早期断奶的羔羊开食料采食量较随母哺乳羔羊高。综合羔羊体重、日增重和开食料干物质采食量考虑，羔羊于10日龄进行早期断奶可能是由于母乳中免疫因子摄入相对不足，从而导致体重和日增重降低，虽然采食开食料增加，但这个阶段的羔羊主要是从代乳品中获取营养；20日龄断奶时瘤胃正好开始发育，早期断奶饲喂代乳品中含有一定的植物蛋白，再加上15日龄开始补饲开食料，刺激了瘤胃发育。王桂秋（2005）和梁铁刚（2012）试验证明，羔羊于20~30日龄日增重下降。表明该阶段母乳逐渐不能满足羔羊需要，羔羊主要营养物质获取来源从母乳开始向开食料转变，但此时羔羊还不能有效地利用开食料，因此开食料采食相对较少。柴建民等（2015）研究表明，早期断奶羔羊均产生应激反应，断奶应激对羔羊断奶后10d的生长性能和代谢机能产生不利影响，但适宜的断奶时间（20日龄）能够缓解断奶应激，促进羔羊采食开食料，使羔羊体重和生长速度与随母哺乳羔羊一致。

三、羔羊的饲料配方

（一）羔羊代乳料配方（表8-5至表8-8）

表8-5　羔羊早期断奶用代乳品配方　　　　　　　　　　　　　　（%）

原料名称	配比		营养成分	含量	
	20日龄前	20日龄后		20日龄前	20日龄后
脱脂奶粉	65	77	干物质	94.61	94.37
玉米油	29	17	粗蛋白质	21.65	25.64
磷脂油	3	3	粗脂肪	30.96	19.57
预混料	3	3	粗纤维	0.13	0.15

（续表）

原料名称	配比		营养成分	含量	
	20 日龄前	20 日龄后		20 日龄前	20 日龄后
合计	100	100	钙	0.83	0.99
			磷	0.66	0.79
			食盐	0.00	0.00
			消化能（MJ/kg）	20.89	19.16

注：每吨代乳品加入以下添加剂。微量元素：氯化钴 1.2g、硫酸铜 20g、碘化钾 0.3g、亚硒酸钠 0.2g；矿物质：食盐 10kg、重碳酸盐 5kg；维生素：维生素 A 2IU、维生素 B_3 600IU、维生素 E 0.2IU、维生素 B_1 1.5g、维生素 B_2 1.5g、维生素 B_6 750mg、维生素 B_{12} 50mg、维生素 K 400mg；合成氨基酸：赖氨酸 1kg、蛋氨酸 2kg、生物活性物质 50g、抗氧化剂 50g。

表 8-6　羔羊代乳品通用配方　　　　　　　　　　　　　　（%）

原料名称	配比	营养成分	含量
全脂奶粉	39.4	干物质	83.68
膨化大豆	33.1	粗蛋白质	27.28
乳清粉	11.9	粗脂肪	19.97
玉米蛋白粉	7.5	粗纤维	1.09
小麦面粉	6.85	钙	0.59
预混料	1	磷	0.69
食盐	0.25	食盐	0.25
合计	100	消化能（MJ/kg）	18.90

表 8-7　10~30 日龄羔羊颗粒饲料配方　　　　　　　　　（%）

原料名称	配比		营养成分	含量	
	配方 1	配方 2		配方 1	配方 2
玉米	44.5	41.5	干物质	82.61	83.15
大豆粕	27	27	粗蛋白质	22.50	22.15
花生粕	12		粗脂肪	2.58	2.68
向日葵仁粕		15	粗纤维	3.53	4.88
小麦麸	8	8	钙	0.74	0.74
糖蜜	5	5	磷	0.60	0.70
磷酸氢钙	1	1	食盐	0.49	0.49
石粉	1	1	消化能（MJ/kg）	12.47	12.15
预混料	1	1			

（续表）

原料名称	配比		营养成分	含量	
	配方1	配方2		配方1	配方2
食盐	0.5	0.5			
合计	100	100			

表8-8　30~60日龄羔羊颗粒饲料配方　　　　　（%）

原料名称	配比		营养成分	含量	
	配方1	配方2		配方1	配方2
玉米	56.8	44	干物质	83.80	87.06
苜蓿草粉		30	粗蛋白质	17.68	16.73
向日葵仁粕	8	18	粗脂肪	3.09	2.60
大豆粕	10		粗纤维	4.41	10.76
小麦麸	10	5	钙	0.56	0.94
干脱脂奶粉	5		磷	0.53	0.62
糖蜜	4.6		食盐	0.49	0.49
酵母	3		消化能（MJ/kg）	12.67	11.59
预混料	1	1			
石粉	1.1	0.5			
磷酸氢钙		1			
食盐	0.5	0.5			
合计	100	100			

（二）哺乳期羔羊补饲配方（表8-9）

表8-9　哺乳羔羊精料配方　　　　　　（%）

原料名称	配比		营养成分	含量	
	配方1	配方2		配方1	配方2
玉米	53	55	干物质	86.82	86.86
大豆粕	33	24	粗蛋白质	21.26	18.87
小麦麸	5.5	11	粗脂肪	2.82	2.91
菜籽粕	5		粗纤维	3.61	3.69
棉籽粕		6	钙	0.80	0.93
石粉	1.5	2	磷	0.53	0.54

（续表）

原料名称	配比		营养成分	含量	
	配方1	配方2		配方1	配方2
预混料	1	1	食盐	0.49	0.49
磷酸氢钙	0.5	0.5	消化能（MJ/kg）	13.29	13.17
食盐	0.5	0.5			
合计	100	100			

（三）断奶羔羊精料配方（表8-10至表8-12）

表8-10　早期断奶羔羊开食料配方　　　　　　　　　　（%）

原料	配方1	配方2	营养成分	配方1	配方2
玉米	54.0	58.0	干物质	87.40	87.55
大豆粕	22.0	18.0	消化能（MJ/kg）	13.28	12.67
麦麸	14.0	9.0	代谢能（MJ/kg）	10.89	10.39
花生仁粕	6.0	6.0	粗蛋白质	18.81	18.99
磷酸氢钙	1.0	1.0	粗脂肪	2.95	2.86
石粉	1.0	1.5	中性洗涤纤维	13.97	11.68
食盐	1.0	1.0	酸性洗涤纤维	5.88	5.01
苜蓿		1.0	钙	0.69	0.84
干啤酒酵母		4.5	磷	0.63	0.63
合计	100	100			

表8-11　早期断奶羔羊开食料配方　　　　　　　　　　（%）

原料名称	配比		营养成分	含量	
	配方1	配方2		配方1	配方2
玉米	32.8	50.0	干物质	83.01	87.09
大豆粕	10.0	8.0	消化能（MJ/kg）	11.72	12.96
麦麸	10.0	24.0	代谢能（MJ/kg）	9.60	10.62
大麦（裸）	10.0		粗蛋白质	17.13	16.28
棉籽粕		8.0	粗脂肪	2.82	2.97
菜籽粕		5.0	中性洗涤纤维	11.71	18.26
向日葵仁粕	8.0		酸性洗涤纤维	5.10	7.32
燕麦	14.0		钙	0.55	0.79
石粉	1.1	2.0	磷	0.51	0.54

（续表）

原料名称	配比		营养成分	含量	
	配方1	配方2		配方1	配方2
食盐	0.5				
预混料	1.0	1.0			
糖蜜	4.6	2.0			
干脱脂奶粉	5.0				
酵母	3.0				
合计	100	100			

表 8-12　早期断奶羔羊精料日粮配方　　　　　　　　　（%）

原料名称	配比		营养成分	含量	
	配方1	配方2		配方1	配方2
玉米	55	60	干物质	87.52	87.37
大豆饼	37	32	粗蛋白质	21.04	19.38
小麦麸	5	5	钙	0.59	0.57
石粉	1	1	总磷	0.46	0.45
预混料	1	1	盐	0.53	0.52
磷酸氢钙	0.5	0.5	粗纤维	3.1	2.94
盐	0.5	0.5	粗脂肪	4.32	4.21
合计	100	100	消化能（MJ/kg）	13.69	13.70

参考文献

柴建民，刁其玉，屠焰，等，2014. 早期断奶时间对湖羊羔羊组织器官发育、屠宰性能和肉品质的影响 [J]. 动物营养学报（7）：1838-1847.

柴建民，王波，祁敏丽，等，2018. 不同开食料采食量断液体饲粮对羔羊生长发育的影响 [J]. 中国农业科学（2）：341-350.

柴建民，王海超，刁其玉，等，2014. 湖羊羔羊最佳早期断奶日龄的研究 [J]. 中国草食动物科学（S1）：207-209.

柴建民，王海超，刁其玉，等，2015. 断奶时间对羔羊生长性能和器官发育及血清学指标的影响 [J]. 中国农业科学（24）：4979-4988.

黄文琴，祁敏丽，吕小康，等，2019. 饲粮能量和蛋白质水平对 21~60 日龄湖羊生长、消化性能及血清指标的影响 [J]. 畜牧兽医学报，50（1）：105-114.

解彪，张乃锋，崔凯，等，2018. 早期断奶羔羊饲喂不同中性洗涤纤维水平饲粮对羔羊育肥期生长性能、血清学指标和屠宰性能的影响 [J]. 动物营养学报（6）：

2172-2181.

解彪, 张乃锋, 张春香, 等, 2018. 粗饲料对幼龄反刍动物瘤胃发育的影响及其作用机制 [J]. 动物营养学报 (4): 1245-1252.

林英庭, 朱凤华, 王利华, 2014. 羔羊消化酶发育规律及其影响因素 [J]. 中国草食动物科学 (S1): 16-21.

柳尧波, 1997. 看图科学养肉羊 [M]. 济南: 山东科学技术出版社.

吕佳颖, 李发弟, 李飞, 1997. 幼龄反刍动物纤维营养需要与影响因素 [J]. 动物营养学报, 29 (7): 2261-2268.

吕小康, 祁敏丽, 王杰, 等, 2017. 饲粮能量和蛋白质水平对61~120日龄湖羊羔羊生长性能、氮代谢和血清生化指标的影响 [J]. 动物营养学报, 29 (12): 4355-4364.

祁敏丽, 2015. 反刍动物瘤胃发育研究进展 [J]. 中国草食动物科学 (5): 62-65.

祁敏丽, 柴建民, 王波, 等, 2016. 饲粮营养限制对早期断奶湖羊羔羊生长性能以及内脏器官发育的影响 [J]. 动物营养学报, 28 (2): 444-454.

祁敏丽, 刁其玉, 张乃锋, 2015. 羔羊瘤胃发育及其影响因素研究进展 [J]. 中国畜牧杂志, 51 (9): 77-81.

祁敏丽, 马铁伟, 刁其玉, 等, 2016. 饲粮营养限制对断奶湖羊羔羊生长、屠宰性能以及器官发育的影响 [J]. 畜牧兽医学报 (8): 1601-1609.

阮银岭, 1996. 实用肉羊饲养新技术 [M]. 郑州: 中原农民出版社.

王波, 柴建民, 王海超, 等, 2016. 蛋白水平对早期断奶双胞胎湖羊公羔营养物质消化与血清指标的影响 [J]. 畜牧兽医学报 (6): 1170-1179.

王杰, 刁其玉, 张乃锋, 2015. 代乳品对早期断奶羔羊生长发育和生理机能的调控作用 [J]. 家畜生态学报, 36 (8): 86-89.

王杰, 刁其玉, 张乃锋, 2015. 营养素对早期断奶羔羊健康生长的调控作用 [J]. 饲料研究 (20): 37-41.

张乃锋, 2006. 羔羊早期断奶新招 [M]. 北京: 中国农业科学技术出版社.

张乃锋, 2009. 新编羊饲料配方600例 [M]. 北京: 化学工业出版社.

张乃锋, 柴建民, 王世琴, 等, 2017. 早期补饲代乳粉对断奶后羔羊生长性能及体尺指标的影响 [J]. 现代畜牧兽医 (10): 1-6.

张乃锋, 屠焰, 刁其玉, 2017. 幼龄反刍动物健康培育体系构建及其科学问题 [J]. 科学通报, 62 (26): 2999-3007.

第九章　现代养羊的育肥生产技术

现代养羊育肥生产技术是以羔羊生长发育规律和消化道发育特点为基础，以育肥羊营养需求量为依据，充分利用各地天然的饲草料资源和各种加工业副产品资源，发展适宜本地环境条件的育肥方式和管理模式，最终生产出满足人民生活需要的绿色、高端、安全的羊肉产品。也就是说，舍饲集中高效育肥技术是在促进消化器官良好发育，尤其是瘤胃发育情况下，广泛开辟各种饲料资源，充分利用饲料组合效应，在适宜的环境条件下，通过高效管理技术，最大限度挖掘羔羊生长潜力，达到在降低生产成本前提下生产高品质安全羊肉产品、提高育肥羊生产效益的目的。现代养羊大力发展肥羔生产，不仅可以解决季节性出栏与常年性需求的矛盾，还可以解决肉羊小生产与大市场的矛盾。

第一节　羊生长发育规律

羊生长发育受遗传、环境因子、气候因素、性别、营养、管理技术等多种因素的影响。从生长速度上，大多数绵羊早期的生长速度高于同年龄的山羊，不同类型的品种生长速度也不同，比如，早熟型的品种早期生长发育速度快。不同地理区域环境条件下山羊的生长速度也不同，南方大多数本地山羊品种的生长速度高于北方地区山羊品种。不同性别的羊生长发育速度不同，一般情况下同一品种雄性羊生长速度高于雌性羊。下面分别阐述绵羊和山羊周岁内生长发育规律，掌握了绵羊、山羊生长发育规律，有助于安排育肥生产，合理配制饲粮，提高育肥羊生产效益。

一、绵羊生长发育规律

从图9-1可以看出，我国本地绵羊品种小尾寒羊、湖羊、滩羊和欧拉藏羊生长发育速度低于培育品种巴美肉羊、引进品种杜泊羊和德国美利奴羊。乌珠穆沁羊在6月龄前生长速度与培育品种和引进品种相近。从达到屠宰体重40kg时的月龄看，巴美肉羊、德国肉用美利奴、杜泊羊和乌珠穆沁羊在6月龄，其余品种的羊在8~10月龄体重达到40kg。所有这些绵羊品种在2~6月龄生长速度快，日增重高，大多数品种绵羊在2月龄或3月龄断奶时和8月龄时均出现生长拐点，增重速度显著降低。不同性别的公羊与母羊生长速度相比，相同月龄公羊的平均体重高于母羊。培育品种巴美肉羊生长速度与其父本品种德国肉用美利奴相近。总的来说，大体型绵羊品种生长发育速度高于中等体型品种，小体型绵羊品种生长速度慢，达到屠宰体重所需的时间也较长。来源于双羔或三羔的羔羊生长速

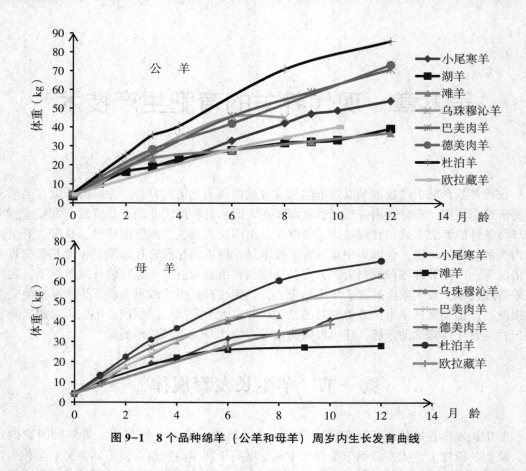

图9-1　8个品种绵羊（公羊和母羊）周岁内生长发育曲线

度低于单羔。因此，在育肥绵羊生产中，用于育肥的羔羊应选择2~3月龄断奶后羔羊，利用2~6月龄期间生长速度快的特点进行育肥。另外，在育肥生产上，尽可能地利用杂种优势进行羊肉生产，杂种羊具有生长速度快、饲料报酬高的特点。

二、山羊生长发育规律

从图9-2可以看出，我国本地山羊品种太行山羊、贵州白山羊、济宁青山羊生长曲线在4月龄以后显著低于培育品种南江黄羊和引进品种波尔山羊。从达到屠宰体重40kg时的月龄看，波尔山羊在12月龄体重可以超过40kg，其余本地山羊品种都需要到成年时才能达到屠宰体重。大多数山羊品种在2~4月龄生长速度快，日增重超过100g。在4月龄断奶时和8月龄时均出现生长拐点，增重速度显著降低，0~4月龄属于哺乳期的快速生长阶段，8月龄以后体重增加速度明显变缓，尤其是放牧的山羊在冬季出现掉膘的现象。相同月龄、不同性别的公羊与母羊生长速度相比，公羊的平均体重高于母羊。培育品种南江黄羊生长速度稍低于引进品种波尔山羊，但高于其他本地山羊品种。因此，在育肥山羊生产中，有两种来源的山羊进行育肥，一种是断奶羔山羊的直线育肥，另外一种是成年山羊的育肥。另外，要充分利用杂种优势进行羊肉生产，杂种羊具有生长速度快、饲料报酬高的特点。比如，波尔山羊杂种后代生长发育速度快。

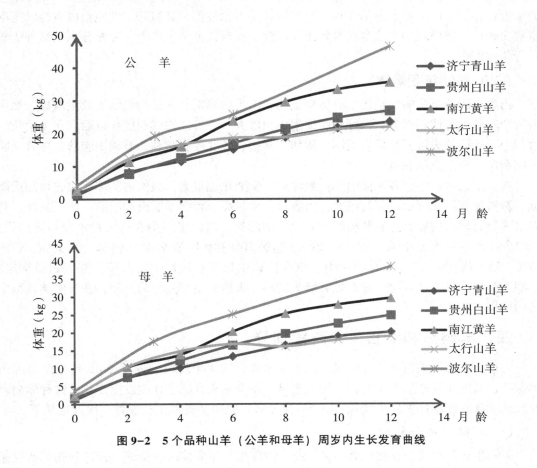

图9-2　5个品种山羊（公羊和母羊）周岁内生长发育曲线

三、羊体组织生长规律

在了解绵羊和山羊的生长发育规律后，还应该掌握羊体组织的生长发育规律，不同阶段各种体组织的生长强度不同，营养需求量也有比较大的差异，各种体组织的生长情况，尤其是肌肉和脂肪组织，直接影响着育肥羊的体组成和肉的品质。

（一）肌肉生长规律

肌肉纤维数量的增加在胎儿出生前已经完成。出生以后，肌肉发育主要体现在肌肉纤维细胞在长度和横截面积的增加。当肌纤维生长体积增大时，首先是肌微卫星细胞复制、然后与肌纤维细胞融合，这样便增加了肌纤维内细胞核数量，从而增加了肌纤维细胞内蛋白合成和细胞代谢，当肌纤维细胞中蛋白质合成速率大于降解速率时，肌纤维细胞体积增大，肌肉体积变大。一般情况下，初生羔羊的肌微卫星细胞的活力很高，肌肉生长速度比较快，但当肌肉细胞达到其成熟体积时，肌微卫星细胞的活性降低，肌肉生长停滞，因此，当羊生长到成年以后，肌肉生长速度非常低，甚至停滞。肌肉细胞最大生长速度主要是受遗传因素的影响。真实生长速度是受肌细胞内蛋白合成和分解的比值决定的。引进的一些肉用品种，具有较高的生长潜力，其肌纤维细胞蛋白质合成的速率比较高，肌肉增加的速度快，而国内一些本地羊品种，肌肉生长潜力比较低，其肌纤维细胞蛋白质合成速率也相应较低，肌肉增加的速度相对较慢。因此，在现代养羊生产中，要充分利用杂种优势进行羊肉生产。

（二）脂肪沉积规律

出生前脂肪细胞的数量还没有达到最高，出生后早期首先是脂肪细胞数量增加，然后是每个脂肪细胞体积增大，这种脂肪细胞体积增大一直可以持续到成年以后。在羊生长的过程中，脂肪首先沉积在器官周围，例如，肾脂、骨盆腔脂肪和心脏周围脂肪；再者是肌肉间脂肪、皮下脂肪和肌内脂肪。

在羊生长过程中，各种体组织占胴体的比例变化也很大，肌肉占胴体比例先增加后降低，脂肪比例持续增加。年龄越大，脂肪百分比越高。育肥羊肌肉和脂肪比例因品种、营养水平等有较大的差异。脂肪组织含有大量的脂类，肌肉组织中含有大量水分和蛋白质，新鲜骨组织含有水分 45%、蛋白质 20%、脂肪 10% 和矿物质 25%（钙含量约 36%、磷约 17%，钙：磷＝2：1）。在育肥期内，肌肉快速生长期，饲粮中应保持足够蛋白质饲料；后期脂肪快速生长期，应保证有足够能量饲料；根据骨组织养分的沉积，在育肥羊日粮中钙磷比保持在 2：1。

四、羊组织和器官生长阶段划分

为进一步说明绵山羊生长曲线，把生长曲线分为 4 个阶段（图 9-3），每个阶段绵山羊器官、肌肉和骨骼的生长发育有较大差异。每个阶段育肥羊体型发生变化，这种体型差异致使胴体各组织比例发生变化。4 个阶段器官、肌肉和骨骼生长发育情况详述如下。

（一）第一生长阶段

第一生长阶段出现在初生后不久。第一阶段生长主要体现在头部、颈部和腿部的快速变大，致使羊体外型看起来体躯容积较浅和后躯不发达。这一阶段体内器官生长较快，其次是骨骼和肌肉，脂肪组织生长速度较慢。

（二）第二生长阶段

第二生长阶段主要是体躯长度成比例增加。体躯长度增加程度与第一阶段早期发育密切相关。在第二生长阶段，器官发育接近成熟，肌肉生长仍然很快，但骨的生长速度开始变慢。脂肪组织生长在第二阶段后期开始显著增加。

（三）第三生长阶段

第三生长阶段主要是体躯的变深变厚。这一阶段器官已经成熟，骨生长接近完成。主要肌肉组织继续生长，脂肪组织生长加快。在正常生长条件下，这一阶段在羔羊 3~4 月龄时开始。营养和遗传因素会影响第三阶段的开始时间。早熟品种第三生长阶段开始早，一般情况下营养良好的羔羊会提前进入第三生长阶段。

（四）第四生长阶段

第四生长阶段主要是腰部和后躯的快速发育，体躯继续变深变厚。肌肉生长开始变慢，体重增加主要是由脂肪增加引起。这一阶段日增重显著下降，生长曲线接近成熟时的平台期。

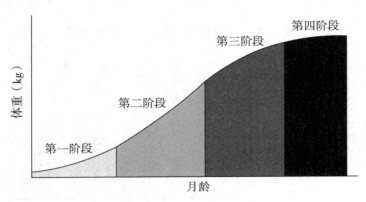

图 9-3 生长发育曲线与 4 个阶段的关系

我国绵羊羔羊一般在 60 日龄断奶，正处于第二阶段中后期。断奶羔羊育肥技术其育肥期从第二阶段中后期开始一直持续到第三阶段结束，或者延长到第四阶段的早期。为保证育肥羊快速健康生长，育肥期内应根据其每个阶段生长特点配制合理的饲粮。

五、羔羊胴体组成和生长曲线的关系

在现代育肥羊生产中，判断胴体品质优劣的依据是肌肉比例、脂肪比例和颜色。高品质优质羊胴体肌肉比例含量高，脂肪比例低，白色。在育肥羊生产中如何确定最佳育肥期？山西农业大学国家现代肉羊产业技术体系岗位专家课题组收集大量屠宰试验的数据统计结果见图 9-4。体况中等健康育肥羊体重在 20kg、28kg、35kg、42kg、50kg 和 60kg 杜寒杂种一代绵羊屠宰后胴体肌肉、脂肪和骨骼的百分比见图 9-4。20～28kg 体重代表第二生长阶段中后期，肌肉比例分别为 64.10% 和 61.73%，骨骼所占比例由 21.39% 下降到 18.41%，脂肪比例由 14.50% 增加到 19.85%。28～50kg 体重代表第三生长阶段，从图 9-4 可以看出骨骼比例生长基本停止，肌肉和脂肪都在快速生长，肌肉比例由 61.73% 下降到 58.40%、脂肪比例由 19.85% 增加到 27.93%。60kg 体重代表第四生长阶段早期，其肌肉比例降到 53.4%，脂肪比例增加到 32.1%，骨骼比例下降到 13.5%。从以上数据可以看出，处于第三生长阶段育肥羔羊肌肉占胴体比例高，而处于第四生长阶段体重 60kg 羊，脂肪比例显著增加，肌肉比例降低。

从脂肪沉积部位看，35kg 羔羊脂肪开始在身体的前半部分沉积，第 5～6 肋骨处肋脂沉积明显，第 12～13 肋骨处脂肪沉积较少，后腿横断面肌间脂肪沉积很少，基本无肌内脂肪。体重 50kg 育肥羔羊，从第 6 肋骨横断面看脂肪沉积向下延伸，侧翼部分脂肪沉积明显，第 12～13 肋骨处脂肪沉积增加，后腿横断面肌间和肌内脂肪沉积有限。体重 60kg 育肥羔羊，各部位肌间脂肪沉积增多，脂肪主要沉积在肋骨下半缘和侧翼，后腿横断面肌肉脂肪和肌内脂肪沉积明显。从上面脂肪沉积规律看，羔羊体重从 35kg 生长到 60kg，脂肪的沉积顺序是从胴体前躯向后躯延伸，从肋排上部向下部延伸。

根据中华人民共和国农业行业标准 NY/T 2728—2015《羊胴体等级规格评定规范》中胴体分级标准，特等级羔羊胴体重量：绵羊≥18kg、山羊≥18kg，肋脂厚度 8～20mm；优

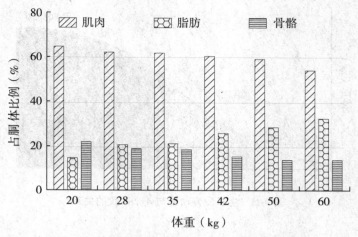

图 9-4　不同体重育肥羊肌肉、脂肪和骨骼百分比

等级胴体重量：绵羊 15～18kg、山羊 12～15kg，肋脂厚度 8～20mm。在羔羊育肥生产中，育肥羊生长到第三生长阶段中后期，体重在 40～50kg 时屠宰可生产特等级和优等级羊肉，提高育肥羊生产的经济效益。

六、羔羊消化器官和生长曲线的关系

从图 9-5 育肥羊消化道器官指数来看，在体重 20～28kg 阶段瘤胃、瓣胃、皱胃和小肠均有不同程度的发育，网胃和大肠基本发育完全，这一阶段消化道器官还在继续发育，应属于第二阶段的中后期。体重 28～35kg 阶段器官基本发育完全，该阶段应属于第三阶段早期。35～50kg 阶段消化器官随着体重增加其器官指数下降，说明器官已经完全发育，根据器官发育程度，28～50kg 应属于第三阶段。在育肥生产中，育肥早期阶段日粮中应保持一定比例粗纤维，促进消化道器官发育，为育肥中后期打好基础。

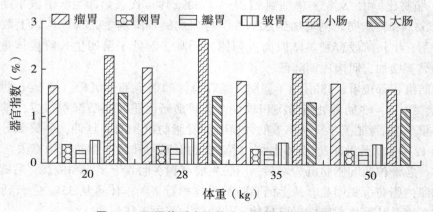

图 9-5　不同体重育肥羊消化道器官指数比较

从羔羊生长发育规律和消化道发育特点来看，羔羊第一生长阶段主要是内脏器官和骨骼发育，到第二生长阶段结束消化器官基本发育完成，肌肉生长速度加快，脂肪开始增加，骨骼继续生长。第三生长阶段器官和骨骼发育完全，肌肉生长速度变缓，脂肪组织快速生长。在育肥生产中，从第二阶段中后期，2月龄断奶羔羊，体重约20kg开始，一直持续到第三阶段结束，体重在40~50kg屠宰，生产特等和优等羔羊肉。

根据器官和组织生长的特点，分阶段配制日粮，前期器官和骨骼发育，注意饲粮中蛋白质、钙和磷的补充，同时含有一定量NDF。第三生长阶段早中期，肌肉生长和脂肪沉积增加，应注意饲粮中蛋白质和能量水平满足快速生长的需要。分阶段合理配制饲粮，一方面满足羔羊快速生长的需要，另一方面在生产安全优质羔羊肉的基础上，还可以降低饲养成本，增加羔羊育肥的经济效益。

第二节 绵羊育肥方式及管理技术

目前，我国绵羊育肥的方式根据生长阶段划分：哺乳羔羊育肥、断奶羔羊育肥、大羊育肥和淘汰成年羊育肥；根据育肥羊的来源划分：异地育肥、自繁自养、母子一体化育肥；根据饲养管理方式划分：舍饲育肥、放牧育肥和混合育肥。

一、舍饲育肥管理技术

农业农村部制定发布《2019年畜牧兽医工作要点》中提出，积极推进粮改饲和大力发展草牧业，粮改饲和草牧业发展推动了羊产业进入"种草养羊"时代，饲草产业化发展推动农区、农牧交错带舍饲育肥快速发展，提高安全高品质羊肉的有效供给。

在无放牧地的农区和放牧地少的农牧交错带一般采用舍饲育肥。现代舍饲育肥是以集约化、机械化、标准化和规范化生产为特点，以安全高效为目标，根据育肥羊的消化生理特点，选用来源广泛且营养价值较高的饲草料原料、按肉羊营养需要量标准调制饲粮，在科学饲养管理下以较短的肥育期和适当投入获取羊肉的一种育肥方式。舍饲育肥根据羊年龄划分为：哺乳羔羊育肥、断奶羔羊直线育肥、断奶羔羊异地育肥和淘汰羊育肥，下面分别介绍这些育肥管理技术。

（一）母子一体化哺乳羔羊育肥技术

母子一体化哺乳羔羊育肥技术是根据母羊和羔羊特定母仔关系，围绕母仔相互作用效应而进行的系统化工程，该系统工程核心是产羔前后两个月的饲养管理技术，包括妊娠后期饲养管理技术、围产期母仔饲养管理技术，哺乳期母仔饲养管理技术。该育肥技术既适合舍饲育肥应用，也可在放牧哺乳羔羊育肥技术应用。配套设施有专门的羔羊补饲栏，羔羊自由进出，该栏与母羊圈相连或在母羊圈内，栏门仅允许羔羊通过。该育肥技术体系主要目的是生产高品质乳羔肉，供应节日特需。

母子一体化哺乳羔羊育肥技术是利用常年发情多胎母羊，在重大节日前9个月配种，强化妊娠母羊中后期饲养管理，达到"母肥子壮"目的；羊母仔同圈饲养同时加强补饲，母羊哺乳期间每天喂足量的优质豆科牧草，另加足够精料使母羊泌乳量增加，羔羊从10日龄开始单独补饲，到3月龄断奶时，挑出体重达到25~30kg乳肥羔出栏。其余达不到出栏体重的羔羊断奶后，进入断奶羔羊育肥群体。其优势：一是母仔同圈饲养不断奶，可减少羔羊断奶造成的应激，保持羔羊快速生长；二是良好补饲延长母羊的泌乳时间，提高泌乳量，保持良好体况，为下一期配种做好准备；三是羔羊良好补饲可以弥补由于双羔以及多羔引起体重上的差异；四是乳肥羔可以提前出栏且品质非常好，迎合节日价格优势，显著提高经济效益。

母子一体化哺乳羔羊育肥技术要点如下。

1. 品种选择

母羊选择四季发情，多胎母羊，例如，小尾寒羊、湖羊、含有小尾寒羊或者湖羊血液的杂种母羊；公羊选择早熟、生长发育快，胴体品质好的杜泊绵羊、萨福克绵羊等国外引进品种，利用杂种优势生产乳肥羔。

2. 母羊分阶段饲喂

注重妊娠中后期蛋白、能量、维生素 E 和硒的供给，保证母肥子壮，乳房发育良好。产后 1 周加强泌乳母羊的饲喂，逐步增加青绿多汁饲料饲喂量，能量和蛋白质饲料充足，保证母羊有足够乳汁哺乳羔羊，泌乳量和乳品质直接影响羔羊生长发育。

3. 羔羊及早隔栏补饲

当羔羊有主动轻咬饲料倾向时开始补饲，在 10 日龄左右，起初几天撒少量精饲料到料槽内，保持整天料槽内有散留饲料，每天早晨清理更新饲料；随后开始每天饲喂两次，饲喂量 45g，每次喂量以 20min 内吃净为宜；根据羔羊的采食情况调整饲喂量，末期每天采食量达 450～500g。

4. 补饲优质羔羊料

该技术充分利用羔羊第一和第二生长阶段肌肉和骨骼快速生长特点。补饲料中蛋白、能量和钙磷比合适（2：1）。因此，羔羊补饲料由豆科牧草（例如苜蓿）、玉米、麸皮、燕麦、豆粕、亚麻粕等，破碎后与微量元素、复合维生素添加剂一起混合做成粉料，或者进一步制成颗粒饲料。

5. 及时出栏

3 月龄时称重分群，体重达到 25kg 以上的羔羊出栏，剩余羊只断奶后可转入断奶羔羊育肥群，进行短期强度育肥；不作育肥用的羔羊，可优先转入繁殖群饲养。

母子一体化哺乳羔羊育肥技术在国外应用较多，一种情况是在干旱或半干旱地区应用，哺乳羔羊育肥可减轻草场压力；另一种情况是当羔羊产于晚秋或早冬时期，经 3 个哺乳期育肥，供新年等节日。在我国少数的羊场使用，但是该技术是值得推广的一种高品质乳羔生产技术，该技术集品种良种化、生产环节机械化（饲草料加工机械化、剪毛机械化、母羊及育肥羊饲喂机械化等）、饲养标准化、管理规范化等为一体。近几年我国草牧业发展将羊产业链向前延伸，增加了饲草产业化生产，更有利于母子一体化育肥技术发展，这种趋势是适合于我国农牧区现代集约化、机械化和标准化羊业高效可持续发展的大方向。

（二）断奶羔羊直线育肥管理技术

断奶羔羊直线育肥管理技术是指羔羊经过 50～60d 哺乳，断奶后继续留在原圈内育肥，到 120～150d 时活重达 35～40kg 时出栏屠宰的一种育肥方式。这种育肥方式与其他类型不同之处在于羔羊出生到育肥结束一直在同一羊圈或羊场内生活，断奶前营养以羊奶为主，断奶后以精料为主，饲草为辅，其优点是饲料报酬高，料肉比为（2.5~3）：1，生长速度快，日增重 200~300g，羔羊肉品质优良。

断奶羔羊直线育肥管理技术要点如下。

1. 母仔同圈饲养

羔羊生后与母羊同圈饲养，前 21d 全部依靠母乳，随后训练羔羊采食饲料，将配合饲料加少量水拌成半干饲料饲喂，以后随着日龄增长添加苜蓿草粉。

2. 早期断奶和分群

羔羊到 8 周龄时瘤胃微生物区系已基本建立，能采食和消化大量植物性饲料，因此在 50d 或 60d 断奶比较合理。断奶后母羊转入繁殖群进入下一繁殖周期，羔羊留原圈或者同场育肥圈饲养；这时羔羊体重大致相似，根据性别分群，采用全进全出制度，便于集约化生产。

3. 免疫和驱虫

羔羊在 2~3 周龄是用羊痘疫苗免疫，在 30d 左右用三联四防疫苗进行免疫，如果在秋冬季节育肥羊只，再加免疫口蹄疫疫苗。免疫程序最好是根据本地疫病史制定适合本地羊场免疫程序。在育肥开始前 2~3d 时口服或者注射伊维菌素等驱虫药物。在有肝片吸虫发病地区，需要硝氯酚等专门用于肝片吸虫药物进行再次驱虫。需要注意的是，有机羊肉生产养殖户应采用中草药驱虫药物。

4. 合理营养调控

该技术体系充分利用第二生长阶段和第三生长阶段早期羔羊肌肉快速生长特点，要求的蛋白质、能量水平高，矿物质和维生素要全面。若日粮中微量元素不足，羔羊有吃土、舔墙土现象，可将微量元素盐砖放在饲槽内，任其自由舔食，以防微量元素缺乏。但是该期瘤胃等消化器官尚未完全发育，体积有限，因此，精粗比例要合适，如粗饲料过多营养浓度跟不上，如精料过多缺乏饱感，最初精粗料比以 7：3 为宜，粗料以品质较好豆科牧草为主。研究表明，在开展早期断奶强度育肥时都采用颗粒饲料，颗粒饲料适口性好、体积小、营养浓度大、羔羊喜欢采食，比粉料能提高饲料报酬 5%~10%。可大力推广颗粒饲料进行断奶羔羊直线育肥。

5. 适时出栏

出栏时间与品种、饲料、育肥方法等有直接关系。大型肉用品种绵羊 4 月龄出栏，体重可达 35~40kg，小型肉用品种相对差一些。断奶体重与出栏体重有一定相关性，据试验，断奶体重 12kg 以下时，育肥后 50d 体重 25kg 左右；断奶体重 13~15kg 时，可达 35kg 以上。因此，饲养上设法通过提高羔羊断奶体重而增加羔羊出栏活重。

（三）断奶羔羊异地育肥管理技术

异地育肥是一种高度专业化的肉羊育肥生产制度，是在自然和经济条件不同的地区分别进行羔羊的生产、培育和羔羊专业化育肥。也是牧区和农区肉羊产业的结合与相互补充，既保护和减轻了牧区草场压力，走出秋肥、冬瘦、春乏的恶性循环，加快羊群周转，又充分利用了农区丰富农作物及其副产品资源、管理精细优势，资源和技术互补，在生态优先前提下，推广异地育肥技术，共同推动了牧区和农区、山区和平原肉羊产业经济发展。

在牧区充分利用当地草场条件，以放牧方式饲养母羊、繁殖羔羊，羔羊断奶后，立即转移到饲料资源丰富的农区进行短期强度育肥，然后出栏屠宰。这种异地育肥制度起源于20世纪30年代前后美国，当时主要应用在肉牛上，利用西部牧区饲养母牛，生产犊牛和架子牛，然后运到中部玉米种植地带育肥。异地育肥发展到今天，已经在肉羊生产上得到很好应用。

1. 断奶羔羊异地育肥管理技术要点

（1）育肥羔羊选择。选择3月龄左右、膘情中等、体格稍大、体重在15~20kg、健康无病、被毛光滑、眼睛有神的羔羊，最好选择含有肉羊血液的杂种羔羊。

（2）安全运输。首先要办理好运输羊只产地检疫和过境检疫相关手续，调查相关羊免疫情况和当地寄生虫病史；选用运羊车辆装有较高护栏和雨布，装羊前在车厢内铺农作物秸秆，或者在箱板上撒一层干燥的沙土，防止羊在运输过程中跳栏、淋雨、滑倒而相互挤压；并根据运输里程备足草料及水桶、料盆等器具，且带少量消炎止痛等药品；羊只在上车前饮足水，不宜让羊吃得过饱（有条件的提前几天给羊饲喂益生菌、电解多维等抗应激添加剂），运输里程在1d之内不需要喂草喂料，运程在1d以上的，每天应喂草2~3次，饮水不少于2次，且保证每只羊都能饮到水、吃到饲草；运输车辆应缓慢启动，禁止突然刹车，在颠簸路面和坡路要缓慢行驶，防止羊挤压死亡；中途停车或人员休息要安排专人细心观察羊只，防止羊跳车；卸羊时最好搭带护栏卸羊架，避免车厢板与车厢之间缝隙夹断羊腿。还可防止羊跳车等事故发生。

（3）过渡期科学饲养管理。卸羊后先让羔羊休息2~3h再让其饮水，可在水中添加多维电解质，缓解羔羊的运输应激。安静休息8~12h后，按照性别相同、体格和膘情相近原则分群，根据羊栏面积，群体大小适度，保证每个育肥羊有槽位和足够活动空间，每只育肥羊至少0.8m²，分群后，饲喂少量优质干草。前2d给新进羊提供优质青干草和充足饮水，水中继续添加多维电解质。第3d可以喂100g左右精料补充料（添加清热健胃散等具有清热解毒健胃功能的中草药添加剂），以后逐渐增加精饲料补充料。第4d开始第一次驱虫。如有驱虫史记录，缺什么补什么。如无驱虫史，第一次驱虫（口服）可用阿苯达唑、吡喹酮、丙硫咪唑等。如果购羊区域有肝片吸虫感染史，建议用硝氯酚驱虫1次。驱虫后第2d，如羊床不是漏缝地板，必须清理干净粪便，对于驱虫后排出的严格管理，集中堆肥发酵处理，避免再次感染羊或者污染草料。第5d开始剪毛。7~9d完成剪毛、饲料逐渐调整到育肥日粮Ⅰ。第9d第二次驱虫，注射伊维菌素，驱杀体内外寄生虫。间隔5d在第14d进行免疫，若是羔羊免疫驱虫史详细，缺什么补什么；如免疫驱虫史不详，考虑到羊痘一般在羔羊2~3周龄免疫，在准备期第14d免疫三联四防疫苗。若是秋冬需要再加免疫口蹄疫。在整个准备期内剪毛、驱虫和免疫等一系列工作都会对育肥羊造成应激，因此，整个准备期内饮用多维电解水，可以在一定程度上缓解应激，完成准备工作后进入正式育肥期。

（4）分阶段育肥技术。根据羔羊生长发育的规律特点，参照《肉羊营养需要量》标准，选择当地来源丰富、价格低廉、营养价值高饲草料，调制全混合饲粮，保障育肥羊健康生长，预防育肥羊尿结石、黄膘病等营养代谢病发生。育肥Ⅰ期，经研究证明，体重15~28kg阶段内部消化器官瘤胃、瓣胃、皱胃和小肠均有不同程度的发育，因此，调制饲粮考虑到有足够的有效纤维促进瘤胃发育、足够蛋白质促进肌肉生长、足够钙磷和适宜钙磷比保证骨骼生长。育肥Ⅱ期，肌肉仍处于快速生长期，同时脂肪的生长也加快，饲粮中足够蛋白质和充足的能量，保证肌肉和脂肪的沉积。育肥Ⅲ期，肌肉生长速度减缓，脂肪沉积继续增加，精粗比可以提高到 7：3，增加玉米等能量饲料比例。每 30d 抽取羊只称重，根据体重增加情况调整饲粮，整个育肥期内定时喂料、保证料槽内昼夜均有草料、羊可自由饮水，饮用水标准符合国家无公害食品畜禽饮用水水质标准（NY 5027—2008）。

（5）科学精细化饲养管理。环境温度对绵羊育肥的营养需要和增重影响很大。平均温度低于 7℃，羊体产热量增加，采食量也增加，饲料增重效率也降低；如平均温度高于 30℃时，绵羊呼吸和体温随气温升高而增高，采食量减少；高温高湿环境有助于寄生虫滋生。因此，冬季育肥应注意保暖，夏季育肥应注意采取有效措施降温，给育肥羊只提供一个相对适宜的环境。给予足够阳光照射，促进钙吸收。另外，要保持环境安静、良好通风也有利于羊只生长。饲养员要注意观察羊只采食情况，及时调整饲喂量；注意观察羊只精神状态、被毛状态、采食行为、粪便状态、排尿行为等，发现有食毛羔羊、精神状态不好羊只、拉痢的羊只、排尿动作困难羊只，都应及时处理；饲养员也要相对稳定，对育肥羊只要和气，不要惊吓羊只，任何引起应激反应的刺激都会影响育肥羊生长、降低日增重。

（6）适时出栏。经 90d 育肥后，体重达到 40~50kg 健康羊只全部出栏。对于少量不达体重羊只，进入隔离羊舍，单独饲喂。

2. 断奶羔羊异地育肥管理技术规程

基于山西怀仁市多个专业化育肥养殖户和晋中市 3 个专业化育肥场的育肥羊饲养管理经验，比较各场育肥效果及经济效益，总结出断奶羔羊异地育肥管理技术规程如下（表9-1）。

表 9-1　断奶羔羊异地育肥管理技术规程

时期	天数	管理任务
准备期	−4~−3d	打扫羊圈和运动场，第二次消毒
	−2~−1d	羊圈和饲喂用具及护栏等再次全面消毒
过渡期	0（进羊当天）	新进羊分群、休息和饮水
	1~2d	供应优质干草和保证饮水，饮水中添加多维电解质等，缓解应激
	3~4d	开始少量饲喂精饲料补充料（含清热健胃中草药），提供优质干草和充足干净饮水。第 4d 完成第一次驱虫
	5~6d	逐渐增加加精饲料补充料，开始剪毛
	7~9d	过渡到育肥日粮Ⅰ、剪毛，第 9d 第二次驱虫
	14d	免疫
育肥Ⅰ	15~45d	育肥日粮Ⅰ
	45d	抽查称重，评价第一阶段育肥日粮效果
育肥Ⅱ	46~75d	育肥日粮Ⅱ
	75d	抽查称重，评价第二阶段育肥日粮效果
育肥Ⅲ	75~105d	育肥日粮Ⅲ
	105d	达到体重全部出栏。不达体重进入隔离羊舍，单独饲喂
清理期	106~108d	集中清理羊粪，晾圈，第一次消毒。随后进入下一轮育肥准备期

（四）淘汰羊育肥管理技术

淘汰羊一般是从繁殖羊群中年龄较大、繁殖力下降、产肉性能差、肉品质较差的种公羊或者繁殖母羊。这些繁殖母羊可能是刚经过了妊娠期和泌乳期，由于特殊的生理需要，即便在正常的饲喂水平时，母羊也会动用一定的体内贮备（母体效应），造成母羊营养受阻，体重下降；还有一种可能是经过冬春枯草季节，季节性的冬瘦和春乏使母羊实际营养摄入不足，造成母羊营养缺乏、体重降低；或者是有慢性疾病不能妊娠的羊只等。淘汰羊短期育肥是利用成年羊补偿生长特点，短期内给予营养丰富的饲草料，羊只便可获得较高的生长速度，使其肌肉之间和皮下脂肪增加，直至达到正常体重或良好膘情，经短期育肥使得肉质变嫩、风味改善，大大提高经济效益。

1. 淘汰羊的来源

淘汰羊一般来源于以下几种情况：一是精液品质严重下降的种公羊、有慢性疾病的种公羊等；二是年龄较大、产羔率已下降的母羊；三是连续两次未妊娠的母羊，或者连续两次流产母羊；三是膘情很好但泌乳性能较差的母羊；四是连续两次患有乳房炎，或者乳房已经坏死的母羊；五是长期消瘦的公母羊。总之，繁殖性能严重降低的公母羊均应被淘汰。

2. 淘汰羊短期育肥技术要点

（1）首先对淘汰羊只进行全面健康检查和分群。淘汰时全面检查被淘汰羊健康状况，查清原因，如有疾病，先治疗，然后再进行育肥，如果无法治愈，则直接剔除。观察牙齿是否有缺，初步判断羊只年龄和采食能力，如牙齿有缺口或者松动，影响到采食性能，也应直接剔除。挑选出来的羊应按体重大小和体质状况分群，一般将相近情况的羊放在同一群育肥，避免因强弱争食造成较大的个体差异。

（2）剪毛。在育肥前对所有羊只进行剪毛。

（3）去势。淘汰种公羊应在正式育肥期开始前10d进行无血去势，可改善羊肉风味。

（4）驱虫。由于种羊每年都有两次驱虫，查看以往使用药品有效成分，为达到良好驱虫目的，育肥前驱虫应更换驱虫药物。有肝片吸虫地区，注意用硝氯酚等专门用于驱杀肝片吸虫药物二次加强驱虫。有焦虫病区域，应用血虫净等药物二次专门驱杀。

（5）科学调配饲粮。从羊生长发育规律看，淘汰的成年羊生长已停止，短期育肥主要是增加肌肉间脂肪。因此，在保证其他养分基本满足的情况下，饲粮中能量水平高出营养需要量标准10%左右。淘汰羊短期育肥可以采取高精料育肥，精饲料中玉米、麸皮等能量饲料比例70%～80%，黑豆或者饼粕类15%～17%，添加预混料2%使钙磷比达到（1.5～2）：1，食盐1%、0.2%缓冲剂小苏打。精饲料日饲喂量0.6～1.0kg，优质青干草供育肥羊自由采食。另外，定期根据说明书添加一些清热解毒或健胃中草药添加剂，保证羊只健康无病。

（6）适时出栏。淘汰羊体内沉积脂肪能力是有限的，在脂肪沉积量达到一定程度，就不再增重。育肥期以60d为宜，最多不超过90d。一般情况下，到40d开始抽查少部分羊体重，或者通过触摸法判断膘情，满膘即可出栏。

二、放牧育肥管理技术

放牧育肥是最经济的育肥方式，是利用天然草场、人工草场或秋茬地放牧抓膘的一种育肥方式。特点是生产成本低，在安排得当时能获得理想的经济效益，是我国农区和牧区采用的传统育肥方式。根据牧草及农作物生长规律和养分随季节变化规律，北方牧区夏季和秋季是牧草生长旺盛季节，大量研究结果显示，夏季牧草中粗蛋白质含量、消化能和代谢能含量高于秋季牧草，夏季牧草中干物质和中性洗涤纤维含量低于秋季牧草，远远高于冬春季节牧草。冬春季节牧草中中性洗涤纤维和木质素含量达到高峰，粗蛋白质和消化率也达到一年中最低水平。因此，在北方牧区，夏秋季节是放牧育肥的最佳季节，牧草提供营养可以满足育肥羊生长需要。

（一）夏季放牧型

放牧补饲型是充分利用夏季牧草旺盛、营养丰富的特点进行放牧育肥，这期间羊日采食青绿饲料可达 5~6kg，根据育肥羊类型不同、草场植被密度和种类不同，其育肥羊日增重速度不同。一般情况下，草场植被较好的牧场，断奶后羔羊生长速度可达 200~250g，淘汰育肥羊生长速度 100g 左右；如果是荒漠半荒漠草场，植被稀疏，断奶羔羊生长速度降低，淘汰育肥羊生长速度低于 100g。最好的放牧方式是采用分区轮牧，分区轮牧比自由放牧可提高牧草利用率 25%，羊只增重可提高 15%~40%。

1. 夏季放牧技术要点

夏季放牧日常工作中尽量做到"三防"：即防有毒有害牧草、防蚊蝇侵扰和防蛇。不论草原还是山区草坡上都有杂生的毒草，毒草大多数生长在阴坡。为了防止羊吃毒草，可采用"饱牧"方法，即在早晨将羊放牧在好草场上，等羊吃半饱后再放牧到有毒草地带，这时羊已经吃半饱，便开始选择好草吃，即便是吃到毒草，也容易吐出来。为了减少夏季蚊蝇对羊群骚扰，放牧尽可能选择高冈或高山、凉爽有微风牧场，蚊蝇叮咬一是影响羊安静采食和休息，二是容易滋生羊鼻蝇蛆病，影响抓膘。如果只有低地牧场，采用夜牧方式。夏季雨后注意防毒蛇，夏季雨过天晴，蛇大多出洞乘凉，或者因水灌蛇洞，出来另觅洞栖息，可采用打草惊蛇的方法，先用鞭在草地上抽打一阵，然后再放羊进牧场。

为了更好地进行夏季放牧抓膘，放牧过程中要注意"四稳"：即出牧稳、收牧稳、饮水稳、游牧稳。出入羊圈要稳，控制羊只有序进出，避免发生拥挤。饮水稳，从放牧地到饮水地点，要控制羊群，不急行，快到饮水地方时，要将羊挡住，等喘息稳定以后，再开始让羊饮水，避免羊只呛水。游牧稳，到放牧地后，将羊群散布在一定区域内，让羊自由采食，羊工监视羊群不要过于分散，不要惊扰羊群安静吃草，让羊吃饱，吃饱以后羊只会站立前望或者卧下休息或反刍。等反刍休息以后，再让羊群前行，让羊多吃少跑。

夏季放牧要记住"五看"：即看羊、看水、看地形、看天气、看有无野兽。在放牧时，一是看羊膘情，膘情好的羊只被毛有光泽、肌肉丰满，在夏季如果草场很好，羊膘情不好，可能是放牧技术问题，羊跑得多吃得少，更有可能是羊只处于病态。二是注意观察羊移动速度，移动速度与牧草密度和适口性有关，茂密草场上羊只安静采食牧草，移动速度缓慢；草场稀疏，移动速度快，散布面积大。三是看羊采食和反刍情况，夏季羊采食积极性不高，出现有采食行为，但不能有效吃到草，说明缺少食盐，及时补盐；看羊只是否有异食现象，如羊群中普遍存在异食现象，说明缺少矿物质元素；看反刍是否正常，羊吃饱后半小时可出现反刍行为，每次反刍持续 30~60min，返回口腔食团咀嚼 50~60 次咽下。四是看羊粪便和排尿情况，观察粪便数量、性状、颜色、有无寄生虫等；观察排尿动作、尿颜色等。五是经常清点羊数量，俗语说"一天数三遍，丢了在眼前，三天数一遍，丢了找不见"。水对于夏季放牧育肥羊只是非常重要的，羊只最好饮用流动水，有河水、泉水或井水，水质要好。饮池塘水的死水最不安全，池塘水是绵羊寄生虫病传染源区域，尤其是羊肝片吸虫病常由此传染。夏季山区放牧要看地形，避开河道、泄洪通道、悬崖等危险区域。每天看天气预报，山区放牧天气多变，会观察天气，避免突发暴雨或山洪等造成损失。山区放牧还要注意是否有野兽出没，虽然现在野兽数量减少，但有些地区还是有野兽出没。有经验羊工，早防前，晚防后，早晨出牧时，要防备走在羊群最前面贪吃的羊被野兽伤害，晚上防备走在羊群后面羊被野兽伤害。

总之，夏季放牧技术上要立足一个"膘"字，着眼一个"草"字，防范一个"病"字，狠抓一个"放"字。即充分利用夏季牧草旺盛之际，选择好草场，比如在内蒙古找野韭菜、野蒜和山葱比较多的草场放牧，这些牧草不仅蛋白质含量高而且还有驱虫作用，有利于羊抓膘工作。另外通过羊工细心观察，做到早发现早治疗，谨防疾病给育肥羊带来损失。放牧时，坚持跟群放牧、保证充足放牧时间、尽量做到少走慢游，每天要让羊吃3个饱，最终达到抓膘育肥目的。

2. 夏季育肥放牧管理技术

（1）羊只选择与处理。育肥羊来源有两类：断奶羔羊、淘汰大羊或老羊。对于进行育肥公羔首先要去势，因为公羔到性成熟后发生角斗、经常爬跨，影响吃草和抓膘。对于淘汰大羊群在进行放牧育肥之前首先要全部检查一下蹄情况，全面修剪一次羊蹄。二是应将羊只根据膘情分群，对于特别瘦弱羊只，先单独进行诊断和治疗，体况稍恢复后，再进行育肥。

（2）做好驱虫和剪毛工作。在进入育肥牧场前做两次驱虫，驱虫方法同舍饲育肥中方法。如饮水地是死水或者河水，周围有椎实螺的区域，应增加1次驱虫，用吡喹酮或硝氯酚等专用驱肝片吸虫药物。进入育肥牧场前，所有育肥羊只全部剪毛，有条件地区进行药浴。

（3）做好过渡期工作。羔羊或者淘汰母羊由舍饲饲养转到放牧饲养安排10~15d过渡期。在过渡期内羊饲草料由以干料（精饲料、青贮饲料、干草等）为主转向青绿饲料，为了预防饲料突然转变引起疾病，每天早晨坚持饲喂原来饲粮，羊先吃半饱以后再放牧，放牧时间起初2~3h，然后放牧时间逐步增加，饲喂量逐步减少，直到放牧时间增加到整天放牧，饲粮饲喂量减少为零，安全过渡到放牧育肥。

（4）做好放牧时间安排。每天保证足够的放牧时间，一般是天亮将羊由圈内赶到卧场晾羊（把羊赶到圈外休息），待上午9—10时露珠晒干后出牧，放到12时或下午3时，卧响，下午4时天气凉爽时第二次出牧，晚上8时归牧。回来后晾羊至凉爽，有风时，晚上10时左右进圈。

（5）使用好放牧技术。夏季蚊蝇多，放牧要放顶风坡以驱散蚊蝇，使羊群放得稳；多放阳坡，能使羊经常吃到嫩草，放牧时要防止阳光直射羊的头部，背着太阳，或太阳侧射；或者迎风放，以使羊能安静吃草。中午天热时，看紧羊群，如有"扎窝子"现象发生，及时将羊群驱散，天热时，羊只都将自己头部钻到另一只羊肚下面或者让另一只影子遮住自己头部，天越热，越拥挤，扎窝子现象不仅会影响采食，而且挤在中间年老体弱羊易被挤伤。夏季高山草场上，上午放阳坡、下午放阴坡，上午顺风放，下午逆风放，可让羊只不受热。夏季牧草中水分含量高，羊易发生缺盐现象，可以把各种盐砖放到牧场中，让羊自由舔食。晚上天气凉爽时可夜牧，保证夏季牧场育肥羊只每天吃到 3 个饱。为了使羊只能吃到 3 个饱，放牧时生熟交替放，采用"先熟后生、先紧后松"方式，熟坡是指昨天放过的坡，生坡是指当日首次放牧坡；放熟坡时，手要紧控制羊群缓慢移动速度，等看到有些羊只抬头前望，采食积极性降低时，说明羊只已经吃多半饱，手松些放让羊群移动速度快一些或者让羊群散得面宽一些，直到羊只吃饱，卧地休息，这就是"一饱"。休息起来继续按这个程序放，放过羊只坡要像茬子地一样整齐，才能说是羊放得稳，达到抓膘育肥效果。

（二）秋季放牧型

主要选择淘汰老母羊和瘦弱羊为来源育肥羊，育肥期一般在 60～80d，可采用两种方式缩短育肥期：一是给淘汰母羊配种，妊娠育肥 50～60d 宰杀；二是将育肥羊转入秋季牧场或农田茬子地放牧，待膘情好转后，再转入舍饲育肥。秋季气候凉爽，天渐变短，牧草开始枯老，草秆成熟，育肥羊吃了含脂肪多、热能多、易消化的草籽后，能在体内积存脂肪，促使上膘。另外，农田收获后的茬子地有大量的穗头、茎叶、杂草，成为放牧抓膘的极好机会，农谚有"夏抓肉膘，秋抓油膘"之说。

1. 秋季放牧技术要点

秋季大部分放牧技术要点与夏季放牧技术要点相同。值得注意的是，秋季牧草结籽，特别是带尖种子，比如羽茅草地，由于羽茅种子尖端像箭头，另一端像螺旋状线体，扎在羊身上后，这些种子可以旋转钻进肝脏、心脏或其他脏器内，使羊致死。因此，对于羽茅草地或类似牧草地，先用绳子牵动，把草籽打落到地上，然后再放羊群进入。初秋时气温逐渐下降，野草开始结籽，羊食欲增加，这段时间要多放阳坡，少放阴坡。放牧时间尽量延长，早晚少晾羊，中午少卧响，一天可在上、下午二次放牧。

2. 秋季育肥放牧管理技术

（1）育肥羊只选择与处理。秋季育肥羊多是淘汰老羊或者瘦弱羊只。对于淘汰羊首先全面检查蹄部，进行羊蹄修剪。对于淘汰公羊要先去势，因为公羊常发生角斗、经常爬跨，影响吃草和抓膘。对于膘情尚可母羊，可以采用先配种，妊娠后母羊机体会向有利于抓膘方向发展；对于特别瘦弱羊只，先单独进行诊断和治疗，体况稍恢复后，再进行育肥。

（2）做好驱虫和剪毛工作。驱虫方法同夏季牧场，同样要注意肝片吸虫病危害，在有该病发生的地区，增加一次用吡喹酮或硝氯酚等专用驱肝片吸虫药物驱虫。进入秋季育肥牧场前，所有育肥羊只全部剪毛。

（3）做好放牧时间安排。每天保证足够的放牧时间，一般是天亮将羊由圈内赶到卧场晾羊，秋季天气变短，减少晾羊时间，早出牧，放到 11 时或下午 1 时。中午缩短卧响，下午 3 时第二次出牧，晚上 7 时归牧。每天保证羊只能吃两个饱。

（4）使用好放牧技术。秋季按照牧场枯萎顺序来安排草场。坡上草枯萎早，坡下草枯萎晚，沙窝子草枯萎最晚。羊群由夏季高山放牧，慢慢往下放，经山腰，最后到平滩或沙窝。秋季为了使羊只能吃到两个饱，放牧时生熟交替放，上午出牧先放昨天放牧的熟草地，下午放没有放过的生草地。在有玉米等庄稼种植地区，可以草场放牧与茬子地放牧结合，有利于抓膘。但是往往羊放过茬子地后，嘴就变馋了，不好好吃草，所以跑茬地不宜太早，应放在秋收中后期开始，可以采用上午放熟茬地，下午放生茬地，或者上午放草地，下午放茬子地，这样上午一出牧，羊只饥饿贪食，不挑食，上午吃比较饱，下午让羊吃好些，有利于抓秋膘。同样注意喂盐和饮水。在草地完全枯黄之前，充分利用草场和茬子地放牧育肥 60~80d，根据膘情，安排上市，对于少数没有达到出栏标准羊只，转入舍饲育肥。

三、混合育肥管理技术

混合育肥是指放牧与舍饲相结合的一种育肥方式，即在放牧的基础上同时补饲一些精料或青草期放牧进入枯草期后转入舍饲育肥。在我国，放牧育肥羊生长速度与草场植被有很大关系，在植被密度高、豆科牧草比例高的草场，育肥羔羊生长发育速度与舍饲育肥羊相近；在植被稀疏荒漠半荒漠草场，育肥羔羊生长速度低于舍饲育肥羊，在这种情况下，采用混合育肥方式是提高育肥羊生长速度最佳方式。另外，在秋季青草场经放牧育肥后仍没有达到出栏标准羊只，在秋末对这些膘情不好育肥羊补饲精料，过 30~40d 后屠宰，这样可进一步提高胴体重，改善肉品质。此方式既能充分利用牧草旺盛季节，又可取得一定强度育肥效果，是目前我国广大地区普遍采用的一种绵羊育肥方式，既可以提高育肥羊生长速度，又节约成本，增加经济效益。

（一）放牧补饲管理技术

放牧补饲育肥方式适用于干旱半干旱草场，单独放牧情况下羊只为能够吃饱，游走距离较长，日增重低于 100g。精饲料补充料配方应根据当地放牧草场牧草种类和质量、饲草供应量等进行设计。对于断奶育肥羔羊，早期生长发育快，蛋白质需求量高，精饲料补充料中注意蛋白质供给。对于淘汰老羊和瘦弱羊只，精饲料补充料中，保证足够能量水平。补饲次数和时间根据具体情况决定，可以在放牧羊只归牧后补充，也可以分两次在出牧前和归牧后等量饲喂。其他育肥管理方法同舍饲育肥和放牧育肥。

（二）放牧加舍饲管理技术

放牧加舍饲育肥方式适合于秋末草场开始枯黄阶段，将经秋季放牧育肥后体重没有达到屠宰标准羊只转入舍饲育肥，延长 30~40d 育肥后屠宰。需要注意由放牧转舍饲同样需要 10d 左右过渡期，逐步缩短放牧时间，增加饲粮补喂量，直到完全转变为舍饲饲养。如是育肥淘汰成年羊，参照淘汰羊舍饲育肥标准进行饲养；如果是育肥当年羔羊，参考异地育肥后期羊只饲养管理。

在绵羊育肥生产中，根据当地自然条件、饲料资源、气候环境、肉羊品种资源、人力物力等条件因地制宜选择适宜的育肥方式进行羊肉生产。养殖场在配套现代化养殖设施设备前提下，给育肥羊提供最佳的生活环境，发展以提质增效、安全生产为目的，以规模化、标准化、机械化为技术核心，以可持续生态文明为特征的现代育肥生产模式。

第三节　山羊育肥方式及管理技术

山羊在我国分布范围比较广，从北方到南方，从平原到高原，各省份都饲养有山羊。在北方，除饲养有大量绒山羊外，在陕西、山东等地还集中饲养有奶山羊，很多山区饲养着本地品种普通山羊。在南方，由于季节性不明显，山羊不产绒，全部用于山羊肉生产。另外，从山羊生长发育规律可以看出，山羊，尤其是普通山羊，生长速度较绵羊慢，成年公母羊体格小、体重轻。而且大多数地方，尤其山区，山羊采用放牧方式生产，因此山羊生长速度受季节变化影响较大，很多地方山羊品种育肥期周期比较长。根据山羊分布和育肥羊来源将山羊育肥方式分为断奶羔羊直线育肥、大羊（大于 12 月龄）育肥和老残山羊育肥。饲养管理方式同样是 3 种：放牧育肥、舍饲育肥和混合育肥。下面主要从育肥羊来源分类阐述山羊育肥技术。

一、断奶羔山羊育肥管理技术

该技术适用于北方平原地区和南方山羊体型大的品种以及引入肉用山羊品种，如波尔山羊、南江黄羊、黄淮山羊、马头山羊、雷州山羊、成都麻羊、建昌黑山羊、板角山羊等。另外，奶山羊公羔、绒山羊公羔也可以采用该方法进行育肥。然后根据当地饲养条件、饲草料资源等条件，选择适宜的饲养方式。如山羊羔羊 3 月龄断奶时正处于 7—9 月，北方牧区或山区牧草生长旺盛、营养丰富，断奶羔山羊育肥可以采取先放牧补饲育肥，秋末再转入舍饲育肥的混合育肥模式，充分利用季节性饲草料资源，降低生产成本；南方山区饲草资源丰富，采用放牧补饲是最佳的山羊育肥方式。在没有放牧条件的地区，可以大力发展草牧业，种草养羊，人工种植牧草，水肥条件好的地区，饲草产量高，营养价值丰富，采用舍饲育肥山羊是最佳的山羊肉生产模式。另外，在农区饲料资源多、农副产品资源丰富、各种非常规饲料资源来源广，舍饲育肥山羊可取得较好的经济效益。

断奶羔山羊育肥管理技术要点主要如下。

1. 断奶前羔羊补饲

除了遗传和环境因素的影响外，营养可以充分挖掘羔羊生长的遗传潜力。从山羊发育规律可知，出生后羔羊首先是神经系统发育、器官生长发育，再是消化系统发育，最后依次是骨、肌肉，最后是脂肪组织。断奶前羔羊补饲对羔羊各种器官生长发育是非常重要的。羔山羊从 20d 开始每天可以自由采食羔羊补饲料（参照第八章中羔羊补饲料配方。开食料蛋白质含量 21%，补饲料 14%～18%，以颗粒饲料补充是最佳方式），同时供可自由采食饲草，不仅显著增加羔山羊断奶体重，而且羔羊已经适应饲草料饲养，降低了断奶应激的损失，对断奶后生长也有一定的促进作用。我国羔山羊断奶时间在 3 月龄最合适，断奶体重最小体重10kg，断奶前日增重在100g以上。

2. 育肥群组织和前期准备

羔山羊 3 月龄断奶后，根据体重、性别和健康状况进行分群，组成羔山羊育肥群。组群后进行免疫和驱虫，根据当地疫情既往病史进行免疫，育肥山羊需要免疫羊痘和三联四防疫苗。在育肥开始前 2～3d 时口服或者注射伊维菌素等驱虫药物。在有肝片吸虫发病地区，需要硝氯酚等专门用于肝片吸虫药物进行再次驱虫。需要注意的是，有机羊肉生产养殖户应采用中草药驱虫药物。公羔采取去势后进行育肥。在育肥前给羔山羊饲喂 3d 清热健胃散，改善瘤胃消化机能，达到防病、抗病目的。羔山羊育肥程序可以参考第二节中异地育肥羊技术流程。

3. 根据羔山羊生长发育情况，合理分阶段性育肥

定期进行育肥羔山羊称重，并根据平均日增重情况，合理调整饲粮配方。羔山羊断奶后，器官仍需进一步发育，骨骼和肌肉生长能力增强，育肥前期日粮中保持较高蛋白水平（蛋白质含量由断奶前 18% 逐渐降低到 12% 以上），能量充足，适宜比例矿物质元素，保持钙磷比 2∶1。可以通过补饲优质饲草料或者将羔羊放牧在豆科牧草比例高的草场，保证育肥前期羔山羊日增重达 150g 以上，起到"吊架子"作用，使羔山羊骨骼充分发育，如生长速度快的品种大约需要 2 个月，如生长速度慢的品种需要 3 个月。育肥中期正是肌肉充分发育时期，脂肪组织（肾脏周围、盆腔内脂肪和心脏周围脂肪）开始缓慢增长，肌肉组织中含较高蛋白质，水分含量也较高，因此，在此期同样需要保持较高水平蛋白质，有足够能量水平，以及对生长有促进作用的微量元素及常量矿物元素，育肥中期生长速度保持在 100g 以上。育肥后期，脂肪组织快速生长，脂肪生长依次是肌间脂肪、皮下脂肪，最后是肌内脂肪，因此，该期在保持一定蛋白质水平基础上，增加饲粮能量水平，精粗比相应增加，保证提供足够能量供脂肪生长，等体重达到 35kg 左右屠宰上市。如果生产目的是"雪花状"大理石纹羊肉，则需要延长育肥后期，增加饲粮中能量浓度。试验证明，全混合颗粒饲料育肥效果最好。饲草自由采食，每天饲喂 2~3 次。

4. 科学饲养管理，减少应激发生

一是育肥期间有固定饲喂制度，每天饲喂 2~3 次，饲喂时间基本固定，保证羔山羊随时可以喝到清洁温水，如在冬季，水温至少保持在 10℃ 以上。饮用冰碴水或者吃冰冻饲料均会引起羊应激，引起疾病，处于应激状态的山羊，生长停滞，影响育肥效果。二是育肥期间在饲粮种类保持基本不变的情况下，通过调整比例配制不同阶段营养水平不同的饲粮。饲草料突然变换，尤其是突然由水分含量低的干饲料变换为水分含量高的青贮饲料或青绿饲料，同样会引起山羊应激，影响瘤胃微生物区系稳定，从而影响山羊生长。因此，在育肥开始时，计算整个育肥期各种饲草料使用量，贮备足够饲草料。虽然可以有一个饲草料变换过渡期，在一定程度上能减轻山羊应激，建议最好在一个育肥期内保持饲粮种类基本稳定。三是进入育肥期后保持原圈饲养，不要随意调整圈舍，山羊具有较强的合群性，任何一次调整都会使羊处于一个陌生群体里，会引起羊警惕或打斗，使整栏育肥羊处于应激状态，相互适应需要一段时间，适应期内羊生长速度降低。

5. 提供适宜养殖环境，减少疾病发生，保证生长发育

首先羔山羊活泼爱动，喜登高，因此，应有足够大的运动场，供羔山羊玩耍，运动场设置饲草架，羔山羊随时能吃到草，随时能饮用清洁水。运动场、羊舍内保持干燥、干净。其次是保持养殖环境在一定温度范围内，如环境温度过高，引起热应激，采食量降低，生长速度降低；如环境温度过低，引起冷应激，机体需要额外热量供能保持体温恒定，降低生长速度，甚至生长停滞。湿冷、湿热环境都对育肥山羊不利。尤其对于放牧育肥山羊，潮湿环境易滋生寄生虫病。

二、周岁以上羊育肥管理技术要点

该技术适用于北方牧区、山区，南方的体型较小山羊品种。例如：绒山羊、太行山羊、济宁青山羊、安哥拉山羊、陕北白山羊、贵州白山羊、中卫山羊、西藏山羊、新疆山羊等。这些品种有以产绒为主绒山羊品种、以产毛为主品种，还有裘皮或羔皮用品种，其余都是本地兼用品种，各个生产性能都不突出，生长发育速度慢、体型小，产肉性能差，但肉品质较好。这些山羊当年羔羊育肥比例低。根据年龄将其分为 3 类：一类是在 1 岁左右开始育肥，二类是在 1.5 岁甚至更高，第三类是淘汰老残山羊，经过短期育肥屠宰上市。对于淘汰老残山羊育肥技术要点同淘汰绵羊育肥技术要点，见第二节。

（一）育肥山羊选择

从山羊生长发育规律看，对于周岁仍没有达到品种标准体重的山羊，说明断奶后生长发育受阻，可能由环境应激或者营养受限导致生长受限。在良好的环境下，改善营养条件，短期育肥获得较快补偿生长，这类型山羊一般骨架已经发育好，肌肉和脂肪生长受限。年龄更大的山羊（超过 1.5 岁山羊）已达到体成熟，从山羊生长发育规律看，这类型山羊肌肉组织生长已经变缓，脂肪组织仍然在生长，短期育肥可以增加脂肪沉积。因此，选择骨架大、膘情适中、被毛顺滑、眼睛有神、健康无病的山羊进行育肥。膘情太差、被毛杂乱、眼睛无神的山羊可能处于病态。

（二）育肥前准备

如是短距离异地育肥，安全运输注意事项参照断奶羔羊异地育肥（详见第二节）。育肥准备工作包括分群、驱虫、去势、剪毛、免疫等。一是根据体重、性别和健康状况进行分栏，饲养密度要适中，过密影响育肥效果；二是准备期 10d 饮水中添加多维电解质等缓解应激添加剂，缓解准备期内频繁抓羊造成应激；三是做好健胃、驱虫工作，用中草药健胃消食散连续喂 3~5d，同时进行驱虫，驱虫方案同羔山羊育肥；四是对公山羊进行去势，可以采取免疫去势法，手术去势对育肥羊影响较大；五是剪毛，是否剪毛根据外界温度情况决定，外界环境温度开始升高，建议进行剪毛；如在冬季山羊育肥可以不剪毛。

（三）育肥期合理配制饲粮，适时出栏

一般采用短期舍饲育肥方法。对于周岁左右育肥山羊，由于饲养和环境条件限制并没有充分发挥其遗传潜力，这时可以利用后期补偿生长进行短期育肥。育肥第一阶段为山羊补偿生长，在适宜环境条件下，增加饲粮的蛋白和能量水平，提高山羊的干物质采食量，可获得较高生长速度，试验研究表明其育肥前期日增重可超过 150g。补偿生长过后，育肥山羊生长速度变缓，脂肪生长还未完成。第二阶段为脂肪沉积阶段，增加饲粮能量浓度，增加精粗比，饲粮中玉米用整粒玉米进行育肥，该阶段育肥时间 30~60d。对于 1.5 岁以上成年山羊育肥，短期育肥主要是增加脂肪沉积，在保持一定蛋白水平（约 10%）基础上，用高能量的饲粮，前 30d 饲粮精粗比 60：40，后期 30d 饲粮精粗比调整为 70：30，青干草放在草架上供山羊自由采食。经 60~90d 育肥后，体重达到 35~40kg 健康羊只全部出栏。

与现代绵羊育肥发展程度相比，山羊育肥发展稍有滞后，可能是由于绵羊与山羊在生物学特性上仍存在一定差异。一是大部分绵羊品种生长发育速度较山羊快，可能是受到环境和营养因素影响。二是山羊采食习性与绵羊有差异，山羊嘴比绵羊窄，唇和舌头都比较灵活，喜食嫩枝叶、嫩牧草，放牧山羊 43%~52% 时间都在采食嫩草或枝叶（Sanon 等，2007）。三是山羊活泼爱动，可立在后肢上吃高处枝叶，平均采食牧草高度 1.65m，最大高度 2.10m，而且善于攀爬，在坡度超过 50° 坡地上仍能很好地放牧。还有山羊饲草料利用范围较绵羊广，尤其是对单宁耐受性高于绵羊，采食含单宁较高的牧草后无不良影响。因此，在以灌丛为主要植被山区，绵羊不能很好利用或者不能利用的草坡，山羊可以很好地利用，且采用混合育肥方式为最佳。在 6—10 月，灌丛生长旺盛，生物量产量高，营养

丰富，充分利用这一时期进行放牧育肥，在很好控制灌木同时取得较好育肥效果，有良好的生态效益。在 10 月中下旬枝叶枯黄前，将育肥山羊逐步转入舍饲育肥，再经 60~80d 育肥后在春节前屠宰上市。在农区或者半农半牧区，可以发展山羊集约化育肥，种植高产牧草，利用农副产品、食品加工业副产品等进行舍饲育肥，增加羔山羊当年育肥出栏比重，加速现代山羊育肥技术发展。

第四节　提高羊育肥效率主要技术措施

影响绵山羊育肥效率的因素主要有品种、营养、管理、环境、疾病防控等，均不同程度影响着育肥效果。本节将从品种、个体因素、营养、饲养方式、管理、环境等几个方面论述提高育肥效果的技术措施。

一、利用杂种优势进行绵山羊育肥

（一）中国饲养绵羊品种资源生长发育情况

从表 9-2 可以看出，我国传统牧区三大地方绵羊品种蒙古羊、西藏羊和哈萨克羊。在夏秋季节放牧或者放牧补饲条件下，乌珠穆沁羊、欧拉藏羊和哈萨克羊 2 月龄以前日增重可达 200g 以上，6 月龄以上乌珠穆沁羊保持在 200g 以上，其他两个品种在 150g 左右，说明这些地方品种早期生长发育速度也较快，乌珠穆沁羊 6 月龄体重达 45kg，哈萨克羊达 30kg。但是后期 6~12 月龄随着牧草营养价值降低，日增重显著降低，甚至出现负增长。因此，对于牧区地方品种，建议充分利用夏秋季节牧场进行育肥，采用放牧补饲方式进一步提高日增重，在进入冬季之前屠宰上市。

对于小尾寒羊、湖羊、滩羊，在舍饲情况下，小尾寒羊 6 月龄前生长速度比湖羊和滩羊高，但这 3 个品种肉用体型欠佳，6 月龄体重一般达不到屠宰体重。6~12 月龄生长速度变缓，育肥期的适度延长可以当年羔羊屠宰上市。对于肉用品种杜泊绵羊和巴美肉羊，周岁内生长速度明显高于我国地方品种，因此，在我国绵羊肉生产中，充分利用引入肉用绵羊品种，通过杂交方式进行绵羊肉生产，在不增加养殖数量情况下，显著提高我国绵羊肉生产能力，促进可持续的生态肉羊产业发展。

表 9-2　中国饲养绵羊品种资源生长发育情况

绵羊品种	模式	性别	0~2月龄	0~4月龄	0~6月龄	6~12月龄	文献
小尾寒羊	舍饲	公		179.7[①]	205.7	169.8	潘晓荣（2017）
		母		196.9[①]	179.2	138.1	
欧拉藏羊	放牧+补饲	公	217.7	189.2	170.9	6.8	毛爱华等（2017）
		母	211	174.7	162.2	5.16	
滩羊	舍饲	公	—	158.3	129.9	50.6	王绿叶等（2015）
		母	—	149.4	121.7	11.4	
湖羊	舍饲	平均	212.7	161.7	133.8	63.6	陈玲等（2014）

（续表）

绵羊品种	模式	性别	0~2月龄	0~4月龄	0~6月龄	6~12月龄	文献
乌珠穆沁羊	放牧	公	263	250.1	227.3	−8[②]	文浴兰等（1984）
		母	220.5	212.6	205.1	8.11[②]	
杜泊绵羊	舍饲	公	297	313.2	—	131.8	王金文等（2007）
		母	294.5	299.8	—	150.0	
巴美肉羊	舍饲	公母各半	—	257.3	251.6	177.6	腾克（2012）
苏尼特羊			—	209.7	150.5	92.7	
哈萨克羊	放牧	公	—	170.4	142.6	—	喻时等（2015）

注：数据来源于文献中体重，通过计算得出日增重；① 数据代表0~3月龄平均日增重。② 代表6~8月龄平均日增重。

（二）杂种优势在绵羊育肥中应用

从表9-3可以看出，我国大多数地方绵羊品种通常生长较慢，体型欠丰满，产肉量较低。因此，在有条件地区，养殖场在利用国外引入肉用绵羊品种开展经济杂交（二元杂交或三元杂交），用杂种后代进行育肥。表9-2显示了不同地区开展杂交试验中杂种绵羊生长发育情况。目前研究较多的组合是以小尾寒羊和湖羊为母本，父本选择引入肉用品种或者巴美肉羊。从与小尾寒羊杂交效果看，与澳洲白绵羊、杜泊绵羊、巴美肉羊、萨福克羊、德国肉用美利奴羊和道赛特为父本进行二元杂交后，除了杂种公母羊6月龄前生长速度均可达到200g以上，6月龄体重达40kg以上。从现有资料看，澳寒、杜寒和巴寒杂种绵羊后期6~12月龄生长速度超过120g，适度延长育肥期也可以收到良好的育肥效果。从与湖羊杂交效果看，在甘肃张掖地区湖羊与澳洲白绵羊、杜泊绵羊进行二元杂交后，杂种公羔6月龄前生长速度均可达250g，母羔生长速度稍低于公羔在230g以上，6月龄杂种公母羔平均体重分别在48kg和45kg以上，均达到屠宰体重。另外，对于我国一些地方品种，繁殖率较低，采用两种模式进行杂交，一是直接与引入肉用绵羊品种进行二元杂交，哈萨克羊与萨福克羊、蒙古羊与道赛特羊或与杜泊羊杂交，早期生长发育速度均有不同程度提高；二是采用三元杂交组合模式或者采用级进杂交模式，第一父本采用繁殖力高的小尾寒羊进行杂交，杂种母羊与第二父本引入肉用品种杂交，例如，滩羊与小尾寒羊杂交后，杂种母羊再与道赛特进行杂交，道寒滩三元杂种羊生长速度显著高于寒滩二元杂种羊，日增重在放牧补饲条件下超过200g。在山西太原引入的欧拉藏羊与小尾寒羊杂交后，再选择与第二父本特克赛尔羊进行杂交，特寒藏三元杂种羊生长速度显著高于寒藏二元杂种羊，有利于欧拉藏羊对山西环境的适应，同时提高其生产性能。道赛特羊与蒙古羊级进杂交二代，其生长速度超过了200g，6月龄公羔体重大于40kg，母羔体重37kg。不论是二元还是三元杂交，杂种绵羊有良好的杂种优势，生长发育快，饲料报酬高。肉用体型良好，产肉率高，胴体品质好。因此，绵羊育肥时，要选择杂种绵羊，育肥速度快、效益高。

表 9-3　不同地区绵羊杂交改良羊生长发育情况

杂交组合	省区	模式	性别	早期发育		后期发育	文献
				0~3 月龄	0~6 月龄	6~12 月龄	
澳洲白×小尾寒羊	甘肃张掖	舍饲	公	272.9	244.4	137.2	潘晓荣等 (2017)
			母	239.4	233.8	125.3	
澳洲白×湖羊			公	287.2	254.2	144.4	
			母	260.9	243.7	125.3	
杜泊×小尾寒羊			公	262.7	242	151.2	
			母	251.6	225.8	150	
杜泊×湖羊			公	291.3	248.5	109.8	
			母	269.3	234.6	106.6	
杜泊×蒙古羊	内蒙古乌兰察布市	放牧	公	137.77	181.9	—	张利琴等 (2010)
巴美肉羊×小尾寒羊	内蒙古五原县	舍饲	平均	255.4[①]	247.9	202.1	腾克 (2012)
德美×小尾寒羊	甘肃平凉市	舍饲	公	192.7	202.3	—	杨军祥等 (2019)
萨福克×小尾寒羊			公	224.7	229.5	—	
道赛特×小尾寒羊			公	157.9	174.9	—	
萨福克×哈萨克羊	新疆塔城	放牧	公	190.8[①]	164.5	—	喻时等 (2015)
道赛特×蒙古羊 F₁	甘肃永昌甘肃靖远	夏秋放牧+冬春补饲	公	194.2	186.7		孙晓萍等 (2015)
			母	178	174.5	91.9	
道赛特×蒙古羊 F₂			公	209.1	210.2		
			母	192.6	185.9	100.9	
小尾寒羊×滩羊			公	186.8	177.1		
			母	170	162.7	72.8	
道赛特×小尾寒羊×滩羊			公	213	202.5	—	
			母	204	177.1	86	
欧拉藏羊×小尾寒羊	山西太原	舍饲	平均	146.3	139.8	—	王志武等 (2013)
特克赛尔×藏寒羊			平均	187.3	175.7	—	

注：数据来源于文献中体重，通过计算得出日增重；① 数据代表 0~4 月龄日增重。

（三）中国饲养山羊品种资源生长发育情况

表 9-4 中总结了文献报道的我国饲养山羊品种生长发育情况。从表 9-4 数据看，引入品种波尔山羊和我国培育肉用山羊南江黄羊生长发育速度显著高于我国地方山羊品种，波尔山羊在放牧补饲条件下，3 月龄前平均日增重高于 150g，6 月龄前平均日增重近 120g。南江黄羊在放牧条件下 6 月龄前平均日增重高于 100g。牙山黑绒山羊、太行山羊在放牧条件下，安徽白山羊在舍饲条件下 3 月龄前平均日增重超过 100g。表 9-3 中所列其

余地方山羊品种，例如：济宁青山羊、福清山羊、板角山羊、贵州白山羊、宜昌白山羊、柴达木绒山羊等，其生长发育 4 月龄前平均日增重低于 100g，生长速度比较慢，达到屠宰体重需要育肥期较长。大多数山羊品种饲养在山区，全年放牧，生长发育受季节和牧草营养变化影响较大，为了获得好的育肥效果，建议采用夏秋季节放牧，冬春季节放牧补饲或是舍饲。另外，最直接提高本地山羊品种生长发育的方法是进行杂交，利用杂种优势进行山羊肉生产。

表 9-4　中国饲养山羊品种资源生长发育情况

山羊品种	模式	性别	0~2 月龄	0~4 月龄	0~6 月龄	0~12 月龄	文献
波尔山羊	放牧+补饲	公	—	168.1[①]	120.1	117.6	沈忠 (2006)
		母	—	152.9[①]	119.0	96.2	
南江黄羊	放牧	公	147.1	112.9	118.3	91.94	陈瑜等（2012）
		母	134.7	96.25	100.2	75.9	
云岭黑山羊	放牧+补饲	公	—	93.4[①]	71.4	64.0	叶瑞卿等（2008）
		母	—	65.9[①]	40.6	47.3	
牙山黑绒山羊	放牧	公	—	130.9[①]	68.7	33.1	孔凡虎等（2017）
		母	—	103.0[①]	64.9	43.7	
安徽白山羊	舍饲	公	—	128.9[①]	116.1	106.9	王丽娟等（2013）
		母	—	128.9[①]	106.7	96.7	
济宁青山羊	放牧+补饲	公	114.7	58.5	62.2	29.7	王可等（2018）
		母	103.3	47.3	52.0	20.3	
贵州白山羊	放牧	公	98.0	79.7	74.0	30.3	张黔浪等（2016）
		母	95.7	76.0	68.7	34.3	
太行山羊（黎城）	放牧	公	166.5	118.3	90.5	54.3	张春香（2002）
		母	137.3	104.7	80.9	46.5	
福清山羊	放牧+补饲	公	114.7	88.9	77	61.7	李文杨等（2015）
		母	103.2	79.1	72.1	63.4	
柴达木绒山羊	放牧	公	—	—	86.7	48.3	刘启发等（2001）
		母			71.9	39.3	
宜昌白山羊	放牧+补饲	公母各半		87.1	57.8	—	唐蜜等（2018）
板角山羊	放牧+补饲	公母均值			88	—	任大寿等（2014）

注：数据来源于文献中体重，通过计算得出日增重；①数据代表 0~3 月龄日增重。

（四）杂种优势在山羊育肥中应用

波尔山羊是世界著名肉用山羊品种，被引入到 48 个国家作为杂交肉用山羊父本品种。在我国有不少地区引入了波尔山羊与地方品种杂交，其杂交效果见表 9-5。以本地山羊为母本，波尔山羊为父本进行二元杂交后，杂种后代生长发育速度均显著提高。比如，波尔山羊与湖北宜昌白山羊杂交效果很好，3月龄和6月龄平均日增重增加了1倍，分别为170g和111g；其次是与山西太行青山羊杂交后，6月龄前平均日增重公羔约150g、母羔约95g；与马头山羊和宜昌白山羊进行三元杂交，3月龄前平均日增重可达180g，6月龄前平均日增重超过100g。与甘肃贵南本地山羊杂交后3月龄前日增重超过100g。与渝东白山羊杂交后3月龄和6月龄前日增重均在80g左右。在不少地区也引入南江黄羊作为父本进行杂交，杂种后代生长发育速度增加。还有简阳大耳羊与板角山羊杂交后代6月龄平均日增重达126g，显著高于板角山羊。从文献报道看，在山羊肉生产中，利用杂种优势对增加山羊产肉量和缩短育肥期有一定作用。因此，在山羊育肥实践中，选择杂种后代作为育肥羊来源。

表9-5　不同地区山羊杂交改良羊生长发育情况

杂交组合	省区	模式	性别	早期发育		后期发育	文献
				0~3月龄	0~6月龄	6~10月龄	
波尔山羊×渝东白山羊	重庆	舍饲	公母均值	74.13	81.18	—	黄勇富等（2012）
简阳大耳羊×板角山羊	重庆武隆	放牧+补饲	公母均值	—	126	—	任大寿等（2014）
波尔山羊×马头山羊				175.6	57.8	—	
波尔山羊×宜昌白山羊	湖北宜昌	1~4月龄放牧补饲，5~6月龄放牧	公母各半	170.1	111.1	—	唐蜜等（2018）
波尔山羊×马宜杂种羊				180.9	106.7	—	
波尔山羊×本地山羊	青海贵南	放牧	平均	106.7	85.9	—	多杰措和娄仲山（2010）
南江黄羊×本地山羊			平均	99.7	69.5	—	
波尔山羊×太行青山羊	山西黎城	放牧	公	152.8	141.2	30.8	张春香（2002）
			母	99.7	93.44	—	

二、广辟饲料来源、科学搭配日粮，开展健康育肥

（一）广泛开辟饲料来源

1. 常规饲料挖掘利用

据统计绵羊可喂饲的饲草料种类有655种，山羊有690种，其中自愿采食饲草料种类分别是522种和607种，不愿采食饲草料种类分别是133种和83种。也就是说，可供给绵、山羊饲草料种类很多，除了自愿采食饲草料外，还有不少饲草料具有一定的营养价

值，可能由于品质或者气味等问题，羊不愿采食，比如有些带刺毛的饲草、带蜡质的饲草，对于这类饲草料可通过物理加工或者生物发酵的方式改变其品质或者改善其气味，使羊不能挑食或者自愿采食。另外，各种农作物秸秆、蔬菜茎秆或藤蔓、树的枝叶等都可作为羊饲草料使用，比如油菜压扁茎秆、大蒜皮、荞麦秸、土豆菀等（表9-6），这类粗饲料价格很低，但其营养价值也较低，适口性差，远不能满足羊营养需要，在羊饲粮配方中可直接利用，也可以生物发酵利用。韩战强等在育肥湖羊饲粮中添加42.86%大蒜皮显著增加了日增重。陈宇等在成都麻羊饲粮中添加20%发酵油菜秸秆不影响育肥羊增重。含有抗营养因子的饲草料，比如棉籽粕、菜籽粕等廉价的饼粕，虽然含有少量毒素，只要适当控制用量，短时间育肥应用这类饼粕一般不会引起肉羊中毒。绵、山羊可以利用常规饲草料有很多，在饲粮配制时应选择营养价值较高、价格便宜、来源方便的多种饲草料，满足育肥期快速生长发育需要。

表9-6　不同地区非常规饲料资源最佳绵羊育肥效果的配方

项目	沙棘果渣（10%）	葡萄皮渣（10%）	木薯渣（20%）	番茄渣（14%）	醋糟（30%）	残次枣粉（5%）
品　种	杜寒杂种	杜寒杂种	湖羊	巴寒杂种	寒晋杂种	杜寒杂种
省　份	山西	山西	江苏	内蒙古	山西	山西
最佳增重（g）	262.1	209.5	309.5	233.5	170.9	294.5
试验配方（%）						
玉米	27	24.95	21.8	20	22	20
麸皮	4.0	4.0	8.5	2.05	9	5
小麦	—	—	—	—	—	—
豆粕	8.6	8.2	16	1.5	10	11
棉粕	—	—	—	—	6	—
胡麻饼	5	5	—	—	—	—
豆腐渣	—	—	6.0	—	—	—
玉米秸	—	—	18	—	—	20
玉米秸黄贮	—	—	—	—	20	—
苜蓿草粉	—	—	—	21	—	—
莜麦秸	—	34.25	—	—	—	—
大豆秸	—	—	17	—	—	—
花生藤	—	—	—	—	—	21
谷秸	40.4	—	—	—	—	—
秕葵花籽	—	—	—	—	—	10
土豆菀	—	8.6	—	—	—	—
石粉	—	—	0.2	—	—	0.5
磷酸氢钙	—	—	1.2	0.45	3	0.6

（续表）

项目	沙棘果渣 （10%）	葡萄皮渣 （10%）	木薯渣 （20%）	番茄渣 （14%）	醋糟 （30%）	残次枣粉 （5%）
食盐	—	—	0.3	3.0	1.5	0.6
小苏打	—	—	—	—	—	0.3
预混料	5.0	5.0	1.0	3.0	3.0	1.0
文献	辛晓斌等 （2017）	金亚倩等 （2016）	吕晓康等 （2017）	田晓光 （2011）	王芳等 （2018）	解彪等 （2015）

2. 非常规饲料开发利用

一类是食品加工业副产品，例如果渣、木薯渣、醋糟、酒糟、豆腐渣、菌糠等，这类副产品的营养比较丰富，可直接饲喂育肥羊，能获得较好的育肥效果，表9-6列出绵羊育肥试验获得显著日增重时每种副产品最佳添加量时饲粮配方。食品类加工副产品水分含量较高，容易腐败，在肉羊生产中可以现取现用，如有条件进行加工调制，可以将其与秸秆混贮或者生物发酵，育肥效果会更好。山西农业大学肉羊岗位专家课题组开展了不同酵母菌发酵菌糠饲喂绵羊效果的研究，将产朊假丝酵母、热带假丝酵母、酿酒酵母接种到89%菌糠、10%玉米粉和1%尿素混合基质上，发酵3d后，3种酵母菌发酵的菌糠为酒香味。饲喂半饱腹状态下绵羊，酿酒酵母和热带假丝酵母的采食性较高；发酵7d后，均为酒香味，饥饿状态下绵羊均采食，根据采食的积极性：酿酒酵母≥热带假丝酵母＝产朊假丝酵母＞自然发酵；酿酒酵母和热带假丝酵母组菌糠的中性洗涤纤维和酸性洗涤纤维含量均降低，真蛋白质含量增加。有试验研究菌糠作为粗饲料在育肥羊饲粮中比例20%为宜（车海忠，2011；吴超平，2011）。

还有一类是干果加工或者果蔬分选后残留物，比如葵花籽加工厂筛选出葵花籽秕壳、碎葵花籽仁价格都比较低，在辽宁朝阳市、山西右玉县、太谷县等地养殖户利用其育肥绵羊效果很好。还有花生仁加工筛选出花生皮、碎花生仁等；红枣筛选包装企业的副产品残次枣，在山西、山东和河北等地都有残次枣利用范例，育肥绵羊日粮中用红枣或者枣粉代替部分玉米，不仅育肥效果好，而且肉品质得到改善。表9-7列出山羊育肥试验获得显著日增重时每种副产品最佳添加量时饲粮配方。表9-6和表9-7中饲粮配方各有特色，酒糟、醋糟、木薯渣、沙棘果渣、葡萄皮渣、残次枣粉、菌糠、柑橘皮渣、水葫芦渣、土豆蔓、花生壳、蚕豆壳、秕葵花籽、稻草、莜麦秸等均应用在肉羊育肥配方中，取得较好的育肥效果，尤其是沙棘果渣、葡萄皮渣、残次枣粉、柑橘皮渣还含有一些功能性营养成分，比如沙棘黄酮、葡多酚、红枣多糖、三萜类、黄酮类物质，这些物质具有抗氧化、抗病毒等作用，适量饲喂可显著提高日增重，改善羊肉品质。总之，在绵、山羊育肥中，养殖场可以调查当地非常规饲料资源生产量情况，广泛开辟饲料来源，通过科学合理的加工，改善其品质，提高其营养价值，在保证羊肉安全生产的前提下，降低饲养成本，提高育肥经济效益。

表 9-7 不同地区非常规饲料资源最佳山羊育肥效果的配方

项目	白酒糟（15%）	白酒糟（10%）	柑橘皮渣（30%）	水葫芦渣（57.4%）	木薯渣（20%）	残次枣粉（5%）
羊品种	波海山羊[①]	山羊	乐至黑山羊	波徐山羊[②]	海门山羊	绒山羊
实验地区	江苏	河北	四川	江苏	江苏	山西
最佳增重（g）	143.7	155.3	123.3	108.8	90.2	153.8
试验配方（%）						
玉米	39	40	30	14.56	25	20.5
麸皮	5.0	4.6	6.71	6.62	8.0	3.0
膨化大豆	—	—	10	—	—	—
豆粕	10	6.5	6.86	4.5	4.0	5.0
棉籽饼	—	6.0	—	—	—	—
胡麻饼	—	—	—	—	—	5.0
玉米皮	—	—	—	—	20	—
玉米秸	—	—	—	—	—	35
苜蓿草粉	—	—	15	—	—	15
大豆秸	25	—	—	—	19	—
花生藤	—	30	—	—	—	—
稻草	—	—	—	8.82	—	—
蚕豆壳	—	—	—	—	6.0	—
花生壳	—	—	—	—	5.0	—
石粉	—	0.5	—	0.28	—	—
磷酸氢钙	1.5	0.2	0.7	0.13	—	0.6
食盐	0.5	0.6	0.5	0.26	—	0.8
小苏打	1.0	1.0	—	—	—	0.2
预混料	3.0	0.6	0.23	0.13	5.0	0.5
文献	纪宇（2016）	王丽（2014）	敖德古里那等（2018）	张浩（2011）	熊晨（2014）	Xie Biao 等（2018）

注：① 波海山羊：波尔山羊与海门山羊杂交公羔；② 波徐山羊：波尔山羊与徐淮山羊杂交羔羊。

（二）利用饲草料正组合效应，科学搭配日粮

在设计育肥日粮配方时，饲草料要多样化，平衡各种饲草料营养，发挥饲草料组合正效应，使其饲粮营养全面，适口性好，饲草料消化利用效率高，在降低饲养成本的同时减少温室气体甲烷排放量。正饲料组合效应是指混合饲料的消化利用率或采食量高于各个饲料加权值之和。比如，Silva（1988）试验研究表明，在大麦秸秆日粮中补充甜菜渣和少量的鱼粉，能显著提高秸秆的消化率和采食量。另有研究表明，劣质的牧草补加少量易发酵碳水化合物可促进纤维物质的消化，两者产生了消化率的正组合效应。用易消化纤维性饲料（如苜蓿、甜菜渣等）作为能量补充料，可很大程度上提高纤维素的消化利用率，

发生正组合效应。Liu 等研究证明在正组合效应下 100d 育肥期，每只羊可节省饲料费用 9~12 元。刘庭玉等（2012）用人工模拟瘤胃法从 8 个组合中筛选出两种饲草型 TMR 日粮：苜蓿+玉米秸秆型和苜蓿+小麦秸+番茄渣型，饲养巴寒杂种绵羊显示该正组合效应饲草型组合显著提高了屠宰率和净肉率。李蓓蓓等（2017）用体外瘤胃发酵技术研究得出玉米秸秆青贮和谷草最佳组合比例为 80∶20。冯建芳等（2017）筛选出全株玉米青贮、苜蓿和谷草最优组合比例 48∶32∶20，全株玉米青贮与苜蓿最佳比例 60∶40。孟梅娟等（2016）筛选出小麦秸与大豆皮、喷浆玉米皮的最优组合为 75∶25；小麦秸与橘子皮、苹果渣的最优组合比例 50∶50。张锐等（2013）在辽宁绒山羊上研究结果显示，苜蓿与羊草最佳组合比例 60∶40。张吉鹍（2010）研究发现，稻草、木薯渣和苜蓿最佳组合比例 60∶10∶30，低质秸秆饲料与苜蓿等饲料组合，可以提高利用效率。张显东等（2008）研究显示，劣质粗饲料与慢速降解蛋白饲料之间会产生最佳正组合效应，给湖羊饲喂 160g 菜籽粕和 120g 玉米淀粉，在稻草自由采食情况下，取得较好的正组合效应。

负组合效应是饲粮各组分营养出现了相互抑制或拮抗，以致于消化率或采食量低于各个饲料加权值之和，造成饲养成本增加，经济效益降低。比如 Flachowsky 等（1993）发现，当日粮含 70% 的压扁大麦时，氨化秸秆的消化率只有 22%，而饲喂同一水平的整粒大麦，秸秆消化率则是少量降低；严冰（2000）发现，混合补饲菜籽饼和桑叶的湖羊的日增重分别比单独补饲菜籽饼的低 19%~31%，比单独补饲桑叶的低 15%~27%。苏海崖（2002）体外发酵也发现，当菜籽饼、豆粕或棉籽粕占 60% 时，桑叶与 3 种饼粕均存在负组合效应，这种负效应主要是由能氮不平衡引起的，也是导致湖羊日增重慢的主要原因之一。当日粮中含有高水平的易发酵的碳水化合物或者可溶性氮蛋白，则不利于纤维的消化，出现了负组合效应。另外，玉米青贮和碎玉米组成日粮喂羊，也会发生饲料组合负效应。因此，在日粮调制时，要考虑日粮原料的选择及各种饲草料配比，使营养互补发挥正组合效应，确定最佳精粗比例，改善和优化瘤胃内环境，保证瘤胃微生物最佳状态，提高粗饲料或淀粉等营养物质的消化利用率，避免发生饲料组合负效应。

（三）合理使用添加剂，有效提高日增重、改善肉品质

1. 营养性添加剂

微量元素和维生素缺乏会引起异食癖等疾病，导致羊生长发育减缓。为保证育肥羊正常生长，育肥饲粮中微量元素和维生素需满足育肥羊快速生长发育的需求。

我国大约有 2/3 地区缺硒，微量元素硒缺乏会引起羔羊白肌病、羔羊软瘫，甚至死亡。饲粮补硒和维生素 E 可以增加日增重、改善肉品质。王燕燕等（2013）在波尔山羊与关中奶山羊 F_1 代羔羊肌内注射亚硒酸钠维生素 E 注射液（硒 0.92mg），虽然没有增加日增重，但提高血硒和肌肉硒水平，改善了肉品质。孙晓蒙（2015）给放牧雌性育成绵羊（新疆细毛羊）肌内注射 0.05mg/kg 体重亚硒酸钠，补硒可以通过改善机体抗氧化能力而显著提高了育成母羊日增重。郭孝等（2008）在杜泊羊饲粮中添加 15% 高硒苜蓿（硒含量 23.81mg/kg DM）增加了日增重，降低了料肉比，提高了饲料转化率。张永翠等（2019）研究结果显示，在杜寒杂种羔羊饲粮（硒含量 0.307mg/kg）中添加 0.2mg/kg DM，显著增加其日增重，降低料肉比。郭元晟和张敏（2015）在锡盟地区蒙古羊饲粮中添加 0.6mg/kg DM 酵母硒提高了日增重，提高了血清抗氧化系统酶活性。微量元素硒有明显的地域性，在土壤含硒量较低的地区，育肥羊饲粮中应添加适宜量的硒，以上研究结

果供参考。但是我国有些县域富硒，比如陕西紫阳县、湖北恩施县、湖南新田县、贵州开阳县、青海平安县、广西永福县等地区，这些地区土壤富含硒，不需要再补充微量元素硒元素。不同硒源补饲效果有差异，有机硒效果稍好于无机硒，尤其是进行有机羊肉生产的养殖场，必须在预混料中使用有机硒。

适量添加微量元素钴、锌、铜、铁、锰有助于提高日增重，改善肉品质。王润莲等（2007）育肥羊饲粮中添加 $0.25 \sim 0.5$ mg/kg（适宜钴水平 $0.336 \sim 0.586$ mg/kg）可以提高瘤胃维生素 B_{12} 的合成，增加总挥发性脂肪酸产生量，从而提高了育肥羊日增重。初汉平（2014）研究发现，生长期小尾寒羊锌需要量 76mg/kg DM，在基础饲粮基础上日粮添加量 50mg/kg DM，日增重显著增加，料肉比降低。孙劲松等（2019）在舍饲滩羊育肥饲粮中添加 3.0mg/kg DM，基础饲粮中铜的含量 12.0mg/kg DM 条件下，可提高舍饲滩羊屠宰性能、改善肉品质。陈志勇等（2018）在乐至黑山羊饲粮中添加 30mg/kg DM，基础饲粮铜含量 8.84mg/kg 条件下，日增重显著提高，血清与脂代谢相关的胆固醇、甘油三酯和高密度脂蛋白显著降低。铜、硫与钼存在拮抗作用，有的地区土壤富含钼，或者县域内有钼矿开采企业，会引起羊的铜缺乏症，在这些区域内的羊场注意饲粮中铜的补充。吕爱军等（2016）研究结果显示，小尾寒羊铜营养需要在不添加钼硫时为 20.5mg/kg、加硫或钼时为 25.5mg/kg、加钼加硫时为 35.5mg/kg，因此，饲粮铜添加水平需要根据基础饲粮铜或钼水平、环境钼或硫水平、添加硫或钼与否等具体情况来确定，不能盲目套用饲养标准。周建斌等（1998）给 2 月龄断奶羔羊一次性肌内注射 225mg 葡聚糖铁，显著提高日增重。崔德汶（2015）在杜寒杂种育肥公羊日粮中添加 435mg 或 735mg 氨基酸锰（锰含量 8%）提高了育肥羊日增重，改善瘤胃发酵。陈清平（2003）在南江黄羊羯羊饲粮中添加以微量元素含量计分别为 20mg、5mg、25mg 和 30mg 的低剂量氨基酸螯合铁、氨基酸螯合铜、氨基酸螯合锌和氨基酸螯合锰，显著提高体增重和平均日增重，降低了料肉比。

据报道，瘤胃完全发育后瘤胃微生物可以合成 B 族维生素和维生素 K。因此，在很多饲养标准中，只给出了维生素 E 和维生素 A 的需要量。但在舍饲条件下，对于快速生长的育肥羊，B 族维生素和维生素 K 是否满足，还有待于进一步研究。目前关于维生素添加研究集中在脂溶性维生素 A 和维生素 E。维生素 E 和硒有协调抗氧化作用，常与硒一起搭配使用。关于日粮添加维生素 A 对育肥羊的效果结果有争议。王平（2011）在济宁青山羊羔羊育肥期间在饲粮中添加 1 000IU/kg DM 维生素 A 可显著提高其血清抗氧化能力，但是对生长性能无显著影响。周丽雪等（2019）在杜寒杂种育肥羊日粮中 70% NRC 标准中需要量和高于 NRC 标准 7.5 倍脂溶性维生素情况下，均对育肥羊生长发育、屠宰性能无显著影响，但改善了肉品质。葛素云等（2011）在敖汉细毛羊育肥羊饲粮中单独维生素 E 添加 200 IU/kg DM 可改善羊肉品质，添加期以 5 个月效果较好。

总之，微量元素和维生素适宜量添加对育肥羊生长性能有一定促进作用，可以改善羊肉的品质。另外，为调节瘤胃酸碱平衡，小苏打、氧化镁等缓冲剂可以在育肥肉羊饲粮中适度添加。添加量应根据 2018 年 7 月 1 日施行的中华人民共和国农业部公告（第 2625 号）饲料添加剂安全使用规范中规定添加量，科学安全地生产羊肉。

2. 益生菌和酶制剂

在育肥羊饲粮中可以单独添加益生菌、酶生物制剂或者联合添加益生菌和酶生物制剂。常见的益生菌制剂有地衣芽孢杆菌、枯草芽孢杆菌、酿酒酵母、产朊假丝酵母、胶红酵母和酵母培养物等，常见的酶制剂有纤维素酶、木聚糖酶、β 葡聚糖酶、果胶酶、半纤维素酶等。肖怡等（2016）在杜寒杂种育肥羊饲粮中添加 2.4×10^8 CFU/（只·d）或 2.4×10^9 CFU/（只·d）地衣芽孢杆菌可以提高肉羊干物质、有机物、NDF 和 ADF 的表观消化率及氮沉积，也提高了肉羊能量利用效率。程连平等（2018）在断奶湖羊羔羊的饲粮中添加 100g/t 富硒酵母（2 000mg 硒/kg）或 100g/t 枯草芽孢杆菌（1×10^{10} CFU/g）通过提高羔羊对营养物质表观消化率，改善血清抗氧化功能，显著提高了羔羊日增重，降低了料肉比。宋淑珍等（2018）在育肥萨寒杂种羊饲粮中添加 100mg/（kg BW·d）枯草芽孢杆菌（5×10^8 CFU/g）可以提高干物质、有机物、NDF 和 ADF 的表观消化率，改善了羊肉品质，但对生长性能和屠宰性能无显著影响。仇武松等（2017）在湖羊育肥羊饲粮中添加 2 160g/t 产朊假丝酵母（8×10^9 CFU/g）或枯草芽孢杆菌（10×10^9 CFU/g）可在一定程度上促进湖羊生长，降低料肉比，枯草芽孢杆菌的效果优于产朊假丝酵母。那日苏（2003）在放牧饲养育肥羊中添加 30×10^9 CFU/d 提高干物质消化率和蛋白质消化率。苏勇华（2008）在多浪羊饲粮中每天单独添加 2×10^6 CFU/g 或者 2×10^7 CFU/g、枯草芽孢杆菌 3.2×10^{10} CFU/g、可以增加日增重、提高瘤胃微生物多样性，提高干物质消化率，但联合添加两种微生物没有影响瘤胃微生物多样性。单达聪等（2008）在小尾寒羊断奶羔羊饲粮中添加 0.2% 含有枯草芽孢杆菌（活菌数 $\geq 10^9$ CFU/g）和酵母（活菌数 $\geq 10^9$ CFU/g）的复合菌，饲喂 4 周后显著提高了羔羊日增重，降低了料肉比，但在后期 4~8 周，羔羊日增重促进作用不明显。总之，在育肥羊饲粮中添加适宜比例的益生菌可以在一定程度上提高日增重，或者改善羊肉品质，对羊肉安全生产有科学指导意义。在生产实践中应用时，通过选择有益菌种、添加适宜剂量、确定适宜添加期获得最佳经济效益。

肉羊饲粮中粗饲料含有一定量纤维素、半纤维素、果胶等物质，在瘤胃微生物作用下分解为挥发性脂肪酸，供羊体利用。在肉羊饲粮中直接添加酶制剂，尤其是非淀粉多糖酶：纤维素酶、木聚糖酶、β 葡聚糖酶、果胶酶、半纤维素酶，有利于提高饲粮中纤维类物质利用率，从而提高育肥羊日增重，尤其是饲粮中有品质较差的粗饲料，例如：麦秸、稻草、玉米秸秆等。王平和李长存（2008）在育肥藏系绵羊饲粮中添加 0.15% 纤维素复合酶（纤维素酶、木聚糖酶、果胶酶等），经 40d 育肥，日增重提高了 43.9%，料肉比降低了 30.5%。苏丽萍等（2012）在育肥饲粮中添加 15g/d 含有复合纤维素酶制剂的预混料，经 90d 育肥，显著提高了日增重、增加了屠宰率和眼肌面积，提高了每只育肥羊总经济效益。邸凌峰（2018）在湖羊育肥饲粮中添加 0.1% 纤维素酶（纯度>99%）显著降低了料肉比，平均日增重从数值上增加，但是差异不显著。

在育肥羊饲粮中联合添加益生菌和酶生物制剂也有促进增重的效果。例如，单达聪等（2008）在小尾寒羊断奶羔羊饲粮中添加 0.3% 复合酶菌制剂，其中 0.2% 含有枯草芽孢杆菌（活菌数 $\geq 10^9$ CFU/g）和酵母（活菌数 $\geq 10^9$ CFU/g）的复合菌、0.1% 非淀粉多糖酶（纤维素酶 0.25×10^3 U/g、木聚糖酶 1.23×10^4 U/g、β 葡聚糖酶 1.34×10^4 U/g、果胶酶 6.62×10^4 U/g）其增重效果比单独添加菌剂好，胴体净肉率和瘦肉率提高。总之，在羊育肥过程中，合理添加益生菌和酶生物制剂可提高增重，改善胴体品质，提高育肥总经济效益。

3. 中草药添加剂

在我国新时代畜禽生产过程中，如何限抗、减抗已是重要研究课题。我国传统中医文化博大精深，不仅可以在医学领域内使用，也可以在畜牧业中使用。在中草药主产区，在羊放牧草场上就散布多种类型中草药，羊采食期茎叶，比如在宁夏贺兰山区有甘草、麻黄、银柴胡和蕨麻等多种著名药用植物可供羊采食；在贺兰山草地草原带有沙冬青、蒙古扁桃、蔍蓄、白首乌等 30 多种药用植物；在山地疏林草原带有灰榆、细唐孙草、远志、锥叶柴胡等 30 多种药用植物；在山地针叶林带有紫丁香、毛樱桃、蒙古白头翁、酸模等多种药用植物；在亚高山灌丛草甸带有鬼箭锦鸡儿、凹舌兰、唐古特毛莨等多种药用植物。放牧育肥羊经常吃中草药茎叶，羊肉的品质高。其实在我国不少地区放牧草场中有很多中草药，对育肥羊生长和肉品质都产生一定影响。目前仅在畜牧领域应用的中草药就已达 2 500 多种。中草药添加剂不仅具有天然的生物活性物质，在满足动物养分需要的同时，还有改善口味、增进食欲、帮助消化、促进吸收、抗菌消炎、增强免疫等功能，在一定程度上可以用中草药添加剂代替抗生素使用，为人民提供安全、品质良好的羊肉。

目前在育肥羊生产中，中草药添加剂种类较多，有单方添加剂、复方添加剂、中草药提取物等。王梦竹（2016）在萨寒杂种羊育肥饲粮中添 0.4%苜蓿黄酮改善了机体抗氧化能力，但是对采食量、日增重均无显著影响。刘艳丰等（2017）在阿勒泰羊育肥饲粮中添加 0.5%沙棘叶黄酮通过改善了机体蛋白质代谢，促进氮利用效率，从而增加了育肥羊平均日增重，提高了净肉率，降低了腹脂率，改善了胴体品质。陈仁伟（2016）在小尾寒羊羯羊育肥饲粮中添加沙葱黄酮 11mg/kg、22mg/kg 和 33mg/kg DM，从试验期 15d 以后发挥出添加效应，平均日增重显著增加，33mg/kg DM 在试验期 45～60d 日增重有所降低，其余两组日增重高于试验前期的，沙棘黄酮不仅提高了日增重，降低了料肉比，而且提高了屠宰率，改善了羊肉品质。宋淑珍等（2018）在育肥萨寒杂种羊饲粮中添加100mg/（kg BW·d）紫锥菊提取物（多酚4%），改善了育肥羊蛋白代谢，但对生长性能和屠宰性能无显著影响。陈丹丹等（2014）在杜寒杂种羊饲粮中添加桑叶黄酮提取物2.0g/d、白藜芦醇 0.25g/d，不仅有利于羊健康，而且可以抑制甲烷的排放。张乃锋等（2005）在无角道赛特断奶羔羊和育成羊精料补充料中添加 300mg/kg 茶黄酮显著提高了羔羊和育成羊的增重，而且降低了羔羊呼吸道疾病发病率。曾瑞伟（2011）在湖羊育肥饲粮中添加了与大豆秸秆组中异黄酮含量相同的异黄酮提取物（总含量 837.7μg/g 异黄酮，大豆黄酮：染料木素＝1：1）显著提高了湖羊平均日增重，改善了羊肉品质。

中草药种类繁多，有些中草药之间有协调增效，有些中草药有拮抗作用，而且过量和不足均达不到预期效果，因此，单方和复方均需经试验研究确定最适宜剂量和最适宜配伍。在羊生产中常用的中草药有山楂、神曲、炒麦芽、大黄、黄芪、党参、陈皮、苍术、肉桂、甘草、白术、升麻、柴胡、当归、鸡内金、仙鹤草、刘寄奴等。王霞等（2019）在湖羊饲粮中添加 4%复方中草药制剂（炙黄芪、党参、白术、当归、陈皮、炙甘草、升麻、柴胡比例为3：2：2：2：2：1.5：1：1）可促进瘤胃发育、提高产肉性能和改善羊肉品质。许洪福（2017）在甘肃高山细毛羊与南非肉用美利奴杂交一代20只公羔的精饲料中添加120g/d复方中草药添加剂（麦芽、神曲、山楂、天冬、黄芪、党参、陈皮、苍术、肉桂和甘草），显著提高了平均日增重，提高了采食量。马元和曹效锋在杜湖 F_2 代羊育肥饲粮中添加 1%中草药添加剂（麦芽、神曲、山楂、黄芪、陈皮、苍术），提高了日增重和总经济效益。张春香等（2015）在育肥羊饲粮中添加 1%黄芪，显著提高了日增重、提高了饲粮利用效率，增加了优质肉块比例。乔国华等（2011）在育肥绵羊饲粮中添加6g/d女贞子，可以改善瘤胃发酵功能、提高绵羊血清抗氧化能力，提高育肥羊体增重。

总之，在育肥羊生产中，要广泛开辟饲料资源，利用具有一定营养价值的非常规饲料资源；参照育肥羊营养需要量标准，充分利用饲料之间正组合效应，科学合理调制饲粮；依据国家相关部门法律或法规，以及本地区土壤矿物质元素含量特点，在育肥羊饲粮中科学合理地添加微量元素或维生素添加剂；科学利用益生素和酶制剂、中草药添加剂等调节肠道健康，增加机体抗氧化功能和免疫能力，达到安全生产羊肉的目的，为人民提供品质优良、安全放心的羊肉。

三、创造良好育肥环境，精细化管理

（一）创造适宜育肥环境

在整个育肥期内，避免任何应激带来的不良影响。比如，高温环境、温度过低、潮湿环境、调整换栏、追赶羊只、随意更换饲料、各种惊吓等，这些外界条件引起的应激都有可能导致日增重降低。环境温度对绵羊育肥的营养需要和增重影响很大。平均温度低于7℃，羊体产热量增加，采食量增加，饲料增重效率降低；如平均温度高于32℃时，绵羊呼吸和体温随气温升高而增高，采食量减少；高温高湿环境有助于寄生虫滋生。因此，冬季育肥应注意保暖，夏季育肥应注意采取有效措施降温，给育肥羊只提供一个相对适宜环境。给予足够阳光照射，促进钙吸收。另外，要保持环境安静、良好通风也有利于羊只生长。制定消毒制度，定期科学消毒；经常打扫羊圈，保持圈舍清洁干燥，给育肥羊只提供适宜的生活环境。

（二）选择适宜的饲喂方法

绵羊育肥可采用干料饲喂、湿料饲喂、颗粒料饲喂等；干粉料饲喂就是将各种饲料原料粉碎后按照日粮配方比例混合后直接饲喂育肥羊，绵羊吃料时，呼出气容易把料吹出，造成饲料浪费；湿料饲喂是将混合好的饲料，加入少量水润湿，即软化饲料，能减少饲料浪费。颗粒料是混合粉料压制成颗粒，这种料羔羊采食量高，饲料浪费少，育肥效果最好。山西农业大学课题组用颗粒饲料饲喂20kg杜寒杂种绵羊，日增重平均300g。TMR饲粮在育肥羊使用不仅提高了育肥效果，而且机械化程度高，提高育肥效益。

（三）制定育肥方案，分阶段科学管理

制定育肥羊生产方案，规范育肥羊生产流程和羊场日常管理。生产流程中包括育肥实施设备状态情况、消毒情况和利用情况；饲料原料种类、数量和品质，拟订好的各阶段饲粮配方和饲养方案；水供应情况及贮存设备；育肥羊数量、分群依据、驱虫和免疫方案、剪毛等；废弃物处理安排；育肥期的确定标准，人员安排情况等。日常管理包括：饲喂时间安排、羊采食情况、每日剩料量情况、观察羊只健康情况、设备是否正常运行、每日天气预报信息、药品使用情况、病死羊处理情况及清粪时间安排等，做成记录表格，记录每日育肥场运营情况，发现问题及时解决。

整个育肥期分为过渡期、初期、中期和末期，根据育肥羊生长阶段，科学配制饲粮，每月根据体重抽查情况，再调整饲粮，计算每个阶段料肉比，使育肥绵羊生长速度保持在200g以上，育肥山羊生长速度保持在100g以上。在整个育肥期内，做到科学调制饲粮，预防营养代谢病发生，做好驱虫工作，减少体内外寄生虫带来危害，做好免疫工作预防各

种传染病发生，正确使用药物，降低药物滥用造成的损失和危害。

总之，育肥要有计划、有方案、有目标，将育肥工作做精细。以安全羊肉生产为目的，以提高经济效益为中心，充分利用杂种优势，广泛开辟饲料资源，利用饲料之间正组合效应，科学使用添加剂，创造适宜育肥羊生长环境，科学分阶段饲养，充分发挥育肥羊生长潜力，精细化管理，达到高效、安全、经济的生产目标。

参考文献

敖·德古里那，周波，肖芳，等，2018. 柑橘皮渣对断奶羔羊生长性能和血清生化指标的影响及经济效益分析 [J]. 中国饲料（5）：60-65.

陈清平，2003. 氨基酸螯合微量元素对肉羊生产性能及血液生理生化指标的影响研究 [D]. 雅安：四川农业大学.

陈仁伟，2016. 沙葱黄酮对肉羊生产性能及其肉品质的影响 [D]. 呼和浩特：内蒙古农业大学.

陈瑜，熊朝瑞，张国俊，等，2012. 南江黄羊生后至周岁生长发育规律研究 [J]. 中国草食动物科学（S1）：401-404.

程连平，贺濛初，夏晓冬，等，2018. 富硒酵母和枯草芽孢杆菌对湖羊羔羊生长性能、血清指标和消化功能的影响 [J]. 动物营养学报，30（8）：3189-3198.

初汉平，2014. 饲粮锌水平对小尾寒羊生产性能、屠宰性能、肉质及免疫指标的影响 [J]. 河南农业科学，43（11）：132-136.

崔德汶，2016. 氨基酸锰对绵羊瘤胃发酵、生长性能以及精液品质的影响 [D]. 太原：山西农业大学.

邸凌峰，2018. 饲用纤维素酶与单宁对肉用湖羊生产性能的影响 [D]. 延吉：延边大学.

刁小高，郝小燕，赵俊星，等，2018. 饲粮中添加沙棘果渣对育肥羊生长性能、屠宰性能、肉品质及消化道内容物 pH 的影响 [J]. 动物营养学报，30（8）：3258-3266.

多杰措，娄仲山，2010. 波尔山羊、南江黄羊与本地山羊杂一代羔羊的生长发育试验 [J]. 草业与畜牧（7）：33-35.

冯建芳，李秋凤，高艳霞，等，2017. 全株玉米青贮饲料、苜蓿及谷草间组合效应的研究 [J]. 中国饲料（2）：10-15.

葛素云，罗海玲，闫乐艳，等，2011. 维生素 E 添加水平和添加时间对敖汉细毛羊肉品质的影响 [J]. 中国畜牧杂志，47（13）：36-40.

郭宝林，朱晓萍，张玉枝，等，2004. 高钼条件下日粮不同铜硫水平对绵羊铜代谢及粗料消化能力的影响 [J]. 中国农业大学学报（3）：31-35.

郭孝，介晓磊，李明，等，2008. 高硒或高硒钴苜蓿青干草对杜泊羊生长和生产性能的调控 [J]. 中国草食动物（5）：28-31.

郭元晟，张敏，2015. 有机硒对蒙古羊生长性能、抗氧化性能及免疫机能的影响 [J]. 饲料工业，36（13）：41-45.

哈尔阿力，张琳，1996. 添加维生素 E 和硒对放牧断奶羔羊和育成羊生产力的效果

[J]. 草食家畜（1）：35-36.

韩战强，李鹏伟，刘长春，等，2018. 大蒜皮在规模化羊场湖羊育肥生产中的应用 [J]. 黑龙江畜牧兽医（14）：155-156.

黄勇富，王高富，周鹏，等，2012. 渝东白山羊与波尔山羊杂交 F_1 生长发育规律研究 [J]. 中国草食动物，32（1）：16-19.

纪宇，王若丞，王锋，等，2016. 不同比例白酒糟对育肥山羊生产性能、血清指标及瘤胃发酵的影响 [J]. 动物营养学报，28（6）：1916-1923.

姜贝贝，李华伟，王洪荣，2017. 过瘤胃保护甜菜碱和过瘤胃保护胆碱对 1~3 月龄湖羊生长性能、消化性能、屠宰性能和脂肪沉积的影响 [J]. 动物营养学报，29（5）：1785-1791.

金亚倩，郝松华，赵俊星，等，2016. 日粮中添加葡萄皮渣对绵羊生长性能、器官指数及血液生化指标的影响 [J]. 中国畜牧兽医，43（9）：2326-2332.

孔凡虎，朱应民，李渤南，等，2017. 牙山黑绒山羊生长发育规律的研究 [J]. 中国草食动物科学，37（6）：70-72.

李蓓蓓，李秋凤，曹玉凤，等，2017. 玉米秸秆青贮饲料和谷草组合效应的研究 [J]. 畜牧与兽医，49（6）：32-38.

李文杨，刘远，陈鑫珠，等，2015. 福清山羊生长发育性能指标测定及生长曲线拟合分析 [J]. 福建农业学报，30（6）：545-548.

刘启发，韩方森，巴方胜，等，2001. 柴达木绒山羊生长发育规律的观测 [J]. 辽宁畜牧兽医（4）：9-10.

刘庭玉，2012. 饲草型全混日粮对肉羊生产性能影响研究 [D]. 呼和浩特：内蒙古农业大学.

刘艳丰，唐淑珍，张文举，等，2014. 沙棘叶黄酮对阿勒泰羊生长性能、屠宰性能和血清生化指标的影响 [J]. 畜牧兽医学报，45（12）：1981-1987.

吕爱军，穆阿丽，杨维仁，等，2016. 不同钼、硫水平对小尾寒羊铜需要量影响的研究 [J]. 中国草食动物科学，36（4）：19-23.

吕小康，王杰，王世琴，等，2017. 饲粮添加木薯渣对羔羊生长性能、血清指标及瘤胃发酵指标的影响 [J]. 动物营养学报，29（10）：3666-3675.

罗阳，2018. 桑树叶与羊草的组合效应及其对绵羊瘤胃发酵、生长性能、脂肪沉积和肉品质的影响 [D]. 扬州：扬州大学.

毛爱华，马桂琳，毛红霞，2017. 冷季补饲条件下甘南欧拉型藏羊早期生长发育规律研究 [J]. 畜牧兽医杂志，36（3）：1-3.

孟梅娟，涂远璐，白云峰，等，2016. 小麦秸与非常规饲料组合效应的研究 [J]. 动物营养学报，28（9）：3005-3014.

那日苏，2003. 酵母培养物对绵羊瘤胃发酵与生产性能的影响 [D]. 呼和浩特：内蒙古农业大学.

潘晓荣，陈广仁，王晓平，等，2017. 澳洲白、杜泊羊与小尾寒羊、湖羊杂交试验研究 [J]. 甘肃畜牧兽医，47（10）：113-114，119.

任大寿，龙小飞，2014. 简阳大耳羊与武隆板角山羊杂交育肥试验 [J]. 湖北畜牧兽医，35（7）：12-13.

单达聪，王雅民，魏元斌，2008. 用益生菌与酶制剂饲喂育肥羔羊效果的研究 [J].
　　当代畜牧（11）：33-35.

沈忠，2007. 湖北波尔山羊生长发育规律与体型外貌特征及其相互关系与杂交利用研
　　究 [D]. 武汉：华中农业大学.

施会彬，王玉琴，何翁潭，等，2019. 萨杜湖杂交羊生长性能、羊毛品质及血液生理
　　生化指标测定 [J]. 中国畜牧兽医，46（2）：404-413.

苏海涯，2002. 反刍动物日粮中桑叶与饼粕类饲料间组合效应的研究 [D]. 杭州：浙
　　江大学.

苏勇华，2018. 两种微生物及其组合对多浪羊消化代谢和瘤胃细菌多样性的影响
　　[D]. 阿拉尔：塔里木大学.

孙劲松，王雪，高昌鹏，等，2019. 不同铜水平饲粮对舍饲滩羊生长性能、屠宰性能
　　及肉品质的影响 [J]. 动物营养学报（6）：1-6.

孙晓萍，刘建斌，张万龙，等，2015. 道赛特羊与蒙古羊、小尾寒羊及滩羊杂交生长
　　发育性状研究 [J]. 黑龙江畜牧兽医（11）：131-134，139.

唐蜜，朱银城，程世桓，等，2018. 波尔山羊、马头山羊及宜昌白山羊杂交利用研究
　　[J]. 养殖与饲料（5）：10-12.

腾克，2012. 巴美肉羊与小尾寒羊杂交后代产肉性能及羊肉品质的研究 [D]. 呼和浩
　　特：内蒙古农业大学.

王芳，张变英，上官明军，等，2019. 醋糟对育肥羊生产性能、屠宰性能及营养物质
　　消化率的影响 [J]. 黑龙江畜牧兽医（10）：120-123.

王金文，张果平，王德芹，等，2007. 杜泊绵羊生长发育与繁殖性能测定 [J]. 中国
　　草食动物（S1）：70-73.

王可，崔绪奎，刘昭华，等，2008. 济宁青山羊生长曲线的拟合与分析 [J]. 山东农
　　业科学，50（4）：112-115.

王丽，2014. 日粮白酒糟水平对山羊生产性能和营养物质表观消化率影响 [D]. 保
　　定：河北农业大学.

王丽娟，凌英会，张晓东，等，2013. 安徽白山羊新品系生长发育规律的研究 [J].
　　合肥：安徽农业大学学报，40（2）：185-190.

王绿叶，崔保国，吉帅，等，2015. 舍饲滩羊生长发育规律的研究 [J]. 畜牧与饲料
　　科学，36（10）：20-22.

王梦竹，2016. 苜蓿黄酮对绵羊瘤胃发酵、生长性能和血液生化指标的影响研究
　　[D]. 石河子：石河子大学.

王平，2011. 维生素 A 对不同生理阶段济宁青山羊生产性能和血液指标影响的研究
　　[D]. 泰安：山东农业大学.

王平，李长存，2008. 纤维素复合酶对育肥绵羊增重效果的影响 [J]. 现代农业科技
　　（20）：238.

王润莲，张微，张玉枝，等，2007. 不同钴水平对肉用绵羊瘤胃维生素 B_{12} 合成、瘤
　　胃发酵及造血机能的影响 [J]. 动物营养学报（5）：534-538.

王霞，刘建国，马友记，等，2019. 复方中草药添加剂对湖羊屠宰性能、肉品质及瘤胃组织形态学的影响 [J]. 中国草食动物科学，39（3）：22-25.

王晓光，2011. 饲草型全混日粮饲用价值评价研究 [D]. 呼和浩特：内蒙古农业大学.

王燕燕，吴森，陈福财，等，2013. 补硒对肉羊血硒水平、产肉性能和肉品质的影响 [J]. 家畜生态学报，34（6）：21-25.

王志武，毛杨毅，李俊，等，2015. 特克塞尔羊×欧拉藏羊×小尾寒羊杂交效果研究 [J]. 中国草食动物科学，35（2）：65-67.

文浴兰，吉尔拉，王勇，等，1984. 乌珠穆沁羔羊的生长发育 [J]. 中国畜牧杂志（4）：6-8.

肖怡，2016. 三种益生菌对肉羊甲烷排放、物质代谢和瘤胃发酵的影响 [D]. 阿拉尔：塔里木大学.

解彪，延志伟，崔德汶，等，2017. 枣粉替代日粮中玉米对绵羊生长性能和瘤胃发酵参数的影响 [J]. 中国畜牧杂志，53（3）：88-92.

辛晓斌，赵俊星，金亚倩，等，2017. 沙棘果渣对育肥羔羊生长性能、器官指数、血清生化指标和肌内脂肪酸组分的影响 [J]. 动物营养学报，29（10）：3676-3686.

熊晨，2014. 非常规饲料原料 TMR 对山羊生产性能及脂质代谢的影响 [D]. 南京：南京农业大学.

许洪福，2017. 中草药添加剂对松山滩肉羊生产性能影响的研究 [J]. 畜牧兽医杂志，36（6）：1-2，4.

严冰，2000. 桑叶作为氨化稻草日粮蛋白质补充料的效果研究 [D]. 杭州：浙江大学.

杨军祥，徐建峰，2019. 不同杂交组合羔羊早期生长发育性能分析 [J]. 畜牧兽医杂志，38（1）：5-7，10.

杨义，袁玖，杨喜喜，等，2018. 荞麦秸秆、大豆秸秆、冰草配比苜蓿对绵羊饲粮组合效应研究 [J]. 畜牧兽医杂志，37（3）：12-16.

叶瑞卿，袁希平，黄必志，等，2008. 云岭黑山羊生长发育规律研究与应用 [J]. 中国草食动物（3）：11-15.

喻时，石国界，鲁雪亮，等，2015. 放牧条件下萨福克羊杂交哈萨克羊一代育肥效果测定 [J]. 现代畜牧兽医（12）：28-31.

曾瑞伟，2011. 大豆秸秆中异黄酮对湖羊生长代谢及肉品质的影响 [D]. 南京：南京农业大学.

张春香，2002. 波尔山羊与黎城大青羊杂交效果的研究 [D]. 太原：山西农业大学.

张春香，张博，张炜，等，2015. 黄芪对育肥绵羊生长及产肉性能的影响 [J]. 草地学报，23（3）：640-645.

张浩，2011. 水葫芦青贮日粮饲喂山羊消化特性及育肥效果的研究 [D]. 南京：南京农业大学.

张吉鹍，包赛娜，李龙瑞，2010. 稻草与不同饲料混合在体外消化率上的组合效应研究 [J]. 草业科学，27（11）：137-144.

张利琴，李改兰，刘剑峰，等，2010. 杜泊肉用种公羊与当地土种羊杂交一代公羔羊放牧育肥试验报告 [J]. 当代畜牧（7）：12-13.

张黔浪，杨光，陈磊，等，2016. 贵州白山羊生长发育规律研究 [J]. 中国草食动物科学，36（2）：15-17.

张锐，朱晓萍，李建云，等，2013. 辽宁绒山羊常用粗饲料苜蓿和羊草间饲料组合效应 [J]. 动物营养学报，25（10）：2481-2488.

张显东，2008. 补饲淀粉对反刍动物饲料组合效应的影响及其机理研究 [D]. 杭州：浙江大学.

张永翠，程光民，何孟莲，等，2019. 酵母硒对杜寒杂交羊生长性能、血常规和血清生化指标的影响 [J]. 动物营养学报，31（6）：1-8

赵梦迪，邸凌峰，唐泽宇，等，2019. 单宁与饲用纤维素酶对湖羊瘤胃微生物菌群的影响 [J]. 中国畜牧兽医，46（1）：112-122.

钟莲，2012. 日粮中添加硒铁对青海藏羊断奶羔羊增重效果试验 [J]. 甘肃畜牧兽医，42（3）：23-24.

周建斌，胡继明，陈益民，等，1998. 注射铁制剂对绵羊的促生长效果 [J]. 中国畜牧杂志（2）：40-41.

周丽雪，王振宇，马涛，等，2019. 限制或过量添加脂溶性维生素对育肥阶段杜寒杂交肉羊屠宰性能、内脏器官发育和肉品质的影响 [J]. 动物营养学报，31（5）：2176-2186.

FLACHOWSKY G，KOCH H，TIROKE K，*et al.*，1993. Influence of the ratio between wheat straw and ground barley，ground corn or dried sugar beet pulp on in sacco dry matter degradation of ryegrass and wheat straw，rumen fermentation and apparent digestibility in sheep [J]. Arch Tierernahr，43（2）：157-167.

STEVEN M. LONERGAN，DAVID G TOPEL，DENNIS N，2019. Marple. The science of animal growth and meat technology（Second Edition）[J]. Academic Press，31-109.

SILVA A T，ØRSKOV E R，1988. The effect of five different supplements on the degradation of straw in sheep given untreated barley straw [J]. Animal Feed Science & Technology，19（3）：289-298.

XIE B，WANG P J，YAN Z W，*et al.*，2018. Growth performance，nutrient digestibility，carcass traits，body composition，and meat quality of goat fed Chinese jujube（*Ziziphus jujuba* Mill）fruit as a replacement for maize in diet [J]. Animal Feed Science and Technology，246：127-136.

第十章　现代肉羊生产经营管理技术

　　肉羊产业发展的关键在于经济组织，而肉羊产业自身的特点决定了家庭经营是基础，现代肉羊家庭经营呈现出商品化、企业化、规模化、标准化和社会化等特点。肉羊专业合作社是不可或缺的经济组织形式，有助于促进社会分工与生产专业化，有助于抵御自然风险与市场风险，有助于寻求规模经济，有助于完善畜牧业市场经济。肉羊产业化经营是其重要的发展方向，其基本特征表现为产业一体化、养殖专业化、产品商品化、管理企业化、服务社会化。肉羊生产无论采取什么样的经济组织形式，都应该在生态环境可承载的条件下努力做到适度规模经营。规模化、标准化生产和品牌化经营是现代肉羊产业经济发展的基本方向。

第一节　肉羊生产经营组织

一、肉羊家庭经营

（一）肉羊家庭经营的含义、分类与演变

1. 肉羊家庭经营的含义

　　所谓肉羊家庭经营是指以农牧民家庭为相对独立的生产经营单位、以家庭劳动力为主要劳动参与者从事以肉羊养殖为主的生产经营活动的一种组织经营形式。

　　肉羊家庭经营主要突出了其经营对象为畜牧业中一个重要的分支肉羊产业，经营主体为农牧民家庭，劳动参与者主要是家庭内部劳动力。家庭经营作为一种弹性较大的经营方式，其存在形式具有较强的灵活性，可与不同的所有制、不同的科学技术条件和不同的生产力水平相适应。

2. 肉羊家庭经营的分类

　　肉羊家庭经营的分类参照畜牧业家庭经营的分类模式，按照肉羊养殖在家庭经营中所占的比重由低到高来划分，大致可分为肉羊副业养殖户、肉羊兼业养殖户和肉羊专业养殖户。

　　肉羊副业养殖户是指在农牧民家庭经营条件下，除了从事其他主要的生产经营活动以外，还饲养少量肉羊的农牧户。这种肉羊副业养殖户的存在有多方面原因，其中主要表现为我国自给自足且相对封闭的农村经济组成、历史长期形成的农牧民生产经营习惯与农牧业商品生产发展相对滞后的现实。

肉羊兼业养殖户是指在农牧民家庭经营条件下，在饲养较多肉羊的同时，又有其他畜禽品种的饲养或经营种植业、从事农产品加工业等其他生产活动的农牧户。此类养殖户突出表现为其家庭收入中来自肉羊饲养的比重较大。这些养殖户大多正处于由肉羊副业养殖户向较大规模肉羊专业养殖户过渡阶段。与肉羊副业养殖户相比，其劳动生产率和肉羊的商品率显著提高，所生产的肉羊商品量已占有较大比重。

肉羊专业养殖户是指在农牧民家庭经营条件下，专门或主要从事肉羊饲养的农牧户。由于养殖习惯与实际条件的差异，肉羊专业养殖户在农区与牧区有所不同。牧区的肉羊专业养殖户在以肉羊为主的饲养过程中还可能有牛、马等其他牲畜品种，而农区则表现为更为单一的肉羊养殖。作为家庭的主要收入来源，肉羊专业养殖户通常饲养规模较大，采用较为先进的科学技术和经营管理理念，具有较高的劳动生产率和商品率，其规模经济效益相对较好。

3. 肉羊家庭经营的演变

随着人类社会发展，农业家庭经营在不同的历史发展阶段多次改变其发展条件和经营内容，表现出不同的特点。种植业与畜牧业是农业的传统结构模式，肉羊作为畜牧业中一个重要的分支产业，其家庭经营也必然与农业家庭经营的发展演变有着密切关联。在原始社会末期，随着私有财产的增多，小规模的家庭经营活动开始逐渐增加，家庭开始成为相对独立的经营单位。进入奴隶社会后，尽管奴隶主大规模占有并使用奴隶进行生产成为占统治地位的组织形式，但包括肉羊等畜牧业家庭经营普遍存在并得以发展。在封建社会，以个体家庭为单位成为社会范围内普遍存在的生产经营形式，自给自足的小农经济是其主要的特点，此时肉羊等畜牧业家庭经营主要表现为自给自足的副业养殖形式。

进入资本主义社会以后，随着生产力水平的发展和分工协作的科学合理化，家庭畜牧场出现并快速发展。家庭畜牧场是以家庭为单位经营，是一种农牧民拥有生产资料的所有权或使用权，能自行决策、人身不依附他人的独立经营农场的经济组织。肉羊等专门家庭畜牧养殖场也得到长足发展，同时肉羊生产的商品率大大提高。

在社会主义制度诞生后的苏联，单一模式的合作化导致农牧民家庭经营发展严重受阻，同时畜牧产品供给难以满足社会需求。20 世纪 70 年代末在中国开始实行以家庭联产承包为基础、统分结合的双层经营体制，集体统一经营与农牧民家庭分散经营相结合的经营方式事实上恢复了农牧民家庭经营，使其在我国农村取得了长足发展，肉羊家庭经营也随之兴起发展。

（二）　肉羊家庭经营大量存在的原因

1. 畜牧业生产是自然再生产与经济再生产相交织，这一特性决定畜牧业生产必须与家庭经营密切结合

肉羊作为一种重要且具有代表性的畜禽产业，必然要与畜牧业生产特点相适应，以家庭经营作为主要生产经营组织方式。就劳动对象肉羊本身而言，其自身生长发育规律，决定了肉羊生产的季节性、周期性、有序性，决定了肉羊生产只能按自然的生长过程依次进行作业。在农区，肉羊生产一般与种植业密切结合，以植物秸秆作为主要的粗饲料来源；在牧区，肉羊生产则主要依托草原。这样肉羊生产将大大受制于草地与耕地数量，难以像工业生产那样进行有效分工协作，将大量作业协同并进。这就决定了在肉羊生产过程中，同一时期的作业相对比较单一，不同时期的不同作业多数时间可由同一劳动者完成，即肉

羊生产过程中的协作多是简单协作。简单协作在多人共同完成同一不可分割的操作时优于独立劳动，但在管理水平不高的情况下，往往还不如单个劳动者的机械总和。因为它不仅增加了监督、协调成本，还可能产生偷懒等机会主义行为。因而，肉羊家庭经营是一种较为合适的生产组织形式。

2. 肉羊生产所面对自然环境的复杂多变性和不可控制性，以及其最终劳动成果的最终决定性，决定了家庭经营是更为合适的经营组织形式

作为生物特征明显的肉羊，其生长所需的自然环境具有显著的复杂多变性与不可控性，这要求肉羊生产的经营管理具有灵活性、及时性和具体性。饲养时机及方式决策、饲料选取及不同时期的配比、市场价格把控等都要做到因时、因地、因条件制宜，要准、快、活。只有生产者直接掌握最终经营决策权的肉羊家庭经营组织模式，才能比较好地满足以上要求。与此同时，肉羊生产不同于现代工业生产，其劳动的中间产品很少，劳动成果大都表现在最终的羊肉产品上，劳动者在生产过程中，各个环节的劳动支出状况只能在最终产品上综合表现出来。这就决定了各个劳动者在肉羊生产过程不同环节劳动支出的有效作用程度难以准确计量。家庭经营则较好地解决了这一矛盾，以家庭劳动作为总的投入，以最终活羊或羊肉产品作为总的产出，有力地调动家庭各成员的劳动积极性，使得在肉羊生产中既做到了适度合理的分工协作，又解决了激励不足的问题。综合以上分析，肉羊家庭经营是一种较为合适的组织形式。

3. 家庭成员具有利益目标的认同感，使得肉羊家庭经营的组织管理协调成本最小，劳动激励多样

家庭作为具有血缘、情感、心理、伦理和文化传统等人类最基本、最重要的一种制度和群体形式。它不仅仅以经济利益为纽带，这决定了家庭成员可以从许多方面来对组织的整体目标和利益认同，容易形成一致的利益目标与价值取向。这种机制的存在使得大多数家庭无须靠纯经济利益的激励就能保持对其自身的目标和利益的基本一致性。同时，由于家庭组织的传承与延续性，使得家庭经营模式能够具有较强的稳定性。肉羊家庭经营依托家庭，在肉羊饲养的各个环节不仅能够自发地形成有效的激励措施，还能降低监督管理成本，达到最优的组织效益。

4. 家庭成员在性别、年龄、体质、技能上的差别也可以使肉羊家庭经营在其内部实行较为合理的分工协作，达到劳动力资源的最优配置

肉羊家庭经营大大提高了家庭内部劳动力的劳动参与度，合理适当的劳动分工使得劳动效率大大提高、劳动成果人人共享。肉羊养殖中不同生产环节的劳动数量与强度差异较大，而家庭成员各方面的差异使得劳动对象差异与劳动参与者特点相结合，有效调动了家庭成员的劳动积极性，较好地完成了肉羊养殖这一过程。高效合理的家庭自然分工协作是肉羊家庭经营优于其他养殖模式的又一原因。

（三）现代肉羊家庭经营的特点

1. 肉羊家庭经营的商品化

畜牧业家庭经营起源于早期人类的打渔狩猎活动，随后逐渐发展成为自给自足的自然经济形式，随着社会分工的发展和生产力水平的进一步提高，在商品经济发展的带动下畜牧业生产逐步分化发展成为更为细化的畜牧产业，并且呈现出商品化特征。肉羊等养殖专业户也随之发展形成，并且农牧户由开始为满足自我需求而生产转向为社会生产、满足大众需求。肉羊家庭经营的商品化就是从事肉羊养殖农牧户的经济活动由自给自足的自然、半自然经济向肉羊商品生产、交换的转化过程。农牧户只有实现肉羊生产的商品化，才能打破传统意义上"小而全"的自我封闭的生产经营模式，获取最新的科学养殖技术和市场信息，从而提高实际养殖效率，节约养殖成本，切实提高农牧民的肉羊养殖收益，激发养殖兴趣，保障羊肉供给，稳定羊肉市场价格。

2. 肉羊家庭经营的企业化

肉羊家庭经营起源于农牧户家庭满足自身对羊肉产品需求的自然经济，在现代畜牧业发展趋势下，农牧户作为一个生产单位如果不进行精确成本收益核算的经营方式，就不能适应市场经济的发展需要。肉羊家庭经营的企业化，就是从事肉羊生产的农牧户由自给自足、不进行经济核算的生产单位，向提供羊肉商品、追求利润最大化、实行自主经营和独立明晰经济核算的基本经济单位的转变过程。关于农业新型经营主体中家庭农牧场与专业大户不同于一般家庭经营的一个重要特征在于，是否进行比较健全的成本收益核算。通过较为全面严格的经济核算，优化组合家庭的各种生产要素，提高肉羊养殖的经济效益，最终实现家庭范围内的利润最大化目标，使肉羊家庭经营在市场经济中得以生存发展。

3. 肉羊家庭经营的专业化

现代农业的一个重要特点就是从事生产项目与劳动的专业化，肉羊家庭经营的专业化实现了养殖品种的专业化，基本摆脱了传统畜牧业追求"小而全"的生产经营模式，以专门从事肉羊生产而使其他畜禽品种降为次要养殖品种，甚至完全消失。肉羊家庭经营的专业化有利于充分发挥农牧户自然经济条件的优势，可以最大限度地利用这些优势，集中从事肉羊生产，进而提高其饲养技能；有利于家庭劳动力熟练掌握肉羊的生产和生活习性，增强应急处理能力；有利于相关机械与肉羊养殖技术的及时高效利用；有利于农牧户把握市场行情，改善羊肉贮藏、加工、包装、运输和销售条件，切实提高农牧民收入；有利于羊肉产品的有效供给，保证了羊肉产品的品种齐全和质量安全，为建立肉羊产业全产业链的可追溯体系奠定基础。

4. 肉羊家庭经营的规模化

现代农业的另一个重要特点是生产经营规模化。肉羊家庭经营的规模化，是从事肉羊养殖的农牧民家庭在家庭劳动力与自有资源可承受的前提条件下，运用现代化的生产养殖技术，增加肉羊饲养数量，进而获得更高经济收益的饲养模式。肉羊家庭规模经营，自然资源特别是环境可承受是现代畜牧业可持续发展的前提条件；技术进步有助于扩大生产可能性边界；各种生产要素的充分利用，特别是丰裕要素的充分利用是关键；扩大养殖规模的根本目标是要获得更多的经济效益。

5. 肉羊家庭经营的标准化

农业领域的标准化研究来源于工业标准化原理，畜牧业标准化可以参照相关的概念内涵进行延伸。具体到肉羊家庭经营的标准化，则主要是为更好地实现其商品化、企业化、专业化与规模化而进行的未来发展方向变革，主要是指从事肉羊生产的农牧户按照统一、简化、协调、优选等原则，在肉羊饲养过程中在品种、营养、防疫、羊舍与设施、粪污处理等方面按照国家或企业及市场的要求，逐渐形成稳定的肉羊生产标准流程。

6. 肉羊家庭经营的社会化

肉羊家庭经营的社会化是指从事肉羊养殖的农牧户由孤立、封闭的自给性生产，转变为分工密切、协作广泛、开放的社会化肉羊生产过程。其主要特点是各个农牧户都建立在社会分工和商品、服务交换的基础之上，其再生产过程只有依靠在市场上的商品、服务交换和其他农牧户或企业之间的密切协作才能完成。这个转变过程主要是通过肉羊养殖企业专业化、肉羊养殖作业过程专业化、肉羊养殖区域化、肉羊养殖商品化以及肉羊养殖社会化服务体系建立与完善来实现。在种植业中形成的耕种收靠社会化服务体系，田间管理靠家庭经营的经营模式，在一定程度上是值得从事肉羊家庭经营的农牧户学习与借鉴。根据地区、饲养习惯、气候条件等方面的差异，肉羊家庭经营的社会化程度会有所差异，但毋庸置疑的是社会化发展是未来的重要指向。肉羊家庭经营的社会化有利于充分发挥分工协作的优势，使各个农牧户、各个地区可以根据各自生产力要素的特点，发挥自己的优势，获取更大的经济效益；有利于打破肉羊养殖户和产业本身的限制，从产业外部输入更多的物质和能量；有利于打破农牧户自给、半自给的传统畜牧业经营模式所难以克服的狭隘、保守、缺乏进取精神和经济效益差的短板，使肉羊产业发展走向稳定与成熟。

7. 肉羊家庭经营的可持续化

可持续化是在可持续农业的内涵基础之上扩展延伸的一个概念，肉羊家庭经营的可持续化是指从事肉羊养殖的农牧户在生产过程中既满足当代人的需要，又不损害后代满足其需要，采用不会耗尽资源或危害环境的生产方式，实行技术变革和机制性改革，减少肉羊养殖对生态环境的破坏，维护土地、水、肉羊品种、环境不退化，技术运用适当，经济上可行且社会可接受的一种肉羊养殖模式。其主要特征是实现经济、社会与生态的可持续，将农牧户生产发展、生计维持和生态保护相协调，实现肉羊家庭养殖模式平衡综合长久发展。

（四）我国肉羊家庭经营存在的主要问题与未来发展方向

1. 肉羊家庭经营存在主要问题

目前我国肉羊家庭经营还存在着许多问题，主要表现为：一是肉羊家庭经营规模化、标准化和产业化经营程度低，难以满足现代市场发展的需要；二是从事肉羊养殖的农牧民出现老龄化趋势，且文化程度较低，缺乏接受现代养殖技术的能力；三是在农区肉羊养殖户更多的是被动地利用种植业的秸秆，缺乏为养而种的科学理念，即缺乏农牧业的有机结合；四是在牧区肉羊养殖户缺乏草畜平衡的理念，超载过牧较为严重，收入增长速度下降，劳动力的转移较为困难。

2. 肉羊家庭经营的未来发展方向

从国内外的历史经验来看，家庭经营仍然是我国未来肉羊产业最主要和最基本的组织形式，但需要通过如下路径加以进一步发展和完善。一是在农业劳动力转移的情况下，扩大肉羊养殖的规模化程度，提高肉羊养殖的规模经营效应；二是在技术进步的情况下，提高肉羊养殖的标准化程度，提高肉羊养殖效率和产品质量；三是在坚持家庭经营为基础的情况下，通过合作社、龙头企业以及协会等形式，提高肉羊生产、加工、运销的组织化、产业化、品牌化程度；四是在国家的扶持下，通过教育培训和先进适用技术的推广，使肉羊养殖者掌握养殖技术与经营管理理念，实现农牧结合和草畜平衡，并走向企业化经营。

二、肉羊合作社

（一）肉羊合作社的含义与特征

1. 肉羊合作社的含义

肉羊合作社是指从事肉羊家庭经营的农牧民为了维护和改善其生产与生活条件，在自愿互助和平等互利的基础上，联合从事特定经济活动所组成的企业化组织形式。其本质特征是从事肉羊饲养的农牧民在经济上的联合。

2. 肉羊合作社的一般特征

肉羊合作社与其他农业合作社具有相同的一般性特征，主要包括以下几个方面。① 合作社成员是具有独立财产的劳动者，并按照自愿的原则组织起来，对合作社盈亏负有限责任。② 合作社成员之间是平等与互利的关系，组织内部实行民主管理，合作社内的工作人员可以在其成员中聘任，也可以聘请非成员担任。③ 合作社是独立财产的经济实体，并实行合作占有，其独立的财产包括成员入股和经营积累的财产。④ 实行合作积累制，即有资产积累职能，将经营收入的一部分留作不可分配的属全体成员共有的积累资金，用于扩大和改善合作事业，不断增加全体成员的利益。⑤ 合作社的盈利分配以成员与合作社的交易额为主。

（二）肉羊合作社的作用

1. 肉羊合作社有助于促进社会分工与生产专业化

肉羊生产在走向商品化、专业化与规模化的同时，要求各种形式的合作与联合为产业进一步发展创造有利条件。同时，只有在从事肉羊养殖的农牧户之间形成了相当的社会分工和专业化生产趋势，在肉羊生产实际中各个环节、阶段由不同的生产组织去完成时，肉羊生产者之间的合作才会进一步发展完善。

2. 肉羊合作社有助于抵御自然风险与市场风险，减少交易的不确定性

肉羊产业作为畜牧业的重要组成，受自然灾害的影响较大，对某些重大自然灾害靠单家独户的生产经营模式难以有效抵御；同时，随着市场经济的发展，众多小规模、分散经营的肉羊养殖户在面对变化莫测的市场时，风险陡增。肉羊合作社作为某种程度上市场的替代，指导农牧民按照市场规律进行生产养殖决策，减少因信息不畅、失准而带来的肉羊存栏与出栏决策失误，为农牧民提供及时准确的市场信息，依靠合作制来提高自身抵御各种风险的能力。

3. 肉羊合作社有助于在激烈的市场竞争中节约交易成本、普及应用最新养殖技术、寻求规模经济

组建肉羊合作社可以避免因单家独户购买生产资料而难以获得价格与运输成本的优惠，因经营规模小而难以将活羊卖高价钱，以及单独引进或使用最新机械设备、技术、种羊而可能造成的规模不经济。肉羊养殖户为了在激烈的市场竞争中降低其饲养成本、提高肉羊养殖收益，需要借助建立肉羊合作社来加大养殖规模，提高在市场竞争中的谈判地位，进而实现肉羊产业的规模经济。

4. 肉羊合作社有助于减少与肉羊饲养有关的专用资产可能造成的损失和退出成本

在肉羊养殖过程中农牧户必然会购买或投资一些肉羊养殖专用性资产，如标准化圈舍、青贮饲料池、饲料加工等相关设备设施等。一旦农牧户放弃肉羊养殖，则相关资产的价值会大打折扣。而建立肉羊合作社则可以在一定程度上通过建立合作或租赁等长期关

系，来减轻农牧户因退出养殖而造成前期投资损失和退出成本。

5. 肉羊合作社有助于完善畜牧业市场经济，提高农牧民整体素质

肉羊合作社作为连接农牧民家庭与市场的中介，对于推动市场经济发展，维持羊肉市场和肉羊产业要素市场的稳定与均衡，改善农牧民的社会经济地位起到了极为重要的作用。同时合作社的民主管理机制也有助于倡导农牧民的团结互助精神，通过相互学习提高经营管理的能力。

（三） 肉羊合作社运行的基本原则与特征

1. 国际合作社运行的基本原则

合作社的产生与发展至今已有 180 多年的历史，尽管世界各国合作社产生的背景、发展环境与类型有所不同，但总结多数合作社与合作社学者所信奉的基本原则基本与 1966 年国际合作社联盟提出的合作社入社自由、民主管理、资本报酬适度、盈余返回、合作社教育及合作社之间的合作六项原则相一致。1995 年，国际合作社联盟在之前基础上进一步细化明确了如下合作社运行的七项原则。

（1） 自愿与开放的社员。合作社是自愿的组织，对所有能利用合作社服务和愿意承担社员义务的人开放，无性别、社会、种族、政治和宗教信仰的限制。

（2） 社员民主管理。合作社是由社员管理的民主组织，合作社的方针和重大事项由社员积极参与决定。选举产生的代表，无论男女，都要对社员负责。在基层合作社，社员有平等的选举权 （一人一票），其他层次的合作社也要实行民主管理。

（3） 社员经济参与。社员要公平地入股并民主管理合作社的资金。但是入股只是作为社员身份的一个条件，若分红要受到限制。合作社盈余按以下某项或各项进行分配：用于不可分割的公积金，以进一步发展合作社；按社员与合作社的交易量分红；用于社员（代表） 大会通过的其他活动。

（4） 自主和自立。合作社是由社员管理的自主、自助的组织，合作社若与其他组织包括政府达成协议，或从其他渠道募集资金时，必须保证社员的民主管理，并保证合作社的自主性。

（5） 教育、培训和信息。合作社要为社员、获选的代表、管理者和雇员提供教育和培训，以更好地推动合作社的发展。合作社要向公众特别是青年人和舆论名流宣传有关合作社的性质和益处。

（6） 合作社之间的合作。合作社通过地方的、全国的、区域的和世界的合作社间的合作，为社员提供最有效的服务，并促进合作社的发展。

（7） 关注社会。合作社在满足社员需求的同时，有责任保护和促进其所在地区经济、社会、文化教育、环境等方面的可持续发展。

2. 肉羊专业合作社运行原则

依据 2017 年 12 月 27 日第十二届全国人民代表大会常务委员会第三十一次会议修订的《中华人民共和国农民专业合作社法》对农民专业合作社应当遵循原则的相关规定，肉羊专业合作社运行应该遵循如下原则。

① 成员以农牧民为主体；② 以服务成员为宗旨,谋求全体成员的共同利益；③ 入社自愿、退社自由；④ 成员地位平等,实行民主管理；⑤ 盈余主要按照成员与肉羊专业合作社的交易量(额) 比例返还。

3. 肉羊专业合作社运行特征

根据相关国内与国际农民专业合作社建立运行的原则和实际经验，肉羊专业合作社运行的特征可以总结为以下 3 个方面。

（1）根据合作社经营目标的双重性，表现为服务性与盈利性的统一。肉羊合作社一方面要向各个社员提供生产经营服务，是一种互利关系；另一方面肉羊合作社要最大限度地追求利润，是一种互竞关系。在市场经济不断发展的情况下，肉羊家庭经营急需得到产前、产中、产后等诸环节的优质服务。肉羊合作社正是适应缩小生产经营风险、扩大生产经营规模、提高劳动生产率的需要而建立起来的，必须为社员提供相应的服务才具备存在的前提。当合作社与其社员发生经济往来时，不是以追求利润最大化为目标，可以为社员提供有偿、低偿或无偿的服务，力求经营成本最小化。但当他与外部发生经济往来时，必须以追求利润最大化为目标。只有如此，合作社才能够生存，才能够更好地为其社员提供优质的服务。因此，肉羊合作社是具有追求利润和为其社员提供服务双重目标的企业组织。

（2）根据合作社经营结构的双层次性，表现为统一经营与分散经营相结合的经营模式。以合作占有为核心，在个体制基础上形成合作制，主要是指在以家庭为基本生产经营单位的前提下，整个生产过程的一定环节由这些农牧民共同组成的合作社来完成，从而它们的合作关系，即通过完成这些经营环节的经济组织迂回地体现出来。在某个一定环节上，家庭经营为合作经营所替代，而在其他的环节上还基本保持着家庭经营的特性。凡适合于合作社生产、加工、储藏、营销和服务的项目，都由合作社统一经营；对某些生产要素的使用和某些生产环节的协调，也由合作社统一安排。当然，合作社并不是对家庭经营的否定，而是构筑在家庭经营的基础之上，并为其提供有效服务。在非合作的项目上，家庭经营仍保持其独立性。因而，合作社是约定统一经营与分散经营相结合，具有经营结构的双层次性。

（3）根据合作社管理的民主性，表现为自主与自愿有效结合的组织管理模式。肉羊合作社必须按照自愿的原则，通过民主协商制定一系列切实可行的章程和制度，将有关问题以文字形式确定下来，具有一定的法律效力。肉羊合作社是完全建立在自愿组合的基础上，在没有外界干预的条件下，农牧民所做出的自主选择，联合各方彼此信任，需求基本一致。自愿避免了由于人为组合或行政撮合所带来的消极逆反心理，使全体社员始终保持应有的责任感和生产与合作热情，这是合作社具有旺盛生命力的重要原因。同时，由于自愿，联合对分离不具有排他性。社员在合作社经营过程中，拥有充分重新选择的权利。肉羊合作社既可以离开原有的合作社，又可以是几个合作社的成员。这种自愿组合与自愿分离两种机制的交互作用，既催发了新企业的诞生，又加速了旧企业的强大或瓦解，从而形成了经济发展的强大推动力。

（四）肉羊专业合作社的建立

肉羊专业合作社作为农民专业合作社的一种具体组织形式，应当按照《中华人民共和国农民专业合作社法》登记并取得法人资格，肉羊专业合作社成员以其账户内记载的出资额和公积金份额为限对肉羊专业合作社承担责任，国家通过一系列政策扶持、税收优惠、金融、科技与人才支持和肉羊产业政策等措施，促进肉羊专业合作社发展，同时鼓励和支持社会各方面力量为肉羊专业合作社提供服务。

1. 肉羊专业合作社的设立应具备的条件

有 5 名以上符合农民专业合作社法规定的成员；有符合农民专业合作社法的章程与组织机构；有符合法律、行政法规的名称和章程确定的住所；有符合章程规定的成员出资。

有 5 名以上符合农民专业合作社法规定的成员。包括以下几个方面。① 具有民事行为能力的公民，以及从事与肉羊专业合作社业务直接有关的生产经营活动的企业、事业单位或者社会团体，能够利用肉羊专业合作社提供的服务，承认并遵守肉羊专业合作社章程，履行章程规定的入社手续的，可以成为肉羊专业合作社的成员。但是，具有管理公共事务职能的单位不得加入肉羊专业合作社。② 肉羊专业合作社的成员中，农牧民至少应当占成员总数的 80%。成员总数 20 人以下的，可以有一个企业、事业单位或者社会团体成员；成员总数超过 20 人的，企业、事业单位和社会团体成员不得超过成员总数的 5%。此外，肉羊专业合作社应当置备成员名册，并报登记机关。

肉羊专业合作社章程应载明的事项。① 名称和住所；② 业务范围；③ 成员资格及入社、退社和除名；④ 成员的权利和义务；⑤ 组织机构及其产生办法、职权、任期、议事规则；⑥ 成员的出资方式、出资额；⑦ 财务管理和盈余分配、亏损处理；⑧ 章程修改程序；⑨ 解散事由和清算办法；⑩ 公告事项和发布方式以及需要规定的其他相关事项。

肉羊专业合作社的组织机构。肉羊专业合作社成员大会由全体成员组成，是合作社的权力机构。召开社员大会，出席人数应当达到成员总数 2/3 以上，成员大会选举或者作出决议，应当由合作社成员表决权总数过半数通过；作出修改章程或者合并、分立、解散的决议应当由合作社成员表决权总数的 2/3 以上通过。成员大会每年至少召开 1 次。当出现以下情况之一：30% 以上的成员提议；执行监事或者监事会提议；合作社章程规定的其他情形应当在 20 日内召开临时成员大会。

肉羊专业合作社设理事长 1 名，可以设理事会。理事长为本社的法定代表人。同时，还可以设执行监事或者监事会。理事长、理事、经理和财务会计人员不得兼任监事。理事长、理事、执行监事或者监事会成员，由成员大会从本社成员中选举产生，依照农民合作社法的规定行使职权，对成员大会负责。理事会会议、监事会会议的表决，实行一人一票。此外，本合作社的理事长、理事、经理不得兼任业务性质相同的其他专业合作社的理事长、理事、监事、经理；执行与肉羊专业合作社业务有关公务的人员，不得担任合作社的理事长、理事、监事、经理或者财务会计人员。

2. 肉羊专业合作社向工商行政管理部门申请登记所需文件

① 登记申请书；② 全体设立人签名、盖章的设立大会纪要；③ 全体设立人签名、盖章的章程；④ 法定代表人、理事的任职文件及身份证明；⑤ 出资成员签名、盖章的出资清单；⑥ 住所使用证明；⑦ 法律、行政法规规定的其他文件。登记机关应当自受理登记申请之日起 20d 内办理完毕，向符合登记条件的申请者颁发营业执照。同时，肉羊专业合作社法定登记事项变更的，应当申请变更登记。此外，肉羊专业合作社办理登记不得收取费用。

3. 肉羊专业合作社联合社设立的基本要求

3 个以上的肉羊专业合作社在自愿的基础上，可以出资设立肉羊专业合作社联合社；肉羊专业合作社联合社应当有自己的名称、组织机构和住所，由联合社全体成员制定并承认的章程，以及符合章程规定的成员出资；肉羊专业合作社联合社依照本法登记，取得法人资格，领取营业执照，登记类型为肉羊专业合作社联合社；肉羊专业合作社联合社以其全部财产对该社的债务承担责任，肉羊专业合作社联合社的成员以其出资额为限对肉羊专业合作社联合社承担责任；肉羊专业合作社联合社应当设立由全体成员参加的成员大会，其职权包括修改肉羊专业合作社联合社章程，选举和罢免肉羊专业合作社联合社理事长、理事和监事，决定肉羊专业合作社联合社的经营方案及盈余分配，决定对外投资和担保方案等重大事项；我国法律规定肉羊专业合作社联合社不设成员代表大会，可以根据需要设立理事会、监事会或者执行监事。理事长、理事应当由成员社选派的人员担任；肉羊专业合作社联合社的成员大会选举和表决，实行一社一票。

三、肉羊产业化经营

（一）肉羊产业化经营的含义、特征与作用

1. 肉羊产业化经营的内涵

肉羊产业化经营可以概括为以国内外肉羊市场为导向，以肉羊养殖农牧户经营为基础，以提高各方经济效益为中心，依托龙头组织带动和科技进步，对肉羊养殖实行区域化布局、专业化生产、企业化管理、社会化服务、一体化经营，将肉羊养殖过程的产前、产中、产后诸环节联结为一个完整的产业系统，变分散、独立、小规模的肉羊养殖模式为社会化的大生产模式。

2. 肉羊产业化经营的基本特征

根据现代畜牧业未来的发展要求与肉羊产业发展所面临的挑战，结合肉羊产业化经营的具体内涵，肉羊产业化经营的基本特征表现为：① 产业一体化；② 养殖专业化；③ 产品商品化；④ 管理企业化；⑤ 服务社会化。

3. 肉羊产业化经营的作用

在现代畜牧业发展过程中，畜牧业生产采取合同制和一体化经营的方式，使畜牧业的专业化、商品化、企业化、规模化和社会化水平不断提高，形成了畜牧业产业化经营。肉羊产业化经营作为其重要的组成部分，其产生与发展是肉羊产业由传统养殖模式向现代科学化饲养模式转变的一种机制创新。肉羊产业化经营有助于缓解肉羊季节集中出栏与消费常年化、全国化的供需矛盾；有助于扩大养殖规模，降低肉羊饲养的经营风险与市场交易费用，增加养殖者的经济效益；有助于提高肉羊产业的比较收益，使其在市场竞争中获得本产业的增值部分；有助于解决羊肉产品质量信息不对称问题，实现肉羊养殖过程监督和控制的内部化，推进肉羊全产业链可追溯系统的建立与完善。

（二）肉羊产业化经营组织的类型

我国肉羊生产在地域类型与主要饲养方式上大致分为农区与牧区，不同地区因历史传统、自然、社会条件差异和生产力发展水平的不同，其肉羊产业化经营的组织形式也有所差异。按照肉羊产业化组织之间联系的紧密程度和带动肉羊产业链发展的主要动力可以做如下划分。

1. 按肉羊产业化组织之间联系的紧密程度划分

（1）松散型。即在肉羊产业链中企业与农牧户的联系较为松散，二者通过简单的肉羊销售合同建立联系。在松散型的肉羊产业化组织模式中，肉羊屠宰、加工企业与农牧户

的生产经营仍是各自独立的，只是可能在肉羊养殖的某一时期或某一环节实行联合；且其联合形式、期限、内容、经济结算与双方的权利与义务都通过合同做出明确规定。例如，肉羊屠宰企业与农牧民订立肉羊购销合同，企业由此获得稳定且符合其生产要求的肉羊，农牧民则可以按照企业要求进行饲养，在可能的条件下还能获取一定的技术与资金支持，在一定程度上减少了双方生产经营过程中的不确定性。但在此种组织模式里，企业按照市场价来收购肉羊，生产双方仍需各自承担经营风险。

（2）半紧密型。即在肉羊产业链中公司、合作社等龙头组织与农牧户之间建立了一定的合作关系。在半紧密型的肉羊产业化组织模式中，由龙头组织与农牧民共同建立肉羊生产基地，组织负责种羊、养殖技术、屠宰、加工、运输、销售，农牧民则负责日常养殖管理。龙头组织按照高于生产成本的保护价格收购肉羊，主要承担肉羊养殖的市场风险，农牧户则承担肉羊养殖的生产风险。此种组织模式，大大分散了双方的肉羊养殖风险，提高了肉羊产业的整合程度。

（3）紧密型。即在肉羊产业链中参加联合的各主体缔结形成了一个经济利益共同体。在紧密型的肉羊产业化组织模式中，肉羊产业链的各参与方在各自经营范围内仍是自负盈亏，但在自愿前提下组成了一个利益共同体。在这种组织模式中，要求有完整的组织机构与严格的规章制度，明确各主体在共同体内的分工、职责、权利与义务，必须要有一个完善的利益分配机制，能够使各个参与方发挥各自作用，共同推动组织发展。

2. 按带动肉羊产业链发展的主要动力划分

（1）龙头企业带动型。即以实力较强的企业为龙头，与肉羊生产基地和农牧户结成紧密的生产、加工、销售等一体化生产体系。

（2）市场带动型。即以肉羊市场或活羊交易中心为依托，拓宽肉羊相关产品的流通销售渠道，带动区域羊肉产品专业化生产，实行生产、加工、销售一体化经营。

（3）中介组织带动型。中介组织包括肉羊养殖专业合作社、供销社、肉羊技术协会、畜牧兽医站等。在充分发挥其自身信息、资金、技术等方面优势的前提下，中介组织不仅为农牧户提供产、供、销等肉羊养殖产前、产中、产后各个环节相关服务，还为肉羊屠宰、加工、销售企业提供信息，促进各方信息交流，减少因信息不畅而造成的不必要损失，实现各类生产要素的优化组合和资源的合理利用。

（4）企业集团养殖带动型。即以肉羊养殖为基地、以屠宰、加工、销售企业为主体，以综合技术服务为保障，将肉羊养殖、屠宰、加工、销售、科研和相关生产资料供应等环节统一纳入一个经营主体，使其按照现代企业制度发展运行，形成肉羊全产业链的集团化经营。

（三）肉羊产业化经营组织良好运行的关键问题

要实现肉羊产业化经营组织的良好发展，必须充分调动肉羊养殖农牧户、肉羊专业合作社、肉羊相关龙头企业等组织的积极性，增强其在养殖、屠宰加工、销售等各个环节的联系，形成一种"风险共担、利益均沾"的自我运行机制，进而有力地推动肉羊产业现代化进程。在具体实践中，应注意以下几个方面。

（1）肉羊产业化经营组织的发展要尊重农民的意愿。肉羊产业化经营不是对家庭经营的否定，而是对家庭经营的完善，是建立在家庭经营充分发展基础上的。因此，肉羊产业化经营组织的发展必须尊重农牧民的意愿，不能搞强迫命令。要在肉羊产业市场经济得到一定发展的基础上，农牧民产生了合作的需求，再通过引导帮助走向产业化经营。

（2）以市场需求为导向，加强龙头企业的建设，是保证肉羊产业化经营组织健康发展的重要措施。产业化经营本身就是在基于一定的资源优势条件下，随市场经济发展的一种组织经营模式。因此，肉羊产业化经营必须充分考虑市场需求。同时，龙头企业作为产业化经营组织中的核心，其发展关系到整条产业链各利益方的收益。肉羊产业龙头企业产品的标准化、品牌化、生态化、优质化是肉羊产业化经营组织健康发展的重要措施，所以必须加强肉羊产业龙头企业的建设，保证其发挥应有的作用。

（3）肉羊产业化经营的稳定、健康、持续运转，必须依靠经济效益的实现和内部利益分配机制的健全。肉羊产业化经营组织经济效益的实现是其存在的前提，而经济效益的提高则是其发展的动力，也是检验其组合设计是否合理、经营活动是否正确有效的客观标准。在提高整体经济效益的同时，还须根据"风险共担、利益均沾"的原则，建立健全组织内各相关利益方的利益分配机制，充分调动各方积极性，从而使肉羊产业化经营组织具有足够的吸引力和活力，实现自身持续与稳定发展。

（4）应该允许不同的农业产化经营组织模式共同发展。由于各地肉羊产业发展水平不同、龙头企业的带动能力不同，因而出现了不同的肉羊产业化经营组织模式，他们在市场化和一体化等方面的侧重点有所不同，因而在生产效率、产品质量等方面会存在差异，这是肉羊产业经济发展的正常反应，不能强求一致。

第二节　肉羊规模经营

一、肉羊规模经营的含义与效应

（一）肉羊规模经营的含义

肉羊规模经营是指在一定的技术水平、固定资产、生产要素、环境承载力的限制条件下，适度扩大肉羊生产经营规模，使土地（草地）、资本、劳动力、饲草料等生产要素配置趋向合理，以实现一定时期内的最佳经济效益。简单地说，肉羊规模经营就是肉羊饲养规模扩大，使得生产要素配置更加合理，从而降低生产成本，提高经营效益。

（二）肉羊规模经营效应

1. 生产经营效应

肉羊规模经营在生产方面的效应表现如下。① 提高固定资产利用效率。适度扩大规模有助于提高自有固定资产利用效率。② 有助于采用优良品种。规模较大的养羊场户通过采用优良肉羊品种，可以提高肉羊生长速度，缩短饲养周期，提高肉羊品质，并提高售卖价格。③ 有助于采用先进适用技术。经营规模较大的养羊场户更有动力采用先进适用的饲草种植与饲草料加工、混合日粮配制技术以及人工授精、同期发情等技术，从而提高肉羊养殖的经济效益。

肉羊规模经营在经营方面的效应表现如下。① 有助于降低生产资料采购成本。规模扩大时饲料需求增加，与饲料企业谈判的能力增强，有利于降低饲料价格，或者通过送货上门等服务，降低运输成本。② 有助于批量出栏获得更高的收益。规模较大的养羊场户一次出栏的肉羊数量较大，并且在品种、品质、年龄等方面基本一致，是经销商或屠宰加工企业愿意采购的羊源，因此可以获得更高的价格支付。③ 有助于提高农副产品附加值。适度扩大肉羊规模，可以增加自有饲料资源利用率或者增加外购饲料，使得这些农副产品增值，同时肉羊生产的副产品，例如羊粪，也可以将其加工成产品出售或自用，使其增值。④ 有助于创新组织制度。经营规模扩大后，养羊场户开始注重内部的经营管理和外部与前向饲料企业、后向屠宰加工企业，以及其他养羊场户的经济联系与合作。

肉羊规模经营在风险方面的效应表现如下。① 肉羊规模经营可能遭遇自然风险。自然风险主要来自降水等气候因素、地质灾害、疫病等。自然风险主要体现在疫病防控和饲料供给变化带来的风险。一方面规模化养羊有利于疾病的群防群治，稳定的羊源供给有利于减少羊源大流动所产生的传染病隐患；另一方面饲养密度的增加使疾病防控面临巨大挑战，主要原因在于，第一，舍饲的羊走动少、运动量小，抵抗疾病的能力变弱；第二，羊场内（尤其是过于密闭的羊场）有害气体可能达到很高的浓度，使得通过呼吸道传播的疾病增加；第三，传染性疾病传播速度加快。② 肉羊规模经营还可能遭遇市场风险。主要是由于种羊、羔羊、饲草料等投入品和活羊价格波动所带来的风险增加。

2. 社会经济效应

肉羊规模经营在产品供给方面的社会经济效应表现如下。① 稳定供给效应。扩大规模带来专用性资产投资增加，抗风险能力增强，规模较大养羊户短期内难以转向其他行业，有助于克服小户饲养数量微小变化放大为总供应的大幅变化。② 提升肉羊品质效应。基于利益刺激，规模较大的养羊场户有更高的积极性采用优良品种以提升产品价格，合理配置饲料以控制成本，有利于社会肉羊品质的提升。

肉羊规模经营在分工和专业化方面的社会效应表现如下。① 素质提高效应。肉羊适度规模经营有助于肉羊产业的社会化分工和专业化生产，进而提高生产经营者的劳动熟练程度和经营管理水平。② 增加就业效应。肉羊经营规模扩大以后有助于提高农业劳动力的利用率，并且可以通过肉羊产业链的前后向延伸，增加就业机会。

3. 生态环境效应

根据肉羊适度规模经营的定义，肉羊适度规模经营发展暗含着要在生态环境的承载力之上，或者不对环境造成破坏，即应该做到肉羊产业的经济、生态环境与社会的可持续发展。但许多较大规模养殖场做不到这一点，会造成生态环境的破坏。如牧区肉羊养殖规模过大、超载过牧，造成草原退化；较大规模的人畜混居对人畜都带来危害；规模较大养殖场堆积的粪尿不能及时处理，氮、磷等有机物大量集中流入局部环境，破坏了局部微生物群的平衡和生态环境。肉羊适度规模经营必须将生态环境作为一个重要的约束条件，做不到这一点则不能称为适度规模经营。

二、影响肉羊规模经营的宏观与微观因素

（一）影响肉羊规模经营的宏观环境因素

肉羊规模经营不是孤立的生产过程，肉羊适度规模经营能否实现，与其所处的社会经济条件有着十分重要的关系。这主要表现在以下几个方面。

1. 相关生产要素的数量与质量

对于肉羊产业来说，生产要素可以分为传统生产要素（基本要素）和现代生产要素（高级要素）两大类。传统生产要素主要包括气候条件、地理位置、劳动力和土地、水利等自然资源。气候等自然因素可以通过以下几种方式影响肉羊生产：温度、降水通过影响饲草料资源影响肉羊生产；自然灾害对肉羊生产直接或间接的影响；温度等影响肉羊生长性能和疫病发生等。在自给自足的自然经济条件下，肉羊生产的区域分布主要取决于饲养环境、饲料资源和养殖习惯等传统因素的影响。在市场经济条件下，肉羊生产更多体现的是自然再生产与经济再生产的有机结合，现代生产要素在肉羊生产中的作用越来越大。现代生产要素主要包括生产技术、人力资本、现代化农业基础设施及生产经营管理等。

要实现肉羊的规模经营一般可作出如下选择。

（1）选择饲草料资源丰富的地区。肉羊是草食动物，散养肉羊平均每个羊单位需要消耗精饲料 59.62kg，耗粮 42.01kg，平均饲养 187.93d，耗费牧草、农作物秸秆等青粗饲料 201.9kg。育肥羊通常每天每只需干草约 1kg 或青贮饲料 3kg。一个存栏 3 000 只育肥羊的羊场，每天需 3t 干草或 9t 青贮饲料。适度扩大规模以实现规模经营需要数量更大的饲草料资源。因此，丰富的饲草料资源是肉羊产业发展的基础，更是肉羊规模经营的基础。而由于饲草料体积大、质量轻、价值低，单位运输成本高，因此，要实行大规模肉羊饲养，应选择饲草料丰富的地区。

（2）选择养羊劳动力丰富的地区。养羊业是劳动密集型产业，在肉羊生产过程中需要投入大量的劳动力。劳动力的数量和质量对肉羊生产都很重要，规模较大的肉羊饲养场对养羊劳动力的质量要求更高。每个饲养员技术水平高，承担的工作量大，工作做得好，就有利于经营规模的扩大，否则就不利于扩大规模。由于肉羊饲养不仅需要饲养员按时按量给肉羊喂料，还需要饲养员观察肉羊的表现，以确定是否有羊生病等，羊生病发现得越早带来的损失越小，尤其是饲养繁育母羊时，需要给母羊接生和护理羔羊，这些都需要养羊经验。因此，选择有养羊传统的地区，就可以雇用当地具有丰富养羊经验的劳动力，有助于提高劳动生产效率，降低肉羊病死率，提高羔羊成活率，这些对肉羊规模经营都非常重要。

（3）选择养羊基础设施比较好的地区。养羊基础设施包括水、电、道路、土地等硬件设施，也包括信贷等软设施。良好的硬件设施可以降低个人或企业养羊的初期固定资产投资，也可以降低企业运营中运输成本和租地成本。肉羊生产规模扩大时，需要购买羔羊、种羊、饲草料、饲料收割加工运输机械和建设羊舍以及雇用工人等，这些都需要资金。肉羊规模经营必须有一定的资金保证，信贷条件好能获得充足的资金来源，有利于促进规模扩大；信贷条件差，则不利于规模扩大。因此，应充分了解信贷相关信息，信贷的额度、期限、条件、种类等，是否有针对肉羊养殖专门的信贷支持等都是肉羊养殖投资者需要考虑的问题。

2. 技术进步水平

农业技术进步是指在农业经济发展中，不断用生产效率更高的先进农业技术来代替生产效率低下的落后农业技术。农业技术进步包括农业生产技术措施的进步、农业生产条件的技术进步、农业管理技术的进步和农业生产劳动者与管理者的技术进步等方面。肉羊技术进步包括繁育、饲养、饲草料生产加工、育肥、羊舍建设和羊病防治以及经营管理与组织制度等方面的内容。技术进步可以通过不断为肉羊生产提供大量先进的各类饲料机械、运输工具、建筑设施等，来改善和提高现有生产技术装备水平，提高劳动生产率，降低生产经营成本，提高投入产出比率；技术进步也可以通过提高种羊的质量并降低市场价格，改进饲料配制技术，提高肉羊生长速度并改善羊肉品质，有效防控疫病等措施，使肉羊规模经营产生更高的效益。合作社和产业化经营等组织制度的创新，提高了养羊户的组织化程度，便于养羊户与相关龙头企业通过订单、合作以及一体化等方式，实现经济利益共享、风险共担。

3. 相关产业发展水平

肉羊生产是处在一个大的社会经济系统中，因而肉羊生产者要实现规模经营不是一个生产者可以单独完成的，还需要前向饲料产业和后向屠宰加工企业以及品种繁育、卫生防疫等相关服务支持部门都有一定的发展，这些相关辅助产业的发展水平对于肉羊规模经营具有决定性作用。如果一个地区拥有专门的肉羊工业饲料供给，则有助于肉羊饲养经营规模的扩大；如果一个地区有较大规模和较高水平的肉羊屠宰加工企业，就有利于养羊场户就近销售，降低销售费用，并可以获得更好的经济利益；如果一个地区拥有培育的新品种和优选的杂交组合，在规模化的基础上就有利于实现标准化生产，生产出更高品质的羊肉，实现更高的规模经济效益；如果一个地区拥有很好的疫病防控、卫生检疫等公共服务，就有利于降低规模经营的风险，并保障羊肉及其制品的质量安全。

4. 政府规制与支持力度

政府投资于育种、繁育、饲料、圈舍设计、育肥、防疫等相关技术的研发及其基础设施建设，提供这些在市场中供给不足的公共物品，对肉羊规模经营发展具有积极影响。政府是否支持肉羊规模经营，如何支持肉羊规模经营，影响着资源的重新配置，会对养羊场户成本和收益产生重要影响。当地政府对肉羊养殖提供的公共物品越多、服务的质量越好、扶持力度越大，越有利于肉羊规模经营。同时，政府为了社会的整体利益，为了保护环境，会对区域布局和土地利用方式等做出整体规划，会对肉羊规模经营产生有利或不利的影响。

（二）影响肉羊规模经营的微观因素

1. 树立科学的生产经营观念

生产经营观念往往决定着养羊场户对生产经营活动的态度和出发点，对生产经营活动起着决定性作用。在市场经济体制下，肉羊规模经营在生产经营中应树立以下科学生产经营观念。

（1）市场观念。在现代市场经济条件下，养羊场户的生产经营活动主要是为买而卖，而不再是自给自足，因此其肉羊养殖应以市场需求为导向。在饲养之前就要弄清楚市场上需要什么、需要多少，以此决定饲养品种、饲养目标、饲养方式以及饲养数量，这样才能够实现最佳规模经济效益。市场观念的核心，一是以市场需要为依据，即根据市场需要的品种、质量组织生产；二是以经济效益为根本，而不是以产量为出发点。这要求养羊场户不仅关注自己的成本与收益等，而且还要关注上下游产业的发展，包括饲料、兽药、种羊、屠宰加工等环节，甚至包括消费者对羊肉消费的偏好等，这样才能适时调整肉羊饲养的品种、数量、生产周期等，通过内部的精准管理和外部的精明经营决策，来扩大规模经营效益。

（2）竞争观念。竞争是市场经济最典型的特征之一。封闭的生产经营思想必然会受到市场竞争的冲击，肉羊生产经营者只有提供质优的羊肉产品和完善的服务，在羊肉产品品种、质量、服务、价格等方面不断取得竞争优势，才能牢牢占领市场。如果生产经营者不适应竞争的要求，就必然要遭到市场的淘汰。肉羊生产经营者要适应市场竞争，并在市场上生存下来，就要不断地降低生产成本，提高产品质量，提供差异化的肉羊产品，以提高其市场竞争力。

（3）信息观念。在现代的网络经济中，物质流、能量流和信息流三流合一，并且信息流调整着物质流和能量流的方向、速度、效率，在现代肉羊产业发展中起到越来越重要的作用。对于肉羊规模经营来说，肉羊生产经营者要特别关注相关的经济信息和技术信息。经济信息包括价格信息、政策信息等，这些信息决定着肉羊生产经营的发展方向；技术信息包括育种繁殖、营养配制、养殖环境、疫病防控，这些信息决定着生产效率，是实现规模经营的基础性条件。但由于市场信息瞬息万变，因此，肉羊生产经营者要特别注意市场信息的准确性。

（4）法制观念。市场经济是法制经济。肉羊规模经营应该树立良好的法治观念，即在饲草料生产配制中要合法，禁止添加违禁药品；在重大疫病防控中要守法，按规定程序防疫，对病死羊进行无害化处理；废弃物处理要合法，一定要进行无害化处理，努力做到不污染环境。树立法治观念，一是要善于利用法律来维护自己的合法权益不受侵害，二是要自觉遵守法律，在法律允许的范围内开展生产经营活动。

（5）信用观念。信用是市场经济的基石，是一种社会资本，是一笔无形的财富。但信用的维护却要付出成本，并且需要大家共同努力，才能够形成一个良好的信用社会。在肉羊规模经营中，不要因为短期利益或暂时困难而欺骗生产者或消费者，坚持以诚信取得用户的信任，注重与上下游企业形成长期稳定的合作关系，以获得规模经营的长期效益最大化。

2. 正确认识肉羊规模经营

在生产实践中，由于很多人对规模经营缺乏正确的认识，认为所谓的规模经营就是规模的无限扩大，从而导致政策误导，盲目扩大饲养规模，致使饲养规模过大带来雇工偷懒、农牧脱节、超出合理放牧半径和环境承载力等问题产生规模不经济。理解上的偏差不仅没有提高生产效率和经营效益，而且造成了资源使用效率低下，甚至浪费。因此，在肉羊规模经营的实践中，肉羊养殖者需要正确认识肉羊规模经营的科学内涵，重视肉羊规模扩大过程中生产要素优化配置、生产效率提高和经营效益的提升。在当时当地技术水平、固定资产、生产要素和环境承载力条件下，发展适度肉羊规模经营，使土地（草地）、资本、劳动力、饲草料等生产要素配置趋向合理，实现最佳经济效益。

3. 适度扩大规模

（1）饲草料投入。肉羊规模养殖必须考虑饲草料的供给问题，解决饲草料供给的大致思路如下。首先，要将原有的农作物秸秆和农副产品充分利用起来，并通过种植结构调整，增加饲草种植面积，提高饲草产量；第二，通过青贮技术提高饲草料利用率；第三，通过购买一些精饲料与自家的粗饲料搭配；第四，通过租种其他农牧户的耕地和草地；第五，根据肉羊的营养需要，科学制定与配制日粮；第六，购买饲草料，特别是全价饲料。一般情况下，肉羊规模养殖都应该有农牧结合的思想，因为养殖规模受到种植业和草场的限制。在牧区，肉羊养殖规模受到自有草场数量和质量的限制，尤其不能超过草场的承载能力，否则会影响到可持续发展，而购买饲草养羊的成本将远高于天然放牧的成本；在农区，无论是承包草场、耕地来获得饲料，还是通过从农户手里购买饲草料，都会受到周边饲草料供给的限制，因为饲草料体积大、质量轻、价值低，如果远距离运输，单位运费过高，不划算，因此肉羊大规模养殖必须考虑饲草料供给的半径。

（2）资金投入。肉羊规模养殖的资金主要来源于以下几个方面。第一，养羊场户的自有资金；第二，政府的财政投入或补助；第三，银行、农村信用社等金融机构的贷款；第四，民间借贷。肉羊规模养殖往往会遇到自有资金不足的问题，需要通过借贷来满足资金需要。首先是积极争取政府的财政支持，其次是通过抵押或信用担保向金融机构借贷，再次是容易获得但利息很高的民间借贷，最后在购买饲草料时还可以考虑赊欠等办法。

（3）劳动力投入。肉羊规模养殖的劳动力主要来源于两个方面。一是养羊户家庭中自有的劳动力，包括整劳动力、半劳动力和辅助劳动力；二是雇佣劳动力，包括长期雇佣的劳动力和季节性短期雇佣的劳动力。肉羊规模养殖使用劳动力的基本原则是充分使用自有劳动力。因为自有劳动力责任心最强、积极性最高、不需要监督和劳动计量，并且在家庭经营中总是存在着机会成本很低或机会成本为零的半劳动力或辅助劳动力。如果自有劳动力不足，可以考虑雇工。雇工首先要考虑饲养经验，其次要制定饲养责任制。

（4）技术投入。肉羊规模养殖的经验主要来源于以下几个方面。第一，祖辈们的经验传授与自己的经验积累；第二，从亲朋好友、周边养羊场户学到的经验和实用技术；第三，参加政府组织的养羊技术培训；第四，参加合作社，享受合作社提供的技术服务；第五，购买饲料企业的饲料、向屠宰加工企业销售活羊，并接受这些企业提供的技术服务与示范；第六，雇请专业技术人员提供专门的服务。总的原则是，肉羊规模养殖要特别注意自我经验的积累和从周边养羊户学习；积极参加政府组织的相关技术培训，通过看书、看报、上网、看电视主动学习相关知识；有条件的可以组建或参加养羊专业合作社，获得合作社的技术服务；通过先进生产要素的购买提高先进技术的运用水平；如果养殖规模足够大，就要聘用专门的畜牧师和兽医师，甚至与高等院校、科研院所就某些关键问题开展合作研究。

4. 强化经营管理

肉羊规模化养殖一定要实行企业化经营，要学会记账，并实行严格的成本收益核算。要学会对投入和产出进行技术经济分析，要懂得对各种生产要素的合理搭配，要学会对雇用劳动力的科学管理，特别是要注重根据产品行情的变化来把握市场。没有科学的经营管理，就没有肉羊的规模经营。

5. 降低经营风险

肉羊规模经营不仅可以给肉羊生产者带来生产成本下降、收益提高的好处，同时也会带来经营风险的增大。首先是肉羊生产规模扩大所带来的以疫病为代表的自然风险增大。对此养羊场户要做好养殖场地规划、生产隔离，严格生产管理，严格疫病防控制度，在生产中密切关注肉羊的健康状况，及时发现病羊，并进行隔离处理。此外，也可以通过农业保险的办法降低疫病和自然灾害带来的损失。其次是肉羊养殖规模扩大也可能带来市场风险增大。羊肉等产品价格的剧烈波动、生产成本的上涨、重大疫病的暴发，都可能带来市场风险。对此应关注市场走向，特别是通过订单、产业组织等方式来降低可能出现的市场风险。

6. 保护环境

扩大肉羊养殖规模后，粪尿数量增加，生态环境负担加重。实行肉羊规模养殖，首先需要将养殖场与生活区域分开，减少臭气、粪尿、滋生蚊蝇等对养羊户及周边农牧户健康的危害。养羊户可以将羊粪作为自家种植农作物的肥料，这样可以在减少环境污染的同时，提高农作物的产量。对于大型的养羊场和养羊企业可以考虑用羊粪发酵制成沼气，或者将羊粪生产加工成有机肥，这样在减少粪污污染的同时，还可以通过出售有机肥获得收益（李秉龙等，2013）。

第三节　肉羊产业标准化

一、肉羊产业标准化的含义与动因

（一）肉羊产业标准化的含义

肉羊产业标准化是在肉羊产业范围内，对肉羊生产的产前、产中、产后全过程，通过标准的制定、实施和监督，将先进科技成果和成熟的经验转化为生产力，实现肉羊生产全程控制和标准化管理的活动，从而确保肉羊产品的质量和安全，规范市场秩序，获得最佳社会效益、经济效益和生态效益。肉羊产业标准化的活动内容主要有肉羊良种化、营养标准化、养殖设施化、生产规范化、防疫制度化、粪污处理无害化和屠宰加工标准化。

（二）肉羊产业标准化运行的动因

1. 肉羊产业升级的迫切需要

我国肉羊产业是一个包括育种、饲养、繁育、育肥、屠宰、加工等诸多环节在内的体系，体现了产业内不同环节或参与主体的分工与协作。自进入 21 世纪以来，虽然我国肉羊产业进入到快速发展时期，但是我国肉羊良种覆盖率、出肉率、饲料转化率、比较收益率低下，我国肉羊生产和管理水平相较于发达国家仍存在较大差距。究其原因，一是因为我国肉羊养殖方式仍然以小而散的粗放户养为主，这种养殖方式，既给重大疫病防控和羊肉产品质量安全提高带来巨大隐患，也严重影响着畜禽良种、动物营养等先进生产技术的推广普及，制约着肉羊产业整体生产能力的提高。二是肉羊产业组织化程度低。首先，缺乏职能完善的行业协会，农户间的组织化程度低，从而获得生产、销售、技术和信息的能力差、渠道少，这不仅造成肉羊产业生产水平低，参与市场竞争的能力弱，而且容易造成区域性、阶段性的盲目发展和供需失调。其次，农户和企业之间的利益联系不紧密，多数屠宰加工企业仍以初级加工为主，产品附加值低，市场适应能力差，很难形成自己的品牌，严重制约了肉羊产业发展壮大和产业升级。因此，整合肉羊产业链，提高肉羊生产规模化、产业化水平，以规模化带动标准化，以标准化提升产业化，只有标准化与规模化、产业化相结合，才能实现肉羊产业品种良种化、生产规范化、防疫制度化、产品无害化、经济效益最大化的目标。

2. 羊肉产品质量保障和产业效益提升的需要

肉羊产业标准化实现的是肉羊产前、产中、产后过程标准化，旨在从源头上确保原料肉的品质和质量安全。实行肉羊产业过程标准化，是需要投入大量生产成本的。对肉羊生产者来说，只有当预期收益达到一定程度，经济组织（农户或企业）才愿意投资，如何调动经济组织进行标准化生产的积极性，需要借助于肉羊产业链的整合，比如"龙头企业+农户"或"龙头企业+合作社+农户"等整合方式，以标准规范生产，减少中间环节，确保羊肉产品质量安全。企业采取不同的组织方式其最终目的就是节约交易费用，而交易费用在很大程度上是信息费用，标准化可以帮助消费者减少评估和确保产品的质量特征，减少交易信息成本，提高经济收益，促进市场交易。从整个产业发展的角度来看，标准化生产和管理，也在很大程度上改善产地环境，比如我国牧区为了实现草畜平衡发展，减少肉羊饲养量，饲养方式逐步转向舍饲和半舍饲，以内蒙古蒙都、蒙羊、巴美公司为代表的龙头企业快速发展，不仅带动了牧区上下游产业的协调发展，增加了肉羊产业效益，而且为促进牧区肉羊可持续发展，实现了经济效益、社会效益、生态效益的统一起到典型示范的作用。

3. 羊肉市场化、品牌化发展的需要

养羊业的发展，与市场需求的历史性变化是密切相关的。随着羊肉产量和消费量的显著增长，养羊业主导方向也出现了"毛主肉从"转向"肉主毛从"的发展趋势。直到进入 20 世纪 90 年代以后，羊肉需求量急剧增加，市场需求的拉动刺激了养羊业生产方向的转变，自此我国肉羊生产也进入了快速发展时期，肉羊生产进入商品化、市场化、国际化的发展阶段。尤其在我国加入 WTO 之后，面对发达国家实行严格的贸易保护主义措施，我国羊肉产品由于技术标准低、自主品牌少，因而缺乏国际市场质量优势。为了解决羊肉产品质量安全问题和提升羊肉产品国际竞争力水平，政府除了鼓励肉羊规模化生产、加强政府监管体系，另一个重要的举措就是推动食品的品牌建设。品牌是产品质量信息识别的重要标志，可以满足消费者对高质量、高品质产品的消费需要，同时也是厂商提高市场占有率的重要手段。羊肉品牌化发展是提升肉羊标准化、产业化水平关键路径。我国肉羊产业产业链涉及环节较多，各利益主体缺乏协作，再者肉羊屠宰加工企业规模小、技术研发水平较低导致羊肉产品的附加值较低，难以形成产品品牌效应和具有国际竞争力的品牌产品，参与国际市场竞争时，仍面临着极大的压力和挑战。因此，提高肉羊产业组织化程度和标准化水平显得尤为重要。

二、肉羊产业标准化实施主体行为

（一）政府对标准化的推动、投资与监督行为

政府是标准化的推动者和投资者。任何产业标准化的核心内容是标准，我国《标准化法》规定："标准分为强制性标准和推荐性标准。保障人体健康、人身、财产安全的标准和法律、行政法规规定强制执行的标准是强制性标准，其他标准是推荐性标准。"在推进肉羊产业标准化过程中，如标准化体系的建立，农产品市场准入标准的设置、农产品监督机构等，这部分投资具有公共物品的色彩，其供给不能完全由市场来调节。从外部性理论讲，标准化生产具有很明显的效益外部化，表现在经济、社会、生态 3 个方面，这就进一步使得肉羊产业标准化跨出肉羊产业范围对其他方面，比如环境治理、农民就业等产生影响，并且这种影响是正向的。于是，收益就发生了外溢。因此，在促进肉羊产业标准化向前推进的同时，政府成为主要的推动者和投资者。从相关标准的制定与完善，依托农业

技术推广机构和农业部门来推广、普及农业标准，到产品市场准入标准的设置、农产品监督机构的成立，政府都起到决定性作用。另外，政府不仅向经济实体（龙头企业、合作社或农户）提供资金投入或政策倾斜，而且还向他们提供肉羊良种、标准饲料、养殖技术及标准化配套设施等方面的支持。通过良种补贴、投资育种、繁育、饲料、圈舍设计、育肥、防疫等相关技术的研发，以及建设标准化规模示范场等来促进肉羊标准化规模经营发展。

政府是肉羊产业标准化的监督者。在市场经济中，价格是经济参与者相互之间联系和传递经济信息的方式，价格主要受产品质量（即生产成本）和需求的影响。由于信息不对称，生产者的利益会受到逆向选择和道德风险的冲击，优质未必能够优价。政府的作用就是监督标准特别是质量安全标准的执行，加强标准化产品的识别工作（如"三品一标"产品），使标准化产品更能突出品质优势，透明市场信息，将市场风险降到最低，从而保障生产者的利益。

（二）科研单位先进技术的创新与推广行为

农业标准不仅浓缩了生产者长期经验的积累和农业先进知识的集合，而且标准也是先进技术的体现，标准随着生产力、科学技术、人类社会的进步而不断完善和更新。从某种意义上来说，标准化的过程对技术的集成与创新要求最为迫切，标准化对技术进步有着正向的推动作用。为了解决技术标准需求主体与技术创新成果推广应用的有效衔接，科研单位在肉羊产业标准化过程中担任了技术创新、技术指导以及技术普及与推广应用的重要角色。

在肉羊新品种选育方面，从技术创新方面来说，在新品种选育阶段对技术要求比较高，比如 BLUP 统计方法使用以及微卫星分子遗传标记育种技术、FecB 多胎基因检测技术已应用于我国肉羊新品种选育的过程中，并且同类技术均处于世界领先水平。在饲料营养方面，动物营养学家根据肉羊营养需要量制定了不同阶段饲喂的标准配方饲料，比如中国农业科学院饲料研究所根据羔羊的营养需要量研发的代乳粉，能有效缓解母羊哺乳不足、羔羊生长缓慢的难题，同时也为肉羊羔羊早期断奶标准的制定提供了理论依据。在肉羊生产方面，人工授精、胚胎移植、同期发情、密集产羔等技术只有整合应用到肉羊生产过程中，才能使技术潜在的经济效益最大限度地发挥出来。在肉羊屠宰加工方面，宰前处理技术、肉羊屠宰 HACCP 体系危害分析及关键控制技术、宰后成熟技术（冷却、排酸等）等都需要在生产加工过程中不断升级与创新。比如中国农业科学院农产品加工研究所创新的羊肉零度濒温技术，将羊肉保质期最长延长至 21d，从而大大提高了我国羊肉保鲜质量水平。同时，随着肉羊屠宰分割、无损分级、副产品开发等方面的技术创新与升级，各种羊肉深加工产品不断改进。因此，科研单位与企业、农户的紧密联合，不仅可以满足企业、农户等对先进技术的需求，而且可以将先进的科学技术转化为生产力，促进肉羊产业的不断升级和发展。

（三）龙头企业、合作社和养羊户的标准化生产行为

龙头企业处于肉羊产业链的核心地位，也是连接产业链上下游环节的关键节点，与合作社、养羊户的联合，组成了我国肉羊产业标准化实施的主体。龙头企业如果扩大肉羊养殖规模，单凭企业的力量无法实现，与合作社和养羊户的纵向联合，可以有效降低生产和

管理成本，实现规模经济，一般以"龙头企业+合作社+农户""龙头企业+农户""龙头企业+基地+农户"等纵向联合的方式存在。

养羊专业合作社是农户在自愿互助的基础上，以成员利润最大化或成本最小化为目的的企业。由于利润共享，生产者合作组织内部能够形成互相监督的机制，减少组织成员的机会主义行为，从而有动力提供质量安全的产品。作为一种企业，专业合作社在我国可以分为由公司领办的合作社和由农牧民独立创办的合作社。由公司领办的合作社，比如在"公司+合作社+农户"形式中，作为产业链中横向联合的一种形式，同时也担任一种经济组织中介的角色。合作社为农户提供产前、产中、产后的各种技术或信息服务，也可以接受企业的委托，为其进行商品羊的收购。尤为重要的是，合作社代表了农民的利益，在市场交易中强化了与企业谈判的话语权以及利益分红。因此，通过合作社将分散的小规模农户集中起来，不仅提高了横向集中度，促进了规模化和专业化竞争优势的形成，也改善了农户自身在市场竞争中的地位。

养羊户仍然是肉羊产业标准化的生产主体。实施标准化生产在提高羊肉产品品质、保障产品安全以及增强产品国际竞争力的同时，也增加了农户的养羊投入。因此，对于每一个理性养羊户来说，养羊户是否愿意实施标准化生产主要诱因是能否增加养羊收益。而单个养羊户实施标准化的成本较高，于是与合作社或公司联合，走产业化发展模式是降低生产成本、增加养羊收益的一种路径。公司或合作社提供产前技术指导，养羊户按标准进行养殖和管理，最后按照合同将商品羊销售给公司，不仅降低养殖风险，而且减少了交易费用，增加了养殖收益。

三、肉羊产业标准化运行模式

（一）政府主导型运行模式

政府推动，是利用产业政策扶持和财政资金，通过行政手段来推动肉羊产业标准化。政府主导型的运行模式也是在肉羊产业标准化实施初期的主要模式，这种模式主要表现为政府建立各种肉羊标准化示范区（场）项目吸引企业、专业合作社以及农（牧）户等主体多方参与，共同推进标准化的实施。比如 2011 年，第一批农业部畜禽标准化示范场总共有 475 个，其中包括 44 个肉羊标准化示范场。2012 年，国家实施肉羊标准化规模养殖场（区）建设项目，大力扶持肉羊主产区内蒙古、新疆等 7 省（区）建设肉羊标准化规模养殖场，以标准化建设提升我国羊肉产品数量和质量。肉羊标准化示范区（场）是政府推动农业标准化实施的主要载体，以规模化、标准化养殖为核心，实施全程质量控制的标准化管理，吸引龙头企业、专业合作社加入，农户直接参与标准化生产，对周边及相关产业起到示范带动作用。

（二）龙头企业带动型运行模式

以龙头企业为核心，实现龙头企业与养殖基地、合作社或农户的纵向联合，企业可以利用自身在资金、技术、管理、流通以及市场信息等方面的优势，对农户进行产前、产中的技术培训，农户可以规避市场和技术风险，按要求进行标准化生产，双方形成一种"利益双赢"。在肉羊产业的不同环节，龙头企业带动型的运行模式主要表现在以下几个方面。

一是以育种为核心的"龙头公司+合作社+农户"或"龙头公司+科研院所+政府"。如云南省石林生态农业有限公司（选育品种为云南黑山羊）、四川省大哥大有限公司（选育品种为简州大耳羊）、内蒙古好鲁库德美羊业有限公司（选育品种昭乌达肉羊）等。其中龙头公司作为育种的核心主体，不仅形成比较顺畅的产学研相结合运行机制，而且调动农户育种的积极性，从而形成品种选育、种羊生产、推广与应用的"育、繁、推"一体化的经营模式。这种产业组织形式既利用了公司的资金、技术、管理、市场等优势，引导育种企业向商业性育种转变，又能依托政府的政策支持和科院院所的技术协作，使得育种工作向着良性健康的方向发展，还能引导农户积极参与育种，提高肉羊良种化程度。

二是以养殖或屠宰加工为主的"龙头公司+基地（合作社）+农（牧）户"或"龙头公司+农（牧）户"。比如内蒙古巴美养殖公司、蒙都羊业有限公司。从产业组织形式来说，形成了以龙头公司为核心的部分一体化形式，其中龙头公司主要是从事肉羊养殖或屠宰加工为主的中大型公司，因为肉羊产业标准化不同于工业标准化，肉羊生产自身就具有特殊性，存在一定生长周期、饲料搭配、疫病风险等大量不确定因素，使得肉羊标准化生产有别于工业标准化的精度要求。从公司自身利益出发，如果扩大养殖规模，单靠公司自身的生产能力不能完全实现，与农户结合，公司会赚取尽可能多的利润，将自身风险降到最低。与农户相比，龙头公司在资金、技术、加工、储运和销售等方面更具有利的条件。从农户角度来讲，公司统一为农户提供种羊，为农户提供生产资料和技术指导，产后按合同标准收购商品羊，农户要建立肉羊养殖档案，按标准进行养殖，商品羊或羊羔按合同约定出售给龙头公司，从某种程度上形成了利益协作关系。

三是以餐饮为主的"品牌公司+屠宰加工+基地+农户"。比如内蒙古小尾羊牧业科技股份有限公司、西贝餐饮，其中品牌公司主要以餐饮为主，为适应市场需求，不断向前延伸产业链条，形成集种羊繁育、肉羊养殖、屠宰加工、餐饮连锁于一体的产业化发展模式。公司根据自身的市场策略制订生产计划，通过租用土地，建立养殖基地，雇用农（牧）户的方式，按照一定的质量标准和生产程序进行养殖或加工，最后通过初加工、深加工等环节销售给消费者。比如小尾羊火锅是餐饮业的知名品牌，随着市场范围的扩大，小尾羊企业产业链的纵向分工逐渐细化为由饲草供给、技术服务、种羊繁育、肉羊养殖、羊肉产品初加工、深加工、批发、零售、餐饮连锁等多个市场主体，接近于完全一体化的高级形式。公司以餐饮业为主营业务，直接对接消费者和市场，一方面，公司能及时感知市场变化，为满足不同消费者的需求，在屠宰加工环节不断创新产品。另一方面，以市场需求来引导生产。比如饲养方式的引导，按标准化生产，就需对饲养品种、育肥年龄、体重等提出要求。对屠宰加工标准的引导，从肉羊屠宰的个头大小、体重以及分割的方式、分割部位都有不同要求。

（三）科研单位参与型运行模式

技术是肉羊产业标准化的核心要素，为解决经济主体技术需求与技术创新成果之间的有效衔接，科研单位直接作为技术支撑，联合龙头企业形成顺畅的产学研相结合的利益联结模式。目前我国有些龙头企业已经和科研单位进行联合，形成"龙头企业+科研单位+基地+农户""龙头企业+科研单位+合作社+农户"的产学研运行机制以及"龙头企业+科研单位+政府"的政产学研运行机制。比如四川大哥大牧业有限公司牵头，聘请西南民族大学育种专家联合四川农业大学、四川畜牧科学研究院和成都大学相关专家组成"简州大耳羊"技术研发团队，对大耳羊的遗传育种、饲料营养、疫病防控和简阳羊肉产品加工与开发等环节展开技术研究与推广，并成立了"四川山羊产业工程技术中心"，该中心的成立强化了技术在山羊产业的重要性，提高了科研单位的技术创新与推广地位。再有内蒙古蒙都羊业有限公司与中国农业科学院农产品加工研究所结成战略合作伙伴，建立了"羊肉产品研发中心"，是国家现代肉羊产业技术体系——加工研究室羊肉加工示范基地，为企业标准化实施提供了良好的科技环境。

四、肉羊产业标准化运行机理

（一）肉羊产业标准化是适度规模化、产业化、品牌化协同发展的结果

肉羊产业标准化是贯穿产业链的过程标准化，并非产业链上单一环节或简单的标准化行为，而是从育种、饲料营养、养殖、屠宰与加工各环节所实现的肉羊良种化、养殖设施化、生产规范化、防疫制度化、粪污处理无害化、监管常态化以及经济效益最大化，严格执行法律法规和相关标准，并按照程序组织生产的过程。在这个过程中，适度规模化是标准化的基础，产业化是标准化发展的形式，品牌化是标准化的提升。然而肉羊产业有别于我国生猪、肉鸡、肉牛等畜牧产业，其受自然资源禀赋、生态环境、饲养技术水平、相关产业发展以及市场需求等因素影响较大，要实现标准化发展，并不是一个经济个体就能是实现的。考虑到我国各地自然资源禀赋、经济发展水平以及市场需求情况各异，使得我国各地肉羊标准化规模经营也不可能采取同一种模式，发展路径并非一致。综观我国各地涌现出的肉羊标准化运行模式，可以发现，与发达国家肉羊产业标准化发展历程相比，我国肉羊产业标准化路径较长时期表现为不断探索前进的过程，在此过程中，政府的推动作用是其中的因素之一，更重要的是肉羊产业标准化也是羊肉产品市场化、国际化发展的必然产物。在此背景下，涌现出的典型模式如湖北十堰市马头山羊"12345"标准化模式、四川简阳市山羊产业"六化"发展模式、内蒙古巴彦淖尔市肉羊全产业链发展模式等，不仅与当地资源禀赋、生态环境和市场需求相结合发展适度规模经营，而且以规模化带动标准化、产业化、品牌化提升标准化，从而大大促进了我国肉羊产业向现代化方式发展的转型。

（二）肉羊良种化是多方主体利益博弈、长期协作以及多目标整合的结果

我国具有丰富的地方品种资源，但是生产用途单一的肉用品种比较匮乏。相比于国外优良品种，如波尔山羊、杜泊羊、萨福克羊等品种，地方品种在产肉量、瘦肉品质、增重速度和繁殖力等方面存在较大差距。因此，培育与推广自主知识产权的肉羊良种，对提高我国肉羊产业核心竞争力、促进肉羊产业可持续发展是至关重要的。从我国目前已经培育出的肉羊新品种来看，育种过程涉及多方利益主体，主要有政府、科研院校、育种企业、育种专业合作社及农（牧）户，并且不同的利益联结方式形成不同的育种模式。从相关利益主体的行为目标来说，政府高度参与新品种培育主要是为了实现生态目标和经济目标的统一，从宏观角度出发，既要稳定羊肉产品的供应，提高肉羊养殖业核心竞争力，又要保护生态环境。而育种组织的目标比较单一，追求经济效益最大化是其主要目标。科研单位不仅承担了先进技术支撑和科研成果转化为生产力的任务，而且要进行先进技术的普及与推广。良种的选育也是一项长期的系统工程，同时受到市场需求、技术、政策、资金以

及资源约束，因此各利益主体不同的育种目标决定了主体间的利益冲突。在各自追求自身目标收益最大化的同时，经过长期协作与合作博弈，最终实现了利益相对均衡的结果，继而形成不同的利益联结机制。

（三）　饲草料资源的科学配置是实现肉羊营养标准化的关键

实现营养的供需平衡在肉羊生产中发挥极其重要的作用，这一观点已得到国内外动物营养学家的一致认同。肉羊营养需要量和饲养标准是饲料配制方法的理论依据和指导性文件，因此，根据肉羊不同生长阶段的营养需要量科学配置要素资源，是实现营养标准化至关重要的环节。我国针对肉羊营养需要和饲养标准的研究已取得一定成绩，比如已研发出拥有自主知识产权的肉羊全混合日粮以及羔羊代乳粉，并在实际生产中对于优化饲草料资源、充分发挥肉羊生产性能、降低饲养成本、提高养殖的经济效益起到重要作用。虽然根据肉羊营养需要量，科学配制饲料配方并应用于实际生产已经发挥明显的经济效果，但现实中推行饲料营养标准化也存有一定的局限性。主要原因在于：一是肉羊营养需要标准不是一个固定的量，它因肉羊不同品种、不同生产阶段而有所差异，而肉羊营养需要量也会随着经济、生态环境的变化而不断更新。二是由于饲草料的种类不同，往往又表现出饲料配制的差异。牧区主要靠放牧，近年来在部分地区冬春季开展补饲；在农区和半农半牧区饲草料的种类繁多，种植业结构和农产品加工状况在很大程度上决定饲草料的来源、种类和结构，因此肉羊营养标准化需要因地制宜、因时制宜，需要通过政府科技人员推广、培训，养羊户自我配制饲料与购买商品性饲料和添加剂相结合。因此，肉羊营养标准化不仅需要政府通过公益性项目研制营养标准，而且各级政府特别是基层政府通过到户的公共服务、典型示范，以及部分或逐步的商品化来加以实现。

（四）　规模效益、疫病风险是影响农户进行标准化生产的主要因素

我国自实行家庭联产承包制以来，农户家庭是农业生产的基本单位，农户仍是我国农业生产的主体，因此大范围地推行和实施标准化生产，调动农户参与的积极性是关键，具体到肉羊产业更是如此。当然，从微观生产视角来讲，标准化生产是以适度规模化经营为基础的。规模化、标准化的生产，势必要增加农户生产投入，提高生产成本。农户作为"理性经济人"，是否愿意实施标准化生产的主要诱因是能否增加规模收益。从另一个层面来说，实施标准化生产也是一种风险投资，农户扩大生产规模除了要兼顾当地资源禀赋、生态环境以及市场需求等因素，还要考虑标准化的预期收益是否高于正常生存水平收入。对于肉羊产业，扩大养殖规模的同时也面临着疫病风险，疫病风险同样影响标准化养殖的规模效益。由于肉羊跨区调运所引发疫病的传播，已经导致了肉羊大规模的死亡，使得养羊户遭受巨大的经济损失。因此，农户进行标准化规模生产，实现规模效益最大化非常重要，但是由于规模扩大所引发的疫病风险也是需要慎重关注的因素。

（五）　肉羊屠宰加工标准化是提质增效的关键环节

肉羊屠宰加工是产业链的终端环节，直接联系市场和消费者。屠宰加工企业标准化的行为与动机来自于消费市场的导向。屠宰加工环节一般分为原料肉的屠宰与分割、羊肉产品的加工与包装两个阶段，其标准化措施一般包括原料肉标准化、加工条件标准化、加工工艺标准化以及产品包装标准化以及可追溯体系的建立。该环节标准化的目的，一是满足消费者对高品质、安全畜产品的要求；二是满足团体消费者（如餐饮企业）对高品质原

料肉分割与加工的不同要求；三是通过对羊肉产品副产物的深加工，提高经济效益和生态效益。虽然屠宰加工环节是羊肉及其制品生产的关键环节，但是实现屠宰加工环节的标准化却面临着各种困难。比如羊源供给的不稳定，在屠宰旺季，羊源供给无论从"质"和"量"上都无法满足屠宰企业的满负荷运转。因此，我国多数大中型屠宰加工企业处于产能过剩、入不敷出的状态。再加上肉羊屠宰管理的缺位，私屠乱宰现象屡禁不止。因此，我国亟须出台各种屠宰加工标准化的指导性文件来规范和约束屠宰加工行业，提高屠宰加工企业标准化屠宰加工的意识（耿宁等，2016）。

第四节　羊肉品牌化经营

一、羊肉品牌化的含义与品牌化战略

（一）羊肉品牌化与品牌化效应的含义

品牌化是品牌创建的过程。羊肉品牌化是指羊肉品牌创建主体根据市场需求、组织或区域内部的优势资源，以及历史文化特征等创建富有差异化的品牌，其产品或服务的品牌形象能让消费者识别和认可，品牌化效应凸显的过程。羊肉品牌化的过程就是实现羊肉区域化布局、专业化生产、规模化养殖、标准化控制、产业化经营的过程。

品牌化效应是指品牌化为其使用者带来的经济效益和社会影响。羊肉品牌化效应是指品牌化为肉羊产业链各利益相关主体、肉羊产业和区域经济带来的经济效益和社会影响。

（二）羊肉企业品牌化战略定位

品牌生命周期理论认为，品牌会像产品一样经历形成、成长、成熟到衰退的过程。但与产品生命周期不同，现代经济中品牌已经能脱离某种具体形式的产品而独立存在，即使某种产品因某种原因退出市场，品牌也不会轻易退出市场（Philip kotler，1994）。品牌生命周期包括初创期、成长期、成熟期以及后成熟期4个阶段（余明阳，2006）。我国羊肉企业品牌化的形成路径一定程度上也可以基于品牌生命周期理论进行分析。羊肉企业品牌化一般会经历从最初创建品牌，到对品牌的培育塑造，到品牌价值的提升，再到发展至一定阶段后，如果企业合理实施品牌化战略会使品牌稳定发展，或者受到一些不可抗力的影响，也可能会使品牌逐渐老化或消亡的过程（图10-1）。然而，时间长短不能判别品牌所处生命周期阶段。有的品牌可能刚创建就老化或消亡，有的品牌可能已经存在近百年，如东来顺等一些老字号品牌，依然处于成熟期，没有老化或消亡的迹象。研究品牌生命周期理论的目的是帮助羊肉生产经营企业找出其品牌在不同发展阶段的突出问题，然后有针对性地实施品牌化战略，以实现品牌的稳定发展。

企业品牌化战略的制定、管理和实施需要企业做好品牌定位、品牌文化、品牌传播、品牌延伸和品牌维护。在激烈的市场竞争下，企业要使自己的品牌在众多的品牌中脱颖而出，拥有较高的市场知名度、美誉度和顾客忠诚度，就需要企业通过市场细分，采取多种方式对品牌进行定位，这是羊肉企业品牌化战略制定的前提和基础。不同的品牌定位决定了不同的企业品牌化战略。

品牌文化包括品牌及其创造者所代表的意识形态及哲学（John Bowen，1998），是利

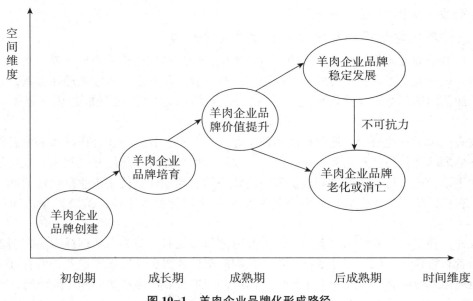

图 10-1 羊肉企业品牌化形成路径

益认知、情感属性、文化传统和个性形象等价值观的综合体现（李光斗，2004），由精神文化（包括品牌价值观、伦理道德、情感、个性、制度文化）、行为文化（包括品牌营销行为、传播行为、个人行为）和物质文化（包括产品、包装、名称、标志）3 部分组成（张明立，2010）。中国传统文化从诞生时起就与羊有着密不可分的关系，羊文化始终贯穿于羊肉品牌化建设的全过程。不同地域不同民族赋予的羊文化各具特色，应充分挖掘特色羊文化，并将其融入企业文化和经营理念中。

羊肉生产经营企业可以通过选择品牌传播方式和渠道向消费者传达企业的经营理念与文化，以获取消费者对企业品牌的认同，培养消费者的品牌忠诚。常用的品牌传播方式包括广告、销售促进、公共关系、人员推销和直销等。随着信息化水平的提高，尤其是大数据技术为企业品牌经营决策提供了更为翔实的数据资料，一些具有一定规模的龙头企业开始借助网络、通信和数字媒体技术、电子商务平台实现营销目标。

品牌延伸反映了企业经营战略的多样化和多元化，品牌延伸的分类方法有很多，根据品牌延伸领域与原品牌领域的密切程度划分为专业化延伸、一体化延伸和多样化延伸；根据品牌是向同一品类还是不同品类延伸划分为品种延伸和品类延伸；根据新产品与原有产品的相关性角度划分为强关联延伸、弱关联延伸和无关联延伸（张明立，2010）。企业可以根据自身品牌发展战略选择不同的品牌延伸策略，包括单一品牌延伸策略、多品牌延伸策略和主副品牌延伸策略。品牌延伸策略是一把"双刃剑"，企业使用得当，可以最大限度地利用品牌优势，增值品牌价值，推动企业品牌化发展。但是，如果使用不当，可能会损害原有的品牌形象和声誉，产生株连效应。因此，羊肉生产经营企业应结合自身优势、劣势合理选择品牌延伸策略。

企业在创建品牌、打造品牌知名度、美誉度与忠诚度的同时，应预防和处理好随时可能出现的品牌危机。品牌危机主要包括品牌产品质量危机和非品牌产品质量危机。羊肉生产经营企业在实施品牌化战略时应重视品牌维护，尤其是在品牌建设的成熟期，维护好品牌是企业品牌形象和价值提升的关键。

（三） 羊肉地理标志品牌化利益相关主体行为

农产品地理标志是指农产品来源于特定地域，产品品质和相关特征主要取决于自然生态环境和历史人文因素，并以地域名称冠名的特有农产品标志。羊肉地理标志就是其中的一类，而羊肉地理标志品牌化就是其品牌的创建过程。农产品地理标志属于集体商标或品牌。

政府、肉羊行业协会、地理标志使用企业、养羊户、养羊专业合作社和消费者作为羊肉地理标志品牌化的利益相关主体。其中，政府包括地方政府部门和规制人。政府是推动与监管主体，肉羊行业协会是利益协调与监管主体，地理标志使用企业是经营管理与传播主体，农户是生产主体，农民专业合作社是利益协调与服务主体，消费者是认知与消费主体。

首先，在确定的利益相关者中，地方政府部门和规制人是羊肉地理标志品牌创建的主要推动者和管理者，处于主导地位。虽然我国肉羊行业协会发展尚不成熟，但有近 1/3 的羊肉地理标志是由肉羊行业协会申报的，因此，肉羊行业协会在协调和服务政府、企业和农户间的利益作用较大。企业和农户（农户代替原料基地）是羊肉地理标志品牌化的直接受益主体，羊肉地理标志品牌化可以使企业增值、农户增收，实现生产经营主体的利益最大化。为了协调公司和农户间的利益冲突，很多地方建立农民专业合作社发挥其利益协调主体的作用。在潜在的利益相关者中，消费者作为地理标志羊肉产品的终端需求者，其消费行为直接影响市场上地理标志羊肉产品的供给，作为直接受益者，消费者通过消费地理标志羊肉产品以满足消费者效用的最大化。而其他潜在利益相关者虽然也对羊肉地理标志品牌化有一定的影响，但都不如消费者影响力度大。

（四） 品牌羊肉消费者行为

消费者行为理论主要围绕消费者行为的定义、行为模式与影响因素等几个方面展开。消费者的需求、动机及其对消费行为的影响是消费者行为理论的核心内容。其中，需求是基础，需求决定动机，动机支配行为。美国营销学家 Philip kotler（1967）在刺激反应消费者行为模型（图 10-2）中指出，消费者的购买行为是在市场营销刺激和环境刺激的共同作用下，消费者本人经过复杂的心理活动过程（心理学家称为"黑箱"），产生购买动机，最后产生购买行为。对于企业，研究购买者"黑箱"，有助于针对不同消费者制定相应的营销策略。购买者"黑箱"包含两方面内容，一是购买者特征，即文化（背景、阶层）、社会（家庭、相关群体）、个人（年龄、性别、个性等）和心理因素（购买需求、动机、感觉、知觉、学习方式及态度）等。市场营销刺激是可控的，对购买者"黑箱"产生直接而具体的影响；环境刺激是不可控的，是影响购买者"黑箱"的宏观环境。二是购买者决策过程，消费者一般在选购产品时需要经历问题的认识、信息收集、方案评估、购买决策、购后行为 5 个阶段。

品牌羊肉消费行为是消费者在选购、食用品牌羊肉时表现的各种行为及过程。在肉类产品消费结构升级和羊肉食品安全事件频发后，品牌可以满足消费者对羊肉质量和品质的追求。因此，消费者选择购买品牌羊肉的一个重要原因是对质量安全羊肉的需求，而且消

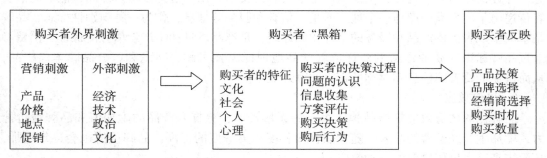

图 10-2　Philip kotler 的刺激反应模型

费者对质量安全风险感知意识越强，对品牌羊肉的需求就越强。需求决定购买动机，消费者在选择品牌羊肉时，除了会受到市场营销和环境刺激的影响外，还会受到各类购买者"黑箱"组成元素的影响。品牌宣传的影响程度、主要购买场所、营销人员的推销等营销刺激，以及消费者的受教育程度、性别、年龄、收入水平、获取品牌信息的能力、对品牌的认知能力和信任程度、对羊肉价格、产地评价等都会影响消费者对品牌羊肉的购买行为。消费者对品牌羊肉的购后行为，可以通过顾客满意度、忠诚度反映出来。而购后行为可以使消费者重新认知品牌羊肉，并促使企业有针对性地制定有效的品牌营销策略。消费者对品牌羊肉的消费决策过程模型如图 10-3 所示。

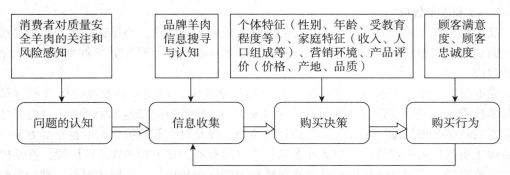

图 10-3　消费者对品牌羊肉的消费决策过程模型

二、羊肉品牌化效应

（一）羊肉品牌化的正效应

1. 识别效应

品牌化的识别效应是指品牌可以凸显特定企业或区域的产品和服务有别于其他企业或地区的同类产品和服务的差异，从而便于消费者识别并做出反应的一种效应。

品牌是消费者识别羊肉产品的一种重要手段。羊肉产品市场上存在着严重的信息不对称现象，多数消费者在购买羊肉时对羊肉产品的产地、质量等信息了解不多，使得他们的购买行为首先是一种选择行为，消费者为了买到质量安全的羊肉会采取各种途径搜寻信息，并择优做出购买选择，从而增加了消费者的交易费用和选择成本。而品牌能够向消费者传递出羊肉产品的产地、个性、质量、信誉和服务等信息，作为一种识别性标志，品牌是羊肉生产者提供产品和服务的个性化的体现，是产品质量和生产者信誉的保证，消费者通过品牌标识（企业注册的商标或农产品地理标志）了解、熟悉和区分品牌羊肉产品，从而避免消费者因信息不对称所带来的额外成本。

2. 增值效应

品牌化的增值效应是指品牌作为一种无形资产，会提升产品的附加值和品牌溢价能力，增加生产经营者的收入，随着品牌知名度和美誉度的提高，品牌价值也会逐年增加，从而带来巨大价值增值的一种效应。

羊肉品牌化具有增值效应主要基于以下两点。首先，品牌作为一种无形资产，本身就具有保值增值的作用，特别是知名羊肉品牌，其价格一般比非品牌普通羊肉的价格要高很多，其增值效应更高。因此，对于已经是肉类中"贵族"的羊肉，品牌羊肉不仅能够为品牌拥有者带来更大的收益，而且能够培养顾客忠诚度，可以促使消费者形成反复购买的习惯，品牌拥有者可以利用品牌稳定已有固定消费群体，同时借助已有消费群体的口碑扩展潜在的消费群体，从而提高品牌羊肉的市场占有率，给品牌拥有者带来超额利润。其次，品牌除了体现产品的物质属性（产品、包装、功能等），还体现了一种精神文化内涵，消费者可以通过品牌产品及其服务感受到不同企业、不同产地的文化、价值观，使品牌产品更好地区别于一般普通产品，特别是羊肉作为农产品，本身同质性较强，品牌羊肉能够凸显与一般羊肉的差异性和独特性，从而提升其溢价能力。

3. 技术进步效应

品牌化的技术进步效应是指技术是品牌化实现的关键要素，为保证品牌产品的品质和工艺而刺激生产经营者不断改进和革新技术，从而提高生产经营者生产和管理技术水平的一种效应。

农业技术进步主要包括生产技术（即自然科学技术）的进步和农业经济管理（即社会科学技术）的进步。品牌化管理技术进步效应主要体现在生产经营管理者对内部各生产要素的科学合理搭配、对资源要素的有效整合，以及对外部的组织制度创新等方面。羊肉品牌化生产技术进步效应主要体现在品牌羊肉的养殖、加工和销售 3 个阶段。在品牌羊肉的养殖阶段，主要是优良肉羊品种和养殖技术的研发和推广，不同的肉羊品种和养殖技术水平的高低所生产的羊肉品质是有差异的，品种优良的肉羊及科学合理的养殖技术，有利于提高品牌羊肉产品的品质。在品牌羊肉的加工阶段，主要是标准化的羊肉屠宰加工和分割技术的应用以及专利产品的研发，标准化羊肉加工技术的应用与研发有利于提高羊肉产品的科技含量，推动精深加工品牌羊肉产品的生产，进而提升品牌羊肉产品的附加值。在品牌羊肉的销售阶段，主要是网络信息技术在品牌羊肉销售中的应用，不仅拓宽了品牌羊肉的销售渠道，还促进了网络营销的发展。

4. 质量安全效应

品牌化的质量安全效应是指质量是品牌的基础，生产经营者在品牌制度的约束下生产和销售质量安全有保证的品牌产品，从而满足消费者对质量安全产品需求，而品牌的增值效应又使生产经营者将提高产品质量作为自觉行为的一种效应。

在信息不对称情况下，品牌是识别产品质量的重要标志。对于消费者，品牌有利于帮助消费者识别劣质羊肉产品，降低购买风险，减少因购买低质量羊肉产品的损失，降低食品质量安全事故的发生概率，有效避免因信息不对称而导致的"逆向选择"问题。对于羊肉生产经营者，在品牌制度约束下其生产投入和科技水平会提高，生产经营收入也会随之增加，进而使其逐渐意识到品牌能使自己致富，会将提高羊肉质量作为自觉行为，会有越来越多的农牧户生产经营优质羊肉产品，从而有利于减少采购环节中企业收购的风险。

5. 集聚效应

品牌化的集聚效应是指通过吸引与品牌产品有关的经济活动和企业在特定空间内进行集中，而产生一系列经济效果的一种效应。

品牌具有强大的凝聚力，品牌化所带来的增值效应以及资源上的比较优势将生产同类产品的企业联结起来，各生产企业逐渐向某一区域集中，产生集群现象，为主导产业提供支持与辅助服务的企业也会被集群所吸引，各相关企业间的竞争与合作程度会随着集群区域内企业数量的增长而逐渐深化，使得产业集群的竞争优势不断强化。由于区域品牌的载体和基础是产业集群，因此集聚效应是区域品牌化效应的一种体现。农产品地理标志是区域品牌的一种表现形式，其品牌化也具有集聚效应特性。

羊肉地理标志品牌化集聚效应主要表现在4个方面。一是规模经济效应。集群区域内众多的羊肉生产企业通过在肉羊产业链各环节的高度分工，在羊肉生产技术、市场营销上的高度合作，以及对客户信息、市场资源等生产要素进行整合，获得区域竞争优势。随着羊肉地理标志品牌知名度的扩大，有效地提高了集群区域内地理标志羊肉产品的市场份额，扩大了集群内企业的生产规模和生产力，从而降低了地理标志羊肉产品的平均生产成本，提高了地理标志羊肉产品的生产效率。二是生产要素集聚效应。在集群内羊肉各相关企业集聚的同时，羊肉地理标志品牌也吸引了相关的资金、技术、人才、信息等生产要素向集群区域内集聚，而与这些生产要素配套的金融机构、科研机构、中介服务机构、供应商、分销商等也会在集群区域内集聚，从而提升区域内地理标志羊肉产品生产的专业化程度和协作水平，推动了专业化市场的形成与发展。三是学习创新效应。集群区域内的企业之间是既合作又竞争的关系，合作会增进企业之间的学习和交流，竞争会激发企业不断创新。而由于同在一个区域内，一家企业的知识创新很快又会外溢到集群内的其他企业，使各企业都从这种创新知识的外溢中获得收益，在企业间相互学习创新的过程中保持地理标志品牌的竞争优势。四是就业效应。产业链的日渐完善，规模的日益扩大，专业化分工的日渐深化表现出较强的劳动力吸聚效应，会促进劳动力就业。

6. 协同效应

品牌化的协同效应是指品牌化形成的集聚效应促进集群区域内企业的共同进化，企业可以利用区域内的各种资源要素进行优势互补，并通过区域内企业间的合作，实现群体效益大于品牌形成前单个企业各自效益之和的一种效应。

羊肉地理标志品牌化的协同效应主要表现在3个方面。一是公共资源的协同效应。集群区域内的企业可以共享区域内的公共资源与公共服务，从而避免了单个企业在公共资源和公共服务使用上的不经济现象。二是组织协同效应。一个由相互独立而又非正式联盟的企业或机构组成的羊肉地理标志品牌企业群体，不仅能克服垄断性产业组织形式的弊端，还能拥有自由竞争性产业组织的灵活性和高效益。三是服务协同效应。羊肉地理标志品牌化发展会带动整个肉羊产业链的发展，对带动当地羊肉储存、运输、餐饮等服务业的发展作用明显。

（二）羊肉品牌化的负效应

1. 株连效应

羊肉品牌化的株连效应主要体现在两个方面，即企业品牌化的株连效应和地理标志品牌化的株连效应。

企业品牌化的株连效应是指由于企业自身或由于其他主体的不良经济行为，导致企业品牌形象受损，遭遇品牌危机，并使相关利益主体受到不同程度的牵连和影响的一种效应。如果羊肉企业生产经营假冒伪劣产品引发质量问题，或有偷税漏税等破坏公共形象的事件发生，或由于营销主管人员经营管理不善引致品牌营销策划失败等不良经济行为发生，会严重影响羊肉企业品牌的形象，从而形成品牌危机，并衍生出信誉危机、市场危机和公共关系危机，破坏已有的品牌知名度和美誉度。尤其是对于多元化经营的企业，其某一种品牌产品如果出现品牌危机事件，会使企业中的其他品牌受到牵连，从而使企业品牌建设遭受重创甚至破产。同时由于品牌化具有增值效应，使得市场上一些企业因冒充其他企业品牌生产假冒伪劣产品而使真正的企业品牌利益受损，甚至出现品牌危机。

地理标志品牌化的株连效应是指使用地理标志的某些主体由于存在不良经济行为，使区域内所有共用地理标志的经济主体，甚至地理标志的其他相关利益主体受到不同程度牵连的一种效应。依据不良经济行为的企业是区域内还是区域外的企业，分为内部株连效应和外部株连效应。内部株连效应体现在：由于区域内的企业可以共享同一羊肉地理标志，如果一家地理标志使用企业不按照规范标准生产经营，出现品质问题等有损品牌形象的事件发生，就会导致区域内其他企业受到牵连，利益受损。外部株连效应体现在：区域外的同类生产经营企业冒充使用区域内申请的地理标志认证，生产低质量的假冒伪劣产品，而消费者的识别能力又偏低的情况下，会严重影响到地理标志使用企业的品牌形象和声誉，从而带来不可预估的负面影响。

2. 搭载效应

羊肉品牌化的搭载效应主要体现在企业品牌化的搭载效应和地理标志品牌化的搭载效应两个方面。

企业品牌化的搭载效应是指某一个企业品牌在经营理念、经营方式和营销策略等品牌建设上的成功经验被其他同类企业借用模仿，从而使其利益受损的一种效应。借用模仿企业的"搭便车"行为，使其可以无偿或低成本获取别人的品牌营销策略，快速创建羊肉品牌，但对最先采取这种品牌策略的企业会因此受到利益损失，甚至会抑制其创建和培育品牌的积极性，而模仿跟随企业如果不采取创新战略，实施差异化品牌营销策略，一味跟随和模仿，也难以掌握市场及开发的主动权，从长远效益看，不利于羊肉企业品牌化的发展。

地理标志品牌化的搭载效应是指区域内地理标志使用者之间的"搭便车"行为使地理标志发展受限的一种效应。地理标志产品的共有性使得区域内如果有一家企业实施品牌化战略和地理标志产品保护，则区域内所有地理标志羊肉生产经营企业都将会成为受益者。这种零成本获益的"搭便车"行为，有可能会使区域内的羊肉生产企业质疑，是否应该进行品牌建设和保护，从而在羊肉生产经营企业间形成一种非合作的博弈关系，这种关系会导致企业不愿意从事地理标志羊肉产品的品牌建设和保护，进而阻碍地理标志羊肉品牌的发展，使得相关主体的利益受损，并且地理标志产品的共有性也给企业利用地理标志品牌声誉创建自有品牌创造了"搭便车"的机会。虽然一定程度上有利于企业在短时间内快速创建企业品牌，但是企业品牌借势地理标志品牌创建后，企业往往将其自有品牌形象成为消费者先入为主的第一印象，优先塑造，从而抑制对地理标志羊肉产品的培育和保护。

三、羊肉企业品牌化战略模式

羊肉品牌化的建设主体是企业，羊肉品牌价值的实现和提升关键在于企业在品牌定位、品牌文化、品牌传播、品牌延伸和品牌维护等战略的制定、管理和实施上。因此，梳理不同类型羊肉企业品牌化的形成路径和战略实施经验，总结归纳不同类型羊肉企业品牌化战略模式对于羊肉企业品牌化的发展至关重要。

（一）基于产业链后向延伸的企业品牌化战略模式

小尾羊牧业科技股份有限公司（以下简称小尾羊）的品牌建设较为成熟，已发展成为中国驰名商标，企业经营已形成规模，有较为完善的组织机构保障企业品牌化的实施，企业从餐饮业开始创建餐饮品牌，逐渐向屠宰加工业和肉羊养殖业延伸，培育和经营产品品牌，体现了产业链后向延伸的企业品牌化战略模式的特点，其品牌化形成路径和战略实施经验对于产业链后向延伸发展的龙头企业创建羊肉品牌具有一定的代表性。

1. 小尾羊企业品牌化形成路径

小尾羊的品牌化发展源于小尾羊餐饮连锁的发展，餐饮业的发展迅速提升了小尾羊的品牌知名度。在竞争激烈的餐饮行业，肉品质量是企业发展的基础，为保证肉源供应和质量安全，小尾羊由餐饮连锁向食品加工和肉羊养殖延伸，打造全产业链的品牌化发展模式。小尾羊企业品牌化形成路径见图10-4。

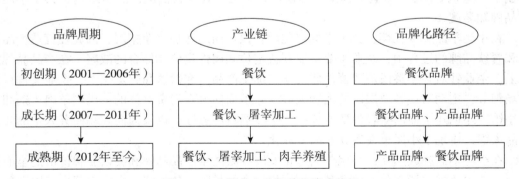

图10-4 小尾羊企业品牌化形成路径

初创期（2001—2006年）。小尾羊在创立之初看到了小肥羊成立3年时间在火锅餐饮业的快速发展，使得企业一开始将市场锁定为火锅餐饮业。这一时期小尾羊的品牌化发展总体战略是围绕如何通过餐饮业开拓市场，打造餐饮品牌的知名度。通过小尾羊火锅餐饮的带动，小尾羊火锅连锁加盟店的数量达到 500 多家，不仅位列全国餐饮百强三甲，还积极拓展海外市场，在国外开设小尾羊餐饮直营店，品牌知名度迅速打开，市场占有率不断提升。

成长期（2007—2011 年）。这一时期是小尾羊品牌化发展战略的转型期。为了保证小尾羊火锅餐厅的食材品质，小尾羊于 2007 年开始在内蒙古包头市投资建设羊肉产品加工厂及调味品加工厂。小尾羊产业链开始由餐饮业向屠宰加工业延伸，其品牌化发展总体战略也开始由打造餐饮品牌向产品品牌拓展。通过屠宰加工业的发展，逐渐打开了小尾羊羊肉产品品牌的市场，而且高品质的羊肉加工品还为小尾羊火锅餐饮业的发展提供了质量保障，又进一步促进了小尾羊餐饮品牌知名度和美誉度的提升。这期间小尾羊不仅获得了"中国驰名商标"，还获得了"中国十大餐饮品牌"的称号。

成熟期（2012 年至今）。这一时期是小尾羊品牌化发展战略的关键期。为了实现全产业链的发展目标，小尾羊将产业链又进一步向肉羊养殖延伸，重点突出基地建设，加强养殖牧场、种羊繁育场、改良羊实验场和草牧场的建设，其品牌化发展总体战略变为对羊肉产品品牌和餐饮品牌价值的全面提升。这期间小尾羊不仅建起了具有一定规模的肉羊标准化示范场，成为清真食品加工企业，还拥有了亚洲、欧洲、美洲、大洋洲餐饮直营店的海外市场，并入选了 2014 年中国最有价值品牌 500 强。

2. 小尾羊不同发展阶段企业品牌化战略实施经验

（1）品牌定位战略。在小尾羊品牌初创期，市场定位为发展火锅餐饮行业。2001 年，小尾羊进入全国火锅餐饮业时，小肥羊已逐渐成长为该行业的领导品牌，当时小尾羊在品牌定位上采取了比附定位、属性定位、利益定位和文化定位相结合的战略。比附定位表现在小尾羊认可小肥羊的领导地位，而采取跟随策略，甘居次位，小肥羊市场主打黄河以北地区，而小尾羊则主攻长江以南市场，开设了上海、江苏、浙江、安徽和深圳直营店。属性定位表现在口感风味上小尾羊开创了与小肥羊不同的口味清淡不蘸料涮肉的特色。利益定位表现在面向大众消费群体。文化定位表现在小尾羊将草原文化与饮食文化有机融合，开创了"火锅+羊排"的餐饮模式，不仅提升了火锅餐饮的档次，而且迅速扩大了小尾羊的品牌知名度。

在小尾羊品牌成长期，由于市场定位由餐饮业向屠宰加工业拓展，因此在打造产品品牌和餐饮品牌的过程中，企业主要采取利益定位和属性定位相结合的战略。在产品品牌定位上，企业针对各年龄段消费群体研发羊肉加工产品。在餐饮品牌定位上，企业又进行了市场细分，主动对接各个层次的消费人群，除了面向大众消费群体的蒙氏涮羊肉火锅和吉骨小馆，还创建了面向年轻消费群体的欢乐牧场自助餐厅，以及面向高端商务人士的元至壹品火锅，体现了小尾羊在餐饮业的差异化。

在小尾羊品牌成熟期，小尾羊品牌化发展战略注重产品品牌和餐饮品牌价值的全面提升，企业主要采取了文化定位和利益定位相结合的品牌定位战略，突出内蒙古草原文化和丰富的企业文化，打造"草原羊肉世家"和"中国第一羊"的战略目标，并针对部分中高端消费群体开拓线上新品"家庭牧场"和多元化的礼盒产品。

（2）品牌文化战略。内蒙古的草原文化在小尾羊企业品牌文化的塑造上起了重要作用。在小尾羊品牌初创期，品牌文化突出表现在品牌的物质文化方面，产品包装基本都是以内蒙古草原绿色为背景，企业标志也体现了一定的草原、绿色概念①（图10-5）。

图10-5　小尾羊品牌标识

在小尾羊品牌的成长期和成熟期，品牌文化突出表现在品牌的行为文化和精神文化。行为文化主要体现在品牌营销和传播上，突出其产品是"来自内蒙古草原的自然美味""草原羊肉、真品保障""我的专属牧场"等。精神文化主要体现在草原民族的发展基础，即信任、合作、团结以及从本能上对知识与技能的重视与接纳。信任、合作和团结的思想深深影响了小尾羊的企业文化。形成了小尾羊面向全球、面向未来，建立国内一流企业的发展导向，将"以诚为本，用信得众"作为企业的价值观；将"延伸产品线、拓宽经营面、夯实产业链"作为企业的战略定位；将"依托内蒙古资源优势，大力发展肉羊的生态养殖，为消费者提供安全、健康的草原美食"作为企业的使命；将"打造中国第一羊"作为企业的愿景。企业文化的树立，增强了企业的凝聚力和吸引力，促进了企业品牌的发展。从本能上对知识与技能的重视与接纳的思想使得小尾羊加强了人力资源的引进、培养和保护。企业从科研院所聘请专家，并合作研发技术，由于员工整体年龄较为年轻，企业还加强对中青年员工综合素质的培养；对厨师、锅炉工、化验工、机修工、厂内机动车辆等特种设备的操作人员进行持证上岗；对重要部门的员工定期体检和给予安全保护。

（3）品牌传播战略。小尾羊在品牌初创期，采取广告和公共关系的品牌传播策略。通过设计企业标志、统一餐饮店面形象和打广告牌等对企业餐饮品牌进行宣传，通过公益事业树立良好的品牌形象。

在小尾羊成长期和成熟期采取广告、人员推销、电子商务和公共关系的品牌传播策略。企业通过打广告牌、制作企业宣传片和产品宣传手册等进行广告宣传。通过在超市设置柜台对商品进行展示和推销。通过开发 B2C 网络平台——家庭牧场②（www.iranch.cn）作为中国首家草原放牧体验专区，将天然牧场的生态环境、养殖环境通过网络平台向消费者进行全面展示。消费者可以在线上方便快捷的通过"家庭牧场"这个平台购买属于自

---

① 小尾羊品牌标识源于企业名称中"小"字的抽象变形；3个渐变增大的图案，代表了企业的发展历程，寓意不断拓展进取的企业发展观；标志整体由红色和绿色组成，红色象征企业事业蒸蒸日上，绿色代表企业品牌来自内蒙古绿色草原，是草原文化的直观体现。

② 小尾羊"家庭牧场"定期将羔羊的生长信息以邮件、短信形式发给羔羊的主人，使得羔羊主人及时了解到自己的羔羊生长状况如体重、形态、出栏剩余时间等（羔羊从出生到出栏需6个月时间，6个月出栏的羔羊肉质鲜嫩、适合烹饪各种菜肴）。待羔羊达到出栏期，按照消费者要求分割成不同部位，快递到指定地点。

己的羔羊，还可托牧于"家庭牧场"的天然牧场饲养。小尾羊在品牌发展的各个阶段一直积极参与公益事业，通过组织双拥活动、资助地震灾区、帮助贫困学生、发展文化事业，不仅为包头市社会公益事业作出了巨大贡献，而且为小尾羊企业品牌形象的树立和发展赢得了更多的社会声誉。

（4）品牌延伸战略。小尾羊品牌延伸战略的实施主要体现在企业品牌的成长期和成熟期阶段。其产品品牌和餐饮品牌延伸的类型均属于弱关联延伸、品种延伸和一体化延伸，品牌延伸策略采用多品牌延伸策略，注重市场细分，以实现产品的多元化和差异化。产品品牌延伸方面，小尾羊现有的品牌产品都是羊肉及其相关制品，能够满足不同消费群体的不同消费需求，因此是弱关联延伸。其品牌产品的品种（性能、款式、规格、档次）不同，包括肉类产品、速冻食品、调味品、餐饮专供食品、礼盒产品以及家庭牧场线上产品，因此是品种延伸。其品牌产品的档次向更高档次（向上延伸）延伸，既有面向大众消费群体的肉类加工品，又有面向中高端消费群体的礼盒产品和"家庭牧场"，因此又是一体化延伸。

餐饮品牌延伸方面，小尾羊餐饮连锁股份有限公司旗下的餐饮店主推火锅餐饮，但面向的消费群体、规格档次不同，有面向大众消费的小尾羊火锅店和吉骨小馆，有专门针对年轻消费群体的欢乐牧场自助餐厅，还有面向高端商务人士的元至壹品精品火锅（图10-6）。

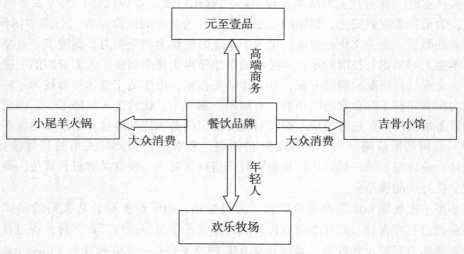

图10-6　小尾羊餐饮品牌类别

（5）品牌维护战略。小尾羊品牌维护战略主要体现在品牌的成长期和成熟期阶段。质量安全是品牌发展的关键。为预防出现产品质量危机，企业主要从技术和管理两方面对品牌进行维护。技术上主要通过良种繁育技术、标准化屠宰加工技术、可追溯信息技术的应用不断提高产品的质量和品质；管理上企业实行统一投放基础母羊、配种、防疫、补饲、培训和收购，同时质检部门对羊肉加工产品和餐饮店菜品的质量、店面卫生环境和物流配送过程实施监管，以减少出现产品质量危机的概率。

（二）基于产业链前向延伸的企业品牌化战略模式

蒙都羊业食品有限公司（以下简称蒙都）的品牌发展较为成熟且为中国驰名商标，企业依托优质牧场资源，从肉羊养殖起步创建产品品牌，以打造高端有机羊肉品牌为特色，以技术创新和高品质产品为企业核心竞争力，并逐渐向屠宰加工业和餐饮业延伸，培育和经营产品品牌和餐饮品牌，体现了产业链前向延伸的企业品牌化战略模式的特点，其品牌化形成路径和战略实施经验对于产业链前向延伸发展的龙头企业创建羊肉品牌具有一定的代表性。

1. 蒙都企业品牌化形成路径

蒙都企业品牌的发展始终围绕着羊肉产品品牌的创建、培育和提升。蒙都是从创办良种场开始的，高品质的羊肉产品为蒙都赢得了良好的口碑。但初加工羊肉产品不能实现品牌溢价，需要发展深加工产品，于是企业将产业链延伸到了屠宰加工领域，为了研究消费者对羊肉产品的需求，尤其是有机羊肉产品的市场销售前景，企业又进一步将产业链延伸到了餐饮业，打造羊全产业链领导品牌。蒙都企业品牌化形成路径见图 10-7。

初创期（1998—2004 年）。由于蒙都是从创办良种场开始的，所以发展肉羊养殖、销售羊肉产品是这一时期的主营业务，其品牌化总体发展战略是创建羊肉产品品牌。蒙都拥有自治区级别的种羊场和优质的天然牧场，以及有机羊肉认证，因此生产出的高品质羊肉产品大大提升了蒙都产品的品牌知名度。

成长期（2005—2011 年）。这一时期蒙都的品牌化总体发展战略是培育羊肉产品品牌。由于深加工羊肉产品的品牌溢价能力较强，因此，蒙都开始将发展重心逐渐放在深加工基地的建设，通过研发具有差异化的高品质羊肉深加工产品，蒙都不仅荣获了全国食品博览会的"创新产品金奖"，还获得了"内蒙古自治区著名商标"的称号。同时，为了使研发出的新产品满足消费者的需求，蒙都又将产业链拓展到了餐饮业，产品品牌发展间接带动了餐饮品牌的发展，进而更好地拉动了生产加工，形成了良性循环。

成熟期（2012 年至今）。这一时期蒙都的品牌化总体发展战略是全面提升羊肉产品品牌。企业通过增加人、财、资本、技术等要素的投入，不断优化企业发展的"软""硬"环境，蒙都不仅获得了清真牛羊肉国家储备的资质，还获得了"中国驰名商标"的称号。

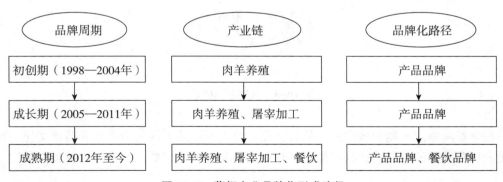

图 10-7 蒙都企业品牌化形成路径

2. 蒙都不同发展阶段企业品牌化战略实施经验

（1）品牌定位战略。在蒙都品牌初创期，主要采用属性定位、利益定位和文化定位相结合的品牌定位战略。属性定位表现在企业依托天然优质牧场资源，使其羊肉在口感和肉质上比一般羊肉要好。利益定位表现在企业既生产面向大众消费群体的羊肉，也生产面向高端消费群体的有机羊肉。文化定位表现在蒙都将内蒙古草原文化融入肉羊养殖和羊肉产品的生产中，打造具有草原风味纯天然有机绿色羊肉品牌。

在蒙都品牌成长期，主要采用属性定位、利益定位、产品价格定位和文化定位相结合的品牌定位战略。属性定位表现在企业研发出了蒙古烤羊腿、有机烤羊排、有机手扒肉、方便涮羊肉、风干羊肉等各种口味的系列羊肉产品。利益定位表现在产品既有面向大众消费群体的产品品牌，又有面向高端消费群体的有机羊肉产品品牌及 N43°9 有机羊火锅连锁餐厅。产品价格定位表现在蒙都在产品定位的基础上制定不同的价格策略。蒙都将羊肉产品分为 3 种类型，战略型、利润型和打击对手型。战略型产品主要是将蒙都羊肉产品打造成行业领先、技术科技领先的品牌，不以盈利为目的，比如蒙都高端有机羊肉；利润型产品主要是以盈利为目的，比如蒙都的风干肉系列产品；打击对手型产品主要是加深企业品牌形象，走量，拉动生产，并用以分摊企业成本，不以盈利为目的。针对战略型、利润型和打击对手型 3 种羊肉产品类型，蒙都制定了不同的价格策略。战略型的羊肉产品往往定价较高，主攻高端消费群体；利润型产品定价时往往采取与竞争对手销售克数不同，比如可能克数稍多一些，但价格高一些，而且定价不定整数的策略；而打击对手型产品定价时，克数一样，但价格较为便宜，薄利多销。文化定位主要体现在内蒙古草原文化对深加工系列产品、有机羊肉产品和蒙都 N43°9 有机羊火锅餐饮品牌的建设。

在品牌成熟期，蒙都注重产品品牌价值的全面提升，主要采用领导者定位战略，将蒙都打造成为羊全产业链领导品牌。

（2）品牌文化战略。蒙都一直遵循"做产品，首先要做人品、做文化"的发展思路，倡导开放、包容的"家文化"理念，其品牌文化深受内蒙古草原文化和中国传统文化的影响。在蒙都品牌的初创期，品牌文化突出表现在品牌的物质文化方面，且深受内蒙古草原文化和中国传统"天人合一，人与自然和谐"文化的影响①（图10-8）。

图10-8　蒙都品牌标识

在蒙都品牌成长期和成熟期，品牌文化充分表现在品牌的行为文化和精神文化。行为文化表现在蒙都的品牌营销和传播上，打造"草原至尊""牧场1号""牧场2号""牧

① 蒙都的品牌标识由两朵祥云构成，下面有一株线条，意为"食为天、地为母"，长天大地承载着蒙都。"蒙都"与性情温和的"羊"有机结合为"蒙都羊"，命名蒙都羊业食品有限公司，象征着蒙都犹如在草原上盛开的生命之花，故蒙都有机羊享有"天堂草原黄金肉"的美称。

场珍品"等产品品牌和蒙都 N43°9 有机羊火锅餐饮品牌，在广告宣传上突出内蒙古草原绿色有机食品。精神文化表现在中国传统文化对企业核心价值观和使命等企业文化的影响。蒙都的企业核心价值观是"相信、责任、务实、包容"；企业使命为"为消费者提供最安全的羊肉产品"；发展愿景为"致力于成为中国最安全的羊肉制造商"。确立了"尊重元老、海纳贤才、培养新人、结果导向"的蒙都人才观。在用人原则和管理上，蒙都积极推进人才引进战略，引进了包括食品行业研发、采购、生产、物流、营销、管理等一批高管层团队和市场营销、行管一线人员，为蒙都品牌的发展聚才融智。尤其是蒙都的"企业三字经"，对于提升蒙都的企业文化、用文化升级品牌、增强员工凝聚力起到了重要的文化引领作用。

（3）品牌传播战略。在蒙都品牌初创期，主要采用广告对品牌进行宣传，从企业标志、产地、有机羊肉产品及产品的包装等方面宣传蒙都产品源于内蒙古天然牧场有机绿色食品的概念，从而树立高品质、质量安全的产品品牌理念。

在蒙都品牌的成长期和成熟期，采用广告、销售促进、公共关系、人员推销和直销等多种品牌传播策略。依托品牌形象代言人王珞丹，蒙都通过打广告牌，在车站、机场、超市设置柜台进行产品展示和销售进行品牌传播。依托网络信息技术，企业采取网上团购方式使消费者体验蒙都 N43°9 有机羊火锅餐饮店的菜品和服务。同时，蒙都积极发展电子商务，在淘宝、阿里巴巴开设销售店，在天猫开设旗舰店。凭借蒙都草原牛肉干产品销量持续多年名列全国前茅，使得蒙都的品牌知名度大大提高，进一步推动了蒙都电子商务平台的建设。目前，蒙都电子商务年销售额已达到 1 000 万元，并且正以 30% 的月增长率快速成长。此外，蒙都一直积极参与公益事业，连续 7 年向慈善总会捐款。2014 年，蒙都携手王珞丹成立了"蒙都·王珞丹爱心慈善基金"，向慈善总会捐款 100 万元，配合政府在紧急救援、扶贫济困、安老助孤、助学助教、弘扬中华传统文化等社会福利上作出贡献，凸显了蒙都品牌的社会效应。

（4）品牌延伸战略。蒙都的品牌延伸战略主要体现在品牌的成长期和成熟期。蒙都的品牌延伸类型属于弱关联延伸、一体化延伸和品类延伸。蒙都品牌产品包括羊肉和牛肉两个品类，从家庭装肉品到礼盒装肉品逐渐向上延伸，产品包括卤、酱、烤等不同口味，可以满足不同层次消费群体的需求。针对蒙都的品牌延伸类型企业采取多品牌延伸发展策略，发展多元化经营，以满足不同消费群体的消费需求。

（5）品牌维护战略。蒙都的品牌维护战略主要体现在品牌的成长期和成熟期。为了避免出现质量危机，企业主要采用标准化技术维护品牌。蒙都有非常精细的技术标准。国标有的引用国标，国标没有的企业自己制定。企业针对每个产品都有自己的羊肉屠宰加工标准，且适合自己的行业。比如有物流运输规范、装卸操作规范、屠宰检疫技术规范、屠宰分割加工等标准，对于清真食品，企业也制定了标准。蒙都的生产车间严格按出口标准设计制作，全封闭无污染，目前为行业自动化程度最高。作为全国高端肉食品的科技先导性企业，现代化的肉羊生产线完全符合伊斯兰教的清真屠宰，阿訇主刀杜绝死羊、病羊，宰前和宰后检疫都由政府驻场检疫人员和企业共同完成。生产加工过程中，为保证产品的质量，一般要经过"三控一检"，即微生物控制（控制人交叉感染，腔体、粪便、毛发等污染，每个屠宰工序要消毒，进入排酸库清洗，再进入排酸库 10~12h）；温度控制（一般控制在 10~12℃）；物理控制（主要检查针头检疫时针头是否落到胴体里，通过金属检测仪检测机械螺丝等铁的物品是否留存在胴体里，是否有毛发异物落在胴体里）；化学风险控制（检测消毒剂和轨道上润滑油的喷施情况）；第三方检测（1 年两次送到国家技术监督局和全国权威的检测部门），作为提供给商超或经销商的检测证明。蒙都生产使用的羊肉要修割掉淋巴、软骨、黄筋、白筋、腱头、残留皮块、残留内脏、鞭根、腺体、月牙骨、碎骨、血污、羊毛、杂质 18 种东西，经过 12h 的低温排酸，通过 48 道工序精制而成。蒙都结合了羊行业最高标准并进行再创新，严格控制农残、药残、瘦肉精，肥瘦控制标准，将羊各部位科学搭配组合，并能根据客户需求量身定做，不仅保证了产品的质量，还满足消费者的差异化需求。

（三）基于产业链关键环节的企业品牌化战略模式

蒙羊牧业股份有限公司（以下简称蒙羊）的品牌建设体现了快速成长型品牌发展的特点，其低成本、高效率的资本运作模式和注重发展规模和速度的职业经理人运营理念推动了蒙羊产业化、规模化和标准化的快速发展。同时，蒙羊的品牌建设是从肉羊养殖和屠宰加工两个肉羊产业关键环节做起，培育和经营产品品牌，体现了基于产业链关键环节的企业品牌化战略模式的特点，其品牌化形成路径和战略实施经验对于龙头企业从肉羊产业链关键环节入手创建羊肉品牌具有一定的代表性。

1. 蒙羊企业品牌化形成路径

蒙羊从肉羊养殖和屠宰加工两个肉羊产业关键环节做起，打造羊肉产品品牌，仅用了两年时间，不仅迅速打开了国内市场，部分产品还出口国外市场，扩大了企业的品牌知名度。蒙羊企业品牌化形成路径见图 10-9。

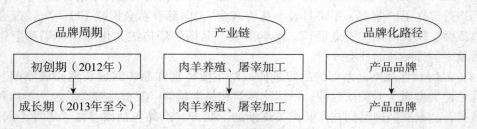

图 10-9 蒙羊企业品牌化形成路径

初创期（2012 年）。在蒙羊企业品牌化的初创期，企业主要通过生产质量安全的羊肉产品创建品牌。这一时期企业实施创新羊联体模式，建设优质生产基地和标准化屠宰加工基地，以保证获取稳定的羊源和羊肉产品的质量安全。

成长期（2013 年至今）。这一时期是蒙羊品牌飞速发展的阶段。通过加强质量安全认证、实施标准化生产和羊肉可追溯体系等打造高品质羊肉产品品牌。高品质的羊肉产品使蒙羊获得了"中国航天事业合作伙伴"称号，还入选了"中国最有价值品牌企业 500强"。

2. 蒙羊不同发展阶段企业品牌化战略实施经验

（1）品牌定位战略。在蒙羊品牌初创期，企业采取属性定位和文化定位相结合的战略。属性定位表现在企业选择天然优质牧场作为肉羊养殖基地，生产口感和肉质较好的羊肉产品。文化定位表现在蒙羊将内蒙古草原文化融入肉羊养殖和羊肉产品的生产中，打造具有草原风味纯天然羊肉产品品牌。

在蒙羊品牌成长期，企业采取利益定位、产品价格定位和文化定位相结合的战略。利益定位表现在既有面向大众消费群体的羊肉产品，又有面向高端消费群体的有机羊肉产品。产品价格定位表现在蒙羊将冷鲜产品作为利润产品，采取高价策略打造冷鲜产品品牌，实现品牌溢价；而将传统的冷冻产品作为非利润产品，采取低价策略，以稳定企业发展。文化定位表现在企业打造"绿色牧场、新鲜蒙羊"的产品品牌。

（2）品牌文化战略。蒙羊的企业品牌文化深受内蒙古草原文化和中国传统文化的影响。在蒙羊品牌的初创期，品牌文化突出表现在品牌的物质文化方面。从蒙羊的品牌标识可以看出，企业赋予了蒙羊以草原的坚韧品格和绿色生态理念①（图10-10）。

图10-10　蒙羊的品牌标识

在蒙羊品牌的成长期，品牌文化突出表现在品牌的行为文化和精神文化方面。受中国传统文化的影响，蒙羊崇尚"和善文化"。企业价值观体现为"牧者富，食者康"的向善理念，即实现千百万牧民增收入、数亿万百姓添口福。企业的经营理念体现为"家道酬和、人道酬善、天道酬勤、商道酬信"。在品牌建设中一直提倡"做中国肉类消费文化引领者"。同时，蒙羊正在建设中的羊文化创意园（包括羊文化广场、羊文化博物馆、羊文化游乐园、河套文化展览馆、蒙元文化展览馆），对今后蒙羊品牌文化的宣传和内蒙古草原文化的传播起到了至关重要的作用。

（3）品牌传播战略。蒙羊的品牌传播战略主要体现在广告、人员推销、公共关系传播手段。企业通过打广告牌，制作企业宣传片和产品宣传手册等进行广告宣传。在超市设置柜台对商品进行展示并销售。通过向儿童福利院进行捐款、在"六一"儿童节期间向牧区儿童进行捐助等社会公益活动，不断提升蒙羊的品牌知名度和美誉度。

（4）品牌延伸战略。蒙羊的品牌延伸类型属于弱关联延伸、品种延伸和一体化延伸。蒙羊围绕羊肉产品发展初加工和深加工产品，蒙羊重视市场细分，有面向大众的冷冻产品、冷鲜产品、调理产品、熟制产品、调味产品，也有面向中高端消费群体的蒙羊有机礼包产品。其中，调理产品解决了长期以来困扰消费者羊肉吃法的问题，消费者只需买回家即热即食。同时，调理产品、调味产品和熟制产品既满足了中青年上班族消费者追求食材方便和快捷的特点，又引领了羊肉产品的消费方向。

（5）品牌维护战略。为了维护蒙羊品牌的美誉度和知名度，蒙羊通过实施标准化生

---

①　蒙羊品牌标识中羊角的形象融合了草原的线条，预示着蒙羊人坚韧、顽强的品格。字母的标志运用抽象的线条，将羊的形象和"蒙"字的蒙文结合在一起，直观提示消费者蒙羊来自黄金养殖畜带——内蒙古。标识整体搭配干净明亮的绿色，赋予产品以活力，向消费者传递出蒙羊牧业绿色、环保的企业经营理念，也寓意企业不断成长、蓬勃发展。

产、全程质量可追溯体系的建设保证了产品的品质，通过品牌联盟，蒙羊与汉拿山、海底捞等品牌餐饮企业，以及与美特好、北京华联、大润发等超市进行战略合作，为其供应品质好的蒙羊羊肉，成为其稳定供货方，使蒙羊有了稳定的销售渠道；蒙羊与中国建设银行、交通银行、中国光大银行等金融部门成为战略合作伙伴，为蒙羊品牌化经营提供了强有力的资金保障；蒙羊与中国航天基金会结成合作伙伴，提升了蒙羊品牌的形象。（李秉龙，董谦，2016）

参考文献

耿宁，李秉龙，2016. 基于质量与效益提升的肉羊产业标准化研究［M］. 北京：中国社会科学出版社 .

李秉龙，常倩，等，2013. 中国肉羊规模经营研究［M］. 北京：中国农业科学技术出版社 .

李秉龙，等，2015. 农业经济学［M］. 3 版. 北京：中国农业大学出版社 .

李秉龙，董谦，2016. 中国肉羊品牌化及其效应研究［M］. 北京：中国农业科学技术出版社 .

乔娟，潘春玲，2010. 畜牧业经济管理学［M］. 2 版. 北京：中国农业大学出版社 .

PHILIP KOTLER，2001. 营销管理［M］. 10 版. 梅汝和，梅清豪，周安柱译 . 北京：中国人民大学出版社 .

第十一章　放牧+补饲养殖模式

第一节　放牧羊的营养需求

一、北方草原牧草营养成分的季节性动态变化

牧草的营养成分受季节变化所致的不同环境因素，如温度、湿度、光照、土壤及肥力等的深刻影响。老芒麦、披碱草等均以抽穗期粗蛋白质含量较高，开花期次之，成熟期最差，而粗纤维含量则相反。牧草随着生育期的推进粗蛋白质的含量逐渐下降，酸性洗涤纤维和中性洗涤纤维的含量逐渐增加，而且豆科牧草在营养生长阶段粗蛋白质和钙含量显著高于禾本科牧草，但豆科植物粗蛋白质含量下降的速度与酸性洗涤纤维、中性洗涤纤维增加的速度相比较快。天然牧草的代谢能浓度在夏、秋季节也较高，而在冬、春季节较低。

牧草的饲用价值主要体现在营养成分、消化率、能量值、适口性等方面。牧草不同的部位，营养物质的含量也不同，一般而言，叶子比茎秆的蛋白质和胡萝卜素含量高，而纤维素的含量比茎秆低。同一器官部位不同的生长阶段，其营养物质的含量也不同，生长早期，蛋白质含量较高，随牧草的生长，可消化蛋白质的含量逐渐减少，而粗纤维则呈相反趋势，即随着季节的变化牧草的木质化程度提高，其营养价值也随之降低。王斐（2011）在内蒙古牧区的典型草原地区进行的蒙古羊对牧草采食量和采食植物学组成的研究表明，随着牧草的生长，牧草干物质消化率逐渐下降，绿草前期与绿草后期牧草干物质消化率差异不明显，绿草前期、绿草后期与枯黄期差异极显著（$P<0.05$）。绿草前期牧草干物质消化率为71.44%，到枯黄期牧草干物质消化率降为36.37%，这与牧草的木质化程度有关，随着牧草的生长，其牧草中的粗蛋白质和能量含量也随之降低，NDF含量增加，木质化程度逐步增加，造成牧草消化率的下降。本试验结果与杨诗兴（1987）在放牧牛羊上测得的结果一致。

总体而言，北方草原牧草产量随季节变化而变化，牧草生物量的季节性积累和消失又受到草地植物群落变化的影响和生长条件的调节，一般而言，放牧强度越大，整个冬季的牧草损失量就越大，年产量和稳定性也会随之下降，还会引起牧草春天延期生长。北方草原牧草营养成分也呈季节性动态变化，牧草干物质含量随着牧草由青绿变为枯黄而增加，粗蛋白质含量随着生长期的推进而降低，纤维含量则随之增加。研究草地牧草的营养动态变化规律，掌握草地的生物量动态，关乎据此制定适宜的载畜量和草场的科学合理利用。

二、放牧羊采食量及采食植物组成的季节性变化

放牧肉羊在牧草不同的生长时期，采食量的组成发生很大的变化，这与每种牧草在各个生长时期的营养成分的变化、肉羊的采食喜好和牧草的种类有关。

王斐（2011）在内蒙古牧区的典型草原地区进行的蒙古羊对牧草采食量和采食植物学组成的研究表明，在不同放牧时期肉羊采食量发生一定的变化，绿草前期与绿草后期差异不显著（$P>0.05$），绿草前期和绿草后期都与枯黄期差异均显著（$P<0.05$），牧草的绿草前期采食量最高达到 1.83kg/d，其次是绿草后期 1.73kg/d，最低是枯黄期 1.21kg/d。绿草前期采食量与 Berry（2000）研究结果一致，但由于牧区的特殊性，羊只的牧草生长后期与前期的采食量没有显著差别，每千克采食量与前期比有下降的趋势，但是后期采食量下降的原因与牧草的可食草产量的下降有关系。这可能由于牧草生长期的变化、草地的逐步退化和近几年降水量的锐减；牧草木质化程度加深，NDF含量增加，牧草营养价值降低，消化率降低；同时由于随着牧草时期的延续，牧草生长缓慢，到了枯黄期牧草停止生长，产草量下降，在同一载畜水平下单位羊牧草的配额减少，采食牧草受到限制。根据肉羊的干物质采食量与体重的比值，在绿草前期和绿草后期随着羊只体重与采食量呈正相关关系，到了牧草枯黄期由于牧草的生长已停止，草地的可食草产量逐步下降和牧草的适口性下降，导致体重相对大的羊采食到的干物质的量相对于体重小的羊只的比值下降。

在牧草的绿草前期，肉羊采食以冷蒿、克氏针茅、苔草为主，采食比例分别为33.46%、17.88%和21.23%，这一时期的牧草刚开始生长，有的牧草相对生长得比较早，尤其是冷蒿、克氏针茅和苔草等。绿草后期采食的主要牧草以隐子草、克氏针茅、苔草、百里香、冷蒿为主，采食比例分别为 10.77%、14.81%、18.41%、19.19%和 28.69%，这一时期所有种类的牧草都快速生长，羊只采食的选择性也比较广泛，所以采食的种类相对增加。枯黄期采食的主要牧草以冷蒿、苔草和克氏针茅为主，比例分别为50.10%、19.19%和18.39%，这一时期很多牧草开始枯萎凋亡，冷蒿、苔草和克氏针茅生长期比较长，而且冷蒿成熟以后有籽实。

草地不同放牧时期的主要植被组成随季节发生变化，牧草的适口性随着牧草的生长而发生变化。一般在生长初期适口性高，称为牧草的最宜适口性。随着牧草变老，木质素增加，或形态上和化学成分的变化，适口性逐步降低，到了牧草成熟时，其适口性和营养价值通常会降到最低，主要是因为此时植物的浆液减少，柔软的叶片变得粗糙，叶茎比降低，蛋白含量降低而粗纤维含量增加所导致。但有些牧草因为含有特殊芳香性气味，在生长初期家畜不喜食，随着成熟度的增加，气味逐渐消失，家畜开始喜食。如大多数菊科牧草在牧草的绿草前期和绿草后期家畜并不被采食，只有在枯草时期或菊科牧草发生霜冻以后，由于产生甜味儿被家畜所采食。因此，尽管大多数菊科牧草在牧草绿草期营养价值较高，但由于其适口性较差，家畜不会采食。不同的家畜或家畜的不同体况，对同一种牧草的喜食程度也会有所不同。比如，牛喜食柔软多汁的草类，如舌状花的菊科、禾本科、豆科类的植物。马喜食含水分少的粗糙牧草，如藜科草。骆驼爱吃干燥具有辛性的多盐植物和半灌木，绵羊喜食的牧草种类很多，对牧草要求不高，但采食植物的部位有一定的选择性，例如植物的顶部、幼嫩部。即使在同一种草原类型相同载畜量的情况下，由于气候变

化、降水量的丰歉等因素也导致采食牧草的植物学组成发生改变。

牧草是放牧家畜营养物质的主要来源，人们通过科学合理的放牧管理来维持和改善牧草生产及牧草的有效利用，以满足家畜在特定阶段或整个生产周期的营养需要，达到牧草和家畜持续高产，以及草地最大的载畜率和动物营养需求相符合的最大消耗均匀度。通过对生物量的研究可以及时掌握草地发展动态，更好地管理草地生态系统，对草地的持续利用和畜牧业的快速发展具有重要意义。

三、放牧羊营养摄入及营养需求的季节性变化

放牧肉羊羊只的营养需要和天然牧草营养供给平衡是影响我国放牧畜牧业发展的因素之一，发展现代草原畜牧业关键点之一。但是，我国北方地区草原牧草的供给和羊只各阶段营养需要存在着营养供需不平衡。具体表现如下。① 夏秋季节草原牧草产量大，营养含量高，绵羊处于空怀期和非配种时期，靠自然放牧基本可以满足牲畜营养需要。这个时期羊只大量储备营养（主要能量）为越冬抵抗牧草营养不足和恶劣气候做准备。② 冬春季牧草枯黄时期，牧草处于营养成分含量低时期，这时牲畜多数处于怀孕期、产仔哺乳期和低温能量高消耗，是羊只对饲草饲料营养浓度要求最高的时期，这一时期微量成分需要量也大，营养供需反差最大。所以，在自然放牧情况下牲畜营养平衡处于负平衡时期，羊只采食天然牧草仍出现掉膘失重。

四、放牧羊的营养限制性因素

对我国北方地区放牧绵羊而言，其生产性能通常要受到品种、气候环境、营养供给和生理状况的制约。我国北方地区肉羊主要以放牧为主，放牧绵羊的营养状况主要取决于所采食的天然牧草所含的营养价值，且容易受到牧草营养变化的影响，因牧草的产量和质量呈现季节性波动变化，而且经常出现营养缺乏的情况。所以，我国北方地区放牧绵羊每年都出现周期性营养缺乏，致使放牧肉羊生产水平较低且具有很大的波动性。

影响放牧绵羊生产水平的因素众多，其中营养水平是最重要的因素之一。日粮粗蛋白质水平是影响绵羊体重变化的主要营养因素，饲粮代谢能水平是影响采食量的主要营养限制因素，绵羊瘤胃发酵水平和木质素含量是影响牧草消化率的主要营养限制因素。通过调研得知，我国北方地区放牧绵羊的主要营养限制因素表现在以下几个方面。

1. 总营养进食水平低

我国北方草原天然牧草中营养成分含量具有季节性波动，以采食牧草为主要营养物质来源的绵羊营养供给也随之波动。放牧绵羊在1年中只有夏秋5个月左右时间可采食到青绿牧草，而后要经历半年多的枯草期，只能采食低质枯草。虽然部分地方在冬春季节对羊进行补饲，但多单一补饲玉米等能量饲料，且补饲量低，不能满足绵羊的营养需要，同时，在放牧条件下，有许多不利因素使绵羊体内的营养消耗增加，加剧这种营养负投入状态。我国北方最突出的是冷应激，绵羊在寒冷季节为了维持体温恒定，使体内产热量增加，势必动员体内物质代谢来增加产热。另外，北方放牧绵羊在返青阶段常出现"跑青"现象，绵羊运动量加大，但实际采食量较低导致绵羊大量掉膘。

2. 营养投入"入不敷出"

我国北方地区草原放牧业每年有两个特殊时期：长达半年的冬春季节枯草期和牧草返

青期（半个多月）。这两个时期均会发生营养消耗大于营养投入的现象。在冬春枯草期，一方面，由于低温导致的冷应激维持营养需要增加，另一方面，放牧羊营养进食水平较低。绵羊必须动员体储脂肪和蛋白质来供应能量和维持体温。绵羊生长的最适气温为4~24℃，我国北方地区从12月到翌年3月，平均气温都低于4℃，势必引起冷应激，绵羊维持需要增加。因此，冷应激给我国北方地区养羊造成了巨大的损失。每年晚春至初夏阶段，我国北方草原牧草刚刚返青，此时牧草幼嫩多汁且营养价值高。然而牧草的覆盖度低，草丛高度也低。放牧绵羊易出现"跑青"现象。其结果是绵羊的营养进食量远低于消耗的能量，出现了大量掉膘的现象。

3. 营养供给与绵羊营养需要脱节

放牧绵羊因年龄和生理状况不同，其营养需要量呈现动态变化，我国北方草原牧草存在着明显的营养季节性动态变化。在放牧条件下，这两个动态变化模式并不同步，以致出现营养供给与绵羊需要相脱节的现象，即营养供需失衡。冬春季节放牧羊正处于妊娠和泌乳期，其营养需要达到了顶峰，然而此期又恰好处在枯草期，是一年中草地牧草营养供给量最低的时期，粗蛋白质含量低而木质素含量高，消化利用率较低。我国北方地区冬春季节牧草中粗蛋白质含量均低于这一水平，绵羊在此期的采食量很低，这使得营养供应量严重不足，致使放牧羊在冬春季内的营养供需矛盾十分尖锐。可见，这一供需矛盾是造成我国放牧绵羊生产力低的主要原因之一。

4. 存在一些营养缺乏

（1）绵羊体内葡萄糖缺乏。反刍动物体内的能量主要来源于瘤胃发酵所产生的挥发性脂肪酸（VFA）。在放牧条件下，绵羊消化道内直接吸收的葡萄糖量很小（约5%），多数是通过丙酸的糖异生作用而来，丙酸是VFA中唯一能生糖的VFA。由于放牧羊丙酸不足，绵羊体内不能合成足够的葡萄糖，影响体内脂肪合成与增重；另外，由于丙酸缺乏，绵羊机体会动员体内原本不足的氨基酸合成葡萄糖，加剧了绵羊体内氨基酸的缺乏。这是育成羊常遇到的营养障碍。

（2）绵羊体内蛋白质缺乏。绵羊体内氮的缺乏是重要的营养限制因素，我国北方地区牧草蛋白质含量偏低，所以放牧绵羊摄入的蛋白质数量常常不足。另外，绵羊的瘤胃限制了这些有限蛋白质的高效利用，再加上草地实际载畜量远远高于理论载畜量，使绵羊营养缺乏更加恶化。

（3）矿物质元素缺乏。放牧绵羊矿物质营养障碍是一个世界性问题。矿物质元素缺乏会引起放牧家畜的机体代谢紊乱、生长发育停滞、繁殖能力受损等。我国放牧绵羊矿物质缺乏具有地域性特点。锌、钠、磷是内蒙古敖汉旗地区放牧绵羊主要的限制矿物质；钙、镁、钼和钴是该地区可能存在亚临床缺乏的矿物质，是北方地区放牧绵羊的主要限制因素之一。

综上所述，在一般情况下，放牧绵羊的营养限制因素是多方面的，实际生产中单一限制因素的情况并不多见，蛋白质和能量缺乏、干草质量低劣、冷应激，以及它们之间的互作效应是我国北方放牧绵羊的主要营养限制因素。因此，为了提高我国北方放牧肉羊的生产水平，很有必要借助营养检测技术确定放牧绵羊营养限制因素，针对性地设计补饲方案，提高放牧肉羊生产水平。

第二节　羔羊的放牧+补饲养殖模式

一、放牧羔羊瘤胃发育的特点

与单胃动物相比，反刍动物消化道架构的主要特点是前胃（瘤胃、网胃和瓣胃），羔羊的消化器官主要是指瘤胃、网胃、瓣胃、皱胃、小肠和大肠；其他重要的消化器官还有肝脏和胰脏。新生羔羊的瘤、网、瓣胃结构不完善，微生物区系尚不够健全，前胃在刚出生时占 4 个胃体积的 $1/3$，$10\sim12d$ 时的体积占 $2/3$，4 月龄时占 80%，羔羊采食和利用植物性饲料的能力较差。

羔羊胃肠道的发育受多方面因素影响，如日龄、饲料形态、饲料组成、瘤胃的 pH 以及瘤胃微生物等，这些因素相互作用，共同影响瘤胃的生长发育。饲料的物理形态及其组成对瘤胃的发育起着重要作用，随着反刍动物采食固体饲料，瘤胃和网胃开始发育并迅速增大，瓣胃发育缓慢，真胃基本不变，羔羊采食固体饲料还可以加快瘤胃的饲料发酵程度、发酵速率，以及对挥发性脂肪酸的吸收和代谢。这说明，在反刍动物消化道发育日趋成熟的过程中，饲料对瘤胃发育起着非常关键的作用。

瘤胃的发育受多种因素影响，饲料组成及其物理形态是外因，瘤胃食糜 pH 是内因，挥发性脂肪酸的组成比例不同是直接原因，而瘤胃微生物变化是根本原因。羔羊出生后，即从母体和外界环境条件中接触各种微生物，随着幼畜的生长和消化道的发育，形成了特定的微生物区系。哺乳期羔羊的瘤胃、网胃功能还处于不完善状态。此时羔羊胃容积小、瘤胃微生物区系尚未建立，不能发挥瘤胃应有的功能，不能反刍，也不能对食物进行细菌分解和发酵青粗饲料，此时期复胃的功能基本与单胃动物的一样，只起到真胃的作用。但羔羊在哺乳期可塑性强，当羔羊采食了易被发酵分解的饲料时，刺激微生物活动增强，瘤胃内挥发性脂肪酸（VFA）浓度增加，日粮组成对各种挥发性脂肪酸的比例有明显的影响。所以，饲料对瘤胃发育起着非常重要的作用。

二、初生放牧羔羊饲养

羔羊出生时，反应不灵敏，体质弱，消化功能、体温调节机能尚不完善，对外界环境适应能力、肝解毒能力差，对疾病、寄生虫的防御能力、抗病力均较弱，易发病。哺乳羔羊的饲养管理是养羊生产的关键，哺乳期是羊生长发育较快而又较难饲养的一个阶段，稍不注意，就会影响发育和后期生长，还会导致羔羊发病和死亡率的提高，给养羊业造成重大损失，要根据初生羔羊的生理特点加强全方位的护理工作。

（一）抓哺乳，确保羔羊正常生长发育

初乳哺喂羔羊 $1\sim2$ 周龄前，几乎全靠母乳获得抗体。初乳对于每一个新生羔羊都是必需的。初乳提供免疫球蛋白，这是任何人工合成产品所不能提供的。在羔羊刚出生的几个小时内，从初乳所获得的抗体主要是防御传染性微生物，直到羔羊自己的免疫系统充分发育和起作用为止。因此，需加强怀孕母羊的饲养管理，确保母羊生产出体质健壮的羔羊外，还要能在羔羊出生后，使其吃足初乳；对初产母羊或乳房发育不良的母羊，在母羊产

前或产后除加强喂养外，可采用乳房温敷和乳房按摩的方法促进乳房发育；对一部分产后体质瘦弱、产后患病以及一胎多羔的高产母羊，除对患病羊及时给予治疗外，对这类母羊在喂养上要给予特殊照顾，以利于母羊尽快恢复体质，促进正常泌乳。同时对产后缺乳、产后母羊死亡以及泌乳负担重的母羊，应在保证羔羊吃到初乳的前提下，及时对羔羊进行寄养和补喂人工奶，确保羔羊的正常生长发育。为了防止相互传染疾病，应隔离病羔，奶具分用。

如遇母羊一胎多羔而奶水不足，以及母羊产后患病及死亡，应及早找单羔、死羔的母羊或奶山羊作为保姆羊代为哺乳，尽量让羔羊吃到一些其他母羊的初乳。若保姆羊不让吃奶，可将保姆羊的奶水涂在羔羊身上，并将保姆羊与羔羊关在暗屋内，一般几小时后保姆羊就让吃奶。若找不到保姆羊的情况下，可用鲜牛奶或代乳品进行人工喂养，人工喂乳可用奶瓶或浅盆（碗），耐心训练羔羊学会饮乳，喂前将鲜牛奶水浴加热到 $38\sim40℃$，10 日龄内的羔羊每 2h 喂 1 次，每次 $30\sim50mL$，以后逐渐减少次数，增加饲喂量。用具要做到用 1 次刷 1 次，确保清洁卫生，喂奶后用清洁的毛巾将羔羊嘴上的余乳擦净，以免羔羊互相舔食。若母羊乳汁充足，羔羊 2 周龄体重可达到其初生重的 2 倍以上，羔羊表现背腰直，腿粗壮，毛光亮，精神好，眼有神，生长发育快；反之，则被毛蓬松，腹部小，拱腰背，长鸣叫等。

（二）抓管理，减少羔羊发生意外事故

农户养羊，必要的羊舍和活动场所建设必须保证投入。羊舍最好建有专门的育羔圈和产羔室，临产母羊、哺乳羔羊与成年羊分圈饲养。对开始放牧的羔羊应单独组群放牧，逐步由近到远训练羔羊放牧采食能力，并结合哺乳，舍内补饲，为羔羊提供良好的生长环境。与此同时，羊舍和运动场要经常保持清洁干燥，并定期消毒灭菌。遇阴天、下雪、下雨天气，对羊舍和运动场所要勤换垫草，并勤撒干土、生石灰或草木灰吸湿防潮。进入冬春季节，要及时维修好羊舍，门窗用草帘或塑料薄膜遮掩，堵塞隙缝，做到羊舍不漏水、不潮湿，四壁不进贼风。如给羔羊舍生火取暖，要预留好排气孔，谨防烟尘危害羔羊健康。当羊外出放牧后，要及时将羊舍门窗打开透风换气，清除舍内垫草、粪便和饲料残渣，并将垫草晒干以备日后再用。如管理措施得当，即可大大减少羔羊意外事故的发生。

（三）抓补料，促进羔羊增膘保膘

羔羊脐带干后，便可让其在圈舍周围自由活动。1 周龄左右即可随母羊在避风向阳的牧场近距离放牧，此时放牧一方面是让羔羊跟随母羊逐渐学会采食青草，另一方面以便随时吸吮母乳。但开始放牧的时间不可过长，如羔羊放牧和引料及时，半月龄左右的羔羊即会采食草料。随着羔羊的生长发育加快，所需营养物质逐渐增加，而母羊泌乳则随着泌乳高峰期的到来，此后泌乳量则逐渐减少。因此，为满足羔羊生长发育的需要，弥补母乳的不足，从半月龄左右，羔羊每天放牧回舍后，还应适当补喂优质青饲料，并搭配一定的精饲料。其精料的补喂多少应根据羔羊的日龄及体质状况而定，一般半月龄左右每天补喂 $50\sim80g$，$1\sim2$ 月龄每天补喂 $100\sim150g$，$2\sim3$ 月龄每天补喂 200g，$3\sim4$ 月龄每天补喂 $250\sim300g$，$4\sim6$ 月龄每天补喂 $300\sim500g$，每天早晚补喂 1 次。并且保证有足够的饮水供应，以促进羔羊增膘保膘。

（四）防疫病，减少疾病对羔羊的危害

相对成年羊来讲，羔羊的抵抗能力弱，怕冷、怕潮湿，容易发生疾病和感染体内外寄生虫病。因此，除加强羔羊的饲养管理，注重哺乳补料，防冻防潮外，对羔羊更应建立整套的科学防疫程序。羔羊7日龄时注射羊"三联四防"苗。该疫苗可预防羔羊痢疾、羊快疫、猝疽、肠毒血症等。15～20日龄时接种羊传染性脓疱疫苗（口疮疫苗）。30～45日龄时注射传染性胸膜肺炎疫苗。一般羊注射疫苗的免疫期为6～12个月。羔羊除按程序防疫注射外，可根据免疫期长短，结合春、秋防疫给羊重复防疫注射。羔羊的防疫注射、驱虫、药浴等措施到位，可有效地预防羔羊发生疫病和体内外寄生虫病。如遇某种疾病呈地方性流行，除密切关注疫情的发展动态，做好严格的消毒灭源、强化防疫检疫等防范性措施外，一旦羊群发生疫情，应采取严格的隔离措施，并给予紧急性治疗，严防疫情扩散，以防危及羔羊健康。

三、断奶前羔羊饲养

新生羔羊前胃很小，结构和功能都不完善，皱胃起主要作用。如同其他哺乳动物，刚出生的羔羊整个消化道无细菌。在接触外界环境后，从呼吸道和食道接受细菌定植，才可建立正常的微生物群落。羔羊生后数周内主要靠母乳为生。吸吮的母乳直接经封闭的食道沟到达皱胃，被皱胃消化酶消化，此时羔羊皱胃的消化规律与单胃动物相似。初生羔羊不能有效利用青粗饲料中的粗纤维。但在出生后1周左右，羔羊就开始学母羊采食嫩草和饲料。20～40日龄羔羊开始出现反刍行为，对各种粗饲料的消化能力逐步增强。到1.5月龄，羔羊瘤胃、网胃占全部胃重的比例已接近成年羊，而皱胃比例急剧减小。因此，在出生后1周左右就该给羔羊适当补饲易消化的精料和优质青干草，刺激胃肠系统发育和反刍行为提早出现，促进羔羊发育。

早期断奶的羔羊还必须依赖于代用乳。在正常情况下，羔羊代用乳中只需少量乳即可。从经济学角度做好羔羊饲养的关键，是让其迅速采食干饲料，并使哺乳期尽可能缩短，以减少人工喂养的人力投入。通常，代用乳是以奶粉和蛋白粉为原料，将其与所需的水量充分混合而制作的。选择合适的代用乳，对确保羔羊人工饲养计划的成功是必不可少的措施。羔羊代用乳的营养含量参考标准为粗脂肪30%～32%，粗蛋白质22%～24%，粗纤维0～1%，乳糖22%～25%，灰分5%～10%。犊牛代用乳中所含的营养物质中能量浓度一般比羔羊代用乳低，因此不应采用犊牛代用乳饲喂羔羊。优良的羔羊代用乳价格较贵，但能够提高羔羊的存活率和生长速度。

在代用乳的饲喂过程中，为减少劳动力和保证代用乳的最大采食量，最好使用自动饲喂系统饲喂羔羊。自动饲喂系统的规模和类型，主要由所饲羔羊的数量所决定。自动饲喂系统所提供的代用乳应该是冷藏（0.5～4℃）的产品。喂给羔羊低温代用乳主要有3个原因。第一，每次哺乳羔羊采食很少，但要经常采食。这模仿了母羊哺育羔羊的方式，可防止在任何给定的哺乳时间过量摄入代用乳。第二，保持代用乳的低温，可以减少变质问题的发生，也可减少清洁设备的频率。第三，温度的降低，减少了代用乳中各成分的分离。靠自动喂料系统喂养的羔羊，每日消耗0.23～0.45kg代用乳。

四、羔羊放牧+补饲养殖

北方地区畜牧业发展的主导是以草原放牧畜牧业为主的产业，优质的天然牧草资源为广大农牧民养殖业的发展提供了优越的天然优势。首先，传统放牧是该地区生产优质羔羊肉的主导方式，但由于饲养方法原始，生产周期长，对草原生态压力大，受自然气候影响因素多，出栏羊体重轻，数量供应有限，达不到优质肥羔标准，经济效益不高。其次，北方地区牧草随季节产量与质量变化明显，1 年牲畜有 6~7 个月在枯草期放牧，羔羊在低质的草地上放牧，对粗饲料的消化率低，且母羊泌乳后期产奶量下降，导致羔羊在此阶段增重缓慢。因此，当代的放牧羊多采用放牧+补饲喂养。

放牧补饲对羔羊生长性能的影响。内蒙古自治区农牧业科学院金海团队在内蒙古正镶黄旗进行试验，研究早期补饲对羔羊生产性能所产生的影响，试验表明，对放牧羔羊实行早期补饲，辅以营养合理的开食料过渡，能够促进补饲期羔羊的生长，对整个时期的生长性能没有影响，因此对羔羊进行早期补饲是完全可行的。

羔羊放牧补饲的方法。内蒙古自治区农牧业科学院金海团队针对 2.5 月龄的杜泊和蒙古羊杂交羔羊开展放牧+补饲育肥试验，并对其经济效益进行分析，从羔羊增重情况可以看出，羔羊补饲的效果与放牧草场的情况相关，在试验前期，牧草没有返青，为枯草期，羔羊放牧采食量及采食到的营养物质均不能满足增重的需求，所以增重缓慢，此时补饲，增重效果最显著，而到补饲后期，牧草已全部返青，牧草种类增加，羔羊此时补饲与对照组差异不显著，补饲效果差。关于经济效益，在牧草枯草期及幼嫩前期补饲效益比较明显，选择羔羊早期补饲比较合理，牧草旺盛期，对羔羊育肥养殖来说，天然放牧草场完全可以满足羔羊增重需求，此时放牧育肥具有良好的经济效益。

放牧肉羊补饲应与放牧草场提供的牧草质量、种类、营养相结合，羔羊的初生重及早期营养影响羔羊后期的生长发育，制约整个育肥效果的体现，羔羊补饲育肥应与基础母羊妊娠期及泌乳早期营养相结合，羔羊早期应开展母乳+高蛋白饲料补饲育肥，后期应开展母乳+天然草场放牧育肥，补饲注意饲料间的组合效应。

第三节　母羊的放牧+补饲饲养模式

一、母羊繁殖期补饲调控模式

自然放牧的产春羔母羊配种时间一般在 10—11 月，此时牧草质量下降，母羊的体重也开始下降。在配种前 1 个月补饲一定的颗粒饲料，有利于提高受胎率，尤其对体况较差的母羊，每天补饲精补料尤为重要。对来自天然草场放牧的繁殖期母羊补饲精料，可以减轻草场压力，可以提高母羊的繁殖率，提高经济效益，增加牧民收入。

内蒙古自治区农牧业科学院金海团队从内蒙古锡林郭勒盟温都日玛牧户挑选年龄、胎次、体重基本一致的健康成年母羊 48 只作为对照组，分别从石永生、米贵方牧户挑选191 只成年母羊和 116 只成年母羊，组成试验 A 组和试验 B 组。在母羊发情配种前进行为期 25d 的补饲试验，期间试验 A 组和试验 B 组每只羊每天分别补饲 560g 全价配种前专用颗粒饲料 A 及 560g 全价配种前专用颗粒饲料 B（饲料配方见表 11-1、表 11-2），对照组羊只放牧不补饲，每天早晚 2 次饮水，分批进行母羊同期发情处理及后续人工授精，期间记录处理母羊数，统计情期受胎率，记录公羊放群本交日期，在产羔季节记录统计人工授精母羊产羔数、双羔数、非正常羔羊数等。

表 11-1　放牧母羊配种前补饲试验 A 组配方

原料	玉米	麸皮	DDGS	1%添加剂	石粉	食盐	合计	营养指标	DM	ME（MJ/kg）	CP	Ca	P
配方（%）	63.2	5.0	28.4	1.0	1.4	1.0	100.00	营养含量（%）	88.0	11.23	136.82	5.76	4.27

表 11-2　放牧母羊配种前补饲试验 B 组配方

原料	玉米	麸皮	DDGS	脂肪酸钙	1%添加剂	石粉	食盐	合计	营养指标	DM	ME（MJ/kg）	CP	Ca	P
配方（%）	63.2	3.0	28.4	2.0	1.0	1.4	1.0	100.00	营养含量（%）	88.0	11.50	134.08	9.94	4.09

（一）人工繁殖技术下配种期前专用补饲料对母羊繁殖性能的影响

王小红研究显示，在经过同期发情后，配种时间较为集中，节省人力物力，俞联平提到在温度较低的北方配种期加强营养，可以改善羊的繁殖力。鲍志鸿研究表明，同期发情与人工授精技术相结合在一定程度上提高了羔羊的整齐度。从表 11-3 可以看出，温都日玛牧户参与人工繁殖技术处理的共有 48 只成年母羊，其中 15 只受孕，受胎率仅为 31.25%，双羔率为 26.67%，而石永生和米贵方牧户在同样人员及技术处理下受胎率分别达到 47.64%、42.24%，双羔率分别达到 47.25% 及 38.78%。说明试验组羊经过饲喂配种期前补饲料后其体况得到了改善，在一定营养的补给下，母羊繁殖机能得到加强，卵泡发育较为充分，再辅以人工繁殖技术，可以将亟待成熟的卵母细胞充分激活。

蒙古羊之所以每年只产 1 胎，与其生活的环境紧密相关，荒漠草原大部分时间尤其是繁殖季节饲草的匮乏，限制了蒙古羊多胎性能的发挥。但一旦在配种期短时间提供高营养刺激，就会充分激活其多胎潜力，体现在受胎率、双羔率和产羔率上明显增加。朱仁俊研究显示，营养是限制和控制繁殖力的主要因素，配种时的体况影响母羊的排卵率。孙旺斌研究显示，在配种前提高日粮水平，可以提高母羊的配种成功率和母羊产双羔的比率。王峰提到通过药物与饲料配合使用效果更好，试验在人工繁殖技术的配合下充分发挥饲料营养调控母羊繁殖机能的作用，得出与以上他人研究相一致的结论。

表 11-3　在人工繁殖技术配合下各组母羊配种期前补饲繁殖性能

组别	牧户姓名	配种母羊数	同期发情人工授精下怀孕母羊	产羔数	产双羔母羊数	受胎率（%）	产羔率（%）	双羔率（%）	是否补饲配种期专用料
对照组	温都日玛	48	15	19	4	31.25	126.67	26.67	否

（续表）

组别	牧户姓名	配种母羊数	同期发情人工授精下怀孕母羊	产羔数	产双羔母羊数	受胎率（%）	产羔率（%）	双羔率（%）	是否补饲配种期专用料
试验组 1	石永生	191	91	134	43	47.64	147.25	47.25	是
试验组 2	米贵方	116	49	68	19	42.24	138.78	38.78	是

（二）人工繁殖技术及自然配种下配种期前颗粒料对母羊繁殖性能的影响

从表 11-4 中可以得知，试验 A 组每只单羔羊平均初生重明显高于对照组 0.53kg，而试验 B 组羔羊平均初生重基本与对照组相当，试验 A 组和试验 B 组双羔羊平均初生重分别比对照组高 0.87kg、1.06kg，2 个试验组双羔羊平均初生重明显高于对照组。因为人工繁殖技术各技术人员操作手法及技术运用的不同，导致部分母羊虽能发情但无法怀孕，这就需要进行放公羊自然交配，所以可以从表 11-5 中可以看出，整个交配期母羊全部受孕，因为受益于配种期前颗粒料的催情作用，双羔率增加，整个配种期体现出来结果就是试验组 1 和试验组 2 的产羔率和双羔率明显高于对照组。根据表 11-5 分析得出，试验 A 组、B 组母羊产羔率分别比对照组提高 6.4%、19.62%，试验 A 组、B 组母羊双羔率分别比对照组提高 6.92%、10.2%。

此外，从对照组和试验组选取截至 2018 年 3 月 9 日出生的部分单羔羊初生重进行统计分析，从表 11-4 中可以看出，试验组 1 单羔羊初生重极显著高于另外 2 组，试验组 2 与对照组单羔羊初生重差异不显著。

表 11-4　母羊第 1 和第 2 情期繁殖性能及羔羊初生重

牧户姓名	温都日玛	石永生	米贵方
配种羊数	48	191	117
怀孕羊数	32	161	81
产羔数	39	215	115
产双羔羊数	7	51	26
受胎率（%）	66.67	84.29	69.23
产羔率（%）	121.88	133.54	141.98
双羔率（%）	21.88	31.68	32.1
单羔羊重量（kg）	4.09±0.23	4.62±0.46	4.28±0.67
双羔羊重量（kg）	2.21±0.10	3.08±0.55	3.27±0.70

表 11-5　在母羊繁殖技术与自然配种配合下配种期前补饲繁殖性能

牧户姓名	温都日玛	石永生	米贵方
配种母羊数	48	191	116
同期发情人工授精及自然配种下怀孕母羊	48	191	116

（续表）

牧户姓名	温都日玛	石永生	米贵方
产羔数	58	243	163
产双羔母羊数	10	53	36
受胎率（%）	100	100	100
产羔率（%）	120.83	127.23	140.52
双羔率（%）	20.83	27.75	31.03

（三）经济效益分析

从表11-6中经济效益来看，在配种季饲喂配种期前颗粒料，试验B料比A料每只母羊由于羔羊带来的经济收入可以增加100元。说明试验B料产生的经济效益更好，可以给牧民带来更多的收入。

表11-6 配种期前颗粒料补饲试验经济效益分析

组别	如果不采用颗粒料补饲的试验A组	采用颗粒料补饲的试验A组	如果不采用颗粒料补饲的试验B组	采用颗粒料补饲的试验B组
只数	191	191	116	116
产羔率	120.83	127.23	120.83	140.52
羔羊数	230	243	140	163
饲喂天数	0	25	0	25
日采料量（kg）	0	0.56	0	0.56
饲料单价（元/kg）	0	2.2	0	2.23
饲料总价（元）	0	30.8	0	31.22
总饲料费用（元）	0	5 882.8	0	3 621.52
羔羊收入（元）	184 000	194 400	112 000	130 400
总净收入（元）	4 517.2		14 778.48	

（四）配种季补饲可以提高母羊的繁殖性能

综观整个繁殖产羔期，饲喂添加麸皮饲料（A料）的母羊、饲喂添加脂肪酸钙替代一部分麸皮饲料（B料）的母羊产羔率分别比对照组提高6.4%、19.62%，饲喂A料、饲喂B料母羊双羔率分别比对照组提高6.92%、10.2%。干旱草原夏秋季配种季补饲可以明显提高母羊的繁殖性能，尤其是双羔率提升明显，牧民每养1只母羊平均可多收入70元。在内蒙古中西部草原大多为荒漠草原地带，牧民依靠放牧羊来维持生计，但受天气影响，草原雨水常年缺乏，草原牧草种类和产量逐年减少，羊摄取的天然牧草营养势必更少，如果配种季遇到干旱少雨的季节，放牧羊营养缺乏的矛盾会更加突出。所以，我们倡导在配种前短期补饲以集中提高母羊繁殖力，为牧民增收多一条渠道。

二、母羊妊娠期补饲技术

根据妊娠期母羊所处生理阶段的不同、不同生理阶段母羊的营养需要量的不同，以及日常管理侧重点不同，对妊娠母羊应分别做好妊娠前期和妊娠后期的饲养管理。

（一）妊娠前期放牧母羊的饲养

母羊的妊娠期为 5 个月，前 3 个月称为妊娠前期。这一时期胎儿发育较慢，此期所需营养与母羊空怀期大体一致，必须保证母羊所需营养物质的全价性，特别要保证此期母羊对维生素及矿物质元素的需要，以提高母羊的妊娠率。保证母羊所需要营养物质全价性的主要方法是对日粮进行多样搭配。青草季节通过放牧即可满足母羊的营养需要，不用补饲。枯草期羊放牧吃不饱时，除补饲干草或秸秆外，还应适量饲喂胡萝卜和青贮饲料等富含维生素及矿物质的饲料。

（二）妊娠后期放牧母羊的饲养

母羊产前 2 个月为妊娠后期。这一时期胎儿在母体内生长发育迅速，胎儿的骨骼、肌肉、皮肤和内脏等各器官生长很快，胎儿初生重约 90% 的体重是在母羊妊娠后期增加的，因此母羊所需要的营养物质多、质量高。应该给母羊补饲含蛋白质、维生素和矿物质丰富的饲料，如青干草、豆饼、骨粉和食盐等。每天每只羊补饲混合饲料 0.5~0.7kg，要求日粮中粗蛋白质含量为 150~160g。如果母羊妊娠后期营养不足，胎儿发育就会受到影响，导致羔羊初生重小、抵抗力差、成活率低。注意不要喂给母羊发霉、变质和腐烂的饲料，以防流产。临产前 3d 做好接羔准备工作。

产房在产羔前彻底消毒 1 次，产羔高峰时期应增加消毒次数，产羔结束后再进行 1 次消毒。羊舍出入口应放置浸有消毒液的麻袋片或草垫，并定期喷洒消毒液。消毒药一般选用广谱、高效、低毒、作用快、性能稳定和使用方便的药物。羊舍地面、墙壁和饲槽等可选用烧碱、生石灰、漂白粉、复合酚等；羊体的消毒可选用聚维酮碘、百毒杀、新洁尔灭（苯扎溴铵）等。

现阶段，我国养殖业普遍存在的一个问题是草畜矛盾，内蒙古自治区亦是如此。虽然内蒙古土地广茂，但由于近年来降水量减少和草场荒漠化现象的日益加重，产草量大大下降，从而造成放牧牛羊吃不饱的现象。尤其冬春季节，草场枯黄，无法满足家畜的需求，往往造成家畜严重掉膘乃至死亡。且冬春季节正是放牧母羊集中产羔期，营养需要量更大，所以要在妊娠期适当补饲母羊，谨防母羊流产。

（三）母羊妊娠期补饲技术研究

因各地的自然环境及饲养条件不同，因此各地的补饲方法也不同。并且随着科技发展饲养条件也在不断优化，随之饲养方式也要进行改进。内蒙古自治区农牧业科学院金海课题组采用不同补饲饲料和不同补饲量对妊娠期放牧母羊进行产前补饲，从而得出适宜当地饲养条件的补饲方法，并进行推广应用，最大限度上降低养殖户的饲养成本，增加养殖户的收入。

课题组从牧户家羊群中选择健康、妊娠天数相近、体重在（60±5）kg 的 20 只妊娠母羊，按体重分为对照组和试验组，每组试验羊各 10 只。打耳标记录。试验羊产羔后，羔羊也分组饲喂。饲料配方及营养物质含量见表 11-7。试验组母羊和对照组母羊统一放牧，待归牧后将试验母羊单独圈到一个羊圈补饲。对照组母羊则与其余繁殖母羊共同补饲。对照组母羊补饲玉米 300g/只，试验组母羊补饲饲料 300g/只。冬春季节上午 9:00 放牧，下午 4:00 归牧。归牧之后饮水。除了饲喂的饲料不同，其余的饲养管理方式都相同。补饲妊娠母羊试验开始和进行到 45d 时称试验母羊体重，并采血测定血液指标。待试验母羊产羔时称试验母羊的产后重和羔羊初生重。从产后第 1d 起使用差重法测定母羊泌乳量，早晚各 1 次，每隔 5d 测 1 次，持续到第 90d。

表 11-7　试验饲料组成及营养水平

原料	日粮配方（%）	营养成分	含量（%）
玉米	58.6	DM	88.36
DDGS	7.8	CP	16.67
豆粕	3.1	EE	2.65
葵仁粕	5.1	NDF	37.20
1%添加剂	0.6	ADF	6.09
石粉	0.9	Ca	0.55
氯化铵	0.5	P	0.41
食盐	0.6		
小苏打	0.6		
葵皮	9.9		
玉米皮	9.2		
稻壳粉	3.1		

1. 不同饲料饲喂妊娠期放牧蒙古母羊对其体重的影响

由表 11-8 可知，对照组与试验组妊娠母羊的体重差异不显著（$P>0.05$）。由此可见，母羊膘情较好时补饲相同量的玉米和饲料对妊娠母羊的体重差异不明显，但从数据可看出，补饲饲料的试验组羊比补饲玉米的对照组羊情况较好。对照组和试验组的妊娠母羊在试验期间有不同程度的减重，可能由于补饲的饲料量不够，且正是胎儿快速生长发育期，所以为了满足胎儿的生长发育而动用了体内的养分，从而导致减重情况的发生。因此，还需在此基础上相应增加补饲量，方可满足羊的正常需要和胎儿的生长发育。

在母羊妊娠阶段进行补饲对母羊保持良好体况和胎儿的正常发育有着重要影响。这充分体现了妊娠期间补饲妊娠母羊的重要性。

表 11-8　不同饲料和不同梯度饲喂妊娠期放牧蒙古母羊对其体重的影响

项目	对照组	试验组	SEM	P
体增重（kg）	-2.37±2.49	-1.34±1.60	0.471 4	0.286 5

注：$P<0.001$，具有极显著性的差异；$P<0.05$，具有显著性的差异；$P>0.05$，差异不显著。

2. 不同饲料饲喂妊娠期放牧蒙古母羊对其血液生化指标的影响

由表 11-9 可知，对照组和试验组羊在试验开始和试验结束时测定的血清生化指标差异不显著。说明补饲玉米和补饲饲料对放牧妊娠母羊的血清生化指标无太大影响。

表 11-9　不同饲料和不同梯度饲喂妊娠期放牧蒙古母羊对其血液生化指标的影响

项目	对照一组	试验一组	SEM	P
WBC	29.28±62.08	31.68±61.34	14.11	0.935 3
RBC	12.73±2.06	11.39±1.14	0.39	0.089 6
HGB	152.00±23.45	137.20±13.87	4.53	0.103 1
HCT	43.94±6.09	40.35±3.93	1.19	0.135 2
MCV	34.75±2.37	35.59±3.08	0.61	0.503 9
MCH	11.92±0.61	12.02±0.91	0.17	0.776 4
MCHC	344.90±13.33	339.40±7.12	2.41	0.264 8
RDW	16.29±0.87	16.45±0.82	0.19	0.678 7
PLT	374.1±198.72	302.60±147.42	38.95	0.372 9
MPV	4.37±0.38	4.31±0.54	0.10	0.779 5
PDW	15.85±0.63	16.01±0.53	0.13	0.548 3
PCT	0.16±0.09	0.13±0.08	0.02	0.467 9

注：$P<0.001$，具有极显著性的差异；$P<0.05$，具有显著性的差异；$P>0.05$，差异不显著。

3. 母羊泌乳量

从表 11-10 中可看出，产羔后 75d 之前对照组和试验组母羊的泌乳量差异不显著（$P>0.05$），等到产羔 75d 后泌乳量差异显著（$P<0.05$）。前期泌乳差异不显著，但从测定的泌乳量数据来看，试验组母羊的泌乳量高于对照组母羊泌乳量。并且整个泌乳期阶段，试验组母羊的泌乳量都高于对照组母羊的泌乳量。由此可见，妊娠后期补饲饲料质量对产后母羊泌乳量有显著影响。由于补饲饲料从妊娠后期母羊营养需要量上应对，而不是单纯的补饲能量或蛋白，因此能够满足妊娠后期母羊的营养需求。

表 11-10　母羊泌乳量

项目	对照组	试验组	SEM	P
15d	0.59±0.11	0.68±0.18	0.041	0.346 5
25d	0.65±0.15	0.73±0.13	0.038	0.302 1
35d	0.57±0.11	0.67±0.13	0.034	0.165 3
45d	0.51±0.18	0.65±0.12	0.045	0.129 2
55d	0.50±0.13	0.64±0.13	0.039	0.062 4
65d	0.49±0.09	0.65±0.19	0.044	0.085 5

（续表）

项目	对照组	试验组	SEM	P
75d	0. 49±0. 09B	0. 71±0. 17A	0. 047	0. 011 1
85d	0. 25±0. 04B	0. 49±0. 17A	0. 046	0. 004 9

三、母羊围产期补饲模式

随着冬季的来临，牧区养羊户大多处于散养舍饲状态，大多数母羊已进入妊娠的中后期，冬季是羊的主要产羔期，在产羔时因各种原因造成羔羊成活率不高，甚至造成母羊死亡。因此，一定要重视妊娠后期母羊的饲养管理和产羔接羔技术。

（一）产羔前的准备

要准备充足的优质饲草料和营养丰富的精料，以备母羊产后恢复及哺乳羔羊时所需营养。应提前修缮羊圈，并做好防寒保温工作。产羔的地面应平整，防滑干燥。提前对产羔的地方进行彻底消毒，在产羔时有条件的每天消毒 1 次。大多数散养户都没有专门的产羔栏，往往会造成羔羊的踩、饿、冻等死亡，甚至因难产发现太晚造成母羊的死亡，所以在产羔期应对临产母羊注意观察，及时接生，以免造成损失。

（二）产羔期的管理

根据预产记录做好接产准备，当出现临产症状的母羊，应立即关入产羔栏，及时注意观察。正常胎位出生的羔羊，即两个前肢和头部先出，这种情况一般不需要人工助产，胎儿过大除外。还有少数两后肢先出，应立即做人工牵引，防止胎儿窒息而死亡。应特别注意，对双羔和多羔的母羊多需助产，还需要确定胎儿是否完全产完。当羔羊产下时，尽量让母羊舔干羔羊身上的黏液，一旦母羊不愿舔时，可在羔羊身上撒些麦麸皮、饲料，或将羔羊身上的黏液涂在母羊嘴上诱舔。母羊舔干羔羊，既可促进新生羔羊的血液循环，防止全身体温散失太快而造成羔羊死亡或受凉感冒，又有助于母羔相认。

对体弱呼吸困难的羔羊应立即做出处理，掏出羔羊口、鼻的黏液，甚至及时做人工呼吸促进羔羊自主呼吸的恢复。脐带一般自然断裂，母羊产后站起基本就被扯断，如未断，可在离脐带基部约 10cm 处用消毒的剪刀剪断脐带，在羔羊脐带断端处用 5%碘酊消毒。如果母羊难产，助产人员应做好自我防护，严格消毒，伸入产道检查，胎位异常根据情况适时纠正胎位后拉出，胎儿过大无法通过产道时需要及时做剖腹手术。

羊圈寒冷时，接生的羔羊和母羊应立即放到温暖的地方。遇寒冷天气，羔羊冻僵不起时，要生火取暖，同时迅速用 35℃ 的温水浸浴，逐渐将热水兑成 38～40℃，浸泡 0.5h，再将其拉出尽快擦干全身，放到温暖处。母羊产后 1 周内分泌的乳汁为初乳，在羔羊出生 0.5～1h，最迟不超过 2h，必须吃上初乳，初乳浓度大，营养成分含量高，含有丰富的抗体球蛋白和矿物质元素，以获得母源抗体，增强体质，又可促进胎粪的排出。

四、母羊泌乳期补饲模式

羔羊 7 日龄内，应母仔同栏饲养，到羔羊强壮，母仔亲和后，方可进入育羔室进入大群，育羔室的温度应在5℃以上，最低也应在0℃以上。7~20日龄羔羊白天留在羊舍内，母羊在附近草场放牧，白天返回3~4次，至少保障2次，给羔羊哺乳，夜间母仔合群自由哺乳。

母羊的哺乳期一般为3~4个月，可分为泌乳前期、泌乳盛期和泌乳后期。泌乳前期主要保证母羊的泌乳机能正常，细心观察和护理母羊及羔羊。母羊产后身体虚弱，应加强喂养。补饲的饲料要营养价值高、易消化，使母羊尽快恢复健康和分泌充足的乳汁。泌乳盛期一般在产后30~45d，母羊体内储存的各种养分不断减少，体重也有所下降，这一时期的饲养条件对泌乳量有很大影响，应给予母羊最优越的饲养条件，配合最好的日粮。日粮水平的高低可根据羊泌乳量进行调整，通常每天每只母羊补喂多汁饲料2kg、混合饲料0.8~1.0kg。泌乳后期要逐渐降低饲料的营养水平，控制混合饲料的喂量。放牧羔羊一般在2~3个月龄断奶，羔羊断奶后母羊进入空怀期，这一时期主要做好日常饲养管理工作。

参考文献

BERRY N R, SCHEEDER M R L, SUTTER F, et al., 2000. The accuracy of intake estimation based on the use of alkane controlled-release capsules and faeces grab sampling in cows [J]. Annales De Zootechnie, 49 (1): 1-3.

郭天龙, 金海, 薛树媛, 等, 2014. 牧区肉羊传统养殖模式与现代化高效养殖技术示范模式成本收益对比分析 [J]. 中国草食动物科学 (S1): 363-366.

李长青, 金海, 薛树媛, 等, 2016. 中国北方牧区放牧母羊冬春季补饲策略 [J]. 黑龙江畜牧兽医 (12): 89-90.

王斐, 2011. 典型草原地区放牧肉羊采食量预测模型建立 [D]. 呼和浩特: 内蒙古农业大学.

王利, 李长青, 田丰, 等, 2019. 短期营养补饲对放牧戈壁短尾母羊繁殖性能的影响 [J]. 畜牧与饲料科学, 40 (11): 35-37, 64.

乌日勒格, 李九月, 田丰, 等, 2020. 围产期补饲对放牧蒙古羊母羊泌乳性能及羔羊生长性能的影响 [J]. 畜牧与饲料科学, 41 (5): 27-32.

杨诗兴, 1987. 测量放牧牛羊采食牧草量及消化率的方法 (上) [J]. 国外畜牧学 (草食家畜) (5): 38-41.

第十二章 南方高床养殖模式

我国南方农区大多处于 1 000m 以下的低海拔高度，空气湿度大，特别是炎热的夏季，形成高温高湿的气候和异常闷热的天气，不利于人畜自身的散热和体温调节，羊是皮毛型家畜，更易受到影响，进而发生一些疾病，造成一定的经济损失。因此，必须在羊舍的修建和栏舍建设上进行科学的规划设计，以最大限度地降低高温高湿气候对羊的生长发育和繁殖带来的负面影响，为家畜创造一个较为舒适的生活小环境，高床舍饲是南方农区最理想的选择。

第一节 南方高床养殖模式概述

高床养殖由于羊床是在离开地面 40～50cm 的高度，又是采用漏缝式的床面，羊粪尿可以直接从羊床上的缝隙里漏下去，床面始终能够保持清洁干燥；饲槽在高床外挂靠安置，羊隔着栅栏进行采食，不会对饲料和饲草造成踩踏或由此造成污染，可节省大量饲草饲料，减少采食被污染饲草饲料引起的一些疾病；在采食过程中每只羊在一个栅孔内觅食，不会造成互相拥挤、打架、争食的现象；由于是离地饲养，粪尿直接漏到下面，便于饲养人员清扫粪便，减轻了饲养管理劳动强度；由于及时清扫粪便，羊舍内空气质量有了很大提高，可减少诸如呼吸道疾病的发生，有利于羊的生长和发育；羊由于长期生活在清洁干燥的环境中，不会出现地面平养造成的粪尿、饲料的混杂和污染，因此，减少了细菌、微生物和寄生虫大量生长、繁殖的机会，羊感染生病的概率大大降低，羊少生病少用药，既节约了生产成本，又降低了发病死亡率，可提高畜体健康状况。

相比于高床养殖，地面平养不可避免地出现粪尿污染，泥土混杂草料被羊踩踏等现象，一方面造成饲草饲料的浪费，另一方面在这种环境条件下，许多致病性的寄生虫、细菌、微生物易大量滋生繁殖而致羊生病，还易感染一些寄生虫，引起腐蹄病等其他疾病的发生。而高床养殖则可避免或减少以上情况的发生。

高床养殖按照建筑特点可以分为地面高床和下挖式高床。地面高床一般用在地下水位较高的地方，即在平地上采用支架或者墙墩将羊床架起来，离地面 45～50cm。这种形式的地面高床过道比羊床矮 45～50cm，羊进出圈舍很不方便，改进的办法是将过道填高或者抬高，达到与羊床平齐，缺点是增加建设成本。下挖式高床适宜于地下水位较低的地方，否则容易产生地下水渗漏现象。做法是在地面下挖坑道，深 45～50cm，水泥砌墙，底部水泥抹平，羊床与地面平齐或者稍低于过道地面。下挖式高床羊群进出羊舍方便，便于配种、调圈，同时配合地面式料槽设计，有利于 TMR 自动撒料机作业，实现自动投料，减小劳动强度，提高生产效率。

高床养殖按照饲养模式可以分为自繁自养和专业化育肥。自繁自养是指养殖场饲养繁殖母羊群体，育肥羔羊来源于自家繁殖母羊群体所生羔羊。其优点是羊群基本上不与外界羊群交流（除引种外），传染病风险较小，羊群生产性能稳定。缺点是需要饲养繁殖母羊、配种公羊群体，需要适时配种，做好妊娠母羊管理、助产、羔羊培育，同时还需做好种公羊、种母羊选育，技术较为复杂，特别是母羊怀孕后期管理不到位可能出现产前瘫痪、产后瘫痪，母羊奶水不足，羔羊腹泻、羔羊软瘫综合征等，导致羔羊成活率低，繁殖成本高。专业化育肥是指分批购入羔羊（主要是公羔），进行 2~4 个月的短期肥育，达到上市体重后销售的一种生产方式。一般每年可以育肥 3~4 批次。专业化育肥圈舍周转快，工艺流程相对简单，但羔羊来源不一，运输应激大，疫病风险大。这两种饲养模式在羊舍设计、工艺流程、饲养管理方面有较大的差异，以下将按章节详细阐述。

第二节　高床养殖建筑设计要点

一、羊场场址选择

（一）交通、防疫与地势

羊场选址要交通方便，道路需能通行大型货运汽车，便于饲料等运输，同时距交通要道不少于 500m，远离居民区、闹市区、学校、现有养殖场等 2km 以上，便于防疫隔离。建场前应对周围地区进行调查，有无传染病、寄生虫等发生，场址尽量选择四周无疫病发生的地点。选择有天然屏障的地方建场最好，使外人和牲畜不易经过。羊场要求地势高燥，背风向阳，排水良好，地势以坐北朝南或坐西北朝东南方向的平地或斜坡地为宜，要求土地面积较大，以留足发展余地。切忌在低洼涝地、潮湿风口、山体不稳定等地建羊场。

（二）水电及饲料生产

水源充足、水质好、无污染。不能让羊饮用池塘或洼地的死水。同时，要有配套的电源设施，便于饲草、饲料加工。有条件的养殖户还可考虑建立饲草、饲料生产基地。

二、羊场分区规划和基本设施

通常将羊场分为 3 个功能区，即办公生活区、生产区、隔离区。分区规划时，首先从家畜保健角度出发，以建立最佳的生产工艺流程和卫生防疫条件为原则，来安排各区位置，一般按主风向和坡度的走向依次排列顺序为：消毒间、办公生活区、饲草饲料加工贮藏区、羊舍、病羊管理区、隔离室、治疗室、无害化处理设施等。各区之间应有一定的安全距离，最好间隔 300m，同时，应实施雨污分流，防止办公生活区的污水流入生产区。

根据规模大小及生产性质，羊场要建设一些基本设施。主要包括：羊舍、运动场、牧草地、饲料加工机房、氨化（青贮）池、兽医化验诊断室、防疫消毒池、动物无害化处理及粪便无害化处理设施、围栏设施、饲料仓库、办公场所等。

三、羊舍设计的要求

（一）环境卫生条件要求

包括温度、湿度、空气质量、光照、地面硬度及导热性等。羊舍的设计应既有利于夏季防暑，又有利于冬季防寒；既有利于保持地面干燥，又有利于保证地面柔软和保暖。

（二）生产流程

符合生产流程要求，有利于减轻管理强度和提高管理效率，即能保障生产的顺利进行和畜牧兽医技术措施的顺利实施。设计时应当考虑的内容，包括羊群的构成、调整和周转，草料的运输、分发和给饲，饮水的供应及其粪便的清理，以及称重、防疫、试情、配种、接羔与分娩母羊和新生羔羊的护理等。

（三）生物安全

符合卫生防疫需要，要有利于预防疾病的传入和减少疾病的发生与传播。通过对羊舍科学的设计和修建为羊创造适宜的生活环境，这本身也是为防止和减少疾病的发生提供了一定的保障。同时，在进行羊舍的设计和建造时，还应考虑到兽医防疫措施的实施问题，如消毒间的设置、有害物质（塑料杂物）的存放设施等。

（四）结实牢固，造价经济

羊舍及其内部的一切设施最好能一步到位，特别是像圈栏、隔栏、圈门、饲槽等，一定要修得特别牢固，以便减少以后维修的麻烦。不仅如此，在进行羊舍修建的过程中还应尽量做到就地取材、控制成本。

四、羊舍建筑

（一）建筑地点

要符合场址要求，羊舍要建在办公、宿舍的下风头或侧风向，而兽医室、病畜隔离舍、贮粪场要在羊舍的下风头或侧风向，并有足够的运动场。

（二）建筑面积

建筑面积要足够，使羊可以自由活动。拥挤、潮湿、不通风的羊舍，有碍羊只的健康生长。同时，在管理上也不方便。特别是在潮湿季节，尤其要注意建筑时每只羊最低占有面积：种公羊 $1.5 \sim 2m^2$、成年母羊 $0.8 \sim 1.6m^2$、育成羊 $0.6 \sim 0.8m^2$、怀孕或哺乳羊 $2.3 \sim 2.5m^2$。

（三）羊舍建筑类型

1. 封闭型单列式（图12-1）

房顶可用彩钢板建成单坡（或双坡）。羊舍东西长一般在 $30 \sim 50m$，南北宽 $6 \sim 7m$，平房高度 $3.5 \sim 4m$，单坡房南面顶高 $4m$、北面墙高 $2.5 \sim 3m$，较为合适；两头留门，门口宽 $1.2 \sim 1.5m$，高 $2 \sim 2.5m$；南墙 $1.5m$ 高处安窗，窗高 $1.5 \sim 1.7m$，宽 $2.5 \sim 2.7m$，并留一个 $1.2m$ 高、$0.8m$ 宽的小门，羊从此门进入运动场。为了便于通风和自动化，现在南方羊舍窗户多设计成卷帘式，即南北只有一堵 $1.4 \sim 1.5m$ 的矮墙，矮墙上高 $1.5 \sim 1.7m$ 为自动卷帘，长度与羊舍一致。依南墙建一个宽 $5 \sim 6m$ 的运动场，距前排羊舍 $4m$，留门，运动场内可设水槽和料槽；北墙相应留窗或者卷帘；羊舍内北面留 1.2m 的人行道，南面建羊床，东西长 3.3m，南北宽 4.5~5m，羊床高出地面 50~80cm，或者下挖 50~80cm，用砖砌成长方形，以便放羊床，羊床采用厚竹板或者木结构都可以，要求有一定的结实度、耐腐蚀；羊栏采用钢管结构或者木结构，不宜用砖垒，影响通风，靠过道围栏外设有水槽、料槽，围栏留小门。

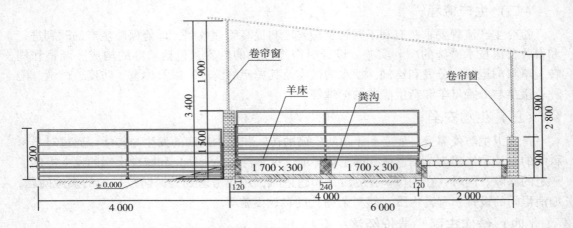

图 12-1　封闭型单列式羊舍剖面（单位：mm）

2. 封闭型双列式（图 12-2、图 12-3）

可用彩钢板结构的双坡顶、双列式饲养。羊舍东西长 30~50m，南北宽 10m，高 3.5~4m，两头中间留 1.2~1.5m 的门，中间留 1.2m 的人行道，羊床双列，建设同单列式，只是两排羊舍之间的距离有所改变，达到 10~14m，各依本羊舍南北墙设有 4~6m 宽的运动场，两运动场间留有 1.2~2m 的人行道，运动场要用钢管或者竹子做围栏，保证通风性好，观察羊只方便。双列式设计两排羊舍共用一个过道，节省了羊舍空间，同时饲槽设计在过道两侧，方便饲喂操作，提高了劳动效率。

图 12-2　封闭型双列下挖式高床羊舍

图 12-3　封闭型双列式地上高床羊舍

3. 敞开式羊舍

除南面无墙外，其他 3 面都有墙，运动场直接与羊舍相连，只有单列式饲养，房顶采用单坡或双坡，南面高 3.5~4m，北面高 2.5~3m。

4. 半敞开式单列

羊舍顶部多采用单坡，也有平顶和双坡的，羊舍高度 3.5~4m，宽 6~8m，南面墙高 1.2~1.5m，每 3.3m 留一个门，直接与运动场相连，其他 3 面完好，北面留窗。羊舍两头留门，靠羊舍北面留 1.2m 人行道，南面建羊床，每间房用羊栏隔开。

5. 半敞开双列式

双坡、平顶都有，羊舍高 3.5~4m，羊舍宽 10m，东西两头留 1.2~1.5m 的门，中间是人行道，南北两墙都是 1.2~1.5m 高，每 3.3~10m 留一个 1.2m 的门，直接与运动场相连，运动场 6~8m，羊舍内用羊栏隔开，每栏面积为东西长 3.3m、南北宽 4.5~5.0m。

（四）羊舍内部设计

1. 各功能圈舍的设计

（1）种母羊圈舍。羊舍开间长为 3.8~4m，进深宽为 3.2~3.5m，即每个羊舍面积为 12~14m²。种母羊 2~2.5m²/只。后备母羊 0.8~1.2m²/只。围栏高度不低于 1.2m。围栏栏杆建议采用下窄上宽的非等距横向分布，下面栏杆间隔 15~20cm，上面栏杆间隔 20~30cm，位于食槽上方的一根应具有上下距离活动可调的功能。

（2）种公羊圈舍。圈舍面积因饲养方式确定，种公羊单栏 4~6m²/只，群饲 2~3m²/只（2~3 只/圈），后备公羊 1~1.5m²/只（5~8 只/圈）。围栏高度不低于 1.4m。围栏栏杆建议采用下窄上宽的非等距横向分布，下面栏杆间隔 15~20cm，上面栏杆间隔 20~30cm，位于食槽上方的一根应具有上下距离活动可调的功能。种公羊圈必须配备 2~3 倍圈舍面积的运动场，以保证公羊有足够的运动空间。

（3）产羔圈舍。圈舍面积 4~6m²。围栏高度不低于 1.2m。两侧围栏栏杆建议采用下窄上宽的非等距横向分布，下面栏杆间隔 10~20cm，上面栏杆间隔 20~30cm，过道侧围栏栏杆建议竖向分布，设计颈枷，下端栏杆间隔8~10cm，羊床低于食槽15cm，防止羔羊串圈。同时在圈内围一角，设置羔羊开口料槽，围栏要求羔羊能够进入采食开口料，母羊无法进入，一般用竖向栏杆做活动围栏，围出0.8~1.0m²的一个三角区域，栏杆间隔15cm。产羔舍内设置0.12~0.15m³的保温箱。

（4）断奶羔羊舍。圈舍面积8~12m²。围栏高度不低于1.2m，断奶羔羊空间要求0.3~0.5m²/只。围栏栏杆建议采用下窄上宽的非等距横向分布，下面栏杆间隔10~20cm，上面栏杆间隔20~30cm，羊床低于食槽15cm，防止羔羊串圈。食槽上方的一根栏杆应具有上下距离活动可调的功能。

（5）育肥舍。圈舍面积8~12m²。围栏高度不低于1.2m，育肥（成）羊空间要求0.5~0.8m²/只。围栏栏杆建议采用下窄上宽的非等距横向分布，下面栏杆间隔15~20cm，上面栏杆间隔20~30cm。位于食槽上方的一根栏杆应具有上下距离活动可调的功能。

2. 羊床设计

羊床高度以方便清理羊粪为宜，高度大概在50~80cm。一般来说，采用自动刮粪系统的高床高度50cm左右，手动清粪的高床在80cm左右，粪坑道有的设计成斜面，在清粪道旁设置粪沟，便于羊粪借重力作用滚落粪沟。羊圈分栏长度根据房屋情况2~4m为宜，不宜过长，过长则单栏羊只数过多，易抢食、打斗，不利生长。

羊床格栅板目前主要有4种：木条格栅、水泥预制格栅、毛竹竖板格栅、塑钢格栅。木条格栅容易损坏；水泥预制格栅坚固耐用，成本较高；塑钢格栅成本更高；毛竹竖板格栅耐用，价格实惠，应用较广，但要注意选用竹头作为羊床的材料，避免用单薄的竹梢，否则不够结实，大羊踩踏后容易下沉变形，羊失足插入缝隙造成骨折，公羊配种爬跨容易受伤，同时应该双面磨平，避免毛刺伤羊蹄。单块格栅以50cm×150cm、50cm×200cm为宜，过长承重能力不足，过短不利于清粪。

所有格栅都有一个共同的问题，即格栅缝隙大小。缝隙太小，羊粪不易下落；缝隙太大，羊失足插入缝隙容易造成骨折，尤其在公羊爬跨时容易失足，一般以1~1.5cm为宜。

3. 围栏设计、颈枷设置（图12-4、图12-5、图12-6）

建羊场时，要考虑单栏饲养，可以多做一些活动栏，根据需要来调整羊圈的大小和数量，提高羊圈的使用效率。羊床栏杆可横可竖，但要坚固，每栏之间要留门互通，便于最

图12-4 活动式隔栏

后卖羊操作。每栏或两到三栏设一个栏门，同时设计一个可以方便羊称重的活动栏，便于掌握平时羊群的生长情况。也可以将侧栏设计成两扇活动式的，打开一扇相当于一个门，方便羊群调圈。食槽上面的一根栏杆，要做成上下可以调节的活动杆，根据羊的大小可以自如调节。

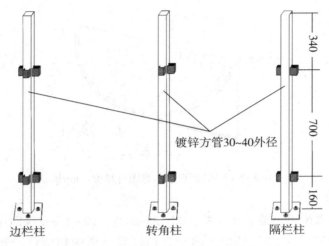

图 12-5　活动式围栏柱设计示意图（单位：mm）

产羔舍食槽侧围栏可用竖向栏杆配合颈枷设计，母羊可以从颈枷伸出头采食，同时羔羊无法从食槽串圈。颈枷高 35cm，可用 8~10cm 钢筋，或直径为 4cm 钢管制作，如图12-6所示。

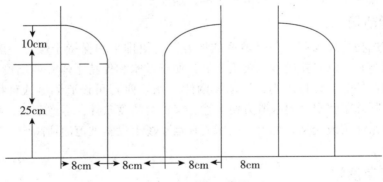

图 12-6　颈枷示意图

4. 食槽、自动饮水器设计

食槽应建在羊舍内，与羊楼高床相配套，料槽的长度要保证饲养的每一只羊都要有自己的采食位置，成年羊料槽上口净宽 30~40cm、槽内缘高 20cm、外缘高 25cm（羔羊的5~10cm）。每只羊所占长度成年羊 40cm、羔羊 30cm。

食槽的材料有木板、金属板材卷半圆或钩缝梯形、剖开的 PVC 管材（图 12-7）、纤维玻璃钢等几种材料。食槽的大小深浅要合适，饲喂粉料的食槽应该宽 30~35cm，深15~20cm，最好能够调节高度，羊喜欢挑食，食槽太低羊朝里扒，食槽太高，羊朝外拱。如果有倒"Ω"形应该对羊拱料、扒料浪费有抑制效果，纤维玻璃钢食槽可以按需要做成合适的形状，但成本上并没有优势。

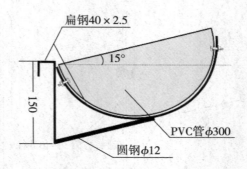

图 12-7　PVC 管食槽示意图（单位：mm）

喂颗粒饲料的食槽可以适当小一些，20~25cm 宽，10~15cm 深即可。食槽的安装最好离栏杆 1~2cm，这一处理与食槽上面一根栏杆放在里面相结合，可以防止羊粪掉入食槽。

自动饮水器可以分为触碰式饮水碗和水位式饮水碗。触碰式饮水碗通过羊嘴拱拉杆出水，停止拱动自动停水。水位式饮水碗通过浮球感知水位的高度，控制水阀的开关，控制水位的高度。可以每个饮水碗一个水位控制器，也可以一排饮水碗共用一个控制器。如果一排饮水碗联通共用一个控制器，要求每个饮水碗高度一致。自动饮水器的安置也要考虑到防止羊粪掉入其中，同时不容易被羊拱翻，还便于清洗。

（五）运动场

运动场应选在背风向阳、稍有坡度的地方，以便排水和保持干燥。一般设在羊舍南面，向南缓缓倾斜，以砖扎或沙质壤土为好，便于排水和保持干燥，四周设置 1.2~1.4m 高的围栏，围栏外侧应设排水沟，运动场两侧（南、西）可设遮阳棚或种植树木；羊场内道路根据实际确定宽窄，要求既方便运输，又符合防疫条件，运送草料、畜产品的路不与运送羊粪的路通用或交叉。地上式高床需在运动场上设斜坡道通往高床，让羊只从运动场进入高床。

（六）配套设施

1. 饲草贮备棚和饲料贮备库

（1）饲草贮备棚。饲草贮备棚主要贮备农作物秸秆和农副加工产品，如玉米秸、稻草、各种豆秸和薯蔓等以及各种籽实作物的皮壳和饼类。饲草贮备量的多少可根据养羊数量、生产性能、饲草质量和补饲期的长短而定。农区一般为 3~4 个月。饲草贮备大致可参考以下标准，农区改良羊 200kg，土种羊 100kg。育种场或高产核心羊群等，应根据羊的饲养标准，按照日粮配方所需各种日粮进行贮备。在进行草棚建设时，要因地制宜。如养羊数量少，可以建类似简易羊舍的草棚，即三面围墙，前面半墙敞口，防止雨雪的侵袭和牲畜的踩踏。草棚内应保证通风和干燥，对青刈牧草尤其要注意通风。贮草棚应离开住户一定距离，并尽可能避免火源、预防火灾。草圈或草棚的地势应稍高于周围地面，并铺设排水道。

（2）饲料贮备库。修建饲料贮备库主要是为了贮备饲料原料、预混料和添加剂等，也可以贮备一些成品料。贮料仓内要保证通风良好，要采取有效的方法来防鼠防雀，经常保持清洁和干燥。夏、秋季饲料容易受潮湿而发霉变质，所以要定期检查，要定时进行晾晒。在调制饲料时，要注意检查饲料中有无发霉变质及砂石、铁钉等异物。

2. 青贮和氨化设施

青贮窖。为了改善羊只冬春季的营养条件，贮备冬春饲草，有效保存青绿饲草的营养成分，提高羊只的生产能力，可将部分适宜的饲草料进行青贮。生产实践证明，青贮饲料是补饲各类羊只比较适宜的优质饲草料，特别适宜于舍饲羊、短期育肥羊和奶山羊。因此，应在羊舍附近修建青贮设施，以制作和保存青贮饲草料。

青贮窖的形状和大小应视条件和青贮量的多少来建设，通常可分为全地下式和半地下式两种，前者适用于地下水位低的地区，后者适用于地下水位较高的地区。一般情况下，窖底要高出地下水位 0.5m 以上。建窖时先选好窖址，就地挖一圆形坑，直径为 2~3m，深度约 3m；较小的直径 1.5m，深 2.5m。要求窖壁光滑、平整。窖建好后需要晾晒 1~2d，将窖壁晒干即可进行青贮。半地下青贮窖的建筑与地下窖的建筑基本相同，只是挖的坑较浅，青贮时使贮料高出地面，以增加贮备量。青贮窖的建筑简单、成本低、容易推广，在农户家庭院落即可建制，但不便于大型机械的操作。窖的边缘因直接接触土层，贮备中容易发生霉烂。近年来，许多地方采用塑料薄膜铺垫与窖的土层相隔，可以避免青贮料的损失，增加利用率。

第三节　高床养殖自繁自养技术要点

一、选种

选种是指通过将优秀个体留下来，淘汰不良个体，使那些生产性能高、品质好、体格健壮的优秀个体繁殖后代，从而不断提高优良遗传基因出现的频率，提高整体羊群遗传品质。选种是羊品种改良、育种工作中非常重要的一个环节，通过选种可以将那些优秀个体留下来，加以繁殖利用，就会扩大优良性状个体比例，从而提高羊群整体综合品质。

在选种时需要考虑的方面有产肉性能、饲料报酬、生长发育、繁殖性能及适应性、体貌特征、抗病力等性状。产肉性能包括生长发育及育肥性能、屠宰性能、肉品质等性状；生长发育性状是指初生重、断奶重、日增重、周岁重、成年体重以及各发育阶段的体尺与外貌评分；育肥性能是指育肥期日增重、饲料报酬等；屠宰性能是指胴体重、屠宰率、净肉重、肉骨比、眼肌面积等；肉品质是指肉的柔嫩程度、颜色、组织纤维粗细、风味、系水力以及肉的化学成分等；繁殖性能包括早熟性、产羔率、多胎性、发情规律等，生产中以多胎性和产羔率最为重要。

选种主要从以下 4 种方面进行。一是根据个体表型成绩即个体表型选择；二是根据个体祖先的成绩即系谱选择；三是根据旁系成绩即半同胞验测选择；四是根据后代成绩选择即后裔验测选择。这 4 种方法有时条件不具备时，只能利用 1 种或 2 种，应根据不同时期所掌握的资料合理利用，以期提高选种的准确性。

（一）个体表型选择

个体表型选择是根据个体本身成绩进行选择，提高个体表型选择效果需要注意以下三点。

1. 遗传力

遗传力在 0.4 以上属高遗传力，0.2~0.4 属中等遗传力，0.2 以下属低遗传力。高遗传力的性状直接按表型值的高低选择；中等遗传力的性状在育种初期有效，但到一定阶段必须建立家系或品系，加快基因纯合，才能提高选择效果；低遗传力性状仅通过表型值选择，效果较差。

2. 性状的相关性

有些性状相关性很高，因此在选择时不能单纯追求某一性状，而忽视与其高度相关的性状，要尽可能全面掌握各个性状的相关关系，才有可能取得良好的选择效果。

3. 掌握性状发育规律，尽早选择

利用早期性状与周岁或成年性状的相关关系，进行早期选择。如选择断奶重大的可以提高周岁体重和成年重。

（二）系谱选择

系谱选择是根据系谱资料进行选择，系谱资料记录祖先的生产性能，根据系谱资料在一定程度上就可以预测要选择的个体遗传特性，再结合个体表型选择来考虑是否留作种用。在祖先中，受遗传影响最大的是被选择的个体父母，其次是祖父母、曾祖父母。在利用系谱选择时除了考虑遗传稳定性，还要注意饲养条件以及气候条件等因素。饲养水平等因素也会直接影响到生产力的高低。

（三）半同胞选择

半同胞选择是根据被选择个体同父异母的半同胞的成绩来估计其育种值。在羊群中同父异母半同胞比较容易找到，特别是人工授精的羊群，根据同年出生、饲养环境比较接近的半同胞的生产记录来预测个体的生产潜能。在没有详细系谱资料的情况下，利用半同胞资料也可以做到提早选择。

（四）后裔选择

后裔选择是根据后代生产性能和综合品质来判断该个体种用价值，这是最直接、最可靠的选种方法，因为选种的目的就是获得优秀的后代，如果后代生产性能高，说明该个体种用价值高。后裔选择对于公羊意义更大，因为公羊所配的母羊比较多，其后代也比较多，通过后代性能测定就可以看出该公羊是否具有种用价值。但后裔选择时间长，需要等到个体出现后代之后才能进行，因此后裔选择可以作为辅助手段。

（五）基因标记或者基因组选择

基因标记辅助选择通过检测性状表型连锁的标记基因型来决定选留对象的方法。而基因组选择最基本思路是：在基因组中存在大量遗传标记（SNP），影响性状的所有基因都

至少与一个标记紧密连锁。因此，通过对所有标记效应的估计，实现对全基因组所有基因效应的估计。利用估计的标记效应计算个体育种值，即基因组育种值（gEBV），然后根据gEBV的大小（或结合系谱、后裔信息）进行选择。这两种选留方法都是先进的选择方法，可以实现早期选种，增加选择的准确性，但对于绝大多数羊场来说，不具备相应的条件，虽可以采样让专业的检测实验室来完成，但也只是一个辅助的选择手段。

对于中小型肉羊自繁自养场来讲，要想有一个稳定的基础羊群，必须有意识地选留外貌特征符合品种特点的羊。选留产羔多、羔羊初生重大、泌乳量高的母羊，再选留其所生的多胎羔羊作为种用，将来的多胎性也会高，这是提高多胎性的重要途径。不要一味地选留长得快的公羔，长得快的公羔往往是单胎，因此在留种时要从哺乳期开始，经过断奶、育成等几个阶段，从血统、体型外貌、繁殖性能等方面综合考虑留种。此外，无论什么品种，在大群饲养时，不同个体的产羔间隔不同，有些羊产后发情较早、配种及时，产羔间隔就会缩短。因此，要着重留意那些产后及早发情的母羊，选留那些多次产后发情较早的母羊，提高这类羊在群体中的比例，提高整体羊群的利用效率。

二、选配

通俗地讲，选配是在选种的基础上，为了获得理想的后代而进行的人为选择确定公、母羊进行交配。选配是选种工作的延续，有了优良的种羊，选配很关键，直接决定选择的结果，因此选种与选配是规模羊群杂交改良及育种工作中两个相互联系、密不可分的重要环节。选配的意义在于使公羊和母羊的固有优良性状稳定地遗传给下一代，将分散在公羊和母羊上的优良性状结合传给下一代，将不良性状或缺陷性状削弱或剔除。

按照交配的数量不同，选配可分为个体选配和群体选配；根据交配的公、母羊的品质对比和亲缘关系，选配可分为品质选配和亲缘选配两种类型。

品质选配可分为同质选配和异质选配两种，同质选配就是选择性状相同、性能相似的优秀公、母羊进行交配，目的是获得与亲本相似的优秀后代，在生产实践中，为了保持本品种（系）优良性状，或者使优秀的种羊性状稳定地传给下一代，经常采用同质选配。异质选配具体可分为两种，一种是指选择具有不同优良性状或者特点的公、母羊进行交配，目的是将两个性状结合在一起，从而获得具有双亲不同优点的后代；另一种是选择同一性状但优劣程度不同的公、母羊进行交配。

亲缘选配是指根据公、母羊亲缘关系远近而进行交配，按照公、母羊的亲缘关系远近可分为近亲交配（简称近交）和远亲交配（简称远交）。确定近交和远交的标准是其所生后代的近交系数不超过0.78%，即交配的公、母羊到共同祖先的代数不超过6代，这样的交配为近交；反之，为远交。

近交的主要作用主要有以下几点。一是固定优良性状，保持优良血统。二是暴露有害基因。通过近交可以使优良性状基因纯合，从而使其能够稳定地遗传给后代，在品种培育过程中，当出现了符合理想性状后，常常采用同质选配加近交来固定优良性状；另外，由于近交使基因纯合，隐性有害基因暴露机会增多，这样可以及早将携带有害基因的个体淘汰，减少携带有害基因的羊在群体中的比例，从而提高整体羊群遗传品质。在生产实践中，选配应注意以下三点。一是选的公羊综合品质特性要好于母羊；二是应谨慎利用近交，避免滥用；三是及时总结选配效果，如选配效果好可继续按原方案进行，否则及时更换公羊进行选配。

做好配种工作，既要做好对配种公羊、母羊的选育和选配，又要掌握好配种时机，做到适时配种和多次配种。母羊的发情期持续时间短，尤其是绵羊，因而要把握好配种时机，及时发现羊群中发情的母羊，以免造成漏配。大量的生产实践证明，在繁殖季节开始后的第1~2个发情期，母羊的配种率和受胎率是最高的，而且在此时期所配母羊所生羔羊的双羔率也高。一些高产的母羊排卵数多，但是所产的卵子不是同时成熟和排出，而是陆续成熟然后排出，因而要对母羊进行多次配种或输精，可利用重复简配、双重交配和混合输精的方法，使排出的卵子都能有受精的机会，从而提高产羔率。建议发情的母羊每隔8h配种1次，直到发情期结束母羊不接受爬跨为止。

公羊配种：有的初配公羊采精或本交，不会爬跨母羊，可用如下方法调教。

（1）公、母羊同圈饲养，经几天后公羊即开始爬跨母羊。

（2）其他公羊采精或本交，让初配公羊在旁边"观摩"，诱导其配种。

（3）用发情母羊阴道分泌物，涂在公羊鼻尖上，刺激其性欲。

（4）按摩公羊睾丸，早晚各20min。

（5）注射丙酮睾丸素，每次2mL，每日1次，连注3次。

母羊配种要做到以下几点。

（1）适龄配。当羔羊性成熟后，要适当延期配种，即在9月或10月配种。

（2）察情配。母羊发情多集中在秋季，每隔20d左右发情1次，每次发情持续24~48h。其发情表现为阴门红肿，不时鸣叫，不安，阴户内有黏性分泌物流出，互相爬跨，排尿频繁，手按臀部老实不动，尾巴不断摆动，此时就可配种。

（3）适时配。母羊发情后30~40h排卵，应发情后12~24h配种为宜，一般老母羊发情期短，发情后排卵早，而初配母羊情期长，发情后排卵往后拖。因此，提倡"老配早，少配晚，不老不少配中间"。为了提高受胎率，可分别于母羊发情中期和末期，两次输精或本交，还可在发情期用两只不同龄的公羊与其交配。

（4）催情配。有的母羊发情异常或不发情，其原因是饲管粗放、母羊瘦弱或过肥影响发情。前者可加强饲管，添料，多喂青料；后者可减料，多喂干草和青草，使瘦羊复壮，肥羊减膘，促其发情。还可注射催情激素，促使卵子成熟配种怀胎。

三、种公羊的饲养管理

俗话说："公羊好，好一坡；母羊好，好一窝"。种公羊对于自繁自养的羊场非常重要，种公羊管理得优劣不仅关系到配种受胎率的高低、繁殖成绩的好坏，更重要的是影响羊的选育质量、羊群数量的发展和生产性能与经济效益的提高。因此，在种公羊饲养管理中应做到合理饲喂，科学管理，使种公羊拥有健壮的体质、充沛的精力和高品质的精液，充分发挥其种用价值。一般在没有人工授精的羊场，公母比例为1:30，所以公羊承担着全场的配种任务，公羊的质量也直接影响全场羔羊的产出质量。由于公羊饲养数量远远小于母羊，血统问题非常重要，不能近亲配种，因此产羔记录和配种记录必须详细准确，否则就很容易造成血统系谱错乱，导致近亲繁殖，出现一些畸形、发育不良的羔羊，影响经济效益。每次配种前，通过查询配种记录，避免发情母羊使用同胞公羊、半同胞公羊、父亲及祖父公羊配种。

（一）种公羊的选择

对种用公羊要求相对较高，在留种或引种时必须进行严格挑选。通常从以下 4 个方面进行选择。

第一，体型外貌必须符合品种特征，发育良好，结构匀称，颈粗大，鬐甲高，胸宽深，肋开张，背腰平直，腹紧凑不下垂，体躯较长，四肢粗大端正，被毛短而粗亮。

第二，查找系谱档案，所选种公羊年龄不宜过大，应在 3 岁以下，最好来源于双羔羊或多羔羊个体。

第三，生殖器官发育良好，单睾、隐睾一律不能留种，睾丸大且对称，以手触摸富有弹性，不坚硬，生成的精液量多、品质好。

第四，雄性特征明显，精力充沛，敏捷活泼，性欲旺盛，符合本品种种用等级标准，即特级、一级，低于一级不可留种。

（二）合理饲喂

羊的繁殖季节主要为春、秋两季发情，部分母羊可全年发情配种。因此，种公羊的饲养尤为重要。种公羊的饲料要求营养价值高，含足量蛋白质、维生素和矿物质，且易消化，适口性好。生产中应根据实际情况适当调整日粮组成，满足种公羊在不同阶段对饲料的需求。种公羊的饲养管理分为配种期和非配种期。

1. 非配种期

我国大部分绵羊品种的繁殖季节很明显，大多集中在 9—12 月，非配种期较长。冬季，既要有利于种公羊的体况恢复，又要保证其安全越冬度春。精粗饲料应合理搭配，喂适量青绿多汁饲料或青贮料。对舍饲 60~70kg 的种公羊，每日每只喂给混合精料 0.5~0.6kg，优质干草 2~2.5kg，多汁饲料 1~1.5kg。

2. 配种预备期

配种预备期指配种前 1~1.5 个月，逐渐调整种公羊的日粮，将混合精饲料增加到配种期的喂量。

3. 配种期

种公羊在配种期内要消耗大量的营养和体力，为使公羊拥有健壮的体质、充沛的精力、良好的精液品质，必须精心饲养，满足其营养需求。一般对于体重在 60~70kg 的种公羊，每日每只饲喂混合精饲料 0.8~1.0kg、苜蓿干草或优质干草 2kg、食盐 15~20g，必要时可补给一些动物性蛋白质饲料，如鸡蛋等，以弥补配种时期大量的营养消耗。

（三）科学管理

1. 环境卫生

一般种公羊的圈舍要适当大一些，每只种公羊占地 $1.5~2m^2$。运动场面积不小于种公羊舍面积的 2 倍，以保证公羊充足的运动。圈舍地面坚实、干燥，舍内保持阳光充足，空气流通。冬季圈舍要防寒保温，以减少饲料的消耗和疾病的发生；夏季高温时防暑降温，避免影响公羊食欲、性欲及精液质量。为防止疾病发生，定期做好圈舍内外的消毒工作。

2. 加强运动

运动有利于促进食欲，增强公羊体质，提高性欲和精子活力，但过度的运动也会影响公羊配种。一般运动强度在 30~60min 为宜，每天早晨或下午运动 1 次，休息 1h 后参加配种。

3. 定期检测精液品质

精液品质的好坏决定种公羊的利用价值和配种能力，对母羊受胎率影响极大。配种季节，无论本交，还是人工授精，都应提前检测公羊的精液质量，确保配种工作的成功。通常对精液的射精量、颜色、气味、pH、精子密度和活力等项目进行检测。

4. 疫病防治

（1）免疫接种。为防止传染病的发生，必须严格执行免疫计划，保质保量地完成羊三联苗（羊快疫、猝疽、肠毒血症）、口蹄疫、羊痘、羊口疮及布鲁氏菌病、传染性胸膜肺炎等疫苗的接种工作。

（2）定期检测布鲁氏菌病。疫区每年检测 1 次，非疫区可 2 年检测 1 次。

（3）定期驱虫。一般春秋两季进行，严重时可 3 个月驱虫 1 次。驱除体内寄生虫可注射阿维菌素、口服左旋咪唑、丙硫咪唑、虫克星等，驱除体外寄生虫可用敌百虫片按比例兑温水洗浴羊身，或用柏松杀虫粉、虱蚤杀无敌粉灭虫。

5. 单独饲养

单独饲养对种公羊的管理应保持常年相对稳定，最好有专人负责。单独组群，避免公、母混养，避免造成盲目交配，影响公羊性欲。

6. 精心护理

经常对种公羊进行刷拭，最好每天 1 次。定期修蹄，一般每季度 1 次。耐心调教，和蔼待羊，驯养为主，防止恶癖。

（四）及时调教

1. 调教要求

种公羊一般在 10 月龄开始调教，体重达到 50kg 以上时应及时训练配种能力。调教时地面要平坦，不能太粗糙或太光滑。不可长时间训练，一般调教 1h 左右为宜，第 2d 再进行调教。

2. 调教训练

（1）刺激训练。给种公羊戴上试情布放在母羊群中，令其寻找发情母羊，以刺激和激发其产生性欲。

（2）观摩训练。让种公羊观摩其他公羊配种。

（3）本交训练。调教前应增加运动量以提高其体质的运动能力和肺活量。调教时，让其接触发情稳定的母羊，最好选择比其体重小的母羊进行训练，不可让其与母羊进行咬架。第一次配种完成时应让其休息。

（4）采精训练。将与其体格匹配的发情母羊作为台羊，当公羊爬跨时，配种员迅速将公羊阴茎导入假阴道内，注意假阴道的倾斜度，应与公羊阴茎伸出的方向一致。整个采精过程要保持安静，以利于公羊在放松的情况下进入工作状态。

（五）合理使用

种公羊配种采精要适度，通常情况下，自然交配每头公羊可负担 20~30 只母羊，辅助交配可负担 50~100 只母羊，人工授精可负担 150~200 只母羊。本地品种一般在 8~10

月龄、体重达到 35~40kg 时，开始配种使用。国外品种相对晚些，最好在 10~12 月龄、体重达 55~65kg 时使用。小于 1 岁应以每周 2 次为佳，1~2 岁青年公羊可隔日 1 次，2~5 岁的壮年公羊每周可配种 4~6 次，连续配种 4~5d 后休息 1d。采精一般在配种季节来临前 1~1.5 个月开始训练，每周采精 1 次，以后增加到每周 2 次，到配种时每天可采 1~2 次，不要连续采精。即使任务繁重，国外品种公羊每天配种或采精次数也不应超过 3 次，本地品种不超过 4 次。为防止种公羊使用过度，第 1 次和第 2 次配种或采精须间隔 15min，第 2 次和第 3 次须间隔 2h 以上，确保种公羊的精液质量和使用年限。

四、母羊的饲养管理

母羊承担着繁殖产羔的任务，羊场的主要产出就是羔羊，所以种母羊的管理是整个羊场的重中之重，是决定羊群能否长久发展、品质能否改善和提高的重要因素。母羊生产管理主要包括空怀期管理、配种期管理、妊娠期管理、产羔管理、羊群结构管理等。

母羊空怀期是指产羔后到配种妊娠阶段，空怀期的长短直接影响母羊产羔间隔，产羔间隔直接影响母羊繁殖效率和利用率。必须做到实时监控才能避免产羔间隔过长，对于配种后没有返情的羊要做妊娠诊断，妊娠诊断可以采用 B 超早期诊断，没有 B 超的羊场一般是通过观察母羊膘情和采食、精神状态等判断，一般在配种后 3 个月左右也可以通过人工触摸胎儿来确定妊娠。妊娠 3 个月后即进入妊娠后期，到 4~5 月龄时要将母羊转入产房待产，产羔后 3 个月左右断奶，断奶母羊转入空怀羊舍恢复体况，配种。

（一）空怀期母羊的饲养管理

母羊空怀期的营养状况直接影响着发情、排卵及受胎，加强空怀期母羊的饲养管理，尤其是配种前的饲养管理对提高母羊的繁殖力十分关键。

母羊空怀期因产羔季节不同而不同。羊的配种季节大多集中在每年的 5—6 月和 9—11 月。常年发情的品种也存在一定季节性，春季和秋季为发情配种旺季。空怀期的饲养任务是尽快使母羊恢复中等以上体况，以利配种。中等以上体况的母羊情期受胎率可达到 80%~85%，而体况差的只有 65%~75%。因此，在哺乳期应根据母羊体况适当提高日粮营养浓度进行短期优饲，适时对羔羊早期断奶，尽快使母羊恢复体况。

对于没有妊娠和泌乳负担且膘情正常的成年母羊，进行维持饲养即可。通常体重 40kg 的母羊，每日青干草供给量 1.5~2.0kg，青贮饲料 0.5kg。日粮中粗蛋白质含量需求为 130~140g，不必饲喂精饲料。如粗饲料品质差，每日可补饲 0.2kg 精饲料。母羊体重每增加 10kg，饲料供给量应增加 15% 左右。

配种前 45d 开始给予短期优饲，可以使母羊尽快恢复膘情，尽早发情配种，也有利于母羊多排卵，提高多羔率。配种前 3 周可适当服用维生素 A、维生素 D 和维生素 E。有一部分母羊在哺乳期能够发情，因此应在产羔后 1 个月左右开始试情，同时刺激母羊尽快发情。

另外，空怀母羊的疫苗接种和驱虫工作应安排在配种前 1~2 个月完成，以减少疾病的发生。

总之，在配种前期和配种期，加强空怀期母羊的饲养管理，是提高母羊受胎率和多羔率的有效措施。

（二）妊娠前期母羊的饲养管理

母羊的妊娠期约为 5 个月，妊娠前 3 个月为妊娠前期，胎儿发育缓慢，重量仅占羔羊初生重的 10%，但做好该阶段的饲养管理，对保证胎儿正常生长发育和提高母羊繁殖力起着关键性作用。

母羊在配种 14d 后，开始用试情公羊试情，观察是否返情，初步判断受胎情况；45d 后可用超声波做妊娠诊断，能较准确地判断受胎情况，及时对未受胎羊进行试情补配，提高母羊繁殖率。

母羊妊娠 1 个月左右，受精卵在未附植形成胎盘之前，很容易受外界饲喂条件的影响，如饲喂变质发霉或有毒饲料、驱赶等容易引起胚胎早期死亡；母羊的日粮营养不全面，缺乏蛋白质、维生素和矿物质等，也可能引起受精卵中途停止发育，所以母羊妊娠 1 个月左右的饲养管理是关键时期。此时胎儿尚小，母羊所需的营养物质虽要求不高，但必须相对全面。在青草季节，一般来说母羊采食幼嫩牧草能达到饱腹即可满足其营养需要，但在秋后、冬季和早春，多数养殖户以青干草和农作物秸秆等粗料饲喂母羊，但由于饲草营养物质的局限性，应根据母羊的营养状况适当补喂精饲料。

（三）妊娠后期母羊的饲养管理

母羊妊振后 2 个月为妊娠后期，这个时期胎儿在母体内生长发育迅速，90%的初生重是在这一时期长成的，胎儿的骨骼、肌肉、皮肤和内脏器官生长很快，营养物质要求优质、平衡。母羊妊娠后期营养不足，会导致羔羊初生重小、抵抗力差、成活率低。

妊娠后期，一般母羊体重增加 7~8kg，其物质代谢和能量代谢比空怀期高30%~40%。为了满足妊娠后期母羊的生理需要，舍饲母羊应增加营养平衡的精饲料。营养不足会出现流产，即使产羔，初生羔羊往往发育不健全，生理调节功能差、抵抗能力弱；母羊会造成分娩衰竭、产后缺奶；营养过剩，会造成母羊过肥，容易出现食欲不振，使胎儿营养不良。妊娠后期应当注意补饲蛋白质、维生素、矿物质丰富的饲料，如青干草、豆饼、胡萝卜等。临产前 3d，要做好接羔准备工作。

舍饲母羊日常活动要以"慢、稳"为主，饲养密度不宜过大，要防拥挤、防跳沟、防惊群、防滑倒，不能吃霉变饲料，以免引起消化不良、中毒和流产。羊舍要干净卫生，应保持温暖、干燥、通风良好。母羊在预产期前 1 周左右，可放入待产圈内饲养，适当运动，为生产做准备。

母羊在妊娠后期不宜进行防疫注射。羔羊痢疾严重的羊场，可在产前 14~21d，接种 1 次羔羊痢疾菌苗或五联苗，提高母羊抗体水平，使新生羔获得足够的母源抗体。

（四）哺乳期母羊的饲养管理

产后母羊经过阵痛和分娩，体力消耗较大，代谢下降，抗病力降低，如护理不好，会影响母羊恢复和哺乳羔羊。

1. 保持羊体和环境卫生

产房注意保暖，温度一般在 5℃ 以上，严防"贼风"，以防感冒、风湿等疾患。母羊产羔后应立即把胎衣、粪便、分娩污染的垫草及地面等清理干净，更换清洁干软的垫草。用温肥皂水擦洗母羊后躯、尾部、乳房等被污染的部分，再用高锰酸钾消毒液清洗，擦干。经常检查母羊乳房，如发现有奶孔闭塞、乳房发炎、化脓或乳汁过多等情况，要及时采取措施。

2. 产后饮喂温水

母羊产后休息半小时，饮喂 1 份红糖、5 份麸皮、20 份水配比的红糖麸皮水。之后饲喂易消化的优质干草，注意保暖。5d 后逐渐增加精饲料和多汁饲料，15d 后恢复到正常饲养方法。

3. 加强喂养和护理

母羊产后身体虚弱，补喂的饲料要营养价值高、易消化，使母羊尽快恢复健康和有充足的乳汁。对产羔多的母羊加强护理，多喂些优质青干草和精饲料。泌乳盛期一般在产后 30~45d，母羊体内贮存的各种养分不断减少，体重也有所下降。日粮水平根据泌乳量进行调整，通常每天每只母羊补喂多汁饲料 2kg、精饲料 600~800g。泌乳后期要逐渐降低营养水平，控制混合精饲料的喂量。

4. 搞好圈舍卫生

哺乳母羊的圈舍必须经常打扫，以保持清洁干燥，对胎衣、毛团、塑料布、石块、烂草等要及时扫除，以免羔羊舔食引起疫病。

在生产中，有的母羊产羔断奶后 1 年都没有配种妊娠，这样无疑增加了饲养成本。产后不发情的原因有很多，如发情表现不明显或者有生殖障碍疾病，需要对断奶母羊实时监控，密切注意产后发情，对没有及时发情的母羊进行检查，采取人为干预措施促使其发情，措施无效可以考虑淘汰；对配种羊要观察前 2~3 个发情期是否返情，及时补配。

五、羔羊的饲养管理

1. 防寒保温

初生羔羊体温调节能力差，对外界温度变化极为敏感，要求舍内温度保持在 5℃ 以上。地面上铺一些御寒的材料，如柔软的干草、麦秸等，并检查门窗是否密闭，墙壁不应有透风的缝隙，防止因贼风侵袭造成羊只患病。

2. 初生护理

羔羊出生后应尽快擦去口鼻黏液，以免造成异物性肺炎或窒息，让母羊舔去羔羊身上的黏液。对出现假死的羔羊，应立即采取人工呼吸等措施抢救。羔羊脐带最好能自然拉断，在断处抹上 5%~7% 碘酊；若没有拉断，可用消毒过的剪刀在距体躯 8~10cm 处结扎后剪断，涂碘酊消毒。初乳对羔羊的生长发育至关重要，干物质含量高，矿物质、抗体含量高，可促进胎粪排出和提高免疫力。当羔羊能够站立时，应立即让其哺食初乳。如果初乳不足或没有初乳，可按下列配方配成人工初乳。配方为：新鲜鸡蛋 2 个，鱼肝油 8mL 或浓鱼肝油丸 2 粒，食盐 5g，牛奶 500mL，适量的硫酸镁。在羔羊哺食初乳前，应将母羊乳房擦净，挤掉几滴乳，然后辅助羔羊哺乳。为便于管理，哺食初乳后在羔羊体躯部位标注与其母亲相同的标记或编号。出生 3d 后，对健康的羔羊进行断尾。

3. 羔羊的哺乳

初生羔羊大多情况下是母乳喂养，但是有些弱羔、双羔以及母羊产后死亡的羔羊，应采取代哺或人工哺乳。

（1）母乳营养全面。母乳营养价值较常乳要高，不但含有大量对生长及防止腹泻不可缺少的维生素 A，而且含有大量蛋白质，特别是清蛋白和球蛋白含量比常乳高 20~30

倍。母乳中营养物质无须经过肠道分解，可以直接吸收，是新生羔羊获得抗体的唯一来源，也是羔羊前期最好的食物来源。

（2）寄养代哺。当母羊乳少或者母羊死亡，可将羔羊寄养给乳母代哺。乳母选择产后死羔或泌乳特别多、母性强的母羊。母羊是用嗅觉来识别羔羊的，寄养时，最好选在夜间，将乳母的乳汁抹在羔羊身上，或将羔羊的尿液抹在母羊的鼻端，使气味混淆。将羔羊放入乳母栏内，连续 2~3d 后，即可寄养成功。

（3）人工哺乳。目前，大多羊场一般采用新鲜牛奶或羔羊代乳粉作为人工哺乳原料。牛奶哺乳要加温消毒，而且要定人、定温、定量、定时、定质。温度一般为 38~39℃，喂量一般为 1 周龄 0.6kg，2 周龄 0.9kg，3~4 周龄 1.2kg，5 周龄 1.5kg，14 周龄以上减为 0.5kg；时间一般为 1~4 周龄每间隔 4h 喂 1 次，5~7 周龄每间隔 6h 喂 1 次，8 周龄以上每间隔 12h 喂 1 次。羔羊代乳粉用 60℃ 左右的水冲开进行饲喂。使用量和饲喂次数因不同生产厂家使用说明而定。

常用的人工哺乳方法有盆饮法、胶皮哺乳瓶和自动哺乳器喂给 3 种方法。盆饮法羔羊哺乳很快，对个别羔羊，因饮乳过快，极易产生腹泻现象。采用胶皮哺乳瓶和自动哺乳器，则可以避免这一缺陷。

人工哺乳的羔羊，一般需要训练，如果采用的是盆饮法，最初可用两手固定羔羊头部，使其在盆中舔乳，以诱其自己吮食，或给羔羊吸吮指头，并慢慢将羔羊引至乳汁表面饮到乳汁，然后才慢慢取出指头。饲养员将指甲剪短磨平、洗净，避免刺破羔羊口腔及吮入污垢。用带胶皮哺乳瓶或自动饮乳器人工哺喂羔羊时，只要将橡皮头或自动哺乳嘴放进羔羊嘴里，羔羊就会自动吸吮乳汁。

人工哺乳注意事项。① 羔羊出生后最初几日，应该让其吸吮到足够的初乳。② 人工喂养中的"定人"，就是从始至终固定一专人喂养，这样可以熟悉羔羊生活习性，掌握吃饱程度，喂奶温度、喂量以及在食欲上的变化，健康状况等。③ 喂奶时尽量采用自饮方式，用胶皮哺乳瓶或自动哺乳器喂奶时，不要让嘴高过头顶，以免把奶灌进气管，造成窒息呛奶；让奶头中充满奶汁，以免吸进空气引起肚子胀或肚子痛。④ 搞好人工哺乳各个环节的卫生消毒。喂奶前，饲养员应洗净双手，喂完后随即用温水将奶瓶、盛奶用具冲洗干净，用干净布或塑料布盖好。喂完病羔的用具要先用高锰酸钾、来苏尔、新洁尔灭等消毒，再用温水冲洗干净。⑤ 每次哺奶后，为防止羔羊互相舔食，应用清洁的毛巾擦净羔羊嘴上的余奶。⑥ 病羔和健康羔使用的器具应分开。

4. 羔羊补饲

羔羊补饲的目的是使羔羊获得营养物质，促进羔羊消化系统和身体发育。羔羊出生后 8d 就可以喂给少量羔羊代乳料，训练吃细嫩的青草或优质干草。羔羊代乳料是以玉米、豆饼等为主要原料加工成粉状，加上乳酸菌和酶制剂调制而成。营养成分丰富，易于消化吸收，羔羊食后一般无腹泻现象。羔羊 20 日龄前，代乳料用 5 倍的开水冲熟，晾到 37~38℃ 时用奶瓶供羔羊吸吮。羔羊 21 日龄后可干喂，也可拌在块茎饲料中饲喂。补饲标准一般每日每只羔羊从 8 日龄 25g 逐渐增至 3 月龄 100g，4 月龄时喂量达 200g。青绿饲料可以切短，胡萝卜可切成丝，均匀地撒在槽内，让其自由采食。干草和农副产品主要有苜蓿干草、花生秧、红薯蔓等。

在运动场内，应经常放置盛有清洁饮水的水盆，让羔羊自由饮用。出生后 40~60d 是奶和饲料并重阶段，补料中蛋白质含量要丰富，经常观测羔羊的发育速度。如果过肥，可减少精饲料，增加优质干草，但不能喂含水分过多的饲料，否则会出现大腹。日粮蛋白质含量适宜，防止公羔得尿结石。

5. 羔羊运动

加强运动，有利于增强体质，促进羔羊健康生长，提高抵抗疾病的能力。晴朗天气，10日龄羊羔可在运动场自由活动。春羔应在中午暖和时放到运动场，逐渐增加活动时间。

6. 羔羊去势

对不留作种用的公羔，应在断奶前后去势。公羔去势后性情温驯，易于管理，饲料报酬提高，且肉的膻味小，肉质细嫩。但如果出栏年龄比较小，一般不需要去势，特别是羔羊强度直线育肥。常用的去势方法有刀切法和结扎法。

刀切法：适用于2周龄以上的公羊。一人保定羊，另一人用碘酊消毒羔羊阴囊外部后，一手握住阴囊上方，另一手用消毒过的手术刀在靠近阴囊侧下方1/3处切口，将睾丸和精索一并挤出扯断，刀口涂碘酊并撒上消炎粉。

结扎法：在小公羊1周龄左右，将睾丸挤到阴囊的外缘，在精索部将阴囊用橡皮筋紧紧结扎，经过15~20d，阴囊和睾丸萎缩并自然脱落。

7. 羔羊断奶

发育正常的羔羊，在3~4月龄断奶。若羔羊发育好，1年产两次羔的，断奶时间可适当提早一些；若发育较差或计划留作种用的，则断奶时间可适当延长。在羔羊断奶前1个月，每只每日补喂精饲料100g，并随同母羊采食精饲料和多汁饲料，给予充足的食盐和饮水。断奶时，要逐只称重，做好记录。由于羔羊出生日期不一，故根据配种期高峰是1个月，而产羔期高峰也是1个月，可以采取产羔期开始后110d全部一次断奶，便于母羊、羔羊分别统一饲养管理。极个别弱小羔羊满4个月后再断奶。具体实施方法：人工哺乳的羔羊，逐渐减少哺奶量，最后停止喂奶。自然哺奶的，哺奶次数由原来1d哺奶3次，减少到2次/d，然后1次/d，2d 1次，1周左右完全断掉。

断奶后的羔羊先留在原来的羊舍内数日，以减少应激反应。母羊和羔羊相隔距离不可过近，要彼此听不到叫声，避免给双方造成不良情绪。为方便护理和观察，应根据羔羊日龄、体重、性别进行必要的分栏。

8. 羔羊环境卫生

初生羔羊体质弱，抗病力差，发病率高。发病的原因大多由于羊舍及其周围环境卫生差，使羔羊受到病原菌的感染。因此，饲养人员应搞好圈舍卫生，及时消毒，减少羔羊接触病原菌的机会。

9. 羔羊疾病预防

羔羊出生时注射抗破伤风毒素，1周内注射"三联四防"疫苗。断奶时，及时注射口蹄疫疫苗、"三联四防"疫苗以及驱虫药物等。饲养员每天在添草喂料时认真观察羊只的采食、饮水、排便等是否正常，发现病情及时诊治。

第四节　高床专业化肉羊育肥技术要点

羊以食草为主，相对于其他畜禽粗纤维消化能力强，可达80%以上，是理想的节粮型家畜。羊通过专业化育肥可提高出栏率、出肉率和商品率，还可减轻冬春季饲草缺乏的压力，亦可避免掉膘现象的发生。从育肥效果来看，肉用品种杂交羊育肥效果好于肉毛兼用羊，更好于普通羊；架子羊与淘汰羊的短期快速育肥效果好于放牧羊，架子羊育肥效果又好于淘汰羊；公羊育肥效果好于母羊，而高床专业化羔羊育肥因具有生产周期短、生长速度快、饲料报酬高和肉质鲜嫩多汁等优点成为育肥主力。

一、高床专业化肉羊育肥应遵循的原则

（一）合理供给饲粮

根据饲养标准，结合育肥羊自身的生长发育特点，确定肉羊的饲粮组成、日粮供应量或补饲定额，并结合实际的增重效果，及时进行调整。

（二）突出经济效益，不要盲目追求日增重最大化

尤其在舍饲肥育条件下，最大化的肉羊增重，往往是以高精料日粮为基础的，肉羊日增重的最大化，并不一定意味着可获得最佳经济效益。因此，在设定预期肥育强度时，一定要以最佳经济效益为唯一尺度。

（三）合理组织生产，适时屠宰肥育羊

根据育肥羊开始时所处生长发育阶段，确定育肥期的长短。过短，肥育效果不明显；过长，则饲料报酬低，经济上不合算。因此，肉羊经过一定时间的育肥达到一定体重时，要及时屠宰或上市，而不要盲目追求羊只的最大体重。因地制宜地确定肉羊育肥规模，在当地条件下，按照市场经济规律，寻求最佳经济效益。

二、育肥前的准备工作

（一）建好圈舍

舍饲养羊要有圈舍和较充足的活动场地。羊舍面积以饲养羊的数量而定，通常每只羊平均占地面积为 $0.8 \sim 1.2 m^2$。

（二）备足草料

饲草饲料是肉羊育肥的物质基础。育肥肉羊必须料草先行，可通过 4 个途径解决：一是充分收集当地生产的花生秧、红薯秧、槐树叶、杨树叶等营养较高的秧蔓和树叶。二是进行青贮和微贮。若是麦秸和干玉米秸秆可进行微贮。秋季玉米收获后要及时将青秸秆切短进行青贮。三是利用糟、渣类副产品，如酒糟、豆腐渣、粉渣等。四是种植紫花苜蓿、冬牧 70-黑麦、籽粒苋等各种优质牧草。

（三）选好品种

高床舍饲养羊要结合当地的生产实际，选择适应当地生态条件、生产性能高、产品质量好、饲养周期短、市场好、经济效益高的优良品种。绵羊和山羊都有很多品种适应舍饲，单纯从舍饲角度来讲，肉用羊舍饲效果较明显。山羊一般选用波尔山羊与当地山羊的杂交后代；绵羊要选杜泊羊、澳洲白、夏洛莱、无角道赛特、萨福克、德国肉用美利奴羊等与湖羊或当地绵羊的杂交后代。

（四）肥育羊的选择

从外引进羔羊应遵循"宁近勿远"的原则，不宜从疫区引进羔羊，应选择精神状态好、被毛顺、步态稳、活泼好动的个体。一般而言，幼龄羊比老龄羊增重快，育肥效果好。羔羊1~8月龄的生长速度最快，且主要生长肌肉，选择断奶羔羊作育肥羊，生产出的肥羔肉质好、效益高。公羔比母羔生长快，增重潜力大，屠宰率高，因此断奶公羔是育肥羊的首选。

（五）圈舍消毒

搞好圈舍的清扫、消毒，做好育肥期间的卫生工作，可以有效地防止育肥期间羊只发病。

（六）减小运输应激与驱虫

运羊车辆应配备带有多个隔栏的羊笼。对于大小差别较大的羊应分栏装运。车厢底部应铺上草帘；夏季，车厢应加装顶棚，且保持良好通风；冬季，车厢应有防风设施。装羊前，应对运输车辆进行全面消毒，抓羊装车时，应轻抓轻放。在运输途中，应避免急加速、急减速、急超车、紧急制动等，过坑和不平路面时应减速；应注意观察有无羊只被挤压，应及时扶起被挤压的羊。长途运输应备好草料，可按每只羊每天1~2kg草料准备，并备好饮水盆，在运输途中应选择清洁水源加水。引进羊运输应激处理程序如下：运输前饮水加0.2%的复合电解多维，连饮3~5d。进场第1d饮水中添加0.1%高锰酸钾，每只供给量约500mL。第2d和第3d饮水中加入病毒灵（每克兑水1~2kg）和盐酸土霉素（每克兑水3~4kg）。这3d内暂停在饮水中添加复合电解多维。前3d自由采食优质干草或半干草，不得吃带露水或淋雨的草，3d后可按正常饲养；进场的羊宜在阳光充足时进行带羊消毒。第4d按说明书规定用法和用量使用丙硫咪唑、伊维菌素或其他同类型药物进行驱虫。饮水中应停止使用前3d添加的药物，恢复使用复合电解多维3~4d。适时进行免疫接种。引进羊中如发现眼红肿、口疮、腹泻、呆滞或长卧等症状，应及时隔离治疗。

三、育肥类型

根据育肥年龄，肉用羊育肥分为羔羊育肥和成年羊育肥。羔羊育肥是指1周岁以内没有换永久齿的幼龄羊育肥，目前应用较多；成年羊育肥是指成年羯羊和淘汰老弱母羊，通过增加营养，短期达到满膘育肥，主要沉积的是脂肪。

（一）羔羊育肥

羔羊育肥技术是指利用其早期生长速度快、饲料报酬高的特点，限制其运动消耗进行的舍饲育肥，通过饲喂优质牧草和精饲料，最大限度满足其各阶段营养需要，在较短的时期内达到适于屠宰的体重，提高商品羊的个体重、肉质的一种高效育肥技术。舍饲育肥是工厂化专业肉羊生产的主要方法，其优点是增重快、饲料转化率高、肉质好、经济效益高。

羔羊在哺乳期内体重增加最快，每日平均可达200~300g，以后随着日龄的增加而逐渐减慢，羔羊从出生到12月龄期间脂肪生长较慢，但稍快于骨骼，以后生长变快。脂肪的生长顺序是：育肥初期网油和板油增加较快，以后皮下脂肪增长较快，最后沉积到肌纤维间，使肉质变嫩。脂肪沉积的先后次序大致为：出生后先形成肾、肠脂肪，而后生成肌肉脂肪，最后生成皮下脂肪。不同品种类型的羊脂肪沉积情况有所不同，肉用品种的脂肪生成于肌肉之间，皮下脂肪生成于腰部。肥臀羊的脂肪主要聚集在臀部。瘦尾粗毛羊的脂肪以胃肠脂肪为主。专门化早熟肉用品种当达到屠宰体重时，总脂肪量比乳用品种要高，且早熟品种皮下脂肪含量较高。脂肪沉积与年龄有关，年龄越大则脂肪的百分率越高。

育肥羔羊年龄为 2.5~3 月龄，育肥时间长，一般在 3~4 个月；4~5 月龄羔羊，育肥时间短，一般在 2~3 个月即可出栏。育肥羊性别影响育肥效果，公羔增重好于母羔，羔羊育肥时间短，一般 6 月龄左右就出栏，不需要去势，而公羔雄性激素可提高生长速度，所以经济效益明显。

1. 羔羊日粮要求

羔羊育肥要在较短的时间获得较大的增重，因此要求日粮营养水平高且平衡。育肥饲料由青粗饲料、农业加工副产品和精料补充料组成，常见饲料有干草、青草、树叶、作物秸秆、各种糠、糟、油饼、食品加工糟渣等。育肥期 2~3 个月。育肥初期以青粗饲料为主，占日粮的 60%~70%，精料占 30%~40%；育肥后期加大精饲料饲喂量，占日粮的 60%~70%。为了提高饲料的采食量和消化率，各种饲料要进行必要的加工，如秸秆可进行氨化或微贮处理，青干草铡短，精饲料进行粉碎混合，有条件的可配制 TMR 饲料或者使用全价颗粒饲料。

饲草最好铡短并添加酶制剂发酵，再与精饲料混合饲喂。精饲料可根据羊的膘情酌情添加。须注意的是，羊的反刍特性决定了应以粗饲料为主、精饲料为辅，而农户在解决粗饲料单一、羊生产育肥速度低下的问题时，只是盲目增加精饲料的喂量，这样既增加了饲养成本，长期高精料日粮还会增加酸中毒、黄膘肉风险。在饲养过程中推荐用苜蓿代替部分精饲料，这样羊的瘤胃更健康，羊更健康，减少结石发生。

2. 羔羊分阶段育肥

从外引进的羔羊（20~25kg），应给予一定的适应期，根据运输路程远近和羊群健康状况，适应期以 15d 为宜。1~3d 仅喂干草，自由采食和饮水。干草以青干草为宜，铡短成 2~3cm。4~11d 逐步用适应期日粮代替干草，此后，饲喂适应期日粮。适应期配方日粮，玉米 20%、豆粕 7%、麸皮 5%、混合粗饲料 65%、食盐 1%、石粉 1%、羊育肥专用复合添加剂 1%。

育肥前期（1~30d）：1~7d 逐步用育肥前期日粮替换适应期日粮，8~30d 饲喂育肥前期日粮。日粮配方：玉米 22%、豆粕 10%、麸皮 5%、混合粗饲料 60%、食盐 1%、石粉 1%、羊育肥专用复合添加剂 1%。育肥中期（31~74d）：31~36d 逐步用育肥中期日粮替换育肥前期日粮，38~74d 饲喂育肥中期日粮。日粮配方：玉米 28%、豆粕 10%、麸皮 8%、混合粗饲料 50%、食盐 1%、石粉 1.5%、小苏打 0.5%、羊用复合添加剂 1%。育肥后期（75~90d）：75~82d 逐步用育肥后期日粮替换育肥中期日粮，83~90d 饲喂育肥后期日粮。日粮配方：玉米 58%、豆粕 10%、麸皮 8%、混合粗饲料 20%、石粉 1.5%、食盐 1%、小苏打 0.5%、羊用复合添加剂 1%。以上配方中的混合粗饲料应根据当地饲料资源进行组合，可以由牧草、秸秆、青贮饲料、糟渣等混合而成。

羔羊进入育肥后要根据品种、体重、性别等进行分群饲养，在育肥过程中要定期地称重，根据羔羊的生长发育状况和体重合理地安排饲喂，提供充足的饮水。育肥羔羊时要根据市场的要求以及育肥的成本来确定最佳的育肥时间。地方品种育肥羔羊体重达到 25kg 以上，波杂羔羊体重达到 35kg 以上，绵羊育肥羔羊体重达到 45kg 以上，应及时出栏上市。育肥期内，育肥羔羊体重达到目标体重时，可提前出栏；育肥期结束，育肥羔羊体重未达到目标体重时，可延长 5~10d 出栏。在育肥过程中要注意加强羔羊的饲养管理工作，根据羔羊的品种、健康状况、生产管理以及饲料供应情况提供科学的饲养管理方法。

（二）成年羊育肥

主要指对 1 岁以上的绵羊、山羊，其中包括不同年龄的乏瘦羊，以及淘汰母羊等的育肥。共同特点是体质弱、膘情差、精神状况中等。通过 60~75d 育肥，膘情达标即可屠宰。

1. 成年羊育肥期的营养需要

成年羊的生长发育已经停止，增重主要是脂肪的沉积，因此对能量的需求量较大，日粮中的营养物质除了能量外，其他的营养物质成分要略低于羔羊。做好成年羊的育肥工作，可能在较短的时间内获得较高的增重，从而降低饲料的消耗量。成年羊在育肥的过程中，肉的品质会发生很大的变化，随着膘情的改善，羊肉中的水分相对减少，同时脂肪的含量相对增加。羊体的脂肪形成主要来自于饲料中的碳水化合物、脂肪和蛋白质。饲料中饱和脂肪酸，经瘤胃微生物的作用变成饱和脂肪酸，再吸收后沉积在羊体的脂肪中。饲料中的无氮浸出物、粗纤维等碳水化合物是羊增加体脂的主要来源，蛋白质是形成体脂的次要原料。因此，要保证成年羊在育肥期有充足的富含碳水化合物的饲料供应。育肥日粮的组成要合理，粗精比例要适宜，要根据当地的饲料资源合理地配制日粮，为了提高育肥效益，要充分地利用天然牧草、秸秆、树叶、农副产品以及各种下脚料等，以扩大饲料的来源，合理地利用添加剂，并要按照说明添加，保证全天采食量充足，使日增重达到 200g 以上。

2. 分段饲养

成年羊育肥的技术要点主要是分段饲养，整个育肥期可分为适应期、过渡期、催肥期 3 个阶段。

（1）适应期。育肥羊由放牧地转入舍饲，初始有一个过渡阶段，时间 10d 左右，主要任务是熟悉环境，消除运输过程中的应激反应，恢复体力。日粮以品质优良的粗饲料为主，不喂或少喂精料，随着体力的恢复，逐步增加精饲料，以满足生理补偿需要。

（2）过渡期。这个时期 25d 左右，任务是适应粗粮型日粮，防止膨胀、拉稀、酸中毒等疾病的出现。

（3）催肥期。时间约 30d，通过提高精料比例，进行强度育肥，饲料的饲喂次数由 2 次改为 3 次，尽量让羊多吃，使日增重达 200g 以上。

一般将饲草与精料加水拌匀后饲喂，加水量以羊感到不呛为原则，过干呛肺易发生异物性肺炎。但对青贮饲料则不适合，因为羊采食时是先挑精料吃，然后才采食粗料，这种方法不符合先粗后精的原则。比较合适的方法是上午喂粗饲料，下午喂精粗混合料。另外，饲料更换要逐步进行，先更换 1/3，过 1~2d 再更换 1/3，1~2d 后全部更换，使育肥羊的消化机能逐步适应更换的饲料条件，切忌突然变换饲料，否则易引起食欲下降或伤食。

四、免疫接种

（一）免疫程序

免疫接种对于传染病的预防十分重要，由于专业化育肥的羔羊通常来源比较复杂，因此在进场后都要重新进行完整的免疫接种。目前对于羊还没有一个标准的免疫程序，表12-1是根据江苏区域内羊的疫病流行情况和发病特点而制定，养殖户可在实践中根据本地区、本羊场的实际情况进行调整。

表12-1 新引进羔羊免疫程序

序号	接种时间	疫苗名称	预防的疫病	用法及用量	保护期	备注
1	进场第1周	羊梭菌病多联干粉灭活疫苗	羊快疫、猝疽、羔羊痢疾、肠毒血症	每头份用1mL 20%氢氧化铝胶盐水稀释，大小羊皮下或肌内注射1mL	6个月	14d后产生免疫力，母羊怀孕后30~40d注射1次
2	进场第2周	小反刍兽疫活疫苗	小反刍兽疫	颈部皮下注射1mL	3年	14d后产生免疫力
3	进场30d	山羊传染性胸膜肺炎灭活疫苗	羊传染性胸膜肺炎	皮下或肌内注射，成年羊每只5.0mL；6月龄以下羔羊每只3.0mL	1年	14d后产生免疫力
4	进场45d	山羊痘活疫苗	羊痘	每头份用0.5mL生理盐水稀释，大小羊尾内侧皮内注射0.5mL	1年	6d后产生免疫力
5	进场60d	口蹄疫O型亚洲I型二价灭活疫苗	口蹄疫	颈部肌内注射，大小羊每只1.0mL	6个月	14d后产生免疫力
6	进场75d	羊败血性链球菌病灭活疫苗	羊链球菌病	颈或背部皮下注射，大羊2mL，小羊1mL	6个月	14d后产生免疫力

（二）疫苗使用注意事项

① 免疫前后10d不得使用抗生素及磺胺类药物；② 仅接种健康羊，抓羊时要轻抓轻放；③ 严格按照说明书用量使用疫苗，不得随意加量；④ 稀释后的疫苗应避免阳光直射，气温过高时在接种过程中应冷水浴保存，稀释后的疫苗尽快用完，羊数量多的时候，应注射完1瓶后再稀释1瓶；⑤ 各类疫苗应单独免疫，不与其他疫苗联合使用，与其他疫苗的间隔时间至少在1周以上；⑥ 用过的疫苗瓶及瓶中剩余疫苗应集中焚烧后深埋，接种用注射器、针头应清洗干净后消毒。

五、育肥羊的饲养管理

整个育肥期过程中，应经常观察羊群精神状态、食欲、粪便等，发现异常及时处理，喂料时应有所侧重，根据羊只大小、采食情况投喂。同一批育肥羊，不同的饲养员育肥效果会有差别，可见饲养管理看似简单，其实很有学问，除技术操作外，责任心和细心尤为重要。

每天早晨和傍晚将精料与草粉混合拌匀饲喂，保证槽内始终有草料和充足饮水。按照槽内草料剩余情况灵活掌握喂量。育肥开始和结束时空腹称重。粗饲料主要是优质草粉，如花生秧、红薯蔓、豆秸等，精饲料建议由浓缩料添加玉米和麸皮构成。

饲喂方法主要有两种。一种是可以让饲槽内一直保持有草粉和精料，让羊自由采食；另一种是每天饲喂 2~3 次，每次投喂量以羊 30~45min 吃完为准，饲料发霉变质不得饲喂。育肥羊必须保证清洁充足的饮水，应定期清洗消毒饮水设备，多饮水有助于降低消化道疾病、肠毒血症和尿结石的发生，同时可获得较高的增重。

1. 育肥前期

一般为 15d 左右。在这个阶段主要是让羊适应强度育肥的日粮、环境以及管理，为中后期强度逐渐加大做好准备。前 2d 喂给易消化的干草或草粉，不给或给少量精饲料，供应充足的饮水。从管理上进行剪毛和注射疫苗等工作。精饲料主要是由羔羊料逐渐替换为育肥饲料，粗饲料由苜蓿或优质干草、花生秧、红薯秧等组成。在春季疾病多发期，各种微生物活动频繁，因此春季育肥要注意传染病以及呼吸道疾病，在大群育肥时，要拌料饲喂预防呼吸道疾病的药，如泰乐菌素。实践证明，药物饲料添加可以有效预防呼吸道疾病。

2. 育肥期

这个阶段是育肥增重的重要时期，要视羊采食、被毛情况、精神状态、增重上膘情况，调整精饲料的比例，如果增重较快，粪便正常，可以提高玉米等能量饲料的比例。精饲料比例增加，个别羊会出现消化不良、腹泻等现象，还会发生结石病。尿道结石不容易治愈，采取手术方法成本高，因此建议直接淘汰。在育肥结束前几天要观察羊的采食情况，由于精饲料比例加大以及采食量增多，可能会出现腹泻现象；同时，留意市场行情，如价格合适，羊体重达到 40~45kg 即可出售或屠宰。夏季育肥，由于气温高，要注意防暑降温，饲喂时间做一定的调整，三伏天在早晚凉快的时候饲喂；专业化育肥场群体比较大，减少圈舍饲养密度，天热时羊有扎堆的现象，即天气越热越喜欢扎到一起，注意疏散；有的羊舍用石棉瓦或彩钢板搭建，夏天舍顶被晒透，羊舍闷热，必须采取降温措施，如安装排风扇或电扇，洒水、喷水降温并保持水槽内不能断水。

六、高床专业化育肥注意事项

（一）选择育肥日粮

育肥日粮应根据本地饲草资源确定，总的原则是一定要有粗饲料，在粗饲料为基础日粮的条件下，选择精料补充料。在粗饲料选择方面，应主要根据本地饲草资源，也可利用一些非常规粗饲料，如酒糟、菌类、食品加工下脚料等；精饲料要根据育肥规模和有无自配料技术和设备来考虑。商品化育肥饲料，分为预混料添加剂、浓缩料和全价饲料，预混料按添加比例一般分为 1% 或 4%，选用预混料一般应具备饲料加工能力，对于中小规模育肥场建议采用购买浓缩料。浓缩料一般在全价料中比例为 30%~40%，其他由能量饲料补充。在初次育肥或经验不足的饲养者可以选择全价料，无须添加其他饲料，可直接饲喂。

（二）把握育肥周期和出栏时机

育肥周期和出栏时机是影响经济效益的重要因素，即使增重速度很快，饲料转化率很高，如果育肥时间掌握不好，出栏时机不恰当也会影响利润获得。一般 4~5 月龄的育肥羊经过 2 个多月的强度育肥可达到 40kg 左右，膘情达到出栏程度，日增重达 250~300g。但还要看市场行情，有时赶在节前提前几天出栏可能利润不减，实践中有的育肥效果不错，但没有把握好出栏时机，错过行情最佳时期，结果经济效益不理想。一般在春节前或者从进入冬季之后，羊肉需求加大，活羊价格上涨，一直涨到春节，因此要关注市场行情，把握好最佳出栏时机。

（三）注意避免突然更换饲料

变换饲料时要有过渡期，绝不能在 1~2d 全部改喂新饲料，精饲料的变换，要以新旧搭配，逐渐加大新饲料比例，3~5d 全部换完；粗饲料换成精饲料，应坚持精饲料逐渐增加的方法。育肥期间日粮不提倡变动过大；日粮可以精、粗饲料分开饲喂，也可以混合饲喂，由于混合均匀，品质一致，饲喂效果更好；日粮制成粉状粒状或颗粒饲料，粉状饲料中的粗饲料要适当粉碎，粒径 1~1.5cm，饲喂时应适当拌湿。颗粒料粒径为：羔羊 0.8~1.0cm，大羊 1.3cm。颗粒饲料可提高采食量，减少饲料浪费。

（四）保证充足干净的饮水

多饮水有助于降低消化道疾病和尿结石的发生率，同时可获得较高的增重。除在日粮搭配上多增加一些多汁饲料外，还要饮水充足，如有条件冬季尽量给温水，给羊饮温水一方面可以促进消化，另一方面可以减少体内能量消耗。虽然冬季羊需水量减少，但每天至少应给羊饮 2 次水，长时期缺水，羊会出现厌食，处于亚健康状态，特别是育肥羊，日粮精料比例较大，更需要增加饮水次数。

（五）做好疾病的预防工作

做好疾病的预防工作，首先要做好卫生的清理与消毒工作，每天饲喂的饲料要求无霉变、无污染、无杂物，饮水也要保持清洁卫生。羊舍和运动场要经常的清扫，并定期进行消毒，勤换垫料，使羊舍干燥，运动场应干燥不泥泞，可以铺一些干燥沙子，特别是在寒冷季节，尽量减少羊舍地面上存水。另外，饲喂的工具也要保持干净并定期消毒。为了防止疫病的发生，从外地引进羊时要做好检疫和隔离的工作。定期对羊群进行驱虫，一般每年的春秋两季各进行 1 次全群驱虫。另外，还要对羊群进行免疫接种工作，并定期进行抗体的检测，及时进行补免，在免疫接种时要认真、细致，避免发生漏免、重复免疫的现象。

在春季疾病多发期，各种微生物活动频繁，因此春季育肥要注意传染病以及呼吸道疾病，在大群育肥时，要拌料饲喂预防呼吸道的药物，如泰乐菌素。实践证明，饲料添加药物可以有效预防呼吸道疾病。

冬季天气寒冷，病原微生物活动减少，腹泻、传染病等疾病发生率减少，容易放松警惕，病原微生物在冬季潜伏，如果冬季做不好防疫，羊体内没有免疫力或免疫水平较低，当春季到来时，病原很容易侵入羊体内，暴发传染病。

第十三章　福利养羊技术与应用

　　动物福利体现了人类对自然环境的态度，是衡量一个国家文明程度的重要指标，同时也关系到经济可持续发展问题。目前，我国多种畜禽养殖数量已经位居世界前列，成为农产品出口的一个重要方向，动物性产品在我国对外贸易中占有重要地位。欧盟及美国、加拿大、澳大利亚等国都有动物福利方面的法律，世界贸易组织的规则中也有明确的动物福利条款。中国作为一个发展中国家，从事动物福利的科研人员较少，动物福利立法滞后，动物保护与动物福利意识差，在动物福利研究和推行方面远远落后于发达国家，特别是欧盟国家。当前，片面追求经济效益带来了一系列福利问题，不仅没有真正实施动物福利，甚至还存在着虐待家养动物、捕杀野生动物等情况。

　　动物福利条款对我国动物性产品国际贸易的影响正逐渐增大，而我国动物福利立法和保护滞后，这一矛盾及其产生的长远危害势必影响产业的可持续发展，有必要引起从业人员和研究人员的高度重视。

　　改革开放以来，中国羊产业发展日益加快，正在成长为畜牧业之中的一个"朝阳产业"。特别是"粮改饲"以及节粮型畜牧业发展战略的提出，使我国现代集约化养羊生产有了较大的发展。在快速发展过程中，羊的福利问题也越来越多，但与家禽、猪的福利重视程度相比，羊业生产福利关注还远远不够。

　　绵、山羊在世界范围内分布广泛，品种很多，习性不一，在人类早期生活和生产实践中就已经驯化养殖。人类养殖绵（山）羊多为获取其毛、肉、皮或奶。根据不同的目的需求，养殖和利用的方法也各有差异，但无一例外都涉及福利问题。本章内容共包括5节，从羊特别是绵羊的福利简介开始，依次阐述了野生和家养绵羊与环境的关系，绵羊的行为及其福利，感知、社会认知和意识能力，疾病及其防治对绵羊福利的影响，饲养条件及其对绵羊福利的影响，营养与福利的关系等多方面的问题。

第一节　羊的福利

一、福利的定义

　　大多数人认为关心动物福利是一件好事，至于动物福利到底是什么，那是另外一码事。10多年来，对动物福利的一般性概念缺少共识一直是动物福利科学的一个难题。一些作家提议，动物福利应该是"连接科学和伦理的桥接概念"（Fraser 等，1997）。动物福利的概念既要能够用科学方法来评估，又要能反映出社会的伦理问题。Fraser 于 1999 年提出，动物福利可分成"描述性陈述"，即描述畜舍系统的一些性能、环境、动物等；"价值性陈述"，即价值方面的陈述（对动物的生活质量而言，是更好，更糟糕，还是非常重要等）和"规范性陈述"，即反映伦理道德问题，对动物应该做还是不应该做。这种模式下，动物福利是一个可评估的概念，我们可以定量分析动物的生活质量。这个概念将动物福利和伦理道德联系起来，并且可以分离出是否可被科学评估的内容，但我们仍然需要一些测量方法来区分对动物而言是"好"还是"糟糕"的福利。

以下是一些大多数人所接受的关于动物福利的概念：① 动物福利是动物的一个属性（而不是环境，或者赋予给动物的其他方面）；② 关注动物福利就是关注动物的"生活质量"；③ 动物福利具有从"很糟糕"到"很好"的连续性。综合性评述如下。

动物福利是一个广泛的术语，包含动物的生理健康和心理健康。所以任何对动物福利的评价必须有科学的依据，即从动物的结构、功能或者从行为中推断出它们的情感。

在本定义中，明确指出动物福利由动物生理和心理两个方面的生活质量组成，不仅仅是没有疾病。这个定义后来又补充了一些扩展到所有农场动物的限制条例（即许多国家推荐使用的五大自由动物福利规范准则）：① 免受口渴、饥饿和营养不良的自由——自由接触清洁饮水和保持健康和精力所需要的食物；② 免受热应激或其他身体痛苦的自由——提供一个合适的环境，包括畜舍和舒适的休息区域；③ 免受疾病、伤害、疼痛的自由——做好卫生防疫，预防疾病，及时诊治患病动物；④ 表达天性的自由——提供足够的空间、适当的设施，与同类动物生活在一起；⑤ 免受痛苦和恐惧的自由——保证舒适的生活环境和良好的医疗条件，避免精神痛苦。

这些概念包含动物的健康状况、情感状态、身体机能和行为功能，在许多国家，这"五大自由"经修改后纳入农场动物的福利法规。在试图获得可衡量的指标来描述动物福利状态的过程中，出现了三大思想派别：① 基于自然生活的动物福利的定义，这个动物福利的定义认为，好的动物福利是动物能够进行自然的生活和自由表达其进化后的行为模式。② 基于情感的动物福利定义，这种福利的定义认为关注动物福利事实上是关注动物主观体验，涉及动物的"情感"。动物之所以区别于植物是因为它具有感觉能力，具有体验疼痛、恐惧、痛苦、快乐等的能力，是那些在决定动物福利中起着核心作用的情感状态的体验。③ 基于生物功能的动物福利的定义。该定义主要是注重动物的生理反应，尤其是下丘脑-脑垂体-肾上腺轴的功能（Hypothalamic-pituitary-adrenal，HPA 轴），交感神经-肾上腺-骨髓系统轴（Sympathetic-adrenal medullary system，SAM），免疫功能、身体状态和农业生产率测定。

在极端情况下，动物福利的构成似乎很难达成共识，使用不同的定义可能会导致对动物福利定义完全不同的结论。实际上，许多动物福利的科学家们都使用不同情况下的定义，它可能包含上述 3 种定义的部分或全部内容。许多概念可以融合在一起，尤其是当我们把情感和生物功能看做是动物对环境的进化和适应时。如果我们以为情感是为提高适应度而设计的进化机制，那么情感可能与自然生存和生物功能两方面有关。在自然环境条件下，动物通过进化机制可以应对一些轻微的应激，并能够通过玩耍、探究和社群接触来表达积极的情感状态。动物的整体性或者终极目标与生物功能定义有关，允许动物在其适应性进化的环境中表现其物种特定的适应性。

　　一种整合性动物福利假说已形成，其试图将每个动物福利概念的重要因素融合成一个单一的定义。该假设的基本特征是动物（由动物进化出的所有适应性特征组成）和环境（由动物经历的一系列挑战组成）。然而，这并不意味着动物一直处于良好福利的恒定状态（我们开始偏离了自然生存动物福利的定义）。有时候动物的适应性不足以应对它经历的挑战。比如，在干旱季节，可能存在严重的食物短缺，尽管动物具有进化的觅食行为，但其仍然可能会体验饥饿，并显示出与营养不良有关的生物功能的变化（动用体储、生长减速、生殖功能发生改变等）。在这种情况下，虽然动物福利的情形是不好的，但我们期望它的生物功能能够反映在其主观感受中。

二、羊的福利概述

（一）羊福利的认知

　　为了识别动物福利问题，我们需要用不同的方法来评估动物是否有生物功能改变的迹象、是否能表达自然行为、是否正在经历消极情绪状态。后者可能非常困难，但所有这些福利评估措施或指标在评估过程中均存在各自的弊端。意见的分歧在于每种测量方法的有效性和精确度，通常认为没有一个简单的测量方法可以描述动物福利的状态，评估的最佳方案是采取综合的和整合的措施。在试验方法上，衡量措施可分为生理、生产（生物功能的两种衡量措施，即不同阶段动物的反应）和行为方面。通过这些措施，我们可以推断出动物应对挑战的能力及其情绪状态，这样我们的"评估"报告（同上所述）就产生了。此处我们只是简要地了解一下所用的不同试验措施，关于更专业、更详细的评估方法描述推荐读者阅读专业书籍（如 Moberg 和 Mench，2000）。

（二）福利相关的神经内分泌途径

　　正如上文提到的在福利评估中所用的生理反应措施，通常是与应激有关的 HPA 系统、SAM 系统或免疫功能的评估。HPA 轴是一个神经内分泌级联系统，触发下丘脑反应觉察到的一些准备进行抗争或者出逃的扰动，不管是内部的（害怕），还是外部的（捕食者的接近）。不管威胁存在与否，对这种反应来讲都是无关紧要的，是对威胁的感知触发了这种反应。一种称为促激素（CRH）释放激素的激素从下丘脑释放，传递到垂体前叶，促使促肾上腺皮质激素（ACTH）释放。ACTH 作用于肾皮质产生糖皮质激素类固醇（羊中称皮质醇）。糖皮质激素被称为"抗应激"的荷尔蒙，它可以增加碳水化合物的新陈代谢（为应战或逃跑反应提供能量），也可反馈抑制自身的合成和释放。这种级联反应可以通过测量体液中（血液、唾液、乳汁、尿液等）皮质醇的含量（通常）间接地进行评估。当感知到系统中存在威胁或发生改变时，自主的 SAM 系统同样被激活，肾上腺髓质释放儿茶酚胺（肾上腺素和去甲肾上腺激素）以应答交感神经信号。儿茶酚胺影响循环系统、代谢系统、心率、心输出量、血压、体温和糖酵解等。这个系统比 HPA 轴的反应更快（因为主要是神经而非内分泌），而且可以通过测量直接监控，如心率变化、呼吸率、体温或血压等。相对而言，这些测量相对容易，难点在于如何确定动物的生理功能所处的水平，发生了何种变化（还没有考虑在不改变我们感兴趣的基本生理参数时的一些测量上的困难）。

　　Moberg（2000）认为，上述反应是动物正常生理功能的一部分，没有动物始终处于恒定不变的状态，对微小差异的自我调整是应对环境变化的正常反应。如在野外，羊可以察觉到捕食者的接近，进而激活不同的系统：心率增加，流向皮肤的血液减少，血液能够优先给四肢肌肉提供氧气，肝脏内糖酵解速度增加，首先提供逃跑时所用能量，然后再通过增加碳水化合物的代谢，触发皮质醇的释放。如果羊能够成功躲避捕食者，威胁刺激不再存在，心率和血流量就会恢复正常，皮质醇反馈到更高的级联机制以抑制其本身的产生，动物又恢复到正常的进食和其他行为模式。

因此，瞬时心率增加或皮质醇上升表示羊处于正常的自我平衡反应，但如何确定何种反应可能导致前期变化呢？众所周知，皮质醇应答具有明显的个体差异，受品种、年龄、经历、生理周期和性别等影响。因此，设置皮质醇"阈值"以判定某一应激状态征兆的出现是无法实现的。任何自我平衡体系的一个重要特性是激素反馈调节自身的产生，正常皮质醇的响应是皮质醇生成量的增加和随后的下降。通过减少威胁刺激，皮质醇释放量减少，实验中解释为适应性，所以，体验应激小的动物处于更好的福利状态。但在大脑的高级区域，动物仍然可能以同样的方式感知到威胁，只是生理反应已经减弱（Smith 和 Dobson，2002）。长时间或重复（长期不断的应激）暴露于应激，动物会形成一种特定形式的适应，HPA 下调区域发生生化反应以控制系统应对应激（Terlouw et al.，1997）。因过量皮质醇可能有害，所以，在慢性应激条件下，可以帮助动物保持对更加严重的应激或疾病反应的敏感性。相对正常皮质醇而言，低水平皮质醇表明慢性应激的存在和差的动物福利。另外，当动物兴奋、体验积极情绪时，皮质醇也有一定的升高，不再仅仅局限于动物体验消极情绪状态。因此，在没有确凿的证据或其他生理证据支持这一结论的情况下，皮质醇的升高不能总是作为动物福利下降的指标。

（三） 福利相关的行为反应

皮质醇及其他生理反应评估动物福利的缺陷，可通过行为评估弥补。通过观察动物行为，可以确定皮质醇升高是否与积极或消极情绪状态相关联（如接近或避免应激），以及皮质醇下降是动物的适应性还是生化功能的调节。当然，行为措施并不总是与生理措施相吻合，因此，在进行行为分析时要非常谨慎。如 Rushen（2000）认为，神经内分泌及其行为动机的控制非常复杂，亦难以理解。例如，同一个试验中，随母哺乳和隔离养殖的羔羊却表现出截然不同的行为，尽管他们的生理反应相同。对捕食者的反应行为，可以简单解释为动机（因为羊主要是逃跑的动机），但要理解动物面对剪毛或运输的行为动机，缺乏进化论基础，则是非常困难的。如生理措施描述的类似，行为也可以体现出动物间相同的可变性以产生应对特定应激的功能进化，而对于所有的福利挑战而言并不常见。目前用于评估福利的行为指标如下所述。

（四） 福利相关的生理和生产反应

利用行为和神经内分泌学在解释福利时都存在着缺陷，即便进行了试验，当应用于农场或市场时还是十分困难。因此，生产类型的反应成为更具吸引力的福利指标，因其最容易测量，并且具有一定的经济权重。正如上文所讨论的，尽管动物短期内没有感觉，但可能是紧张的、痛苦的，可能被视为长期较差福利的反映，从生物功能的改变到病理发生的连锁反应，触发作用太迟（Moberg，2000）。差的福利可能会影响这些反应，妨碍了早期阶段就可能进行的福利改善的经济决策。对于散养管理的动物，比如羊，在应激存在期间，管理人员很少干预，生产措施可以作为潜在的福利指标。尽管好的生产不应该作为动物福利好的指标，但差的生产（特定的环境背景下，特定的基因型应该实现）表明可能存在福利问题。

三、羊的特定福利

与许多其他农场动物不同，即使在同一个地区，羊也可能被饲养于各种不同环境条件。羊的养殖可能极其粗放，虽然大部分也很注重管理，但仍然存在像对待野生动物那样对待羊，如我国内蒙古、新疆、西藏等地的游牧生活，羊可以在牧民陪同下自由游荡。这些饲养模式引起的福利关注的种类，不仅不同于集约化管理，而且不同的管理体制之间也不一样。一般来说，羊的福利关注可以被视为进入三大领域，任何领域相对流行的福利关注都可能会随着绵羊农场的体制不同而发生改变。

（一）饲养模式相关的问题

正像上文讨论的，尽管散养环境允许动物更自由地表达其行为，但这确实需要一些成本。与温湿度恒定的圈舍养殖相比，它们面临较大的环境挑战。对它们本身来讲，环境的变化不大可能引起差的动物福利，甚至可能是动物良好福利的一个重要的和被忽视的方面。然而，长时间处于极端环境中，特别是如果再伴随着其他的挑战（如营养不良、身体条件差、缺乏庇护场所等），可能会成为慢性病的来源。另外，散养管理的动物，可能与野生动物一样面临着捕食者的风险。这些问题在以下章节将详细叙述。散养管理的动物与牧羊人之间相互交流的频率也不同于集中管理动物，交流往往令它们感到厌恶。

评估福利一个重要的内容是定期对动物进行常规检查，一般来说，做不到这一点，就会因忽视动物和残忍对待动物而被起诉。散养体制的性质意味着检查的频率可能低于其他体制。例如，在一个模型演练中，Waterhouse（1996）证实，在产羔时期，一个牧羊人在800多个健壮的羊群内、牧羊区域超过 $800hm^2$ 的情况下，观察所有的母羊几乎不可能。按这种标准，把所有的羊都观察一遍，就需要牧羊人每天覆盖 40km，花费 10 个多小时的时间，还没有考虑照顾母羊及其羔羊所需要的时间。当在没有人工干预的条件下，羊能够获取饲料、水和避难所，那么低频率的检查，羊会承担福利成本吗？理论上羊在开放型农场中的过着半野生生活，而且不习惯人类（和牧羊犬）定期地出现，可能发现每天的检查比放任不管更加让它们感到紧张。英国法律似乎认识到了这一点，规定仅仅在牲畜的健康问题和动物依赖人工频繁检查的体制里，才要求每天检查牲畜。散养农场的牧羊人被要求在羊群需要检查时才进行检查。但定期检查的缺乏，使散养体制下的羊存在着发生慢性病、未经处理的困扰、疾病或损伤的可能性。最常见的问题是产羔时的分娩困难及其附带的繁殖问题（如阴道脱出、难产、乳腺炎等），在温暖潮湿的夏季蚊蝇的叮咬、跛足和寄生虫感染等问题。目前羊的基因选择趋势是向着"健康"或能更好地照料它们自己的方向，这种趋势在检查频率较低的情况下可能会改善羊的福利，然而进一步降低检验频率，会让那些实际经历福利问题的动物变得更加脆弱。

散养体制中，对母羊产羔时期及羔羊存活方面监督的好处看法不一。通常一致认为，理想状态是，母羊产羔期间，人不帮助，难产发生时，人不干预。但现实是无论怎样，母羊分娩时，必须制定干预机制，依靠经验来判断如果让其单独相处，母羊或羔羊是否能幸存。当然，很难知道这些干预措施是否真正有用。我们知道，哺乳动物在分娩期间，恐惧、应激和忧虑会抑制子宫收缩，可能是在分娩之前能够应对捕食者或能够逃避紧张性刺激。母羊不习惯人的存在，近距离的监督可能是紧张的一个来源，引起不必要的分娩延迟或延长。分娩时间过长会影响母羊母性行为的表达，损害羔羊的行为发育，降低羔羊的存活率。因此对产羔母羊来说，低应激环境可能是更好的福利，提高羔羊生存率。新西兰牧羊人最近一次查看散养的母羊产羔，并得出结论，几乎没有证据能够表明，牧羊人的介入既没有使分娩更加容易也没有增加分娩难度（Fisher 和 Mellor，2002）。英国 Pattinson 等人（1994）证明，牧羊人介入的确提高了羔羊断奶期间的生存率。美国研究证明与无人看管的产羔羊相比，棚内产羔提高了羔羊生存率。尽管英国的一项调查表明，集约化饲养增加了畸胎率和产后死亡率（主要是由于感染），尽管死胎率下降，但这些差异可能归因于母羊的种类 [特别是新西兰"易管"羊的使用，对它们的生存能力已进行了几代的选择（自然和人工选择），提高了羔羊的独立性] 和不同的管理对策（这些都会在以后的章节中进一步讨论）。

虽然在改善母羊产羔和羔羊的福利中，检查的作用还不清楚，但在产羔时期，还有许多其他情况会发生，及时检查可能会极大地降低痛苦，尤其是一些比较常见的疾病和寄生虫感染（腐足病、蚊蝇疾病和羊痂）带来的痛苦，如果不及时治疗，则会成为危害羊福利的主要来源。疾病对福利的影响在第 5 节展开叙述。

（二）外科手术（或伤害）

羊经常会接受一些常规的手术而并非为了治疗（因此此处用伤害），通常不采取任何麻醉措施。几个世纪以来，许多这样的手术（去势和断尾）一直持续进行着，不过最近大量的研究表明，这两种手术与剧烈的疼痛相关，也可能会导致慢性疼痛反应。这些手术将动物安排在一个特定的环境中，或者因为农民们不愿意或无法管理这些动物，安排一种并不需要人类干预的环境。通常这些手术（如断尾或去势）的合法性阻止了其他福利。尽管如此，伦理道德问题依然存在，如果羊的手术必须在一个特定管理的环境中进行，那么动物接受那种环境吗？作为管理者需要认真思考类似的问题。

比如，在羊的养殖过程中，断尾是常用的手术，大部分人毫无疑问地接受，尽管有些有机食品生产商强调他们的羔羊是从不断尾的。羔羊的尾巴被剪短，是为了降低粪便弄脏羊毛，减少蚊蝇类的叮咬，蚊蝇类的叮咬引发的感染是绵羊福利的主要挑战。成本/效益分析还可以得出这样的结论：断尾被认为是合理的，这种手术降低了羊在将来的生活中差的动物福利体验。当然，福利成本/效益分析也需要依赖已知的成本（断尾的痛苦）来评估实现该利益的可能性有多大。在动物福利背景下，断尾时采用无痛或麻醉方法更容易被接受。

出于管理的目的，传统上公羔一直采用去势的方式进行生产，提高肉类的品质。但在众多品种中选择生长较快的公羔，羔羊在性成熟之前，可能已达到屠宰体重，因此没必要去势。此外，保留公羊的身体完整性，可能会带来一些生产效益，如未去势的公羊生长较快且瘦肉率高。作为农场动物，人们不会永远养殖它们至最长的寿命，这对偏好去势的人来说显然没有任何争议，当然不是没有麻醉的去势。

这些年来，有许多其他的外科手术对羊来说已经构成犯罪。英国法律特别禁止磨牙或破坏牙齿、机械地剪除粪便污毛、断尾（短尾不足以用来覆盖阴户）、电镀固定或者任何影响阴茎的操作，除非这些手术是为了治疗疾病或伤口。在英国、澳大利亚和新西兰法律还规定，没有正当的理由不允许对羊进行切角或打尖，除非羊角向内生长，不加以治疗就会引起疼痛或痛苦。由于羊角被认为是最友好的给羊做标记的方法，有很多不必切除羊角的福利理由。英国法律规定，只有尖端无任何感觉的角，才可被移除，去除完整的角则需要进行麻醉，而且只能由兽医外科医生执行。

第二节　环境与绵羊福利

一、羊的环境偏好及其适应性

家养绵羊（*Ovis aries*）的野生祖先尚是一个谜，有可能是几个种属的野生绵羊经过驯养，形成了现代家养绵羊品种。远东地区发现有大量的东方盘羊和蒙古盘羊，延伸进入阿富汗和中国。绵羊属的种类二倍染色体数目从52对（雪羊）到56对（蒙古盘羊）及58对（东方盘羊）不等，但在圈养条件下很容易杂交成功。人们认为，绵羊最早是在西亚被驯化，最早驯化的很可能是东方盘羊。与这一观点相左的是现代家养绵羊的祖先很可能是欧洲盘羊，因为它们与所有家养绵羊一样，具有相似数目（54对）的染色体。然而，绵羊属内不同种间的杂交所产生的F2代都具有54对染色体，这意味着上述观点仍有缺陷。分析表明，由于种类的差异，欧洲盘羊和蒙古盘羊对家养绵羊具有不同的影响（Melinkova等，1995；Jugo和Vicario，2000）。因而欧洲盘羊可能促进了欧洲家羊的发展，东方盘羊和蒙古盘羊促进了亚洲种类的发展，而加拿大盘羊则未能驯养成功。虽然欧洲盘羊是真正的野生绵羊还是早期家羊的遗留物还存在争议，但它确实表现出了和现代欧洲家羊在遗传上的关联。家羊野生祖先种类的丰富性有助于理解家羊行为和环境的适应性。尽管近来人们对欧洲盘羊表现出极大的研究兴趣，但迄今已经被研究过的最大的绵羊野生种群是加拿大盘羊。另外，原始野生索厄岛绵羊，虽然在铜器时代以来曾一度被驯养，但几乎未有变化，因此仍然是进行扩展研究的材料。

因为逃逸地形在防御捕食者中具有重要意义，所以这是野生绵羊栖息地偏好的一个重要特征，当然，这种环境必须有合适的食物和水源。适宜的逃逸地形的面积和类型似乎是种群生长的限制性因素，这表明，逃逸地形是栖息地选择的优势特征（McKinney等，2003）。但是，在沙漠羊群，降水量也可调节种群大小，主要是影响羔羊的生产和生存，从而影响动物活动范围的大小。山地绵/山羊偏好的栖息地（主要为夜晚栖息地）是高处露出地面的岩层，能见度好，能够一眼望到远处，同时保证自己很难被发现，因为它们与环境融为一体。这种环境偏好从日常的运动表现出来：白天从栖息地快速跑下来吃草，晚上慢慢踱回营地休憩。

野生绵/山羊主要以草类和非禾本科草本植物为食，但它们也能食用多种灌木，对于在沙漠地带生活的羊来说，灌木（包括仙人掌）是其主要的食物来源。野生绵羊没有占域的特性，因为资源不易保护，但是它们建立了一个终其一生的家域。家域是一群相互熟悉的绵羊或山羊群体的共同领地，能够避免附近其他种群的入侵。居住范围可能很大，涵盖了所有生活所需的全部资源（食物、水和逃逸地形）。

二、羊的驯养与环境适应

野生绵羊的体型大小差异很大，"巨型"蒙古盘羊重达 180kg，欧洲盘羊则只有 50~60kg。在外形上，所有野生绵羊都表现出一系列相似性：其毛色从淡棕色到深红褐色，腹部、面部和臀部的颜色可能稍浅，公羊背脊也可能稍淡一些。所有种类的公羊都拥有一对威武壮观的角，一般呈弯弧或螺旋形，蒙古盘羊的角可长达近 2m。成年公羊角的弯曲度是其年龄标志，因为绵羊的角终生生长。母羊的角短而直甚至缺少（如小尾寒羊和欧洲盘羊）。一些种类（欧洲盘羊、蒙古盘羊和索厄岛羊）的公羊长出具有长毛的颈环，蒙古盘羊在冬季还长出明显的颈脊冠毛。野生绵羊腿较长，可迅速而灵活地穿越崎岖山坡，逃离捕食者，非常习惯于山脉和粗糙地形。绵羊的裂蹄增强了它们脚踏实地的能力，加拿大盘羊脚底的弹性衬垫增强了它们在陡峭山坡上活动的灵活性。羔羊出生时发育完善，可迅速用脚站立，因此在出生后数小时内就可以跟随母羊穿越陡峭山坡。

羊一般身被双层外护，外层为粗毛，内层为短细曲毛，有的山羊则为绒以度过寒冬。为适应北极栖息地零度以下的气温，很多羊的毛为中空，可更好地隔热御寒。羊的绒毛生长发生在夏末，秋季达到最大，并停止于冬季。羊毛内层的生长始于夏末，在秋季达到生长峰值，到冬季则停止生长。羊毛内层在冬季用以御寒，而在春季脱落，为炎热的夏季做好准备。尽管在许多绵羊的栖息地冬季天气恶劣，而且每年变化很大，但没有发现在降雪、冬季气温和羔羊成活越冬之间具有相关性。这表明，羊对恶劣环境的适应能力足以保证它们安全越冬存活。

绵羊要面对其居住环境的各种生理挑战。温度波动意味着它们不得不面临极端炎热的夏季和极端寒冷的冬季。绵羊生活的许多环境是干旱贫瘠的，因此它们也必须应对缺水期。栖息地的恶劣性意味着一年之中食料可用性和营养质量具有巨大波动。如上所述，野生绵羊通过行为适应来应对这些挑战：选择遮阳或阴凉地带，改变海拔，对植物的生长周期作出反应；选择向阳或遮阴地段，对季节或气候变化做出反应。这些都是通过大量的生理适应来完成的，帮助绵羊在恶劣环境中生存下来。

（一）驯养与适应

动物能够将行为、身体和生理适应性结合起来，从而达到最佳的生存适合度。如行为适应性的例子，根据环境条件的制约，改变栖息地偏好，使用掩体和遮盖物，改变食料偏好和昼行节律，改变母性行为等。然而，关于这些适应性与家养绵羊的关系，我们首先需要考虑的是，驯养过程如何改变了绵羊的反应，这些适应性是否在家养动物中仍起作用。其次，我们选择了绵羊特定的生产性状（羊毛、羊肉类，奶制品），有些品种还受到更深层次的选择。因此，不同环境条件下驯养的品种，其潜在的能力也不同。

在许多情况下，绵羊是被圈养于相当狭小的围栏或者牧场。但也有研究表明，依据栖息地地域大小的变化，如果没有人为管理的干预，绵羊所利用的栖息地范围反映了在野生绵羊中所观察到的栖息地范围。例如，在冬季，其分散度和栖息地面积都有所缩减，此时，它们彼此更加接近，并迁移至面积较小的栖息地（Lawrence 和 Wood-Gush，1988）。澳大利亚的美利奴羊栖息地范围的构成受环境因素的影响：在缺少树木的平原地带或小于 40hm^2 的牧场，绵羊没有栖息地范围，而在多丘陵的牧场，它们确实表现出这种行为。如果没有专门的干涉，家养绵羊和野生绵羊一样，具有年龄和性别隔离，例如，雄羊迁移出去。如果在社会群体中将子代雌羊与其母羊分开，栖息地范围往往由有亲缘关系的个体构成。

无论家养还是野生，无论绵羊还是山羊，均显示出类似的昼夜节律行为。在放牧条件下，羊通常在山丘或高地休憩，黎明时分移动到较低的区域吃草。在温和气候条件下，羊在早晨觅食，中午休息和反刍，晚上再次觅食并迁至山上的栖地。在其睡眠地域附近，常有单个夜间觅食的情况。根据草料的可用性和质量的差异，每天吃草的总时间在 8~12h（Iason 等，1999）。对于在干旱环境中觅食的羊来说，每天来往于水源地的运动意味着它们每天要行走 16km，当然，最佳觅食地一般都离水源不到 1km。在炎热的天气里，绵羊待在树荫下的时间更长，并改变它们的觅食方式，更多地在晚上和夜间出来吃草。家养母羊在分娩时从社会群体中脱离，寻找隐蔽的多岩石住处并在此分娩。这种行为与野生绵羊相同，推测与躲避敌害有关。只要有机会，哺乳期的母羊及其羔羊也会与非哺乳期母羊分开，构成一个独立的群体。母羊比羔羊表现出更多的注意或警惕的姿态，这也与在野生绵羊中观察到的一样。环境对绵羊的行为也会造成影响，比如，美利奴细毛羊在贫瘠的牧场中比在广阔复杂环境下具有更多的警觉姿势。这种反应可再次被解释为家养母羊的御敌行为，这与野生绵羊处于远离逃逸地带的广阔环境中的反应是非常相似的。

总而言之，有关绵羊的数据表明，它们选择栖息地的习惯相似，这种相似的栖息地在野生和家养绵羊相同。因此，有关野生绵羊对环境反应的报告，同样适用于对家养绵羊的需求和偏好进行评估。在家养绵羊中还有一个需要考虑的重要因素是，许多不同品种的绵羊往往被选育出来用以生产不同的产品，或在不同的当地环境条件成长。因此，不同品种间的差异也应在研究中加以考虑。

（二）环境适应中的品种差异

全世界有 850 多个绵羊品种，当然，确切的数字可能有所变化，因为品种定义有所差异，新品系不断开发。因为绵羊是分类饲养的，故其品种大致可根据地理/环境等级大致分为：① 温带羊：绵羊品种繁多，从高山长毛羊到欧洲、南北美、澳大利亚和新西兰的美利奴细毛羊；② 北部沙漠羊：发现于撒哈拉沙漠的地中海边缘，叙利亚、伊拉克和阿富汗；③ 南部沙漠羊：撒哈拉沙漠以南非洲和印度。

绵羊也可以进行形态学分类（主要是"尾型"和羊毛质量）。用这种方法，绵羊可被分为细尾型（如大多数欧洲温带品种）、肥尾型、肥臀型、短尾型和长尾型等，按照毛进行分类，可分为粗毛型、中毛型和细毛型。肉用和毛用的温带细尾羊是全世界绵羊的主要品种。温带品种大小适中，四肢短、毛厚。北方沙漠羊体格不够结实，细颈、长腿，标志性的长耳，多具肥尾（例如阿加西羊）。它们外被厚毛，比温带品种的毛更粗，也没有那么细密。南部沙漠羊有细长的四肢，长耳朵和长尾，属于无绒毛羊（如 Djallonké）。不同品种的分布和适应能力不同，但很难证明这些品种已经适应了环境，因为基因型与环境之间发生了混淆。甚至在形态学上的差异，也可能受到饲养环境温度的影响，这已经在家猪得到充分证实。相关研究试着对这些影响（特别是行为特征）进行了精确辨识（如 Dwyer 和 Lawrence，2000）。但以后的研究应着重考虑环境因素对基因型的可能影响。这些研究将会描述适应于不同条件的品种所表现出来的能力上的差异。当然，以基因或环境的方式产生的适应性可能对处于恶劣环境中的动物福利没有影响，但是，对于如何改善或避免这种处境可能是十分重要的。

（三）对干热环境的适应

绵羊的直肠温度范围为 38.3～39.9℃，平均为 39.1℃。环境温度升高可导致心率增加、呼吸频率加快、气喘（增加自呼吸道的蒸发量）和出汗，并伴随着进食量降低、从粪便和尿液中散失的水分减少。气喘及减低从呼吸道的热量散失似乎是绵羊降低热损耗的主要机制。急性暴露于高热环境，绵羊的血浆皮质醇升高，而慢性热暴露则导致甲状腺激素活性降低，代谢率下降（并因此导致产热降低）。

研究表明，与当地的土著品种相比，暴露于干热或阳光下可引起温带品种羊的直肠温度和呼吸速率大幅提升，在温带品种比地方品种增加。一般而言，进口品种也比本地品种更易出汗，且具有更高的血浆甲状腺素水平，这意味着它们具有更高的代谢率。此外，本地品种在高温下有更好的繁殖能力：排卵率更高，采食量更多，体重更大。在高热温度下运动时，与肥尾羊和特克塞尔羊的杂交品种相比，肥尾羊保持较低的心率和呼吸频率。

（四）对寒冷气候的适应

绵羊比其他家畜更容易暴露于寒冷的条件之中。因为具有良好的隔热能力，人们通常认为它们可以很好地适应寒冷气候。在毛皮完好的成年绵羊，可以生活在低至 0℃ 以下的临界温度，在这一温度下，绵羊需要增加产热量以维持温度。一般来说，在干燥、自然风的条件下，去毛的成年绵羊产热的高峰期可维持数小时，在 -60℃ 温度下也能忍耐一小段时间。尽管非战栗产热的棕色脂肪代谢是新生羔羊的重要产热来源，但绵羊主要通过战栗产热。在寒冷的天气中，也可以通过减少四肢的血流而降低热的散失。

不同绵羊品种之间既有产热能力的差异，也有散热能力的差异。成年去毛苏格兰黑脸羊和塔斯马尼亚美利奴细毛羊之间抗寒性，或对低温的抵御能力的巨大差异，分别代表了最佳和最劣的两种抗性品种。这种差异部分由于在较冷的环境下，苏格兰黑脸羊的外周血管收缩能力比塔斯马尼亚美利奴细毛羊更大，从而减少热量丧失。同样地，不同品种间的未剪毛绵羊，暴露于冷、雨和风中，其热量散失及相关的代谢反应也不同。一些洼地品种生有浓密的羊毛，可以最有效地抵御风的侵扰，而山地绵羊的毛皮开阔裸露，可耐雨淋。不同品种初生羔羊的抗寒性也已经通过追踪而进行了评估。皮肤厚度和出生时毛的深度都是新生羔羊抗寒性的重要组成部分，而在山地绵羊和野生绵羊，这些参数都要比洼地品种大得多。与在成年羊观察到的一样，不同抗寒品种的羔羊，其外周血管收缩也存在差异：在轻度寒冷暴露的条件下，新西兰的德赖斯代尔绵羊和罗姆尼羊的羔羊比美利奴羔羊能更好地保持热量（McCutcheon 等，1983）。

对于美利奴细毛羊和苏格兰黑脸羊的研究表明，羔羊的御寒能力是一种可遗传的性状。然而，早期暴露于冷环境中可以显著提高成年绵羊的御寒能力达 50%，并可导致心率加快、产热能力增加、代谢率不变。在妊娠后期将母羊暴露于冷环境中，可以提高新生羔羊的御寒能力，如饲养在冷环境中一样，这是通过提高非战栗产热所实现的。因此，虽然对于寒冷的适应具有品种差异，但这种差异可以通过暴露在冷环境中而得到一定程度的调整。

三、环境适应中羊的福利

将绵羊从一个环境转移到另一个环境，不管是从牧场移至圈舍，从山谷移至高山，还是从寒冷气候移至炎热气候，都会对其造成烦扰和胁迫。这可能通过各种行为表现出来，如活动性减少、神情淡漠、减少甚至拒绝采食及饮水等。同时绵羊可能出现体重减轻、健康状况下降、容易感染寄生虫疾病等现象，在被迁移至潮湿牧场时尤其如此。适应和调整这些环境可能需要数天或数周的时间，但是如上所述，在不同的环境条件下，有些品种或类型的绵羊要比经受其他品种更大的应激过程。

（一）暴露于极端温度

在我国，绵羊可能要面对的最常见的环境胁迫是寒冷和炎热（降雨和寒风往往会进一步加剧寒冷），如在澳大利亚全毛绵羊更容易受到炎热的胁迫一样。羊对于冷热两个极端都能适应，已知反刍动物都有一个宽泛的适温范围（Webster，1983）。因此，绵羊能够在生理和行为上进行适应，调控热量散失，以应对极端温度。为它们提供阴凉遮阳的住所，对防止太阳辐射的危害是重要保障。例如住在遮阳棚里的绵羊，在高达50℃的环境温度中能很好地保持体温。暴露于寒冷环境中的绵羊采食量增大、更紧密地集群、利用掩体，在可能遭受低体温时（如羔羊、哺乳期的母羊和剪去羊毛的绵羊）尤其如此（Pollard 等，1999）。因此，行为机制似乎对绵羊应对极端温度非常重要。如果被关在开放、暴露的不能遮风挡雨和遮阳的牧场中，绵羊可能遭受极端温度造成的痛苦。然而，在寒冷或炎热环境下，这些都可能只是符合胁迫［如低温或高温伴有营养不良及（或）脱水］的一部分，可降低羊应对环境变化的能力。可以预计，在应对困难的情况下，动物难以表达其物种的典型行为，结果就会导致动物生物学功能的改变，以及其主观状态或感受的改变，因此预期的福利必然受到损害。

（二）营养不良

食物的可用性，以及由之引起的营养不良，对于怀孕母羊是一个尤其严重的问题，因为它们要带着羔羊越冬，而冬季很可能缺乏食物。已有研究表明，怀孕的丘陵绵羊可丧失其孕前体重的20%，在怀孕和哺乳期间，可丧失85%的皮下脂肪。有关丘陵羊群生产的调查表明，每年因怀孕期间缺乏足够的食物而导致大约1/3的新生羔羊和11%的母羊死亡。绵羊一般每天花费8 h觅食，但食物缺乏时，觅食时间可增至13 h（Lynch 等，1992）。反刍动物的时间预算受到重要约束，因为它们还需要时间反刍，因此在食物的可用性较差时，绵羊不能通过无限制地增加觅食时间来弥补。瘤胃的作用是缓冲绵羊食物和水的匮乏，虽然食物匮乏增加了觅食动机，但在饥饿和干渴的感觉下，瘤胃能否保持反刍尚不得而知。然而，既丧失体重又损耗健康，同时还徒劳地试图寻找食物，显然不是一种好的福利，特别是当这种半饥饿状态可能导致死亡时。此外，羔羊的成活率很大程度上受妊娠母羊营养摄入的影响（Waterhouse，1996）。因此，母羊营养不良的后果是引起烈性应激；即使食物缺乏本身并未引起烈性应激，羔羊和母羊也会承受因营养不良而致的痛苦。

许多国家的福利法（以某种形式）规定，应该保证绵羊处于完全健康、充满活力的状态。大多数法规还提出，根据绵羊生长阶段、生殖状况、是否剪毛的不同，营养需求有所不同；进入繁殖季节，公羊的体重和健康都有可能有所损耗，也需要不同的营养。此外，应该考虑到，牙科疾病和牙齿缺失对绵羊摄取足够某种类型食料的能力具有影响。新西兰和英国福利建议，没有食料供给的时间最长不应超过24h或48h（新西兰）。虽然这在圈养的绵羊相对容易做到，但对于大规模室外散养绵羊来说，在诸如大雪遍野的条件下，就可能无法在 48h 内得到充足的食料供给。英国的福利法规提出，"在丘陵地带生活的大规模绵羊群的健康得分只有 1.5……表明管理不到位。"①。然而，洼地绵羊的健康得分应该保持在 2 分以上（新西兰法规建议保持 3 分）。因此，虽然认识到了室外养殖绵羊的某些困难，与洼地或集中养殖的绵羊相比，那些在 1 年之中仍有部分时间生活于不利福利条件下的绵羊，仍然具有提升和改进其福利条件的空间。

第三节　行为与绵羊福利

考古学证明绵羊是在 8 000~10 000 年前被驯化的，并且是最早被驯化的动物物种之一。从那时起，在人为选择作用下产生了 2 000 多个品种，所有这些与其祖先都有很大形态差异。绵羊属于多用途动物。在传统意义上它们可用来产毛、产裘皮、产肉和产奶。从行为学观点来说，绵羊属大型群居动物，属于草食动物并具有广泛的自然环境适应能力。成年的公母羊并不混合饲养，除非在配种季节，它们才在一起并表现求偶行为，成功配种的母羊经过 5 个月的孕期而分娩，羔羊早期是与其母亲一起并很容易与人类相熟。并且最后它们还特别温顺，对人没有攻击性。这些行为特点，以及其多用途的属性是被成功驯化的主要原因。

虽然绵羊驯化驯养历史很长，但绵羊养殖改变很少。大多数绵羊和山羊在全球范围内都是粗放饲养，无论它们是生活在一大群无人照料的群体中（如澳大利亚美利奴羊），或者以家庭饲养方式（如国内的小尾寒羊、湖羊等品种）。集约化养殖主要针对国内农区，并且在一定程度上，进行羔羊育肥的产肉品种也是如此。即使在这些条件下，它们也并未出现多大的改变：成年多为群居模式，圈养时采用分圈、分群饲养。当出生后与母羊分离并进行人工哺育时，羔羊也能够以半自然的模式从橡胶奶头吮吸母乳。总之，相对于集中饲养管理下的牛、猪或家禽的管理，绵羊的饲养管理差别很大，或许这也可以部分地解释为什么绵羊的福利还不被人广泛关注的原因。

本节主要阐述绵羊的行为反应及行为与福利的关系。正如群体生活和群体联系是绵羊的主要行为模式，这些在本节都有所论述。与生产、分娩和青年羊饲养有关的行为也都进行了探讨，同时对现代饲养模式下的这些行为的一些潜在影响因素也进行了详述。如上所述，相对于其他家畜来说，福利问题（异常行为和异常行为影响因素）在绵羊中是经常被描述的，其相关的信息在一些章节中都进行了阐述。

一、羊的群体组织及行为

（一）群体中的个体

羔羊出生后通常与母羊一起，之后它们才会花更多时间与同龄的群体一起。在出生后

---

①　健康得分（condition score）是对脊柱的位于最后一根肋骨和骨盆之间的背部脂肪和肌肉的评估方法，用指尖进行触诊。椎骨垂直突的尖锐程度，水平突上脂肪和肌肉的数量作为评估指标，动物的得分范围是 0（羸弱）到 5（极胖）。该方法用于母羊时，其健康得分范围应为 2~4 分。详见《绵羊的健康得分：动物福利的一种实践》（1994）MAFF 出版社，PB1875，英国文书局。

1周时母仔会保持一种紧密联系，然后羔羊与其他相近同伴合群。当母羊1胎生两只或更多时，其家庭群体就会发展成一种姊妹间的纽带关系。无论是休息还是觅食，也无论母羊是否参与其中，姊妹间通常都会在一起（Shillito-Walser等，1983）。素昧平生的来源于不同母羊的羔羊之间也会建立一种较为紧密的群体关系，这种群体关系通常在母仔隔离后很快形成。新群体伴随着泌乳阶段哺乳的减少，通常会打破母仔群体的纽带关系。这样，一个群体纽带的新关系圈就会形成：最紧密的就是母仔关系，其次是姊妹关系，最后是素昧平生的新生群体。自由条件下青年公羊会分散进入出生后形成的青年母羊群体。在英国的绵羊中，其群体通常由不同的公母羊及其后代构成。在母羊新生羔羊后，上一胎的羔羊就会离开。新生儿的出现是原来母仔关系破解或离开的一个因素。公母羊在发情期会跨越家庭关系，这时公羊会进入母羊群。

（二）社群行为

绵羊群体能够维持具有特征性的空间关系，其个体间趋向于维持一定的身体距离。空间距离具有两个特征：个体距离和社会距离。个体距离是绵羊个体间所能够观察到的最小距离，社会距离是分散情况下的最大距离。前者为内部个体间所能够相容的程度，而后者为群体固化的一个指标。个体距离和社会距离的平衡决定了群体的结构。个体间的距离随品种不同变化较大。比如萨福克羊为3.4m，而美利奴羊通常不超过1.5m。进一步来说，最大分散距离在美利奴羊通常要小，因此它们的群体密度较大。我们有时候也会见到以家庭或纯种群为单位的亚群体，如有角多赛特绵羊，当融入一个大群时亚群体也通常能维持它们的自我群体特征。当同品种混群时亚群最终会被打破，但非同品种混群时，不同品种的亚群体隔离会维持较长时间。Arnold和Pahl（1974）报道，即使经过两年的放牧，无论休息还是饲喂时，品种亚群体之间的距离仍然存在，并且这种距离还会传递给不同品种母羊群体的后代。也有证据表明，经过一段时间品种混群的这种隔离会被逐渐打破，但这往往是由于它们具有相似的社群结构。

这种存在于绵羊或羔羊当中的社群隔离现象是由许多潜在机制导致的。例如，相同饲养群体中的不同品种母羊的分离可能反映了对不同环境和资源的适应性。这样在自由放牧条件下，洼地品种和山地品种的绵羊由于对不同栖息地的喜好和探索而导致其群体之间产生距离（Dwyer和Lawrence，2000）。这种生态学的不同其实也存在于成年的绵羊中。具有繁殖活力母羊的营养需求在一定程度上有别于成年公羊、带羔母羊，尤其带羔母羊可能会寻找捕食者较少的栖息地。公母羊之间的行为不同（比如不同的行为方式、公羊较高的性能能力和好斗性）也是导致性别隔离的因素。

（三）社交信号

很多情况下，社交倾向性受到个体表型特征或高等社会群体差别的影响，比如品种、亚群或亲缘关系等。这些对特别个体或群体的选择性行为响应通常被用作社交识别的一个可操作界定。其实，识别本身就是一个不可观察的神经反应过程，这些过程就是从社交活动推断而来。包括对同种个体的区分等机制及感觉过程的试验研究在以后会进一步讨论。除了母仔群体，对个体的识别是很少的。我们现在仍未知成年个体识别同伴的具体数目，况且，我们现在所认识的亚群体到底是基于群体识别还是基于个体识别尚有争论。

1. 视觉信号

绵羊主要还是视觉动物，它们的视域范围是270°~280°，这就使得绵羊与其他个体的空间联系不只是同伴在前面，在后面也可以。群体或亚群体的联系，通过它们相近的位置及相近的行为来维系。可视的信号特征包括一些类似于用蹄子抚摸，挤压，或逃跑以及静态时的身体姿势，并可能包含身体的区域，通常是头。例如，当个体看见潜在危险因素时（管理员、狗或猎物）可以采用僵直姿态和保持沉默进行信号报警。这种警戒的状态很快会传遍整个群体。绵羊会一直维持与危险因素的视觉接触直到它们逃离。它们逃离时通常会跟随头羊一起并保持一致，头羊的行为也受视觉信号调控。它们特别容易跟随离开它们的个体或群体。对其他绵羊后肢的可视性及其群体的运动感觉常常使得它们保持一致的运动方向。在很多情况下，饲养员会挑选 1 只进行训练以让其作为羊群运动和方向管控的头羊，即使是带领着羊群进屠宰场也可以。绵羊对个体的识别也可能基于面部的一些特征，通常这种识别可以保持长达 2 年（Kendrick 等，2001a）。母羊会对自我群体的个体与其他群体的个体表现出不同的识别反应，这说明它们能够识别自我群体的特征。

2. 听觉信号

哺乳动物和鸟类社交联系通常包括声音信号，然而，对绵羊来说这往往只在母仔联系时使用，公羊发情时也会使用。声音信号包括低沉（隆隆的声音）的哀叫和高声的哀叫，前者通常是母羊和新出生羔羊近距离时发出的，有时公羊向母羊求偶时也会发出。高声哀叫通常被认为是接近或呼救的信号。当母羊和羔羊分开或个体离开群体也会发出。正常情况下，公羊群体、未带羔母羊和已断奶羔羊都是比较安静的。这就是声音识别信号往往只是在母仔研究时使用的原因，但成年个体间的声音识别研究还很少。超声波分析表明，不同品种之间的高声哀叫有区别，但对于品种间的声音识别还仅仅是在母仔之间出现。母羊通常对其自身品种子女的叫声要比其他品种子女的叫声反应更加强烈。

3. 嗅觉信号

关于嗅觉的作用，在母羊对羔羊的识别及公羊对母羊的发情识别中非常重要。羊只可以本能地区分不同群体的气味。这些化学信号可以通过各种腺体、尿液、粪便和羊毛的分泌进行传播，然而他们在社群组织结构维系中的作用还不清楚。利用栅栏进行标记的证据表明，母系社会为主的美利奴母羊能够找到自己的饲喂区域，这种行为也可能来源于对不同环境的识别。研究表明，群体识别也可能基于气味的不同。有试验证明，对嗅觉缺失的绵羊群体，不像正常绵羊那样，当与其他绵羊群体混合时，它们并不表现群体的亲密性。群体的气味可能是每个绵羊个体的气味与环境（土壤植物）作用于羊毛和表皮之后的混合体现。生活在特殊环境的羊群会有自己的特殊气味信号，并且，这可能对其群体的结合与识别有帮助。

（四）与社群行为相关的福利问题

饲养员通常很少关注绵羊的群体需要，比如群体的最适大小及组成，或群体中个体关系的发展等。在放牧条件下，正常社群组织的发展经常受到各种管理的干扰，比如断奶前羔羊从母羊身边隔离、不同年龄性别的绵羊混群、高密度饲养下羊群经常性的转圈，以及放牧条件下的转场等。因此，很难制定标准适合的社群结构。

1. 社群隔离

绵羊是高度群居的动物，群体隔离会产生特别的应激。Rushen（1986）发现，对绵羊来说，群体隔离产生的应激比抓羊和群体限制还要严重。群体隔离会使绵羊血浆皮质醇和心率持续升高、血液淋巴细胞降低等。而且，隔离对皮质醇应激释放的影响要远比抓羊和限制处理大（Parrot, 1990）。当受到隔离时，绵羊会表现出较多行为动作和鸣叫，然后是行为消退和较多的卧息，同时如果隔离时间延长还伴随着饮食和饮水的降低。

家养绵羊通常饲养在各种大小的群体中，但无证据表明最优的群体大小对个体的福利和群体稳定的重要性。有些同行建议绵羊的最小群体是 4 只或 5 只，但这并非适合于所有绵羊品种和所有类型的生活环境。当它们寻找同伴的需要得不到满足时，就可能是一种挫折经历。因此，除非绝对必要，一般绵羊不应隔离，即使隔离，也应该时间尽量短。同时，应允许群体同伴之间能够彼此看见。然而，当处于检疫或生病状态时，绵羊应该被隔离，公羊在非繁殖季节也应该被隔离。除此之外，在有些试验过程中，绵羊有可能被放入单独栏或代谢栏。因此，就有可能产生因缺少社群同伴而带来的福利问题。

2. 栏内密度和拥挤

拥挤是比较极端的环境条件，这意味着空间狭小而密度过高。拥挤通常在群体密度过高及散养条件下为有限资源（水、食物和阴凉）竞争时出现，但往往很难估计。不断增加的竞争会导致有些个体得不到资源，但拥挤并非一定就导致攻击行为的增加。有试验表明，当调整饲槽空间从每只 24cm 降至 4cm 时，吃不到食物绵羊的比例从 0% 升至 31%（Lynch 等，1992）。在集约化管理下，为保证所有个体能够吃到食物，每米饲槽最多允许 3 只成年羊。当然，这应当根据个体的生理状态（怀孕与否）及体格大小来确定。然而，当需要船只运输时，这种要求可能很难满足，每米料槽可达 12 只羊共用。栏舍内绵羊需要的空间究竟多少合适有各种规定，一般来说，最基本的是允许个体躺下、站立和环绕掉头而不受限制。在法国和英国舍饲绵羊的最小建议标准是每头母羊根据它们的体积和生理状态为 $1 \sim 1.4m^2$，羔羊为 $0.25 \sim 0.9m^2$，公羊的空间要大一些（$0.5 \sim 2m^2$）。然而，当绵羊进行海运时，它们可能要在船上度过 3 周，每只羊 $0.25 \sim 0.3m^2$ 也是许可的，但不清楚这是否满足了绵羊的需要，尤其相关的研究也很少。很明显，尽管室内饲养会出现行为缺失，但对管理者来说空间容量并不能提高生产效率。当躺倒空间从每只羊 $1m^2$ 降至 $0.5m^2$ 时，绵羊的整体躺倒时间和同步躺倒时间是降低的，并且休息母羊的位移及受惊扰的频率增加（Bøe 等，2006）。这表明在船上绵羊的福利是大打折扣的。除此以外，群体中较弱势的个体会更频繁地移动，并且躺卧较少，这表明动物的福利在较高群体密度时也会降低。

考虑到个体间距的变化及品种间群体行为的不同，制定统一标准较为困难。如果群体绵羊的行为表明那是必要的，就应提供更多的空间，由于体尺不同、品种间行为不同，应尽量避免混群。并且由于绵羊不能逃离围栏去寻找掩护处，也不能躲避恶劣环境，因此需要注意环境不能过热、过冷、过湿及噪声过大。限位栏中良好的通风是必需的，因为限位可以导致氨和微生物浓度增加，以及高湿的出现。缺乏通风通常会增加疾病传播的风险。

二、羊的繁殖行为与福利

不同品种绵羊的性行为模式基本相似，这在很多野生和家养动物中都有描述。在野生或家养绵羊中，仅在繁殖季节进行两性混群，并且这种配对群体都是具有偶然性的。公羊在整个繁殖季节都具有性活动能力。但母羊并非如此，以美利奴羊为例，由于它是季节性多次发情物种，因此母羊性行为活动对品系繁衍来说是一个限制因素。

(一) 求偶行为

绵羊的性行为可通过母羊的行为进行详细描述，因为两性所表达的求偶行为全部就是性行为活动。母羊周期性表达性行为活动，Beach（1976）将其划分为 3 部分：① 身体发生变化以吸引公羊注意(性吸引阶段)；② 主动寻找并引诱公羊(预接受阶段)；③ 求偶尝试的接受阶段(接纳阶段)。

性吸引阶段身体表征发生变化，对母羊来说并非很明显，至少对人类观察者来说不明显。然而，在母羊具有接纳行为和没有剪毛时公羊更容易发现母羊（Tilbrook，1989）。这暗示公羊利用视觉和嗅觉器官在羊群中选择母羊。其个体特征可使母羊比其他更具有性吸引力，从而使其他母羊不被选择，但这种吸引力与公羊的教唆无关，也与其雌激素水平、交配经验及先前与公羊是否有接触无关。在性周期的性接纳阶段，这种对公羊的性吸引能力相对恒定，这暗示公羊通过一个特殊的标准选择伴侣。难道这些标准是遗传编程或动物在其生命周期内获得的？基因也好像非常重要，因为公羊只对自己品种的母羊表现出性偏好。然而，早期与母羊的接触对其性行为表现影响很大。事实上，一只公羊在出生时经历过交叉抚养，即使它们都有在绵羊和山羊群体中的生活经历，它们也只会与母绵羊进行交配（Kendrick 等，2001b）。这种感觉是否包含在其学习的过程中还不得而知。成年时，视觉对公羊非常重要，仅次于嗅觉和听觉。好像这些在其早期的学习阶段都非常重要。

对母羊来说，视觉在其搜寻公羊过程中非常重要（预接收阶段）。在非排卵阶段，母羊非常排斥公羊，但在排卵开始阶段之前几小时，相对于熟悉的同伴，它们乐于花费时间接近公羊。预接受在有些母羊非常强烈以至于能够启动两性的相遇。相比经产母羊来说，处女母羊可能害怕公羊。在大群体中，或当母羊实施同期发情时，许多母羊会在同时段内表现预接受行为，这会导致许多母羊共用优势公羊的“一夫多妻”现象。母羊可能也为公羊而竞争。除了视觉在母羊寻找公羊及伴侣选择中发挥作用，嗅觉也是一个重要的手段，因为它在母性行为和公羊识别母羊生殖轴的刺激中都发挥作用。

在排卵的有限时间内，母羊表现发情并接受爬跨。发情最多持续 1.8d，尽管实际持续期因品种而异。然而，测定性活动的持续期主要还是依靠经常使用的典型的行为学试验。量化行为指标可以测定母羊预接受和接纳的持续期，它们通常表现为发情行为的突然开始（母羊在 8h 内变成完全的预接受和接纳），在一个可变期内维持，然后慢慢结束。围绕排卵，母羊会表现对公羊求偶的明显接受反应（Fabre-Nys 等，1993）。没有公式化的序列事件导致求偶发生，但双方行为表达的指令还是相当标准化的，并且品种之间也很相似。下面的例子在导致求偶的行为序列方面是非常典型的，尽管一系列的事件在母羊和求偶尝试方面会有稍微不同：公羊接近保持静立的处于预接受阶段的母羊。作为一种选择，公羊和母羊一起绕圈走，母羊跟随公羊，然后公羊试图跟在母羊后面。在任何与公羊的紧密接触前，母羊会抬尾和摆尾几次。对公羊接近母羊的模式可以用 3 个行为描述。① 公羊用鼻子嗅探母羊会阴区域(尾巴和阴部)，母羊静立，有时也会转头朝向公羊。母羊也可能蹲伏或撒尿。公羊嗅探或舔舐尿液，然后拱起脖子，抬鼻并卷唇露牙（这种性嗅反射行为在很多有蹄类雄性中都会出现），并且通常在对地面尿液的嗅闻之后出现。② 公羊靠近母羊一侧，其脖子水平伸直然后口角直接上抬。在这种姿势中，公羊的头同向低于母羊的头。公羊然后舔舐母羊肩膀和后面的侧部。③ 站在母羊后腿附近公羊开始踢挠，类似划船运动,用其前腿踢挠母羊后腿,不断鸣叫,并沿着母羊侧部或底部挠头。

如果母羊对公羊的这一系列接近及行为仍旧保持静立,公羊就会停止求偶,然后爬跨母羊。公羊以其胸部紧贴母羊臀部,由骨盆摇摆以实现爬跨,再经过几次骨盆推挤射精,射精时,公羊向后昂头并且有时会发出叫声。然后,公羊离开母羊身体并且双方都静立几秒。在这种行为交互作用并导致求偶的过程中,嗅觉对公羊非常重要,比如性嗅反射行为的出现,擦鼻及嗅探等。公羊能够根据尿液识别母羊是否处于发情期(Blissitt 等,1990),嗅觉缺失的公羊就会失去这种嗅探能力。然而,性嗅反射对于通过尿味辨别发情母羊并非必须(Blissitt 等,1990)。嗅觉在母羊性行为表达中并非发挥很大作用。相比之下,视觉在两性关系中作用巨大,比如转头(81%的接纳阶段的母羊都会表现)及摆尾(91%)是母羊求偶过程中出现非常频繁的行为(Lynch 等,1992)。触觉交换如轻推在两性相遇时也非常频繁(96%)。

(二) 性行为的激素控制

性甾体激素、孕酮和雌激素在母羊性行为表达中发挥重要作用。雌激素启动性接纳期并调控其持续时间,而孕酮调控排卵和性接纳期的同步化。

雄激素调控雄性性行为的表达,但相对于性甾体激素对雌性性行为表达来说,雄激素的调控要慢一些。青春期后阉割会导致有性经历的雄性动物的性冲动持续数周或数月,此时雄性激素替代恢复性行为也需要经过几天的延迟。而且,对于季节性发情的公羊来说,自然条件(繁殖季节)或人工条件(阉割)的雄激素衰退会导致公羊的"雄性急躁症"。

绵羊的繁殖活动受到许多外部因素的影响,比如光周期、社群和营养因素以及应激等。之前有很多文章报道过这些因素对绵羊性腺活动的调控作用(Blache 等,2000)。但这些因素对行为和性腺活动的调控程度与品种及生活地理位置有关。

大部分绵羊都是季节性繁殖,只有在日照时长变短的季节开始性活动(晚夏)。来自亚热带地区的绵羊,由于白天时长变化很小,常年表现繁殖活动。有很多关于这种季节性繁殖活动的内分泌机理。在适宜光周期下,性行为活动在夏末快速增多,一直保持到秋天,直至冬天和次年春天才开始下降。对于美利奴羊,光周期对性腺活动的作用会受到营养水平的影响(Martin 等,2002),然而公母羊性活动仅在严重营养不良时才受到影响。公羊严重营养不良的影响作用可能是由于体弱而致。类似地,营养过剩也会降低交配行为能力,这是由于体重增加行为迟缓所致。对于成年母羊,严重营养不良会改变性行为活动,这是由于羸弱的身体会导致发情及生理周期的不规则。由于营养不良并不影响 LH 的排卵前脉冲和雌激素的释放,因此营养不良对性行为的影响机制还不清楚。营养过剩对母羊性行为影响不大,这是因为肥胖母羊在交配中只需要静立。然而性行为中的预接受行为会受到影响,这是由于过肥母羊难以主动搜寻公羊。暴露在高温下(42℃)5~6d 可以抑制 35%的美利奴母羊发情,但排卵不受影响。高温会降低公羊的交配能力,但这仅对高寒品种而言,但大多数母羊的配子产生都会受到影响。而且,在野外高温条件下,公羊性活动会降低,母羊也需要寻找庇荫处。湿度对性行为的影响尚未引起太多关注。大雨会抑制交配行为,这是由于大多数绵羊都不愿意淋雨。

如上所述,出生后的经历对于两性的活动会有很大影响。然而,对来自养育群的性伴侣的偏爱公羊比母羊更为强烈(Kendrick 等,2001b)。而且,在单群饲养后,公羊性活力表现较低,有时会表现同性性行为,但这些影响在青春期之前在母羊群短期混群后都会克服。

群体环境可以抑制或刺激公羊的性行为活动。如上所述，处于性吸引阶段母羊就是一个具有刺激作用的例子。相对于公牛和雄鹿而言，观察雄性性行为活动对公羊的性行为水平没有影响（Tilbrook 和 Cameron，1990）。如前报道，公羊的社群地位会影响性行为的表达，处于优势地位的公羊会压制从属地位公羊的求偶行为。然而，由于受到母羊数量的复杂影响，以及早期经历和牧场面积的影响，这些报道有时自相矛盾，甚者公羊之间的竞争可能会提高交配能力，但这方面的研究非常少。公母羊之间的互作能显著影响性行为能力的表达，对母羊尤其显著。成年羊单群饲养数月后，异性的介入会激发下丘脑-垂体轴的活性，导致性甾体激素分泌增多及性行为活力的上升（Walkden-Brown 等，1999）。

应激对性行为影响作用的报道也较为少见。然而，应激可能会刺激或抑制母羊 LH 的分泌，并会影响它们的性行为，但这主要看应激因子的性质或强度及暴露在应激环境下的时间（Dobson 和 Smith，2000）。对其他哺乳动物的公畜而言，应激会抑制性行为，因此对公羊而言，应激也可能具有相似的作用（Moberg 和 Mench，2000）。而且对人的恐惧会影响母羊的行为，因此也可能会影响两性的性行为表达。

（三）福利和性行为

在管理较好的牧场，绵羊发情的持续时间受到人为调控，并且与其本身的繁殖规律并不一致。对性冲动的抑制在有些家畜来说是一种潜在的挫折，因此也是一个福利问题。处于发情期的母羊性冲动非常强烈，会主动寻找公羊，并克服对公羊的自然畏惧感。因此，对于发情母羊来说，性限制的挫折感是否比公羊更高还不得而知。而且，由于公羊的性冲动都是在对处于发情期母羊的可视或嗅闻之后产生的，繁殖季节的性别隔离对公羊来说或许算不上一种抑制。从另一方面来说，繁殖季节公羊的单群限制可能会引起攻击行为的增加，并导致受伤。在非繁殖季节，性别隔离对公母羊来说都不是问题，因为像大多数有蹄类，其本身乏情季节就是自然隔离的（Main 等，1996）。

三、羔羊的行为与福利

（一）出生早期的吮吸行为

羔羊出生后几分钟就会抬头和摇头，移动前腿，身体卧伏并发出咩咩叫声。然后前腿跪地，并试图抬起后腿，并最终通过伸展前腿而站起来，并很快能够站稳。羔羊探寻母羊的身体按照通过从前胸到乳房的顺序来寻找乳房。尤其是会花相当多的时间来嗅闻腋窝和乳房腹股沟区域直至找到乳头。大多数羔羊在出生后 30min 内就会站立并开始吮吸 1~2h。然而，不同品种绵羊的新生羔羊吮吸行为也不一样。如同性别和窝仔数一样，初生重也会影响羔羊站立的时间。在早期行为的表达方面，雄性羔羊通常比雌性羔羊要慢，双胞胎要慢于单胎，尽管也有作者认为这种双胞胎的效应是由于初生重的降低造成的。

视觉和声音信号在引导新生羔羊紧密接触母羊的过程中具有十分重要的作用。最初的定向反应通常是朝向最近的比较大的目标，尤其是会移动和能发出叫声的物体。羔羊的视觉不发达降低了羔羊的机动性及定位母羊的能力。高分贝的叫声通常也会刺激羔羊的活动：当暴露于这些母性刺激时它们会很快站立并表现出运动；另外，母羊较为低沉的叫声对羔羊有安抚作用。声音刺激的重要性还表现在羔羊出生后最初的一段时间，往往是母性叫声比较集中（Dwyer 等，1998），这也表明叫声在母仔纽带的联系中发挥重要作用（Nowak，1990a）。当然，通过母羊舔舐对羔羊发育影响的调查发现这种作用也具有两面性，即促进和抑制。羔羊对舔舐的反应主要取决于舔舐的身体部位。头部舔舐主要伴随着头部的向前和向下的运动，而对尾部的舔舐则会引起腿部的运动（Vince，1993）。因此，如果羔羊被频繁地舔舐后部，它可能会很快站立。众所周知，如果母羊舔舐羔羊的肛门生殖器区域时，羔羊就会表现更多的站立尝试（并且有时是母羊从后部推着羔羊）。在羔羊探索行为的最初阶段母羊往往是让羔羊在它的前面，对其后部尤其是肛门区域进行持续地清理。然后，才允许羔羊移到自己的乳房区域，并且有经验的母羊往往会弓背并伸展后腿，或者在羔羊接近腹股沟区域时抬起一条后腿，以帮助羔羊更好地定位乳房（Vince，1993）。

触觉信号在羔羊搜寻乳头的过程中也发挥重要作用，因为羔羊一旦开始接触母羊的身体，就会做咀嚼运动。Vince（1993）认为，对于脸部、额头和眼睛的触觉刺激会引起羔羊头颈部的剧烈活动以及口腔的活动，这类似于新生羔羊鼻触母羊的身体。这种乳头的探寻活动往往表现出多次的面部探寻。相对一个较冷的表面，羔羊更倾向于与温暖而光滑的表面进行接触，并且它们会用鼻或嘴接触温暖的光滑面。当提供不同曲度的表面时，羔羊会立即进行鼻触具有较高或居中曲度的表面。当羔羊闻到羊膜液体味道和接触腹股沟区域时，其头部运动、口腔活动、探寻，以及呼吸和心跳都会增加（Vince 和 Ward，1984；Schaal 等，1995）。因此，来自母羊的各种形式的刺激会引导着羔羊进行各种探寻的行为直至找到乳头。

（二）吮吸行为

伴随羔羊的成长，哺乳的频次和持续时间会发生明显变化。出生 1 周后，母羊会允许羔羊尽情地哺乳。以后，母羊就开始通过移位来控制羔羊哺乳，即当羔羊哺乳或试图靠近时就离开。白天哺乳的频率要高于夜间，这也反映了母羊一个通常的行为模式（Gordon 和 Siegmann，1991）。随时间的推移，母羊往往只在两只羔羊都在的情况下才允许哺乳。窝仔数对哺乳行为研究表明这种影响并非一致，但这也可能是由于方法的不同所致（羔羊的数目和年龄、饲养条件和哺乳概念的界定）。在限位条件下，多胎的哺乳频率要高于单胎，这可能是因对有限乳头资源的竞争所致。由于我们对哺乳行为模式与奶量的转移关系还不甚清晰，即当产奶量不高时，母羊还是要表现出较高的哺乳频率（Robertson 等，1992）。产双羔母羊的产奶仅比产单羔的多 30% ~ 50%。由于母乳是新生羔羊唯一的营养来源，因此较低的奶摄入会增加多次哺乳的尝试。对初产母羊，羔羊这种行为的增加或许反映相似的原因。羔羊哺乳主要有 3 个姿势：平行-逆向姿势、垂直正交姿势和位于母羊两后腿之间的姿势。经过母羊的前面时羔羊通常使用平行-逆向姿势。这有助于在哺乳前对羔羊进行验证：母羊会嗅闻羔羊并拒绝非亲生羔羊哺乳。后面两种姿势哺乳通常在多胎羔羊或有些是外来羔羊时才出现。这种类型的乳房接近模式通常发生在母羊抚育寄养羔羊时，这时母羊就不能嗅闻，并排斥寄养羔羊。室内群养时交叉哺乳非常普遍，尤其饲养密度较高时，在小围场中也会偶尔发现，尽管这样接触养母的乳头很难。

（三）羔羊行为和福利

为了顺利哺乳，羔羊必须能够站立并移位到母羊腹部，同时需要母羊的刺激和帮助来定位乳房。有些研究表明站立和迅速哺乳有助于提高羔羊的成活率（Dwyer 等，2001）。相对哺乳比较顺利的羔羊，站立和哺乳比较慢的羔羊维持体温的能力也比较弱（Dwyer 和 Morgan，2006），因此更容易引起体温降低。羔羊站立和哺乳的能力会受到母羊分娩困难及分娩延迟的影响，以及母羊品种、羔羊性别、产仔数、初生重（太重或太轻都不容易站立和哺乳）、母羊胎次、孕期营养及公羊的影响（Dwyer，2003）。通过预先设计的增加母羊产仔数的管理模式可能会导致羔羊死亡率提高，并影响福利，除非能通过特定的措施进行阻止。

对上述母性行为，适当的孕期营养也会提高羔羊存活率，主要通过改善羔羊出生行为及提高泌乳来实现。很多关于微量元素缺乏或补加提高羔羊成活率的研究，其中有些还考虑到了羔羊的行为。据报道，明显的钴缺乏会降低羔羊出生时的活力及随后的生存能力。尽管孕期母羊的钴缺乏会降低产后羔羊的活力，而一般性的钴缺乏对羔羊的行为或生存影响不大（Mitchell 等，2007）。孕期母羊补硒也会降低羔羊的死亡率（Munoz 等，2006），但也有研究发现对生存力影响不大。然而，这些研究都未给出有关羔羊的行为数据。补饲维生素 E 或脂肪酸也被认为可以提高羔羊的活力，并因此减少羔羊哺乳的时间（Capper 等，2006）。尽管很模糊，但这些研究确实表明，微量元素在羔羊的行为和生存中发挥重要作用。

饲养方式也会影响羔羊行为，研究表明，母羊抚养能力选择会提高羔羊的成活率。有报道发现，同品种内羔羊行为存在性情差异（Dwyer 等，2001）。对于美利奴羊，以抚养能力进行母羊选择，挑选后的母羊所生的羔羊从站立到吮吸的过程比未挑选的要迅速得多，并且成活率也高。另有研究表明，对于一些特征的选择，如瘦肉率（Dwyer 等，2001）对提高羔羊出生时的活力也具有积极影响。这些研究都表明，羔羊出生时的行为具有一定遗传性，但这似乎也有别于影响羔羊行为的其他品种特征。同时，公羊对羔羊行为的影响也表明，适当公羊或母羊的选择会提高羔羊的成活率。如果将此应用到改良弱势群体时可能会非常有效，比如对头胎母羊，良好的饲养管理可能会有较好的福利效益。

四、羊的行为及福利评价

如前所述，在评价动物福利中行为测量是非常重要的工具，即使对行为的解释就像对心理测定的解释一样困难。其实主要的困难还是界定正常行为和异常行为，或者在一些养殖场中存在的行为干扰，尽管这些动物经过驯化已适应了限制性饲养环境。有一个非常有意思的观点就是将家养驯化与野生状态下的行为对比。Fraser（1985）指出，限制性环境会降低社群行为，其结果是在限制饲养的动物中很难发现具有高度组织性的活动。然而，这并非意味着动物的行为异常或者它们的福利受到了影响。在家养绵羊中，其有利于适应限制性环境的一些特征往往被选择保留。在饲养环境中表现的一些行为也可能是正常的。因此，从野生动物中延伸而来的所谓正常行为的范式或许并不适用于家养动物。当然，家养动物所表达的一些行为常见却也并非就是正常行为。

福利问题在散养系统（如澳大利亚养羊站）和在集约化饲养系统（如中等规模的牧场）具有较大差异性。在栏养体系中由于限制、管理及社群不稳定经常出现所谓的集约化饲养问题。而相比之下，散养当中出现的福利问题往往与围栏缺失、营养不良、受到捕食或羔羊死亡相关。动物与人的关系也非常重要，尤其在集约化牧场羊与人的接触要比在散养条件下多许多。

（一）刻板及反常行为

一般来说，绵羊在家畜中的各种呆板行为发生率是最低的。这主要因为以下两点：第一，尽管它们属于最先被驯化的动物，但对于所用的管理方法并非那种用在猪、家禽和奶牛上的集约化管理；第二，由于绵羊会花费相当时间反刍，它们不像一些非反刍有蹄类动物（如马、猪、小牛）更容易表现出一些呆板行为。尽管如此，相比其他家畜来说，绵羊会以比较分散的方式来表现呆板行为，因此不容易引起注意。单独饲养的绵羊有时会表现呆板的口部行为，比如啃栏，咀嚼板条或绳索，啃咬水桶或围栏内固定物，卷唇及反复舔舐等。运动中也会出现呆板行为，比如反复顶撞、躬身凝望（昂头并且后仰）、上下跳跃、曲线行进。尽管不像其他动物表现得那么频繁。饲养过程中的限饲，尤其限制能量的摄取，或者缺乏纤维日粮都会增加反常口腔行为表达（Yurtman 等，2002）。提供干草和纤维日粮会降低这种呆板行为，并会增加它们躺卧和反刍的表达，但这方面的研究也有矛盾之处（Yurtman 等，2002）。

呆板行为是否在现代养殖条件下产生，还是极端饲养条件下动物的一个特征，还需要进一步调查研究。但就羊来讲，一个明显的异常行为就是叼毛或吃毛（Fraser 和 Broom，1997），这在成年羊和羔羊中都有发生。成年羊的叼毛仅在集约饲养条件下有过报道。作为典型的例子，绵羊用嘴去撕咬其他绵羊的毛，通常是背部的毛，并会吞下。其结果往往是受到侵害的绵羊背部区域的毛越来越少。而叼毛的绵羊一般也不会导致严重的健康问题；相反地，只是在羊毛受到污染的情况下会增加寄生虫感染概率。这种行为产生的原因还不甚清晰，或许与过度拥挤和社群结构不合理有关，通常较弱的绵羊是受害目标。营养缺乏也被认为是原因之一，但究竟是哪种元素缺乏导致尚不清楚。然而，饲喂干草，而不是稻草，能显著降低这种现象的发生。最近有研究表明（Vasseur 等，2006），饲喂纤维性日粮可显著降低叼毛行为，并认为这种行为可能是由于集约饲养导致缺乏活动或嘴部刺激而引起的。羔羊也会吃母羊的毛，但这通常仅在 1 周龄时出现。这时可能会由于毛团在胃内累积并形成结实的纤维团（胃石）而引起消化问题。受感染的羔羊会变得贫血，形成疝气，并影响生长。有时纤维团也会引起肠阻塞，并导致羔羊死亡。

（二）福利与人畜关系

在集约化饲养体系中，绵羊会习惯与人类接触吗？在澳大利亚散养体系中绵羊一生仅与人类有过两次接触就是更好吗？对于这些问题，如果有一些关于特殊应激的强度指标及可重复的相对重要的能够在福利体系中进行测量的指标就很好回答。然而，已有研究表明，早期与人类接触对降低绵羊的恐惧有利。相对与人类接触较少的羔羊，对于已经习惯于人类管理和能够与人类紧密联系的羔羊在面对以后处理时应激就比较小（Boivin 等，2000）。经过 3 周的积极处理后，羔羊也能够识别是否为熟悉的牧羊人，并在熟悉的牧羊人出现时发出较少的叫声。虽然 6 周龄时羔羊还能识别牧羊人，但在 3 月龄时，羔羊却不愿意靠近或接触任何牧羊人，并当有人出现时会更加好动，并频繁发出叫声。对于维持绵羊朝向人类的靠近行为，定期人类接触也非常必要。相比之下，Markowitz 等（1998）研究表明，仅在出生 1~3d 时进行 2d 的人为管理，就可以增加羔羊对人类的亲密度，并且会一直持续到 3 个月。当这些羔羊与母羊分开 48h，在集约化饲养中即使与人类积极接触仅仅 40min 都会减少绵羊恐惧。Boivin 等（2000）通过观察有无管理员出现时羔羊的反应，发现人工饲养条件下羔羊会与管理者形成一种较好的社会关系。在这些处理中羔羊与母羊分开，即使暂时分开，也会表现出这些处理下的行为反应。然而，如果这些处理是在母羊面前实施的，那么效果就不太明显；这似乎表明，羔羊能够与母羊或人类都能形成一个主要的社会联系。在人类出现时，羔羊与母羊分开可以提高羔羊的温顺性，表明在养殖场操作中，这些方法对降低处理的应激并无特殊的作用。

对成年绵羊的试验表明，相对于未曾与人类接触过的绵羊，圈养并与管理员有接触的绵羊更愿意接近人类，并且当人类接近时逃逸距离更小，心率更低。因此，轻拍或抚摸会有较好的驯化效果，并会明显降低人类出现时绵羊的恐惧感。然而无论绵羊的性情温顺与否，在面对限制都会表现出斗争，对剪毛都会表现出厌恶。因此，尽管抚摸可以降低人员接触时的恐惧，但并不能推而广之到其他的情况。

第四节　疾病及其防治对绵羊福利的影响

一、疾病和福利

疾病会危害绵羊个体或群体的福利。本节总结了我们对家养动物负有保健职责的道德和法律依据，并探讨了实施防治措施与这些职责的相关性。绵羊不仅能够感觉痛苦，而且能够学习、表达情感和记忆。绵羊具有一定水平的感知能力是无可争议的，所以在道德背景下探讨我们对动物负有的职责非常重要。对于通常动物可被接受的治疗标准而言，控制绵羊疾病及其影响的道德途径是主要的决定因素。本章讨论了一些特殊疾病对绵羊个体或群体福利的影响，并总结了这些疾病的防制措施；讨论了羊群保健计划的根本点，提出了维持羊群健康和最大化福利的关键要素；提倡疾病的连续监测、早期识别和诊断。疾病预防措施应被优先考虑，同时配合使用许可药品的策略，以防止耐药性的发展。因此，从多学科探讨和理解疾病与福利尤为重要。

相对动物健康状态而言，疾病是动物生存过程中的一种紊乱状态，能够改变健康状态的任何因素都可以引发疾病。疾病可以是种属特异性的，种属共患的，或者人畜共患病（即能在动物和人之间传播）。疾病的危害发生在 3 个层次：① 危害到全国的羊群；② 危害到个别的羊群；③ 危害到个体的绵羊。疾病的传播表现多种形式，如通过空气、食物，或者其他污染物（它们作为疾病的载体，但本身不被改变，如车子的轮胎、害虫、皮肤或工人的衣物等）。疾病传播是通过羊群内的水平传播，或者通过母亲到胎儿的垂直传播。有些疾病的诱因是可以遗传的，或者说这些疾病属于遗传性疾病。另外，营养过剩或缺乏也可以引起疾病。总之，对病因和疾病传播机理的理解是防控疾病非常重要的部分。

疾病的诊断不能减轻福利问题，但是成功的治疗则可以改善福利问题。必要的治疗意味着饲养员对羊群的干预，这些干预并不总是有效，特别是对于羊群中未发病羊只（见第 8 章讨论部分）。Fisher 和 Mellor（2002）研究了饲养员在产羔时提供产科护理这种善意干预促进了易护理产羔的发展（动物按照不需要护理进行严格选择）。他们认为，这种生产方式更有利于保持绵羊在放牧环境的生物学特性，以及人安排动物的需要。虽然易护理概念起始于减少产羔时的护理投入，现在延伸到增强对疾病（如腐蹄病）的抗性，有助于减少其他的干预（如修蹄，见第 10 章）。Appleby（1995）指出，人的接触将改变动物行为和生理反应，这样会影响我们的观察和对疾病的认识。虽然这些结论只是通过积累的试验数据分析得出，但与生产实际、疾病的诊断和治疗有很好的相关性。

疾病症状及防制机理与绵羊福利的关系是本章的重点内容。本章不会提供影响绵羊有关疾病条件的详细列表，但一些特殊疾病将被提及用于描述特殊的福利。此外，一些对绵羊福利有相当影响的重要疾病条件将被讨论。

利于疾病传播的条件，也是对动物福利具有潜在不利影响的条件（如过分拥挤、卫生不良、温度或气候的骤变）。因此，较差的福利可以促进疾病的发生。然而，疾病的发生也可以影响动物的福利状况。

对绵羊福利的理解可以得出一个潜在的观点：疾病对福利有不利的影响。虽然在"五项自由"中专门列出了"避免伤害和疾病"，但是患病的动物可能也要经历痛苦，不能足够地采食和经受饥饿，改变正常的行为活动。疾病有多种表现方式，所有的疾病在某些参数方面都会表现偏离正常。疾病是一种客观存在，不能完全避免，疾病抗性是品种进化中形成的一个有利的特征，可以用来参照重要的物种适应性。虽然家养动物有一个外来代理（如人）为其选择发展性状和提高某种特殊目的遗传特性，这些性状和特性并不是动物物种延续目标所必需的，只是作为产品的商业能力（Fisher，2001）。患病动物通常提示，在预见问题和采取避免措施方面是失败的。因此，健康和生产计划应该考虑潜在问题，帮助发展适当的预防性策略。

健康是个体福利的不可缺少部分。像 Lynch 等（1992）所述，健康是一种部分平衡，它在遭受疾病时出现转变，认知、感知和行为一起导致对疾病的反应。这种平衡容易被多种外界因素和个体的内在状态所影响。这些破坏个体健康平衡的因子是指有消极作用的应激原，而那些有助于维持健康平衡的因子被认为是有利的应激原。应激对于生物来说是必需的，仅当应激原超出动物的处理能力时，危难才被认为会出现。Duncan（2004）警告，把不同的危难状态混在一起是没有好处的，不同的状态，如恐惧、挫折、厌倦等，需要不同的治疗措施。

（一）疼痛与疾病

福利中另一个需要关注的概念是疼痛。痛苦是福利的一部分，但不是唯一的评估福利状况的变量。一个动物遭遇差的福利，不等同于动物遭受痛苦。然而，一个遭受痛苦的动物意味着它的福利受到破坏，至少在短期内是这样（Rutherford，2002）。所以在品种中进行痛苦评估很困难，特别是非人动物的文字证据不可获得。然而，评估痛苦（更多的信息见 http：//www. vet. ed. ac. uk/animalpain/）可以采用客观测量（生理的、生化的和行为的反应）和主观测量（口头描述、数值模拟评分、数值评定表）的方法。Duncan（2004）指出，由于情绪维度（意味着不能简单地测定福利）的存在，没有简单的福利生理变量。另外，痛苦经历在不同品种和个体之间会表现差异。例如，Mellor 等（1991）提示，与小山羊和犊牛相比，羔羊在去势之后表现压抑。另外，在评估痛苦相关程序和条件时，不同兽医人员存在明显变化。为了减少这种差异变化，Fitzpatrick 等（2006）说明了需要一个用简单数值描述动物福利的必需方法，这种方法是按照人医延伸到动物的生命质量评估办法。这种方法利用疾病对身体功能影响，利用正常的行为、活动，从事的社交活动，动物的心理安乐，参照取得的数值。

毫无疑问疼痛对动物是最大伤害，减轻和结束疼痛是其最基本的权利。一个相悖的观点认为，疼痛能够改变动物可能的危险处境，例如摄入蔬菜毒素引起的腹疼或者扭伤可以改变对特殊关节的危害，从而减少关节使用和可能的组织损伤。针对羊的疾病，我们很少有控制疼痛问题的许可药品。利用局部麻醉，特别地硬膜外阻滞技术，包括局部麻醉结合一种拮抗剂，报道称注射后作用可持续36h，对减轻母羊的危害有改进价值。任何执业兽医都应该考虑在羊的后臀部进行硬膜外阻滞麻醉。多数的执业兽医对这项技术反应积极，寻找临床用药减轻疼痛。但有些情况并不止是兽医个人能够控制的，如麻醉用药成本的上升等。因此，在全面评价福利的背景下，个体情况也很重要。这意味着，一个动物在一种情况下的状况不一定对其他动物产生不合理和不必要影响。个体条件需要考虑，同时要比较国家或地区发生率，以及采取或不采取预防措施的影响。对于一些情况，防止是不可能的，因为我们不能充分理解发病条件的病因学。

（二）疾病与福利评估

相对于其他家畜，绵羊因疾病及相关问题造成的损失是比较大的，在某些情况下，损失发生会很快。由于疾病的高发生率和死亡率引起了对福利的关注。与其他农场动物相比，绵羊疾病的发生率较高，疾病的减少通常需要免疫注射，免疫可以创造一个阴性的区域。然而，采用适当的管理程序，可以避免疾病引起的高损失，这是预防疾病的有效方法。

如果采取一些方法，考虑整体的福利，可以更好地饲养绵羊。整体福利指标来自于发生疾病动物的数量，以及疾病发生的条件。这样可以更好地理解疾病对绵羊的影响，而不是依据经济或临床参数进行测量。Wemelsfelder（1997）建议建立一种客观的方法，以便认识个体动物与环境交流的积极作用。绵羊行为（如恐惧、胆怯、激动、痛苦、冷静、高兴/玩）的定性分析被考虑（Wemelsfelder和Farish，2004），而不是通常使用的定量分析。定性分析有助于命名一些定量分析中的含糊内容。如果这些整体福利指标能被定性分析，或许可以形成一个以羊为中心的系统。

健康和疾病对绵羊意味着什么？认识到疾病状态对绵羊非常重要，它不是像经济参数一样是必需目标。为了提高福利，有价值的经济报酬需要提高绵羊饲养的工业标准。例如，有一些重要的能引起流产的疾病，在一些病例中，它仅仅发生在母羊生产过程中，不会传染其他母羊和人，在另一些流产病例中，能够传染给其他绵羊和人。为了加强控制措施，调查所有引起流产的疾病尤为重要。一般说来，需要调查流产发生在2%以上和一些连续的病例样品。超过一个病因的存在，在引起流产的疾病中是越来越常见，通常引起一定程度的免疫抑制。

二、有关重要疾病和福利

涉及绵羊产业的福利问题已有大量报道。其中最关心的5个主要问题是：跛行、羔羊损失、繁殖障碍、绵羊疥螨痒螨病和驱虫药抗药性。

（一）跛行

在全球的绵羊生产国，跛行是主要的健康和福利问题。它是不适和疼痛的重要原因，也是绵羊业经济损失的一个主要原因。目前通过治疗和管理措施可以控制和治愈的许多传染病，跛行是引起其感染的原因之一。英国皇家兽医学院（1997）对547个农场进行了跛行原因的邮寄调查，得到确认的原因如下，趾间皮炎：43%；腐蹄病：39%；蹄脓肿：4%；药浴后跛行：4%；关节肿胀：2%；土球病：2%（土壤或粪便等集结在脚或脚趾之间形成球状）；纤维瘤：2%；其他：4%。在此次调查中，92%的农场反映有跛行问题，每年绵羊的发生率为6%~11%。据英国2002年的再次调查，90%以上的羊群或80%以上的羊群，绵羊跛行的原因9%以上由腐蹄病引起，15%以上由趾间皮炎引起。腐蹄病的临床症状是不同程度的跛行（从短暂的、轻微的到持续的、严重的），躺卧和不愿运动，采食量降低，体重下降，羊毛产量下降（Egerton，2007）。致命性腐蹄病的临床症状更严重，引起蹄部发炎、红肿，蹄壳完全脱离，感染扩散到蹄部以上。

瘸腿的绵羊不能放牧和抢食饲料。跛行对羊群生产力的不利影响包括：身体状况不佳（影响母羊排卵率和公羊产精量）；繁殖力降低；受精率降低（除影响繁殖力外，瘸腿公羊交配的母羊数更少）；对疾病的易感性增高（包括怀孕母羊的代谢性疾病）；跛行母羊生产的羔羊死亡率升高（导致初生重和产奶量降低）；增重率下降和生长缓慢；产毛量减少。

因此，可以看出羊群中这种普遍影响的情况。除了对生产力的影响，绵羊腐蹄病和其他原因引起的跛行还表现有疼痛和应激的生理反应。腐蹄病羊的抗利尿激素和催乳素超过正常，血浆中高浓度皮质醇给机体带来严重的危害。不管是轻微的还是严重的腐蹄病均表现血浆肾上腺素和去甲肾上腺素升高，提示腐蹄病激活了交感—肾上腺系统和下丘脑—垂体—肾上腺轴。患严重腐蹄病的绵羊与对照组相比，其疼痛刺激阈值显著降低，对急性疼痛的敏感度升高，慢性腐蹄病对甲苯噻嗪的止痛效果也降低了。然而，慢性腐蹄病动物在经过3个月治疗后，其治疗效果和主要临床症状在生理效应上却没有变化。此外，用探子检查表明，动物的物理疼痛阈值仍然降低。尽管羊不表现瘸腿，但它们对剧烈疼痛刺激的敏感性仍然增高。

不管是良性还是恶性腐蹄病，要清除它们需要详细的计划。澳大利亚的根除计划非常成功，绵羊被感染的数量比实施此计划前已经下降到了很低的水平（Plant，2007）。由于腐蹄病普遍的特性，根除腐蹄病将极大地减轻羊的痛苦。

跛行是一个指示症状，而不是一个具体的疾病。例如，在6月或7月瘸腿的母羊，可能没有腐蹄病，而瘸腿是由乳房炎引起的。一个好的羊倌或牧羊人要注意可能引起跛行的因素。正确的诊断是提高福利的第一步。

（二）繁殖障碍

繁殖障碍的损失包括从配种到分娩的各个环节。它包括不发情、早期胚胎损失、有明显症状的传染性流产。对一般英国低地农场繁殖障碍损失分析如下，从配种到扫描检查，胚胎损失：33%；流产、死产的胎儿损失：30%；新生羔羊损失：25%；出生后羔羊损失：12%。

繁殖障碍对福利的影响是很大的，因为这意味着在羊群管理上是失败的。失败的原因可能与特殊的应激反应有关，例如，基本营养因子（如铜）缺乏，身体健康状况差等。

母羊不发情、排卵障碍的异常，首先考虑的影响因素是母羊的营养方案。配种前4周要加强营养，配种后平稳持续至少4周。这是因为受精卵到达子宫约需3d，而着床则在

12d 后。这期间受精卵是非常不稳定的，任何意外应激因素都将降低怀孕成功率（例如：犬吠、转移到新牧场、日常管理）。

一旦怀孕成功，除了特殊疾病损害外，怀孕不可能终止（例如：撞击一下腹部不可能导致流产）。营养水平仍然是一个重要因素，在怀孕中期体况等级评分可允许适当降低，但不超过 10 分。在接近最后 6~8 周时，发育胎儿对营养物质的需求快速增加，此阶段其体重接近初生重的 80%。与此同时，腹腔可利用空间逐渐缩小，因此瘤胃容积比正常变小。这就意味着必须加强瘤胃蠕动，以便获得足量营养供给母羊和快速发育的羔羊。摄入蛋白质的品质是重要的，同时高水平的非降解蛋白（在瘤胃内）也是提高繁殖效率所必需的。如果饲养不当或日粮供给不足，可导致繁殖障碍的代谢病。

世界绵羊生产国发现的传染性流产病因中，在不同地区其流行程度和重要性不同。例如，在澳大利亚和新西兰没有衣原体流产，但在北欧国家却是非常重要的疾病。然而，在西亚和部分欧洲国家传染性流产病因中，羊流产沙门氏杆菌位居前列。随着欧盟边界的开放，马尔他布鲁氏菌病是一个潜在的问题，目前在北纬 45°还没有发现。同时它是地中海和中东地区的一个主要疾病，但已有向东扩散至俄罗斯、蒙古和中国北部的趋势。可以接种疫苗，健康计划要考虑预防性治疗，以避免不必要的损失和减轻母羊的痛苦。

发生在怀孕后期的双羔症（妊娠毒血症）是可以预防的，其发生是能量摄入不足的结果。这种情况引起的症状有视力障碍、食欲不振，以及因没有快速可用的能量来源而分解体脂肪引起的酮血症；接近或在预产期，另一个疾病是低血钙症，它引起瘫痪并导致昏迷，如不治疗，最后死亡。这些症状临床表现都可以作为不但是个体，而且是全群缺乏福利的重要标志。

（三）羔羊损失

全球羔羊高水平的死亡率是涉及福利的重大问题。在发达国家，羔羊平均死亡率是 15%~20%，3 日龄羔羊约 50%发生死亡。Mellor（2007）将 70%~90%的羔羊损失归因于功能障碍性疾病，10%~30%归因于在分娩和新生适应期感染了外界环境的致病因子。羔羊死亡的主要原因如下，产前和临产期疾病（例如分娩困难或难产）：30%~40%；弱羔/感染/饥饿：25%~30%；感染性疾病和胃肠道问题：20%~25%；先天性疾病：5%~8%；捕杀、意外伤害和其他：5%。

通过管理措施可以改变对任何死亡因素都缺乏抵抗力羔羊的危险。例如，户外产羔制度可能由于难产（当一头母羊分娩困难而又得不到帮助时，其危险很高）和受冻/饥饿，死亡率很高。相反地，室内产羔制度则要面对感染性疾病和流产很高的危险。产羔数也是一个促成因素，近一半的双胎羔羊死于饥饿，而只有不到 1/4 的单胎羔羊死于饥饿。双胎羔羊的死亡高峰在 1 日龄后，而单胎羔羊在分娩当天发生死亡最多。这些数据主要来源于发达国家的研究。而在发展中国家羔羊死亡率普遍较高，其原因是年龄大，但更多的还是归因于传染病。

尽管很多研究，特别是从提高生产率的角度，将引起羔羊死亡的病因和危险因素进行了分类，但是对新生羔羊福利的影响却很少注意。Mellor 和 Stafford（2004）研究认为，新生羔羊福利的主要问题是初生后与新生适应（或不适应）期间呼吸困难、体温低、饥饿、疾病和痛苦。因此，他们认为饥饿、疾病和痛苦是对新生羔羊福利的最严重伤害。然而，有专家主张除非能证明动物可以"感觉"到患病存在，关注患病动物（也包括濒死的羔羊）的福利没有必要。因此，就目前全球羔羊死亡率水平来说，羔羊死亡率是一个必须关注的重要福利问题。

（四）外寄生虫

外寄生虫生活在绵羊的体表和羊毛上，通过影响生产率而影响经济效益，降低奶和肉的产量，使毛和皮革的等级下降，需要昂贵的控制措施。它们可能是终身性的，如疥螨、羊蜱蝇和虱，也可能是季节性的，如丽蝇、头蝇和羊鼻蝇。它们倾向于专一寄生，在其他物种上很少发现。除对生产力的影响，外寄生虫还给绵羊带来了巨大的痛苦和苦恼。羊毛蝇蛆病或羊皮蝇蛆病，在粗放饲养条件下往往被忽视。然而，它是放牧场最常见的疾病，特别是在炎热和潮湿的地区。羊毛蝇蛆病导致采食量减少，体重下降，羊毛生长缓慢，同时伴随有体温升高，血浆促肾上腺皮质激素和皮质醇增高，而血糖和 β -脑啡肽下降。因此，在生理上羊毛蝇蛆病与绵羊苦恼和痛苦的指标相联系。最初侵袭时伴有苦恼的行为指标，包括焦虑不安和抑郁（Bates，2007）。当感染持续发展时，不断地跺脚，剧烈地摇尾，啃咬或摩擦侵袭的部位。羊毛蝇蛆病的发生呈周期性，未经治疗的动物可能在第 1 次、第 2 次或第 3 次侵袭后死亡。

绵羊痒螨病是一种剧烈刺激性疾病，原因是引起痒螨性过敏反应，病原体是绵羊痒螨。开始，脱毛病灶较小，逐渐融合成较大的脱毛病灶，并发生剧烈的刺激症状。当被感染的绵羊对螨虫越来越敏感，并表现明显的症状之前，早期感染可能需要几天时间。在疾病的这一阶段，绵羊表现出异常的行为方式：烦躁不安、剧烈摩擦病灶区、啃咬体侧和摇头。这些行为的出现与痒螨感染的程度密切相关。随着疾病的发展，由于过敏原的存在，感染绵羊变得越来越苦恼和躁动不安、摩擦和摇头增多。还伴随着持续地啃咬或痛苦的表情。当安静时，表现特有的咂嘴和伸舌。一项绵羊感染痒螨病的行为学研究表明，尽管经过治疗，用在维持行为的总时间未增加，但维持行为（采食、休息、反刍）经常被发作的摩擦、搔痒、啃咬所打断。据调查显示，母羊感染致命性痒螨病，对管理和运动有高度敏感的反应（Bygraves 等，1993）。其特征是典型的痛苦表情和啃咬反射，持续快速地摇头，啃咬病灶，用肢蹄不由自主、频频疯狂地搔痒患部和"癫痫样发作"，发作持续 10～20min，表现为自主控制消失、牙关紧闭和抽搐痉挛。

痒螨属的某些种类也可以感染绵羊的耳道（Bates，2007），这种感染可能缺乏结痂。在高发病率的公羊群中，亚临床感染率在 25% 以上。羊的行为表现是：摇头晃脑，摩擦耳部，可能导致耳血肿或花椰菜样耳。显然，疥螨给绵羊造成了强烈的痛苦，因此，为防止其过度的痛苦，感染的早期诊断是很有必要的。虽然治疗后杀死了螨虫，但由于过敏引起的损害可能长时间存在，所以早期检测技术和治疗感染是必需的。传播途径通常是直接接触，但与羊毛、标识牌、痂皮等接触也可感染。控制方法可以用人工合成的拟除虫菊酯类药物或有机磷杀虫剂浸浴，或注射大环内酯类药物。大部分浸浴需要在约 14d 后进行第 2 次，被兽医认可的更好的注射疗法，10d 后需重复注射。浸浴被认为是治疗这些疾病最有效的方法，但要特别注意操作者和浸浴绵羊的安全。其主要问题是苍蝇的叮咬和体表寄生虫。用淋浴来控制痒螨还没有许可的药物，而且大量的使用报告也显示不能完全控制此病。主要关注点是如果局部应用的化学性药物渗入皮肤内以及渗入毛囊中的浓度不够，就达不到控制效果。他们更关注抗药性的发生，以及用有限的研究解决母羊剪毛后合理的疗效浓度。

促进绵羊福利，不但要依靠教育和培训称职的饲养者，而且当预防策略发生改变或失败时要有有效的补救措施。上述绵羊福利的潜在意义，不只是更好地抵抗外寄生虫和内寄生虫的侵袭，而且对整个绵羊福利有巨大的价值。

（五）内寄生虫

体内寄生虫包括胃肠道寄生虫和肝吸虫。消化道蠕虫是反刍动物生产力下降的主要原因。寄生虫感染可引起急性和慢性疾病。但是，随着抗蠕虫药物的使用，亚临床感染可能很普遍，即使羊表面看来是健康的（Jackson 和 Coop，2007）。如果感染血矛线虫，临床症状是腹泻、脱水、食欲不振、生长缓慢和贫血。亚临床感染寄生虫病的羊，表面上是健康的，但仍有一些现象能显示出其福利受到了损害。有试验表明，感染寄生虫的动物比未感染者自由采食量减少、营养成分的利用率降低。已报道，对各种生产性能的影响包括增重率降低、羊毛产量减少、死亡率升高、对幼龄羊的危害特别严重、产奶量和繁殖率降低、驱赶蚊蝇叮咬的频率降低，这些影响与自由采食量减少相比可能是次要的。绵羊无论是感染血矛线虫还是毛圆线虫，其血浆皮质醇升高而甲状腺素降低。然而，这些影响不能完全归因于其采食量减少，当试验绵羊采食量同样低时，没有表现甲状腺素降低，皮质醇升高也不明显。对亚临床感染羔羊的放牧和饮食选择行为的研究表明，尽管所有动物倾向于避开草地中被粪便污染的区域，但感染寄生虫的动物比未感染者具有更强的选择性，即使被污染区域草的质量很高也会拒绝采食。绵羊体内有大量内寄生虫，虽然不表现临床症状，但是吃草和活动时间比健康羊要少很多。使感染寄生虫绵羊与健康绵羊的放牧次数相同，但放牧时间缩短，其采食量会减少。这些数据表明，绵羊亚临床感染蠕虫足以改变其行为，特别表现在活动时间和采食量减少。这些行为可能是遭受寄生蠕虫引起的一些不适或全身不适的表现，因此可以作为动物寄生虫感染的临床症状。

在全球，内寄生虫病对绵羊产业来说重要性日益凸显。这种情况很明显是由于抗药蠕虫种群不断增多、不正确的控制策略和鼓励养羊业的发展所导致。寄生虫控制计划应包括对羊群吸虫病风险的评估，当控制计划受阻时，需要根据个别牧场的实际情况，针对一年中特定时间联合应用抗吸虫和蠕虫产品。在英国，抗吸虫药的抗药性已有记载。

三、疾病控制与福利

疾病引起的福利问题表现在多个方面。

疾病控制与疾病危害相对应，如大群口蹄疫的控制应该考虑口蹄疫在群内扩散的风险。大批羊同时出现临床症状不常见，附近羊群的风险需要考虑重新组群的困难。在这些羊群中发生疾病的风险可能是低的。

采取措施会明显降低疾病的发生率，如预防疾病扩散、维持健康的羊群。通过血液样品和血清学检测证明可以防止相关疾病传播。

采取措施应该减少治疗药物到最少，以保持功效，延长生命。例如，使用硫酸锌足浴，如果药物不能提高角质蹄的渗入，这种足浴是无效的，所以足浴必须保持足够的时间。适当控制常规程序的足浴，减少人的干扰引起的不利福利。通常抗生素足浴也不提倡，除非特殊情况，需要控制抗药菌株的发展和抗菌药物在羊群的使用。

（一）预防管理策略

预防管理策略的存在有助于预防疾病，减少最常见和可预测疾病条件的影响。

1. 当前条件评估

这是一种最重要的工具，用于评价羊群的营养性能，包括处理成年种羊群、评价肌肉数量、评价腰椎和尾巴末端横断面脂肪。充分评估能够有效指导羊群的性能，但不能用作一个可预测性的指标。

2. 牧场管理

这是制度的一部分，草皮厚度管理是一种有用的方式，用来评价牧草的作用。羊群的迁移应该有计划性，并在深思熟虑后谨慎进行。

3. 饲养场管理

现在羊的饲养从牧区慢慢向农区、农牧混合带转移。牧场中的福利和饲养场有相同之处，但也有诸多不同，需要仔细评估，认真对待。

4. 营养

营养处于成功生产的核心地位，一个全面的饲养计划是任何健康福利计划的重要支撑。需要考虑饲草、浓缩料原料的可用性和质量，以及羊群需要、饲草可用、羊群的数量。小反刍动物中营养的作用在世界范围内有重要经济价值，营养管理如羊基因型发展和新生产系统一样具有重要意义。

5. 采血

血样的定期采集，检查营养状况，在某些情况下检测微量元素（如怀孕中期铜、维生素 B_{12}/钴、碘水平）是一个有效的策略。需要校正用量，防止缺乏引起的不良反应，还要确保不引起中毒水平。

6. 提供庇护

房屋或庇护所需要在恶劣天气到来之前准备，一些特殊的防护措施应该考虑。例如，圈舍具有较好的保温性、防寒性，但圈舍比牧场让动物有更紧密接触，因此羊群进入圈舍之前，要确保防止腐蹄病、寄生虫病或其他传染病的发生。

7. 卫生

卫生和清扫制度应提前计划好。这特别重要，如产羔羊时，恶劣的卫生条件明显促进了羔羊的死亡。

（二）　明确的治疗制度

这些明确的管理措施，可以减少某些特定疾病的发生。其他例子，包括早期有效治疗或预防性治疗，如新生羔羊的肚脐用 10% 碘精浸泡消毒。这些制度对于农场通常是明确的（如羊群的铜含量不能检测，预防凹背的补铜对怀孕中期母羊可能是致命的），需要农场主和兽医的讨论结果。另一种有效的方法是连续分析粪便中寄生虫虫卵数，确定正确地控制不同生长阶段的羊群蠕虫药物用量。

联合目标产品水平，羊群健康计划等行动计划，能提高治疗水平，提高健康计划的实用性。福利是最重要的考虑，不依赖于目标生产指标的获得。然而，生产目标的设定，包括减少疾病的发病率和死亡率，使养羊人重点放在需要改进的管理策略。

第五节　营养与羊的福利

由于瘤胃微生物的发酵作用，绵羊具有较强的利用劣质粗饲料能力。因此，土壤贫瘠或者气候恶劣以致饲草产量较低、品质较差的地区也常是绵羊的放牧区域，但相比集约化、精细化管理的畜牧饲养场，这些放牧绵羊时常会发生营养摄入不足或营养摄入不均衡现象。本节主要阐述营养摄入不足对绵羊福利的影响，同时也扼要介绍营养摄入不均衡的影响。

当气候异常致使食物和饮水供给不足时，通过瘤胃微生物的发酵作用，绵羊短期内可勉强维持体内的代谢平衡。此外，偏远地区放牧的绵羊常常需要数天的长途运输才能到达屠宰场，期间采食饮水也会受到限制。这时人们关注的不仅是绵羊的福利问题，还有某些诱发人畜共患病的微生物在瘤胃内寄居的风险大小，因为屠宰后该类微生物可能会引起人体疾病的感染。

绵羊在贫瘠的土地上放牧，一方面营养摄入不足或营养摄入不均衡现象时常发生，另一方面采食毒性植物或毒素污染的植物的风险很大。放牧地区常年生长着数量庞大的毒性植物。近年来，随着工业化进程的不断发展，工业排泄物中的重金属尤其是冶炼厂附近对绵羊食用植物的污染日益严重。关于绵羊福利的概念一直不甚清晰，因为迄今为止人们更多关注的是绵羊体内毒素的吸收是否会潜在地引起人体内毒素的积累。然而，目前绵羊自身严重的福利问题也越来越引起人们的重视。

营养过量容易导致绵羊肥胖，这种现象常发生于某些高度集约化的畜牧场或采食不均、争斗性强的个体采食了过多的高能量、高蛋白饲料的饲养场，放牧绵羊很少发生。因此，本节对此不做探讨。

一、短期禁食禁水对羊福利的影响

绵羊常常要从一个地方长距离运输到另一个地方，比如从繁殖场到育肥饲养场，再到屠宰场或到销售市场等。为减少粪尿对运输工具和其他绵羊的污染，易于买主更准确地估测屠体重，运输前常常禁食禁水数小时。禁食禁水对绵羊造成很大应激，而装载、运输、卸载以及环境、群内同伴等变化也会产生一定的应激，这些应激能够刺激绵羊肾上腺皮质释放更多皮质醇、肾上腺髓质释放更多肾上腺素，二者共同促进体内肌糖元和脂肪的异化作用，产生更多能量，尽可能满足绵羊的生理需要。但肌糖元消耗过多会抑制乳酸的生成，引起肌肉 pH 升高，导致屠宰后肌肉僵硬，肉质下降。

禁食禁水对绵羊最明显的影响是减重。一般情况下，初始 24h 减重最快，后续的 36h 或更长时间内继续减重，但速度变慢。减轻的重量中大约 80% 是水分，其余的是排泄粪便中的有机物、粪尿中的矿物质和呼出的二氧化碳、甲烷等气体。呼出的气体可按占每天减重的比例估算出来，有报道 48h 的禁食禁水可使二氧化碳的排放量从 709g/d 减到 267 g/d，甲烷排放量从 18g/d 减到 1g/d。除体重减轻以外，瘤胃、网胃重量同样会发生变化，也是在最初 24h 减重最快，减轻的重量主要是水分和细微颗粒物质。但是，随后减失的饲料微粒的重量很快会被流入的唾液所抵消。

禁食禁水使绵羊不能摄入营养物质，由于低分子碳水化合物在瘤胃内发酵分解最快，因此可能将对发酵低分子碳水化合物的细菌产生最直接的影响。有报道饲喂绵羊紫花苜蓿，然后采用禁食禁水后的瘤胃发酵液做接种物，在体外试验中研究葡萄糖发酵。结果表明，葡萄糖浓度降到一半需要的时间，随绵羊禁食时间不同而采取的接种液的变化而变化，即分别在禁食 0h、24h、48h、72h 后采取发酵液接种，其所需要的时间分别为 8h、20h、38h 和 50h。纤维素分解菌在瘤胃存活的时间可能更长，因为它们能够黏附在饲料颗粒上或者能够紧密地与饲料颗粒结合在一起。这可能是 Fluharty 等（1996）观察到的禁食前后饲料在人工纤维袋消失的速度没有差异的原因。

瘤胃微生物可能是反刍动物抵抗疾病的第一道防线，不但能够防御植物毒素的侵袭，而且还能抵抗肠道有害细菌如产气荚膜杆菌、沙门氏菌属及埃希氏菌属大肠杆菌等侵入。

当饲料恢复正常供应时，绵羊采食量却可能数日都恢复不到禁食前的水平。其原因除瘤胃微生物外，可能还涉及其他很多因素。比如，Cole（1991）发现，禁食禁水终止后，当常规饲喂的绵羊瘤胃内容物替代禁食绵羊的瘤胃内容物时，绵羊采食量并没有得到明显改善。

禁食禁水和运输应激产生的后果明显受绵羊和羔羊生理状态以及性情的影响。禁食禁水不仅消耗绵羊体内储存的矿物质和肌糖元，而且还降低瘤胃微生物的发酵能力。其影响程度和重新开始采食饮水后恢复的速度主要依赖于饲粮的特性，因此，禁食禁水的影响也依赖于瘤胃内容物的数量和组成。由于运输应激反应释放的皮质醇抑制了下丘脑产生的口渴信号，因此，运输过后的绵羊尽管发生轻微脱水，但一般都要采食后才可能感到口渴。为将禁食禁水和运输应激对绵羊和羔羊产生的影响降到最低，禁食禁水前的饲养管理还需要进行更深入的研究。

二、能量和蛋白质长期供给不足对绵羊的影响

与上述禁食禁水相比，当在更长的时间内，每日采食量不能提供充足的能量或蛋白质时，动物主要产生两种反应。一种反应是在食物营养短缺的最初几天继续动用体组织的营养物质。主要利用分解代谢的内分泌激素来促进糖元库中葡萄糖、脂肪组织中脂肪酸和肌肉组织中氨基酸的动用，造成动物体重的下降和身体健康状况的恶化。另一个重要反应是通过调节可利用营养物质的代谢水平来降低能量和蛋白质的生成，导致生长速度下降和泌乳量降低，甚至停止泌乳。性成熟动物的反应是性功能下降，主要表现为母畜乏情和胎儿流产或吸收（Abecia 等，2006）。当营养物质摄入不足时，绵羊还表现为产毛量降低。在一定范围内，较低的营养摄入并不一定对绵羊的福利造成伤害。事实上，对可利用营养物质供给的季节性变化，反刍动物一般都具有较强的适应性。只要正常的分解代谢能够适应较低的营养物质摄入，其健康和福利就可能不会受到严重的伤害。然而，能量和蛋白质的摄入低到什么程度才能导致动物的严重不适却很难测定。在不同情况下，长期的营养供给不足所造成的营养缺乏和饮水不正常、干物质摄入受限以及生活空间不足（像运输中的动物）等其他因素都将会增大动物的应激。营养供给不足有时会造成代谢作用的不可逆，即当可利用的营养物质再次增加时，动物也不可能恢复到正常的合成代谢状态，这时所产生的后果将是非常严重的，其严重程度受动物不同生长阶段的影响。例如，断奶羔羊食入谷物和干草时，由于谷物和干草中的钙较与磷平衡所需要的水平低，恒齿的发育可能就会

受到影响，而对于犊牛，则可能变成跛腿。即使以后饲料钙磷供给充足，也不可能再恢复正常，由于咀嚼能力和运动能力的降低使其采食量下降，因此将导致终生生产性能的降低。

妊娠也是引起长期营养供给不足的一个潜在因素，尤其对于双胞胎和三胞胎的母羊。由于生长发育的需要，相比成年绵羊，营养供给不足对羔羊将产生更大的危害。

（一）营养物质长期供给不足的绵羊的觅食

反刍动物能够将富含纤维素的劣质蛋白质饲料转化为能量和优质动物蛋白质，转化过程并不复杂。与其他反刍动物一样，绵羊在长期采食营养物质含量较低的饲料时也能够维持生存，其在恶劣条件下的存活能力众所周知。然而，绵羊之所以能够如此，完全依赖于选择性地摄取食物，而这就需要大面积区域的觅食。在正常情况下，绵羊每天大约食草10h，分为4~7个不同时间段。同时，每天的反刍时间大约需要8h。对于野外放牧的绵羊，当饲草质量或可采食的饲草数量降低时，其食草时间可能还要延长。同样地，如果仅能采食到不易消化的饲草，反刍时间也有可能延长。如果放牧草场能够提供大量的营养物质含量较低的作物或饲草，绵羊往往挑选最易消化的部分采食。如果别无选择，只能采食植物秸秆或发黄的饲草，它们仍将挑选最容易消化的部分。绵羊不喜欢采食较粗糙的、难消化的植物部分，这时牧场往往会存有大量的绵羊拒绝采食的食物，而这就会发生一方面动物因为每日的采食和营养供给不足而苦苦支撑，另一方面饲养者却错误地认为食物还非常充裕的现象。而且，即使食物充裕，绵羊口腔损伤和疼痛或者食道阻塞也可能引起采食受限。其他影响因素还包括母羊的口腔损坏（母羊牙齿闭合不够、过于闭合和牙齿弯曲以致不能咀嚼食物）和寄生虫病，二者均抑制了绵羊对营养物质的吸收利用。室内或小牧场的不科学饲养也可能引起营养不足以及绵羊自然采食行为的限制，而这也将对绵羊的福利产生危害。

（二）营养长期供给不足表现的特征

检测营养供给对动物影响的最常用方法是肉眼观察动物体征和食物剩余残渣。但是肉眼观察评价的主观性太强，因此，人们努力改进肉眼观察的方法，尽量实行标准化操作，并且以肉眼观察和腰荐部触诊为基础，建立了很多不同的体征得分评价体系。根据这些评价体系，一个人在不同的场合下，肉眼观察评价得分都具有高度的重复性。但是，相同情况下不同评价者之间的得分仍然可能存在差异。同时，这些评价体系对个体和品种的体型大小、体质构造和组织构成等方面的差异，几乎都没有采取校正措施，使评价结果仍然存在一定的主观性因素。体征得分评价常用于动物的饲养管理和体质变化监测，但是，由于不能表明动物的增重或减重，单一地运用该评价方法判定畜群或个体的营养状态，效果并不能令人满意。而且，体征得分评价通常采用5分或10分等级制，等级分除非再进行细化，否则结果就可能不精确。比如绵羊瘤胃内容物的重量通常在6~18kg变化，该变化可能影响人们对覆盖脊椎的肌肉脂肪层厚度的观察，从而影响主观评分。

三、饲粮毒性对绵羊福利的影响

绵羊放牧时采食的草料与农户饲喂的牧草、豆科植物以及能量、蛋白质和矿物质补充物存在很大的不同。除草料外，动物采食的其他物质可能还包括部分树枝和灌木丛、水生植物、花坛基底、羊毛、头发、垃圾、涂料和动物尸体等。此外，也可能不小心地食入泥土、沙子、霉菌、真菌和其他微生物，以及某些化学药物、杀真菌剂、除草剂、杀虫剂和土壤或饮水中的污染物。即使在封闭的牧场和动物饲养管理系统，绵羊也可能采食到很多有毒的植物成分。在更开放的管理系统，采食的牧草通常来源于天然草场，其中的毒性物质对绵羊的危害可能更大。植物饲料中的化学药物残留严重，这些化学药物能够杀灭对植物产生危害的细菌和真菌等微生物，因此，绵羊瘤胃内发酵植物成分的微生物也可能受到毒害。此外，植物饲料可能还含有内生菌（侵染种子后随着植株的发育成熟而生长）和腐生菌（分解枯死的植物成分）两类真菌产生的化学物质，这些化学物质能够降低饲料的适口性。有选择地采食可能会减少牧场优良物种的存活，导致含有不良化学物质的物种占优势。此时，放牧绵羊别无选择，只能采食可能含有毒性物质的植物。每年的干旱季节，放牧绵羊开始啃食树枝、灌木丛或其落叶，这时也可能摄入某些毒性物质。

（一）影响绵羊植物性饲料毒性的因素

植物性饲料的毒性大小主要受采食数量、到达瘤胃的方式、瘤胃内释放的速率和微生物代谢的程度，以及消化道吸收和肝脏或肾脏解毒的速率等因素的影响。绵羊摄入适量的尿素可以为瘤胃微生物提供氮源，但摄入过多容易引起氨中毒而导致死亡，因此，绵羊利用尿素的能力就可以反映上述过程的影响。饲喂绵羊干草和糖浆，干草中添加 100g 尿素，均匀分布于 1d 的饲料中逐渐采食，结果发现瘤胃 pH 维持在 6.5～7，氨的水平保持在 750mg/L 以内。相反地，当 25g 尿素溶于水中灌服到瘤胃内时，氨的水平增加到 1 140mg/L，pH 达到 7.9。较高的氨浓度和较高的瘤胃 pH 会增加瘤胃壁对氨的吸收速率。同时，碱性瘤胃 pH 会降低挥发性脂肪酸的吸收速率，引起肝脏可利用能量减少，从而降低了对氨的解毒能力。然而，由于绵羊营养物质摄入量较大，试验中能够及时降解产生的氨而没有发生中毒现象，但另有试验数据表明，在试验条件发生改变后，绵羊瘤胃灌服含 10g 尿素的水溶液就可以致死。

1. 氰化物

氰化物以生氰配醣的形式存在于植物体内，并且随着生氰配醣在瘤胃内的水解而释放。某些芥属类植物常含有氰化物，动物食入后需要服用硫代硫酸盐，以便提供充足的硫化物将其转化成硫氰酸盐进行解毒。未解毒的剩余氰化物的数量由配糖摄入和水解的速率与氰化物转化为硫氰酸盐的速率的比值决定。如果大量的剩余氰化物被肝门静脉血液吸收，血红蛋白就将转化为氰基血红蛋白，这对绵羊将是致命的。氰化物转化为硫氰酸盐能够使绵羊免于氰化物中毒，但同时产生的过量硫氰酸盐则可能危害胎儿的甲状腺。

2. 氟乙酸盐

氟乙酸盐的毒性最初是在南非的"毒叶木"中发现的，以后逐渐在很多植物中都发现了这种有毒物质，如紫龙骨豆属和尖瓣豆属植物，以及某些阿拉伯树胶。瘤胃吸收后，氟乙酸盐能够将组织细胞中的柠檬酸盐转化为氟代柠檬酸盐，从而抑制参与葡萄糖代谢的三羧酸循环进程。饲喂小麦草时，每天缓慢灌服瘤胃 2mg 氟乙酸盐，绵羊在 14～18d 内都没有食欲，但是当干草中添加 100g 麦麸或用苜蓿草替代小麦草时该现象没有发生。然而，当直接灌服到饲喂苜蓿草的绵羊的皱胃时，绵羊就会发生死亡现象，这表明高营养日粮对绵羊的有益影响可能是通过瘤胃微生物起作用，而不是通过组织代谢。研究认为，氟乙酸盐的解毒将来仍可能更多地依赖于基因改变的瘤胃细菌。肌肉组织代谢增强时，氟乙酸盐的毒性将加重，因此，家畜在富含氟乙酸盐植物的地区放牧时应当适当减少运动。

3. 硝酸盐

绿色植物通常都含有浓度较低的硝酸盐，但当土壤追施氮肥时，硝酸盐浓度增加。阴冷天气不利于植物蛋白质的合成，硝酸盐浓度往往也将累积升高。同时，该气候条件也可能降低植物细胞内可溶性碳水化合物的含量，从而降低瘤胃微生物所需的可利用能量，使硝酸盐中的氮不能经过微生物代谢转化为微生物蛋白质。硝酸盐在瘤胃内首先转化成亚硝酸盐，然后再转化为氨。亚硝酸盐很容易被肝门静脉血液吸收，将血红蛋白转化为高铁血红蛋白。绵羊很多中毒现象都由硝酸盐引起，然而，采食球茎藨草后死亡的一些绵羊，体内并没有发现高铁血红蛋白，于是人们研究发现了致使绵羊中毒的其他几种物质。目前，硝酸盐（也可能包括氨）导致动物中毒的剂量仍然不甚清楚。

4. 异黄酮

三叶草属植物中发现两类具有雌激素特性的异黄酮。例如，地下三叶草（地三叶）含有5-羟基异黄酮（Shutt 等，1970），包括鹰嘴豆素 A 和金雀黄素；而红色三叶草（红三叶）含有5-脱氧异黄酮芒柄花黄素。金雀黄素对几内亚猪具有雌激素效应，而芒柄花黄素则无此效应。绵羊恰恰相反。鹰嘴豆素 A 在瘤胃内经脱甲基作用生成金雀黄素，然后转化为 p-乙基苯酚而失去雌激素效应。但芒柄花黄素经脱甲基作用生成二羟基异黄酮，最终又转化为雌马酚，而雌马酚具有很强的雌激素效应。因此，瘤胃微生物一方面能够解毒保护宿主，另一方面也可能产生毒素危害宿主。然而，瘤胃微生物降解金雀黄素毒性的作用不是瞬间完成的，而是需要持续4~5d，期间三叶草仍然具有雌激素效应。该事例表明，正常情况下瘤胃微生物能够解毒，但是可能需要数天的培育、扩大数量后，才能够完全降解宿主每天摄入的大量毒素。

5. 生物碱

生物碱主要危害肝脏，但其他器官也时常发生相关中毒症状。有些生物碱，如吡咯双烷类生物碱，是植物第二大化学成分，在包括天芥菜属天芥菜和蓝蓟属车前叶蓝蓟等各类植物中广泛存在。最近，更多真菌类生物碱的作用逐渐被人们所熟知，其中包括禾草内生真菌感染黑麦草和高羊茅后产生的能够引发动物震颤的生物碱。

另外一个事例是发生在我国、北美和南美地区的疯草中毒。引起中毒的化学成分是内生真菌感染的黄芪属和棘豆属疯草内的苦马豆生物碱。苦马豆生物碱能够使溶酶体和糖蛋白的代谢发生异常。疯草中毒潜伏期较长，一般在食草动物采食疯草相当长的时间后才发病。临床症状常有神经系统的精神错乱迹象，主要表现为步履蹒跚、肌肉震颤、共济失调和神经质，在动物突然惊醒时表现尤为强烈。

寄生于腐殖质的真菌也能够引起绵羊生物碱中毒。典型的例子是羽扇豆残茬腐生物半壳孢样拟茎点霉产生的拟茎点霉毒素和牧草腐生物纸样皮氏霉产生的葚孢菌素。二者对肝脏功能的损伤引发了很多间接危害，广为人知的是光过敏和慢性铜中毒。叶绿素在动物体内转化为叶赤素，正常情况下由消化道转运，然后再经胆囊重返小肠内。但肝脏受损后，叶赤素和胆汁酸将进入外周血液循环系统，而诱发黄疸病，使动物光过敏，临床上表现为暴露在阳光下的皮肤结痂疼痛，称为面部湿疹。家畜食入天芥菜属和蓝蓟属植物后，时常发生慢性铜中毒。当绵羊肝脏合成硫代钼酸铜的功能丧失时，过剩的铜不能通过胆酸转运，那么铜蓄积到一定程度就会引起肝脏和肾脏的中毒。由于食入的大量毒性饲草对肝脏的损伤发生较早，有的很可能在中毒症状出现 6~12 个月之前就已经开始，因此，临床上准确诊断慢性铜中毒的原因非常困难。

（二）饲草毒性的控制

有时，绵羊瘤胃不含有降解代谢某些毒素的适宜微生物，如含羞草素（银合欢含有的有毒氨基酸）等毒素。但如果时间充裕，瘤胃内常常能够培育出降解代谢植物毒素的微生物。例如，Culvenor 等（1984）发现，饲喂少量的蓝蓟属植物生物碱能够引起瘤胃较高的生物碱降解率。然而，对硝酸盐和氰化物等毒性扩散迅速的毒素，不宜采取这种措施。同样地，对含有 5-脱氧异黄酮毒素的植物也是如此，因为微生物常迅速将 5-脱氧异黄酮转化为雌激素样作用的雌马酚。在生产实践中，加强动物饲养管理，逐渐增加含有少量毒素植物的采食量，或使有毒物质能够被更多营养丰富的饲草所稀释，可能是行之有效的控制饲料毒性的方法。当家畜在干旱季节到达陌生环境，采食自身并不熟悉的饲草时常发生中毒现象。

随着对家畜饲草中毒原因了解的不断深入，为最大限度地减轻危害，人们对牧草和放牧家畜的管理方法有了很大的改善和提高。低毒的栽培品种或去除掉内生真菌的种子代替现有的牧草植物已经取得了很大进展。牛或鹿替换羊或者抗毒性强的成年阉割公羊替换易中毒的繁殖母羊和羔羊是牧场常见的放牧改进方法。其他常用的方法还包括减少食草量，逐渐增加对可能含有毒素的牧草的采食时间以及在气候条件适于腐生真菌生长时将放牧畜群迁移，有时甚至要将全部畜群都从本地区赶走。为使家畜损失降到最低，生产企业获得更高的经济效益，动植物资源的管理今后仍将面临很大挑战。

毒性物质将对动物生理、行为和代谢产生不利的影响，因此，严格限制家畜饲养过程中毒性物质的采食量尤为重要。众所周知的安全方法是建立一个"察觉不到有害影响的水平"。在这个公认的水平，即处于显现中毒迹象的种群和健康良好的种群之间，毒性物质产生毒害的概率或程度无论是统计学意义还是生物学意义都没有显著的增加。该水平毒素可能会产生某些影响，但人们认为这些影响无害，并且也不是产生毒害的先兆。

仔细观察思考动物对外界危害产生的反应是很有必要的。有些生理反应可能危及动物的福利，但也许只是暂时的。行为反应可能表明动物在努力弥补某些缺陷，例如通过扩大采食范围等。再如在臭气环境中，一般都通过报道的刺激或不愉悦的感觉反应设定人类能够承受的浓度范围，但是对于绵羊而言，即使这种感觉反应能够以咳嗽、流泪等形式记录下来，但要想如愿以偿设定营养不适的界限是非常困难的。选择性测试可以用来检测动物是否能够避免中毒，例如，其完全能够证明反刍动物具有拒绝采食铅污染饲料的本能。如果能够证明反刍动物确实如此，那么值得着重考虑的应当是使动物免于经受不愉悦感觉反应的比例。Paustenbach 和 Gaffney（2006）研究认为，当人们处于臭气环境中，绝大多数（80%~95%）人应当免于受到严重刺激或不愉悦感觉刺激。需要进一步考虑的是，人们处于臭气环境中能够耐受的时间长短，而这将依赖于产生不断刺激影响的时间。人们常在缺少各不同时间段臭气环境中的健全数据时，就建立对任意时间段都适用的"察觉不到有害影响的水平"。然而，如果处于臭气环境中产生影响的数据来源时间可靠，那么仅在处于较短时间内设立较高的界限也是可能的。

参考文献

ABECIA, J. A., SOSA, C., FORCADA, F. et al., 2006. The effect of undernutrition on the establishment of pregnancy in the ewe [J]. Reproduction, Nutrition and Development 46: 367-378.

APPLEBY, M. 1995. Farm Animal (mammal) enrichment. In Environmental enrichment information resources for Laboratory Animals 1965-1995 [M]. Animal Welfare Information Centre, USDA, USA, pp: 63-67.

ARNOLD, G. W. & MALLER, R. A., 1974. Some aspects of competition between sheep for supplementary feed [J]. Animal Production, 19: 309-319.

BATES, P., 2007. Sheep scab. In Diseases of Sheep (ed. I. D. Aitken) [M], pp. 321-325. Blackwell Science, Oxford, United Kingdom.

BEACH, F., 1976. Sexual attractivity, proceptivity, and receptivity in female mammals [J]. Hormones and Behavior, 7: 105-138.

BLACHE, D., CHAGAS, L. M., BLACKBERRY, M. A., et al., 2000. Metabolic factors affecting the reproductive axis in male sheep [J]. Journal of Reproduction and Fertility, 120: 1-11.

BLISSITT, M. J., BLAND, K. P. & COTTREL, D. F., 1990. Discrimination between odours of fresh oestrous and non-oestrous ewe urine by rams [J]. Applied Animal Behaviour Science, 25: 51-59.

BE, K. E., BERG, S. & ANDERSEN, I. L., 2006. Resting behaviour and displacements in ewes - effects of reduced lying space and pen shape [J]. Applied Animal Behaviour Science, 98: 249-259.

BOIVIN, B., TOURNADRE, H. & LE NEINDRE, P., 2000. Hand - feeding and gentling influence earlyweaned lambs' attachment responses to their stockperson [J]. Journal of Animal Science, 78: 879-884.

BYGRAVES, A. C., BATES, P. G. & DANIEL, N. J., 1993. Epileptiform seizures in ewes associated with sheep scab mite infestation [J]. Veterinary Record 132: 394-395.

CAPPER, J. L., WILKINSON, R. G., MACKENZIE, A. M. et al., 2006. Polyunsaturated fatty acid supplementation during pregnancy alters neonatal behavior in sheep [J]. Journal of Nutrition, 136: 397-403.

COLE, N. A., 1991. Effects of animal - to- animal exchange of ruminal contents on the feed intakes and ruminal characteristics of fed and fasted lambs [J]. Journal of Animal Science, 69: 1795-1803.

CULVENOR, C. C. J., JAGO, M. V., PETERSON, J. E., et al., 1984. Toxicity of Echium plantagineum Paterson's Curse. 1. Marginal toxic effects in Merino wethers from long term feeding [J]. Australian Journal of Agricultural Research, 35: 293-304.

DOBSON, H. & SMITH, R. F., 2000. What is stress, and how does it affect reproduction? [J] Animal Reproduction Science, 60: 743-752.

DUNCAN, I. J. H. , 2004. Pain, fear and distress. Proceedings of Global Conference on Animal Welfare: an OIE initiative [M]. Paris, France, pp: 163−172.

DWYER, C. M. & LAWRENCE, A. B. , 1998. Variability in the expression of maternal behaviour in primiparous sheep: Effects of genotype and litter size [J]. Applied Animal Behaviour Science, 58: 311−330.

DWYER, C. M. & LAWRENCE, A. B. , 2000. Effects of maternal genotype and behaviour on the behavioural development of their offspring in sheep [J]. Behaviour, 137: 1629−1654.

DWYER, C. M. & MORGAN, C. A. , 2006. Maintenance of body temperature in the neo-natal lamb: Effects of breed, birth weight and litter size [J]. Journal of Animal Science, 84: 1093−1101.

DWYER, C. M., LAWRENCE, A. B. & BISHOP, S. C. , 2001. Effects of selection for lean tissue content on maternal and neonatal lamb behaviours in Scottish Blackface sheep [J]. Animal Science, 72: 555−571.

DWYER, C. M., LAWRENCE, A. B., BISHOP, S. C. & LEWIS, M. , 2003. Ewe − lamb bonding behaviours at birth are affected by maternal undernutrition in pregnancy [J]. British Journal of Nutrition, 89: 123−136.

EGERTON, J. R. , 2007. Diseases of the feet. In Diseases of Sheep (ed. I. D. Aitken) [M]. Blackwell Science, Oxford, United Kingdom, pp: 273−281.

FABRE−NYS, C., POINDRON, P. & SIGNORET, J. −P. , 1993. Reproductive behaviour. In: Reproduction in Domesticated Animals (Ed. G. J. King) [M]. Elsevier Science, Amsterdam, pp: 147−194.

FISHER, M. W. & MELLOR, D. J. , 2002. The welfare implications of shepherding during lambing in extensive New Zealand farming systems [J]. Animal Welfare, 11: 157−170.

FISHER, M. W. , 2001. Lambing management in New Zealand: ethics and welfare considerations [J]. Surveillance (Wellington), 28: 16−17.

FITZPATRICK, J., SCOTT, M. & NOLAN, A., 2006. Assessment of pain and welfare in sheep [J]. Small Ruminant Research, 62: 55−61.

FLUHARTY F. L., LOERCH, S. L. & DEHORITY, B. A., 1996. Effects of feed and water deprivation on ruminal characteristics and microbial population of newly weaned and feedlot adapted calves [J]. Journal of Animal Science, 72: 2969−2979.

FRASER, A. F. & BROOM, D. M. , 1997. Farm Animal Behaviour and Welfare [M]. CAB International, Oxon, UK.

FRASER, A. F., 1985. Deprivation of maintenance behaviour in modern farm animal hysbandry. In: Ethology of Farm Animals. A Comprehensive Study of the Behavioural Features of the Common Farm Animals (Ed. A. F. Fraser) [M]. Elsevier Science, Amsterdam. pp: 377−389.

FRASER, D., WEARY, D. M., PAJOR, E. A. et al., 1997. A scientific conception of animal welfare that reflects ethical concerns [J]. Animal Welfare, 6: 187−205.

GORDON, K. & SIEGMANN, M. , 1991. Suckling behavior of ewes in early lactation

[J]. Physiology and Behavior, 50: 1079-1081.

IASON, G. R., MANTECON, A. R., SIM, D. A., et al., 1999. Can sheep compensate for a daily foraging time constraint? [J] Journal of Animal Ecology, 68: 87-93.

JACKSON, F., COOP, R. L., 2007. Gastrointestinal helminthosis. In Diseases of Sheep (ed. I. D. Aitken) [M]. Blackwell Science, Oxford, United Kingdom, pp: 185-195.

JUGO, B. M. & VICARIO, A., 2000. Single-strand conformational polymorphism and sequence polymorphism of Mhc-DRB in Latxa and Karrantzar sheep: implications for Caprinae phylogeny [J]. Immunogenetics, 51: 887-897.

KENDRICK, K. M., DA COSTA, A. P., LEIGH, A. E., et al., 2001a. Sheep don't forget a face [J]. Nature, 414: 165-166.

KENDRICK, K. M., HAUPT, M. A., HINTON, M. R., et al., 2001b. Sex differences in the influence of mothers on the sociosexual preferences of their offspring [J]. Hormones and Behavior, 40: 322-338.

KRAUSMAN, P. R., LEOPOLD, B. D., SEEGMILLER, R. F., et al., 1989. Relationships between desert Bighorn sheep and habitat in Western Arizona [J]. Wildlife Monographs, 102: 1-66.

LAWRENCE, A. B. & WOOD - GUSH, D. G. M., 1988. Home - range behaviour and social organization of Scottish Blackface sheep [J]. Journal of Applied Ecology, 25: 25-40.

LAWRENCE, A. B., 1990. Mother-daughter and peer relationships of Scottish hill sheep [J]. Animal Behaviour, 39: 481-486.

LYNCH, J. J., HINCH, G. N. & ADAMS, D. B., 1992. The Behaviour of Sheep: Biological Principles and Implications for Production CAB International [M]. Wallingford, Oxon, United Kingdom.

MAIN, M. B., WECKERLY, F. W. & BLEICH, V. C., 1996. Sexual segregation in ungulates: New directions for research [J]. Journal of Mammalogy, 77: 449-461.

MARKOWITZ, T. M., DALLY, M. R., GURSKY, K. et al., 1998. Early handling increases lamb affinity for humans [J]. Animal Behaviour, 55: 573-587.

MARTIN, G. B., HÖTZEL, M. J., BLACHE, D., et al., 2002. Determinants of the annual pattern of reproduction in mature male Merino and Suffolk sheep: Modification of response to photoperiod by annual cycle of food supply [J]. Reproduction, Fertility and Development, 14: 165-175.

MAYNE, C. S, WRIGHT, I. A. & FISHER, G. E. J., 2000. Grassland management under grazing and animal response. In Grass, its Production and Utilization (ed.) A. Hopkins [M]. Blackwell Science, Oxford, United Kingdom, pp: 247-291.

MCCUTCHEON, S. N., HOLMES, C. W., MCDONALD, M. F. et al., 1983. Resistance to cold stress in the newborn lamb. 1. Responses of Romney, Drysdale x Romney, and Merino lambs to components of the thermal environment [J]. New Zealand Journal of Agricultural Research, 26: 169-174.

MCKINNEY, T., BOE, S. R. & DE VOS, J. C., 2003. GIS−based evaluation of escape terrain and desert bighorn sheep populations in Arizona [J]. Wildlife Society Bulletin, 31: 1229−1236.

MELINKOVA, M. N., GRECHKO, V. V. & MEDNIKOV, B. M., 1995. Investigation of genetic divergence and polymorphism of nuclear DNA in species and populations of domestic and wild sheep [J]. Genetika, 31: 1120−1131.

MELLOR, D. J. & STAFFORD, K. J., 2004. Animal welfare implications of neonatal mortality and morbidity in farm animals [J]. Veterinary Journal, 168: 118−133.

MELLOR, D. J., 2007. Welfare of fetal and newborn lambs. In Diseases of Sheep (ed. I. D. Aitken) [M]. Blackwell Scientific, Oxford, United Kingdom, pp: 22−27.

MELLOR, D. J., MOLONY, V. & ROBERTSON, I. S., 1991. Effects of castration on behaviour and plasma cortisol concentrations in young lambs, kids and calves [J]. Research in Veterinary Science, 51: 149−154.

MILNE, E. & SCOTT, P. R., 2006. Cost−effective biochemistry and haematology in sheep In Practice, 28: 454−461.

MITCHELL, L. M., ROBINSON, J. J., WATT, R. G., et al., 2007. Effects of cobalt/vitamin B12 status in ewes on ovum development and lamb viability at birth [J]. Reproduction, Fertility and Development, 19: 553−562.

MOBERG, G. P. & MENCH, J. A., 2000. The Biology of Animal Stress: Basic Principles and Implications for Animal Welfare [M]. CAB International, Wallingford, UK.

MUNOZ, C., CARSON, A. F., MCCOY, M., et al., 2006. Nutritional status of ewes in early and mid pregnancy 2: Effect of selenium supplementation on ewe reproduction and offspring performance [J]. Proceedings of the British Society of Animal Science, pp: 7 (abstract).

NOWAK, R., 1990a. Lamb's bleats: Important for the establishment of the mother−young bond? [J]. Behaviour, 115: 14−29.

PARROT, R. F., 1990. Physiological responses to isolation in sheep. In: Social Stress in Domestic Animals (Ed. R. Zayan & R. Dantzer) [M]. Kluwer Academic Publishers, Brussels, pp: 212−226.

PATTINSON, S. E., WATERHOUSE, A., ASHWORTH, S. W. et al., 1994. Cost/benefit analysis of nutritional and shepherding inputs at lambing in an extensive hill sheep system [R]. Proccedings of the 45th Annual Meeting of the European Association for Animal Production, Edinburgh, pp: 242.

PAUSTENBACH, D. J. & GAFFNEY, S. H., 2006. The role of odor and irritation in risk perception and the setting of occupational exposure limits [J]. International Archives of Occupational and Environmental Health, 79: 339−342.

PLANT, J., 2007. Australia. In Diseases of Sheep (ed. I. D. Aitken) [M]. Blackwell Scientific, Oxford, United Kingdom, pp: 498−504.

POLLARD, J. C., SHAW, K. J. & LITTLEJOHN, R. P., 1999. A note on sheltering behaviour by ewes before and after lambing [J]. Applied Animal Behaviour Science, 61: 313-318.

ROBERTSON, A., HIRAIWA - HASEGAWA, M., ALBON, S. D. et al., 1992. Early growth and sucking behaviour of Soay sheep in a fluctuating population [J]. Journal of Zoology, 227: 661-671.

ROSS, T. T., GOODE, L. & LINNERUD, A. C., 1985. Effects of high ambient temperature on respiration rate, rectal temperature, fetal development and thyroid gland activity in tropical and temperate breeds of sheep [J]. Theriogenology, 24: 259-269.

RUSHEN, J., 1986. Aversion of sheep for handling treatments: paired - choice studies [J]. Applied Animal Behaviour Science, 16: 360-370.

RUSHEN, J., 2000. Some issues in the interpretation of behavioural responses to stress [R]. In "The Biology of Animal Stress: Basic Principles and Implications for Animal Welfare" (Eds) G. Moberg & J. A. Mench, CAB International Publishing, pp: 23-42.

RUTHERFORD, K. M. D., 2002. Assessing pain in animals [J]. Animal Welfare, 11: 31-53.

SHILLITO - WALSER, E. E., HAGUE, P. & YEOMANS, M. (1983. Preferences for sibling or mother in Dalesbred and Jacob twin lambs [J]. Applied Animal Ethology, 9: 289-297.

SILANIKOVE, N., 2000. Effects of heat stress on the welfare of extensively managed domestic ruminants [J]. Livestock Production Science, 67: 1-18.

SMITH, R. F. & DOBSON, H., 2002. Hormonal interactions within the hypothalamus and pituitary with respect to stress and reproduction in sheep [J]. Domestic Animal Endocrinology, 23: 75-85.

TERLOUW, E. M. C., SCHOUTEN, W. G. P. & LADEWIG, J., 1997. Physiology. In 'Animal Welfare' [M]. Eds. Appleby, M. C. & Hughes, B. O.. CAB International, Wallingford, UK. pp: 143-158.

TILBROOK, A. J., 1989. Ram mating preferences for woolly rather than shorn ewes [J]. Applied Animal Behaviour Science, 24: 301-312.

VASSEUR, S., PAULL, D. R., ATKINSON, S. J., et al., 2006. Effects of dietary fibre and feeding frequency on wool biting and aggressive behaviours in housed Merino sheep [J]. Australian Journal of Experimental Agriculture, 46: 777-782.

VINCE, M. A., 1993. Newborn lambs and their dams: The interaction that leads to sucking [J]. Advances in the Study of Behavior, 22: 239-268.

WALKDEN-BROWN, S. W., MARTIN, G. B. & RESTALL, B. J., 1999. Role of male-female interaction in regulating reproduction in sheep and goats [J]. Journal of Reproduction and Fertility Supplement, 54: 241-255.

WATERHOUSE, A., 1996. Animal welfare and sustainability of production under extensive conditions - A European perspective [J]. Applied Animal Behaviour Science, 49: 29-40.

WEMELSFELDER, F. & FARISH, M., 2004. Qualitative categories for the interpretation of sheep welfare: A review [J]. Animal Welfare, 13: 261-268.

WEMELSFELDER, F., 1997. Life in captivity: its lack of opportunities for variable behaviour [J]. Applied Animal Behaviour Science, 54: 67-70.

YURTMAN, I. Y., SAVAS, T., KARAAGAC, F. et al., 2002. Effects of daily protein intake levels on the oral stereotypic behaviours in energy restricted lambs [J]. Applied Animal Behaviour Science, 77: 77-88.

附录1 肉羊营养需要量

附表1-1　肉用绵羊哺乳羔羊干物质、能量、蛋白质、钙和磷需要量

体重 （kg）	日增重 （g/d）	干物质采食量（kg/d）	代谢能 （MJ/d）	净能 （MJ/d）	粗蛋白质（g/d）	代谢蛋白质（g/d）	净蛋白质（g/d）	钙 （g/d）	磷 （g/d）
6	100	0.16	2.0	0.8	33	26	20	1.5	0.8
	200	0.19	2.3	1.0	38	31	23	1.7	1.0
8	100	0.27	3.2	1.4	54	43	32	2.4	1.3
	200	0.32	3.8	1.6	64	51	38	2.9	1.6
	300	0.35	4.2	1.8	71	56	42	3.2	1.8
10	100	0.39	4.7	2.0	79	63	47	3.5	2.0
	200	0.46	5.5	2.3	92	74	55	4.2	2.3
	300	0.51	6.2	2.6	103	82	62	4.6	2.6
12	100	0.53	6.2	2.6	103	83	62	4.6	2.6
	200	0.63	7.3	3.1	121	97	73	5.5	3.0
	300	0.69	8.1	3.4	135	108	81	6.1	3.4
14	100	0.52	6.4	2.7	106	85	64	4.8	2.7
	200	0.61	7.5	3.2	127	102	76	5.6	3.1
	300	0.67	8.4	3.5	139	111	83	6.3	3.5
16	100	0.64	7.5	3.3	129	103	77	5.8	3.2
	200	0.75	9.0	3.8	151	121	91	6.8	3.8
	300	0.84	9.8	4.3	167	134	101	7.5	4.2
18	100	0.75	8.4	3.8	152	122	92	6.7	3.7
	200	0.88	10.2	4.1	176	141	106	7.9	4.4
	300	0.98	11.6	4.9	195	155	118	8.8	4.9

附表1-2 肉用绵羊生长育肥公羊干物质、能量、蛋白质、中性洗涤纤维、钙和磷需要量

体重 (kg)	日增重 (g/d)	干物质 采食量 (kg/d)	代谢能 (MJ/d)	净能 (MJ/d)	粗蛋 白质 (g/d)	代谢 蛋白质 (g/d)	净蛋 白质 (g/d)	中性洗 涤纤维 (kg/d)	钙 (g/d)	磷 (g/d)
	100	0.71	5.6	3.3	99	43	29	0.21	6.4	3.6
	200	0.85	8.1	4.4	119	61	41	0.26	7.7	4.3
20	300	0.95	10.5	5.5	133	79	53	0.29	8.6	4.8
	350	1.06	11.7	6.0	148	88	60	0.32	9.5	5.3
	100	0.80	6.5	3.8	112	47	31	0.24	7.2	4.0
	200	0.94	9.2	5.0	132	65	44	0.28	8.5	4.7
25	300	1.03	11.9	6.2	144	83	56	0.31	9.3	5.2
	350	1.17	13.3	6.9	157	92	62	0.35	10.5	5.9
	100	1.02	7.4	4.3	143	51	34	0.31	9.2	5.1
	200	1.21	10.3	5.6	169	69	46	0.36	10.9	6.1
30	300	1.29	13.3	7.0	181	87	59	0.39	11.6	6.5
	350	1.48	14.7	7.6	207	96	65	0.44	13.3	7.4
	100	1.12	8.1	4.9	157	55	37	0.34	10.1	5.6
	200	1.31	10.9	6.1	183	73	49	0.39	11.8	6.6
35	300	1.38	13.7	7.4	193	90	61	0.41	12.4	6.9
	350	1.50	15.1	8.1	224	99	67	0.48	13.6	8.0
	100	1.22	8.7	5.4	159	78	39	0.43	11.0	6.1
	200	1.41	11.3	6.6	183	97	54	0.49	12.7	7.1
40	300	1.48	13.9	7.8	192	117	68	0.52	13.3	7.4
	350	1.62	15.2	8.5	224	136	73	0.60	14.5	8.6
	100	1.33	9.4	5.8	173	83	41	0.47	12.0	6.7
	200	1.51	12.1	7.1	196	103	56	0.53	13.6	7.6
45	300	1.57	14.9	8.4	204	122	70	0.55	14.1	7.9
	350	1.70	16.3	9.0	221	141	77	0.65	15.4	9.3
	100	1.43	10.0	6.3	186	88	44	0.50	12.9	7.2
	200	1.61	12.9	7.6	209	107	58	0.56	14.5	8.1
50	300	1.66	15.8	8.9	216	131	72	0.58	14.9	8.3
	350	1.76	17.3	9.6	230	146	80	0.69	16.0	9.9
	100	1.53	10.9	6.8	199	95	47	0.54	13.8	7.7
	200	1.72	13.9	8.1	225	110	62	0.68	15.4	8.7
55	300	1.80	17.0	9.3	233	131	75	0.73	16.2	9.0
	350	1.95	18.5	10.0	255	150	84	0.85	17.7	10.1

（续表）

体重 （kg）	日增重 （g/d）	干物质 采食量 （kg/d）	代谢能 （MJ/d）	净能 （MJ/d）	粗蛋 白质 （g/d）	代谢蛋 白质 （g/d）	净蛋 白质 （g/d）	中性洗 涤纤维 （kg/d）	钙 （g/d）	磷 （g/d）
	100	1.63	11.8	7.5	212	101	50	0.57	14.7	8.2
60	200	1.82	15.0	8.9	238	110	65	0.72	16.5	9.3
	300	1.91	18.2	10.3	248	139	78	0.77	17.2	10.0
	350	2.05	19.8	11.0	265	155	88	0.91	18.6	11.2

附表 1-3　肉用绵羊生长育肥母羊干物质、能量、蛋白质、中性洗涤纤维、钙和磷需要量

体重 （kg）	日增重 （g/d）	干物质 采食量 （kg/d）	代谢能 （MJ/d）	净能 （MJ/d）	粗蛋 白质 （g/d）	代谢蛋 白质 （g/d）	净蛋 白质 （g/d）	中性洗 涤纤维 （kg/d）	钙 （g/d）	磷 （g/d）
	100	0.62	6.0	3.3	86	40	28	0.19	6.1	3.4
20	200	0.74	8.7	4.5	104	57	40	0.22	7.3	4.0
	300	0.85	11.4	5.7	121	76	52	0.25	8.4	4.6
	350	0.92	12.7	6.3	129	84	58	0.28	9.1	5.0
	100	0.70	6.9	3.8	97	44	30	0.21	6.9	3.8
25	200	0.82	9.8	5.1	114	61	42	0.25	8.1	4.5
	300	0.93	12.7	6.4	131	80	54	0.27	9.2	5.1
	350	0.99	14.2	7.1	140	88	59	0.31	9.8	5.4
	100	0.80	7.6	4.3	108	48	33	0.27	7.9	4.4
30	200	0.92	10.8	5.7	126	65	44	0.32	9.1	5.0
	300	1.03	14.0	7.1	144	84	55	0.34	10.2	5.6
	350	1.09	15.5	7.8	152	92	61	0.39	10.8	5.9
	100	0.91	8.5	5.1	120	52	35	0.29	9.0	5.0
35	200	1.04	11.6	6.4	137	69	46	0.34	10.3	5.7
	300	1.17	14.7	7.8	155	87	57	0.36	11.6	6.4
	350	1.24	16.0	8.5	165	95	62	0.42	12.3	6.8
	100	1.01	9.5	6.0	133	75	39	0.37	10.0	5.5
40	200	1.13	12.5	7.4	150	93	50	0.43	11.2	6.2
	300	1.26	15.4	8.8	167	114	60	0.45	12.5	6.9
	350	1.34	16.0	9.4	176	122	65	0.52	13.3	7.3
	100	1.12	10.5	6.5	145	80	41	0.40	11.1	6.1
45	200	1.24	13.4	7.9	161	99	53	0.46	12.3	6.8
	300	1.35	16.3	9.3	178	119	65	0.48	13.4	7.4
	350	1.42	17.8	9.9	188	127	69	0.56	14.1	7.7

（续表）

体重（kg）	日增重（g/d）	干物质采食量（kg/d）	代谢能（MJ/d）	净能（MJ/d）	粗蛋白质（g/d）	代谢蛋白质（g/d）	净蛋白质（g/d）	中性洗涤纤维（kg/d）	钙（g/d）	磷（g/d）
50	100	1.24	11.6	6.9	158	85	44	0.44	12.3	6.8
	200	1.36	14.5	8.4	174	103	56	0.49	13.5	7.4
	300	1.48	17.6	9.9	190	123	68	0.51	14.7	8.1
	350	1.55	19.0	10.6	197	131	73	0.60	15.3	8.4
55	100	1.35	12.5	7.4	173	92	48	0.47	13.4	7.4
	200	1.47	15.4	9.0	190	110	61	0.59	14.6	8.0
	300	1.59	18.4	10.5	206	129	73	0.64	15.7	8.7
	350	1.66	20.0	11.3	215	136	79	0.74	16.4	9.0
60	100	1.48	13.4	8.0	184	98	52	0.50	14.7	8.1
	200	1.61	16.5	9.5	200	116	64	0.62	15.9	8.8
	300	1.73	19.4	11	217	136	76	0.67	17.1	9.4
	350	1.80	20.9	11.8	228	144	81	0.79	17.8	9.8

附表 1-4　肉用绵羊妊娠母羊干物质、能量、蛋白质、钙和磷需要量

妊娠阶段	体重（kg）	干物质采食量（kg/d）			代谢能（MJ/d）			粗蛋白质（g/d）			代谢蛋白质（g/d）			钙（g/d）			磷（g/d）		
		单羔	双羔	三羔	单羔	双羔	三羔	单羔	双羔	三羔	单羔	双羔	三羔	单羔	双羔	三羔	单羔	双羔	三羔
前期	40	1.16	1.31	1.46	9.3	10.5	11.7	151	170	190	106	119	133	10.4	11.8	13.1	7.0	7.9	8.8
	50	1.31	1.51	1.65	10.5	12.1	13.2	170	196	215	119	137	150	11.8	13.6	14.9	7.9	9.1	9.9
	60	1.46	1.69	1.82	11.7	13.5	14.6	190	220	237	133	154	166	13.1	15.2	16.4	8.8	10.1	10.9
	70	1.61	1.84	2.00	12.9	14.7	16.0	209	239	260	147	167	182	14.5	16.6	18.0	9.7	11.0	12.0
	80	1.75	2.00	2.17	14.0	16.0	17.4	228	260	282	159	182	197	15.8	18.0	19.5	10.5	12.0	13.0
	90	1.91	2.18	2.37	15.3	17.4	19.0	248	283	308	174	198	216	17.2	19.6	21.3	11.5	13.1	14.2
后期	40	1.45	1.82	2.11	11.6	14.6	16.9	189	237	274	132	166	192	13.1	16.4	19.0	8.7	10.9	12.7
	50	1.63	2.06	2.36	13.0	16.5	18.9	212	268	307	148	187	215	14.7	18.5	21.4	9.8	12.4	14.2
	60	1.80	2.29	2.59	14.4	18.3	20.7	234	298	337	164	208	236	16.2	20.6	23.3	10.8	13.7	15.5
	70	1.98	2.49	2.83	15.8	19.9	22.6	257	324	368	180	227	258	17.8	22.4	25.5	11.9	14.9	17.0
	80	2.15	2.68	3.05	17.2	21.4	24.4	280	348	397	196	244	278	19.4	24.1	27.5	12.9	16.1	18.3
	90	2.34	2.92	3.32	18.7	23.4	26.6	304	380	432	213	266	302	21.1	26.3	29.9	14.0	17.5	19.9

注：妊娠第 1~90d 为前期、第 91~150d 为后期。

附表1-5 肉用绵羊泌乳母羊干物质、能量、蛋白质、钙和磷需要量

哺乳阶段	体重(kg)	干物质采食量(kg/d)			代谢能(MJ/d)			粗蛋白质(g/d)			代谢蛋白质(g/d)			钙(g/d)			磷(g/d)		
		单羔	双羔	三羔	单羔	双羔	三羔	单羔	双羔	三羔	单羔	双羔	三羔	单羔	双羔	三羔	单羔	双羔	三羔
前期	40	1.36	1.75	2.04	10.9	14.0	16.4	177	228	265	124	159	186	12.3	15.8	18.4	8.2	10.5	12.2
	50	1.58	2.01	2.35	12.5	16.1	18.8	205	262	306	143	183	214	14.2	18.1	21.2	9.5	12.1	14.1
	60	1.77	2.25	2.61	14.2	18.0	20.9	230	293	340	161	205	238	15.9	20.3	23.5	10.6	13.5	15.7
	70	1.96	2.48	2.86	15.7	19.8	22.9	255	322	372	178	225	260	17.6	22.3	25.8	11.8	14.9	17.2
	80	2.13	2.69	3.11	17.1	21.5	24.8	277	349	404	194	245	283	19.2	24.2	28.0	12.8	16.1	18.7
中期	40	1.20	1.50	1.71	9.6	12.0	13.7	156	195	223	109	137	156	10.8	13.5	15.4	7.2	9.0	10.3
	50	1.40	1.72	1.97	11.2	13.8	15.7	182	224	256	127	157	179	12.6	15.5	17.7	8.4	10.3	11.8
	60	1.58	1.94	2.20	12.6	15.5	17.6	205	252	286	144	177	200	14.2	17.5	19.8	9.5	11.6	13.2
	70	1.75	2.14	2.42	14.0	17.1	19.4	228	278	315	159	195	220	15.8	19.3	21.8	10.5	12.8	14.5
	80	1.91	2.33	2.63	15.3	18.6	21.0	248	303	342	174	212	239	17.2	21.0	23.7	11.5	14.0	15.8
后期	40	1.09	1.38	1.62	8.7	11.0	13.0	142	179	211	99	126	148	9.8	12.4	14.6	6.5	8.3	9.7
	50	1.26	1.60	1.83	10.0	12.8	14.7	164	207	238	115	146	167	11.3	14.4	16.5	7.6	9.6	11.0
	60	1.43	1.80	2.06	11.4	14.4	16.5	186	234	268	130	164	187	12.9	16.2	18.5	8.6	10.8	12.4
	70	1.61	2.00	2.29	12.8	16.0	18.3	209	260	298	147	182	208	14.5	18.0	20.6	9.7	12.0	13.7
	80	1.76	2.19	2.50	14.1	17.5	20.0	229	285	325	160	199	228	15.8	19.7	22.5	10.6	13.1	15.0

注：哺乳第1~30d为前期、第31~60d为中期、第61~90d为后期。

附表1-6 肉用绵羊种用公羊干物质、能量、蛋白质、钙和磷需要量

体重(kg)	干物质采食量(kg/d)		代谢能(MJ/d)		粗蛋白质(g/d)		代谢蛋白质(g/d)		中性洗涤纤维(kg/d)		钙(g/d)		磷(g/d)	
	非配种期	配种期	非配种期	配种期	非配种期	配种期	非配种期	配种期	非配种期	配种期	非配种期	配种期	非配种期	配种期
75	1.48	1.64	11.9	13.0	207	246	145	172	0.52	0.57	13.3	14.8	8.9	9.8
100	1.77	1.95	14.2	15.6	248	293	173	205	0.62	0.68	15.9	17.6	10.6	11.7
125	2.09	2.30	16.7	18.4	293	345	205	242	0.73	0.81	18.8	20.7	12.5	13.8
150	2.40	2.64	19.2	21.1	336	396	235	277	0.84	0.92	21.6	23.8	14.4	15.8
175	2.71	2.95	21.7	23.6	379	443	266	310	0.95	1.03	24.4	26.6	16.3	17.7
200	2.98	3.27	23.8	26.2	417	491	292	343	1.04	1.14	26.8	29.4	17.9	19.6

附表1-7 肉用绵羊矿物质和维生素需要量 (g/d)

矿物质和维生素需要量	生理阶段				
	6~18kg 哺乳羔羊	20~60kg 生长育肥羊	40~90kg 妊娠母羊	40~80kg 泌乳母羊	75~200kg 种用公羊
钠(Na)	0.12~0.36	0.40~1.30	0.68~0.98	0.88~1.18	0.72~1.90

（续表）

矿物质和维生素需要量	生理阶段				
	6~18kg 哺乳羔羊	20~60kg 生长育肥羊	40~90kg 妊娠母羊	40~80kg 泌乳母羊	75~200kg 种用公羊
钾（K）	0.87~2.61	2.90~10.1	6.30~9.50	7.38~10.65	5.94~14.1
氯（Cl）	0.09~0.45	0.30~1.00	0.55~0.85	0.78~3.13	0.54~1.50
硫（S）	0.33~0.99	1.10~4.30	2.63~3.93	2.38~3.65	1.86~4.20
镁（Mg）	0.30~0.80	0.60~2.30	1.00~2.50	1.4~3.50	1.80~3.70
铜（Cu）	0.93~2.79	3.10~13.9	6.88~13.9	7.00~11.2	4.50~11.1
铁（Fe）	9.60~28.8	16.0~48.0	38.0~78.3	24.0~47.0	45.0~120.0
锰（Mn）	3.60~10.8	12.0~51.0	37.3~48.0	16.5~29.0	18.0~44.0
锌（Zn）	3.90~11.7	13.0~91.0	39.0~68.5	47.8~73.8	34.8~86.0
碘（I）	0.09~0.27	0.30~1.20	0.75~1.08	1.20~1.83	0.60~1.30
钴（Co）	0.04~0.12	0.13~0.47	0.15~0.22	0.31~0.69	0.23~0.53
硒（Se）	0.05~0.16	0.18~1.04	0.15~0.41	0.36~0.54	0.10~0.23
维生素 A（IU/d）	2000~6000	6600~16500	4600~9800	6800~11500	6200~22500
维生素 D（IU/d）	34~490	112~658	252~577	465~1225	336~1110
维生素 E（IU/d）	60~180	200~500	200~450	252~364	318~840

附表 1-8　肉用山羊哺乳羔羊干物质、能量、蛋白质、钙和磷需要量

体重（kg）	日增重（g/d）	干物质采食量（kg/d）	代谢能（MJ/d）	净能（MJ/d）	粗蛋白质（g/d）	代谢蛋白质（g/d）	净蛋白质（g/d）	钙（g/d）	磷（g/d）
2	50	0.08	1.0	0.4	16	13	10	0.7	0.4
4	50	0.14	1.7	0.7	29	23	17	1.3	0.7
	100	0.16	1.9	0.8	32	26	19	1.4	0.8
6	50	0.17	2.1	0.9	35	28	21	1.6	0.9
	100	0.19	2.3	1.0	38	31	23	1.7	1.0
8	50	0.23	2.8	1.2	46	37	28	2.1	1.2
	100	0.25	2.9	1.2	49	39	29	2.2	1.2
	150	0.26	3.1	1.3	52	41	31	2.3	1.3
	200	0.27	3.3	1.4	55	44	33	2.5	1.4
10	50	0.35	4.2	1.8	70	56	42	3.2	1.8
	100	0.37	4.5	1.9	74	60	45	3.3	1.9
	150	0.39	4.7	2.0	79	63	47	3.5	2.0
	200	0.41	5.0	2.1	83	66	50	3.7	2.1

（续表）

体重 （kg）	日增重 （g/d）	干物质 采食量 （kg/d）	代谢能 （MJ/d）	净能 （MJ/d）	粗蛋 白质 （g/d）	代谢蛋 白质 （g/d）	净蛋 白质 （g/d）	钙 （g/d）	磷 （g/d）
	50	0.47	5.6	2.4	95	77	57	4.2	2.4
12	100	0.50	6.0	2.6	100	81	59	4.5	2.5
	150	0.53	6.4	2.8	104	83	62	4.7	2.6
	200	0.55	6.7	2.9	111	89	66	5.0	2.8
	50	0.59	6.9	3.1	119	95	72	5.3	3.0
14	100	0.63	7.3	3.3	128	102	76	5.6	3.1
	150	0.66	7.9	3.4	132	106	79	5.9	3.3
	200	0.69	8.4	3.6	138	110	83	6.3	3.5

附表 1-9　肉用山羊生长育肥干物质、能量、蛋白质、中性洗涤纤维、钙和磷需要量

体重 （kg）	日增重 （g/d）	干物质 采食量 （kg/d）	代谢能 （MJ/d）	净能 （MJ/d）	粗蛋白 质（g/d）	代谢蛋 白质 （g/d）	净蛋 白质 （g/d）	中性洗 涤纤维 （kg/d）	钙 （g/d）	磷 （g/d）
	50	0.61	4.9	2.0	85	44	33	0.18	5.5	3.1
	100	0.75	6.0	2.5	105	55	41	0.23	6.8	3.8
15	150	0.76	6.1	2.6	106	55	41	0.23	6.8	3.8
	200	0.76	6.1	2.6	106	55	41	0.23	6.8	3.8
	250	0.79	6.3	2.7	111	58	43	0.24	7.1	4.0
	50	0.72	5.8	2.4	101	52	39	0.22	6.5	3.6
	100	0.82	6.6	2.8	115	60	45	0.25	7.4	4.1
20	150	0.9	7.2	3.0	126	66	49	0.27	8.1	4.5
	200	0.92	7.4	3.1	129	67	50	0.28	8.3	4.6
	250	0.95	7.6	3.2	133	69	52	0.29	8.6	4.8
	50	0.83	6.6	2.8	116	60	45	0.25	7.5	4.2
	100	0.97	7.8	3.3	136	71	53	0.29	8.7	4.9
25	150	0.99	7.9	3.3	139	72	54	0.30	8.9	5.0
	200	1.01	8.1	3.4	141	74	55	0.30	9.1	5.1
	250	1.12	9.0	3.8	157	82	61	0.34	10.1	5.6
	50	0.93	7.4	3.1	130	68	51	0.28	8.4	4.7
	100	1.07	8.6	3.6	150	78	58	0.32	9.6	5.4
30	150	1.22	9.8	4.1	171	89	67	0.37	11.0	6.1
	200	1.28	10.2	4.3	179	93	70	0.38	11.5	6.4
	250	1.34	10.7	4.5	188	98	73	0.40	12.1	6.7

（续表）

体重（kg）	日增重（g/d）	干物质采食量（kg/d）	代谢能（MJ/d）	净能（MJ/d）	粗蛋白质（g/d）	代谢蛋白质（g/d）	净蛋白质（g/d）	中性洗涤纤维（kg/d）	钙（g/d）	磷（g/d）
35	50	1.02	8.2	3.4	143	74	56	0.31	9.2	5.1
	100	1.17	9.4	3.9	164	85	64	0.35	10.5	5.9
	150	1.31	10.5	4.4	183	95	72	0.39	11.8	6.6
	200	1.37	11.0	4.6	192	100	75	0.41	12.3	6.9
	250	1.42	11.4	4.8	199	103	78	0.43	12.8	7.1
40	50	1.19	9.5	4.0	155	80	60	0.42	10.7	6.0
	100	1.26	10.1	4.2	164	85	64	0.44	11.3	6.3
	150	1.41	11.3	4.7	183	95	71	0.49	12.7	7.1
	200	1.55	12.4	5.2	202	105	79	0.54	14.0	7.8
	250	1.59	12.7	5.3	207	107	81	0.56	14.3	8.0
45	50	1.29	10.3	4.3	168	87	65	0.45	11.6	6.5
	100	1.35	10.8	4.5	176	91	68	0.47	12.2	6.8
	150	1.50	12.0	5.0	195	101	76	0.53	13.5	7.5
	200	1.64	13.1	5.5	213	111	83	0.57	14.8	8.2
	250	1.78	14.2	6.0	231	120	90	0.62	16.0	8.9
50	50	1.38	11.0	4.6	179	93	70	0.48	12.4	6.9
	100	1.53	12.2	5.1	199	103	78	0.54	13.8	7.7
	150	1.58	12.6	5.3	205	107	80	0.55	14.2	7.9
	200	1.73	13.8	5.8	225	117	88	0.61	15.6	8.7
	250	1.87	15.0	6.3	243	126	95	0.65	16.8	9.4

附表 1-10　肉用山羊妊娠母羊干物质、能量、蛋白质、钙和磷需要量

妊娠阶段	体重（kg）	干物质采食量（kg/d）			代谢能（MJ/d）			粗蛋白质（g/d）			代谢蛋白质（g/d）			钙（g/d）			磷（g/d）		
		单羔	双羔	三羔	单羔	双羔	三羔	单羔	双羔	三羔	单羔	双羔	三羔	单羔	双羔	三羔	单羔	双羔	三羔
前期	30	0.81	0.88	0.92	6.5	7.0	7.3	105	114	120	74	80	84	7.3	7.9	8.3	4.9	5.3	5.5
	40	0.99	1.07	1.12	8.0	8.6	9.0	129	139	146	90	97	102	8.9	9.6	10.1	5.9	6.4	6.7
	50	1.16	1.25	1.31	9.3	10.0	10.5	151	163	170	106	114	119	10.4	11.3	11.8	7.0	7.5	7.9
	60	1.33	1.43	1.48	10.6	11.4	11.9	173	186	192	121	130	135	12.0	12.9	13.3	8.0	8.6	8.9
	70	1.48	1.59	1.65	11.9	12.7	13.2	192	207	215	135	145	150	13.3	14.3	14.9	8.9	9.5	9.9
	80	1.63	1.75	1.82	13.1	14.0	14.6	212	228	237	148	159	166	14.7	15.8	16.4	9.8	10.5	10.9

（续表）

妊娠阶段	体重(kg)	干物质采食量 (kg/d)			代谢能 (MJ/d)			粗蛋白质 (g/d)			代谢蛋白质 (g/d)			钙 (g/d)			磷 (g/d)		
		单羔	双羔	三羔	单羔	双羔	三羔	单羔	双羔	三羔	单羔	双羔	三羔	单羔	双羔	三羔	单羔	双羔	三羔
后期	30	1.06	1.20	1.29	8.5	9.7	10.3	138	156	168	97	109	117	9.6	10.8	11.6	6.4	7.2	7.7
	40	1.29	1.45	1.56	10.3	11.6	12.5	167	189	203	117	132	142	11.6	13.1	14.0	7.7	8.7	9.4
	50	1.49	1.68	1.79	11.9	13.4	14.3	194	218	232	136	152	162	13.4	15.1	16.1	8.9	10.1	10.7
	60	1.68	1.90	2.01	13.4	15.2	16.2	218	247	262	153	173	183	15.1	17.1	18.1	10.1	11.4	12.1
	70	1.87	2.10	2.24	15.0	16.8	17.9	243	273	291	170	191	204	16.8	18.9	20.1	11.2	12.6	13.4
	80	2.04	2.32	2.45	16.4	18.5	19.6	265	302	319	186	211	223	18.4	20.9	22.1	12.2	13.9	14.7

注：妊娠第 1~90d 为前期、第 91~150d 为后期。

附表 1-11 肉用山羊泌乳母羊干物质、能量、蛋白质、钙和磷需要量

哺乳阶段	体重(kg)	干物质采食量 (kg/d)			代谢能 (MJ/d)			粗蛋白质 (g/d)			代谢蛋白质 (g/d)			钙 (g/d)			磷 (g/d)		
		单羔	双羔	三羔	单羔	双羔	三羔	单羔	双羔	三羔	单羔	双羔	三羔	单羔	双羔	三羔	单羔	双羔	三羔
前期	30	0.95	1.09	1.14	7.6	8.7	9.1	124	142	148	86	99	104	8.6	9.8	10.3	5.7	6.5	6.8
	40	1.17	1.32	1.39	9.4	10.6	11.1	152	172	181	106	120	126	10.5	11.9	12.5	7.0	7.9	8.3
	50	1.36	1.54	1.61	10.9	12.3	12.9	177	200	209	124	140	147	12.2	13.9	14.5	8.2	9.2	9.7
	60	1.55	1.75	1.83	12.4	14.0	14.6	202	228	238	141	159	167	14.0	15.8	16.5	9.3	10.5	11.0
	70	1.73	1.93	2.03	13.8	15.4	16.2	225	251	264	157	176	185	15.6	17.4	18.3	10.4	11.6	12.2
中期	30	0.92	1.17	1.32	7.4	9.4	10.6	120	152	172	84	106	120	8.3	10.5	11.9	5.5	7.0	7.9
	40	1.19	1.42	1.60	9.5	11.4	12.8	155	185	208	108	129	146	10.7	12.8	14.4	7.1	8.5	9.6
	50	1.39	1.66	1.85	11.1	13.2	14.8	181	215	241	126	150	168	12.5	14.9	16.7	8.3	9.9	11.1
	60	1.58	1.87	2.09	12.6	15.0	16.7	205	243	272	144	170	190	14.2	16.8	18.8	9.5	11.2	12.5
	70	1.76	2.08	2.31	14.1	16.6	18.5	229	270	300	160	189	210	15.8	18.7	20.8	10.6	12.5	13.9
后期	30	0.89	1.05	1.18	7.1	8.4	9.4	116	137	153	81	96	107	8.0	9.5	10.6	5.3	6.3	7.1
	40	1.08	1.27	1.42	8.7	10.1	11.4	140	165	185	98	116	129	9.7	11.4	12.8	6.5	7.6	8.5
	50	1.27	1.48	1.66	10.2	11.8	13.3	165	192	216	116	135	151	11.4	13.3	14.9	7.6	8.9	10.0
	60	1.44	1.67	1.87	11.5	13.4	14.9	187	217	243	131	152	168	13.0	15.0	16.8	8.6	10.0	11.2
	70	1.61	1.86	2.08	12.9	14.9	16.6	209	242	270	147	169	189	14.5	16.7	18.7	9.7	11.2	12.5

注：哺乳第 1~30d 为前期、第 31~60d 为中期、第 61~90d 为后期。

附表1-12　肉用山羊种用公羊干物质、能量、蛋白质、钙和磷需要量

体重 (kg)	干物质采食量 (kg/d)		代谢能 (MJ/d)		粗蛋白质 (g/d)		代谢蛋白质 (g/d)		中性洗涤 纤维 (kg/d)		钙 (g/d)		磷 (g/d)	
	非配 种期	配种 期	非配 种期	配种 期	非配 种期	配种 期	非配 种期	配种 期	非配 种期	配种 期	非配 种期	配种 期	非配 种期	配种 期
50	1.14	1.26	9.1	10.0	160	189	112	132	0.40	0.44	10.3	11.3	6.8	7.6
75	1.55	1.70	12.4	13.6	217	255	152	179	0.54	0.60	14.0	15.3	9.3	10.2
100	1.92	2.11	15.4	16.9	269	317	188	222	0.67	0.74	17.3	19.0	11.5	12.7
125	2.27	2.50	18.2	20.0	318	375	222	263	0.79	0.88	20.4	22.5	13.6	15.0
150	2.60	2.86	20.8	22.9	364	429	255	300	0.91	1.00	23.4	25.7	15.6	17.2

附表1-13　肉用山羊矿物质和维生素需要量　　　　　　　(g/d)

矿物质和维生素 需要量	生理阶段				
	2~14kg 羔羊	15~50kg 生长育肥羊	30~80kg 妊娠母羊	30~70kg 泌乳母羊	50~150kg 种用公羊
钠 (Na)	0.08~0.47	0.28~1.54	0.59~1.51	0.95~1.72	1.03~1.88
钾 (K)	0.48~2.46	2.30~8.00	4.40~10.20	7.00~11.80	7.14~11.90
氯 (Cl)	0.06~0.51	0.41~1.88	0.85~1.92	1.24~5.80	2.22~2.75
硫 (S)	0.26~1.32	1.30~4.20	2.00~4.90	3.30~5.20	3.10~4.90
镁 (Mg)	0.30~0.80	0.60~2.30	1.00~2.50	1.4~3.50	1.80~3.70
铜 (Cu)	0.64~3.40	3.6~12.0	7.2~19.2	7.2~16.8	12.0~36.0
铁 (Fe)	0.20~7.2	9.00~40.0	22.0~48.0	12.0~39.0	30.0~90.0
锰 (Mn)	0.60~9.70	4.00~33.0	11.0~57.0	14.0~28.0	14.4~27.0
锌 (Zn)	0.40~9.80	2.00~36.0	14.0~78.0	38.0~71.0	16.4~30.0
碘 (I)	0.07~0.26	0.25~0.79	0.46~1.11	1.00~1.61	0.71~1.10
钴 (Co)	0.01~0.06	0.06~0.18	0.10~0.25	0.14~0.22	0.15~0.24
硒 (Se)	0.27~0.47	0.30~0.95	0.17~0.37	0.30~0.44	0.17~0.19
维生素 A (IU/d)	700~4 600	5 000~16 500	3 100~9 000	5 300~10 600	5 700~11 300
维生素 D (IU/d)	11~467	84~550	168~549	381~1096	308~830
维生素 E (IU/d)	20~140	150~400	159~336	168~336	292~420

附录 2 常用饲料原料成分及营养价值

附表 2-1 常用粗饲料的营养价值（干物质基础，%）

饲料名称	中国饲料号	干物质	有机物	粗蛋白质	粗脂肪	中性洗涤纤维	酸性洗涤纤维	粗灰分	钙	磷	消化能（MJ/kg）	代谢能（MJ/kg）	可消化粗蛋白质	代谢蛋白质
芭蕉叶	1-02-0001	92.8	89.3	13.1	1.97	58.3	34.6	11.7	1.28	0.28	9.34	7.71	9.06	5.53
柠条	1-02-0003	88.34	90.95	12.19	3.88	52.27	40.37	9.05	2.13	0.12	10.15	8.37	8.25	5.05
板栗叶	1-02-0004	90.7	93.22	9.35	3.03	61.6	35.5	6.78	–	–	8.9	7.34	5.71	3.53
饲用构树枝叶	1-02-0005	93.8	88.9	16.5	3.84	43.5	27.4	11.1	1.83	0.67	11.34	9.34	12.11	7.34
榆树叶	1-02-0006	91.62	87.15	10.65	3.18	42.86	28.9	12.85	1.86	0.08	11.42	9.41	6.87	4.23
杜仲叶	1-02-0007	89.6	87.2	12.7	4.9	47.3	34.1	12.8	–	0.16	10.83	8.92	8.71	5.32
辣木枝	1-02-0010	89.9	93.22	7.76	4.85	59	41	6.78	–	–	9.25	7.63	4.29	2.69
辣木叶	1-02-0011	92.7	90.23	27.6	8.65	21.37	–	9.77	–	0.01	14.33	11.79	22.04	13.24
桑叶（CP≤20%）	1-02-0012	89.6	89	18.1	5.09	47.2	16.5	11	2.19	0.22	10.84	8.93	13.54	8.19
桑叶（CP>20%）	1-02-0013	90.7	90.49	23.9	2.9	33	17.3	9.51	2.16	0.42	12.76	10.51	18.73	11.27
桑枝粉	1-02-0014	90.5	96.23	6.25	1.43	70.7	54.6	3.77	–	0.08	7.67	6.34	2.93	1.89
干番茄渣（CP≤17%）	1-04-0001	90.25	95.75	16.13	11.62	58.74	43.14	4.25	0.21	0.48	9.28	7.66	11.78	7.14
干番茄渣（CP>17%）	1-04-0002	91.77	92.7	18.01	13.83	52.82	46.05	5.3	0.34	0.34	10.08	8.31	13.46	8.14
橘皮	1-04-0003	90.9	95.71	7.01	1.25	30.2	19.8	4.29	0.07	0.07	13.13	10.82	3.61	2.29
苜蓿草粉（CP≤15%）	1-05-0074	92.8	92.68	14.5	1.73	56.7	38.4	7.32	1.35	0.16	9.56	7.88	10.32	6.27
苜蓿草粉（15%<CP<20%）	1-05-0075	93.6	87.04	18	1.7	45.7	29.7	12.96	1.86	0.18	11.04	9.1	13.45	8.14
苜蓿草粉（CP>20%）	1-05-0076	92.8	89.27	21.8	1.93	47.4	28.9	10.73	1.48	0.33	10.81	8.91	16.85	10.16
骆驼刺	1-05-0005	93.1	86.3	11.94	1.96	58.14	28.41	13.7	0.79	0.06	9.36	7.72	8.03	4.91
沙葱	1-05-0006	93.4	81.99	22.34	4.68	33.31	24.61	18.01	1.4	0.47	12.71	10.47	17.33	10.44
艾蒿	1-05-0010	91.03	92.07	14.66	3.71	56.23	42	7.93	0.66	0.33	9.62	7.93	10.46	6.36
车前草	1-05-0013	89.5	83.6	10.8	4.52	52.5	45	16.4	–	–	10.12	8.35	7.01	4.31
芦笋秸秆	1-05-0014	95.3	94.58	8.31	2.29	60.1	36.5	5.42	0.58	0.11	9.1	7.51	4.78	2.98

（续表）

饲料名称	中国饲料号	干物质	有机物	粗蛋白质	粗脂肪	中性洗涤纤维	酸性洗涤纤维	粗灰分	钙	磷	消化能（MJ/kg）	代谢能（MJ/kg）	可消化粗蛋白质	代谢蛋白质
稗草	1-05-0015	94.2	87.8	8.51	1.53	45.2	26.5	12.2	–	–	11.11	9.16	4.96	3.09
稗谷	1-05-0016	92.3	93.13	4.11	0.76	73.52	57.7	6.87	0.44	0.29	7.29	6.02	1.02	0.75
中华羊茅	1-05-0026	92.9	93.74	11.5	1.73	76.9	52.9	6.26	0.53	0.07	6.83	5.65	7.63	4.68
羊草	1-05-0028	91	93.63	12.26	2.75	73.5	41.1	6.37	0.49	0.07	7.29	6.02	8.31	5.08
芦苇	1-05-0036	90.42	93.33	11.25	2.03	59.47	33.52	6.67	1.44	0.1	9.18	7.58	7.41	4.55
披碱草	1-05-0039	92	95.48	4.11	1.46	77.2	53.8	4.52	0.7	0.08	6.79	5.61	1.02	0.75
象草	1-05-0040	90.8	89.7	9.94	3.11	72.5	43.9	10.3	0.39	0.28	7.42	6.13	6.24	3.85
沙打旺	1-05-0043	92.4	90.5	9.03	3.36	55.4	38.9	9.5	2.29	0.22	9.73	8.03	5.42	3.36
冷蒿	1-05-0044	91.68	90.74	8.35	4.08	63.34	50.07	9.26	0.77	0.17	8.66	7.15	4.81	3
籽粒苋	1-05-0046	92.11	81.38	18.54	1.49	56.83	25.94	18.62	2.78	0.27	9.54	7.87	13.93	8.42
狗尾草	1-05-0047	93.4	91.03	9.4	1.23	65.7	37.3	8.97	0.54	0.19	8.34	6.89	5.75	3.56
青稞草	1-05-0052	89.2	94.29	4.36	1.22	76	53.5	5.71	0.63	0.05	6.95	5.75	1.24	0.88
莜麦草	1-05-0053	90.6	86.3	14.7	2.88	68.6	35.5	13.7	0.63	0.26	7.95	6.57	10.5	6.38
甘草枝叶	1-05-0059	93.74	89.78	9.09	1.8	55.49	25.89	10.22	0.73	0.24	9.72	8.02	5.48	3.4
甘草渣	1-05-0060	90.42	90.37	15.35	3.03	31.15	24.8	9.63	0.29	0.35	13.01	10.71	11.08	6.73
甘草	1-05-0061	90.99	89.06	23.89	7.08	56.16	31.73	10.94	1.25	0.1	9.63	7.94	18.72	11.27
谷草	1-05-0063	92.4	88.1	7.42	1.28	67.3	40.4	11.9	0.78	0.12	8.13	6.71	3.98	2.51
针茅(干枯期)	1-05-0064	88.72	93.77	5.32	1.82	73.03	45.55	6.23	0.37	0.06	7.35	6.07	2.1	1.39
针茅(抽穗期)	1-05-0065	90	93.25	12.8	2.44	63.2	33	6.75	1.36	0.15	8.68	7.16	8.8	5.37
针茅(开花期)	1-05-0066	90.81	88.53	10.34	1.73	63.44	33.88	11.47	0.66	0.23	8.65	7.14	6.59	4.06
青干草(CP≤10%)	1-05-0071	93	–	8.97	2.24	61.1	38.4	–	–	–	8.96	7.4	5.37	3.33
青干草(CP>10%)	1-05-0072	92.7	–	1I	2.44	58.7	38.2	–	–	–	9.29	7.66	7.19	4.41
皇竹草(CP≤10%)	1-05-0073	90.7	90.5	6.14	1.6	77.2	45.7	–	–	–	6.79	5.61	2.84	1.83
皇竹草(CP>10%)	1-05-0077	93.6	91.02	11.7	1.28	67.1	36	8.98	3.06	0.24	8.15	6.73	7.81	4.78
芦苇草	1-05-0078	93.94	86.23	9.15	2.2	59.87	33.59	13.77	0.82	0.09	8.08	6.67	5.21	3.21
红三叶	1-05-0079	92.5	86.4	22.3	3.3	39.1	20.8	13.6	2.26	0.32	11.93	9.83	17.3	10.42
虎尾草	1-05-0080	90.04	87.63	8.75	1.43	67.03	47.53	12.37	0.51	0.19	7.22	5.96	5.17	3.22
黑麦草(CP≤10%)	1-05-0082	92	93.52	8.66	1.67	55.2	37.3	6.48	–	–	9.76	8.05	5.09	3.17
黑麦草(CP>10%)	1-05-0083	92.9	90.65	15.6	1.82	57.5	31.6	9.35	–	–	9.45	7.79	11.3	6.86
羊茅	1-05-0086	87.71	92.62	8.79	2.06	71.19	41.24	7.38	0.33	0.12	7.6	6.28	5.21	3.24

（续表）

饲料名称	中国饲料号	干物质	有机物	粗蛋白质	粗脂肪	中性洗涤纤维	酸性洗涤纤维	粗灰分	钙	磷	消化能（MJ/kg）	代谢能（MJ/kg）	可消化粗蛋白质	代谢蛋白质
高丹草	1-05-0091	91.9	90.2	4.38	1.75	59.6	32.9	9.8	–	–	9.17	7.56	1.26	0.89
杂草	1-05-0094	91.89	93.15	8.7	6.63	54.41	27.86	6.85	0.27	0.03	9.87	8.14	5.13	3.19
香蕉叶(CP≤5%)	1-06-0001	92.6	90.3	4.35	9.6	75.7	49.4	9.7	1.78	0.03	6.99	5.78	1.23	0.87
香蕉叶(CP>5%)	1-06-0002	93.6	89.7	8.73	8.85	67.9	41.3	10.3	1.92	0.19	8.04	6.64	5.15	3.2
香蕉树干	1-06-0003	92.8	82.4	16.5	1.22	41.4	7.74	17.6	–	–	11.62	9.58	12.11	7.34
木薯叶	1-06-0005	92.4	93.1	16.5	4.22	53.9	36.4	6.9	0.09	0.25	9.93	8.19	12.11	7.34
统糠	1-06-0006	90.5	86.2	11.9	5.6	62.9	40.4	13.8	0.15	0.52	8.72	7.2	7.99	4.89
薏仁米秸秆	1-06-0006	92.6	90.11	10.1	1.01	70.2	43.8	9.89	0	0.24	7.73	6.39	6.38	3.93
玉米叶(CP≤10%)	1-06-0008	91.3	87.5	8.97	0.51	75.7	43.3	12.5	0.05	0.24	6.99	5.78	5.37	3.33
玉米叶(CP>10%)	1-06-0009	92	89.9	10.6	0.91	73.2	39.5	10.1	0.32	0.06	7.33	6.06	6.83	4.2
玉米秸秆(4%≤CP≤5%)	1-06-0010	92.4	91.47	8.97	1.31	76.2	43.5	8.53	0.64	0.08	6.92	5.72	1.39	0.96
玉米秸秆(CP>5%)	1-06-0011	91.9	91.51	8	1.61	63.5	34.2	8.49	0.68	0.17	8.64	7.13	4.5	2.82
棉花秸秆	1-06-0013	90.34	90.77	6.45	4.88	66.29	57.68	9.23	0.38	0.11	8.26	6.82	3.11	1.99
亚麻茎秆	1-06-0014	91	91.21	3.59	1.61	65.64	43.75	8.79	0.61	0.06	8.35	6.89	0.55	0.47
大蒜皮	1-06-0015	90.3	91.59	6	0.66	51.27	35.97	8.41	0.3	0.14	10.29	8.48	2.71	1.75
葡萄藤	1-06-0017	92.43	85.44	6.52	0.93	70.22	41.01	14.56	0.55	0.11	7.73	6.39	3.18	2.03
麻叶(CP≤15%)	1-06-0018	91.2	86.8	12.1	2.47	70.2	48.8	13.2	2.96	0.17	7.73	6.39	8.17	5
麻叶(15%<CP≤20%)	1-06-0019	90	86	17.8	2.59	65.1	38.7	14	1.57	0.25	8.42	6.95	13.27	8.03
麻叶(CP>20%)	1-06-0020	93.7	86.1	21.5	2.57	61.9	37.7	13.9	2.93	0.33	8.85	7.31	16.58	10
辣椒粕	1-06-0021	90.25	96.39	16.95	4.32	25.76	6.77	3.61	0.03	0.8	13.73	11.31	12.51	7.58
辣椒茎秆	1-06-0022	91.55	91.41	5.42	0.82	58.56	41.32	8.59	1.08	0.1	9.31	7.68	2.19	1.44
山地蕉果轴	1-06-0024	93.7	92.24	8.95	1.44	45.9	28	7.76	–	–	11.01	9.08	5.35	3.32
山地蕉叶片	1-06-0025	93.9	90.02	13.9	4.27	48.5	23.9	9.98	–	–	10.66	8.79	9.78	5.95
山地蕉茎秆	1-06-0026	93.7	99.14	5.83	1.14	51.3	28.3	0.86	–	–	10.29	8.48	2.56	1.66
绿豆秸秆	1-06-0027	90.3	93.67	6.8	1.54	66.3	49.8	6.43	1.36	0.14	8.26	6.82	3.43	2.18
燕麦秸秆	1-06-0028	92.6	95.58	6.85	4.46	52.6	27.5	4.42	0.56	0.13	10.11	8.34	3.47	2.2
豌豆秸秆	1-06-0029	89.54	82.06	10.7	1.27	47.96	32.33	17.94	2.64	0.19	10.74	8.85	6.92	4.25
豌豆秧	1-06-0030	93.25	96.29	3.69	1.46	74.88	39.46	3.71	0.21	0.05	7.1	5.87	0.64	0.52
花生壳	1-06-0031	94	95.78	5.08	0.9	73.25	59.31	4.22	0.8	0.05	7.32	6.05	1.89	1.26
花生秧(CP≤10%)	1-06-0032	90.9	90.2	7.41	1.11	69.6	54.2	9.8	0.78	0.19	7.82	6.45	3.97	2.5

（续表）

饲料名称	中国饲料号	干物质	有机物	粗蛋白质	粗脂肪	中性洗涤纤维	酸性洗涤纤维	粗灰分	钙	磷	消化能（MJ/kg）	代谢能（MJ/kg）	可消化粗蛋白质	代谢蛋白质
花生秧（CP>10%）	1-06-0033	91.5	89.6	10.1	1.77	60.6	43.2	10.4	0.94	0.14	9.03	7.45	6.38	3.93
油菜秸秆（CP≤5%）	1-06-0036	91.9	97.19	4.3	1.16	75.79	54.22	2.81	–	–	6.98	5.77	1.19	0.85
油菜秸秆（CP>5%）	1-06-0037	93	94.8	6.94	2.83	74.8	51.6	5.2	1.58	0.11	7.11	5.88	3.55	2.25
油菜荚壳	1-06-0038	92.32	83.4	9.57	3.22	48.24	26.35	16.6	1.37	0.21	10.7	8.82	5.91	3.65
稻糠	1-06-0039	90.35	98.13	8.07	6.67	78.96	56.12	1.87	0.01	0.38	6.55	5.42	4.56	2.85
水稻枇壳	1-06-0040	93.43	92.86	4.73	1.24	71.89	36.63	7.14	0.16	0.06	7.51	6.2	1.57	1.08
稻草秸秆（CP≤4%）	1-06-0041	92	86	3.67	1.51	71.9	43.2	14	0.35	0.09	7.5	6.2	0.62	0.51
稻草秸秆（4%<CP≤5%）	1-06-0042	93.5	86.3	4.56	1.72	68.4	42.3	13.7	0.5	0.12	7.98	6.59	1.42	0.99
稻草秸秆（CP>5%）	1-06-0043	91.4	88.5	5.55	1.55	61.3	34.7	11.5	0.49	0.17	8.94	7.37	2.31	1.51
高粱秸秆	1-06-0044	91.56	92.34	9.86	0.66	46.43	28.66	7.66	0.81	0.23	10.94	9.02	6.16	3.81
大豆秸秆（5%≤CP≤6%）	1-06-0045	90.5	94.28	5.22	1.03	77.4	56.8	5.72	0.99	0.15	6.76	5.59	2.01	1.34
大豆秸秆（6%≤CP≤7%）	1-06-0046	90.7	93.61	6.94	0.82	65	44.1	6.39	1.09	0.13	8.44	6.96	3.55	2.25
甘蔗叶（CP≤5%）	1-06-0047	92.4	95.1	3.83	0.92	78.1	56	4.9	0.07	0.03	6.67	5.52	0.77	0.6
甘蔗叶（CP>5%）	1-06-0048	93.1	94.3	5.12	1.59	76.6	43	5.7	0.18	0.08	6.87	5.68	1.92	1.28
葵花头粉	1-06-0049	92.2	89.2	5.94	2.29	16.4	10.88	10.8	1.45	0.09	13.65	11.24	2.66	1.72
葵花籽壳	1-06-0050	88	97.3	3.6	1.98	65.7	30.4	2.7	0.29	0.03	8.34	6.89	0.56	0.48
葵花茎秆	1-06-0051	90.46	94.42	3.5	1.01	56.27	50.46	5.58	0.55	0.02	9.61	7.93	0.47	0.42
地瓜秧（CP≤12%）	1-06-0052	90.5	89.1	12	3.03	46.6	32.1	10.9	1.93	0.18	10.92	9	8.08	4.94
地瓜秧（CP>12%）	1-06-0053	90.5	83.9	13.4	2.2	56.8	42.5	16.1	1.36	0.34	9.54	7.87	9.33	5.69
番茄茎秆	1-06-0054	98.21	90.14	4.31	0.79	52.05	34.7	9.86	0.93	0.09	10.18	8.4	1.2	0.85
小麦秸	1-06-0056	93.7	91.07	3.94	0.94	68.9	48.4	8.93	0.34	0.07	7.91	6.53	0.87	0.66
大豆皮	1-11-0002	89.94	95.31	13.2	3.89	64.06	46.31	4.69	0.51	0.14	8.56	7.07	9.15	5.58
干甘蔗渣（CP≤6%）	1-11-0004	90.4	97.43	5.3	0.36	78.2	52.6	2.57	–	–	6.65	5.5	2.08	1.38
干甘蔗渣（CP>8%）	1-11-0005	93.8	90.3	8.87	1.6	72.6	38.1	9.7	0.53	0.17	7.41	6.12	5.28	3.28
干豆渣	1-11-0006	93.3	95.12	18.1	3.34	43	28.7	4.88	0.77	0.2	11.41	9.4	13.54	8.19
干葡萄皮渣	1-11-0007	92.37	91.88	11.5	6.53	43.83	35.12	8.12	1.2	0.05	11.29	9.31	7.63	4.68
干醋糟	1-11-0008	93.95	94.14	11.34	8.46	68.42	49.11	5.86	0.08	0.45	7.97	6.58	7.49	4.59

附表 2-2　青贮饲料的营养价值（干物质基础,%）

饲料名称	中国饲料号	干物质	有机物	粗蛋白质	粗脂肪	中性洗涤纤维	酸性洗涤纤维	粗灰分	钙	磷	消化能（MJ/kg）	代谢能（MJ/kg）	可消化粗蛋白质	代谢蛋白质
甘蔗梢叶青贮	3-03-0005	32.99	91.64	6.7	3.03	68.6	38	8.36	–	0.13	7.95	6.57	3.34	2.12
花生秧青贮	3-03-0010	38.46	90.35	13.46	3.74	65.45	34.67	9.65	–	–	8.38	6.91	9.39	5.72
苜蓿青贮	3-03-0001	37.6	91	20.81	3.85	48.3	32.7	9	–	–	10.69	8.81	15.97	9.63
全株小麦青贮	3-03-0008	34.12	89.82	12.67	3.4	56.53	36.58	10.28	0.38	0.3	9.58	7.9	8.68	5.3
全株玉米青贮	3-03-0007	33.41	92.86	8.52	5.01	42.01	28.31	7.14	0.45	0.23	11.54	9.51	4.97	3.09
甜高粱青贮	3-03-0006	36.75	91.94	7.49	2.49	50.24	33.63	7.06	0.92	0.1	10.43	8.6	5.6	3.47
燕麦青贮	3-03-0009	33.56	90.8	12.73	3.68	58.9	38.68	9.2	–	–	9.26	7.64	8.73	5.33
玉米秸秆青贮（7%<CP≤9%）	3-03-0003	29.91	90.8	7.96	1.92	67.8	41.2	9.2	1.15	0.16	8.06	6.65	4.46	2.79
玉米秸秆青贮（CP>9%）	3-03-0004	30.65	91.33	9.09	2.34	60.9	34.8	8.67	0.89	0.19	8.99	7.42	5.48	3.4
玉米秸秆青贮（CP≤7%）	3-03-0002	31.03	93.49	6.6	1.4	74.7	31.8	6.51	–	–	7.13	5.89	3.25	2.07

注：1. 表中"–"代表未测定。

2. 消化能和代谢能计算公式分别为 DE（MJ/kg DM）= 17.211−0.135×NDF（%DM）；ME（MJ/kg DM）= 0.046+0.820×DE（MJ/kg DM）。

3. 可消化粗蛋白质和代谢蛋白质计算公式分别为 DCP（%DM）= 0.895×CP（%DM）−2.66；MP（%DM）= 0.532×CP（%DM）−1.44。

其中，DM：干物质；CP：粗蛋白质；DCP：可消化粗蛋白质；MP：代谢蛋白质；NDF：中性洗涤纤维；DE：消化能；ME：代谢能。下表同。

附表 2-3　能量饲料的营养价值（干物质基础,%）

饲料名称	中国饲料号	干物质	有机物	粗蛋白质	粗脂肪	中性洗涤纤维	酸性洗涤纤维	粗灰分	钙	磷	消化能（MJ/kg）	代谢能（MJ/kg）	可消化粗蛋白质	代谢蛋白质
干苹果渣（CP≤7.5%）	4-04-0001	89.9	94.66	7.31	5.75	56.6	40.9	5.34	0.39	0.16	9.57	7.89	3.88	2.45
干苹果渣（CP7.5%）	4-04-0002	89.1	97.48	7.56	5.78	50.6	33.5	2.52	1.19	0.23	10.38	8.56	4.1	2.58
干木薯渣（CP≤10%）	4-04-0004	80.2	97.65	5.04	0.16	38.1	21.4	2.35	–	–	12.07	9.94	1.85	1.24
干木薯渣（CP>10%）	4-04-0005	93.5	94.7	11.2	2.34	63.4	41.3	5.3	–	0.13	8.65	7.14	7.36	4.52
干葡萄渣	4-04-0006	93.54	92.68	9.79	12.34	49.37	41.45	7.32	0.22	0.51	10.55	8.69	6.1	3.77
干沙棘果渣	4-04-0008	87.91	92.35	12.92	8.97	68.38	65.17	7.65	0.86	0.2	7.98	6.59	8.9	5.43
喷浆玉米皮	4-07-0001	91.9	95.12	19.58	1.9	53.95	15.07	4.88	0.13	0.45	9.93	8.19	14.86	8.98
膨化玉米	4-07-0002	90.68	99.34	9.26	2.25	9.24	2.22	0.66	0.03	0.1	15.96	13.14	5.63	3.49
玉米皮	4-07-0003	91.83	90.46	8.07	2.2	54.21	42.98	9.54	2.22	0.07	9.89	8.16	4.56	2.85
玉米	4-07-0279	88.8	98.65	8.53	3.74	10.1	3.02	1.35	0.07	0.3	15.85	13.04	4.97	3.1
大麦（皮）	4-07-0277	87	97.6	11	1.7	18.4	6.8	2.4	0.09	0.33	14.73	12.12	7.19	4.41
大麦（裸）	4-07-0274	85.69	97.45	10.29	2.58	17.92	3.83	2.55	0.02	0.28	14.79	12.18	6.55	4.03

（续表）

饲料名称	中国饲料号	干物质	有机物	粗蛋白质	粗脂肪	中性洗涤纤维	酸性洗涤纤维	粗灰分	钙	磷	消化能（MJ/kg）	代谢能（MJ/kg）	可消化粗蛋白质	代谢蛋白质
燕麦	4-07-0004	86.3	97.9	12.1	5.3	10.2	3.3	2.1	0.09	0.29	15.83	13.03	8.17	5
糙米	4-07-0276	87	98.7	8.8	2	1.6	0.8	1.3	0.03	0.35	17	13.98	5.22	3.24
高粱	4-07-0272	88.6	98.2	9	3.4	17.4	8	1.8	0.13	0.36	14.86	12.23	5.4	3.35
小麦	4-07-0270	87.53	99.01	12.95	1.97	14.21	1.52	0.99	0.01	0.26	15.29	12.59	8.93	5.45
米糠	4-08-0041	87	92.5	12.8	16.5	22.9	13.4	7.5	0.07	1.43	14.12	11.62	8.8	5.37
小麦麸	4-08-0069	92.5	94.06	17.9	5.31	30.1	11.7	5.94	0.24	1.04	13.15	10.83	13.36	8.08
乳清粉（脱水，乳糖含量73%）	4-13-0075	94.2	92	11.5	0.8	–	–	8	0.62	0.69	–	–	7.63	4.68

注：1. 表中"-"代表未测定。

2. 消化能和代谢能计算公式分别为 DE（MJ/kg DM）= 17.211−0.135×NDF（%DM）；ME（MJ/kg DM）= 0.046+0.820×DE（MJ/kg DM）。

3. 可消化粗蛋白质和代谢蛋白质计算公式分别为 DCP（%DM）= 0.895×CP（%DM）−2.66；MP（%DM）= 0.532×CP（%DM）−1.44。

附表 2-4　蛋白质饲料的营养价值（干物质基础，%）

饲料名称	中国饲料号	干物质	有机物	粗蛋白质	粗脂肪	中性洗涤纤维	酸性洗涤纤维	粗灰分	钙	磷	消化能（MJ/kg）	代谢能（MJ/kg）	可消化粗蛋白质	代谢蛋白质
大豆饼	5-10-0241	88	94.2	41.7	5.6	18	15.7	5.8	0.31	0.5	14.78	12.17	34.66	20.74
大豆粕	5-10-0102	91.63	93.83	45.27	1.67	15.59	7.18	6.17	0.27	0.54	15.11	12.43	37.86	22.64
去皮豆粕	5-10-0103	89	94.9	48	1.6	9	5.4	5.1	0.35	0.66	16	13.16	40.3	24.1
全脂大豆	5-09-0128	87	95.8	35.5	17.3	7.9	7.3	4.2	0.27	0.48	16.14	13.28	29.11	17.45
棉籽饼	5-10-0118	88	94.3	36.3	7.4	32.1	22.9	5.7	0.21	0.83	12.88	10.61	29.83	17.87
棉籽粕	5-10-0117	90.95	93.46	43.09	1.78	30.68	18.08	6.54	0.23	0.93	13.07	10.76	35.91	21.48
菜籽饼	5-10-0183	88	92.8	35.7	7.4	33.3	26	7.2	0.59	0.96	12.72	10.47	29.29	17.55
菜籽粕	5-10-0121	91.38	91.75	37.28	1.85	36.79	20.98	8.25	0.51	0.94	12.24	10.09	30.71	18.39
亚麻仁饼	5-10-0119	88	93.8	32.2	7.8	29.7	27.1	6.2	0.39	0.88	13.2	10.87	26.16	15.69
亚麻仁粕	5-10-0120	88	93.4	34.8	1.8	21.6	14.4	6.6	0.42	0.95	14.3	11.77	28.49	17.07
花生仁饼	5-10-0116	88	94.9	44.7	7.2	14	8.7	5.1	0.25	0.53	15.32	12.61	37.35	22.34
花生仁粕	5-10-0115	88	94.6	47.8	1.4	15.5	11.7	5.4	0.27	0.56	15.12	12.44	40.12	23.99
向日葵仁饼	5-10-0031	88	95.8	29	2.9	41.4	29.6	4.7	0.24	0.87	11.62	9.58	23.3	13.99
向日葵仁粕	5-10-0242	90.35	96.24	18.74	10.95	58.48	35.47	3.76	0.18	0.56	9.32	7.69	14.11	8.53
啤酒糟（CP>16%）	5-11-0006	88	95.8	24.3	5.3	39.4	24.6	4.2	0.42	0.55	11.89	9.8	19.09	11.49
玉米蛋白粉	5-11-0001	90.1	99	63.5	5.4	8.7	4.6	1	0.07	0.44	16.04	13.2	54.17	32.34

（续表）

饲料名称	中国饲料号	干物质	有机物	粗蛋白质	粗脂肪	中性洗涤纤维	酸性洗涤纤维	粗灰分	钙	磷	消化能（MJ/kg）	代谢能（MJ/kg）	可消化粗蛋白质	代谢蛋白质
DDGS（CP≤30%）	5-11-0006	90.8	95.68	24	14.4	24.4	8	4.32	0.14	0.59	13.92	11.46	18.82	11.33
DDGS（CP>30%）	5-11-0007	93.7	95.97	32.1	14.5	34.1	12.7	4.03	0.17	0.55	12.61	10.38	26.07	15.64
脱脂奶粉	5-13-0001	93.7	91.8	34.1	1.6	-	-	8.2	1.47	1.02	-	-	27.86	16.7

注：1. 表中"-"代表未测定。

2. 消化能和代谢能计算公式分别为 DE（MJ/kg DM）= 17.211 - 0.135 × NDF（%DM）；ME（MJ/kg DM）= 0.046 + 0.820 × DE（MJ/kg DM）。

3. 可消化粗蛋白质和代谢蛋白质计算公式分别为 DCP（%DM）= 0.895×CP（%DM）-2.66；MP（%DM）= 0.532×CP（%DM）-1.44。

附表 2-5 非蛋白氮饲料添加剂的营养价值（干物质基础，%）

饲料名称	中国饲料号	干物质	氮	粗蛋白质	可消化粗蛋白质	代谢蛋白质
碳酸氢铵	6-14-0001	99.00	17.50	109.38	95.24	56.75
氯化铵	6-14-0002	99.22	25.60	160.00	140.54	83.68
硫酸铵	6-14-0003	99.30	21.00	131.25	114.81	68.39
磷酸氢二铵	6-14-0004	99.21	19.00	118.75	103.62	61.74
液氨	6-14-0005	82.35	514.69	457.99	272.38	
磷酸二氢铵	6-14-0006	99.15	11.60	72.50	62.23	37.13
尿素	6-14-0007	99.10	46.00	287.5	254.65	151.51
磷酸脲	6-14-0008	99.24	16.50	103.13	89.64	53.43

注：1. 表中"-"代表未测定。

2. 可消化粗蛋白质和代谢蛋白质计算公式分别为 DCP（%DM）= 0.895 × CP（%DM）- 2.66；MP（%DM）= 0.532 × CP（%DM）-1.44

附表 2-6 矿物质饲料的营养价值 （%）

饲料名称	中国饲料号	化学分子式	钙	磷	钠	氯	钾	镁	硫	铁	锰
碳酸钙，饲料级轻质	6-14-0009	$CaCO_3$	38.40	0.02	0.08	0.02	0.08	1.61	0.08	0.06	0.02
磷酸氢钙，无水	6-14-0010	$CaHPO_4$	29.60	22.80	0.18	0.47	0.15	0.80	0.80	0.79	0.14
磷酸氢钙，2个结晶水	6-14-0011	$CaHPO_4 \cdot 2H_2O$	23.30	18.00	-	-	-	-	-	-	-
磷酸二氢钙	6-14-0012	$Ca(H_2PO_4)_2 \cdot H_2O$	15.90	24.60	0.20	-	0.16	0.90	0.80	0.75	0.01
磷酸三钙	6-14-0013	$Ca_3(PO_4)_2$	38.80	20.00	-	-	-	-	-	-	-
石粉	6-14-0014	-	35.80	0.01	0.06	0.02	0.11	2.06	0.04	0.35	0.02
磷酸氢铵	6-14-0015	$(NH_4)_2HPO_4$	0.35	23.48	0.20	-	0.16	0.75	1.50	0.41	0.01
磷酸二氢铵	6-14-0016	$(NH_4)H_2PO_4$	-	26.93	-	-	-	-	-	-	-

（续表）

饲料名称	中国饲料号	化学分子式	钙	磷	钠	氯	钾	镁	硫	铁	锰
磷酸氢二钠	6-14-0017	Na_2HPO_4	0.09	21.82	31.04	–	–	–	–	–	–
磷酸二氢钠	6-14-0018	NaH_2PO_4	–	25.81	19.17	0.02	0.01	0.01	–	–	–
碳酸钠	6-14-0019	Na_2CO_3	–	–	43.30	–	–	–	–	–	–
碳酸氢钠	6-14-0020	$NaHCO_3$	0.01	–	27.00	–	0.01	–	–	–	–
氯化钠	6-14-0021	$NaCl$	0.30	–	39.50	59.00	–	0.005	0.20	0.01	–
氯化镁	6-14-0022	$MgCl_2 \cdot 6H_2O$	–	–	–	–	–	11.95	–	–	–
碳酸镁	6-14-0023	$MgCO_3 \cdot Mg(OH)_2$	0.02	–	–	–	–	34.00	–	–	0.01
氧化镁	6-14-0024	MgO	1.69	–	–	–	0.02	55.00	0.10	1.06	–
硫酸钾	6-14-0025	K_2SO_4	0.15	–	–	0.09	1.50	44.87	0.60	18.40	0.07

注：表中"–"代表化学式未知或不含有此元素。

附表 2-7　矿物质饲料添加剂的矿物质元素含量

来源	中国饲料号	化学式	矿物质元素含量（%）
五水硫酸铜	6-14-0026	$CuSO_4 \cdot 5H_2O$	25.2
无水硫酸铜	6-14-0027	$CuSO_4$	39.9
氨基酸螯合铜	6-14-0028	–	变化
氨基酸络合铜	6-14-0029	–	变化
氧化铜	6-14-0034	CuO	75.0
一水硫酸亚铁	6-14-0035	$FeSO_4 \cdot H_2O$	30.0
七水硫酸亚铁	6-14-0036	$FeSO_4 \cdot 7H_2O$	20.0
氧化亚铁	6-14-0040	FeO	77.8
氨基酸螯合铁	6-14-0041	–	变化
氨基酸络合铁	6-14-0042	–	变化
碘酸钙	6-14-0044	$Ca(IO_3)_2$	63.5
碘化钾	6-14-0045	KI	68.8
一水硫酸锰	6-14-0048	$MnSO_4 \cdot H_2O$	29.5
氧化锰	6-14-0049	MnO	60.0
蛋氨酸锰	6-14-0053	–	变化
氨基酸螯合锰	6-14-0054	–	变化
氨基酸络合锰	6-14-0056	–	变化
亚硒酸钠	6-14-0057	Na_2SeO_3	45.0
蛋氨酸硒	6-14-0059	–	变化
酵母硒	6-14-0060	–	变化

（续表）

来源	中国饲料号	化学式	矿物质元素含量（%）
一水硫酸锌	6-14-0061	$ZnSO_4 \cdot H_2O$	35.5
氧化锌	6-14-0062	ZnO	72.0
七水硫酸锌	6-14-0063	$ZnSO_4 \cdot 7H_2O$	22.3
氯化锌	6-14-0065	$ZnCl_2$	48.0
碱式氯化锌	6-14-0066	$Zn_5Cl_2 (OH)_8 \cdot H_2O$	58.0
蛋氨酸锌	6-14-0067	-	变化
氨基酸螯合锌	6-14-0068	-	变化
氨基酸络合锌	6-14-0069	-	变化
碳酸钴	6-14-0070	$CoCO_3$	48.5

附表 2-8　肉羊常用维生素的来源及其单位换算关系

维生素种类	中国饲料号	浓度换算方式	来源
	7-15-0001	1 IU = 0.3 μg 视黄醇或者 0.344 μg 维生素 A 乙酸酯	全反式视黄醇乙酸酯
维生素 A	7-15-0002	1 IU = 0.55 μg 维生素 A 棕榈酸酯	维生素 A 棕榈酸酯
	7-15-0003	1 IU = 0.36 μg 维生素 A 丁酸酯	维生素 A 丁酸酯
维生素 D	7-15-0004	1 IU = 0.025 μg 胆钙化醇	维生素 D_3
	7-15-0005	1 mg = 1 IU DL-α-生育酚乙酸酯	DL-α-生育酚乙酸酯
维生素 E	7-15-0006	1 mg = 1.36 IU D-α-生育酚乙酸酯	D-α-生育酚乙酸酯
	7-15-0007	1 mg = 1.11 IU DL-α-生育酚	DL-α-生育酚
	7-15-0008	1 mg = 1.49 IU D-α-生育酚	D-α-生育酚
	7-15-0009		亚硫酸氢钠甲萘醌
维生素 K	7-15-0010	1 IU = 0.0008 mg 甲萘氢醌	亚硫酸氢烟酰胺甲萘醌
	7-15-0011		二甲基嘧啶醇亚硫酸甲萘醌
核黄素	7-15-0012	通常表示为 μg 或 mg	核黄素晶体
烟酸	7-15-0013	通常表示为 μg 或 mg	盐酸/烟酰胺
	7-15-0014		D-泛酸钙
泛酸	7-15-0015	通常表示为 μg 或 mg	DL-泛酸钙
	7-15-0016		DL-泛酸钙与氯化钙复合物
胆碱	7-15-0017	通常表示为 μg 或 mg	氯化胆碱
生物素	7-15-0018	通常表示为 μg 或 mg	D-生物素

（续表）

维生素种类	中国饲料号	浓度换算方式	来源
维生素 B12	7-15-0019	通常表示为 μg 或 mg	氰钴胺素
叶酸	7-15-0020	通常表示为 μg 或 mg	叶酸
维生素 B6	7-15-0021	通常表示为 μg 或 mg	盐酸吡哆醇
硫胺素	7-15-0022	通常表示为 μg 或 mg	硫胺素硝酸盐
	7-15-0023		硫胺素盐酸盐
维生素 C	7-15-0024	通常表示为 μg 或 mg	L-抗坏血酸、
	7-15-0025		L-抗坏血酸磷酸盐